粤厨宝典

菜肴篇

潘英俊 著

SPM 南方出版传媒

广东科技出版社｜全国优秀出版社

·广州·

图书在版编目（CIP）数据

粤厨宝典. 菜肴篇.1/潘英俊著. —广州：广东科技
出版社，2021.9
ISBN 978-7-5359-7646-8

Ⅰ. ①粤… Ⅱ. ①潘… Ⅲ. ①粤菜—菜肴
Ⅳ. ①TS972.182.65

中国版本图书馆CIP数据核字（2021）第080657号

粤厨宝典·菜肴篇1

Yuechu Baodian Caiyaopian 1

出 版 人：	朱文清
项目支持：	钟洁玲
责任编辑：	方　敏
装帧设计：	友间文化
责任校对：	陈　静　于强强　廖婷婷
责任印制：	彭海波
出版发行：	广东科技出版社
	（广州市环市东路水荫路11号　邮政编码：510075）

销售热线：020-37592148 / 37607413

http://www.gdstp.com.cn

E-mail：gdkjzbb@gdstp.com.cn

经　　销：	广东新华发行集团股份有限公司
印　　刷：	东莞市翔盈印务有限公司
	（东莞市东城街道莞龙路柏洲边路段129号　邮政编码523113）
规　　格：	787mm×1 092mm　1/16　印张28.75　字数600千
版　　次：	2021年9月第1版
	2021年9月第1次印刷
定　　价：	98.00元

如发现因印装质量问题影响阅读，请与广东科技出版社印制室联系调换（电话：020-37607272）。

弘揚嶺南飲食

展示廚藝真章

恭賀粵廚寶典出版

甘達成于香江

谨向香港"饮食天王"、镛记酒家第二代传人——甘健成（1946—2012 年）先生致以崇高敬意！

：13025148675

：2397487334

平面支持：文心雕龙多媒体工作室

前言

中国，历史悠久，文化灿烂，其先进、精巧的烹饪技艺，毋庸置疑是中华民族文化的艳花奇葩。中国幅员广阔，各地风俗民情存在差异，有"南甜、北咸、东酸、西辣"的美妙滋味，产生各具特色的佳肴，并形成了鲁菜、苏菜、川菜、粤菜、浙菜、徽菜、闽菜、湘菜、京菜、沪菜、辽菜、陕菜、鄂菜、豫菜"十四大菜系"和鲁菜、苏菜、川菜、粤菜、浙菜、徽菜、闽菜、湘菜"八大菜系"。

而最具内涵的，则是如前人所述的"四大菜系"——鲁菜、苏菜、川菜和粤菜。

鲁菜源于山东，代表着礼仪文化，儒学滥觞；

苏菜源于江苏，代表着皇城气派，鱼米之乡；

川菜源于四川，代表着沃野千里，天府之国；

粤菜源于广东，代表着杂而精巧，岭南丰茂。

短短数语，无法表达四大菜系深厚的文化底蕴，而粤菜显然就是这百花园中最绚丽夺目的珍卉。

自古有民谚云"生在苏州，住在杭州，食在广州，死在柳州"，更将粤菜所在地广州誉为"美食天堂"。

自秦汉以来，有着"仙羊衔五谷而降"传说的广州一直是岭南经济、政治、文化、交通中心。自盛唐始，广州作为"海上丝绸之路"的东方主埠，千帆竞发，万商云集，"连天浪静长鲸息，映日船多宝舶来"，盛誉远播五洲，经久弥盛。之后，更有"千门日照珍珠市，万瓦烟生碧玉城，山海是为中国藏，梯航尤见外夷情"，以及"敢夸豪富傲北商"等种种赞誉，造就了中国南沿海一颗璀璨的明珠——广州。

如上所述，广州"商"味尤浓，除此之外，这里的人，对于"吃"还有着无限的钟情及孜孜的追求，"食"味更浓。正所谓"一方水土养一方人"，这里地处亚热带，濒临南海，四季常青，物产富饶，可供食用的动植物品类繁多，蔬果丰盛，四季常鲜，给烹饪提供了广阔的发挥空间，从而形成奇特、怪异的岭南饮食文化，令古时的中原人匪夷所思。这从南宋周去非《岭外代答》中"深广及溪峒人，不问鸟兽虫蛇，无不食之"的记载即可窥见。唐代诗人韩愈的《初南食贻元十八协律》证实了早在粤菜体系未成形时，"南味"及"南烹"在中原人心中的地位，同时亦证实当今广东人"天上除飞机，地下除板凳，什么都吃"的历史性：

"鲎实如惠文（《地理志》：鲎形如惠文冠），骨眼相负行（《岭南录异》：鲎眼在背，雌负雄而行）。蚝相黏为山（《岭南录异》：蚝即牡蛎也。初生海边，如拳石，四面渐长，高一二丈，巉岩如山），百十各自生。蒲鱼尾如蛇，口眼不相萦。蛤即是虾蟆，同实浪异名。章举（即章鱼）马甲柱（即江珧柱），斗以怪自呈。其余数十种，莫不可叹惊。我来御魑魅，自宜味南烹。调以咸与酸，芼（《五音集韵》：用菜杂肉为羹也）以椒与橙。腥臊始发越，咀吞面汗骍。惟蛇旧所识，实惮口眼狞。开笼听其去，郁屈尚不平。卖尔非我罪，不屠岂非情。不祈灵珠报，幸无嫌怨并。聊歌以记之，又以告同行。"

"异馔""南味""南烹"，诚然未受过正统烹饪理论的洗礼，但若没有自己的特点，也就可能没有今天的卓越成就。

据史家考据，粤菜起于宋末。宋代有着"夜市直至三更尽，才五更又复开张"的繁华景象，饮食、烹饪空前迅猛发展。契丹大军强势南下，宋室赵昺皇朝败落，王公贵胄及其家厨们因而散居广东。也正是他们，将当时中原先进的烹饪技术带至广东。

令人叹为观止的是，当时仍有"南蛮"色彩的广府菜，却因此如虎添翼，迅速构筑起独有的"粤菜"体系，随即与早有盛名的鲁菜、苏菜和川菜等菜系扛起中国烹饪大鼎，这当是天分与机遇。

清代，尤其是康乾盛世之后，中国烹饪、饮食迸发出勃勃生机。傲古骄今的粤菜，更注入了"北菜南渐，古为今用，洋为中用，兼收并蓄"的风格，成为促成"食在广州"这一名片的中流砥柱。

而此时各地出现了许多记载当时饮食文化盛况的典籍，如江浙有朱彝尊的《食宪鸿秘》、顾仲的《养小录》、曹庭栋的《粥谱》、袁枚的《随园食单》、李化楠的《醒园录》、谢墉的《食味杂咏》和佚名的《调鼎集》，山东有郝懿行的《记海错》和佚名的《全羊如意本》《如意全猪件》，四川有曾懿《中馈录》，等等。令人遗憾的是，居"食在广州"之地，而并非后起之秀的粤菜，其饮食渊源、烹饪技法、菜式制作等的有关文献，却只有一鳞半爪，这不得不让人失落和唏嘘！

20世纪80年代，中国实行对外开放，在短短40年间，国内生产总值的增长速度举世瞩目。广州饮食业迅速发展，加上毗邻港澳，粤菜有了得天独厚的发展条件，更加蜚声海内外。

这些年，广州市政府积极推动"粤菜、粤剧、粤曲"申报世界非物质文化遗产（其中粤剧、粤曲已申报成功），为更好地推广粤菜和弥补粤菜典籍缺失的遗憾，在广东省食品行业协会餐饮专业委员会理事长梁炳老先生热心倡议下，以粤菜、粤厨为背景的"粤厨宝典丛书"历时10年定稿面世。丛书首版发行以来，受到了广大厨师的欢迎，不断重印。鉴于读者群不断扩大，在广大厨师的热盼鼓励及广东科技出版社的大力支持下，我决定对原来已面世的版本进行细致修订，务求让广大读者更深入地理解粤菜文化及烹饪技艺的精髓。在此特别感谢广东科技出版社的领导及各位编辑的劳心支持！

"粤厨宝典丛书"分为《候镬篇》《砧板篇》《味部篇》《食材篇》《点心篇》《菜肴篇》《宴会篇》及《厨园篇》等册，图文并茂，趣味横生。书中绝非单纯讲述菜式的制作，而是既有传统菜式的延续，又有南北制作的对照，而且把烹调的关键逐一归纳及对比，有些菜式更有历来秘而不宣的配方，是目前不可多得的兼具实用性与学术性的工具书。

今天的粤菜制作可谓突飞猛进，烹调的手法、原料的选择、口味的调配与过去相比已不可同日而语。我们无畏困难，数易其稿，尽可能全面地整理一些实用性、普适性较强，以及适合粤菜制作的南北烹调理论资料，为繁荣广东饮食文化，丰富广东文化大省的内涵做出绵薄贡献。

正是"粤厨技艺创美食天地，宝典文章承岭表精华"。

"粤厨宝典丛书"可供烹饪工作者及烹饪爱好者在实践中参考。

需要注意的是，该系列丛书参考了大量历史文献资料，过去的菜谱中所记载的食材与现在的食材所处环境已大不相同，不少食材已成为国家级保护动物。为遵守国家的相关法律法规，现已删除相关食材的菜式及做法。

书中所引用的资料多使用旧的计量单位。旧的计量方法中，以1斤为16两，1斤约为595克，1两约为37.2克，1钱约为3.72克，1分约为0.372克。为了最大程度地保留历史文献资料的"原汁原味"，我们没有对相关数据进行换算。读者若有需求，可根据上述标准自行换算。

俊厨坊粤菜烹饪及饮食文化推广协会
2021年1月

厨艺七十二技

炒 过去写作"煼",是目前基本的烹调方法之一,是指将食物切成小件,连同调味料放入烧猛油的铁镬(锅)中迅速翻搅致熟的烹调方法。

炝 食物切好后,经沸水或热油的"灼"或"泡"等处理后,再在铁镬中爆入干辣椒和花椒油等拌匀的烹调方法。

炊 利用蒸、煮等将食物致熟的方法,多见于潮州菜中。

煮 基本的烹调方法之一,是指在铁镬中用适量的沸水或汤水以及调味料将食物致熟的烹调方法。

煎 烧热铁镬,放入少量油脂,然后将食物平放紧贴在镬面上,利用慢火热油使食物的表面呈金黄色及致熟的烹调方法。

爆 利用热镬热油,攒入适量调好的汁酱或汤水,水蒸气急剧产生,使镬中的小件食物快速致熟又赋入"镬气"的烹调方法。

炸 过去写作"煠",常用的烹调方法之一,是指将食物放入大量的热油中致熟致脆的烹调方法。

焓 利用大量的沸水将质地艮韧的食物放在镬上煮软、致熟的加工方法。

滚 (1)过去写作"涫",即利用大量涌动的沸水将食物中的异味、窊味、油脂去除的加工方法。

(2)利用适量汤水将食物煮熟并连汤食用的烹调方法。

渌 过去写作"漉",北方烹调术语叫"余"或"川",即将加工成丸状或片状的食物在沸水中致熟后,捞起放入碗中,再添入沸汤的烹调方法。

灼 过去写作"瀹",北方烹调术语叫"焯",即将食物切成薄片,利用沸水迅速致熟再蘸上酱料吃的烹调方法。

灼 将蔬菜放入添有陈村枧水（碳酸钾）或油脂的沸水中用慢火煮透，使蔬菜脸软并保持翠绿的加工方法。

涮 北方烹调术语。指将切成薄片的食物放入辣汤中致熟，再蘸上酱料吃的烹调方法。

焗 过去写作"爩"。指将食物直接放入镬中或瓦罉（煲）中，加入大量姜葱等香辛料头，冚（盖）上盖致香致熟的烹调方法。

焗 （1）利用灼热粗盐等作为热源，在密封的条件下，把用锡纸或玉扣纸等包封好的食物致熟的烹调方法。

（2）利用沙姜粉加精盐调拌入味的烹调方法。

（3）利用容器密封性及余热将食物致熟的烹调方法。

焖 北方烹调术语。指将质地艮韧的食物放入镬中，加入适量的汤水，冚上盖并利用文火炊软及致熟的烹调方法。

炆 近乎北方烹调法中的"烧"，故有"南炆北烧"之说，即将质地艮韧的食物放入没有盖的镬中，加入适量的汤水，利用文火煮软、煮爽及致熟的烹调方法。

烩 用适量的汤水将多种肉料和蔬菜合在一起煮的烹调方法。

蒸 利用蒸汽的热力使食物致熟的烹调方法。

炖 （1）食物与清水或汤水一起放入有盖的容器中，冚上盖，再利用蒸汽的热力致熟并得出汤水的烹调方法。

（2）在北方烹调中同"煨"，是指用大量汤水及文火将食物煮软、致熟的烹调方法。

扣 食物经调味及预加工后，整齐排放入扣碗之中隔水蒸熟，然后将主料覆扣入碟，再泼上用原汁勾好的琉璃芡的烹调方法。

煲 在食物中放入大量清水，置于炉火上，利用慢火缓缓致熟并得出汤水的烹调方法。

熬 长时间利用慢火，将肉料鲜味融入汤水中并使汤水浓缩的加工方法。

煠 利用较长时间的文火，将多种浓味原料熬成鲜浓味的汤水，并把味道赋入另一种乏味的主料中的加工或烹调方法。

煨 （1）古意为把食物埋入炭灰里致熟的方法。今指利用姜葱和汤水使食物入味及辟去食物本身异味的加工方法。

（2）北方烹调方法，又指将食物连同汤水放入密封的瓦罐中，在文火中致熟的烹调方法。

焗 此字替代"煨"的古意，亦写作"焗"。食物经腌制后，用荷叶等包裹，再用湿泥或面团密封，并藏在炭火里致熟的烹调方法。

熯 与"煎"类同，但操作时不放油脂，是指将食物放在底下加热的容器上，较静态地使食物干、香的加工方法或致熟的烹调方法。

烘 点心或食物调好味或加工好后置入具有底火和面火的热炉中致熟的烹调方法。

煸 近乎"熯"与"炒"的结合，是传统烹调畜兽类肉时辟膻除味以及去油解腻的加工方法。古有"肉要煸，菜要煸"之说。将肉类放入没有油或少油的镬中不断翻炒，务必将肉中的油分逼出。

煸 意同"煸"，过去讹写作"鞭"或"梗"，是指将蔬菜放入有少量油的铁镬中不断翻炒，使蔬菜中的"臭青"味逼出的加工方法。与"飞"对应，"煸"是"硬炒"，"飞"是"软炒"，各有特色。

熘 北方烹调术语，近乎粤菜的"打芡"。把食物拍上生粉后用油炸致酥，再在重油多汁的环境下烹煮，使食物溜滑细嫩的烹调方法。

羹 古老的烹调法之一，是指切制成丁、粒的食物用沸汤煮后，兑入湿生粉，使汤水溜成糊状且滑的烹调方法。

扒 （1）将幼细（粤语中，因为"细"字与"逝"字、"死"字谐音，讲究意头的广东人就借用了有时间概念的"幼"字）的物料加入汤水煮好，用湿生粉勾成"琉璃芡"，徐徐地泼洒在另一摆放整齐的主料食物上的烹调方法。

（2）北方烹调法的一种，近乎粤菜的"扣"。

攒 过去写作"馈"，又写作"溅""潴"等。此法分"攒油"或"攒酒"，前者是指将烧沸的热油泼洒在蒸熟的食物上以辟腥增滑的烹调方法，后者是将绍酒泼洒入正在烹煮的食物上，令食物更有"镬气"的烹调方法。

烧 （1）过去写作"炙"或"燔"。粤菜中是指将食物放在炭火或明火上致熟的烹调方法。

（2）现北方菜系是指通过慢火将汁水略收干并将食物致熟的烹调方法。

烤 北方烹调法中用来替代"烧"的旧意，故有"南烧北烤"之说。是指将食物置在明火上致熟的烹调方法。

卤 利用生抽（浅色酱油）、汤水与香料调好可重复使用的"卤水汁"，并用其将食物致熟或令食物入味的烹调方法。

酱 利用大量的豆酱、面酱或生抽让食物入味或致熟的烹调方法。

浸 （1）又写作"漫"。是指利用大量的沸水或汤水以"菊花心"（即水仅涌动的状态）为度的热力在一定时间内将食物致熟的烹调方法。

（2）类似北方烹调法中的"汆"。物料灼熟后，再舀入过面的汤水而食的烹调方法。

风 将食物经盐腌或直接吊挂在通风的地方，让其自然阴干或风干的加工方法。

腊 利用豉油（酱油）或亚硝酸盐，将腌好味的食物吊挂在通风的地方，让其轻微发酵并自然阴干或风干的加工方法。

烟 在密封情况下点燃茶叶或香料使其出烟，让食物赋入茶香或香料味的烹调方法或加工方法。

熏 过去写作"燻"，有"干熏"与"湿熏"之分。"干熏"类似"烟"，"湿熏"是用鲜花或绍兴花雕酒等为食物赋入香味的烹调方法。

糟 将食物放入酒糟之中入味或致熟的烹调方法。

醉 利用烧酒使食物入味或致熟的烹调方法。

甄 古时的"蒸"。是指将食物斩件调味后放入瓦钵之中，再利用较强的蒸汽致熟的烹调方法。

胨 又称"水晶"，过去讹写作"冻"。在煮烂的食物中加入琼脂或猪皮等再煮成羹，然后置入冰箱待其冰冻凝结而吃的烹调方法。

煗 与"蒸"相通，与"三蒸九扣"的宴会形式配套。是指利用蒸汽重新温热冷凉的食物的加工方法。

飞水 简称"飞"。食物投入沸水中过水致半熟而迅速捞起，为后续的烹调提供优质食材的基础加工方法。

冰浸 此法源于日本料理。将刚灼熟或新鲜的食物投入冰水之中，令食物在热胀冷缩的物理反应下呈现爽脆质感的料理方法。

拔丝 食物上粉浆经油炸酥脆后，放入煮溶的糖浆中拌匀，使食物夹起时能拉出细丝的烹调方法。

挂霜 食物经油炸酥脆后，放入煮溶的糖浆中拌匀打散或直接撒上糖粉，使食物表面裹上糖粉的烹调方法。

椒盐 食物经油炸致熟和干身后，再用事先以辣椒米和精盐配好的"椒盐"翻炒拌匀的烹调方法。

油泡 通常简称为"泡"，与"水烹法"的"灼"类似。利用大量的热油迅速地将食物致熟的烹调方法或加工方法。

走油 又称"拉油""拖油"及"跑油"，做法与"飞水"相类似。将食物放入沸油之中迅速拖过，为后续的烹调提供优质食材的加工方法。

火焰 将生猛新鲜的海鲜放入玻璃器皿内，利用点燃的高度数白酒产生的热力致熟的烹调方法。

啫啫 将食物及姜葱等放入多油且烧致极热的瓦罉，使食物在烹饪的过程中发出"啫啫"的声音及喷出香气的烹调方法。

串烧 （1）肉料切片腌制好后，用竹签串起，放入热油中"泡"熟而食的烹调方法。

（2）将肉料切片后，用铁钎串起，放在炭火上烧烤致熟，再撒上孜然等香料的烹调方法。

铁板 源于西餐的烹调方法。食物"走油"后，连同以洋葱为主的香辛料头和汁酱，放入烧至极热的铁板上致熟和招致食物喷香的烹调方法。

桑拿 又称"石烹"。食物走油后，投入烧至灼热的石子（多是雨花石）上，再攒入调好的酱汁和汤水，使其产生蒸汽，让食物致熟并喷出香气的烹调方法。

煎封 北方烹调法中又称"煎烹"，一般只适合鱼类菜式。将鱼用调味品腌过后，用热油慢火煎透，再封上料头芡汁，使食物入味的烹调方法。

锅贴 （1）"半煎炸法"，即将腌过的肉料上好"锅贴浆"贴在肥肉上，利用"猛镬阴油"的加热方式，令肉料一面酥脆而另一面软滑的烹调方法。

（2）有些地方特指"煎饺"。

窝煸 又写作"窝塌"。为腌好的食物上好"蛋粉浆"，利用先煎后炸的方法，使食物致熟，然后再加入调好味的鲜汤并煮透的烹调方法。

软煎 属"半煎炸法"。为腌过的肉料拌上"蛋粉浆"，利用先煎后炸的方法使肉料致熟，然后切件淋上酱汁的烹调方法。

蛋煎 肉料先用飞水（拖水）或油泡的方法预熟，再放入调好味的鸡蛋浆内拌匀，然后用文火将肉料蛋浆底面煎至金黄色的烹调方法。

吉列 源于西餐的烹调方法，为英文Cutlet的音译。为食物上好蛋浆后，粘上面包糠，再用热油浸炸致熟、致脆的烹调方法。

酥炸 食物用调味品腌过后，先上湿粉浆，后拍上干生粉，再用热油炸熟，然后淋上酱汁的烹调方法。

火锅 又称"涮锅"，广东称"打边炉"。将食物切成薄片，肉料制成丸、球、馅等，连同蔬菜等送到客人身边，让客人自行放入滚水（开水）或滚汤中烹熟的烹调方法。

汽锅 通过具有卤孔的特制瓦锅，在隔水蒸炖时，收集蒸馏水使食物致熟并形成汤水的烹制方法。

凉拌 西餐中称为"沙律"。将生或熟的肉料或蔬果切好后，加入调味料捞拌均匀的烹调方法。

蜜汁 将白糖、蜂蜜、麦芽糖等化成浓汁，放入加工好的原料，经熬、蒸等方法使其质地软糯、甜味渗透、润透糖汁的烹调方法。

鱼生 古称"斫脍""脍"或"鲙"，日本称"刺身"。将鲜活的淡水鱼或咸水鱼去鳞净血，切成薄片生吃的方法。中国（广东顺德）的鱼生，需调入柠檬汁，拌上姜丝、葱丝、酸荞头丝及薄脆等食用；而日本刺身则蘸芥辣或豉油食用。

◎注：想了解各法差异及精髓，请参阅《粤厨宝典·厨园篇》。

楼面佐料录

佐　料	适　用　范　围	用　具
幼糖（细砂糖）、猪酱	乳猪拼盘	格碟
东江盐焗鸡料	东江盐焗鸡、盐焗乳鸽等	味碟
薄饼、猪酱、葱球、青瓜丝	北京片皮鸭	骨碟排上
千层饼、猪酱、葱球、幼糖	全体片皮猪	骨碟排上
汾蹄汁	佛山汾蹄、潮州卤水类	味碟
姜葱蓉	白切鸡、贵妃鸡等	味碟
卤水、姜葱蓉	豉油鸡	味碟
酸梅酱	潮连烧鹅、潮连烧鸭等	味碟
南乳酱	南乳吊烧鸡等	味碟
椒丝、柠檬叶丝、熟油、腐乳、蒜蓉、姜葱蓉	红烧羊肉煲等	味碟排上
胡椒粉	海鲜汤、鱼云羹、水鱼汤等	味碟
精盐	冬瓜盅、白粥等	味碟
幼糖、蚝油	炸牛奶等	格碟
淮盐、喼汁	脆皮乳鸽、酥炸或吉列菜式等	格碟
牛奶、幼糖	纸包鸡、蒸炸馒头等	味碟排上
浙醋、姜丝、海鲜酱	鹌鹑松、乳鸽松等	味碟排上
大红浙醋、银芽（炒熟）、火腿蓉	鲍鱼等	骨碟排上
大红浙醋、姜米	清蒸蟹（大闸蟹）等	味碟
虾酱	白灼螺片、玻璃虾球等	味碟
蚝油	清炒时蔬等	味碟
椒丝海鲜豉油	白灼虾、白灼时蔬等	味碟
辣椒酱	炒沙河粉、炒米粉、炒面等	味碟
姜丝、葱丝、椒丝、海鲜豉油、花生油、酸荞头丝、柠檬叶丝、薄脆	鱼生类	骨碟排上
日本芥辣、日本酱油	日本刺身	骨碟排上

此表复印张贴在传菜间

7

厨房沽清表

是日例汤							
海鲜池	价钱	厨房部	价钱	时蔬类	价钱	烧腊类	
石斑		燕窝		菜心		麻皮乳猪	白切鸡
杂斑				生菜		潮连烧鹅	豉油鸡
青衣				菠菜		蜜汁叉烧	吊烧鳝
杂衣		海参		空心菜		澳门烧肉	汾酒牛肉
三刀		蹄筋		西洋菜		南乳吊烧鸡	卤水豆腐
火点		花胶		小棠菜		潮州卤水鹅	
红鱿		鲍鱼		白菜苗			
象拔蚌		肥牛肉		绍菜			
鳜鱼		牛肉丸		大白菜			
鲩鱼		猪大肠		茼蒿			
笋壳鱼		猪天梯		豆苗			
水鱼		猪肚		西芹		特别介绍	
白鳝		猪心		香芹			份数
黄鳝		猪腰		韭菜			
鲜带子		竹肠		韭黄			
牛蛙		肉排		枸杞			
龙虾		猪生肠		西兰花			
罗氏虾		鹅肠		椰菜花			
基围虾		土鱿		霸王花			
花虾		吊片		鲜百合			
濑尿虾		银鱼干		番茄			
大闸蟹		蟹柳		茄子		急推货品	
膏蟹		蟹肉		薯仔（土豆）			份数
肉蟹		豆腐		凉瓜（苦瓜）			
花蟹		乳鸽		胜瓜			
扇贝		竹丝鸡		冬瓜			
生蚝		本地鸡		节瓜			
海胆		河粉		水瓜			
沙虫		鱼皮饺		荷兰豆			
鲜鲍		生面		豆角			
花甲				银芽			
				鲜芦笋			
				鲜冬菇			
厨房沽清							

此表经厨房填写后张贴在收银台

目 录

粤厨宝典·菜肴篇1

粤厨宝典·菜肴篇1

开篇语

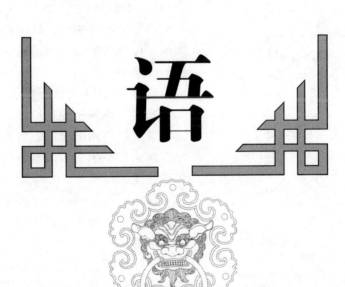

粤菜得天独厚，受到名满天下的"食在广州"这一名片濡润，近百年来逐渐发展为美食及烹饪技术的魁首，可谓众望所归。

要对粤菜烹饪有深刻认识，首先要了解"食在广州"这个招牌的来龙去脉。

"食在广州"由来已久，是反映岭南人嗜食的标志。

汉代淮南王刘安在《淮南子·精神训》中有"越（粤）人得髯蛇，以为上肴，中国（中原）得之而弃之无用"的话语，充分说明岭南这片土地对美食无限向往，相沿成风、相习成俗。经过2 000多年的积累，爆发点在岭南首府——广州引燃，孕育出"食在广州"这个令中国骄傲、令外国人羡慕的美食招牌。

不过，切莫将"食在广州"与粤菜烹饪画上等号。

《清稗类钞·饮食类·闽粤人之饮食》中记有"闽、粤人之食品多海味，餐时必佐以汤。粤人又好啖生物，不求火候之深也"的话语，侧面说明广东本土的烹饪技术在清代中期之前无疑仍未居于超群绝伦的地位。

由于地域的限制，岭南与中原的交往十分阻滞，以至于岭南人很难迅速及直接吸收到中原的先进文化。

公元1279年（南宋祥兴二年，元至元十六年）前后，南宋王朝在广东新会抗击元军，身怀绝顶烹饪技术的御厨、官厨、衙厨因勤王来到广东，广东因此得以全盘接触梦寐以求的先进烹饪技术。

在此之后，广东的烹饪技术突飞猛进，有些技术甚至青出于蓝。例如，腌制技术就是粤菜师傅首创的。

原因在于，广东气候燠热而潮湿，南京的"手撕烧鸭"技术传到广东之后虽然改为"挂炉烧鹅"，但没有解决鹅肉（或鸭肉）变质的问题。广东人进行技术改革——先在鹅腹顺剖（刻）一刀掏出内脏，再用调味料涂匀鹅腔，并用小签将开口缝合起来，通过食盐抑制鹅肉（或鸭肉）变质。

从这个历史典故可以看出，粤菜师傅并没有被囿困于旧有技术的藩篱，而是勇于创新，养成"有传统，冇（没有）正宗"的改革态度或者基因，即使仿制都要超越原创，务必让肴馔达到至臻的境界。

1840年（清道光二十年）是粤菜烹饪开始迈向顶峰的起点，因为自那时起，广州厨师有机会挑起广州高档食府主厨的重担，初步建立粤菜烹饪技术的体系。

正是这个原因，同为《清稗类钞·饮食类》，其第二篇与第一篇又有截然不同的观感——"肴馔之有特色者，为京师、山东、四川、广东、福建、江宁、苏州、镇江、扬州、淮安"，从中可见粤菜烹饪建立体系之后的突飞猛进。

事实上，当时粤菜体系最大的建树是编排了两桌蔚为大观的筵席——"满汉全席"及"陈塘风味"，这两者将粤菜烹饪技术表现得淋漓尽致，令人颂声载道。

须知道，任何事情都不可能永远辉煌，粤菜烹饪也是如此。

100多年后，粤菜出现了继续发展的瓶颈——如何更集约化地让更广大的食客享受美食。

1910年前后，"四大酒家"诞生，它们对粤菜厨房工作制度进行改革，使粤菜烹饪体系凤凰涅槃，浴火重生。这套制度时至今日仍然沿用。

需要说明的是，"食在广州"这个招牌使粤菜烹饪出现了更细致的经营分工，还出现了外省鲜见的酒家与饭店的界别。酒家属高档食府，针对的是大型筵席，肴馔着重于造型。饭店属于中档食府，针对的是随意小酌者，肴馔着重于火候。

◎菠萝咕噜肉

◎西汁焗乳鸽

别看酒家与饭店仅仅是经营分工的不同，实际上体现的是各自的厨师所拥有的专业思维。

如果饭店的厨师去酒家工作，酒家的厨师会嘲笑其为"地爪"（指做事不细致）。而酒家的厨师去饭店工作，饭店的厨师又会挖苦其为"卖弄"（指做事太矫揉）。

然而，这是各自界别所需的思维习惯或工作方式，并非过失，但不可过界。

基于这个原因，本篇所收录的肴馔会强调是酒家制作还是饭店制作。读者可各施其技，各施其法。

进入21世纪，延绵百余年的粤菜及其烹饪技术将有机会大放光彩。

借《粤厨宝典·菜肴篇》面世，我祈盼更多对粤菜烹饪怀着改革之心的读者一同投身于粤菜烹饪改革的浪潮当中，使粤菜烹饪永葆本色，在习近平新时代中国特色社会主义思想的科学体系下尽展所长。

猪肉类

中国人养猪的历史源远流长，在未最终被统称"猪"之前，这种膳用牲畜的名字曾被写作"豕""肩""彘""豘""豖""豪"等，后来又被其他的写法所代替。《尔雅·释兽》云："豕子，猪。豱，豶。幺，幼。奏者，豱。豕生三豵，二师，一特。所寝，橧。"《方言·第八》云："猪，北燕朝鲜之间谓之豭，关东西或谓之彘，或谓之豕。南楚谓之豨。其子或谓之豚，或谓之豵，吴扬之间谓之猪子。其槛及蓐曰橧。"《孔丛子·小尔雅·广兽》云："豕，彘也。彘，猪也。其子曰豚。豕之大者，谓之豜；小者，谓之豵。"

因此，文字符号就可以证实中国人养猪的历史不少于3 000年。

中国人烹猪的历史更是积厚流光，早在先秦时期的《灵枢经·五味》中就有"黄帝曰：谷（穀）之五味，可得闻乎？伯高曰：请尽言之。五谷：粳米甘，麻酸，大豆咸，麦苦，黄黍辛。五果：枣甘，李酸，栗咸，杏苦，桃辛。五畜：牛甘，犬酸，猪咸，羊苦，鸡辛。五菜：葵甘，韭酸，藿咸，薤苦，葱辛"的记载，清楚列明"猪"为供人膳用的五畜之一。

在这之后，猪供膳用几乎是家喻户晓，畜养数量越来越多，根据《正字通》的说法，意为人之居所的"家"字，原来正写为"宊"字，后因"豕居之圈曰家，故从宀从豕。

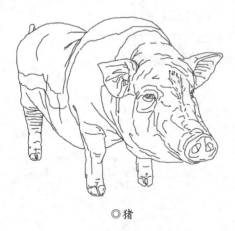

◎猪

后人借为室家之家"（《康熙字典》）而由"犬"改"豕"。

另外，清代文字学家段玉裁在《说文解字注》中认为"家"字有更深层的意思——"豢豕之生子最（最）多。故人尻聚处借用其字。"

何谓更深层的意思呢？

"家"字印证了"豕"——猪是畜兽之中生育能力最强的，继而证明中国人热衷豢养"五畜"之一的猪，与猪的高生育能力不无关系。

据统计，猪嫲（母猪）从配种到产出猪崽只需114天，每年至少产两胎，每胎11只猪崽左右（视品种而定），而从猪崽到育成100千克的肥猪只需150天，故有所谓"畜一猪而阖府全年肉食丰"之说。

实际上，相对于牛、羊这两种常见的膳用牲畜而言，无论是质地、味道还是脂肪等的各种表现，猪都是处于两者之间，这也是其能成为日常膳食材料的无可替代的优势。

能成为日常膳食材料，最起码的条件应该是材料的质地，因为材料的质地决定了烹饪时间。假如材料的质地艮韧，所需的烹饪时间就不得不延长，否则难以咀嚼。牛肉的质地在三种常见的膳用牲畜当中是最艮韧的，为了便于食者咀嚼，掌厨者得花费更多的时间在烹饪之中。而猪就不需要这样，掌厨者可以用较短的时间烹饪，就能够满足食用要求。

有读者不禁诘问，羊肉的质地与猪肉相近，为什么受欢迎程度会比猪低呢？

这就说到了膳用牲畜的味道。

但凡说到牲畜的味道，食者势必都会不约而同地用"膻"字去形容，而这个字还有"羴""膮""羶""羴""羴""羴""羺"等异体字。

这里说明了什么呢？

说明羊的味道浓重并且有异臭，《说文解字》曰："膻，羊臭也。"

当然，猪也有形容其气味的专用字——臊。《说文解字》曰："臊，豕膏臭也"，但猪的气味也只是局限在猪的脂肪上。据现代科学验证，只有老猪才有强烈的臊臭味，其他年龄层的猪的气味十分轻微，几乎可以忽略不计，完全可被接受。

说到脂肪，猪在这一点上是优于牛羊的。

猪的脂肪以硬脂（肥肉）居多，硬脂的优点在于可以直接作为食材膳用。例如粤菜的"咕噜肉""冶鸡卷""金钱鸡"以及粤点的"鸡仔饼"等就是以

◎注：如果馔名及饼名带有"鸡"字，如冶鸡卷、金钱鸡、鸡仔饼等，而配料却压根没有鸡肉的食品，其配料必定用上了猪硬脂（肥肉）。因为猪硬脂包裹及分隔油脂的薄膜较厚，形成较强的保护层，保护层能承受较高的温度，不让油脂液态外渗（油脂液态外渗会令食者感到肥腻）。而液态油脂在适当的温度下干燥，猪硬脂的保护层就会酥化，酥化后的猪硬脂表面会形成众多轻微的焦燋凹凸点，这些焦燋凹凸点被前辈厨师称为"觭角"，而"觭"在粤语中读作gei[1]，与gai[1]（鸡）谐音，因此，但凡配料中带有猪硬脂且用低温（不让油脂液态外渗的温度）加热使猪硬脂酥化的肴馔及饼饵的名称都带有"鸡"字。

◎猪姆哺崽

猪硬脂作为配料烹制而成的。牛、羊的脂肪以软脂为主，软脂膳用的唯一途径就是先炼成油。

猪的脂肪分布相当清晰，猪前胛与猪臀部都是以瘦肉为主，脂肪主要集中在背部、腰部、腹部及腩部（肚部）。背部的肥肉和瘦肉明显各占一半，腰部的瘦肉中藏有肥肉，腹部的瘦肉与肥肉相间，腩部则是肥肉多而瘦肉少。因此，猪的每个部位都有散（粗糙）、滑、柴（干巴巴及无弹性）、弹等不同的质感。牛、羊的脂肪是软脂，且大多数是不经意间藏于瘦肉之中，烹饪时得额外处理。

明代药学家李时珍在《本草纲目》中分别对猪、牛、羊的膳性做出分析，书中说"猪"是"在畜属水，在卦属坎，在禽应室星"，说"牛"是"在畜属土，在卦属坤，土缓而和，其性顺也"，说"羊"是"在畜属火，故易繁而性热也。在卦属兑，故外柔而内刚也"。

怎样理解猪属水、牛属土、羊属火的概念呢？《正义曰》云："天一生水，地六成之。五行之体，水最微，为一。火渐著，为二。木形实，为三。金体固，为四。土质大，为五。"《管子·水地篇》曰："水者，地之血气，如筋脉之通流者也。"由此说明猪肉在膳食畜兽肉类中属于基础类，按药膳的概念，则为气血之源，不煴不燥，常食无拘；牛肉在膳食畜兽肉类中属于骨架类，按药膳的概念，则为力量之源，中煴中燥，偶食有益；羊肉在膳食畜兽肉类中属于膏腴类，按药膳的概念，则为热量之源，大煴大燥，少食滋补。

这里顺带说一下，创于南宋时期并由区适子编写的启蒙教材《三字经》中就有"马牛羊，鸡犬豕。此六畜，人所饲"的话语，说"六畜"是由马、牛、羊、鸡、狗、猪组成。然而，经历了800多年的岁月，马与狗已失去了膳食肉类的主流位置，因此，"六畜"的说法显得陈旧，并不符合现代膳食要求。为跟上时代节拍，新的"六畜"应该是指猪、牛、羊、鸡、鹅、鸭这三兽三禽，这样较为合理。

◎剐猪

◎ 扣肉

原料①：嘉和烧肉1 000克，精盐12克，白糖20克，南乳70克，绍兴花雕酒30克，淡二汤200克，蒜蓉10克，老抽（深色酱油）20克，生菜500克，湿淀粉50克，花生油40克。

制作方法：

这种做法的菜，名为"**南乳扣肉**"。

这里所选用的肉料并不局限于嘉和烧肉。所谓的"嘉和烧肉"，是指利用极炽热的火候使五花肉的表皮明胶产生絮凝反应，从而使五花肉的表皮形成酥脆效果的

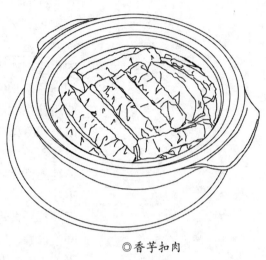

◎香芋扣肉

制品。由于絮凝表皮湿润后会变得柔软，相较于五香烧肉及油炸花肉，其质感更受食客喜爱。不过，嘉和烧肉存在的缺点是香气较五香烧肉逊色，这是因为炽热的火候（250℃左右）令五花肉的脂香及酯香高度钝化。五香烧肉所采用的火候相对不太炽热，温度通常在180℃左右即可使表皮产生焦糖化反应。在这个温度下，五花肉的脂香和酯香会得到极大的保护并且相对活跃。但是，由于五花肉表皮明胶没有产生絮化反应，五花肉表皮湿润后，质感会变得十分艮韧，这是其最大的缺点。因此，要想菜肴有较好的质感就选嘉和烧肉，要想菜肴有较好的香气（味道）就选五香烧肉。嘉和烧肉和五香烧肉的详细做法请参见《粤厨宝典·味部篇》。油炸花肉的知识请见原料②的制作方法。

将嘉和烧肉切成长5.5厘米、宽3.5厘米、厚1.8厘米的"日"字形件。这个工序称为"切件"。将肉件放入大钢盆内，加入精盐、白糖、南乳（预先用湿型搅拌机搅烂，以免起粒）、绍兴花雕酒、蒜蓉（可全用生蒜蓉，或者是"金银蒜"，即一半生蒜蓉加一半炸蒜蓉）拌匀。这个工序称为"腌味"。以上工序由砧板师傅完成。及后交由打荷（助厨），其按皮朝下、肉朝上的形式连汁将肉件整齐排放在码斗（小钢盆）内。排列方式有"三行扣"和"万字扣"两种，前者将肉件分成三行排放；后者先排两行，余

◎注1：烧肉按加工方式可分为五香烧肉、嘉和烧肉及澳门烧肉。五香烧肉仅让猪皮进行焦糖化反应，澳门烧肉则要让猪皮进行充分的絮化反应，而嘉和烧肉介乎两者之间，即猪皮进行深度的焦糖化反应却又未充分完成絮化反应。三者的详细知识及制作方法请参阅《粤厨宝典·味部篇》。

下一行横向分排在两侧。需要强调的是，每行的肉件必须为双数，这是菜肴称为"扣"的原因之一。这个工序称为"砌码"或"扣砌"。这个工序完成后，交由上什师傅，其将肉件连码斗置入蒸柜（上什炉）内，以猛火蒸45分钟左右，以肉质感松化为度，取出备用。这个工序称为"蒸制"，而蒸好的扣砌肉件则称为"扣肉坯"。上菜时，将扣肉坯置入蒸柜内加热至中心温度达到90℃。这个工序称为"煾热"。此时打荷将候镬师傅灼熟的生菜放在瓦罉内；待扣肉坯煾热后，打荷将扣肉坯内的汁液倒出，并将扣肉坯覆扣倒入瓦罉内。这个工序称为"扣碟"。候镬师傅用花生油起镬，用老抽调色，用湿生粉勾芡，将汁液调成嫣红色及勾成稀琉璃状。这个工序称为"勾芡"。汁液勾成稀琉璃状后即淋在扣肉面上。这个工序称为"淋芡"。打荷随即将扣肉瓦罉置在煤气炉上加热至汁芡沸腾。这个工序称为"烧罉"，也有的在放生菜垫底前，将瓦罉烧热，但菜肴品尝效果不及这个流程次序。瓦罉垫上底碟端到传菜间（香港、广州的粤菜馆称为"班地喱"，由pantry音译而来），再由传菜员（俗称"地喱"）端到食客面前。

原料②：油炸花肉1 000克，净芋头800克，精盐19克，白糖25克，绍兴花雕酒30克，南乳100克，老抽40克，蒜蓉20克，淡二汤400克，五香粉60克，八角（大茴香）10克，生菜500克，湿淀粉50克，花生油40克。

制作方法：

按这种方法制作成的菜，名为**"香芋扣肉"**。这道菜肴顾名思义是用香芋和五花肉制成，因此重点是对香芋和五花肉的加工。

先对香芋进行加工。用瓜刨将香芋的皮刨去，这道工序称为"刨皮"，通常由剪菜工完成。因为香芋（或其他芋头）含有对人的皮肤有强烈刺激作用的草酸碱，会令接触者产生痕痒，操作时最好戴上胶手套。香芋刨去皮后交给砧板师傅，砧板师傅将香芋切成长5.5厘米、宽3.5厘米、厚2.5厘米的"日"字形件。这个工序称为"切芋件"。香芋切成件后交由候镬师傅，候镬师傅用花生油以七成热（240℃）将香芋件炸透（约20分钟）。这个工序称为"炸芋件"。这个工序有两个关键点，第一个关键点是要将花生油烧热后才放入香芋件，否则香芋件蒸制时湿润，就不会棱角分明，出现"溶角"的现象。第二个关键点是必须将香芋炸透，即尽量将香芋件内部水分炸干并使淀粉质充分熟化，令香芋蒸制时吸收水分，呈现粉糯的质感。如果香芋件油炸不彻底，湿润

◎注2：香芋，俗称"芋头"。因各地选种栽培不同，逐渐衍生出各具特色的多头芋、大魁芋和多子芋等类型。一般而言，做香芋扣肉多选大魁芋。芋头的详细知识请参阅《粤厨宝典·食材篇》。

◎注3：在油炸食品时，厨师是不会用温度计去测量油温的，都是凭经验估计油温。一般而言，评估油温有两种方法，一种是将油温分为三段，即温油、热油及旺油。再一种是将油温分为五段，即一成油温、三成油温、五成油温、七成油温及九成油温。

后会呈现"脤"（粤语音san⁵）——不生不熟、不爽不粉的质感。

油炸花肉由候镬师傅操作。花肉即猪的肋腹肉，肋部肉又称"五花肉"，腹部肉又称"三花肉"，带乳房的称"泡腩肉"。以肋部肉为佳。油炸前要检查猪皮是否残留猪毛，有则先用滚水烫渌并用火燂烧清除。如果猪皮带有油衣，会影响猪毛燂烧，要用毛巾擦去油衣后才操作。这些工作完成后，用铁镬煮足够分量的清水，加热至沸腾，将整块花肉放入焓20分钟左右。这个工序称为"焓肉"。花肉焓好后从铁镬中取出，以皮朝上的姿势放在工作台上，趁热用针耙密插猪皮（目的是为油炸时疏汽）。这个工序称为"松针"或"疏针"。趁热用20克老抽抹在猪皮表面（目的是给猪皮上颜色）。这个工序称为"上色"。用钢钩将花肉吊起，晾凉并沥去水分。这个工序称为"晾皮"。有读者会问，可否不晾皮直接油炸呢？答案是：这样做也未尝不可，但需要注意的是，肉中水分与热油接触会产生爆炸反应使热油飞溅，增加工作的危险性，另外也会增加操作的时间。将花肉沥干水分后，即可将足够用量的花生油（配方未列）倒入铁镬内烧至七成热（240℃），将花肉放入，炸至花肉表皮发硬。这个工序称作"炸肉"。实际上，由于花肉饱含水分，花肉表皮虽发硬，但未对其明胶造成破坏性的影响，因此，湿润后，花肉表皮的质感会由硬变韧，并不松软。要让花肉表皮湿润后的质感变得松软，得将猪皮炸至酥脆。具体做法是将炸硬表皮的花肉晾干后再按同样油温复炸一次以上，炸至花肉表皮呈现疙瘩状（俗称"珍珠皮"）为止。这是明胶絮化反应的一种表现。需要知道的是，所谓"城墙失火殃及池鱼"，明胶的絮化反应是猪皮高度脱水形成的，虽是针对猪皮部分，但也波及肥肉和瘦肉部分，肥肉部分因脱水会高度收缩；瘦肉部分的水溶性蛋白在高温下脱水会高度固化（在这种形态下再湿润不会吸水膨胀），而非水溶性蛋白因没有水溶性蛋白带水分在周围支撑而令质感变柴变散。

后面的工作流程与原料①制作方法基本相同，但有三点不同：第一，油炸花肉件是用精盐、白糖、绍兴花雕酒、南乳（预先用湿型搅拌机搅烂，以免起粒）、蒜蓉腌味。第二，香芋件撒上五香粉才与腌好味的花肉件为一组扣夹到码斗内。第三，八角放在香芋件与花肉件上一同蒸制，上菜时夹起不要。

原料③：油炸花肉1 000克，白糖280克，糖冬瓜280

◎注4：有很多新晋厨师不太明白五花肉在烧或炸时为什么会时有离皮的现象发生。这是猪皮的弹性与猪皮鼓胀不一致所引起的。猪皮由明胶构成，具有一定的伸缩性，在正常的情况下，皮下油脂从固态变成液态时，必要的通道宣泄和强大的张弹力会让猪皮与固态油脂牢牢地贴服在一起。如果液化油脂急促地转为汽态，超过了猪皮对宣泄和张弹的承受能力，猪皮就会鼓胀，并与皮下固态油脂分裂。猪皮与皮下固态油脂分裂，即为"离皮"现象。

怎样杜绝这种现象发生呢？

第一，不要选用含水量过高的五花肉。第二，不要选用冻伤的五花肉。第三，五花肉焓制时不能焓得过熟；五花肉过熟会使脂肪易于汽化。第四，五花肉焓熟后最好用针耙在猪皮表面密插孔洞以利于疏汽。第五，在烧或炸时要留意猪皮的反应，若发现猪皮有鼓胀时要迅速用针耙疏汽。

◎注5："脤"与"祳"相通，《正韵》曰："祳同脤。祭社生肉也。"按照《谷梁传·定十四年》的"脤者何也，俎实也，祭肉也。生曰脤，熟曰膰"的理解，"膰"是祭祀用的熟胙肉，而"脤"是祭祀用的生胙肉，由此"脤"的字义衍生为半生不熟，如广州人形容某人的举止大大咧咧，就会说其"脤下脤下"，后来更借此义描述食物半生不熟的质感。

克，味精8克，酥糖70克，葱白蓉35克，湿菱角淀粉12克。

制作方法：

按这种方法制作成的菜，名为"**水晶扣肉**"。油炸花肉的工作流程与原料②制作方法基本相同，但总体上有四点不同：第一，花肉要先切成6厘米见方去油炸。第二，花肉油炸后顺肉纹等距分成3件，每件再从肉面切入深达3/5处，使肉块形成皮相连、肉分开的门铰状"日"字形肉件。第三，糖冬瓜嵌在肉件内。第四，嵌上糖冬瓜的肉件以皮朝下、肉朝上的姿势整齐排放在码斗内，排列形式与原料①的相同。第五，将白糖、味精、葱白蓉撒在肉件面上调味。第六，扣肉坯蒸好后（一般蒸90分钟）将糖汁倒出，肉件扣在圆碟上。第七，糖汁放入铁镬内加热，用湿菱角淀粉勾成芡并淋在扣肉面上。第八，将碾碎的酥糖撒在扣肉面上，整个制作完成。

原料④：油炸花肉1 000克，梅菜140克，白糖14克，生抽21克，猪油140克，蒜蓉7克，味精7克，生菜500克。

制作方法：

按这种方法制作成的菜，名为"**梅菜扣肉**"。制作方法与原料①及原料②的制作方法基本相同，因此这里只介绍梅菜的加工。

梅菜有咸、甜两品，咸品味道香而甜品质感滑，两者处理方法相同。制作时先用过面清水浸泡梅菜2小时，使其回软并减轻咸（甜）味。然后在流动水下，将叶片散开，将藏在叶片内的泥沙冲洗干净。控干水分，放在砧板上将叶梗带老筋的部分切去，并叠齐横向切碎（宽度约0.6厘米）。将铁镬以中火加热至130℃左右，将梅菜碎放入镬内炒至水干，再放入白糖、蒜蓉、生抽、猪油、味精炒香。将梅菜碎铲出，放入已用码斗排砌好的肉件上，置入蒸柜蒸约2小时。这道菜不用勾芡，上菜时将扣肉坯覆扣在垫有灼熟生菜的瓦罉内，再将瓦罉放在煤气炉上烧热即可。

原料⑤：带皮五花肉1 000克，荔浦芋800克，清水300克，精盐18克，陈村枧水（碳酸钾）3.5克，纯碱（碳酸钠）1.5克，白糖22克，海藻糖8克，胡椒粉8克。

制作方法：

按这种方法制作成的菜，名为"**白切扣肉**"。

无论是使用澳门烧肉、五香烧肉，还是油炸花肉，最让厨师揪心的还是花肉的瘦肉部分的质感，因为烧或炸都是针对猪皮部分而忽略了瘦肉部分。问题是猪皮上的明胶即使固化也会变成海绵体，湿润后的质感也可被食客接受，而瘦肉

◎注6：梅菜是广东（梅州、惠州）的特色传统名菜，属于腌制食品。

上的水溶性蛋白一经脱水固化就难以吸收水分去滋润非水溶性蛋白，使瘦肉呈现柴和散的劣性质感。早在100多年前，广东肇庆的厨师就发现了这个问题，因此创制出极富地方特色的白切扣肉。原始的工艺相当简单，将整块的有皮五花肉放入滚水之中焓熟，捞起并用清水漂凉，用刀裁切成"日"字件，与去皮并切成"日"字件的荔浦芋砌在码斗内，再蒸至荔浦芋熟透。这样做的优点是确保瘦肉水分充足，质感偏滑；与此同时，由于经过漂水，猪皮上的已溶解明胶被漂去，未溶解的明胶又吸水膨胀，从而令猪皮呈现爽而不黏的质感。

当然，这种做法还有瑕疵，因为如果与南乳扣肉、香芋扣肉、梅菜扣肉等相比，花肉的质感确实因保水有所改善，但从自身的配方而言还有进步空间。现在提供一个新配方供技术研发及食品配送的厨师参考。

将精盐、陈村枧水、纯碱、白糖、海藻糖放在保鲜盒内，用清水使之溶解，浸入带皮五花肉后冚上盒盖，置入冰箱冷藏36小时。这种做法的优点是通过陈村枧水、纯碱的强碱弱酸盐抑制五花肉的回酸性，从而令猪皮上的明胶及瘦肉上的水溶性蛋白处于膨胀状态。与此同时，在精盐的渗透压下，膨胀的猪皮明胶和瘦肉水溶性蛋白的内部与它们外部的水分达至平衡，从而强化了它们的持水性。实际上，陈村枧水、纯碱以及精盐的作用还未结束。在白糖和海藻糖（还可添加低聚异麦芽糖、异麦芽糖醇、果糖、赤藓糖醇等低分子糖）所组成的人工糖原的协助下，明胶、水溶性蛋白、非水溶性蛋白、脂肪等肉组织活化起来，在不少于36小时的冷藏作用下，肉组织结构进行网络重组，从而令五花肉用水烹法（如焓、滚、浸）及汽烹法（如蒸、烔）加热致熟呈现爽、脆、嫩、滑、弹的质感，而且还可以承受"二次加热"。

带皮五花肉经36小时冷藏腌制后取出自然解冻，切成"日"字件，与同样切成"日"字件并用热油炸透的荔浦芋排放在码斗内，撒上胡椒粉，置蒸柜内有猛火蒸约25分钟。取出覆扣倒入烧热的瓦罉内。配芝麻油加生抽的调味汁供食客蘸点。

原料⑥：带皮五花肉1 000克，白糖1 000克，老抽20克，清水1 700克，湿淀粉30克。

制作方法：

按这种方法制作成的菜，名为**"绉纱甜扣肉"**。其与以上五种做法有两点不同，一方面是肉料是先焓透才油炸，利

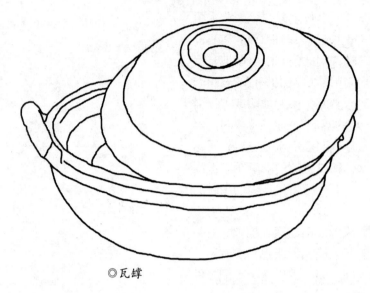

◎瓦罉

用肉料脱水程度的差异形成绉纱的样子。另一方面是别出心裁地以白糖调味，用意是消解肉料的肥腻。

带皮五花肉在燂刮干净，放入有滚水的罉里焓至八成脸软（即以钢针勉强可插入为度）。捞起，以皮向上、肉向下的姿势放在工作台上，用钢针在猪皮上均匀密插一些小孔，以便让猪皮油炸时能起皱褶形状（皮及皮与肉之间的含水量高度不一致）。用毛巾抹干猪皮表面水分，趁热将老抽搽在猪皮上，油炸时猪皮更容易着色。这些工序通常由打荷操作。然后将带皮五花肉交到砧板岗位，用刀将带皮五花肉切成长7厘米、宽1.2厘米的块。肉块交到候镬岗位，师傅在铁镬中加清水将肉块煮滚3次，每次10分钟，捞起后在流动的清水里漂凉。此工序完成后，将肉块沥干水分并放入瓦罉内，加入用1 500克清水与800克白糖煮成的糖水，冚上罉盖，用慢火加热至肥肉透明为止（约45分钟）。打荷将肉块以皮向下、肉向上的姿势排砌入钢斗（过去用扣碗）内备用。膳用时，将肉块连钢斗置入蒸柜煴热，取出覆扣钢斗，将肉块倒入浅底瓦钵内，再淋上用200克清水、200克白糖煮成已用湿淀粉勾好的糖浆芡即成。

◎大马站煲

◎注1：大马站是广州一个地名，与小马站相对，两地距离也不算远，前者在西湖路附近，今为北至中山五路、南至西湖路的路名，后者在今广州百货大厦西旁，现为巷名，均为清兵（时称旗人）进驻广州时放马、养马的地方。大马站煲就是大马站那个地方流行的美食，因此而得名。

原料： 五香烧肉1 000克，豆腐20件，韭菜750克，猪油20克，咸虾酱20克，精盐4克，淡二汤2 500克。

制作方法：

这道肴馔按广州人的说法是"打边炉"（吃火锅），而材料都是现成的，制作起来并不复杂。有两种做法。

第一种做法是将五香烧肉切成2.5厘米见方的肉条，豆腐每件切成4个小方块，韭菜切成5厘米的长段。这些工序由砧板岗位操作完成，再由打荷交到候镬岗位。以中火将瓦罉烧至炽热，放入猪油加至五成热（150℃），加入咸虾酱爆香，然后加入五香烧肉方条煎炸，在此期间适时用筷子翻动五香烧肉方条，使五香烧肉方条四周边缘呈金黄色，微有油脂渗出即可攒入淡二汤（清水也可以）。因肴馔是打边炉形式，汤水可酌情添加。汤水沸腾后，用精盐调味（五香烧肉在加工时已用五香盐赋味，由于每批次的咸甜味并不一致，精盐用量要酌情增减），并放入豆腐方块。汤水重新沸腾后，将火调慢至汤水呈"菊花心"的涟漪状约8分钟，再放入韭菜段（可由食客自己投放）即成。膳食时以炭火炉或酒精炉加热为佳。

　　第二种做法是砧板岗位将五香烧肉、豆腐、韭菜按第一种做法切裁好，用瓦碟排放整齐。候镬岗位用五成热（150℃）猪油爆香咸虾酱，攒入淡二汤（清水也可以），并用中火将淡二汤加热至沸腾，用精盐调味制成"大马站咸虾酱汤"。将酱汤放入瓦罉内，端到食客面前架，在炭火炉或煤气炉上加热至酱汤沸腾，让食客自行将五香烧肉方条、豆腐方块和韭菜段（也可以是韭菜结，即韭菜原条编成结）放入酱汤内渌（烫）着吃。吃完再加。

20世纪70年代初，广州名厨许衡师傅的《杂谈饮食·大马站煲》及香港名厨陈荣师傅的《入厨三十年·大马站菜》都有为此肴馔编写典故。许衡师傅的典故实在夸张了些，说乾隆皇帝游江南时携同契仔（干儿子）周日清来到广州，在大马站游玩时忽然感到一阵香气从远处扑鼻而来，循踪探究，原来有一伙人围在炉火烧着的瓦罉旁大快朵颐，瓦罉内放着咸虾、烧肉、豆腐和韭菜。陈荣师傅的典故就实在一些，说在清季末叶（原话如此）有驻广州的府台乘轿经过大马站发觉阵阵浓香，就着令他的专厨一探究竟，专厨到大马站转了一圈后探明其中要髓，就用咸虾酱加汤去煮猪油渣、豆腐和韭菜给府台品尝，府台吃后大加赞赏，就有正式的做法。陈荣师傅在书中强调说："因为这个菜是原锅打边炉式的食法（即火锅），虾酱的味道是鲜野的，韭菜又是香料菜，原锅滚至热气腾腾，确是香达户外，这就是其得名由来。"

　　其实，所谓的"大马站煲"，原来只是用咸虾酱调味的豆腐煮韭菜，只是在大马站的人另有创意，在烹煮时加入了烧肉。

　　如今的烧肉有三种，即五香烧肉、嘉和烧肉和澳门烧肉，过去只有一种，就是五香烧肉。五香烧肉因仅将猪皮明胶烧至固化（半焦化），因此充分保留并激发出猪肉的香气，又因为做调味的五香盐是用7份糖加3份盐配成，烧肉味道偏向于甜，让人吃后有回甘、生津的感觉。在以咸虾酱调味的豆腐煮韭菜时加入这种烧肉，即令肴馔秘醇四溢，热着来吃更妙趣无穷。所以，陈荣师傅在《入厨三十年》中介绍了肴馔的做法后补充说："这个菜天时越冷越好吃，然而夏暑天就不见得好入喉，在严寒的冬令时节，你不要以为这个菜是粗贱之品，实则其味之佳，不下名馔。"

　　◎注2："大马站煲"在粤菜中的后续意义是将本来做烧腊的熟食制品用作肴馔的食材进行二次烹调，又由于用烧肉烹制的肴馔秘醇四溢，让人吃后有回甘、生津的感觉。

◎大马站煲

◎均安蒸猪

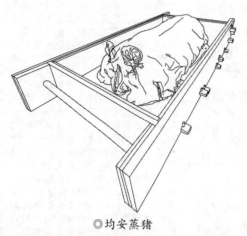

◎均安蒸猪

原料： 中猪1只（约40千克），五香盐400克，米酒800克，冰水2 000克，白芝麻10克。

五香盐配方： 精盐1 000克，白糖300克，桂皮粉20克，蒜香粉100克，八角粉8克，甘草粉15克，薄荷叶粉3克，五香粉35克，花生酱120克，味精45克。

制作方法：

由于市场规模的问题，均安蒸猪并未形成完善的供应链，因此，猪的品种、重量的选择，以及劏猪都要厨师亲力亲为。猪的品种的常识可参阅《粤厨宝典·食材篇·兽禽章》。猪的重量介乎乳猪到大猪之间，通常是选40千克左右的中猪。原则上是以猪皮薄、肥瘦适中、瘦肉具有一定弹性（乳猪瘦肉较糯，大猪瘦肉较韧，都不适合用蒸的方法加工）为标准。劏猪的方法并不复杂，先用绳将猪前蹄与猪后蹄绑在一起，抬到劏猪凳上用长尖刀从猪喉捅入直插猪心，待猪断气后，将猪抬入75℃的热水鐔里渌水，并煺净猪毛。用铁钩钩着猪后蹄将猪吊起，用刀顺着猪腹中线由上往下直剖一刀，使猪内脏露出，并将猪内脏全部掏出。这个工序称为"劏猪"。

实际上，来到这一步才是现今厨师的职责，之前的工序是劏猪佬（屠夫）的职责。整个工序流程在《手绘厨艺·烧卤制作图解Ⅰ·五香烧肉》有较详细的介绍。

猪头向着操作者，用刀将猪下巴的皮顺剖开，将猪下巴摊平；操作者骑立在猪体上方，一手握刀，一手握槌沿猪脊骨中线将脊骨破开（不要剖破猪皮）；横刀在猪颈椎骨处斩断并割下来，并以此为开口，分别将脊骨、肋骨、髋骨、股骨、腓骨、胫骨、跗骨、跖骨、扇骨（肩胛骨）、臂骨、桡骨、尺骨、腕骨、掌骨、腭骨、颌骨起出，剩下纯皮肉。这个工序称为"起猪"。

将剩下纯皮肉的猪以皮朝下、肉朝上的姿势平铺在工作台上，用刀在瘦肉上剖出"井"字坑纹，以利入味和快熟，再将混合好的五香盐以每1 000克放50克的比例均匀撒在瘦

◎注1：均安蒸猪尽管见于收集明代嘉靖二十一年（1542年）至1988年历史的《顺德均安志》（由容汉德主笔，1991年出版），但语焉不详，只有"顺德各地春秋二祭多有烧猪作牺牲分胙（《说文解字》曰'祭福肉也'）肉，而江尾（即今均安镇）则用蒸猪"一段话，对始创时间、始创缘由交代不清。

肉上并抹匀，然后将猪放在周转箱内置入冰柜冷藏6小时左右。这个工序称为"腌味"。

将腌好味的猪坯以皮向上、肉向下的姿势摊平铺在放于蒸猪底栊里呈弧形的托架上。冚上蒸猪面栊，并将蒸猪栊架在蒸炉上，蒸猪底栊与蒸猪面栊以及蒸猪底栊圆孔与蒸炉汽孔必须吻合，蒸汽不外泄（还可铺上大湿布）。猛火加热，让蒸汽散布在蒸猪栊内部。约蒸20分钟，抬起蒸猪面栊，用针耙密插猪皮，随插随洒入米酒。密插完毕后，冚上蒸猪面栊，约蒸10分钟，依法重复一次。这是两个工序，名称为"插孔"和"淋酒"。

余下每隔15分钟抬起蒸猪面栊一次，每次喷淋冰水，并用手将猪皮针孔渗出的黏液洗去。这个工序称为"淋水"。喷淋冰水的目的是洗去猪皮已溶解的明胶，并通过冷却固化猪皮未溶解的明胶，从而让猪皮呈现爽而不稔（黏）、弹而不艮的质感，由此与烧肉形成一弹一脆的特色。

淋水工序无硬性次数，要视乎以下三点：猪皮溶解明胶是否冲洗干净，猪肉是否完全熟透，猪皮软硬度是否合适。这三点都达到标准后，均匀撒入洗净并炒香的白芝麻到猪皮表面即可冚上面栊，端离蒸猪炉待售，并切大块供膳。

均安蒸猪创作灵感应该是来源于历史悠久的"三蒸九扣"中的干蒸制式。而这个干蒸制式先以南北朝贾思勰《齐民要术》摘录《食次》的"豚蒸"——"如蒸熊（大，剥，大烂。小者去头脚。开腹，浑覆蒸。熟，擘之，片大如手）"面孔面世，到了元代倪瓒《云林堂饮食制度集》，再以"烧猪肉"——"洗内净，以葱、椒及蜜、少许盐、酒擦之。锅内竹棒搁起。锅内用水一盏、酒一盏，盖锅，用湿纸封缝。干则以水润之。用大草把一个烧，不要拨动。候过，再烧草把一个。住火饭顷。以手候锅盖冷，开盖翻肉。再盖，以湿纸封缝。再以烧草把一个。候锅盖冷即熟"的面孔现身。由于蒸全猪是大制作，所以并非普通人家能消费得起。所谓各处乡村各处例（不同地方有不同的习俗），均安人却愿意将其视为胙肉，与烧肉形成一红一白的祭品。

◎注2：蒸猪栊的"栊"在广东方言里有两个意思：一个是指栅栏式的门，如趟栊，粤语读作lung[2]，意思与《说文解字》中的"槛也"一致。另一个是指等同于"盒"的木制家具，如木栊（小为"盒"，大为"栊"），粤语读作lung[5]。这里的"栊"是取等同于"盒"的栊。

◎注3：蒸猪栊用杉木板造，底面大小及形状相同，唯底栊有1个直径30厘米的大圆孔及在四角附近各有1个5厘米的小圆孔（见图）。杉木板厚3厘米，高35厘米；外围板长180厘米，两边各留15厘米作为把手用，内围板长150厘米，宽68厘米。将外围板与内围板楔合起来呈"H"形，并封上内围底板而成。

◎注4：蒸猪托架过去用杉木造，现在多用直径3厘米的不锈钢管造（见图），弧形，高30厘米，底宽45厘米，长125厘米。弧形管4支，长管7支，等距分布焊牢。

◎注5：蒸炉可用传统的柴炉，也可用现代的煤气蒸炉等（见图）。蒸汽孔为35厘米。

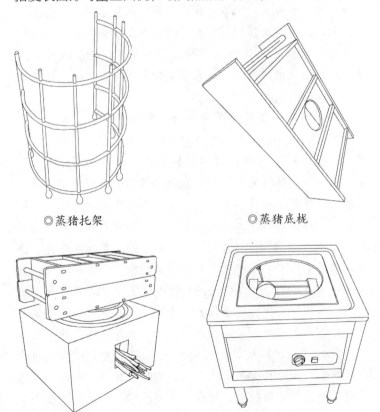

◎蒸猪托架　　　　　◎蒸猪底栊

◎蒸猪柴炉全景　　　◎煤气蒸猪炉

粤厨宝典·菜肴篇1

○扣肉与筵席

对于"扣"对烹饪的意义，《粤厨宝典·厨园篇》已有详细解释，这里是讲对筵席的意义。

什么是筵席呢？

《周礼》曰："度堂以筵。"即在厅堂内安设的座位，筵又与席相通，《周礼·春官·注》曰："筵亦席也。铺陈曰筵，藉之曰席。筵铺于下，席铺于上，所以为位也。"即筵席原来是指庭堂内安设的方寸之地，等同于现代所说的蒲团、坐垫之类。考古学家郭宝钧（1893—1971）在《中国青铜时代》中就有"原本殷周时代尚无桌椅板凳，他们还是继承石器时代穴居的遗风（那时穴内铺草荐），以芦苇编席铺在庭堂之内，坐于斯，睡于斯，就是吃饭也在席上跪坐着吃"的考古论述。也就是说筵席是集读书、聚会甚至睡觉等功能为一体的座位，与饮食无直接关系。

筵席后来之所以与饮食攀上关系，是因为古时贵族宴会都是实行分食制，来客会坐在特定的位置上用餐。为表隆重，主人家会对来客的用餐座位进行精心的修饰，之后就有了将用餐座位称为筵席的惯例，不再是指读书、睡觉的座位。如果按现代的理解，此时筵席的意思即仅有单一座位的食案。

筵席由单一座位向更深层的意义发展及扩容则经历了两段历史的转变。一个是东汉时期胡床成为中原人的生活设施，因胡床有了更舒适的椅凳和桌台，用餐者不再席地而坐。另一个是魏晋南北朝时期游牧民族的合食制在中原盛行起来，用餐者不再是各坐各的食案，而是围在一起同桌、同盘膳食。结合这两个历史转变，中国人的用餐形式也就由席地而坐变成用餐者坐在椅凳上并围在桌台边同盘膳食。不过，筵席的定义并不是简单地升级成为数名用餐者坐在椅凳上并围在桌台边同盘膳食，而是向更深层的意义发展及扩容，即以这样的组合为单位，多于一个单位数并加以隆重举行的才称得上"筵席"，由此也有了"大摆筵席"的说法。

根据战国时期面世的《周礼·天官冢宰》所云，围绕贵族膳食的岗位包含膳夫、庖人、内饔、外饔及亨人等。这些岗位后来统称为厨师，现在不清楚这些厨师实际服务多少人，但根据《周礼·天官冢宰》的介绍，共用了540人。厨

◎注1：《周礼·天官冢宰·叙官》记载膳夫、庖人、内饔、外饔及亨人的用人标准——"膳夫，上士二人、中士四人、下士八人、府二人、史四人、胥十有二人、徒百有二十人。包（庖）人，中士四人、下士八人、府二人、史四人、贾八人、胥四人、徒四十人。内饔，中士四人、下士八人、府二人、史四人、胥十人、徒百人。外饔，中士四人、下士八人、府二人、史四人、胥十人、徒百人。亨人，下士四人、府一人、史二人、胥五人、徒五十人。"

师见证了筵席从方寸之地的分食制向以用餐者坐在椅凳上并围在桌台边同盘膳食的合食制的演变。就厨师而言，筵席从分食制向合食制演变还未构成工作上的压力，甚至可以说是降低劳动强度，因为合食制免去了为用餐者分餐的步骤，最多是做菜时相应加大一点分量而已。

让厨师感到劳动强度不断加大的演变在后头。到了清代，人口剧增，筵席数目也随之不断溢增，上百过千的筵席是常见的事，以致有的乡村连举办场地也不够用，干脆施行流水席——每桌坐8人，人齐开席，吃饱离席再换另一帮人继续开席。

试想一下，这样的工作强度有多大。

问题远不止于此，专门从事这样筵席的大肴馆在使用厨师人数方面，并不是以《周礼·天官冢宰》所列举的数字为标准，不增反减，基本上按1个厨师承担100～150桌的筵席计算，每个厨师要制作800～1 200道菜式。

听到这样的用人标准，相信很多人都会咋舌。2016年10月3日广州市越秀区杨箕村为庆祝改造回迁之喜，在改造好的小区筵开1 500席（时称"千围宴"或"万人宴"）招待村民，承办该筵席的团队就征集了300名厨师（另有传菜、收放碗碟的后勤人员300名），设了5个厨房部、1个烧味部来完成此事。由此算出1名厨师制作5桌筵席，与流水席设定的厨师人数标准真是天壤之别。

为什么千围宴要用上这么多的厨师呢？主要是菜单设计的问题。

千围宴菜单是烧肉、咸香鸡、蒸龙虿、白灼虾、发菜蚝豉炆猪手、菜胆扒冬菇鱼丸、鲍汁燩鹅掌、鹊巢肉丁、梅子鹅、上汤浸菜心。当中咸香鸡与用中猪加工的烧肉在承办方的工场预先熟制，但要现场分斫，所以设立1个烧味部完成。余下菜式则由5个厨房部同时完成，其中梅子鹅、鹅掌、猪手、蚝豉、发菜、炸鹊巢（用芋条炸成）、肉丁在承办方的工场预先熟制或制成半成品。现场仍要耗时费工的制作有蒸龙虿、白灼虾、蒸扣发菜蚝豉猪手，并准备蚝油芡汁、燩鹅掌，油泡肉丁与油泡芹菜在镬上合味，再与夏威夷果仁放在炸鹊巢内，煴热梅子鹅、用上汤浸熟菜心等，不得不动用大量的人手。

流水席则采用"三蒸九扣"的烹制形式，工作安排是上午将肉料等炸熟并分斫或切好，中午排砌入碗并蒸制，上菜时可进行覆扣处理，也可原碗端出，并不耗费太多人手。香芋扣肉、梅菜扣肉、水晶扣肉以及均安蒸猪等都是这种筵席产物。

◎注2：杨箕千围宴菜单：鸿运均安烧肉、美满咸香鸡、清蒸珍珠龙虿、生灼九节虾、发财好市就手、菜胆扒冬菇鱼丸、鲍汁扣鹅掌、雀巢纯果丁、梅子鹅、田园油菜、美点生辉、奉送生果。

◎注3："三蒸九扣"是指清蒸、粉蒸、干蒸；红扣、白扣、原扣、块扣、叠扣、排扣、酿扣、花扣、生扣。详细知识请参阅《粤厨宝典·厨园篇》。

粤厨宝典·菜肴篇1

◎绉纱豚蹄

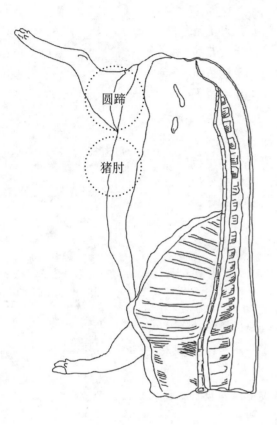

◎选材部位图

原料： 带皮猪肘肉1 000克，葱条10克，八角1克，精盐7.5克，味精2.5克，白糖2.5克，绍兴花雕酒35克，老抽35克，湿淀粉15克，淡二汤1 200克，芝麻油0.5克，花生油（炸用）3 500克，生菜胆500克。

制作方法：

用刀将带皮猪肘肉的边缘裁去，将带皮猪肘肉修成直径18厘米的肉块，并在肉面剖上刀深0.4厘米的"井"字纹以利于受味。这个工序称为"裁切"，由砧板师傅操作。之后的工序由候镬师傅操作。因为带皮猪肘肉有皱褶，会藏有未煺净的猪毛，所以必须要进行燂毛处理，即将带皮猪肘肉放入滚水镬里拖一下，取出并用喷火枪燂透，再用小刀刮净猪毛。这个工序称为"燂毛"。及后将带皮猪肘肉放在滚水镬里焓45分钟左右，使带皮猪肘肉熟透，达八成腍软。这个工序称为"焓煮"。带皮猪肘肉焓好后从滚水镬里捞出，以皮向上、肉向下的姿势放在工作台上，趁热将10克老抽涂在猪皮上。这个工序称为"上色"。顺势用钢针在猪皮上均匀密插一些小孔，以便让猪皮油炸后能起皱褶形状（皮及皮与肉之间的含水量不一致）。这个工序称为"插孔"。待带皮猪肘肉晾凉后，用铁镬中火加热花生油至八成热（250℃左右），从镬边将带皮猪肘肉（如果沥水不清，要用毛巾吸干以防溅油）放入花生油里。这个工序称为"油炸"。炸至猪皮呈金红色时捞起，随即放入流动的清水

◎绉纱豚蹄

绉纱豚蹄在天热时用浅底瓦钵盛上，在天冷时可改用瓦罉盛上，并用蜡烛小火加热保温。用后者的，芡汁相对稀一点。

里漂浸30分钟左右。这个工序称为"漂水"（粤菜厨师称为"啤水"）。及后，将带皮猪肘肉捞起，沥去水分，放在有竹笪垫底的钢罉里，加入葱条、八角、淡二汤（1 000克）、精盐（5克）、味精、白糖、绍兴花雕酒，用中火加热至沸腾，再加入20克老抽调色，改慢火炆45分钟左右即为绉纱豚蹄坯。这个工序称为"炆煮"。绉纱豚蹄坯炆至足够软脸，从钢罉里捞起并以皮向上、肉向下的姿势放在浅底窝（锅）内，用筷子在皮面上戳10来个小孔以利于挂芡。这个工序称为"戳孔"，由打荷协助完成。生菜胆用花生油（25克）、淡二汤（200克）及精盐（2.5克）的调味汤水灼熟，捞起沥去水分围在绉纱豚蹄坯四周。这个工序称为"围边"，由打荷协助完成。将原汁过滤后倒入铁镬内，中火加热至沸腾，用余下老抽调好颜色，用湿淀粉勾成琉璃芡，用芝麻油和花生油（10克）作为包尾油，然后将芡汁淋在绉纱豚蹄面上。这个工序称为"淋芡"或"扒芡"。

◎注1：绉纱又写作"皱纱"，名字来源于古代的纱织品。该纱织品较为特别，表面自然绉缩而显得凹凸不平。

◎注2：绉纱豚蹄的主料若改为圆蹄，则称为"绉纱圆蹄"。工艺相同。圆蹄即胫骨连皮肉一段；猪肘肉即圆蹄与猪腩（腹）肉的交接部分。

◎注3：淡二汤即未经调味的二汤。淡二汤的配方和做法请参阅《粤厨宝典·候镬篇·浓汤章》。

◎注4：绉纱豚蹄（及绉纱圆蹄）的评价标准是外观皮皱、肉饱满，质感皮脸而肉不散。

◎锅烧猪肘

原料： 带皮猪肘肉1 000克，葱段50克，姜片50克，鸡蛋液100克，生抽150克，精盐6克，绍兴花雕酒100克，湿淀粉400克，花椒（川椒）盐10克，花生油（炸用）3 500克。

花椒盐配方： 精盐1 000克，花椒450克，味精80克。

制作方法：

铁镬猛火烧红，放入精盐、花椒，改慢火炒至精盐近焦黄，取出晾凉，加入味精碾碎即为"花椒盐"。

带皮猪肘肉用火燂去皮上残留的猪毛，泡在水中用刀刮干净。这个工序称为"燂毛"。将带皮猪肘肉放入滚水罉里焓至八成熟（约需25分钟）。这个工序称为"焓肉"。将焓熟的带皮猪肘肉从水罉里捞出晾凉，用刀直切成1.5厘米厚片。这个工序称为"切片"。将带皮猪肘肉片以皮朝下、肉朝上的方式排在内嵌孔眼钢斗的密底钢斗（过去用

◎注1：锅烧猪肘又名"锅烧肘子"，是鲁菜的做法。当中所说的"锅"等同粤菜的"镬"。在粤菜厨师的理解中，锅是带有木柄的，而镬则是带有双耳的，故有"木柄锅，双耳镬"之说。

◎注2：锅烧猪肘实际上是"三蒸九扣"制式中的排扣的一种变化，即肉料经蒸扣后再酥炸。据山东的烹饪资料介绍，这种做法在元代文献中已有记载，时称"锅烧肉"。

◎注3："猪肘"这个名字不是粤菜厨师所称，粤菜厨师会将之称为"猪踭"。由于锅烧猪肘的做法出自鲁菜，按照名字跟出处的惯例，这里遵循鲁菜的叫法。

◎注4：《清稗类钞·饮食类三·干锅蒸肉》云："干锅蒸肉者，猪肉也。用小瓷钵，肉切方块，加甜酒、酱油装入大钵，封口，置于锅，用文火干蒸两炷香时。不用水，酱油与酒之多寡，相肉而行，以高于肉面为度。"

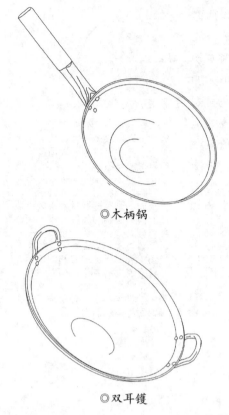

◎木柄锅

◎双耳镬

扣碗）内。这个工序称为"排砌"。将用100克生抽、50克葱段、70克绍兴花雕酒及50克姜片混合的调味汁淋在带皮猪肘肉的肉面上，然后连钢斗置入蒸笼并用猛火蒸60分钟左右。这个工序称为"蒸制"。 将带皮猪肘肉连孔眼钢斗从密底钢斗中取出，沥去水分后放在平盘上，淋上用400克湿淀粉、100克鸡蛋液、30克绍兴花雕酒、50克生抽调成的蛋粉浆，并使带皮猪肘肉的表面裹上粉浆。这个工序称为"淋浆"。将花生油倒入铁镬内（此时称为"油镬"），用中火加至七成热（210℃）左右，将裹上粉浆的带皮猪肘肉连孔眼钢斗放入花生油里；继续加热，让花生油的油温上升至八成热（250℃）左右才改慢火，炸至带皮猪肘肉皮面呈金黄色并且油面冒泡而无响声为止。这个工序称为"炸坯"。用笊篱将带皮猪肘肉连孔眼钢斗捞起并倒扣在圆碟上，将孔眼钢斗掀起，即使带皮猪肘肉以皮朝上、肉朝下的方式并呈龟背状安放在圆碟上。撒少量花椒盐在皮面上，并佐上用小碟盛装的葱段、花椒盐及甜面酱（佐料用量，配方未列）即可上桌供食。

◎注1：冰糖圆蹄又称"冰糖肘子"，是著名鲁菜。其原来的工艺是圆蹄烚至六成熟后拆骨，搽上糖色油炸，再切片以皮朝下、肉朝上的方式排砌在钢斗（过去是用扣碗）内，是典型的"三蒸九扣"的样式。现在的做法是不拆骨以保持圆蹄的原形，使肴馔更显高贵。

◎注2：根据1984年粤菜名师许衡先生在《肴馔全书》中的介绍，用圆蹄做甜食的还有"豆沙豚蹄"，所谓"豚蹄"即圆蹄。原文摘录如下："原料：豚蹄一个（腿肉一斤半）。制法：将豚蹄燂去汗毛，刮洗干净，用水滚熟捞起，放在瓦钵里，加入糖水，随放在笼内炖至烚，取起倾出糖水（留回后用），将豆沙放入豚蹄里，覆放在深的汤碟上，把冰糖放在滚水中，溶解后，用湿淀粉打芡，淋匀在豚蹄上便成。"

◎冰糖圆蹄

原料： 圆蹄1个（约1 250克），葱段30克，姜片15克，冰糖150克，生抽25克，绍兴花雕酒20克，上汤75克，糖色85克，湿淀粉10克，花椒油25克，花生油（炸用）3 500克。

制作方法：

用火将圆蹄表皮燂燶，放入80℃温水中浸泡，使燂燶的猪皮变软并用刀刮净；经此一燂一泡一刮，圆蹄的表皮就会从黯淤变得洁白。这个工序称为"燂皮"。将圆蹄放入滚水镡里中火焓至六成熟（约需20分钟）。这个工序称为"焓煮"。将圆蹄捞起，用毛巾抹去表皮水分，并趁热将糖色均匀搽到表皮上。这个工序称为"上色"。圆蹄沥干水分及晾凉后放入以中火加至八成热（250℃）的花生油镬里，炸至圆蹄表皮微红及略有收皱。这个工序称为"炸坯"。将圆蹄捞至钢盆内，加入生抽、绍兴花雕酒、上汤（40克）、葱段及姜片，置入蒸柜以猛火蒸60分钟左右，以皮脸、肉散、形还在为度。这个工序称为"蒸制"。将圆蹄立放在浅底圆窝内，淋上原汁加上汤（35克）、花椒油及用湿淀粉勾成的琉璃芡即成。

◎注3：《清稗类钞·饮食类·豚蹄席》云："自粤寇乱平，东南各省风尚侈靡，普通宴会，必鱼翅席。虽皆知其无味，若无此品，客辄以为主人慢客而为之齿冷矣。嘉定不然，客入座，热荤既进，其碗肴之第一品为豚蹄，蹄之皮敏，意若曰此为特豚也。嘉定大族如徐，如廖，亦皆若是，齐民无论已。"

◎ 咕噜肉

原料①：里脊肥瘦肉1 000克，精盐5克，白糖25克，山西汾酒25克，蛋黄浆200克，干淀粉250克，湿淀粉30克，糖醋汁850克，竹笋肉200克，菠萝肉250克，青辣椒、红辣椒各40克，葱白条15克，蒜蓉2克，芝麻油2克，花生油（炸用）3 500克。

制作方法：

按这种方法制作成的菜，名为"菠萝咕噜肉"。

竹笋肉及菠萝肉切成斧头块。青辣椒、红辣椒顺长开边切成菱形件。以上工序称为"切块"及"切件"。里脊肥瘦肉先切成厚为0.8厘米的片，两面斜刀剞上横竖坑纹（目的是让粉浆易于黏附），再切成长条，每条宽约2.5厘米，然后再斜切成长约3厘米的菱形块。这个工序称为"切块"。将里脊肥瘦肉菱形块放在钢盆内，加入精盐、白糖、山西汾酒拌匀，腌约30分钟。这个工序称为"腌味"。以上工序由砧板岗位操作，之后的工序由候镬师傅完成。腌制好的里脊肥瘦肉菱形块放在蛋黄浆里捞匀。这个工序称为"上浆"，由打荷协助完成。上浆后，将里脊肥瘦肉捞到干淀粉上抛匀形成咕噜肉生坯。这个工序称为"拍粉"或"辘粉"，由打荷协助完成。花生油放在铁镬内，用中火加至五成热（150～180℃），将咕噜肉生坯排在笊篱中，放入花生油内，炸3分钟后将铁镬端离火口，继续炸2分钟，用笊

◎菠萝咕噜肉

◎ 注1：菠萝又称"露兜子"，原产美洲热带地区，现为世界著名的热带水果。食用时要将其外皮及肉钉切去并用盐水浸泡。

◎冰镇咕噜肉

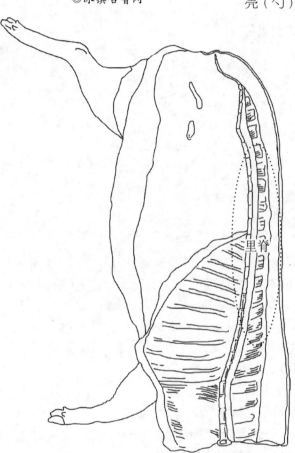

里脊

◎选材部位图

篱捞起，形成咕噜肉初炸坯（可作为预制半成品备用）。将铁镬放回火口，让花生油重新加至五成热（150～180℃），再将咕噜肉初炸坯放入花生油内炸2分钟成咕噜肉熟坯，使咕噜肉熟坯的粉浆层更酥脆。这个工序称为"炸坯"。用同样油温将竹笋块、菠萝块分别炸过备用。这个工序称为"拉油"。将花生油倒起，用竹镬扫将铁镬洗净。这个工序称为"洗镬"。铁镬用猛火烧至炽热，先用一壳（勺）花生油搪过，倒出，再放入50克花生油。

这个工序称为"猛镬阴油"。加入蒜蓉、青辣椒、红辣椒件爆香，改中火加入葱白条、糖醋汁。糖醋汁轻微沸腾即用湿淀粉勾成琉璃芡，随即放入咕噜肉熟坯及拉过油的竹笋块、菠萝块中，快速炒匀，加入芝麻油、花生油（20克）当作包尾油炒匀。这个工序称为"兜炒"或"翻炒"。炒好后可用瓦碟盛上或放入掏空的菠萝内。

原料②：里脊肥肉1 000克，白糖300克，山西汾酒50克，酥炸浆250克，糖醋汁550克，冰糖80克，干淀粉250克，花生油（炸用）3 500克。

制作方法：

按这种方法制作成的菜，名为"冰镇咕噜肉"。

里脊肥肉切大块放入滚水镩里焓熟，沥去水分放在钢盆内，洒入山西汾酒拌匀，再撒入白糖覆盖，置冰箱冷藏腌制2小时。这种做法所得的制品即为"冰肉"。原理是利用酒与糖解去肥肉的油腻，因加热呈半透明而得名。当然，这种方法称为"熟腌"，腌制时间虽短，但肥肉质地相对欠缺硬实。也可以生腌，即里脊肥肉不经焓熟直接洒入山西汾酒及白糖覆盖腌制，但此法腌制时间较长，不少于24小时，但质地硬实，质感细滑，味道甘香。里脊肥肉腌好后，用刀切成1.8厘米见方的丁。此工序称为"切丁"。以上工序由砧板师傅操作，以下工序由候镬师傅操作。将花生油倒入铁镬里并以中火加至五成热（150～180℃），将冰肉丁放在酥炸浆里，让冰肉丁表面均匀裹上酥炸浆。这个工

序称为"裹浆",由打荷协助完成。将裹上酥炸浆的冰肉丁捞到干淀粉里,稍滚动使冰肉丁外层包上干淀粉。这个工序称为"拍粉"或"辘粉",同样是由打荷协助完成。将包上干淀粉的冰肉丁排放在笊篱上并放入花生油里,略炸使粉浆定形,再用镬铲打散,使冰肉丁各自成团,随即将铁镬移开火口。继续用镬铲轻轻搅动,使冰肉丁均匀受热。炸约5分钟,用笊篱捞起,即为咕噜肉坯。这个工序称为"炸坯"。将花生油倒起,用竹镬扫将铁镬洗净。这个工序称为"洗镬"。猛火加热至铁镬发白。这个工序称为"烧镬"。先用一壳花生油搪过,将花生油倒出,再放入30克花生油。这个工序称为"猛镬阴油"。将冰糖加入,待冰糖熔化。这个工序称为"熔糖"。放入糖醋汁,用手壳搅匀。这个工序称为"融汁"。加入咕噜肉坯快速搵镬(或抛镬)炒匀。这个工序称为"裹汁"。随即将咕噜肉倒入打荷预先准备好的盛有冰粒的钢盆内,打荷抖动几下钢盆,使咕噜肉与冰粒接触。这个工序称为"冰镇"。随即将咕噜肉与冰粒倒入瓦碟内,即可上桌。

◎注2:糖醋汁、蛋黄浆、酥脆浆的配方和做法请参阅《粤厨宝典·候镬篇》。

◎注3:山西汾酒虽然在腌肥肉时与其他酒一样有解油腻的作用,但其他酒无法媲美的是,其残留的酒味与肥肉味道十分相衬,使肥肉别具一番诱人的香气。

◎注4:冰镇咕噜肉是结合拔丝的工艺创新而成的。拔丝是指利用白糖与油加热熔解、熔化改变晶状结构的原理,使白糖不能重新结晶而增强黏性的工艺。

◎注5:咕噜肉是最快转变为现代食品工业化的熟配送的典范肴馔。因为咕噜肉及糖醋汁可以分别包装起来并利用冷链配送出去。配送出去后咕噜肉坯用油或微波加热,再与加热的糖醋汁混合即可食用。

◎注6:咕噜肉的做法与北方菜系的"熘"十分相似,食物的质感却不相同。咕噜肉需要的是肉料外脆内嫩,所以与糖醋汁一起加热的时间较短;而"熘"的食物需要的是肉料外滑内嫩,所以与糖醋汁一起加热的时间较长,以使外裹的淀粉进入糊化第三阶段(颗粒解体)后再吸水糊化。

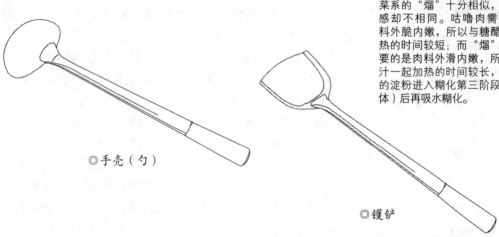

◎手壳(勺)

◎镬铲

◎生炒骨

原料:猪排骨1 000克,精盐12克,白糖25克,生抽65克,蛋黄浆200克,干淀粉250克,湿淀粉30克,糖醋汁850克,竹笋肉200克,菠萝肉250克,青辣椒、红辣椒各40克,葱白条15克,蒜蓉2克,芝麻油2克,花生油(炸用)3 500克。

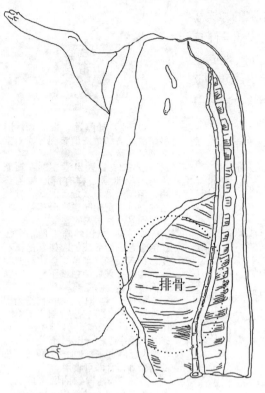

◎选材部位图

排骨

◎注：排骨是指不带俗称"龙骨"的脊骨的肋骨（胸腔中呈枝条状的骨)，该部位的肉极易咬食。原则上，整块肋骨都可称"排骨"，但由于靠猪头方向的肋骨（4~5节，又称硬肋骨）的肉较厚（质感较散，即粗糙)，分割下来称"肉排"，又由于骨头较硬，又称为"骨排"；而靠猪尾方向的肋骨（又称"软肋骨"）的肉虽薄（质感较滑)，但骨头较软，则是膳用的最佳材料，分割下来称为"金沙骨"。

制作方法：

竹笋肉及菠萝肉切成斧头块。青辣椒、红辣椒顺长开边切成菱形件。以上工序称为"切块"及"切件"。用刀沿两肋骨之间的肉将猪排骨分成条，再将条横斩成2.5厘米的段。这个工序称为"斩骨"。将猪排骨段放在钢盆内加入精盐、白糖、生抽拌匀，腌约30分钟。这个工序称为"腌骨"。以上工序由砧板岗位制作，以下工序由候镬师傅操作。将腌好的猪排骨段放在蛋黄浆里，让猪排骨段表面粘上蛋黄浆。这个工序称为"裹浆"，由打荷协助完成。再将粘上蛋黄浆的猪排骨段捞到干淀粉中，稍作滚动，使猪排骨段表面再粘满干淀粉。这个工序称为"拍粉"或"辘粉"，由打荷协助完成。将花生油倒入铁镬里并以中火加至五成热（150~180℃)，将裹上干淀粉的猪排骨段排在笊篱上并放入花生油内；粉浆定形后，用镬铲轻轻搅动猪排骨段使之各自成团，随即将铁镬拉离火口；继续用镬铲轻轻搅动，使猪排骨段均匀受热；炸约8分钟，用笊篱捞起，即为猪排骨团坯。这个工序称为"炸骨"。用同样油温将竹笋块、菠萝块分别炸过备用。这个工序称为"拉油"。将花生油倒起，用竹镬扫将铁镬洗净。这个工序称为"洗镬"。铁镬用猛火烧炽热，先用一壳花生油搪过，倒出，再放入50克花生油。这个工序称为"猛镬阴油"。加入蒜蓉、青辣椒件、红辣椒件爆香。改中火加入葱白条、糖醋汁。糖醋汁轻微沸腾即用湿淀粉勾成琉璃芡，随即放入猪排骨团坯及拉过油的竹笋块、菠萝块，快速炒匀，加入芝麻油、花生油（20克）制作包尾油炒匀。这个工序称为"兜炒"或"翻炒"。炒好后用瓦碟盛上即成。

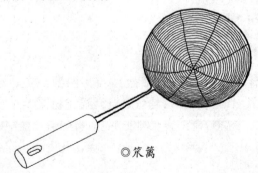

◎笊篱

○咕噜肉与生炒骨

咕噜肉是粤菜名肴，始创时间应在民国（1911—1949年）初年，旧报刊说其为"古老肉"实在是穿凿附会。

"咕噜"一词查实是"轱辘"的讹写。这个肴馔的形状如圆球一般，而广州人将圆球状物品称为"圆轱辘"，就得"轱辘"一语，继而有了"轱辘肉"的写法。可能最初有营业员在写菜单时忘记"轱辘"怎样写，就用上同音字，写成"咕噜"，之后厨师们觉得这种写法更能让食客印象深刻，便沿用下来。

再说生炒骨，眼尖的读者会发现其配方和做法与咕噜肉（即菠萝咕噜肉的配方和做法。冰镇咕噜肉是20世纪90年代末期结合拔丝的做法创新而成，是借名而已）的配方和做法一模一样，有读者不禁会问，为什么后者不叫咕噜骨而叫生炒骨呢？也别说，早期真的是叫"咕噜骨"，后来因引发了一件"丑闻"而改名"生炒骨"。

为了让读者了解事件的来龙去脉，得从头说起。

1921年，在酒楼业崭露头角并在后来被誉为"酒楼王"的陈福畴先生在惠爱西路（今中山五路）开设了西园酒家，由于该路段在当时是新区，只有大批匆匆而过的到附近六榕寺求神拜佛的善信，光顾的食客并不多，致使酒家濒临倒闭。为了让酒家起死回生，陈福畴先生想到了用斋菜来迎合过往善信的策略。但是，怎样才能让斋菜变成美味招徕善信呢？陈福畴先生马上想到了早几年安插在广州著名高级食府贵联升酒家刺探技术的吴銮师傅。两人商谈之后，一个秘而不宣的计划随之形成，因为吴銮师傅已经破解了贵联升酒家为制作"满汉全席"而设的清如水、味极鲜的上汤制作法。关键是清如水，它能让善信深信斋菜不沾半点肉汁。这一招果然灵验，西园酒家美味的"鼎湖上素"声名鹊起，从而让西园酒家门庭若市。不久，陈福畴先生将吴銮师傅先后调往其旗下的南园酒家（在北京路太平沙附近）、大三元酒家（在长堤大马路）。吴銮师傅也在两大酒家分别创出"蚝油大网鲍"和"红烧大群翅"两大名肴，清如水、味极鲜的上汤得以在陈福畴先生的"四大酒家"（还有一家是在西关

◎陈福畴先生绣像

文庙旧址的文园酒家）推广。

1938年10月22日，侵华日军占领广州，摧毁了陈福畴先生的饮食王国。不过，抗战胜利后，陈福畴先生为饮食王国设立的制度被粤菜酒家（包括酒楼、饭店）争相效仿、学习（该制度一直沿用至今），清如水、味极鲜的上汤做法成了各大酒家烹膳的标配。

生炒骨的故事就从这里开始。

所谓一斤肉出一斤汤，各大酒家在熬制上汤之后必然会产生不少的汤渣，有良心的商家会利用这些汤渣加水熬制二道汤（俗称"二汤"），用于烹制不太名贵的肴馔，但也有不良商家打上了这些汤渣的主意，以牟取更高的利润。当时咕噜肉是广州一道名馔，因其是用粉浆裹包炸成，食客在未吃之前不知道其裹包着什么。不良商家正是利用这个漏洞，将熬制上汤时所剩下的猪排骨渣如法炮制，美其名曰"咕噜骨"愚弄食客。由于咕噜肉（肉酥脆而味酸甜）深受食客欢迎，咕噜骨也一度成为广州的热门菜式。

据一位粤菜老厨师回忆，大概在1946年时，一位知内幕又不想昧着良心做事的厨师向报社揭发了酒家用汤渣做咕噜骨的事，大众哗然。

为了与不良商家划清界线，各大酒家纷纷证明自己的咕噜骨是用生排骨制作，后来干脆将咕噜骨改称为"生炒骨"，以示清白。

清晰了生炒骨的来龙去脉之后，相信大家也不会误以为生炒骨是将生的猪排骨放在镬里炒熟了。当然，这种做法也有，在粤菜中称为"糖醋骨"，但不是本文要说的。

实际上，无论是咕噜肉还是生炒骨，都包含着肉料、粉浆及糖醋汁三大核心，以下对这三大核心进行分析。

猪肥肉、猪半肥瘦肉、猪瘦肉及猪排骨是制作咕噜肉和生炒骨的肉料，很明显，前三个是咕噜肉所需，后一个是生炒骨所需，虽然后一个所用的是猪排骨，归根结底是瘦肉套在骨头上，所以，在属性上，猪排骨属于瘦肉类。因此，这两道肴馔的肉料就变成肥肉类、半肥瘦肉类和瘦肉类。而半肥瘦肉类介于肥肉与瘦肉之间，融合两者的优缺点，所以，只要理解肥肉类和瘦肉类的表现就能理解其表现了。

先讲猪肥肉，在不做任何处理时就用其烹饪，会发现其十分肥腻，除非是气候寒冷的地区需要进食大量油脂转换成热量去御寒，否则吃不了多少就会产生抗拒的意识而不再愿意吞咽。问题的关键正在于此。如果食客带有抗拒的意识，食品的销路自然就会降低。因此，猪肥肉入膳要做的第一件

◎吴銮师傅绣像

事就是降腻。

怎样才能为猪肥肉降腻呢？

主要有两种方法，即机械性降腻及结构性降腻。机械性降腻是通过温度和时间让猪肥肉中的油脂排压出，属粗放型，即通过油烹法的煎与炸、气烹法的烧与烤等加以处理。这种方法会带来三种表现，第一是欠缺透彻，常有残留；第二是让肥肉结构真空而收缩；第三是要么外面发硬（有时也可理解为酥脆），要么是散烂。结构性降腻是通过物理和化学的方式让猪肥肉油脂消减，属内敛型。物理的方式为利用白糖（蔗糖）处理；化学的方式为通过酸碱（如白醋及俗称"食粉"的碳酸氢钠等）处理。由于是通过猪肥肉自身结构降低油腻感，能保持饱满的外观，质感也相当爽滑（合适的工艺也可达至爽脆），而且烹制方法不局限于油烹法和气烹法，还可扩展到用水烹法的浸与卤、汽烹法的蒸等（前提是温度不能过高且时间不能过长，否则会出现结构性塌陷令质感变得霉烂）。

需要指出的是，传统的咕噜肉是利用机械性降腻的方法处理，至20世纪80年代才融入结构性降腻的方法。事实上，老厨师早已深明猪肥肉利用机械性降腻会带来结构真空而收缩的弊端，为弥补这个缺陷，老厨师想到了用肥肉与不会带来结构真空而收缩的猪瘦肉一起用的方法，这就出现了用半肥瘦肉制作咕噜肉的方法。

实际上，猪瘦肉也同样有它的优缺点。

《厨房"佩"方》一书里已讲解瘦肉是"0"围绕在"1"周围结合而成，"0"是指水溶性蛋白，"1"是指非水溶性蛋白。水溶性蛋白不流失并高度持水，非水溶性蛋白就会撑开而让肉的整体呈现弹的质感；当水溶性蛋白流失且不持水，非水溶性蛋白就会收拢而让肉的整体呈现柴的质感。与此同时，水溶性蛋白若非形成网状结构致熟，也会让肉的整体呈现豉的质感……

20世纪90年代之前的猪是天然饲料加散放形式豢养，猪的肉质较为紧实，即作为非水溶性蛋白的"1"的丝条相对较粗，且作为水溶性蛋白的"0"的外膜相对较厚。烹饪时瘦肉得到肥肉压出的油脂的滋润，不太容易呈现粉、霉、豉、柴等劣性质感，也就没有给食客留下负面印象。

但在20世纪90年代之后情况发生改变。猪是人工饲料加圈养形式豢养，猪的肉质较为松弛，即作为非水溶性蛋白的"1"的丝条相对较细，且作为水溶性蛋白的"0"的外膜相对较薄。烹饪时瘦肉得到肥肉压出的油脂滋润后，并没有给两者带来好处，反而让水溶性蛋白溶解，非水溶性蛋白崩断，导致瘦肉呈现粉、霉、散等劣性质感，给食客留下负面的印象。

　　起初，厨师并没有在意到这一点，还沿用旧有配方改善及提升猪瘦肉的质感。因为旧有配方所用的白糖是针对猪肥肉，精盐（作调味）是针对猪瘦肉，这两种调味品都具渗透压，对猪瘦肉的水溶性蛋白的持水能力带来负面冲击。与此同时，对猪肥肉与猪瘦肉的处理，白糖和精盐投放的比例是各放各的，并没有综合考虑猪肥肉与猪瘦肉的比例，以至于肉的整体质感更不受食客欢迎。

　　如何改革呢？

　　《厨房"佩"方》已指明了方向，这里简短补充一下。配方改革应遵循盐、糖、碱的投放比例，盐是指氯化钠（Nacl），它具有的渗透压能让肉的水溶性蛋白内部的水分与外部的水分取得平衡。由于氯化钠带有离子，可让分散的水溶性蛋白进行网络组成（肉块在静态下组成缓慢，要冷冻36小时才能形成；迅速搅拌肉糜会加快组成）。糖是指白糖（蔗糖）、海藻糖、赤藓糖醇、异麦芽酮糖等组成的人工糖原，以确保肉由僵性转为活性。碱是指碳酸钾（K_2CO_3，俗称"纯碱"）和碳酸钠（Na_2CO_3，俗称"陈村枧水"），使肉从酸性偏向碱性的同时协助盐加强肉的持水能力。

　　接下来讲解粉浆的问题。

　　咕噜肉及咕噜骨（生炒骨）之所以称为"咕噜"（轱辘），是因为肉（肥肉和半肥瘦肉）和骨（排骨）先沾上厚厚的湿浆再裹（行中称"拍"）上厚厚的干粉，使肉变为圆球状。

　　无论是湿浆或干粉都是以淀粉为主体。淀粉与面粉各有特性，淀粉遇水分散、油炸酥脆，而面粉遇水粘连、油炸硬脆。淀粉类型较多，有绿豆制成的绿豆淀粉（俗称"生粉"）、有玉米（广州人称"粟米"）制成的玉米淀粉（俗称"鹰粟粉"）、有木薯制成的木薯淀粉（俗称"泰国生粉"），有马铃薯（广州人称"薯仔"）制成的马铃薯淀粉（俗称"太白粉"）等。它们的直链淀粉（又称"糖淀粉"）与支链淀粉（又称"胶淀粉"）的比例与糊丝长短都不一致，油炸后的酥脆程度也会不同。所以，做配方时可将它们复配使用，以达到所需的效果。

　　问题是，为什么做咕噜肉或咕噜骨（生炒骨）时要用上湿浆和干粉呢？

　　这是因为湿浆呈分散状态，要靠干粉协助定形，且干粉油炸直接干燥，不会膨松，质感硬脆。湿浆只有经过糊化及膨化（淀粉内部水分急剧汽化所致）才能达到酥脆的效果。

　　需要指出的是，无论是湿浆还是干粉，如果单纯用淀粉

◎注1：各种淀粉的详细知识，请参阅《厨房"佩"方》。
◎注2：需要指出的是，用于包裹咕噜肉的粉浆除了使用淀粉之外，还可使用面粉。为了区分两者的关系，习惯上，用淀粉配成的称为"浆"，用面粉配成的称为"糊"。

（即使是用多种淀粉复配而成），其酥脆程度会不如人意，必须进行优化。

另外，由于湿浆和干粉是淀粉的不同状态，所以优化的方法会有所不同。

湿浆是淀粉加水后形成的（是糊化过程的可逆吸水阶段，即脱水后仍然是淀粉），调节水的多寡是油炸时获取酥脆效果最直接、简单的方法。但是，因为淀粉是由链键结构形成的物质，加热后（53℃以上，是糊化过程发生的不可逆吸水阶段，即糊状淀粉）会膨润并产生黏性互相缠绕，淀粉结构较未加热前变得更加紧密。

质感调节的切入点就在这个过程。如果糊状淀粉的链键结构被解离，淀粉油炸干燥（即糊化过程的颗粒解体阶段，即崩解淀粉）之后就会获得更尽人意的酥脆质感。

解离糊状淀粉链键结构有物理和化学两种方法。

物理方法最典型的是将部分淀粉预糊化，也就是用"生熟浆"进行处理。因为淀粉糊化过程的不可逆吸水阶段是淀粉团最嗜水的阶段，利用淀粉团不同糊化进度以及生淀粉与熟淀粉所含的水分对双方产生的不同影响，从而达到解离淀粉链键结构的目的。当然也可添加少量的精盐以其渗透压调节淀粉嗜水程度来达到目的。

化学方法其实是参照物理方法，其简便之处是即使不将部分淀粉预糊化也能达到目的，添加的材料有鸡蛋、碳酸氢钠（$NaHCO_2$，俗称"食粉"）、碳酸钾、碳酸钠等。这里需要说明的是，鸡蛋因酸碱度（pH）呈碱性而与后三种化合物的功能相同。与此同时，鸡蛋还自带固形物，也可起到阻隔淀粉链键结构抱团的作用。事实上，鸡蛋更适合在淀粉湿浆之中使用。

干粉是淀粉干燥的原状态，因为没有进行淀粉典型的糊化过程的前两个阶段（起因与发生）而直接进入结果的颗粒解体阶段，所以，严格上说，油炸之后的淀粉属于预糊化性质。另外，干粉没有经过吸水令淀粉结构充分产生膨润、缠绕的变化，而且在加热时本来可通过絮化（膨化）反应调节，以改善其发硬的质感，但由于受到湿淀粉及肉渗出的水分影响，不能达到絮化反应的干燥程度（含水量低于5%），因而只能原封不动地干燥。唯一途径就是利用碳酸氢钠、碳酸钾、碳酸钠等碱性物质产生气体二氧化碳（CO_2），制约干淀粉在油炸时吸收水分形成链键抱团以达到疏松的效果。

基于以上原理，我们可以将湿浆和干粉分别复配成内粉和面粉的干性粉末使用。

◎注3：碳酸氢钠、碳酸钾、碳酸钠的详细知识，请参阅《厨房"佩"方》。

◎注4：肥肉及排骨裹上淀粉（先湿浆后干粉）油炸造就了"咕噜肉"及"生炒骨"。然而，让这种陈旧的传统菜肴焕发新生是众多厨师昼思夜想的事情。有厨师利用蔗糖的特性（即《肥肉攻略》说的"糖司"的技艺）加以演绎也颇有特色。比如糖晶咕噜肉（或糖晶生炒骨）、翻砂咕噜肉（或翻砂生炒骨），以及拔丝咕噜肉（或拔丝生炒骨）等。

糖晶的做法是以两份冰糖与一份清水的比例用中火加热熬制，待清水消耗近半时放入咕噜肉或生炒骨拌匀，离火逐个夹起稍冷却即可。

翻砂的做法是以两份白糖与半份清水的比例慢火加热熬制，待白糖熔化放入咕噜肉或生炒骨，停火用镬铲不断翻炒，至白糖重新结晶为止。

拔丝的做法是以三份白糖与半份花生油（其他油也可）的比例慢火加热熬制，待白糖熔化放入咕噜肉或生炒骨，用镬铲快速炒匀即可。

内粉用直链淀粉含量大且糊丝较短的淀粉加入鸡蛋粉（蛋清粉、蛋黄粉或全蛋粉）、精盐以及麦芽糊精复配，用时加入适当的清水即成湿浆。

面粉用支链淀粉含量大且糊丝较长的淀粉加入碳酸钾、碳酸钠等强碱弱酸盐以及麦芽糊精复配，用时不加入清水直接使用。

在实际操作流程上，厨师都会将咕噜肉及咕噜骨（生炒骨）预先炸好备用。糊化后的淀粉会吸潮而降低酥脆感而呈现艮韧的质感。这是淀粉质内的水分在作祟。要避免艮韧的质感出现，就要做好备用制品的防潮工作，再在使用时施行最简单的方法，对制品进行油炸，以使制品的干燥程度达到酥脆所需程度。这个过程叫作"二次加热"。

最后讲解糖醋汁的问题。

顾名思义，糖醋汁是糖与醋复合的调味料，以使食客在酸甜味之中产生胃口大开的愉悦感。糖是使用蔗糖制品中的冰糖、白糖、片糖（红糖）等。由于片糖残留蔗香味，更适合在这里使用。另外，糖除给予糖醋汁甜味之外，还能赋予糖醋汁香气和颜色，前提是煮制时要有合理的高温令糖产生焦糖反应。醋可用白醋也可用带酸性的果汁（如番茄汁、菠萝汁等）或果片（如山楂等）替代。需要指出的是，酸是"五味"（酸、甜、咸、苦、鲜，没有辣）之中唯一具刺激性的味道，调放原则是只要食客的味蕾能感受得到即可，不能调到酸气过冲刺激到食客的眼睛和鼻孔。另外，为丰富糖醋汁的味道和香气，可适当加入蒜蓉及香叶（月桂叶）等作为调剂。

◎果汁肉脯

原料：猪里脊肉1 000克，果汁450克，鸡蛋液140克，绍兴花雕酒13克，干淀粉180克，虾片40克，洋葱丝250克，芝麻油1.3克，花生油（炸用）3 500克。

制作方法：

这道肴馔是典型的中西合璧作品，是20世纪40年代粤菜厨师结合粤菜的咕噜肉与西餐的猪扒创新而成。

因为中餐与西餐的用餐工具不同，决定了其肉料裁切规格的差异，西餐的用餐工具是刀叉，肉料不用裁切得过细，这种肉料规格称为"扒"；中餐的用餐工具是筷子，肉料裁切会较细，规格有"件""块""片"等。这里是用"块"的规格，即将猪里脊肉用刀将里脊肉与脊骨交接的俗称"肉筋"的白色筋膜片（切）去后横向切成厚0.5厘米的块。这种工序称为"切块"。以上工序由砧板岗位制作。以下工序由候镬师傅操作。将肉块放在钢盆内，加入鸡蛋液拌匀，再放在干淀粉上，使肉块内沾鸡蛋液而外裹干淀粉。这个工序称为"拍粉"。由打荷协助完成。将花生油倒入铁镬内以中火加热至五成热（150～180℃），先放入虾片炸至膨化发脆，用笊篱捞起备用；再将拍上干淀粉的肉块放入油里，肉块略定形即用镬铲搅动，使肉块独立成块。约炸2分钟，用笊篱捞起。这个工序称为"油炸"。将花生油倒出，铁镬放回炉口，边加热边用竹镬扫将铁镬刷洗干净。这个工序称为"洗镬"。随后将铁镬烧红，先放一壳花生油搪过，再放入30克花生油。这个工序称为"猛镬阴油"。将炸好的肉块放入油里，攒入绍兴花雕酒，再加入果汁，用镬铲翻炒使肉块均匀沾上果汁，然后再加入以芝麻油与15克花生油配成的包尾油，滗出堆放在垫有预先用花生油泡熟的洋葱的圆碟上，并伴上膨松发脆的虾片即成。

◎注1：果汁的配方及做法，请参阅《粤厨宝典·候镬篇》。

◎注2：西餐类似的做法称为"铁板猪扒"。首先是将猪里脊肉切去白色筋膜后再切成大块（扒），用扒锤捶打几下使肉纤维松散（实际上作用不大，甚至会使肉块出现机械性损伤，肉汁更易流失）；然后沾鸡蛋液和裹上干淀粉，用平底锅（Pan）加橄榄油以中火煎熟；再在食客前将煎熟的肉块放入烧热的铁板上，再淋上果汁。最后食客自行用刀叉切割成小块食用。

◎注3：肉料的扒、件、块、片的切割规格标准，请参阅《粤厨宝典·砧板篇》。

◎注4：洋葱和虾片都是辅料，前者用意为衬托香，后者用意为衬托脆。

◎ 糖醋熘里脊

原料：猪里脊肉1 000克，糖醋汁200克，绍兴花雕酒16克，精盐10克，湿淀粉130克，面粉35克，芝麻油30克，花生油（炸用）3 500克。

制作方法：

此肴馔做法及流程与"果汁肉脯"十分相似，不同之处有两点，第一是用绍兴花雕酒及精盐将切成0.5厘米厚的猪里脊肉块腌过（赋味），再沾裹上用湿淀粉及面粉配成的糊浆（果汁肉脯是用淀粉浆）。第二是用花生油炸好的糊浆肉块与糖醋汁混合时要重油，使糊化进入颗粒解体阶段的淀粉团和面团高度油熔产生溜滑的质感。

◎注1：糖醋熘里脊不是粤菜的肴馔，从菜名已找出答案。一方面是粤菜没有"熘"这种烹饪技法，因为"熘"要靠重油和糊浆使肉料溜滑，广州人未必喜欢。另一方面是里脊在粤菜食材字典里会称为"肉眼"。

◎注2：用绍兴花雕酒及精盐腌制肉块不是肴馔制作的重点，它只是为肉块赋味，而且不是为改善和提升肉块质感而赋味。另外，这道肴馔的做法也可与果汁肉脯一样，先沾鸡蛋液，再拍上用8份干淀粉与2份面粉配成的面粉去制作。

◎东坡肉

◎东坡肉

原料①：带皮五花肉1 000克，冰糖67克，姜块35克，葱结65克，绍兴花雕酒170克，生抽100克。

制作方法：

将整块带皮五花肉用滚水烫淥猪皮并用火燂烧，将㓥猪时残留的猪毛彻底清除，放在清水中用刀刮干净。这个工序称为“燂毛”。再将带皮五花肉分切成9厘米见方的正方形肉块（尺寸可根据食肆售卖方式而定，最好不少于3厘米见方）。这个工序称为“切块”。以上工序由砧板岗位操作。以下工序由候镬师傅完成。将肉块放在水烧滚的鑊里焓5分钟，捞起，放在流动的清水里漂30分钟左右。这个工序称为“漂水”，以使猪皮已溶化的明胶不再黏附在猪皮上及抑制未溶化的明胶继续溶化，从而让猪皮取得清爽不糰（黏）的质感。打荷取来瓦罉并垫上竹笪，再铺上葱结和姜块（用刀拍开），然后将沥干水的肉块以皮向下、肉向上的方式排放在瓦罉内。这个工序称为“装罉”。再将冰糖、生抽、绍兴花雕酒加入瓦罉内。这个工序称为“装味”。冚上瓦罉盖，用玉扣纸围封瓦罉边缝，使瓦罉处于密封状态。这个工序称为“封罉”，由打荷协作完成。将密封好的瓦罉置在炉火上，先用猛火使瓦罉内的调味汁高度沸腾，再改成仅让调味汁轻微沸腾的微火加热2小时左右。这个工序称为“焖煮”。由于瓦罉处于密封状态，瓦罉内产生弱高压，从而让肉块张弛有度地致熟，从而取得脍滑而不散的质感。加热2小时后，掀开瓦罉盖，将肉块改为皮向上、肉向下的姿势，再重新用玉扣纸围封瓦罉边缝，继续以微火加热。这个工序称为“翻身”。再加热30分钟左右即可停止加热，掀开瓦罉盖，用汤壳（勺）撇去浮油，将肉块以皮向上、肉向下的姿势分装到特制的器皿（陶罐、茶壶、葵花碗等）内，按等份将原汁淋在肉块上。这个工序称为“分装”或“装坛”。将肉块置入蒸柜内，以猛火蒸30分钟至肉酥透即成。这个工序称为“蒸燶”。

◎注1：瓦罉用玉扣纸围封边缝加热所产生的弱高压与用高压锅加热所产生的强高压在本质上有着截然不同的效果。前者可以用张弛有度来形容，弱高压会在较少伤及非水溶性蛋白的情况下（无压状态的“炆”则是不伤及）让水溶性蛋白外张，从而吸收大量水分；水溶性蛋白吸收大量水分之后，又让非水溶性蛋白尽最大能力拉伸开来，继而让肉块整体获得脍滑的质感。后者可以用张弛无度去形容，强高压会积聚热力，从而让密闭空间内的温度升高，再反过来让压力加强，在此状态下，非水溶性蛋白的条状就会耐不住高温、高压而崩断得十分厉害，再加上水溶性蛋白高压扩张而吸收大量水分，就会让肉块整体形成霉散的质感。

◎注2：五花肉标准的定义是指与肋骨相连的肋肉，肥瘦、厚薄相称。而空腔的腹肉称为“三花肉”，带乳房的称“泡腩肉”，它们肥瘦、厚薄不太一致，且肉欠缺硬朗。

原料②：带皮五花肉1 000克，冰糖48克，豆豉32克，陈皮32克，八角1.5克，蒜蓉8克，葱结12克，姜块8克，精盐2克，绍兴花雕酒8克，花椒酒8克，生抽400克，老抽20克，淡二汤600克，花生油（炸用）3 500克。

制作方法：

燂毛、切块与漂水的工序与原料①的制作方法相同。肉块完成漂水工序后沥干水，放入生抽里浸泡2分钟。这个工序称为"上色"。将花生油倒入铁镬内，用中火加至七成热（210～240℃），将肉块从铁镬边放入油里，用笊篱拨动肉块，使肉块均匀受热。这个工序称为"炸坯"。待炸至肉块发出"啪啪"声音（即肉块外部水分已炸干，热力正深入肉块的内部）时，将肉块捞到流动的清水里漂浸，使油脂漂净。这个工序称为"漂水"。漂约30分钟后将肉块捞起，沥去水分，并以皮向下、肉向上的姿势排放入垫有竹笪的瓦罉内。这个工序称为"装罉"。用25克花生油猛火起镬，先放入豆豉、蒜蓉爆香，再攒入绍兴花雕酒及淡二汤，改以中火加热5分钟左右，用滤网将豆豉、蒜蓉渣滤去后，将汤汁倒入大瓦罉内，再加入陈皮、八角、葱结、姜片（用刀拍开）、花椒酒、老抽。这个工序称为"装味"。用玉扣纸围封瓦罉边缝，使瓦罉处于密封状态。这个工序称为"封罉"。将密封好的瓦罉置在炉火上，先用猛火使瓦罉内的调味汁高度沸腾，再改成仅让调味汁轻微沸腾的微火加热2小时左右。这个工序称为"焖煮"。加热2小时后，掀开瓦罉盖，将肉块改为皮向上、肉向下的姿势，并加入冰糖、精盐；再用玉扣纸围封瓦罉边缝，继续以微火加热。这是两个工序，即"翻身"及"调味"。余下的步骤与原料①的制作方法基本相同。需要补充的是，有厨师认为这种做法的调味汁略差一点稠度，建议用原汁与湿淀粉（配方未列）勾成琉璃芡淋在肉块上。

原料③：带皮五花肉1 000克，竹笋150克，生抽50克，绍兴花雕酒10克，精盐4克，冰糖10克，味精3克，淡二汤500克。

制作方法：

这是豫菜厨师为"三蒸九扣"形式设计的东坡肉。

竹笋焓熟漂凉，顺长开半，在边上剞上坑纹，再切成长8厘米、厚0.3厘米的块。将整块带皮五花肉放入滚水罉里焓5分钟，取出用火燂烧表皮并放入清水里用刀刮干净表皮，然后将带皮五花肉以皮向下、肉向上的姿势平放在工作台上，用木板重压20分钟使之平整；再用刀将带皮五花肉切

◎注3：花椒酒是将50克花椒炒香，晾凉后放入500克米酒内浸泡一天制成。

◎注4：民国时期（1912—1949年）的《秘传食谱·第三编·第六节·炖东坡肉》云："预备：（材料）五花三层瘦猪肉一块（只要一斤重的），盐五分，白酱油一两三钱，红滴珠酱油（或用江西豆豉泡成浓汁也可）七钱，八角三枚（用布包好扎紧），绍酒六两，热水一大壶，冰糖三钱五分。（特别器具）烧烤用铁叉一个，瓦罐一个，碎瓷器十数枚，疏鬏眼竹笪一块，炭火炉一个，木炭数斤。又大冰盘一个，隔水炖肉的大炖钵一个。做法：①取猪肉去净毛，切作一斤重的四方块子一块（或多用几块，但重量都是要一斤的，作料也一并照加）；又也有切两三斤重一块的，但须先用刀划成一个一分多深的十字，一切作料也都依照加添。②先取盐揉擦一遍，用铁叉叉住，在炭火上烤到两面都现转黄色，取下，再入滚水内洗刮至净（或不烧不洗也可）。③用瓦罐一个，底下先放碎瓷片十几枚，再放进竹笪一块，然后将肉搁放笪上，搁时肉皮要向底、肉面要向上，将白酱油、红酱油加进（连同八角包子），入炭火上去炖。④等已经炖到四五十滚，再加绍酒六两，再炖一百多滚，加上热水以盖过肉面二寸以上为度。⑤等炖得肉皮已转红色，加冰糖再炖三刻，于是将肉翻转，再炖里面，又约三刻工夫，再翻转；如此一连翻四五次，直等肉上炖到四边不见锋棱便是火候已到家了。⑥如果还要极烂，只需将肉再放在一个盅内，隔水放入钵中，不可断火，再蒸一点半钟，便见瘦肉起着长丝，肥肉也同豆腐一样了。注意：（材料）作料分量最重要配定准确，不能任意加减。前面所述不过是一个比较，如果要多做几块或切成三斤重块子，也要照前例将作料加添。（火候）炖肉时要全用炭火方没火力不匀、时而烧焦的弊病。"

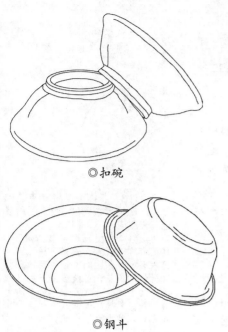

◎扣碗

◎钢斗

成长8厘米、厚0.5厘米的块。以笋块坑纹及肉块猪皮向下的姿势相夹整齐排放在钢斗（过去用扣碗）内，加入生抽、绍兴花雕酒、精盐、冰糖、味精及淡二汤调成的调味汁（八成满为度）即成东坡肉生坯。将东坡肉生坯置入蒸柜内，以猛火蒸2小时即为东坡肉熟坯。将东坡肉熟坯从蒸柜取出，将调味汁倒出，并将东坡肉熟坯覆扣倒在圆碟上，再淋入在镬里烧滚煮浓的原汁即成。

原料④：带皮五花肉1 000克，竹笋170克，淡二汤2 010克，精盐1.7克，生抽67克，绍兴花雕酒42克，冰糖42克，葱结125克，姜块85克，味精3克，胡椒粉4克，葱花9克。

制作方法：

这是鄂菜厨师设计的东坡肉，工艺流程与原料①的制作方法基本相同。不同之处有三点：第一是调味汁用淡二汤、生抽、精盐、绍兴花雕酒、冰糖、味精配成，第二是焖制时还加入切成块的竹笋，第三是焖好分装后还撒上胡椒粉及葱花。

○说东坡肉

◎苏轼（东坡）绣像

人们得知抗金名将岳飞负屈含冤被秦桧害死，即使后来含冤昭雪也巴不得将秦桧剥皮拆骨，于是有了"油炸桧"的食品。可见古人对某人有血海深仇，就会恨不得将其火烧油炸，啖吃其肉以泄愤。

那么，谁人对东坡有血海深仇，要搞个"东坡肉"来泄愤？

清代李渔在《闲情偶寄·饮馔部·肉食第三·猪》中就带有这样的疑问："食以人传者，东坡肉是也。卒急听之，似非豕之肉，而为东坡之肉矣。东坡何罪，而割其肉，以实千古馋人之腹哉？"

其实，油炸桧与东坡肉不可类比，一个是泄愤，一个是颂德，但都为美食。

所谓"东坡"，为东坡居士的简称，而东坡居士则是北宋著名诗人苏轼的名号。之所以后人将此猪肉肴馔称为"东坡肉"，是因为苏轼在贬谪到黄州时见市面猪肉价格低贱，写了一首名曰"食猪肉诗"的打油诗——"黄州好猪肉，价贱如粪土。富者不肯吃，贫者不解煮。慢着火，少着水，火候足时它自美。每日早来打一碗，饱得自家君莫管。"来教授人们怎样烹煮猪肉。与油炸桧表达泄愤不在同一层面。另外，苏轼还赋有《於潜僧绿筠轩》——"宁可食无肉，不可居无竹。无肉令人瘦，无竹令人俗。人瘦尚可肥，士俗不可医。傍人笑此言，似高还似痴。若对此君仍大嚼，世间那（哪）有扬州鹤？"所以，"东坡肉"有两个款式，一种款式是纯用猪肉做，叫"黄州东坡肉"。另一种款式是用猪肉加竹笋做，叫"於潜东坡肉"。其背后是厨师对食材搭配的理解。

肴馔烹煮的核心在于"慢着火"，即利用火候改善和提升猪肉的质感。因为按照以往的饲养方式，猪肉的质感普遍较现在的猪肉艮韧，这是一件令人头痛的事。为了易于咀嚼，苏轼想到了一个简单的方法，就是要通过张弛有度的方法让猪肉质感变得腍软。"东坡肉"的做法之所以世代流传，就是因为通过"慢着火"的技巧，可以让本来艮韧的猪肉变得腍软，使猪肉俨然如豆腐一般。

之后的变革由历代厨师接棒来做，因为就"慢着火"而言，可采用开着盖和冚着盖两种方法处理，后世将之定义为"炆"和"焖"。

"炆"是开着盖加热，在烹饪过程中没有形成压力，火候对猪肉的非水溶性蛋白的破坏力甚小，这对以往所使用的饲养方法育成的猪而言并没有带来裨益，只能通过耗费更多的时间补救。而"焖"是冚着盖加热，在烹饪过程之中形成压力，这种压力就如武林高手使用的化骨绵掌一般，貌似绵柔，实蓄刚劲，使猪肉呈现艮韧质感的非水溶性蛋白在不经意间崩断，从而在缩短烹饪时间的情况下也能让猪肉轻易获得腍软的质感。

另外，除了炆与焖的变化，有的厨师会添加"蒸"的方法，让肴馔的质感越发像豆腐——入口消融。

需要强调的是，如今猪的饲养方法与以往大不相同，猪肉的质感较以往松弛很多，显然不必再借用烹饪时形成的压力。猪肉的弹性质感取决于非水溶性蛋白成条状的长短，如果非水溶性蛋白成条状较长，就会呈现招人喜爱的具弹性的良性腍软质感，反之就会呈现不受人欢迎的霉、散、烂的劣性腍软质感。

◎注1：《清稗类钞·饮食类三·东坡肉》云："东坡集有食猪肉诗云：'黄州好猪肉，价贱如粪土。富者不肯吃，贫者不解煮。慢著（着）火，少著水，火候足时他自美。每日起来打一碗，饱得自家君莫爱。'今膳中有所谓东坡肉者，即本此。盖以猪肉切为长大方块，加酱油及酒，煮至极融化，虽老年之无齿者亦可食。"

◎注2：20世纪40年代就有来自浙江温州的商人在四川成都开店时试图采用脱骨圆蹄取代肋部皮肉，取名"东坡肘子"。不过，他们很快就发现了一个问题，就是肴馔虽然降低了油腻感，猪皮、肥肉也相当炆（即粤菜厨师说的"腍"），但瘦肉部分的质感相当柴。无奈之下只能更改配方，舍弃被视为"东坡肉"调料象征的生抽和冰糖，仅放清水、绍兴花雕酒、葱结、姜块焖煮，结果肴馔形味皆失。粤菜厨师戏称其为"猪肉汤渣"。

现在还有一个隐藏不喻的问题亟待解决，就是肥腻。

先为善者在设计东坡肉的时候必定考虑过某些问题才最终选用猪的肋部皮肉（俗称"五花肉"）做这个肴馔的材料。

为什么选用肋部皮肉而不选用前胛皮肉或后腿皮肉呢？

还是质感的问题。因为先为善者认识到前胛和后腿的瘦肉太多，如果用"慢着火"的方法处理，即使猪肉易于咀嚼，也仅是透出老、柴的质感，而无嫩滑质感可言，十分不妥。而肋部皮肉则不同，肥瘦相间，肥肉油脂可以滋润瘦肉，从而掩盖了瘦肉的劣性质感。

隐藏不喻的问题正在于此。人们饮食观念不断改变，对食物存有过多油脂产生抵触心理，以肥肉之油掩盖瘦肉劣性质感的招数逐渐失去效力。

须知很多历史名菜都是因为无法迎合时代观念而黯然退出舞台的。

弘扬这种肴馔做法的厨师似乎早已认识到这一点，除继续采用冰糖解油腻的方法之外，还采取了油炸的方法处理，即在烹饪之前将肉料放入油镬里高温浸炸，以使肥肉中的油脂在高温之下被挤压出来，从而让肉料的含脂量大大降低。

然而，这些措施能够达到现代饮食观念的要求吗？

恐怕未必！无论是冰糖解油腻，还是用油炸挤压油脂，都属于物理性质的方法，作用轻微。另外，这两种方法属于内在方法，还有外在方法可以迅速变通，例如通过蘸点（如佐上大红浙醋）或辅料（如垫上蔬菜）消解油腻。

在穷尽这样的方法仍未能达到要求的情况下，就要借助化学性质的方法，即利用酸性物质或碱性物质进行处理。

这是事物发展的必然趋势。

一般而言，酸性物质具收敛作用，而碱性物质则具外张作用，它们在降解油脂之余，还能让肉料的质感也产生变化。配方设计可参考"扣肉"原料⑤及"红烧肉"原料②的制作方法。

顺便提一下，西方人也知道猪肉肥腻对肴馔销路带来的影响，由于烹饪技法（终端技术）不及东方的中国人，他们就通过各种办法让猪出现瘦肉型（源头技术）。在穷尽各种方法仍未满足要求的情况下，治疗人类支气管哮喘的药物——盐酸克仑特罗被派上了用场。这种药物也叫"瘦肉精"，以抑制兽禽类动物的肥肉生长。虽然这种药物残留在猪肉中，对人的健康带来危害不太光彩，但其背后的理念告诉我们，为猪肉降腻是全球性的问题，而且步伐不会停止，就看谁更优秀。

◎红烧肉

原料①：带皮五花肉1 000克，竹笋200克，木耳200克，菠菜100克，葱结500克，姜块100克，八角5克，精盐10克，生抽500克，绍兴花雕酒200克，味精20克，蜜糖100克，白醋100克，淡二汤600克，湿淀粉150克，花生油（炸用）3 500克。

制作方法：

红烧肉实际上是由民国时期的红炖肉及东坡肉演变而来，并且以"三蒸九扣"形式设计。这是较早期的版本，值得借鉴的是，先为善者已发现这种肴馔有油腻之感，并采取三个措施加以改善，第一个措施是将焖煮改为蒸炖，以避去烹饪时产生的压力，将肥肉的油脂挤溢出来。因为肥肉由薄膜包裹油脂形成珠状结构，若薄膜爆裂导致油脂外渗就会显出油腻（粤菜著名的"脆皮叉烧"就是利用不让油脂薄膜爆裂的温度烧制而成，详情可参见《粤厨宝典·味部篇》）。烹饪时产生的压力是导致薄膜爆裂的原因，采用蒸笼（若用蒸柜要以不形成压力为宜）蒸炖可减少压力对肥肉的影响。第二个措施是缩短烹饪时间。因为包裹油脂的薄膜并不能承受长时间加热，会被破坏，出现热熔解，薄膜熔解就失去包裹油脂的功能，就好像盛满油脂的气球，气球爆开，气球内的油脂就会泄出。缩短烹饪时间就可以缩小包裹油脂的薄膜热熔解的幅度。当然，这也导致肉块整体的质感不会入口消融（这是东坡肉的特点）。第三个措施是配入嗜油脂的辅料（这里是用竹笋、木耳、菠菜）抵消油腻感。第四个措施是配上面制品共膳。

竹笋顺长边开半并切成长3厘米、厚0.5厘米的薄片备用。木耳用清水泡软备用。菠菜洗净备用。将整块带皮五花肉用滚水烫渌过后用火燂烧，将刣猪时残留的猪毛彻底清除，放在清水中用刀刮干净。这个工序称为"燂毛"。将整块带皮五花肉放入滚水镬里焓至六成熟。这个工序称为"焓煮"。捞起，用干毛巾抹干猪皮表面水分，趁热搽上用蜜糖、白醋配成的糖醋液，晾凉待用。这个工序称为"上皮"。花生油放入铁镬内，以中火加热至七成热

◎蒸笼

◎蒸柜

39

粤厨宝典·菜肴篇1

（210～240℃），将搽上糖醋液并晾凉（油脂热时呈半液态，急促加热容易汽化，晾凉的目的是让油脂恢复固态）的带皮五花肉放入花生油里炸至猪皮色红、发硬（这是猪皮高度脱水的表现）。这个工序称为"炸坯"。将炸好的带皮五花肉从油镬中捞起，晾凉（五花肉从油镬捞起时，肉纤维处于绷紧阶段，如立即切裁会将肉汁挤出），以皮向下、肉向上的姿势（凡切裁应硬的在下而软的在上）放在砧板上，用刀切成3厘米见方的肉块。这个工序称为"切裁"。将肉块以皮向下、皮向上的姿势排砌入钢斗（过去是用扣碗）内，将竹笋片放在肉面上并铺平。这个工序称为"砌码"或"扣砌"。将用7克精盐、30克生抽、100克绍兴花雕酒、400克淡二汤配成的调味汁放入钢斗内，并铺上葱结、姜块（用刀拍开）和八角。这个工序称为"配味"。肉块连码斗置入蒸柜中，用猛火蒸2小时即为红烧肉坯。这个工序称为"蒸制"。将红烧肉坯连码斗从蒸柜取出，将葱结、姜片、八角夹起，将原汁倒出，并将红烧肉坯覆扣倒入垫有预先灼熟的菠菜的瓦罉内。这个工序称为"扣碟"。原汁倒入铁镬内，再加入100克绍兴花雕酒、200克淡二汤、生抽、3克精盐、味精及湿木耳，用猛火加热至沸腾，将浮沫撇去，用湿淀粉勾成琉璃芡后淋在红烧肉坯面即成。配面制品共膳。

原料②：带皮五花肉1 000克，山楂干25克，片糖135克，淡二汤1 350克，生抽135克，绍兴花雕酒1 000克，炸蒜蓉6克。

制作方法：

带皮五花肉放入滚水罉里拖一下，取出，用喷火枪燂透，再用小刀刮净猪毛。这个工序称为"燂毛"。带皮五花肉刮净后放入滚水罉里焓至五成熟。这个工序称为"焓煮"。带皮五花肉焓好后捞至流动清水里漂浸30分钟至凉透。这个工序称为"漂水"。带皮五花肉漂凉后，放在砧板上用刀裁成9厘米见方的肉块，再在皮面剖出"井"字坑纹（刀深仅达肥肉为宜），使肉块暗现九方格。这个工序称为"切裁"。将瓦罉烧热（160℃），将肉块以皮向下、肉向上的方式（要沥干水）放入瓦罉内干煎；煎至猪皮"吱吱"响，攒入绍兴花雕酒，并加入淡二汤、生抽、山楂干、片糖；先以猛火将汤水加热至沸腾，再慢火加热。这个工序称为"炆煮"。在这一过程中最好不要冚上盖，以免产生压力令猪肉的非水溶性蛋白崩断而影响肉块的质感。另外，但凡用五花肉（猪肋部肉）作为食材，最让厨师头疼的是肥肉油腻的问题，开盖炆煮的目的就是避免压力挤压油脂外渗。

与此同时，山楂具有收敛及去腻的作用，而片糖也有去腻作用。烹煮技巧与配料相辅相成。慢火加热90分钟（在这过程中要多铲动肉块，以免猪皮黏镬），将肉块反转，改中火加热8分钟，然后将肉块以皮向上、肉向下的姿势分派到专用器皿内。原汁在瓦镬内继续加热1分钟，略作浓缩淋到肉块面上，最后撒入炸蒜蓉（金蒜）即成。

原料③：带皮五花肉1 000克，片糖230克，山楂干20克，生抽85克，味精8克，淡二汤1250克，绍兴花雕酒800克，红曲米15克，蒜子45克。

制作方法：

将燂净皮毛的带皮五花肉切成2厘米见方的肉粒，放在烧红的铁镬内快速干炒。这个工序称为"煸"。见肉粒表面焦黄和渗出大量油脂后，将肉粒滗出。洗净铁镬并烧红，将肉粒和蒜子放入镬内猛火炒两三下，加入绍兴花雕酒、淡二汤、生抽、红曲米、片糖、山楂干、味精，待汤汁沸腾，改中火炆煮45分钟。见汤汁将近收干，改慢火，用镬铲不断炒动，见肉粒表面发亮，将肉粒滗取放在专用器皿内，再将汤汁收浓并淋到肉面上即成。

《秘传食谱·第三编·猪门·第二节·红炖肉（二）》云："预备：（材料）猪肉一斤，盐二钱五分，绍酒（水要盖过肉面为度）。（特别器皿）同前一样。做法：将猪照前一样切好，放入垫箬的罐内，加上盐、专用绍酒去炖好。"

《秘传食谱·第三编·猪门·第三节·红炖肉（三）》云："预备：（材料）猪肉同前，江南腐乳（连卤并要分量适度），酒水（同前）。（特别器具）一切同前。做法：如前切好猪肉，放入垫箬罐内，用江南腐乳同酒、水同炖。附注：但是最需注意的，还要在火候上。"

《秘传食谱·第三编·猪门·第四节·红炖肉（四）》云："预备：（材料）同前。（特别器具）也同前一样。做法：将肉切好放入罐内都同前节一样，炖的时候先用武火至七八分好，将大火抽去，只留些微小火，漫漫（慢慢）去煨，一见里面起有油泡，就用羹匙轻轻撇去，直等炖至恰好。"

《秘传食谱·第三编·猪门·第五节·红炖肉（五）》云："预备：（材料）猪肉同前，白砂糖适量，酱油、水、酒（都适量），盐少许。（特别器具）一切同前外，又棉纸数张。做法：①同前将猪肉切好备用。②将锅擦洗干净，薄薄洒（撒）上白砂糖一层，即将切好的猪肉置糖上，用微火烧炙到皮成黄色为止（放时肉皮要贴锅底），再行取出。③取瓦罐垫好竹箬，将猪肉放进，加上酱油同水、酒（酒、水、酱油要加盖过肉面三寸为度），用盖盖紧，并用纸将四围封固；不断火直到炖好，取出盛起就食。特点：这样做法不仅一些油不会走，肉色分外红艳，肉更松滑可口。"

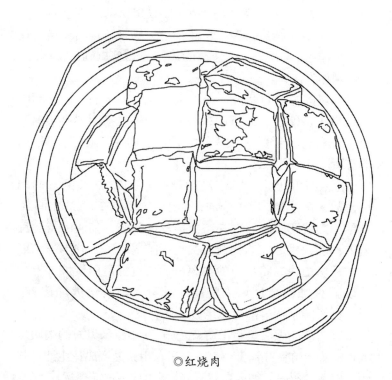

◎红烧肉

◎瓦坛肉

◎瓦坛肉

原料①：带皮五花肉1000克，生抽200克，葱结20克，姜块20克，冰糖30克，桂皮30克，淡二汤650克。

原料②：带皮五花肉1000克，桂皮3克，八角1克，丁香3克，姜片5克，葱段5克，绍兴花雕酒50克，白糖3克，味精2克，花生油15克，老抽0.5克，淡二汤300克，鸡壳（骨架）250克。

原料③：带皮五花肉1000克，麻鸭肉500克，鸡肉500克，干鱿鱼50克，金华火腿50克，海参150克，瑶柱50克，虾米50克，蘑菇25克，竹笋200克，冰糖色20克，干淀粉20克，姜片25克，胡椒2克，葱结50克，精盐15克，生抽10克，绍兴花雕酒50克，花生油（炸用）500克，猪骨1000克，淡二汤5000克。

制作方法：

瓦坛肉主要有两种，一种是参照"东坡肉"设计而成（原料①及②），源于山东济南；一种是参照"佛跳墙"设计而成（原料③），源自四川成都。均为民国初期被热捧的看馔。

原料①的做法是将带皮五花肉切成3厘米见方的肉块，放入滚水镬内焓5分钟，取出，放入流动的清水漂30分钟。肉块沥干水，放在垫上桂皮、葱结、姜块的特制瓦坛内，加入生抽、冰糖及淡二汤，冚上坛盖，并用玉扣纸围封瓦坛边缝。将瓦坛放在煤气炉（过去是用炭炉）上，先以猛火加热至瓦坛内的汤汁沸腾，再改慢火加热3小时。瓦坛端到食客前才掀纸开盖。

原料②的做法是将带皮五花肉切成3厘米见方的肉块，放入已垫上竹笪并铺上鸡壳的瓦坛。用铁镬烧热花生油，并爆香姜片、葱段，加入白糖略炒，再加入绍兴花雕酒、淡二汤、丁香、桂皮，沸腾后倒入瓦坛内。用玉扣纸和荷叶将瓦坛口封好，再将瓦坛置在煤气炉上以中火加热60分钟左右

◎注1：瓦坛肉的"坛"字，过去又写作"壜""罎""甂""罐"等，意为口窄、腹大、底小、身高的瓶属盛酒器皿。然而，坛又是"壇"的简化字。壇，《说文解字》曰："祭场也。壇之言坦也。一曰封土为壇。"
◎注2：冰糖色是指用1份冰糖先与半份猪油在铁镬里加热熔化成焦红色后攒入1份清水再熔化而成的液体。

即成。需要补充的是，这里是用中火加热，与原料①用慢火不同，故而肉料烹成后的香气及质感有所区别。

原料③的做法较为复杂，某些材料要预加工。

鱼翅用过面温水浸泡10分钟，洗净，放入钢盆内，加入过面清水，置入蒸柜蒸60分钟；取出，放在流动的清水里漂凉。捞起，用煲汤袋包起备用。

海参用过面温水浸泡16小时，洗净，用刀改（切）成长3.5厘米、宽1.5厘米的方块，用煲汤袋包起备用。

瑶柱、虾米、干鱿鱼分别用温水洗净，用煲汤袋包起（干鱿鱼撕开两半）备用。

鸡蛋蒸熟，剥去壳，粘上干淀粉，用五成热（150~180℃）的花生油炸至金黄色备用。

金华火腿、竹笋用刀切成1.5厘米见方的粒备用。

带皮五花肉切成10厘米见方的肉块。猪骨软成段。麻鸭肉、鸡肉切成大块。各肉料用滚水"飞"（拖）过备用。

姜片、胡椒、葱结用煲汤袋包起备用。

洗净酒坛，放入猪骨段垫底，依次放入鸡肉块、麻鸭肉块、带皮五花肉块（皮向上）、瑶柱包（含虾米、干鱿鱼）、金华火腿包（含竹笋）、姜片包（含胡椒、葱结）及蘑菇，再调入淡二汤、冰糖色、精盐、生抽、绍兴花雕酒，然后用玉扣纸和荷叶将酒坛口封好。

将酒坛置在煤气炉（过去用锯木屑并以所谓"子母火"加热）上，先以猛火将酒坛内的汤汁加热至沸腾，然后改慢火加热4小时。加热途中不能断火，也不能用旺火，以汤汁维持在将滚不滚的状态为宜。时间到后，掀开荷叶和玉扣纸，放入海参包、炸鸡蛋，再用玉扣纸和荷叶封口，继续加热30分钟。要上菜时，将各包取出，除姜片包外，各料用煲汤袋中取出再放回酒坛内。上菜形式有两种，一种是将酒坛端到食客面前，由服务员将肉料分派上席，多在夏季施行；另一种等同于"打边炉"，是将酒坛放在中空的食台中央，酒坛由点燃的炭炉（或煤气炉）承起，使酒坛口略高于台面，食客自行用汤壳（勺）滗出肉料而吃，多在冬季施行。

◎注3：《清稗类钞·饮食类三·煨猪里肉》云："以猪里肉切片，用纤粉团成小坁（应为'呈'，根据《篇海类编》的说法，'坁'字是'岊'字之伪，作高山貌解），入虾汤，加香蕈，紫菜清煨，一熟便起。"

◎注4：《清稗类钞·饮食类三·红煨猪肉》云："红煨猪肉，或用甜酱，或用酱油。或皆不用，每一斤用盐三钱，纯酒煨之。亦有用水者，但须熬干水气。三种治法皆红如琥珀，早起锅则黄，迟则红色变紫，而精肉转硬。常启锅盖，则油走而味在油中矣。"

◎注5：《清稗类钞·饮食类三·白煨猪肉》云："白煨猪肉，每猪肉一斤，用白水煮至八分，起出，去汤，加酒半斤、盐二钱半，煨两小时。用原汤一半，加入滚干，汤腻为度，再加葱、椒、木耳、韭菜之类，火先武后文。又法，每一斤用糖一钱、酒半斤、水一斤、酱油半杯，先以酒滚肉一二十次，加茴香一钱，放水焖烂。"

◎千张肉

原料： 带皮五花肉1 000克，精盐2克，生抽50克，胡椒粉4克，花椒8克，葱花6克，葱结10克，姜片10克，甜面酱30克，南乳40克，豆豉150克，味精4克，花生油（炸用）3 500克。

制作方法：

此馔非粤菜的品种，是鄂菜为"三蒸九扣"设计，从中理解当时的筵席运作及肥肉解腻的招数。

为猪皮燂火是必做的工作，这里不必多说。前期的工作做好后，将带皮五花肉放入滚水鐽里焓30分钟，取出，用毛巾抹干水分，趁热将甜面酱搽在猪皮上，晾凉备用。将花生油倒入铁镬内，以中火加热至五成热（150～180℃），将晾凉的带皮五花肉由镬边放入油里，（这样做是为了避免油溅伤身）炸至猪皮表面呈金红色。捞起晾凉，用刀切成长5厘米、厚0.2厘米的薄片。将薄片以皮向下、肉向上的姿势，按正面排50片、两边排15片（共80片）的形式砌入垫上花椒、葱结、姜片的钢斗（过去是用扣碗）内，即为"千张肉坯"；淋上用精盐、生抽、南乳、豆豉和味精配成的调味汁，连钢斗一起置入蒸柜猛火蒸4小时。取出，将"千张肉坯"覆扣到瓦碟上，拣起花椒、葱结和姜片，再撒入胡椒粉和葱花即成。

◎注1：类似鄂菜"千张肉"的做法，在粤菜也有，而且不油腻之余还相当爽滑，那就是"白切五花肉"。后者做法见于《粤厨宝典·味部篇》，从中可理解粤鄂两菜系烹饪背后的理念。

◎荔枝肉

原料： 带皮五花肉1 000克，生抽65克，白糖65克，绍兴花雕酒50克，姜块10克，葱结15克，湿淀粉50克，淡二汤500克，花生油（炸用）3 500克。

制作方法：

这道肴馔是前辈厨师在对猪皮在烹饪中的反应有充分认识的基础上，将其富有特点的部分展现出来而研制的，与"冶鸡卷"将肥肉富有特点的部分展现出来的道理如出一辙。做法也不太复杂——熟猪皮明胶固化再油炸脱水，使熟猪皮内部水分受热急于向外排泄，又被外部固化明胶阻隔，而形成荔枝壳形状的气泡。具体做法是，将带皮五花肉燂洗干净后，用刀切成3.5厘米见方的肉块，并将肉块投入滚水镬里焰至六成熟（原则是猪皮完全熟透即可）。将肉块取出，用毛巾吸去表面水分，放入用铁镬以中火加至五成热（150～180℃）的花生油，炸至猪皮密布小泡和呈金黄色。用笊篱将肉块捞起并投入冰水之中，使肉块在高热急冷的紊乱环境下产生特殊的变化。随后将肉块捞到瓦镬内，加入姜片、葱结及淡二汤，以中火加热至沸腾；再加入生抽、绍兴花雕酒；继续以中火加热约10分钟（俗称"武火"），再加入白糖，并将火调至慢火（俗称"文火"）状态。加热约60分钟（肉酥烂），用筷子将姜片、葱结夹走，将火调至中火状态，让汤汁收稠（约2分钟）；将肉块取起，并以皮向上、肉向下的姿势放在浅底窝上；用湿淀粉将汤汁勾成琉璃芡，并淋在肉块上即成。

◎注1：《清稗类钞·饮食类三·荔枝肉》云："荔枝肉者，以猪肉切如大骨牌片，白水煮二三十滚，撩起。熬菜油半斤，将肉放入，泡透，撩起。以冷水激之，肉皱撩起，入锅，用酒半斤、酱油一小杯、水半斤煮烂。"

◎南乳肉

原料： 带皮五花肉1 000克，南乳125克，红曲米12.5克，精盐10克，冰糖100克，绍兴花雕酒50克，葱结25克，姜块15克。

制作方法：

此肴馔曾是姑苏（苏州的别名）名菜。"南乳"是"江南腐乳"的俗称，即酿制时加入红曲米的腐乳，腐乳是"白腐乳"，所以它又名"红腐乳"。这种腐乳别具一番香气，是江浙（江苏、浙江）两地人民的喜好。实际上，这道肴馔与"东坡肉"的做法并无太多区别，所以不做详细讲解。值得学习的地方是，虽然这道肴馔除了味道之外与"东坡肉"无太多分别，但在造型上予以区分。"东坡肉"是豆腐块形，而此肴馔则稍花巧，将带皮五花肉用刀先改（切）成方块（9厘米见方），再用刀在皮面上以皮深为度划出"卍"样坑纹作为特征。然后用南乳、红曲米、精盐、冰糖配成的调味汁搽匀，以皮向下、肉向上的姿势放在钢斗（过去是扣碗）内，再加上绍兴花雕酒、葱结、姜块，用玉扣纸封面，置入蒸柜，以猛火蒸3小时左右。取出，以皮向上、肉向下的姿势摆放在浅底窝内，拌上灼熟的蔬菜（配方未列），淋上原汁即成。

◎夹沙肉

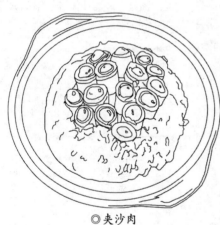

◎夹沙肉

原料： 带皮猪肘肉1 000克，豆沙190克，糯米500克，白糖粉125克，玫瑰25克，片糖200克，冰糖汁65克，猪油165克。

制作方法：

带皮猪肘肉燂过并刮洗干净后放入滚水罉里焓20分钟；取出，用毛巾抹干猪皮水分，趁热将冰糖汁搽匀整块带皮猪肘肉，即利用冰糖汁对带皮猪肘肉进行腌制。晾凉且猪皮略干便可用刀切片；根据造型有两种规格，一种是切成长5厘米、宽3厘米、厚0.6厘米（在厚处再一刀，各厚0.3厘米）的连刀片；另一种是切成长4.5厘米、宽3厘米、厚0.2厘米的薄片。烧热铁镬，放入片糖（75克）炒熔，加入豆沙、猪油（75克）并炒匀，滗出，放钢斗内与玫瑰拌匀。根据造型，豆沙酿入肉片内有两种方法：一种是豆沙酿入连刀肉片内，将肉片压平，以皮向下、肉向上的姿势排砌入钢斗（过去用扣碗）内，排列的方式是以5片肉为一组，一组居中、两组横排、两组直排砌成方形；另一种方法是将豆沙镶在薄肉片上，再将薄肉片卷起，将豆沙抹平（也有的在靠皮一端镶上一粒鲜莲子。鲜莲子配方未列），并以皮向下、肉向上的姿势由中心往外砌入钢斗（过去用扣碗）内。糯米用清水浸泡30分钟后入蒸柜蒸熟成糯米饭，趁热用片糖

◎注1：夹沙肉是四川"三蒸九扣"中著名的菜肴，其受欢迎的程度与广东人喜爱"芋头扣肉"一样。此馔值得学习的，是通过糯米饭或甜味抵消肥肉油腻的做法。

◎注2：豆沙是用绿豆或红豆与清水煮熟并绞烂的制品。

◎注3：冰糖汁是2份冰糖与1份清水蒸熔的制品。

（125克）、猪油（90克）拌匀，并放在豆沙肉片或豆沙肉卷上，并填满钢斗。连钢斗将肉坯置入蒸柜内，猛火蒸脸（四川人称"炣"）。膳用时将肉坯覆扣在浅底窝上，再撒上白糖粉即可。

◎隆江猪手

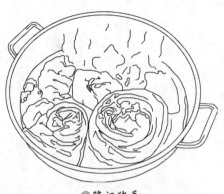

◎隆江猪手

原料：带皮猪肘肉1 000克，淡二汤1800克，生抽200克，米酒300克，冰糖120克，精盐15克，味精10克，红曲米10克，花椒5克，八角20克，桂皮8克，甘草20克，草果（大草蔻）15克，肉果（豆蔻）5克，香草3克。

制作方法：

此馔肉的选材实际上是猪肘与圆蹄（也可是整个前蹄及整个后蹄），圆蹄则在内侧顺剖一刀，并将骨头取出；也有不开剖脱骨或者干脆不脱骨的，后者则将圆蹄和猪肘分开烹饪。为了方便说明，这里统称为带皮猪肘肉。看馔的整个工序分为三大步。第一步是燂毛，即将带皮猪肘肉放入滚水里烫渌一下，使猪皮绷紧，放在炭火上或用煤气喷枪将猪皮表面燂至完全焦燶，然后将带皮猪肘肉放在清水里浸泡，使焦燶的地方吸水软化，再用小刀刮干净。这个工序有三个目的：第一是将残留的猪毛彻底清理干净；第二是将深入猪皮内部的瘀血炭化，使猪皮从黯瘀变为洁白；第三是让猪皮表面的明胶固化，使其不会产生热熔反应，从而令猪皮熟后较易呈现清爽的质感。第二步是调味。此馔的特点是带盐、糖烹饪，因为盐、糖具有的渗透压特性会令肥肉的油脂及瘦肉的水分在整个烹饪过程中处于向外排斥的状态，加上酒的作用，从而让猪皮、瘦肉及肥肉分别获得脸爽（或称"不黐棷"）、紧实、不腻的效果。具体做法是将燂刮净的带皮猪肘肉半卷起（瘦肉尽量收藏在皮肉），以由外往内的方式排砌到垫上竹笪的钢罉内，最多排砌3层（最上一层中心留空）。排砌的技巧是间隙有度，两块肉之间不宜过松，又不宜过紧，以能留出一定的间隙让汤汁顺畅流动为度。加入

◎**注1：**隆江猪手之所以选用猪肘、圆蹄、猪手（前蹄）、猪脚（后蹄）做原料，是因为这些部位瘦肉较少，在突出猪皮弹滑、肥肉嫩滑的质感之余，又可避免瘦肉因高温久煮呈现散、柴的质感。最重要的是，这些部位的肥肉与里脊肥肉不同，里脊肥肉是硬质肥肉，油脂丰富，容易产生油腻感，而这些部位的肥肉是软质肥肉，水分丰富，因此油腻感相对较轻。

◎**注2：**《清稗类钞·饮食类三·煮鲜猪蹄》云："鲜猪蹄煮法有二，曰白蹄，曰红蹄。煮红蹄时，用酱油、冰糖，而白蹄无之。食白蹄时，用葱、椒、麻酱油，而红蹄无之。其他作料，如酒如盐，则并用。四五小时煮好，以箸试之，验其烂熟与否而后起锅。火候须文武并用，硬柴最宜。又法，将猪蹄去爪，白水煮烂，去汤，加酒、酱油及陈皮一钱、红枣四五个，煨烂。起锅时，用葱、椒、酒泼入，去陈皮、红枣。又法，先用虾米煎汤代水，加酒及酱油煨之。"

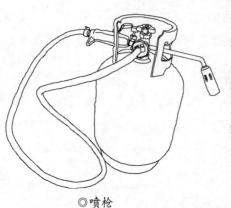

◎喷枪

用淡二汤（清水也可以）、生抽、米酒、冰糖、精盐和味精调配的调味汁。调味汁要随肉料增多按比例增多。再将用煲汤袋装起的红曲米（可另袋包起）、花椒、八角、桂皮、甘草、草果、肉果和香料包放在肉层的留空处。香料包不用跟随肉料增加而增加，按每镡一包计，用完可弃。第三步是焖煮。此馔的用火不同于东坡肉的慢着火，以汤水保持中度沸腾为宜（所以亦有人认为这是"卤"，但"卤"的汤汁是重复用的，与之不同。理论上又不是"焖"；"焖"是慢火烹制），高度沸腾也不行。因为肉的香气只有以中度沸腾加热才能充分喷发出来；低度沸腾（即慢火）叫"炆熟"，而高度沸腾（即猛火）则将香气消灭，都不妥。加热到汤水消耗近半时，要进行翻肉的工序，即用长手钩将底层的肉放在上层，将上层的肉放在底层。加热至汤水消耗3/5时，将火调小，这是最关键的时刻。因为汤水是沸腾的，除非经验丰富，否则很难判断汤水的多寡。加热至汤水消耗4/5时，即可停火。趁热用手壳（勺）将汤汁淋到各层的肉上。由于此时的带皮猪肘肉和汤水处于蒸发的阶段，带皮猪肘肉会发生"收汗"（与"过冷"）的反应，肉质相对收紧。带皮猪肘肉降温至35℃便可切片或块排砌上碟。

◎粉蒸肉

原料①：五花肉1 000克，莲藕300克，籼米150克，精盐8克，生抽30克，甜面酱40克，白糖5克，胡椒粉1克，绍兴花雕酒2克，八角4克，丁香3克，桂皮3克，葱花10克，姜米4克，味精4克，南乳40克。

原料②：五花肉1 000克，粳米165克，籼米165克，葱丝50克，姜丝50克，砂姜0.8克，八角0.8克，丁香0.8克，桂皮1.6克，甜面酱125克，白糖25克，绍兴花雕酒65克，生抽123克，荷叶4张。

原料③：五花肉1 000克，豆腐皮4张，籼米315克，生抽190克，白糖25克，绍兴花雕酒100克，八角5克，丁香1.3克，桂皮5克。

制作方法：

这里收集了三个配方，分别是湖北的莲藕粉蒸肉、浙江的荷叶粉蒸肉及安徽的卷筒粉蒸肉。虽然它们各有名称，但归纳起来只有三点，即米粉搭配、肉腌制以及造型。

先说米粉的搭配。米是指稻米，稻米有三种，即糯米、粳米和籼米，因呈黏性的支链淀粉与呈硬性的直链淀粉组合不同，它们的黏性和硬度也不同，糯米的支链淀粉含量最高，所以黏性最强、硬度最弱；而籼米的直链淀粉含量最高，所以黏性最弱、硬度最强；粳米则是处于两者之间。另外，从历史的角度看，糯米是最早被栽培的稻米，即使是小麦种植地区的人们也耳熟能详；粳米的历史也不短，由于能在亚寒带地域种植，也为人们所熟知；唯独籼米的栽培时间较晚，只能在亚热带地域种植，且产量在清代时才称得上大幅度提高，因而一度被视为稻米中的"珍品"膳食。粉蒸这种烹饪（即"三蒸九扣"）形式，就是因籼米而兴起，其主要原料就是籼米。另外，广东人将籼米称为"粘米"，引起众人不解，不是说籼米黏性最弱，怎么说"粘"呢？其实，粘米的"粘"是"占"字之讹。广东的籼米源自古时的占城（今越南境内），称"占米"，后来在"占"字旁边加个"米"字旁便成了"粘米"。以上三个配方，只有原料②是籼米与粳米相混制作，但工艺流程是相同的，即将籼米（原料②还有粳米）放入烧热的铁镬内，慢火（不要用猛火，否则米中的淀粉会发生膨化反应，膳用时会因过多含水而令结构塌陷，丧失质感）炒至米粳表面微黄，加入八角、丁香、桂皮再炒3分钟；取出晾凉，磨成小于芝麻的粗粒即为"蒸肉米粉"（或称"五香米粉"）。需要强调的是，炒米是淀粉预糊化的一种手段，预糊化是让淀粉跳过可逆吸水阶段及不可逆吸水阶段直接去到颗粒解体阶段，使淀粉不用非要与水共热才能产生糊状体。也就是说，如果用未经预糊化的"蒸肉米粉"与肉料相混，米粉粒只是处于可逆吸水阶段，到加热时才能进行不可逆吸水阶段，才能大量吸收水分；而用经预糊化的"蒸肉米粉"与肉料相混，米粉粒已处于颗粒解体阶段，继而产生较强烈的吸水（及吸油脂）的效果。淀粉预糊化的温度有一个临界点，是210℃，低于这个温度叫"糊化"，结构不会起太大的变化，吸水后较坚挺；高于这个温度叫"膨化"，结构会蓬松，吸水后较松散和易于塌陷。

再说肉腌制。过去掌厨者对肉的腌制仅站在调味角度考虑，绝少顾及改善和提升肉的质感，主要体现在两个方面：第一是腌制时间短，通常不会超过24小时，未能让肉中水

◎注1：如果单纯以技术的角度分析，粉蒸肉其实是为肥肉降腻的一种手段。这也不难解释，中国厨师已经在很早以前就为肥肉降腻竭尽心力了。

◎注2：民国六年（1917年）的《清稗类钞》有粉蒸肉的介绍，今摘下以飨参考。

《清稗类钞·饮食类三·粉蒸肉》云："粉蒸猪肉者，以肥瘦参半之肉，敷以炒米粉，拌面酱蒸之，下垫白菜。又法，切薄片，以酱曲、酒浸半小时，再撮干粉少许，细搓肉片，俟干粉落尽，仅留薄粉一层，乃放入蒸笼，上盖荷叶，温水蒸两小时。于出笼前五分钟，略加香料、冰糖，味甚美。"

《清稗类钞·饮食类三·粉蒸肉》云："荷叶粉蒸肉者，以五花净猪肉浸于极美之酱油及黄酒中，半日取出，拌以松仁末、炒米粉等料，以新荷叶包之，上笼蒸熟。食时去叶，入口则荷香沁齿，别有风味。盖猪肉之油，各料之味，为叶所包，不泄，而新荷叶之清香，被蒸入内，以故其味之厚，气之芳，为饕餮者流所啧啧不置者也。"

溶性蛋白有充足的结构重组的时间。通俗地说，水溶性蛋白还未舒展开就已被加热致熟，使得肉料遇热收缩。合理的腌制时间是36小时。第二是腌制时赋水量不足，肉料遇热收缩，水溶性蛋白在未加热前没有充分吸收水分并将水分牢牢锁紧。水溶性蛋白最佳的持水量为肉料重量的30%，低于这个比例，肉料的质感较韧，而高于这个比例，肉料的质感较糯。第三是没有调节肉的酸碱度。肉是酸性物料，含水分多少与其偏酸还是偏碱有关。第四是没有补充糖原。动物鲜活程度与其所含的糖原有关，当动物死亡，糖原就会消淡。动物鲜活的最大特征是肉纤维具有弹性，也就是说，随着糖原消淡，肉料就会失去弹性。这方面的知识，《厨房"佩"方》中有更详细的介绍，这里不再赘述。因为本肴馔与"扣肉"都是用"蒸"烹制，可看原料⑤的制作方法中领悟。

将五花肉依厚度切成长4厘米、厚1厘米的薄片（原料②是切成长6厘米、厚2厘米，并在厚处�上连刀，使肉厚实质上是1厘米。原料③是切成长10厘米、厚0.3厘米的薄片），放入各原料上的调味拌匀，腌60分钟左右。再加入各原料所列配制而成的"蒸肉米粉"拌匀，即为粉蒸肉生坯。

最后是说造型。原料①是将粉蒸肉坯加上切成长3厘米、粗1厘米的莲藕条（实际上并不局限于莲藕，南瓜、番薯之类也可以，看时令选择；另外，也不局限于生料，可先用热油炸熟再操作）拌匀，再砌入钢斗（过去是用扣碗）。原料②是将肉块各自用裁成小张的荷叶包裹起来，使成品额外赋上荷叶的香气（实际上也不局限于荷叶，香茅、紫苏叶之类也可以）。原料③是将肉片铺在裁成相同大小的豆腐皮上卷成筒状，再立起整齐排放在垫有豆腐皮的小蒸笼上。

来到这步可谓水到渠成，就剩下蒸制了。让我们回顾一下上文"扣肉与筵席"的话题，会发现这种肴馔的制作十分轻松，仅是一切一腌一砌，几乎是一气呵成，也不难理解一个厨师可以承担100~150桌筵席了。

将肉料放入蒸柜，猛火蒸2小时，其中原料①还要做一个动作，就是将米粉肉熟坯覆扣到瓦碟上，并撒入胡椒粉和葱花。其他两个直接从蒸柜取出端到食客前即成。

原料④：五花肉1 000克，蒸肉米粉200克，片糖300克，生抽20克，精盐2克，绍兴花雕酒20克，桂花5克，胡椒粉1克，味精2克。

◎注3：民国二十五年（1936年）的《秘传食谱》有介绍"粉蒸肉"的做法，时称"米粉蒸肉"，有两法，今录下以飨参考。

《秘传食谱·第三编·猪门·第七节·米粉蒸肉（一）》云："预备：（材料）上好五花肉二斤，炒米粉五六两，白酱油一两半，绍兴酒四两，浓鸡汤少许，盐合味，五香末少许，白菜（或芋头、山药、苋菜、大豆芽）适量，麻油少放，滚开水一壶。（特别器具）蒸笼一具，净瓦钵一个。做法：①先用滚开水将猪肉淋两次，切作厚二分，长约一寸六七分块子。②预将米炒到现成黄色，用磨磨碎（但要微微带粗，不可过于成粉），随即取同白酱油、绍兴酒、浓鸡汤、盐、五香末拌至均匀；将肉放进约腌两三刻钟久。③另外再用干净瓦钵一个，将洗净的白菜（或芋头、山药、苋菜、大豆芽）衬在钵底；取腌过的肉逐层铺放菜上，并以碗内剩下的作料尽行浇将进去；隔水入锅，盖密，透蒸（或直接放进蒸笼里蒸也好）；临起锅时浇上少许麻油，吃起来不独味好，菜味也很佳美。"

《秘传食谱·第三编·猪门·第八节·米粉蒸肉（二）》云："预备：（材料）猪肉、炒米粉、酱油、绍酒、鸡汤、盐、五香末（一切都与前例相同），新鲜荷叶若干张。（特别器具）也都同前一样。做法：先将肉切好，拌好，腌过，将新鲜荷叶先在滚水内焯（灼）滚一过，然后一块块的将肉包好，如前节第三步一样，放进蒸笼或瓦钵内隔水蒸好（衬底的东西就可以不要），风味比前更佳。"

制作方法：

这道肴馔的制作流程及蒸肉米粉的配方与原料①②③介绍大体相同，只是甜味有差异，又称"糖蒸肉"。将五花肉切成片后，用片糖（200克）、生抽、精盐、味精、绍兴花雕酒、桂花及蒸肉米粉拌匀，腌3小时左右。及后，将肉片排砌入有用片糖（30克）与清水（15克）调成的糖浆的钢斗（过去用扣碗）内，置蒸柜猛火蒸1小时。俟后用筷子拨动打散肉片，淋上用片糖（70克）与清水（15克）调成的糖浆，再继续猛火蒸30分钟。取出，覆扣上碟即成。

◎蒜泥白肉

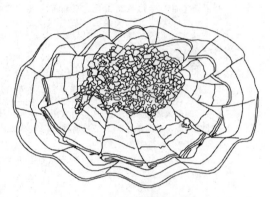

◎蒜泥白肉

原料： 带皮后腿肉1000克，蒜蓉80克，生抽120克，辣椒油100克，味精8克，白糖32克。

制作方法：

用刀将带皮后腿肉多余的瘦肉片（切）去，使瘦肉为肥肉的3倍左右，太多瘦肉质散，太少瘦肉会显肥腻（如果选用带皮五花肉就不用这样麻烦）。用火燂过猪皮并刮洗干净后放入滚水罉里烚熟，捞到流动的清水中漂凉。这是此馔制作的关键，因为猪皮上的明胶遇热熔解外渗，会使猪皮表面呈现黐黐粞粞（黏黏糊糊）的样子，而未熔解的猪皮明胶又正亟须吸收水分，在无外部水分补充的时候，也就只能吸收已经熔解的明胶充数，从而让猪皮呈现艮韧或者是黐黐粞粞的软脸的质感。在水中漂凉的目的就是漂去已熔解的明胶，又让未熔解的明胶吸收清新的水分，从而让猪皮获得爽滑软弹的质感。带皮后腿肉漂凉后放入烚煮时留下并晾凉的汤水中，浸泡20分钟以补充肉味。之后将带皮五花肉捞起，沥干水，以皮向下、肉向上的姿势放在砧板上，用重物压平。然后用刀切成尽量薄的片块（长度按摆碟的需要而定）摆砌或卷折上碟。淋上用生抽、辣椒油、味精、白糖配成的调味汁，将蒜蓉放在肉面上即成。

◎注1：蒜泥是川菜厨师的叫法，粤菜厨师称之为蒜蓉；即大蒜鳞茎去衣剁烂后的制品。

◎注2：辣椒油是将菜籽油加至八成热（250℃），再晾至五成热（150℃）时攒入辣椒粉中制成的产品。

◎注3：蒜泥白肉中烚煮猪肉的技法可参见《粤厨宝典·味部篇·卤浸章·白切五花肉》，该馔对肉的漂水、入味有较精辟的见解。

粤厨宝典·菜肴篇1

◎注4：需要注意的是，蒜泥白肉尽管属于冷荤菜，但对温度也比较敏感，因为肥肉中的油脂在低于5℃以下就会凝结成粒，失去嫩滑质感，这种质感，广东人称为"飲"。

蒜泥白肉的做法应该是参照清代时满族人的食制演变而来。《清稗类钞·饮食类三·吃肉》云："满洲贵家有大祭祀或喜庆，则设食肉之会。无论旗、汉，无论识与不识，皆可往，初不发简延请也。是日，院建高过于屋之芦席棚，地置席，席铺红毡，毡设坐垫无数。主客皆衣冠。客至，向主人半跪致贺，即就坐垫盘膝坐，主人不让坐也。或十人一围，或八九人一围。坐定，庖人以约十斤之肉一方置于二尺径之铜盘以献之。更一大铜碗，满盛肉汁。碗有大铜勺。客座前各有径八九寸之小铜盘一，无酰酱。高粱酒倾大瓷碗中，客以次轮饮，捧碗呷之。自备酱煮高丽纸、解手刀等，自切自食。食愈多，则主人愈乐。若连声高呼添肉，则主人必致敬称谢。肉皆白煮，无盐酱，甚嫩美。量大者，可吃十斤。主人不陪食，但巡视各座所食之多寡而已。食毕即行，不谢，不拭口，谓此乃享神之馂余，不谢也，拭口则不敬神矣。"《清稗类钞·饮食类三·福康安喜白片肉》云："福文襄王康安行边，所过州县，牧令以其喜食白片肉，肉须用全猪煮烂而味始佳，故必设大镬煮之。一日，将至四川某驿，而猪犹未熟，前驱已至，传呼备餐。司供张者方窘甚，一庖人忽登灶而溺于镬中。守令皆大惊，询其故，曰：'忘带皮硝，以此代之。'比至，上食。食未毕，忽传呼某县办差者，人咸惴惴惧获罪。不意文襄以一路猪肉无若此之美者，特赏办差者宁绸袍褂料一副。"另外，《梵天庐丛录》亦云："清代新年朝贺，每赐廷臣吃肉，其肉不杂他味，煮极烂，切为大脔，臣下拜受，礼至重也，乃满洲皆尚此俗。"

◎注5：如果"蒜泥白肉"与"回锅肉"合起来看，它们有个共通点，都是以熟猪肉作为原料，这就为烹饪材料远程配送提供基础。烹饪材料配送有"生胆配送"和"熟胆配送"等，这两道看馔可以用"熟胆配送"的方式处理。

《随园食单·特牲单·白肉片》云："须自养之猪，宰后入锅，煮到八分熟，泡在汤中一个时辰取起。将猪身上行动之处，薄片上桌。不冷不热，以温为度。此是北人擅长之菜。南人效之，终不能佳。且零星市脯亦难用也。寒士请客，宁用白片肉，不用燕窝，以非多不可故也。割法须用小快刀片之，以肥瘦相参，横斜碎杂为佳，与圣人'割不正不食'一语截然相反。其猪身肉之名目甚多。满洲'跳神肉'最妙。"

◎注6：《清稗类钞·饮食类三·白片肉》云："白片肉者，以猪肉为之，不用一切调料也。入锅煮八分熟，泡汤中两小时，取起，切薄片，以温为度，即以小快刀切为片，宜肥瘦相参，横斜碎杂为佳。食时，以酱油、麻油蘸之。"

◎注7：《秘传食谱·第三编·猪门·第九节·白片肉》云："预备：（材料）三肥七瘦的后腿肉一大方块（或用肥鸡一个），猪血一小钵，滚开的鸡汤一罐，姜、米醋（均适量），酱油少许。（特别器具）蒸笼一具，洁净白布一大块，大石头一块，快刀一把，炖罐一个。做法：①将猪肉先用猪血涂满，放进蒸笼蒸熟（也有用肥鸡一只洗宰干净，破开去净肚内各物，包裹着肉上笼去蒸的，更好）。②预先炖好浓汤一罐，于是将蒸好的肉先放入冷水内略漂一过，乘汤正滚，即纳入煮滚取起。③再将肉取出，包入洁净布内，用大石压约一支香久，随快刀切成为薄片，放进盘内，与备好的生姜、米醋或再加上些酱油拌吃，风味极佳。附注：也有单用红酱油蘸吃的（广东罗定的最好）。"

○猪皮攻略

1972年中日邦交正常化后，那个被誉为"唐人学生"的日本所产生的玩意都被中国人视为新潮之物，以至于其食物制品称为"料理"，并被当为高端名称，由此中国人的食物制品也被称为"中国料理"。这实不应当。之所以文中要强调日本是"唐人学生"，是因为其食物制作仅停留在中国唐代时期，还停留在唐代中国人以脍作膳的阶段。

《孟子·尽心下》曰："曾晳嗜羊枣，而曾子不忍食羊枣。公孙丑问曰：'脍炙与羊枣孰美？'孟子曰：'脍炙哉！'公孙丑曰：'然则曾子何为食脍炙而不食羊枣？'曰：'脍炙所同也，羊枣所独也。讳名不讳姓，姓所同也，名所独也。'"这就是成语"脍炙人口"的来源。这段哲理同时引证了中国古代食物制作主要有两种方法——"脍"与"炙"——将肉切成薄片生吃与将肉架在火上烧熟而吃。日本人只学到前者，并视之为潮流和正宗延续至今。

这两种食制大概要到宋代才发生根本改变（离唐代结束相差超过半个世纪），以"炙"衍生的熟食逐步全面取代以"脍"衍生的生食的地位。也是自那时起，中国人展开旷日持久的科学研究，逐步掌握了驾驭熟食的方法。因此，将中国人的食物制品称为"料理"显然不合时宜，应该称为"烹饪"，以示技高一筹。

驾驭是指驯服桀骜不驯的野马的能力，驾驭熟食就是完全了解纷繁复杂的熟食过程，从而抽取其中出乎意料的部分演绎成美食的技能。这是"料理"所不具备的。

数年前，一位读者致电笔者，问：为什么猪肉煮熟会缩水？这就是未能驾驭熟食的典型案例。因为该读者完全未掌握猪肉烹煮时猪皮、肥肉和瘦肉会发生怎样的变化，不仅对要采取怎样的措施去应对束手无策，更别说抽取其中出乎意料的部分去演绎美食了。

厨师厨艺的基础就是首先弄明食物在烹饪过程中纷繁复杂的表现（现代科技研究又何尝不是这样），否则也是白忙活。

根据多位资深厨师的回忆综合总结，在酒楼王陈福畴先生经营广州"四大酒家"时期，广州酒楼公会（资方）与广州酒楼工会（劳方）就试图联袂对历代或者当代散布在各大名厨手中及流传于坊间的经验进行收集整理，可惜在几有成果之际因遭受日本侵略而毁于一旦，否则中国烹饪的成就恐怕要比现在更加超群。

为了传承中国烹饪技艺以及燃点技艺研究的火把，此处抛砖引玉先讲解猪皮在烹饪过程中纷繁复杂的表现，深入探讨前人是如何从中抽取出乎意料的部分去演绎美食的。

猪皮是由明胶构成的肤体，生理上作为肥肉、瘦肉及内脏等的保护层。由于是保护层，我们的先祖最初吃猪肉时，在仍未掌控柴火加热技术的情况下，无奈地舍弃猪皮，不惜将猪皮充当隔热层，以烧燶（焦）来换取瘦肉的可食性。

经过长期的经验积累，我们的先祖找到了另一种隔热层，才让猪皮成为膳用之品。《礼记·内则》有曰："炮，取豚（小猪）若牂（母羊），刲之刳之，实枣于其腹中，编萑以苴之，涂之以堇涂（涂有穰草的泥淉），炮之，涂皆干，擘之，濯手以摩之，去其皽，为稻粉糔溲之以为酏，以付豚煎诸膏，膏必灭之，巨镬汤以小鼎芗脯于其中，使其汤毋灭鼎，三日三夜毋绝火，而后调之以醯醢。"当中的"堇涂"就是代替猪皮的隔热层。

在尝到猪皮做膳的甜头后，我们的先祖对皮有了更深层的认识。

我们的先祖观察到皮原来是分为两层，靠外的称"皮"，靠里的称"肤"，《韵会》曰："皮肤，肌表也。"这与西方人将皮分为表皮层、真皮层及皮下组织的定义相似，更接近现实。我们的先祖将西方人所说的皮下组织定性为肥肉（脂肪），具有与皮肤截然不同的功能（见后文《肥肉攻略》）。

为了便于理解，这里将靠外的皮称为"表皮"，将靠里的肤称"真皮"，两者全称为"皮层"。

表皮与真皮都是由明胶以珠状相连形式构成，呈现出比肥肉和瘦肉更加坚韧的质地。与此同时，表皮的珠状相连结构紧密，生理上只允许排汗及分泌少量的油脂。真皮的珠状相连结构较表皮略为疏松，起承上启下的作用，生理上不仅允许排汗，还允许排油。所以，如果表皮出现缺失，真皮就会显得湿泅泅（湿漉漉）及油淋淋。

正是出于这样的理解，我们的先祖随着对用火的认识加深，不再需要额外增加的隔热层，通过控制火的大小以及用火的时间，找出了将整猪加工成为美食的秘诀，因而创出了"燔肉"（类似现代"五香烧肉"的做法）和"炙豚"（类似现代"光皮乳猪"的做法）两种食品（都在《粤厨宝典·味部篇·烧烤章》中有介绍），而燔肉估计被认为是引以为傲的结晶，便被列为胙肉供作祭品。

有读者不禁会问：为什么同为整猪熟食，却要分"燔"和"炙"的方法去烹制呢？

问题就在于猪的皮层会随着猪的年龄增大而加硬，所以燔肉针对的是皮层较厚硬的大猪，用大火的"燔"去处理；而炙豚针对的是皮层较薄软的乳猪，就不必用大火了，可改为小火的"炙"去处理。后者在北魏（后魏）《齐民要术·卷九·炙法第八·炙豚法》中有较详细的介绍："用乳下豚极肥者，犐（阉猪）、牸（雌牛）俱得。挚治一如煮法，揩洗、刮削，令极净。小开腹，去五藏，又净洗。以茅茹腹令满，柞木穿，缓火遥炙，急转勿住。清酒数涂以发色（色足便止）。取新猪膏极白净者，涂拭勿住。若无新猪膏，净麻油亦得。色同琥珀，又类真金。入口则消，状若凌雪，含浆膏润，特异凡常也。""缓火遥炙"就是用小火且离火较远去烧。

如果将这两种食品做出总结，不难发现先祖们已经深明

表皮层　真皮层　皮下组织
▼　　　▼　　　▼

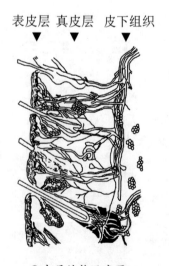

◎皮层结构示意图

烹饪猪皮的核心道理，就是利用干燥手段让猪皮明胶的珠状体固化，令其结构变得疏松而丧失艮韧的质感，从而达到易被人咀嚼的地步。在《齐民要术》出现大概1 200年之后，清代袁枚在《随园食单·特牲单·烧小猪》再次提及类似炙豚的做法："小猪一个，六七斤重者，钳毛去秽，叉上，炭火炙之。要四面齐到，以深黄色为度。皮上慢慢以奶酥油涂之，屡涂屡炙。食时酥为上，脆次之，硬斯下矣。旗人有单用酒、秋油蒸者，亦惟吾家龙文弟，颇得其法。"就是强调这种食品是以"酥为上，脆次之，硬斯下"为评价标准，乳猪的酥、脆、硬就是猪皮明胶干燥固化的不同表现。

问题是袁枚所说的"酥"与"脆"是否达到猪皮所能达到的极致呢？

答案是否定的。发展空间还有很大。

何以这样说呢？

让我们细心留意《齐民要术》和《随园食单》的描述，前者是"色同琥珀，又类真金"，后者是"以深黄色为度"；也就是说，在制作过程中，为了避免将猪皮烧燋，这是用火的最大极限。

事实上，早在袁枚之前，能挑战这种极限的技法早已经在金陵（南京）出现了——那就是被世人仰慕的"酥方"和"烧鸭"（都在《粤厨宝典·味部篇·烧烤章》中有介绍）。

问题的症结在哪里呢？

问题的症结在于缺乏助剂。因为猪皮明胶干燥固化是有极限的，正如前面所说的，真皮是起承上启下的作用，当受到表皮干燥固化的波及，就会启动传输功能，将肥肉和瘦肉产生的油脂和水分传输到表皮上，加热时间越长，传输的速度越快，直到肥肉和瘦肉所含的油脂和水分接近干涸为止，致使制作处在要么继续干燥，要么停止加热的两难地步。继续干燥显然是不实际的，因此就要赶在真皮启动传输油脂和水分的功能之前停止加热。《齐民要术》和《随园食单》就是抽取这一精髓。基于这一精髓，在清末民初之际，粤菜厨师在金陵烧鸭的制作当中找到了玄机，发现如果事先在乳猪表皮（后来应用到大猪）涂上用清水调稀的麦芽糖浆（这是金陵烧鸭自南宋时期得以传承至今的法宝）作为助剂，并加以焙火及吹晾就可以在不延长烧制时间（即乳猪真皮还未全面启动传输功能之前）的情况下令乳猪表皮迅速硬化（半焦化），从而让乳猪皮的酥脆程度大大提高。这就

◎烧乳猪

是20世纪20—80年代粤菜著名的"光皮乳猪"的做法。

不久，粤菜厨师发现了一个问题，如果乳猪表皮带有油脂的话（这是表皮分泌少量油脂引起的），表皮就会较难干燥，从而降低乳猪皮的酥脆程度。就这一问题，粤菜厨师很快找到了解决方法，运用白醋具分解油脂的功能，将原来用清水调配的麦芽糖浆，改为用白醋调配。

实际上，白醋远不止分解油脂这一种功能，它还有收敛功能，这一功能鲜有提及，可让乳猪表皮的酥脆程度进一步提高。对于收敛功能的论述，这里先埋下伏笔。

然而，尽管乳猪皮的酥脆程度进一步提高，但酥脆感维持的时间并不长，在烧制后不马上食用的话，就会出现先巉后艮的质感。对于"艮"的质感含义，《厨房"佩"方》已做了详细介绍，这里补讲一下"巉"的意思。"巉"又写作"峗"，《字汇补》曰："峗同巉，山峻崄也。"广东人用"岩巉"形容物件三尖八角（不规则），就是按此义解读，再衍生形容物件十分难看。由于"岩巉"有三尖八角之意，广东人又借以形容咀嚼发硬食物引起刺嘴"口腔"的感官感受，便有了"巉嘴"以及"巉嘴巉脷（舌）"的词语。

言归正传，为什么乳猪皮在烧制后不马上食用的话会出现"先巉后艮"的感官感受呢？

原因还是与乳猪皮是由明胶构成有关。

明胶最大的一个特性就是嗜水，而且嗜水能力十分强。因为这个性能，烧乳猪在待售期间会吸收来自空气及本身（肥肉和瘦肉）发出的水分和潮气，使已脆化的皮层还原到硬化阶段，从而使食者咀嚼时产生巉嘴巉脷的感觉。当还原硬化阶段的皮层继续吸收水分和潮气，就会继续还原至皮层原始的艮韧阶段，就会令食者更难咀嚼，这就是"艮"。

实际上，这个问题早已经有了可以借鉴的解决方法，只是还未找出合理的方法应用到烧乳猪的制作工艺中去而已。

可以借鉴的方法出现在历史悠久的金陵酥方的制作上。

酥方是取大猪的带皮五花肉套在铁叉上用炭火烧成的食品，由于大猪的皮层较乳猪的厚硬，通过采取合理的避火、散热措施，可以断续地承受更加炽热的高温。炽热高温甚至高于燔肉时的温度，几乎可以用焚烧来形容。由于达到了一定的高温，猪皮明胶从固化到硬化并继续发展，以致达到物理变性的阶段而发生膨化和絮化反应。明胶全面且充分地发生膨化和絮化反应，真正意义的酥脆油然而生，不会令人有巉嘴巉脷的感觉。最让厨师引以为傲的是，在明胶全面且充分地发生膨化和絮化反应之后，猪皮因明胶变性丧失嗜水的功能，可以抵受更长时间的潮湿干扰，从而达到粤语所说的"襟企"（指持久站立，用于形容不易受潮软化）境界。

再接续烧乳猪巉嘴巉胭的话题。

由于乳猪皮层较薄，用焚烧这样的高温显然是不切实际的。与此同时，烧制的时间又因真皮启动传输功能而受到制约。这就是明知有酥方的经验可借鉴，却一时找不到可行的方案加以改善的原因。

问题出在哪儿呢？还是出在明胶身上。尽管明胶是以珠状相连的结构形成皮层，又经焙火及吹晾，使珠状体干燥，变成貌似独立的个体，但由于乳猪年龄的关系，包裹明胶使其成为独立珠状体的薄膜十分纤薄，非常容易受到油脂侵扰，使珠状体由相连变为粘连，给明胶膨化和絮化带来极大的障碍。因为明胶膨化和絮化的首要条件是外部密闭，使内部受热膨胀而无法宣泄产生动能。而明胶珠状体互相粘连就会拖慢反应时间，只能等到粘连体获得这样的条件——极端干燥及接近焦化的时候才能发生反应。

在这里还要补充一点，就是当明胶珠状体粘连之后，会使其局部积聚大量水分，而这些水分因受到结构紧密的表皮阻隔，不能及时排泄，就会形成蒸汽，形成蒸汽后就像气球吹胀一样，令局部的表皮鼓胀起来。这种现象粤菜厨师称为"起泡"，需要及时用针刺穿以疏汽，使蒸汽得以排泄并让表皮恢复平整。

问题的症结找到了，对症下药的核心思想就是让乳猪皮层的明胶珠状体尽可能地保持个体相连。

事实上，白醋因具有收敛作用已助上一臂之力，可惜能力达到上限，还要借助外援。

此时，白酒派上了用场。白酒是指用小麦、高粱、玉米、红薯、大米等酿造的蒸馏酒，这里还可包括用酒曲酿造的曲酒，为乙醇（酒精）和水构成的液体。乙醇有较强的分解油脂的能力，让包裹明胶成珠状体的薄膜免受油脂侵扰。

有了理论基础和找到相应的助剂之后，烧乳猪皮层的酥脆程度可达到酥方（即皮层较厚的大猪）的级别，而且还不太受潮气的影响，即使不马上食用也不会巉嘴巉胭。

除了用白醋、白酒调成的麦芽糖浆与"光皮乳猪"有调整之外，加热温度也可大为升高。这里会出现"爆皮"和"曝皮"两个术语。前者是指乳猪皮层经过在炭火上辘转全面预热过后，将局部皮层停顿在烈火上进行膨化和絮化反应的工作。后者是指因乳猪皮层受热出现不均匀收缩导致撕裂的现象。

烧乳猪皮层经过膨化和絮化反应，表皮出现芝麻般大

◎注1："襟企"在粤语中是指持久站立的意思。本应写成"禁企"，但由于"禁"字令绝大多数人先入为主地作为禁止理解，所以借用"襟"字表义。依照广东人民出版社《广州音字典》的解释，"禁"字有两个读音和表义，读作jin⁴（粤语gem³）时作不许、制止、拘押或法律上制止的事以及旧时皇帝居住的地方解。读作jin¹（粤语kem¹）时作持久、耐用解。后者显然是"禁企"的正确语义，然而，如果是这样写的话，肯定会被人理解为禁止站立的意思，所以，粤菜烹饪书籍每当用到这个词时都借用同音字，写成"襟企"。"襟"读作jin¹（粤语kem¹），指衣服胸前的部分并借义指姐妹的丈夫间的关系。

小的孔眼，因此，在20世纪70年代创制之后就得了一个新名称——"麻皮乳猪"。

以上是猪皮利用火烹法致熟过程中抽出有精髓演绎成的美食。

事实上，这些同样会在油烹法的致熟过程中出现。所不同的是，皮层薄的乳猪在这里会比皮层厚的大猪占有优势，通过淋油的方法处理就可以满足要求。大猪皮层厚，脱水速度会慢很多，用淋油的方法显然行不通，只能通过浸炸的方式处理，这样就波及肥肉和瘦肉，大量油脂和水分透过宽厚的肥肉和瘦肉给予不间断的干扰。正因为如此，用油烹法致熟的猪皮要达到火烹法致熟的效果，其肥肉和瘦肉会收缩、干结很多，而且花费的时间也长很多。

与干燥皮层截然相反的方法是湿润皮层，后者虽然早在北魏（后魏）时期的《齐民要术》多有提及，但书中讲解甚难明白，后续菜式的演变未见丰富，直到宋代诗人苏轼咏出简明扼要的《食猪肉诗》之后，以湿润皮层的烹饪方法才接踵而至。

为什么会这么拖拉呢？

还是猪皮明胶在作祟。

在定义上，猪皮是由属性为水溶性蛋白的明胶构成，尽管在常温水环境下不会轻易溶解，但在热水环境下给予足够的时间，就会嗜入自身体积5～10倍的水分并膨胀，并可以全部溶解成竭挞挞（黏稠稠）的糊状体，再随着水量逐渐稀释而与水共融。

这个属性看似美妙，但用水烹或汽烹等湿润烹饪法加工却并非无往不利，反而比火烹及油烹等干燥烹饪法更加困难，后者至少花费较短的时间让明胶珠状体干燥疏松就能被人更易咀嚼。

用"紊乱"一词去形容水烹或汽烹等湿润烹饪法加工的猪皮，如果简单地理解猪皮明胶在热水环境下就会轻易溶解，则是大错特错，原因在于猪皮是猪体的保护层，即使被加热，其自然的反应就是收缩、发艮以抵抗。同样的加热时间，施以火烹及油烹等干燥烹饪法加工，早已达到易被人咀嚼的地步。而更甚的是，如果再加入盐、糖等具渗透压的调味料同时加热，不仅起不到火烹及油烹等干燥烹饪法易于疏松的效果，还呈现更艮韧的质感。

这个恐怕就是《齐民要术》后续菜式的演变未见丰富以致拖拉的原因。

实际上，在热水环境中烹饪还带来一件令厨师十分揪心

◎注2：早在北魏时期的《齐民要术》就有关于以猪入膳的方法，而且还列举了10道菜式，为了便于理解，今录下以资参考。

蒸肫法："好肥肫（又写作'豘''豚'，小猪）一头，净洗垢，煮令半熟，以豉汁渍之。生秫米一升，勿令近水，浓豉汁渍米，令黄色，炊作馈（《玉篇》曰：'半蒸饭'），复以豉汁洒之。细切姜、橘皮各一升，葱白三寸四升，橘叶一升，合着甑中，密覆，蒸两三炊久。复以猪膏三升，合豉汁一升洒，便熟也。"

焅猪肉法："净焊猪讫，更以热汤遍洗之，毛孔中即有垢出，以草痛措，如此三遍，梳洗令净。四破，于大釜煮之。以杓接取浮脂，别着瓮中；稍稍添水，数数接脂。脂尽，漉出，破为四方寸脔，易水更煮。下酒二升，以杀腥臊——青、白皆得。若无酒，以酢浆代之。添水接脂，一如上法。脂尽，无复腥气，漉出，板切，于铜铛中焅之。一行肉，一行擘葱、浑豉、白盐、姜、椒。如是次第布讫，下水焅之，肉作琥珀色乃止。恣意饱食，亦不馈（《玉篇》曰：'厌也'），乃胜燠肉。欲得着冬瓜、甘瓠者，于铜器中布肉时下之。其盆中脂，练白如珂雪，可以供余用者焉。"

焅豚法："肥豚一头十五斤，水三斗，甘酒三升，合煮令熟。漉出，擘之。用稻米四升，炊一装。姜一升，橘皮二叶，葱白三升，豉汁涑馈，作糁，令用酱清调味。蒸之，炊一石米顷，下之也。"

的事——"瞨皮"（由于水烹或汽烹在行业划分上与用火烹的行业不同，后者的行业制作工艺中有"爆皮"和"瞨皮"两个术语，而前者的行业制作工艺中是没有这样的区分的，故而这里应为"瞨皮"，指皮层撕裂）。这是因为明胶以珠状相连的形式构成猪的皮层，各珠状体有薄膜包裹，确保不易溶解及相互牢靠相连。当有薄膜耐不住高温熔解（表皮常见）或受热过度膨胀爆裂（真皮常见），其包裹的珠状明胶就会随之熔解，使该处出现空洞。此时，各珠状体因受热收缩自然抵抗，就会令皮层一方面失去平衡，另一方面又产生绷紧收缩的力，让空洞处诱发撕裂现象。

宋代诗人苏轼的《食猪肉诗》的伟大之处就在于教导人以"慢着火"的方法处理，解决了猪皮发艮等问题。

保护层在水环境下加热温度越高，皮层的绷紧程度越大，无法发挥明胶嗜水的本能，致使皮层艮性强，难以被人咀嚼。如果将加热温度降低（以包裹珠状明胶的薄膜不被热熔和不令珠状明胶剧烈膨胀为度），皮层的绷紧程度就会减轻，皮层明胶嗜水的本能才会展露出来。

皮层明胶嗜水是从外往内进行，当皮层内部明胶一旦嗜入外来水分之后，就会使皮层由绷紧变为松懈，此时即使有珠状体溶解引起空洞，也没有绷紧收缩的力诱发撕裂的现象了。之后发生的事是相辅相成的，因为皮层松懈，外来水分更容易进入皮层内部，当达到一定的吸水量时，就会易被人咀嚼了。

那么，厨师是不是从此安心呢？

还未有。因为明胶有嗜水的本能，还有溶解的本能。

至少在清末民初的时候，厨师就为干燥和湿润法烹制的带皮猪肉肴馔厘定评价标准，前者是"酥为上，脆次之，硬为下"；后者是不见锋棱。也就是说，如果在水环境下慢着火加热烹煮，猪皮四周边缘就会因明胶逐渐溶解而化缺，质感也会由艮韧变为腍软，此时合理地抽取其中的精髓就为"东坡肉"。如果继续加热，致皮层明胶全部溶解或接近全部溶解，这个精髓被抽取出来就为江苏著名的"水晶肴肉"（做法可见《粤厨宝典·味部篇》）。这是因为猪皮明胶被热水溶解后再降温会凝结起来，古人还将此凝结物命名为"胨"。胨的硬度与溶解明胶的含水量有关，一般以明胶自身体积8倍的含水量为宜，低于这个含水量，溶解明胶的凝结体不仅硬度大而易脆散，还因仍需嗜水而令形体拆裂；高于这个含水量，溶解明胶的凝结体难以成形，广东人称其形体"竭挞挞"，称其质感为"糇"。

蒸猪头法："取生猪头，去其骨，煮一沸，刀细切，水中治之。以清酒、盐、肉（估计误抄，应该是豉之类），蒸，皆口调和。熟，以干姜、椒着上食之。"

作悬熟法："猪肉十斤，去皮，切脔。葱白一升，生姜五合，橘皮二叶，秫米三升，豉汁五合，调味。若蒸七斗米顷下。"

豚蒸："如蒸熊（蒸熊法：取三升肉，熊一头，净治，煮令不能半熟，以豉清渍之一宿。生秫米二升，勿近水，净拭，以豉汁浓者二升渍米，令色黄赤，炊作饭。以葱白长三寸一升，细切姜、橘皮各二升，盐三合，合和之，着甑中蒸之，取熟。）。"

腤白肉："一名'白煮肉'。盐、豉煮，令向熟，薄切：长二寸半，广一寸准，甚薄。下新水中，与浑葱白、小蒜、盐、豉清。"又："薤叶切，长三寸。与葱、姜，不与小蒜，薤亦可。"

腤猪法："（一名'焦猪肉'，一名'猪肉盐豉'）一如焦白肉之法。"白瀹"瀹，煮也，音药。"

豚法："用乳下肥豚。作鱼眼汤，下冷水和之，挈豚令净，罢。若有粗毛，镊子拔却，柔毛则剔之。茅蒿叶揩洗，刀刮削令极净。净揩釜，勿令瀹，釜瀹则豚黑。绢袋盛豚，酢浆水煮之。系小石，勿使浮出。上有浮沫，数接去。两沸，急出之，及热以冷水沃豚。又以茅蒿叶揩令极白净。以少许面，和水为面浆；复绢袋盛豚，系石，于面浆中煮。接去浮沫，一如上法。好熟，出，着盆中，以冷水和煮豚面浆使暖暖，于盆中浸之。然后擘食。皮如玉色，滑而且美。"

酸豚法："用乳下豚。燖治讫，并骨斩脔之，令片别带皮。细切葱白，豉汁炒之，香，微下水，烂煮为佳。下粳米为糁。细擘葱白，并豉汁下之。熟，下椒、醋，大美。"

对于这样的精髓，粤菜厨师会有另一个观感，认为带皮猪肉肴馔晾凉食用的话，溶解明胶陈于猪皮表面会带来粗（《五音集韵》曰："女洽切，音图。黏也"）的质感，加上猪皮由艮韧变为脸软，并不美妙。

粤菜厨师观察到，如果在猪皮临近脸软之际将之从热水中捞出并浸泡在流动的清水或冰冻的汤水里，就会让猪皮获得清爽的质感。这种做法一方面制止明胶继续溶解，另一方面将已溶解的明胶洗去，不让正嗜水的明胶吸收已溶解的明胶，从而让猪皮不会有溶解明胶陈于表面而获得清洁的质感，不让已溶解的明胶干扰正溶解的明胶而获得爽滑的质感，再让未溶解的明胶合理持水而获得软弹的质感。这个被抽取出来的精髓就被粤菜演绎出著名的"白切五花肉"（做法可见《粤厨宝典·味部篇》）。

当然，还有的做法是干燥法与湿润法相结合，先用干燥法让猪皮表面明胶固化以抑制明胶任意溶解，再用湿润法使猪皮内部明胶吸水膨胀。这种做法尽管可见猪皮四周边缘有锋棱，却又取得介于"东坡肉"和"白切五花肉"之间的质感。

◎大良冶鸡卷

原料： 里脊肥肉600克，一字胸（外脊肉）400克，精盐4.8克，白糖62克，味精3.2克，鸡蛋液40克，生抽2.4克，山西汾酒8克，金华火腿200克，鸡蛋清5克，干淀粉1.5克。

制作方法：

里脊肥肉用刀片（切）成长20厘米、宽16厘米、厚0.1厘米的薄片。用60克白糖与山西汾酒拌匀，腌24小时。一字胸用刀片（切）成宽16厘米、厚2.5厘米的薄片（长度尽取无拘）；用精盐、白糖（2克）、味精、鸡蛋液、生抽、山西汾酒拌匀，腌2小时。金华火腿切成0.3厘米见方的长条（长度尽取无拘）。

将里脊肥肉片顺长平铺在工作台上，再将一字胸肉片依宽度放在里脊肥肉片面，长度约为里脊肥肉片

◎大良冶鸡卷

的3/5（长了裁去，短了补足），将金华火腿条依宽向横放在一字胸肉片面当作卷心。然后依宽向将里脊肥肉片和一字胸肉片一同卷起，用鸡蛋清与干淀粉调成的浆收口，使之形成坚实的、长度为16厘米内镶金华火腿条的肥瘦肉卷。

肥瘦肉卷的致熟方法有两种。

第一种方法应该为初为善者所创，用煴的方法。

将肥瘦肉卷用架盛起，置入煴炉内，加热温度以让肥肉的油脂不沸腾、不外渗为准。按理解应该是高于焙而低于烧的温度，炉内温度大概为125℃，而且热力传导、辐射、对流不能过于集中，让肥瘦肉卷均匀受热。经此煴制，肥肉水分大量挥发，肥肉油脂在内敛的环境下发生油炸反应，从而让肥肉形成酥脆的质感（油脂外渗就得不到这样的质感，而且还突显油腻）。煴约90分钟，肥肉变酥脆、瘦肉熟透，从煴炉中取出晾凉，用刀将肉卷两端切齐，再横切成2厘米的段摆砌上碟即成。

第二种方法应该是后来仿者的便宜之法，用炸的方法。

将肥瘦肉卷放入蒸笼以中火蒸40分钟，取出晾凉。用刀横切成2.5厘米的段，粘上鸡蛋液（配方未列），再裹上干淀粉（配方未列），用五成热（150～180℃）的花生油（配方未列）炸至金黄色，捞起摆砌上碟即成。

◎注1：大良冶鸡卷的粗幼（细）与里脊肥肉的长短有关，里脊肥肉切得长，肉卷就会粗；里脊肥肉切得短，肉卷就会幼。另外，里脊肥肉不能太薄和太厚，太薄容易吸入瘦肉渗出的水分而失去酥脆的效果；太厚又不易脱水煴干，在瘦肉熟透时仍未形成酥脆的效果，再达到酥脆，瘦肉又显出柴的质感。最佳状态是瘦肉刚熟而肥肉又刚好酥脆。

◎注2：大良冶鸡卷是顺德大良（今为佛山市顺德区大良镇）的特色美食，故以"大良"称之。20世纪70年代曾改称"大良肉卷"。

◎注3：大良冶鸡卷最早是提供白糖供食客蘸点解腻，后来改为佐上淮盐、喼汁。

◎注4：大良冶鸡卷的肥肉在腌制时可加入抹茶粉、芝士（奶酪）粉、香草粉、芝麻粉等增香，以调节风味。

◎注5：关于"冶鸡卷"的名称，有人认为是"野鸡卷"之讹写。传言称有掌厨者做一款叫"雪耳鸡皮"的肴馔，剩下的碎鸡肉无处消耗，便卷以肥肉充馔，后因肥肉卷销量大增却又无太多碎鸡肉供应，而改用猪瘦肉充上，虽然没有了鸡肉但仍保留"冶鸡卷"的名字。有人更经据典地找出明代甘肃人黄谏梦得离世的爱妾烹野鸡味香扑鼻，梦醒遂依法制作得"炸野鸡卷"之美食，后大良厨师再改制就有了"大良野鸡卷"。又有人说是出自清代袁枚《随园食单·羽族单·假野鸡卷》——"将脯子斩碎，用鸡子一个，调清酱郁之，将网油划碎，分包小包，油里炮透，再加清酱、酒作料，香草、木耳起锅，加糖一撮。"即将鸡脯肉切碎，打进鸡蛋一个，调点清酱腌一下，把网油划成几块切碎，分着包肉馅，包成几个小包，分别放进油里炸透，再加清酱、酒等作料，以及香菇、木耳起锅，加点糖。这种说法，均是穿凿附会的无稽之谈。

粤菜肴馔命名，过去有句行话叫作有根有蘉（koeng5，主根横生的须根），意思是指凡事必须要有依据，不能随意胡来。所以，"冶鸡卷"的名字不仅不是凭空捏造的，而且还充分体现肴馔制作的精妙造诣所在。

要了解"冶鸡卷"的名称由来，要先了解什么是"鸡"。实际上，这个"鸡"是意会字，是从"觭"字演变而来的，什么是"觭"呢？《尔雅·释畜》曰："觭，角一俯一仰。"用现代的话说是向上而又忽然向下的角就是"觭"（与一角仰的"觪"对应）。需要强调的是，这个角不是两线相交形成的"角"，而是兽角的"角"。这个义项被广东人充分发挥，又用于指某些物体被烧熔絮化后冷却形成像角的焦煵凸点，这种像角的凸点又被广东人称为"火觭"。由于"觭"的粤语读作gei1（也可读作kei1），与"鸡"的粤语gai1的音相近，不明就里的广东人就将"火觭"写成"火鸡"，以后又相约成俗。如《粤厨宝典·味部篇·烧烤章·蜜汁叉烧》所介绍的，叉烧在淋糖胶前要用剪刀将肉条上的烧煵点剪去，这个烧煵点就俗称为"火鸡"。又例如调节枪支的准星，粤语会说"较鸡"，就是用"校觭"的谐音字。另外，《粤厨宝典·味部篇·烧烤章·金钱鸡》的"鸡"也是由"火觭"衍生成"火鸡"，因为这种食品是由肥肉、瘦肉和猪脿（肝）制成，并没有鸡肉。这三道菜的技巧背地里如出一辙，就是将肥肉加热至将煵不煵的临界点，以求取烹饪上的特殊效果。

如果理解了"鸡"的意思，也就不难理解"冶"的字义了。《三苍》（李斯《苍颉》七章、赵高《爰历》六章、胡毋敬《博学》七章的合著）曰："冶，销也。遭热即流，遇冷即合。"与广东人对"觭"的某些物体被烧熔絮化后冷却形成像角的焦煵凸点的字义首尾呼应。

让我们再看大良冶鸡卷的做法，此法最早是用煴的方法加工，技法的精髓在于不煴不炽的火候，既让肥肉的水分干燥，又让肥肉的油脂在内敛的环境下产生油炸反应，从而令肥肉形成酥脆的质感——这正是"冶觭"的精妙过程。

事实上，粤菜在20世纪90年代中期面世的"脆皮叉烧"（见《粤厨宝典·味部篇·烧烤章·脆皮叉烧》）也是利用这个原理创制而成。

◎回锅肉

原料： 后腿肉1 000克，大蒜250克，四川郫县豆瓣65克，甜面酱25克，生抽25克，猪油125克。

制作方法：

让南京人意想不到，他们的拿手好菜后续竟然被四川人发扬光大。

清代时，南京人参照烧乳猪的方法创新了被称为"京都三大叉"之一的叉烧酥方，轰动一时，并奠定淮扬菜的地位。随官员入蜀的厨师就将做法带到四川，四川人掀起吃叉烧酥方的热潮。南京人是怎样吃叉烧酥方的呢？也颇为讲究。将带皮五花肉用铁叉固定好，架在炭炉上将肉烧熟和将皮烧酥，然后用刀将皮片出，用空心馍馍夹着来吃，享尽猪皮之酥脆；剩下的熟猪肉则切成薄片供食。实际上，由于剩下的熟猪肉无太多趣味，仅作为摆设，极少有人动箸。叉烧酥方传到四川之后，有食家嫌熟猪肉供摆设浪费，就叫厨师加大蒜炒热来吃，称之为"回锅肉"，从而让叉烧酥方的销售模式丰富了起来。后来叉烧酥方的热潮在四川逐渐冷却，四川人却不忘"回锅肉"的风情，在没有叉烧酥方的熟猪肉回锅的情况下，四川厨师想到了另一种办法，就是用猪后腿的肥瘦肉代替熟猪肉，从而又形成新的技法——爆炒熟肉片。这里介绍的就是这种技法。

选用猪后腿肉是对的，但由于其肥瘦不太均匀，一般是取靠近猪臀部的所谓"二刀肉"（川菜厨师语），而且要改刀将部分瘦肉割去，使瘦肉和肥肉的厚度近乎一致。然后将这样的后腿肉放入滚水镬内焓熟。取出晾凉，用刀切成长5厘米、宽4厘米、厚0.2厘米的薄片备用。大蒜切成马耳朵形（近于菱形，长约3.5厘米）的段备用。

猪油（通常还会加入豆油使其成混合油）放入烧热的铁镬加至五成热（150～180℃），放入猪后腿肉片，猛火将猪后腿肥肉的油脂爆出近四成，使猪后腿肉片呈耳窝形（又称"灯盏窝形"），加入四川郫县豆瓣（事前用刀剁成酱）并用镬铲急炒，使猪后腿肉片上色，再加入甜面酱、生抽炒香，最后加入大蒜段翻炒几下（所谓生葱、熟蒜、半生韭），使大蒜段略微发软，即可连肉滗出放入瓦碟即成。

◎注1："回锅肉"的技巧正印证质感和味感相辅相成的真理。就质感方面，通过热油的烹制，猪后腿肥肉的油脂在急剧外渗之际产生酥脆的质感，又使肥肉的含油量（少）与瘦肉的含水量（多）高度不一致而形成鲜明质感对比。就味感方面，利用郫县豆瓣和甜面酱的馥郁与大蒜的秘醇产生诱人并且难忘的香气实属一绝，难怪没有叉烧酥方的熟猪肉作材料，也另辟蹊径用焓猪后腿肉代替。

◎注2：如果猪后腿肉片不成耳窝形而是挺直的，有两个问题，第一个是刀工问题，即肉片切得厚。第二个是烹饪问题，即肉片入镬时的油温不足，未能将后腿肥肉的油脂迅速爆出，使肥肉含油量和瘦肉含水量的差距不太明显。此时肉的质感会略逊一筹。

◎注3：大蒜百合科葱属蒜的青苗，故又称"青蒜"。而其鳞茎称为"蒜头"，去衣后称为"蒜子"或"蒜肉"，再剁碎则称为"蒜蓉"。其花葶称为"蒜薹"。

◎注4：需要指出的是，正当各大菜系苦苦寻求肥肉降腻方法之际，川菜厨师却反其道而行，不仅没有少放油，更以多油招徕食客，让人啧啧称奇。

◎注5：20世纪90年代有粤菜酒楼参照"回锅肉"的做法，将调味汁改为虾酱，也得一时的潮流。

○肥肉攻略

　　30年前刚入行的时候曾无意中听到几个老前辈在聊旧事，记得当中一位老前辈眉飞色舞地讲及在他年轻时，烹饪界有两个"奇司"，一个是"糖司"，一个是"鸡司"。毕竟是初入行，又不太认识那几位老前辈，又不便问，就将此事摆在了脑海之中。

　　此事一搁就20多年，近几年有很多酒楼用糖艺为菜肴装饰，才想起老前辈的话语，重新审视"糖司"和"鸡司"的言外之意。"糖司"较易理解，就是借助糖（白糖、麦芽糖）做出让人意想不到的食品出来。糖艺只是其中之一，即利用糖受热熔解、晾凉凝结的原理做出图案。还有龙须糖，就将糖（麦芽糖）加热抽拉并在潮州粉（炒熟的糯米粉）的协助下变成头发般的幼丝。又如糖色，就是将本无颜色的糖在热油中炒，并攒入清水，就成为优质的色素，就连豉油也非要用它调色不可。

　　实际上，糖司之所以为"糖司"，应该还有很多撒手锏，最让人称道的莫过于将仅有甜味的糖变成秘醇的香料，使用之烹制的食品齿颊留香、回味无穷。

　　相比对"糖司"的认识，对"鸡司"的认识则要波折很多，因为入行时正值"清平鸡"（做法可见《粤厨宝典·味部篇·卤浸章·贵妃鸡》）是粤菜油鸡档中的大明星，曾一度认为这就是"鸡司"的建树。

　　现在常有人戏称"老婆饼"里没有老婆，"棉花糖"里没有棉花，"鱼香肉丝"里没有鱼，难道"金钱鸡"里就有鸡？

　　我在编写《粤厨宝典·味部篇·烧烤章·金钱鸡》时就碰到了这个问题。因为所谓的"金钱鸡"，只是将肥肉、肉眼与猪膶切成圆片，并用叉烧针依次穿起成串，再挂入烧烤炉里烧熟的食品，当中绝无半点鸡肉，怎可馔名有"鸡"呢？幸好此馔在烧烤完成后还有一个工序叫"剪火鸡"，才算是给出了答案。

　　就在那时起，我就对前辈为什么将烧烤时产生的焦燶物称为"火鸡"怀有浓烈的兴趣。庆幸的是，一次到顺德大良（今佛山市顺德区大良镇）做厨师间交流时才领悟到这个名称的历史文化韵味。

　　如果说清平鸡是出于"鸡司"之手，可能不算是抬举，反而是小觑它的分量了，因为它有更奇妙的造诣，而当中的"鸡"应为"觭",正称应为"觭司",是以肥肉作为素材,与"糖司"以糖作为素材雷同,都在演绎着一番异彩。

自此之后我就对"鸡司"(觭司)的素材——肥肉做出研究。

在归类上,肥肉是皮层的组成部分,称为皮下组织或皮下脂肪,由于猪的皮下组织较其他兽类宽厚,故而就有"肥肉"这个专用名称,其他兽类或猪的其他部位通常只会称为脂肪。肥肉被视为皮下组织也有一定道理,因为它也同表皮与真皮一样,都是以珠状相连的形式构成;不同的是,肥肉的珠状体为脂肪,而表皮与真皮的珠状体是明胶。正是这个原因,我们的先祖是将肥肉理解为自成一体,排除在皮肤的定义外。而实际上,表皮与真皮是连成一体的,很难分开。真皮与肥肉之间是有一层薄膜隔离的,将它们分开并不难。另外,表皮与真皮的明胶在水环境下加热会全部溶解,而肥肉加热会让脂肪析出,即所谓的猪油;在脂肪完全析出后,最终还会剩下一个空架子,即所谓的"猪油渣"。

尽管肥肉较厚地分布在猪的皮层底下,却有硬肥肉和软肥肉之分,前者分布在脊部与肋部,尤其是脊部最厚硬。此范围的肥肉油脂多、水分少、油渣硬。后者分布在腹部、胛部、臀部、颈部及颚部等。此范围的肥肉油脂少、水分多、油渣软,尤其是腹部与四肢夹角的肥肉油脂最少。

另外,肥肉除藏在皮层底下之外,有的还出现在猪的其他部位,如夹藏在瘦肉里的称为"脂肪",围在猪肚(胃)边缘的称为"网油"。它们的物理性质及烹饪特性与肥肉相同或接近。

无论是肥肉、脂肪抑或网油,都有一个共通点——油腻,"鸡司"的技术就是抛开所有人的成见将这样的货色演绎出让人啧啧称奇的美食。

现在已知"鸡司"最早之作见于清朝道光年间(1821—1850年)为世界首富伍秉鉴(1769—1843年)设计的"鸡仔饼"(做法和典故可见《粤厨宝典·点心篇》)。所谓鸡仔饼,只是面粉、肥肉、梅菜弄成的饼饵,就这样简单的材料,"鸡司"就能演绎神奇,否则也不会受伍秉鉴青睐,也不会成为广州点心的明星,也不会让一家茶楼成为百年企业。其技术要髓是慢火烘熯,让肥肉与面粉相辅相成,取得十分酥脆的质感。

最直白的要数"冶鸡卷",干脆就用肥肉作为主料,卷上瘦肉慢火烘熯,以求肥肉油脂干润,剩下喷香、酥脆的空架子。如果用油浸炸就失去这样的趣味。

◎注1:鸡仔饼是广州河南(即海珠区)漱珠涌旁一家叫"成珠"的茶楼的经典之作。成珠茶楼周边有一座海幢寺,更有"十三行"当中的两个富豪——潘振承、伍秉鉴的府邸。后来广州美食家江孔殷(俗称"江太史")也移居在附近。

但说到最高成就，则要数在20世纪90年代面世的"脆皮叉烧"了，它颠覆了传统叉烧的概念。

为什么平淡的肥肉会演绎出如此拍案叫绝的效果呢？

原来，大多数人认为，利用高温煎炸消除肥肉大部分的油脂就可以让肥肉降低油腻，殊不知往往是反效果，因为油脂一旦从包裹其的薄膜溢出，除非是溢出超过80%，否则肥肉仍然是油腻的。"鸡司"知道，要让肥肉不显油腻，先决条件是不要让油脂从包裹油脂的薄膜里溢出，所以就采用干燥的办法处理。"鸡司"知道，油脂是无法干燥的，但油脂中的水分则可以干燥，但前提是干燥肥肉的温度必须适当，具体的温度似乎很难说实，有以下三个准则：第一是加热温度不能让藏在薄膜里的油脂及水分过度膨胀，过度膨胀就会挤破薄膜，让油脂外渗。第二是加热温度可以让油脂薄膜内部产生油炸的效果，快速消耗与之共存的水分，这样也可让肥肉产生香气和让质感变得酥脆。第三是加热温度能迅速干燥陈于肥肉表面的蒸汽，不让肥肉表面回潮（肥肉表面只有在半炭化时才不会受潮汽的影响）。

为了达到最佳效果，可以预先用白糖或精盐腌制，在此期间可加入白酒，但用量要适当，否则白酒中的乙醇会过早熟化包裹油脂的薄膜，反而不妙。

实际上，用白酒腌制肥肉，若用在非起"鸡"的湿润烹饪法上，则会有特殊效果。如"冰肉"就是典型的案例——因为白糖的渗透压不足以迅速渗透到包裹油脂的薄膜里，所以要借助白酒中的乙醇将薄膜轻微溶解，才能让白糖轻易进入薄膜，与里面的油脂反应。

先看看单用白糖腌制肥肉的时间是怎么要求的。

如果单用白糖腌生肥肉，大概要花三天的时间，白糖才能与薄膜里的油脂充分反应，让肥肉致熟后变透明。如果单用白糖腌熟肥肉，这大概要花12个小时。

再看看白糖加白酒腌制肥肉的时间又是怎么要求的。

如果用白糖加白酒腌生肥肉的话，腌制时间会大为缩短，大约一天时间就可以了。如果用白糖加白酒腌制熟肥肉的话，时间最短，大概2个小时就可以了。

这充分说明白糖的渗透压是有限度的，这个限度就是包裹油脂的薄膜控制的。只有薄膜变薄（乙醇作用）或熟化（加热作用），白糖才能借助渗透压轻易进入薄膜与里面的油脂反应。问题是白糖腌熟肥肉、白糖加白酒腌生肥肉与白糖加白酒腌熟肥肉使油脂薄膜结构受到破坏，而肥肉致熟后的质感渐失硬朗以致散碎，也并非是件好事。

◎注2："冰肉"是肥肉经过白糖腌制让油脂变性，加热后折光率提高，犹如透明冰块而得名的。常用在烧烤的包扎类制品中，如"桂花扎""鸭脚包"等。

◎狮子头

◎狮子头

◎注1："狮子头"因为没有较多地摔挞、搅拌，故而对肉质的要求较为苛刻，必须是纤维较强的猪肉品种，否则不是吃肉团，而是吃粉团，毫无弹性质感可言。

◎注2："狮子头"最值得借鉴的地方是先炸后焖、蒸，这个工艺有两大优点，第一是先油炸定形可以让肉团表面熟化形成保护层，让肉团内部的香气不易流失。第二是油炸可以让肉产生焦糖化反应和美拉德反应，形成浓郁的香气。

◎注3：《清稗类钞·饮食类三·狮子头》云："狮子头者，以形似而得名，猪肉圆也。猪肉肥瘦各半，细切粗斩，乃和以蛋白，使易凝固，或加虾仁、蟹粉。以黄沙罐一（个），底置黄芽菜或竹笋，略和以水及盐，以肉作极大之圆，置其上，上覆菜叶，乃罐盖盖之，乃入铁锅，撒盐少许，以防锅裂，然后以文火干烧之。每烧数柴把一停，约越五分时更烧之，候熟取出。"

原料①：五花肉1 000克，蟹黄65克，蟹肉160克，虾籽1.2克，淡二汤400克，白菜1600克，绍兴花雕酒125克，精盐18.8克，姜葱汁375克，干淀粉32克，猪油63克。

原料②：后腿肉700克，肥肉250克，金华火腿肥肉50克，大白菜375克，马蹄（荸荠）375克，虾米62.5克，绍兴花雕酒125克，精盐12.5克，生抽50克，味精2.5克，姜块37.5克，葱结37.5克，胡椒粉4克，湿淀粉25克，鸡蛋清250克，淡二汤2 500克，芝麻油62.5克，猪油375克。

原料③：带皮五花肉1 000克，竹笋20克，绍兴花雕酒15克，精盐7.5克，鸡蛋100克，姜葱汁50克，淡二汤500克，味精5克，猪油250克。

原料④：后腿肉700克，肥肉300克，金华火腿蓉8克，鸡蛋100克，生抽83克，绍兴花雕酒5克，精盐2.5克，白糖25克，味精1克，湿淀粉25克，面粉50克，淡二汤500克，花生油（炸用）3 500克。

制作方法：

"狮子头"这道肴馔不是粤菜，这里列举4例，分别是"蟹粉狮子头""苔菜狮子头""煎扒狮子头"及"红烧狮子头"以了解其制作核心。

第一，选肉。说得通俗一点，"狮子头"就是肥瘦肉糜制成的肉丸。由于瘦肉容易散柴，必须用肥肉加以滋润，用五花肉则不会存在这个问题，但用后腿肉（或前胛肉）等部位时就会出现肥瘦不均的现象，所以要进行调配，较为合理的比例是7份瘦肉、3份肥肉。明白了这个比例，无论前胛、肋部抑或后腿肉都可以入馔了。另外，有些厨师会问，能否配入一些猪皮调节肉丸的质感呢？是可以的，原料③就提供这样的案例。为了增加肉丸的风味，原料②还建议添加金华火腿的肥肉。

第二，剁肉。尽管"狮子头"是肥瘦肉糜制成的肉丸，但为了不泯灭瘦肉本身的弹性，肉糜不能剁（或绞）得太烂，以略小于绿豆为宜。

第三，挞制。"狮子头"与粤菜的肉丸不同，后者是追求爽弹的质感，而"狮子头"似乎没有这样的讲究，这也是这道肴馔走下坡路的原因之一。为什么这样说呢？理由出在掌厨者对搅挞的工艺并不重视。搅挞工艺可以让肉中的水溶性蛋白进行快速的网络重组，使制品尽最大能力抑制霉、散、粉、柴的质感出现（这一点在后面的肴馔将深入探讨）。对搅挞工艺不重视的严重性还体现在对如今饲养猪做材料束手无策。因为饲养猪的瘦肉的非水溶性蛋白的粗度和长度都大大降低，导致制品毫无弹性质感可言，食者啖之犹如咬嚼粉团一般，了无趣味。

原料①的做法是肉剁好后放在钢盆里，加入姜葱汁、9.4克精盐、绍兴花雕酒和干淀粉，顺同一方向搅拌至螯合，再加入蟹肉、0.6克虾籽混匀。

原料②的做法是肉剁好后放在钢盆里，加入25克生抽、5克精盐、75克绍兴花雕酒、2.5克胡椒粉及鸡蛋清，顺同一方向搅拌至螯合，再加入切成粒的马蹄、虾米混匀。

原料③的做法是肉剁好后放在钢盆里，加入白糖、味精、绍兴花雕酒、姜葱汁、50克鸡蛋、干淀粉，顺同一方向搅拌至螯合。

原料④的做法是肉剁好后放在钢盆里，加入鸡蛋、精盐、面粉，顺同一方向搅拌至螯合。

第四，预制。"狮子头"预制有灼、煎、炸3种方法，这里以原料①用灼、原料②③用煎、原料④用炸举例。由于"炸"有易于操作、可以令表面成皮及迅速致熟的优点，肉味最浓，现在多被厨师采纳。

原料②是将300克猪油放在铁镬内中火加至五成热（150～180℃），将抛捏成每个100克的肉丸排在油上，煎至两面均为焦黄色。

原料③是将猪油放在铁镬内中火加至五成热（150～180℃），将抛捏成每个100克的肉丸沾上用50克鸡蛋、25克干淀粉调成的鸡蛋浆后排在油上，煎至两面均为焦黄色。

原料④是将花生油放在铁镬内猛火加至五成热（150～180℃），将抛捏成每个100克的肉丸放入油里，炸2分钟左右，直至肉丸外表发硬（成皮），呈金黄色、四周向上卷曲为止，用笊篱捞起。

第五，烹调。"狮子头"的做法其实离不开"东坡

◎注4：《秘传食谱·第三编·猪门·第十二节·徽州肉圆》云："预备：（材料）三肥七瘦的猪肉一斤，熟盐一钱七分，绍酒二两五钱，芡粉三钱，砂仁末六分（或用白菜若干）。（特别器具）大冰盘一个，蒸笼一具。做法：①将猪肉肥肉分割两处，肥的剁成极烂，瘦的切成绿豆大丁子。②取熟盐、绍酒、芡粉同所碎的砂仁拌入肉内，揉到极匀，用两手拍成团子，分为六个，摆在大冰盘里面，入蒸笼蒸到刚熟透心，吃味极好。附注：也有用白菜垫底的，更好。"

◎注5：《秘传食谱·第三编·猪门·第十三节·红烧肉圆》云："预备：（材料）二肥八瘦的猪肉不拘多少，芡粉、绍酒、盐（都适量），油适量，白菜若干（预先用油灼过），白酱油、红酱油、净水（都各少许）。又炒研过的冬米粉少许。做法：①将整块猪肉（不要切开）先褪去皮（皮仍要留着用），然后如前剁到极烂。②用芡粉、绍兴、盐，加入肉内拌到极匀，做成圆子，大约一两多重一个，外面再用芡粉拖滚一层，放入滚油锅内，炸到现成黄色为止，捞起候用。③先将猪肉皮铺放锅底，再取肉圆，同用油灼好的白菜（白菜先行切好，放进油锅内炒灼一过）都搁在肉皮上面，再加红酱油、白酱油、绍酒、净水，煨到肉皮烂透为度。附注：也有加上些炒研过的冬米粉同肉剁好做成圆子，如法蒸，吃的味也不差。"

◎注6：因国家第一代领导人周恩来总理对红烧狮子头格外青睐，20世纪50—70年代全国各地曾掀起过红烧狮子头厨艺比拼的热潮，当中上海"薯蓉狮子头"让人印象深刻，现记录其做法。瘦肉糜与熟薯仔（土豆，也有用芋头的）各250克，加入生抽（15克）、绍兴花雕酒（1克）、精盐（0.6克）、白糖（1克）、味精（0.6克）、鸡蛋（45克）、猪油（31克）、湿淀粉（10克）搅匀并搓成球（4个），用猪油（150克）煎至表面金黄。将薯球放入瓦罉内，加入生抽（35克）、淡二汤（200克）先猛火炆，约10分钟后改慢火炆15分钟即成。

肉"的影子——加汤水慢着火去煮，这是清末民初以前各大菜系都无法超越的做法。

原料①的做法是将50克猪油放在铁镬内烧热，加入白菜煸透（所谓"肉要煀，菜要煸"），再加入0.6克虾籽、9.4克精盐、淡二汤，以中火加热至沸腾。连白菜将汤水倒入搭上13克猪油的瓦罉内。瓦罉放在煤气炉上，用中火加热，令汤水沸腾，随之将抛捏成每个100克并镶上蟹黄的肉丸放入汤中。汤水再沸腾后，冚上罉盖，以慢火焖煮2小时。膳用时连汤以1个或4个（称"四喜丸"）肉丸用碗或浅底汤煲盛上。

原料②的做法是将煎熟的肉丸放入垫上大白菜的瓦罉内，加入淡二汤、姜块、葱结、2.5克精盐及绍兴花雕酒。以中火加热至汤汁沸腾，冚上罉盖，以慢火焖煮2小时。膳用时，将肉丸放在浅底汤煲中，围上大白菜，淋上原汤，加入胡椒粉、味精及用湿淀粉勾成的琉璃芡，再淋上芝麻油即成。

原料③的做法是将煎熟的肉丸放入垫上竹笋的瓦罉内，加入淡二汤、生抽、精盐。以中火加热至汤汁沸腾，冚上罉盖，以慢火焖煮2小时。膳用时连汤以1个或4个肉丸用碗或浅底汤煲盛上。

原料④的做法是将煎熟的肉丸放入瓦罉内，加入淡二汤、生抽、绍兴花雕酒、白糖、味精。以中火加热至汤汁沸腾，冚上罉盖，以慢火焖煮2小时。膳用时连汤以1个或4个肉丸用碗或浅底汤煲盛上，撒入金华火腿蓉即成。

◎油炸

◎虾酱蒸猪肉

原料： 五花肉1 000克，虾酱150克，白糖45克，鱼露15克，生抽15克，米酒10克，湿淀粉25克，姜米12克，葱花40克，胡椒粉0.3克，花生油75克。

制作方法：

虾酱是中国沿海渔民常用的调味料，简单来说，是用虾苗加海盐轻微发酵而成的制品。制作的关键在于选用怎样等级的虾苗以及发酵的方法。

在虾苗方面，有的是选用虾卵——刚诞下不久的受精虾卵，有的是选用虾蛓（蟛）——未完全成虾形的受精虾卵，以及虾苗——刚成虾形但未完全长成硬壳的小虾。当然，也有用虾苗第一次脱壳产生的虾皮。这些受海域及季节的影响，大体是因地制宜。

在发酵方面，主要有两种，一种是湿酵，一种是干酵。湿酵主要是针对虾卵、虾蛓，在广东台山较为多见，商品名称多为"咸虾春（卵）"。而干酵主要是针对虾苗及虾皮，在香港特区较为多见，商品名称多为"咸虾糕"。实际上，干酵的保存期较长，但制作也相对复杂，得用石磨将虾苗、虾皮研磨细腻才去制作。在香气方面，湿酵的香气馥郁而略带腥气，而干酵的香气较为平和，腥气少。

无论是湿酵抑或干酵，其共通点都是放入较多的海盐腌制，故而咸度相当高。正是这个原因，用虾酱调味的话，首先是调和味道，也就是调入适当的白糖，以使咸甜调和。

作馔时，先将五花肉切成4厘米的长条，再横切成0.3厘米的薄片。此时如果希望五花肉的瘦肉呈现嫩滑的质感，可先用陈村枧水或食粉以五花肉重量的0.05%的比例与五花肉拌匀，腌30分钟。当然，也可以原生态操作，不添加任何食品添加剂，这样肉的质感虽略显觑（柴），但是会保持原来的肉味。然后，将五花肉片放入钢盆之中，加入虾酱、白糖、鱼露、生抽、米酒拌匀，再加入湿淀粉拌匀。将拌好的五花肉片平铺在瓦碟内，淋入20克花生油。将五花肉放入蒸柜内，猛火蒸8分钟左右。取出撒上胡椒粉及葱花，再攒入50克炽热花生油到五花肉上面即成。

◎注：虾酱在广东的历史悠久，明末清初时屈大均先生就有记录，他在《广东新语·第二十四卷·虫语·虾》云："虾字始见于贾谊《吊屈赋》，曰：'夫芑从虾与蛭螾。'虾莫多于粤水，种类甚繁，小者以白虾、大者以宁虾为美。宁虾产咸水中，大者长五六寸，出水则死。渔人以丝黏网，其深四尺有五寸、长六尺者，仄立海中。丝柔而轻，宁虾至则须尾穿胸，弗能脱也。两两干之为对虾，以充上馔。鲜者肉肥白而甘，其次曰黄虾、白虾、沙虾，最小者银虾，状如绣针。以纻布为网，绸大丈有二尺，以二晋贼系之，口向上流，取虾卵及禾虫，亦复如是。银虾稍大者出新安铜鼓角海，名铜鼓虾，以盐藏之味亦美。其虾酱则以香山所造者为美，曰香山虾。其出新宁大襟海上下二川者，亦香而细，头尾与须皆红，白身黑眼。初腌时每百斤用盐三斤，封定缸口，俟虾身溃烂，乃加盐至四十斤，于是味大佳，可以久食。一种名虾春，粤方言，凡禽鱼卵皆曰春，鱼卵亦曰鱼春子。唐时吴郡贡鱼春子，即鱼子也。然虾春非虾之卵也。江中有水蟛，大仅如豆，其卵散布，取之不穷。产新会者卵稍粗，滋味益好，烧之通红，红故鲜明多脂而可口。次则番禺深井江勒海所产。村落间家有数瓮，终岁腌食之，或以入糟，名泥虾。丹虾产惠州西湖。其色青，煮熟丹红，绝鲜美。谚云'湖上渔家，白饭丹虾。'白饭者，水晶鱼也，长不盈寸，大不过分，其色瑳（《说文解字》曰：玉色鲜白也）洁，无乙有丙，八九月有之。"

69

◎广东腊肉

原料： 五花肉1 000克，生抽300克，白糖120克，胡椒粉10克，海藻糖25克。

制作方法：

大多数人认为，广东的腊肉制作并不复杂，只要调准生抽与白糖的比例，求得咸甜两味相和，再晾晒干燥就已大功告成。这是不正确的。因为这只是做对了一半，还有另一半未考虑其中。

但凡食物，都是通过人的口腔进行最终的品尝，而人的口腔除了有为人熟知的味觉功能之外，还有被人冷落的触觉功能。而对于触觉功能这一项，这是广州人引以为傲的一大能事，自小就通过耳濡目染练就非凡的敏感度，俗称广州人具有"皇帝脷"就是这一大能事的引证。广州人就是凭借这一大能事，建立了一套完善的食物质感评价标准，正是有了这套完善的食物质感评价标准，才有了蜚声海内外的"食在广州"的招牌，才有了粤菜的烹饪体系以及粤菜的烹饪技术。

换言之，就广东腊肉腌制时求得咸甜相和而言，仅满足了人的口腔味觉器官的惬意，却遗漏了人的口腔触觉器官的享受，食物味道和食物质感相辅相成、相得益彰的感观感受背道而驰，不得不说是一个遗憾。

腊肉的原料是五花肉，而五花肉是由肥肉与瘦肉构成的。肥肉最大的弊端在于肥腻，在腌制料中投放白糖，除了呈现甜味之外，就是化解油腻，并使肥肉呈现爽脆的质感。而瘦肉最大的弊端在于艮韧。

什么是艮韧呢？

简单来说，用力往下咬而难以切断的就是"艮"。用力往外拉而难以扯断的就是"韧"。

腊肉的瘦肉为什么会艮韧呢？

为了解答这个问题，先讲一个故事。

话说一个老者在弥留之际将5个儿子叫到床边，并给每个儿子一对筷子，要求儿子们将筷子掰断。儿子们都毫不费力地将筷子掰断。老者再要来5对筷子叫儿子同时一起掰断，此时无论哪个儿子都不能凭借一己之力将筷子掰断。

◎注1：2018年西班牙《趣味》月刊11月号发表了《科学家认为人有11种感官》的文章，该文章认为，人具有11种感官知觉，即视觉、听觉、嗅觉、味觉、触觉、磁感、力感、痛感、热感、立体感及犁鼻器。依据文章所说，并不是所有人都能感知这些感官知觉的，例如，磁感就要得到特殊的训练，才能感知这种感官知觉存在，在正常的情况下是不太感知的。

这篇文章间接地说明，人的口腔具备味觉、触觉、痛感、热感4种感官知觉。当中味觉是感受酸、甜、苦、咸、鲜之"五味"的神经；触觉是感受爽、脆、嫩、滑、弹之"五质"的神经；热感是感受温、热、凉、麻、辣之"五激"的神经。它们可以与食物烹调关联。由此也说明，味道与质感是相辅相成、相得益彰的食物感观感受。

这个故事的寓意告诉我们，只要内部团结一起，外部施加再大的气力，也是难以轻易摧毁的。

实际上，这个故事中的筷子，就犹如瘦肉中的呈条状的非水溶性蛋白，当非水溶性蛋白在腊制的过程中紧密地集束在一起，外部施加向下的切或向外的扯的力，也是难以轻易断裂的。

这就是腊肉的瘦肉艮韧的原因。

实际上，传统广东腊肉并没有考虑到这一点，因而常被食客诟病为质感艮韧，难以咀嚼。其后果是广东腊肉的商业市场逐渐萎缩。

这也说明，广东腊肉并不是简单地腌制、晾晒就能满足食客的要求的。

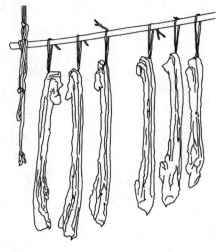

◎广东腊肉

积累了丰富的制作经验之后，广东腊肉工艺师深信，咸中带甜的味道符合食客的要求，余下来是如何解决质感艮韧的问题。

老者要儿子掰筷子的故事提醒了广东腊肉工艺师们，要避免腊肉中的瘦肉呈现艮韧的质感，就要抑制瘦肉中的非水溶性蛋白过于紧密地集束在一起。

此时，瘦肉中的呈珠状的水溶性蛋白起到关键作用。

水溶性蛋白围绕非水溶性蛋白排列，也就是说，非水溶性蛋白相互集束存在的空间与水溶性蛋白有关。水溶性蛋白的珠状体大，非水溶性蛋白相互集束的空间就会大，也就相对松弛；水溶性蛋白的珠状体小，非水溶性蛋白相互集束的空间就会小，也就相对紧凑。

◎注2：关于肉料中的水溶性蛋白及非水溶性蛋白的知识，可参阅《厨房"佩"方》一书。

◎注3：民国时期（1912—1949年）徐珂先生的《清稗类钞·饮食类三·蒸煮腌猪肉》云："夏月可腌猪肉，每斤以炒热盐一两擦之，令软，置缸中，以石压之一夜，悬于檐下。如见水痕，即以大石压干。挂当风处不败，至冬取食时，蒸、煮均可。冬日之腌猪肉也，先以小麦煎滚汤，淋过使干，每斤用盐一两，擦腌三两日，翻一次，经半月，入糟腌之。一二宿出瓮，用原腌汁水洗净，悬静室无烟处。二十日后半干湿，以故纸封裹，用淋过汁净干灰于大瓮中，灰肉相间，装满盖密，置凉处，经岁如新。煮时用米泔水浸一小时，刷尽下锅，以文火煮之。"

◎注4：《清稗类钞·饮食类三·蒸煮暴腌猪肉》云："暴腌猪肉者，以肥瘦参半之猪肉为之，微盐擦揉，三日可食，加葱末，蒸、煮皆可。"

我们需要清晰地知道，腊这种食品干燥方法本身就对水溶性蛋白构成极大的影响，令瘦肉中的水溶性蛋白的珠状体因水分丢失而缩小。

现在的问题是，传统腊制的方法并没有控制水溶性蛋白水分流失的操作。或者换句话说，是任由水溶性蛋白的水分干燥流失。

这里介绍的配方，就是试图抵制腊中的瘦肉的水溶性蛋白的水分任意流失。

广东腊肉有带皮制作与去皮制作之分，由于猪皮被腊制后的质感比瘦肉的质感更加艮韧，民间往往是将带皮腊的猪皮铲去才膳用，铲出来的猪皮用来煲汤或煲粥。因此，即使是带皮制作，最终还是去皮膳用。正是这个原因，现在的做法都是将猪皮铲去后腊制，以免增加食客麻烦。

将无皮五花肉顺肉纹切成宽约2.5厘米、长约30厘米的长条，并在一端开一个小孔，穿上麻绳以便于吊挂。

将生抽、白糖、胡椒粉及海藻糖放在钢盆内混合成腌制液；待白糖完全溶解，将穿上麻绳的五花肉放入腌制液中拌匀，腌约12小时。在此期间每1小时左右翻拌一次，使腌制液均匀分布在五花肉条身上。

腌约12小时之后，用竹竿挂着五花肉条的麻绳，将五花肉条有间距地吊挂起来，晾晒在通风可见太阳的地方。余下的腌制液讧上盖放好留用。

晾晒对天气及阳光有特殊的要求。必须是北风且干燥的天气，故民间有"北风起，晒腊味"之说（"北风起，吃腊味"是广告词，是不正确的）。

这是因为在北风且干燥的天气环境下，五花肉条表面的水溶性蛋白得以迅速固化而形成一道保护膜，使肉条内部的水分及油分不会向外渗出，为后继的发酵增香提供坚实的基础。

与此同时，晾晒在可见太阳的地方，目的是让五花肉条受到太阳的红外线照射，使五花肉条上的瘦肉赋上红艳色彩。如果没有红外线照射，瘦肉的颜色会入微暗瘀。不能暴晒，以免五花肉条上的肥肉因受高温而渗油。若是渗油的话，成品的香味就会大打折扣。

这种晾晒方法的技巧是：晾晒温度不能高于25℃，需受到红外线的影射。

近傍晚，将五花肉条收起，放在余下的腌制液里拌匀，继续腌制。第二天重新用竹竿将五花肉条挂起，继续晾晒。如是者操作，直到腌制液全部被五花肉条吸干为止。接着再在可见太阳的地方晾晒一天，如五花肉条表面干爽，就可以将五花肉条转到阴凉处，再吹晾一个星期左右便可膳用。

◎注5：《清稗类钞·饮食类三·煮腊肉》云："以盐渍猪肉，干而食之，曰腊肉。或煮熟切片，或加笋煮之。"

◎注6：《清稗类钞·饮食类三·煮糟肉》云："糟肉者，糟猪肉也。先以盐微渍之，再加米糟，可蒸食。"

◎注7：传统晾晒广东腊肉的方法，还可参阅《粤厨宝典·味部篇》及《粤厨宝典·秘籍篇》。

◎广东腊肠

◎注：亚硝酸盐应与精盐等调味料分开存放，并标上特殊记号，以免错用。

因为亚硝酸盐是剧毒物质，成人摄入0.2～0.5克即可引起中毒，3克即可致死。

原料①：后腿肉700克，肥肉300克，白糖100克，海藻糖15克，胡椒粉7.5克，生抽120克，山西汾酒40克，亚硝酸盐0.4克，清水100克。

原料②：后腿肉700克，肥肉300克，白糖100克，海藻糖15克，胡椒粉7.5克，生抽80克，山西汾酒40克，亚硝酸盐0.4克，清水100克。

原料③：后腿肉700克，肥肉300克，白糖120克，海藻糖20克，胡椒粉9克，生抽70克，山西汾酒45克，亚硝酸盐0.4克，清水100克。

制作方法：

原料①、原料②及原料③的配方因应不同的季节而设计，原料①适合于秋冬两季带北风且有阳光的季节。原料②适合于夏秋两季无北风但有阳光的季节。原料③适合于春夏有阴雨偶有阳光的季节。

制作前要准备肠衣、漏斗、针耙、麻绳、水草、量尺、竹竿及烘炉等。其中，每1000克肉粒要准备肠衣22克。麻绳长30厘米。水草长10厘米。量尺按店铺要求而定，一般是30厘米。

后腿肉及肥肉分别切成0.6厘米见方的粒（不宜用绞肉机搅烂）。将白糖、海藻糖、胡椒粉、生抽、山西汾酒及亚硝酸盐放在钢盆内充分混合，再将后腿肉粒及肥肉粒放入其中，轻轻捞拌均匀成肉馅。不要搅拌得太厉害，这样会让肉中的水溶性蛋白析出形成胶体，不利于制品快速干燥而令制品发酸。腌大约15分钟后加入配方所需的清水拌匀。

肠衣用温水浸软，利用漏斗灌入清水，将肠衣洗过。挤出水分后，利用漏斗将混合好的肉馅灌入肠衣内部（肠衣套在漏斗嘴上，用手握牢；另一手浗入肉馅，并用手背推压，将肉馅灌入肠衣内部）。当然，现在已用灌肠机操作。

肠衣将近灌满时，捏出前端少许肉馅，并将前端打结，待肠衣完全灌满后，再将后端打结即成肠坯。将肠坯盘卷起来，用针耙在肠衣上刺插一些孔眼。再依量尺长度绑上麻绳（从肠坯端头绑起），再于两麻绳之间扎上水草。接着用温水洗去肠衣的黐（李巡云曰："吐沫黐也"）液，再用清水过凉。然后将单数绳头套在竹竿上将肠坯挂起，放于可见阳光的通风处晾晒（非暴晒）。晾晒3小时左右，以双数绳头套在竹竿上，使肠坯倒转（行中称这一步骤为"转竹"）。这一步骤反复进行，直到4～5天后瘦肉部分发硬为止。

现在腊肠晾晒多用烘柜完成。若用烘柜，要将烘柜温度控制在60℃左右。如果烘柜温度过高，瘦肉会呈空心状态，并使制品显现散柴的质感。

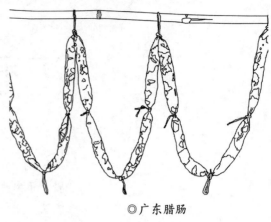

◎广东腊肠

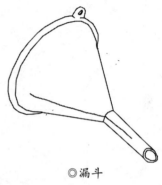

◎漏斗

◎针耙

粤厨宝典·菜肴篇1

○广东腊味简史

　　腊的这种制作工艺源远流长，《说文解字》说："腊，干肉也。从残肉，日以晞之。"也就是说，腊是干肉的方法，是一种利用阳光照晒干燥的方法。其最终目的是延长肉制品的保存时间。

　　根据文献记载，早在周代（前1046—前256年）就已经专门设立"腊人"的职位专司这种工艺。以收集周代王室官制和战国时代各国制度的《周礼·天官》就有"腊人掌干肉，凡田兽之脯腊"的官职安排。

　　从中可见，腊是典型的伴随着中华民族饮食形态发展而发展的一种非物质文化遗产及工艺。

　　最早以腊法加工扬名的制品，非浙江的金华火腿莫属。

　　金华火腿的最大成就是率先在腊法之中，结合腌法所赋予的发酵效果，让仅以干燥延长保存时间为目的肉制品跻身知名美食之列。

　　金华火腿的腊制工艺和配方十分复杂，单就配方而言已处于世界先进行列，西方国家在距今100多年前才理解到金华火腿配方的真正妙处，而金华火腿最迟在距今800多年前的南宋（1127—1279年）初期已经成型，当中神秘之处是添加了俗称"火硝"的亚硝酸盐。

　　为了便于理解，在这里先简单科普一下。

　　但凡腊制品或者说风干肉制品，在制作或储存的过程中极容易诱发一种致命的肉毒梭状芽孢杆菌。这种情况在西方国家制作的肉制品中最常见，也一直让西方的肉制品加工者手足无措。而亚硝酸盐是现时已知唯一最安全可靠的杀灭剂，可想而知，中国的肉制品加工者是多么的高明。

　　实际上，亚硝酸盐除了是唯一最安全可靠对付肉毒梭状芽孢杆菌的杀灭剂之外，还兼具防腐、赋色等功能。在它与食盐的作用之下，金华火腿就可以获得发酵而不变质的环境，助就其产生具有香气的多肽及氨基酸的生成物，成品酶醇扑鼻。

　　所以，制作金华火腿之前，工艺师就要进行复配盐的准备，也就是将适量的亚硝酸盐混入食盐当中制成腌制盐。

◎注1：《广东腊味简史》是为2018年广东省人力资源和社会保障厅与广东科技出版社主编的《粤菜师傅》教材而特意编写的文章，今收录于此，谨供参考。

需要强调的是，亚硝酸盐的投放量是有绝对限制的，不得儿戏。这一点，金华火腿工艺师们一点也不含糊，早已深明个中要素。

根据《GB 2760—2014 食品安全国家标准 食品添加剂使用标准》，每千克的肉制品所投放亚硝酸盐的最大用量为0.15克，最终每千克肉制品的亚硝酸盐残留量不得超过0.03克。

配好了腌制盐之后，就可以进入制作金华火腿的摭擦工序，这个工序在整个制作过程中会施行三次，后两次属于补漏，重点是在第一次时。

具体操作是用手将腌制盐摭擦在猪腿每个位置上，使腌制盐充分地粘附在猪腿表面。

摭擦好的猪腿有序地摆放在以竹片编成的晾腿床上，在腌制盐的渗透压作用下，使猪腿内部的水分挤压出来。晾水大约12个小时之后，为节约操作空间，以不超过5只为一组将猪腿层叠起，让猪腿内部水分彻底挤压出来。

在猪腿没有水分渗出的时候，就可进行第二次摭擦腌制盐的工序，方法同第一次一样。不过，这次要留下较多的腌制盐在猪腿的表面，然后在竹枝辅助下，将猪腿平铺、层叠起来，进行深度发酵处理。

发酵3天之后，便可进行第三次摭擦腌制盐的工序，这一次完全是补漏，顺便让猪腿挪一下位置。这样再让猪腿发酵15天左右。

经过腌制、发酵之后，即可进入晾晒工序。

在晾晒之前，要对猪腿进行清洗处理，即将猪腿放在清水里，将粘附在猪腿表面的腌制盐及浮游物质彻底清洗干净，并用毛巾抹去猪腿表面水分。用绳以2只猪腿为一组，并以一高一低的方式吊挂在通风干燥的地方，使猪腿表面的水分挥发殆尽。

待表面水分挥发殆尽（需大概4个小时）之后，猪腿随即变成闻名遐迩的金华火腿。

综观金华火腿的整个制作过程，腌制与发酵是整套工序的重中之重，晾晒几乎成了附带工序。这里先留下伏笔，留待下文解释。

在浙江人创出金华火腿的制作工艺之后，邻近浙江的江苏也创出了南京板鸭的制作工艺，腊制品又多了一个声名远播的新成员。

总体来说，南京板鸭的制作工艺是兼收并蓄了金华火腿的制作工艺。稍有变革的是，南京板鸭采用渍制的工艺制作。

◎注2：历史文献没有直接介绍腌猪腿的来龙去脉，却可以通过零星典故了解火腿的情况，详细内容可参阅《粤厨宝典·味部篇》。

粤厨宝典·菜肴篇1

南京板鸭的腌制盐同金华火腿的腌制盐都是用食盐与亚硝酸盐复配而成，但所用的食盐会加入花椒经慢火熯炒过后才与亚硝酸盐复配。

南京板鸭在开膛方面有两种方法，一种是全鸭法，在右腋下开小孔将内脏掏出。另一种是琵琶法，用刀沿胸部中线将鸭剖开，掏取内脏后将鸭压平。

以上的准备工作完成之后，即可进行搋擦腌制盐的工作，用手将腌制盐用力搋擦在鸭皮、鸭肉上，直到鸭皮、鸭肉发胀为止。然后将鸭坯放入预先准备好的盐卤里浸渍。这就是南京板鸭与金华火腿制作的不同之处。

盐卤是指用清水、花椒、八角、葱段、姜片与食盐混合而得的腌渍液。它可以重复长期使用，甚至被认为是制作南京盐水鸭的传家秘方。清代乾隆《江宁新志》就有"购觅取肥鸭者，用微暖老汁浸润之，火炙，色极嫩，秋冬尤佳，俗称板鸭。其汁数十年者，且有子孙收藏，以为业"的记载可以引证。

鸭坯在盐卤里浸渍12个小时之后，就可捞起进行撑顶的工序。因为开膛取脏的方法有两种，撑顶的方法也有所不同。

如果是用全鸭法制作成的鸭坯，要用小竹筒从右腋小孔处伸入，将鸭胸顶起，修成饱满的鸭坯，再用小竹筒插在鸭的肛门口，以方便鸭腔内水分排出。

如果是用琵琶法制成的鸭坯，则用竹片将鸭胸尽量撑平。

撑顶好的鸭坯重新放入腌渍液里。排放次序是把原来在上层的移到下层，把原来在下层的放在上层，并用重物压实，再浸渍不少于18个小时。

经过深度的浸渍过后，就可以进入晾晒的工序。此时先在鸭嘴上开小孔，绑上小绳，然后吊挂在通风的地方，使鸭坯表面水分挥发殆尽。

来到这里不难发现，金华火腿是用腌法与腊法相结合制成，而南京板鸭是用渍法与腊法相结合制成。这两种方法成了腊制方法的典型范本。

在两个典型范本之后，就轮到广东人接棒发挥了。

根据《随园食单》（见《粤厨宝典·秘籍篇1·随园食单》）所给出的定义，腌法是指用食盐加工的方法，渍法是用盐水加工的方法。

大概有后起发力的优势，现在"腊"字的原始发音，很少人会记得读作xī，而读作là，就是受到了广东人的影响。

为什么广东人会将"腊"由"xī"读为"là"呢？

原来，广东人制作的腊味与浙江、江苏两处制作的腊味

◎注3：《随园食单·特牲单·油灼肉》有"用硬短勒（'肋'字）切方块，去筋襻，酒、酱鬱（郁，意为授入味道，后来演变为冷授味为'腌'，热授香为'煴'）过，入滚油中炮炙之，使肥者不腻，精者肉松。将起锅时，加葱、蒜，微加醋喷之"的记载，当中的"鬱"是指用酱油调味——腌制的专用词。

而广东人则另辟蹊径，用酱油加工，《随园食单》称这种方法为"鬱"（此字现在简化为"郁"）。也就是说，广东的腊味是由郁法与腊法相结合制成。

不同，整个制作的关键在于利用阳光的照晒和猛烈的北风吹干来加强制品的香气。

由于广东受所处的地理环境闷热、潮湿所限，制作腊味时既要有阳光照射，又不至于高温暴晒，只能选择农历十二月的时节操作，而农历十二月即所谓的"腊月"。因此，广东人就将其制作的腊肉称作"腊肉"，以示腊肉是在腊月制作的。后来"臘"字简化成"腊"字，也使"腊"字顺理成章地变读成"là"。

广东腊味既然是郁法与腊法相结合制成，所以其出现就得要等到酱油（广东人称"豉油"）被发明以及能够大量生产之后。

根据文献记载，酱油是在明代发明出来的，而大量生产并在民间普及要等到清代中期。

◎金华火腿

换言之，广东腊味这种制式，至早也要在清代中期才会出现，这也是清代初期描述广东风情的《广东新语》没有予以介绍的原因。

广东腊味的品种较多，主要有：广东腊肉、广东腊肠（猪肉肠）、广东膶肠（猪肝肠）、腊金银膶、广东腊鸭、腊猪耳、腊猪头等。

郁法所用的材料由酱油、白糖及高粱酒（行中指定用山西汾酒）配成。酱油起调味、调香及调色的作用。白糖是起调味及强化光泽的作用。高粱酒是起凝固肉蛋白、增香及解油腻的作用。

制作广东腊肉时，先将酱油、白糖及高粱酒配成腌渍液，将广东人俗称"五花肉"的猪腹肉去皮（现在多数是去皮）或留皮，顺肉纹切成宽约2.5厘米、长约30厘米的长条。在肉条一端开一个小孔，穿上麻绳以便于吊挂。然后将肉条放入腌渍液里浸渍不少于12个小时。

肉条腌渍过后便可挂起腊制。整个制作的关键就在于初挂起，这也是解说金华火腿时留下的伏笔，也是广东腊肉有别于金华火腿及南京板鸭等腊味的要髓。

腊制时必须有阳光及有干燥的北风。

在阳光产生的红外线的照射下，猪瘦肉才会现出红艳的颜色，否则会黯淡，但又不能过于暴晒，否则猪肥肉会耐不住高温渗出油来，这样在膳用时就不会呈现爽、脆的质感了。

这也是广东人制作广东腊肉要选择气温较低的农历十二月操作的原因（当然，在现代科技设备的辅助下，可仿照这种场景四季操作）。

与此同时，在干燥的北风作用下，要使肉条表面的水溶性蛋白迅速固化并形成一道保护膜，使油脂不往外渗，食客膳用时才不会感到油腻。

肉条在表面干燥、肉色发红的状态下就可结束在阳光下的照射，将之移到通风阴凉处继续干燥。这一步骤还有另一个目的——让肉条轻微发酵形成香气。

在实际操作中，有的师傅会采用一次腌渍法，也有的师傅会采用多次腌渍法。

多次腌渍法是指在阳光照射和北风吹干的当晚将肉条收起，放入残余的腌渍液里浸泡，第二天早上继续挂起，在阴凉处风干。如此重复，直到腌渍液被肉条完全吸干为止。这种做法的优点是避免肉条上的水溶性蛋白在腊制的过程中过分干燥失水干瘪，避免肉条上的非水溶性蛋白相互之间过于紧凑而呈现艮、柴的质感。

大约在北风的阴凉处吹晾7天，肉条即变身为具有香喷喷香气味的广东腊肉。

广东腊肠的腊制方法与广东腊肉的腊制方法相同，但形式有别，广东腊肠是将猪瘦肉与猪肥肉切成0.5厘米左右见方的肉粒再酿入用干燥猪肠制成的肠衣里面再腊制。

顺带提一下，广州人制作腊肠的肠衣是用猪小肠（空肠、回肠）制成，而东莞人制作腊肠的肠衣是用猪大肠的结肠部分制成，所以东莞腊肠有"短肚阔封"的特征。

广东腊肠除了腊制时对阳光和北风有讲究之外，在调味手法上也十分讲究，腌制液放入肉粒后不能过多搅拌，因为在食盐的作用下，肉粒中的水溶性蛋白会容易析出形成凝胶体，这样既影响制品的质感，又不利于肉粒迅速风干。肉粒在腊制时未能迅速风干，味道就会变酸，从而影响制品呈现的香气。

广东膶肠与广东腊肠的做法大致相同，不同之处是广东膶肠是用猪肝取替瘦肉。"膶"是广州人忌讳"gān"（如干、肝、竿等）的发音所用的替代字，取润泽之意。

腊金银膶是将冰肉酿在开成袋状的猪肝里腊成的制品。所谓冰肉是用少量白酒捞起再用白糖藏埋腌制过的里脊肥肉，因这样的肥肉致熟及温热时如冰块一般而得名。冰肉的优点是质感爽而不油腻。

◎注4：依据前辈厨师口述，广州最早的腊味是于光绪二十九年（1903年）在惠爱街（今中山四路）开业，创办人是香山（今中山）大黄圃乡的黎和先生。因黎和先生在16岁时在佛山永安街的沧州烧腊店学艺，故在广州开店时将店号称为"沧州栈"。

民国二十八年（1939年），谢柏先生在海珠南路设立的"八百载"腊味工场，使广东腊味蜚声海内外。

缘由是谢柏先生的堂弟谢昌先生见堂兄的腊味生意有利可图，于是在海珠南路设立了"东昌"腊味工场试探性经营。约10年之后，谢昌先生看出了经营腊味店的门道，竖起了"皇上皇"的招牌与堂兄谢柏先生竞争。谢柏先生见此，连忙出招应对，立即竖起"太上皇"的招牌，试图从气势上力压堂弟。就这样，两家的腊味制品各出奇招，力求招徕更多的顾客。最终，堂弟谢昌以"蒸熟不收缩"的腊肠奠定了腊味霸主的地位。

谢昌先生所制作的"蒸熟不收缩"的腊肠的秘方用上了制作浙江金华火腿常用的亚硝酸盐（$NaNO_2$）。

◎脆炸肉圆

原料：后腿肉1 000克，肥肉1 000克，精盐13克，味精10克，胡椒粉6克，芝麻油3克，脆浆1 200克，干淀粉100克，花生油（炸用）4 000克。

制作方法：

严格地说，这道肴馔的肉料叫"上肉"。什么是"上肉"呢？就是猪臀部的肉，也就是广义上的后腿肉。这部位的肉与肋部的肉不同，肋部的肉肥瘦相间且平均，有"五花肉"之称；而臀部的肉肥瘦不相间且瘦多肥少，问题是其肥肉的厚度并不低，所以过去的厨师就将其大部分的瘦肉割去，以使臀部瘦肉与肥肉的比例为2：1，这样的肉块就被命名为"上肉"，割下来的瘦肉才是狭义上的后腿肉。正是这个原因，这道肴馔如果是选用"后腿肉"——从臀部肉割下来的瘦肉，就要另外配上肥肉，如果是选用"上肉"——臀部肉割取多余瘦肉剩下的肥瘦肉块，就不用另外再配肥肉。另外，前胛部的肉同样也有肥瘦不一的问题，只不过，肥瘦比例大概为1：3，在可接受的范围内。由于前胛部瘦肉纤维幼而短，不及后腿瘦肉纤维粗且长，弹性质感稍逊，通常仅作为备选之用。

除非是事前交代供货商来货的肉料是不带皮的，否则要对臀部肉及前胛肉进行去皮处理。此工序称为"铲皮"，由水台（协助砧板岗位）师傅操作。铲皮一般不是切成小块去做，这样效率低，而是整块操作。操作时要准备一个略大于整块臀部肉（或前胛肉）及厚重的砧板，砧板太小和太薄会欠缺稳重，砧板容易移位，不利操作；还要准备一把厚重、宽大且锋利的刀（如烧腊刀等），刀太轻和太小（如片刀等）不易

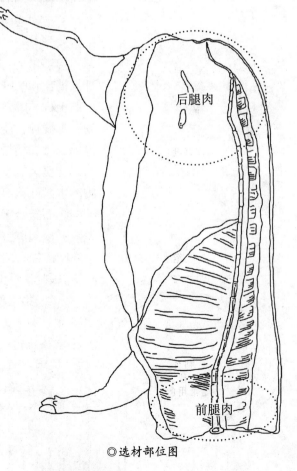

后腿肉

前腿肉

◎选材部位图

发力，并很难将皮脂干净地分离开来。

具体操作方法是将臀部肉（或前胛肉）以皮向下、肉向上的方式平铺在砧板上，先用刀在臀部肉（或前胛肉）其中一角贴着皮层与肥肉之间剟上一刀，使此角皮层剟开有一手掌大小，再在这处分离的皮层中心剟上一个"十"字开口，用于方便操作者用手指钩拉；然后用刀尾贴着皮层往臀部肉（或前胛肉）右边边缘略微推上一刀，使以"十"字开口为角的右边皮层稍有分离，防止铲皮时皮层翻卷影响操作。一切准备好后，操作者将左手的食指和中指扣入"十"字开口内并往后拉，右手握刀以45°角横插在皮层与肥肉之间，站稳马步，身往下坠，发力连贯地左推右拉，将猪皮干净利落地铲脱出来（图解流程可参见《手绘厨艺·烧卤制作图解Ⅰ》）。

由于此道肴馔要经过蒸、炸两个脱水过程，为确保肴馔呈现爽、滑的质感，肥肉在其中起调节的作用。所以，不宜将全部肥肉与瘦肉同时剁制，应将大部分肥肉从整块臀部肉中割下，只留少部分与瘦肉用刀剁烂或用绞肉机绞烂。这样可防止在剁瘦肉或绞瘦肉时产生的搅动令肥肉油脂乳化，影响瘦肉在稍后的加工中的螯合程度。肥肉切成黄豆（大豆）大小的粒，瘦肉剁成或绞成芝麻大小的糜。这个工序由砧板师傅操作。

接着的工序叫"挞制"，就是将瘦肉糜放在钢盆内，加入精盐和味精，再顺同一方向（统一按顺时针方向操作，习惯上称"顺方向"；如果以逆时针方向操作，则称"逆方向"）搅拌，使瘦肉糜起胶并螯合起来。这里要说明的是，搅拌时添加精盐并不是为了调味，而是利用精盐离子电的作用，让瘦肉的水溶性蛋白活跃形成胶质，再施以搅拌，使瘦肉的水溶性蛋白与非水溶性蛋白互相粘附，并形成新的网络结构继而螯合起来。

在瘦肉糜螯合起来后加入肥肉粒、胡椒粉，并继续顺同一方向搅拌，使肥肉粒分散在瘦肉糜上即可。这个工序由砧板师傅操作。

猪肉糜拌入肥肉粒后，由上什师傅将之挤成每个重12.5克的肉丸，并排在扫上花生油的钢盘内，置入蒸柜里中火蒸8分钟左右。取出趁热将肉丸铲起，以免肉丸凉后与钢盘黏太牢难以取起。

上菜时，打荷和候镬师傅分头操作，打荷去准备脆浆；候镬师傅将花生油倒入烧热的铁镬内，并以猛火将花生油加至五成热（150～180℃）。油温达到后，候镬师傅将油镬端到身后（使用左手用毛巾拿

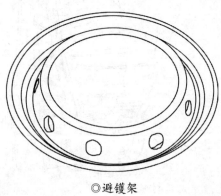

◎避镬架

着一边镬耳，右手拿手壳勾着另一边镬耳的手势），摆在工作台上的避镬架上；打荷师傅将肉丸放在脆浆内沾上脆浆，将其捞到热油内；候镬师傅用同样手势将油镬端回炉口上，以中火将肉丸外的脆浆炸至酥脆及金黄色，用笊篱捞起，沥去油分，再由打荷排砌上碟即可。佐上淮盐、喼汁。

◎梅菜蒸肉饼

原料： 后腿肉600克，肥肉400克，梅菜650克，精盐9克，白糖65克，味精12克，淡二汤180克，生抽15克，干淀粉16克，花生油16克。

制作方法：

此肴馔又称"梅菜剁肉饼"或"梅菜啄肉饼"，是以往饭店的经典之作。原来的制作工艺并不复杂，主要是采用"脆炸肉圆"的肉料加工法加工半成品肉料，再加入梅菜蒸成。尽管深受食客青睐，由于这样的工艺只是让肉料螯合而呈现紧实的质感，并没有如"客家肉圆"那样爽弹，工艺改革的号角由此吹响。为了让新晋厨师更好地理解肉料的质感为什么会紧实，为什么会爽弹，这里先简单地讲解原理，为《瘦肉攻略》埋下引线。

剁切瘦肉和肥肉的方法可参照"脆炸肉圆"，即将瘦肉剁成芝麻大小的糜，将肥肉切成黄豆大小的粒。如果产量大，瘦肉可以用绞肉机绞烂，但肥肉最好还是用刀切为好，因为在绞肉的过程中容易让肥肉油脂乳化，使肥肉失去应赋出的爽滑质感。为提高生产效率，可将肥肉平铺放入钢盘上，置冰柜冷冻至硬，然后将刀用热水浸暖才切。

对于挞制，以往的厨师是将瘦肉糜与肥肉粒同时放入钢盆内，加入精盐、味精搅拌，使它们螯合。由于肥肉在搅拌的过程中会析出油脂，干扰瘦肉粒的水溶性蛋白网络重组的完整性，从而降低肉料的爽弹度，因此建议分别处理为好。即将瘦肉糜放入钢盆内，加入精盐、味精、淡二汤

◎注1：将梅菜改成葱菜，则为"葱菜蒸肉饼"。

葱菜又称"头菜""大头菜""大头葱菜"。

◎蟛蟹手

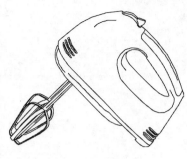

◎电动打蛋器

◎注2：瘦肉糜螯合后加入肥肉粒、干淀粉即为"肉馅坯"。在此基础上加入咸蛋黄（压扁铺面）即为"咸蛋蒸肉饼"，加入咸鱼即为"咸鱼蒸肉饼"，加入马蹄碎、玉米粒（混入肉馅内）即为"马蹄玉米蒸肉饼"。

◎注3：肉饼的松散度以肥肉、淡二汤（或清水）用量增减调节。在正常情况下，肉饼蒸熟时，会带有一定的汁水，随着肉饼温度降低，汁水会被肉饼全部吸收；如果还有汁水，说明挞制时添加的淡二汤（或清水）超量。

◎注4：在挞制肉料时，可适量添加俗称"食粉"的碳酸氢钠、俗称"纯碱"的碳酸钠以及俗称"陈村枧水"的碳酸钾。如果肉料带有氢离子，由于碳酸氢钠会让肉料中的血红色素积聚，因此，如果肉馅料要远程配送的话，不宜使用碳酸氢钠。

（也可用清水，均须冷冻至5℃以抑制搅拌时产生的热量对水溶性蛋白的影响）并以顺同一方向搅拌的方式将瘦肉糜搅拌至螯合。这里需要补充的是，瘦肉糜爽弹度与搅拌速度有关，因为瘦肉糜中的水溶性蛋白在精盐的作用下会形成紊乱的胶质促使其网络重组，当紊乱的胶质稳定下来，可水溶性蛋白的网络重组即结束，再搅拌、摔挞也无任何意义。因此，如果用人手操作的话，要用"蟛蜞爪"（五指张开），并且要动作迅速，要赶在瘦肉糜的水溶性蛋白仍处在紊乱胶质时，将瘦肉糜均匀搅拌透彻。技术的玄妙就在于此。如果产量不高，可借助电动打蛋器帮忙，效果比人手操作还好。

瘦肉糜搅拌螯合后，加入肥肉粒、梅菜碎、生抽及干淀粉搅拌均匀即可蒸制。蒸制时先捏成圆球再压扁，就可让肉饼修成规则圆形，放在碟上并淋上花生油，置入蒸柜猛火蒸8分钟左右即成。

需要说明的是，如果肉制品不即时蒸制的话，生抽先不要加入，要待蒸制时才加入为宜。这是因为生抽是谷物类发酵品，过早添加入到肉料里会诱发肉料发酵变巧劲，十分不妥。花生油也要在肉料蒸制时才加入。花生油的作用是强化肉料的香气和增加肉料的光泽。

梅菜的处理是先用清水浸泡30分钟，在水中张开叶片扬去沙粒。揸干水，逐条理顺放在砧板上，先用刀将梅菜头部老筋切去，然后横刀切成0.5厘米的小段，再用滚刀切碎。候镬师傅将铁镬烧红，将梅菜碎和白糖放入镬内，用镬铲不断翻炒，炒干梅菜碎，令白糖产生焦香气。待梅菜碎无水分析出即可梅菜碎铲出备用。这样的做法比仅揸干水分就使用的梅菜的香气更浓。

○酒家与饭店溯源

梅菜蒸肉饼又称"梅菜剁肉饼"或"梅菜啄肉饼"，是以往饭店的经典菜，由此引出饭店与酒家在经营模式及相应着馔烹饪技术上的话题。

根据在1990年11月为由陈基、叶钦、王文全主编的《广州文史资料·第四十一辑·食在广州史话》供稿的邓广彪老先生回忆整理，广州饮食业发展到近代以来共有四次历史转折点。第一次始于鸦片战争前后，从乾隆二十二年（1757年）让广州再次（明代和清初各有一次）成为全国唯一的对外通商口岸，至道光二十年（1840年）有80多年的财富积聚，广州的商业环境有别于全国各地，使得与全国各地的饮食行业几乎一致的广州饮食行业面临发展的瓶颈，这个瓶颈不是因为市场萧条形成，而是恰恰相反，得顾及大多数腰缠万贯的商贾的消费市场，经营方式被倒迫着必须进行爆发式的升级改造。

当时的饮食行业是怎样的面貌呢？

白天有茶寮（饮茶）可用于应酬，傍晚有晏店（吃饭，上一辈人有"吃晏"之说，由此而来）可用于酬酢，看似招呼周到，但实质档次太低，未能与腰缠万贯的商贾身份地位相称。

茶寮和晏店的升级改造似乎是同步进行，前者升级为茶居，以茗茶、饼饵为经营项目；后者升级为酒家，以筵席、宴会肴馔为经营项目。

晏店升级为酒家可以说是无章可循，因为当时经营筵席的都是针对乡村娶、嫁、寿、丧的"大肴馆"（包办馆），肴馔均为堆头大（分量足）、上菜迅速的"三蒸九扣"形式，根本不能满足酒家的要求。而在此时，扬州传来了极具奢华的"满汉席"模式，化解了困惑，其概念十分适合广州酒家筵席的需求，经过经营者与厨师精心设计，能让食客吃足三天三夜并囊括108道肴馔形成筵席的酒家在广州横空出世。

据邓广彪老先生回忆，能承办如此奢华筵席的酒家就有福来居、贵联升、品连升、一品升、玉醪春、聚丰园、南阳堂、英英斋等，当中又以贵联升酒家等级最高，可以同时筵开两席，全国独此，再无超越。

然而好景不长，由于清政府与英国的鸦片战争失败，被迫签订《南京条约》，要分24年向英国赔款2 100万银元，国家元气大伤，之后尽管广州仍维持为对外通商口岸（同时还有福州、厦门、宁波、上海，史称"五口通商"），但营商主导权已非中国人，广州商贾仅赚取零星小利。

在这样的大背景下，帮衬奢华筵席的商贾逐渐稀少，酒家发展遇上了瓶颈。而这个瓶颈与酒家的前身——晏店所遇上的情况截然相反，消费力下降。

辛亥革命（1911年）成功给了广州一个小阳春的机

◎注1："晏"是古汉语用字，字义有截然相反的解释，《说文解字》曰："晏，天清也"，所以《羽猎赋》就有"天清日晏"的说法，广东人按此就有了"晏昼"（介于上昼与下昼之间）之说，继而衍生将吃中午饭叫"吃晏"，以及中午去茶楼消费叫"饮晏茶"。然而，《玉篇》却又曰："晏，晚也"，《仪礼·士相见礼》就有"问日之早晏"的说法，广东人按此就将现在已经接近傍晚说成了"现在已经很晏啦"，继而在傍晚时吃的饭叫"吃晏餐"。文中所说"晏店"用两义都解释得通，因为这个行业是从中午一直经营到傍晚。

会，百业待兴，消费力有止跌回升的趋势，尽管未能恢复到鸦片战争之前的景况，但总算是有了盼头。

此时，酒家经营者均蠢蠢欲动，但基于消费能力下降，筵席规模不得不大为缩水，将应合天罡、地煞的108道肴馔的"满汉全席"，改为没有什么含义的要么是68道，要么是72道肴馔的"大汉全席"。

话分两头，再说晏店的情况。

所谓"此处不留人，自有留人处"，晏店因档次低退出广州市场，却在周边地区找到了发展的乐土，在佛山（时为镇，今为市）、顺德（今佛山市顺德区）、南海（今佛山市南海区）、番禺（今广州市番禺区）、潮州、梅县（今梅州市）等地滋润着。此时的晏店都有一个共同特点，就是以单品肴馔作为招牌菜招揽顾客。例如佛山有"柱侯乳鸽"，顺德有"冶鸡卷"，番禺有"盘龙蟮"、潮州有"炸雁鹅"，梅县有"酿豆腐"等，各适其色。

再说酒家的情况。

辛亥革命成功10年之后，酒家经营者即使将奢华的"满汉全席"改为实惠的"大汉全席"，也无法扭转发展的颓势。

问题出在哪里呢？

答案被陈福畴先生找到了，两个字——全席。原因是食客看着羞涩的钱袋，被全席的规模给吓怕了。

触角敏锐的陈福畴先生发现了晏店的变化，除继续沿用奢华装潢突出酒家格调之外，对酒家行政、经营等诸多方面进行实质性的大改革。具体做法是筵席不再采用"全席"的形式，改以12人为一桌组成筵席基础，再按冷荤、热荤、大菜、羹汤等套路构成菜单，肴馔丰俭由人；而且肴馔是客齐叫起（俗称"上菜"或"起菜"），厨师才开始烹饪，务求让肴馔在最佳状态下供客享用（"满汉全席"是早早陈列供客观赏才食用）。与此同时，不再以"全席"招徕，而是以拿手的单品菜式作为号召，如南园酒家是"红烧网鲍片"（最早是"白灼响螺片"）、文园酒家是"江南百花鸡"、西园酒家是"鼎湖上素"、大三元酒家是"红烧大裙翅"等。这让人对酒家这种高级食府尤为向往，成为时代的标志。

实际上，崭新的酒家模式也包揽了针对乡村娶、嫁、寿、丧的"大肴馆"的生意，让"大肴馆"完成历史使命，后者的某些肴馔也变为酒家的出品，让酒家厨房架构多了个"熟笼"（后来称

◎南园酒家

"上什")的岗位。

有了陈福畴的"四大酒家"作为领头羊，广州的饮食环境逐渐焕发了生机，继而带动其他中低档的食肆如雨后春笋般出现，并且吸引着在广州周边滋润着的晏店回到广州发展。

为了满足广州市场的需求，晏店装潢虽不及酒家，但有另一番打扮，它们不以筵席为经营目的，而是以随意小酌吸引食客光顾。并且为了区别于档次较低的晏店，易名"饭店"。时有做顺德菜的"利口福饭店"、有做客家菜的"宁昌饭店"等（20世纪80年代名噪一时的"清平饭店"的前身也在此列），在广州开创一番新局面。

由于酒家与饭店经营项目的档次不同，20世纪20年代中期，酒家与饭店分别成立公会和工会研习各自经营项目所需的专业技艺。也就是说，酒家和饭店虽然都是烹饪肴馔，但它们各有专攻，不一定适合对方。

之后酒楼的经营项目及档次则介乎酒家与饭店之间，甚至还包括茶楼的经营项目，也就说从天亮一直营业至天黑（酒家与饭店主营午市和晚市），早茶、午饭、晏茶、晚饭、夜茶（不包括宵夜）全都包揽。

为什么叫作酒楼呢？

它与茶楼有关。

实际上，茶楼的发展与酒家一样也是命途多舛，茶室升格为茶居之后就遇上国难当头，尽管有庞大的市场空间可以拓展，但一直不煴不炽地经营着，直到佛山七堡乡（今佛山市石湾区）乡绅注资改造，才让这个行当有了活力。

佛山七堡乡乡绅集资组建协福堂公会经办此事，先有金华、利南、其昌、祥珍作为商号的茶居做试探性经营大获成功，继而才有"十三如"（最终朗朗上口的是"九如"，它们分别是惠如、三如、九如、多如、太如、东如、南如、瑞如、福如，外加西如、五如、天如及宝如）。重点是，这些"如"一改以往茶居必须开设在平房、花园里的惯例，改成开设在有楼层的建筑内，让人耳目一新。由此将"茶居"升格为"茶楼"。

之所以能让茶居、茶楼焕发新机，是因为协福堂公会想到了将茶室售卖的饼饵演变为精工制作的点心，让茶客在品茗之余也能饱肚。与此同时，协福堂公会还想到了一个妙招，解决了茶客要壶茶坐一天不多消费的难题，设立最早的最低消费概念——一盅两件。所谓一盅两件就是光顾的茶客必须要消费一盅茶和两件（碟）点心。

顺便提一下，有很多人说最早的茶楼是在河南

◎清平饭店

（今海珠区）海珠桥附近的"成珠楼"。经查实是误传。之所以有此误传，是"成珠楼"最初做招牌牌匾时借用了乾隆皇帝的书法，所以招牌落款写上了乾隆两字；这块牌匾还未挂起，就被茶楼同业公会判定有打擦边球之嫌给没收了，并扣留在桨栏路的公会办公处；事隔多年后，有在此处办过公的茶楼员工见过此匾，不明原委就将"成珠楼"开张的日子推到乾隆年间，正是以讹传讹。

言归正传，由于茶楼与酒家的经营项目不同，其营业时间也不同，茶楼是早上6时至10时为早市，下午3时至5时为晏市（没有夜市）；酒家是中午11时到下午3时为午市，傍晚6时至9时为晚市（没有夜宵）。从中可见各自的歇市时间正是对方的营业时间。

有"茶楼王"（也有说是"酒楼王"）之称的谭杰南先生敏锐地发现了这个问题，认为将茶楼和酒家的场所集中为一处，就可以充分利用场所，避免空置率。也就是租一块地赚两块地的钱，算盘怎样打都划得来（合算）。

于是，谭杰南先生在经营"陶陶居"（茶楼性质）不久就着手引入酒家经营的项目。不过这件看似简单的事并非一帆风顺，甚至引发了一场茶居工会与酒家工会械斗的事件。

这次械斗事件平息之后，酒楼（取"酒家"和"茶楼"各一字）的形式被确定了下来，经营项目既有低柜（售卖烧腊，是酒家经营的外卖项目），也有饼柜（售卖饼饵，是茶楼经营的外卖项目）；既做茶市（点心），又做饭市（肴馔）；既做筵席肴馔，又做随意小酌。酒楼成为名副其实的综合性饮食场所（现在说是平台）。

不过，酒楼的形式最终顺利推行要等到抗日战争胜利之后，那时酒家（包括饭店）、茶楼已名不符实，两者都经营着对方的经营项目，都是综合经营。

实际上，这一切成就都应归功于陈福畴先生在改变酒家形式时，前瞻性地对厨师架构进行改革。如果细心分析，陈福畴先生经营酒家时的厨师班底，既有做"满汉全席"的，有做"三蒸九扣"的，有做随意小酌的，有做地方风味的，各施（师）各法，并不统一。有鉴于此，陈福畴先生设计了一套工作规程，而这套工作规程仍然沿用至今。

距离最近的转折点发生在20世纪80年代，这是因为行存超过半个世纪的炉灶不适合时代发展，于是开始实现从燃煤到燃油（柴油）再到燃气（煤气）的快速转变。这样又让粤菜及"食在广州"之名再次响彻大江南北。

不过，现在又面临着新的瓶颈，需要突破。

◎注2：在北方，饭店的概念与广州对饭店的理解略有不同。

北方的饭店是因旅馆增加食馆而来，例如首都的北京饭店和西安的建国饭店等，其为融合饮食服务、住宿服务的企业，定义为旅游业（"酒家"定义为饮食业）。而同时期广州对这种融合饮食服务、住宿服务的企业称为"宾馆"，如白云宾馆、广州宾馆等。这是20世纪80年代前的事。

到了20世纪80年代之后，因港资介入这个行业，引国际的名称改为酒店（白天鹅宾馆虽属港资，但仍沿用国内惯用的名称），如花园酒店、中国大酒店等。也自那时起，广州就将融合饮食服务、住宿服务的企业统称为酒店。

现在，很多厨师认为酒店看起来十分高大上，纷纷说其是酒店出身，其实反而说明其厨艺并不是最专业的，原因在于酒店的侧重点是住宿服务，饮食仅是围绕住宿服务的配套服务之一。

正是出于这个原因，在20世纪90年代末广州各大酒店纷纷与饮食服务切割，专职从事住宿方面的服务，就反映出酒店对饮食方面不太擅长的尴尬境地。

◎爽口猪肉丸

原料： 后腿瘦肉1 000克，精盐16克，白糖3克，味精8克，冰粒180克，湿淀粉8克。

制作方法：

这是客家菜（旧称"东江菜"）中著名的肉糜加工品，与潮州菜的"潮州牛肉丸"齐名。做法有"煮丸"和"蒸丸"两种。

客家人对此加工品相当讲究，在猪劏好后，迅速将后腿瘦肉（以纯瘦肉最好，若带肥肉，肥肉不超过3%为宜）切割下来，分割成拳头大小的肉块，并且在不沾水的情况下摊开放在扁平窝篮上等待肉温（刚劏好的猪还有剩余体温）下降。这个工序的用意是避免猪僵尸期内体温上升破坏猪肉的弹性纤维。经此操作的猪肉肉色嫣红，否则肉色会红中泛白（俗称"烧肉"）。这个工序称为"晾肉"。

在用手触摸后腿肉块感到有点凉时，说明后腿肉体温已经达标，这个温度不足以破坏猪肉的弹性纤维。随即将肉块放入电动绞肉机内绞成肉糜。这个工序称为"绞肉"。

传统上，客家人会将肉糜放入钢盆内，加入精盐、白糖、味精、冰水及湿淀粉，并顺同一方向迅速搅拌至肉糜鳌合。这种方法称为"手打"。但现在多数为机（打浆机）搅，效果相同。

将额外准备的冰粒（配方无列）放在打浆机的外桶内（也有只具单桶的，则没有这个程序），约8成满；再将肉块放入打浆机的内桶内，加入精盐、白糖、味精及冰粒，冚上盖，开启电源搅动25秒左右，使肉糜搅拌均匀；关闭电源，打开盖，加入湿淀粉；再开启电源，打浆机一边搅动，操作者一边抽动搅拌架，以协助湿淀粉分布在肉糜内；约抽动10来下即可（抽动次数多，会让水溶性蛋白老化干结）。关闭电源，将肉糜取出。这个工序称为"打肉"或"打浆"。

用钢盘盛上清水，制作者左手拿起肉糜合拳，将肉糜从虎口挤出，拇指横向拨动，使挤出的肉糜平整、无空洞；待肉糜挤出的长度与宽度一致时，右手握匙羹（汤匙）将之滗出，使肉糜成圆球状（直径约2.8厘米），顺势连匙羹浸

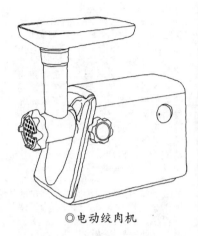

◎电动绞肉机

◎打浆机桶盖

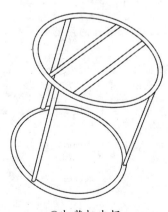

◎打浆机内桶

◎注1：客家猪肉丸的精髓在于可以"二次加热"。二次加热是现代食品配送的基本要求之一。

◎注2：肉糜的水溶性蛋白网络重组的详细知识请参见《粤厨宝典·砧板篇》及《厨房"佩"方》。

◎注3：客家猪肉丸的软弹性可以通过用水量来调节，由于猪肉的水溶性蛋白持水有一定限度，因此要用保水剂协助提高，国家允许使用的肉类保水剂主要有两种，即碳酸盐（碳酸钠、碳酸钾、碳酸氢钠、碳酸氢钾等）和磷酸盐（三聚磷酸钠、六偏磷酸钠、焦磷酸钠、磷酸三钠、磷酸氢二钠、磷酸二氢钠、酸式焦磷酸钠、焦磷酸二氢二钠等）。这两种肉类保水剂的保水原理并不相同，前者在中国使用得多，而且历史非常悠久，例如发酵面团就是用碳酸盐抑制酸味，广东枧水面就是用碳酸盐保鲜，广东烹饪的牛肉片就是用碳酸盐膨胀松化。后者在西方使用得多，如西式的火腿肉就是用磷酸盐保水。有一点可以肯定的是，磷酸盐有立竿见影的效果，所以深受食品加工界的追捧，也令一向使用碳酸盐的中国厨师迷茫是否应该改用磷酸盐。实际上，西方的食品加工界清晰地知道磷酸盐并没有想象之中那么完美，因为哪怕添加微量，也会泯灭肉料自身的香气，以致分不清加工的肉料究竟是牛肉、猪肉还是羊肉。这就要额外添加香精补救。而碳酸盐则不会出现这种情况。除了超量添加会带来所谓碱味之外，因具有平衡肉料的酸碱度，反而强化了肉料的香气和味道。问题是碳酸盐的用量要因应加工肉料、加工工艺和烹饪方法确定，较为麻烦。所以，如果希望通过提高客家猪肉丸的持水性去改善和提升质感的话，建议使用碳酸盐，这才是长久发展之计。（详细知识可参见《厨房"佩"方》）

入清水中，使呈圆球状的肉糜沾水与匙羹脱离自然滑入水里（匙羹浸入水中的用意是沾上水，避免氽下一个肉糜时产生粘连）。如是者将肉糜全部挤成圆球状。这个工序称为"挤丸"。现在有挤丸机（肉丸机）代替人手操作。

圆球状肉糜浸入水中先不要搅动，浸泡约10分钟，让肉糜的水溶性蛋白网络自然重组；水溶性蛋白网络重组后，肉糜会硬化，即为肉丸；此时再用笊篱轻压和晃动几次，使肉丸未能浸泡到清水的部分移向水下，再浸泡5分钟左右，用手捏按肉丸，能回弹即可。这个工序称为"养水"。

用铁镬煮上清水，在加热至100℃时，用笊篱将成形的肉丸从钢盘捞到铁镬里，用慢火加热，让清水维持在涟漪状态（俗称"虾眼水"）；待肉丸浮起时，用笊篱轻压和晃动，让肉丸均匀受热。这个工序称为"煮丸"。

再待肉丸全部浮出水面，随即用笊篱将肉丸捞到流动的清水里浸泡，至肉丸温度与水温一致即可。这个工序称为"过冷"。

以上为煮丸法，以下为蒸丸法。

蒸丸法与煮丸法区别主要有三点：第一，蒸丸法的肉浆较煮丸法糯（水分多的质感），故打浆时所用的冰粒为230克。第二，蒸丸法没有"养水"的程序，是将肉丸一个挨一个地由上往下、由左往右地排在扁平竹窝篮上。第三，肉丸排满在扁平竹窝篮上后即可放入蒸笼上猛火蒸熟（大概18分钟），取出晾凉即可。

两种方法最终的食法一样，将肉丸放入滚水镬内煮热，捞入汤煲内，再加入葱花、胡椒粉和猪油（均少量），再氽入煮滚并调上盐味的猪肉清汤即成。

另外，客家菜还有"灌汤肉丸"的做法，工序流程与煮丸法一样，只是在挤丸时镶入一小块冷冻的"猪骨汤胨"。

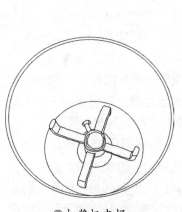

◎打浆机内桶

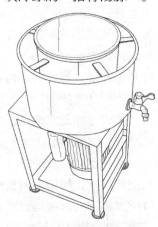

◎打浆机外貌

○猪肉汤胨

用料： 猪骨500克，猪瘦肉100克，金华火腿骨120克，猪皮150克，琼脂15克，清水2 500克，精盐8克，味精6克。

制作方法：

　　清水放入钢镬内用猛火煮滚（烧开），然后加入猪骨、猪瘦肉、金华火腿骨及猪皮，继续以猛火煮滚，再改用中火加热，使清水的沸腾状态维持在大菊花心（剧烈沸腾）状态。如此温度加热约30分钟再改用慢火，使清水的沸腾状态维持在菊花心（轻微沸腾）状态，再加热30分钟。见猪皮溶散，用滤网和纱布将汤渣滤去，得清澈的猪骨汤（约2 000克）。将预先用清水泡软的琼脂放入猪骨汤中，再用微火加热猪骨汤，使琼脂完全熔化，用精盐、味精调好味。及后将猪骨汤滗入浅底方盘内。待猪骨汤晾凉及凝结，用保鲜膜将浅底方盘封好，再置入冰箱冷冻。待猪骨汤冷冻至发硬（不能过度冷冻），取出用刀直接在浅底方盘上锲成1厘米见方的小块即成猪骨汤胨。

◎注：猪骨汤胨实际上是利用动物明胶（猪皮）与植物明胶（琼脂）热溶凉凝的原理制作灌汤的效果。

◎珍珠肉丸

原料： 后腿瘦肉800克，肥肉200克，糯米600克，马蹄200克，精盐5克，葱花30克，味精10克，绍兴花雕酒4克，胡椒粉20克，白芝麻10克，干淀粉5克，清水600克，花生油20克。

制作方法：

　　白芝麻洗净，沥干水，用白镬微火炒干和炒香。炒时不用镬铲，用镬扫拨动为宜。铲起晾凉，加干淀粉低温磨碎（高温磨会出油，香气失且有黏性）。

◎注1："珍珠肉丸"不是新创肴馔，原为湖北"三蒸九扣"中的著名品种。

◎注2：民国时期（1911—1949年）的《秘传食谱·第三编·猪门·第十一节·糯米肉圆》云："（预备：（材料）二肥八瘦的猪肉一大块，纤粉少许，绍酒少许，盐少许，糯米半升。（特别器具）蒸笼一个，大冰盘一个。做法：①先取猪肉和芡粉、绍酒、盐一并剁到极碎，用手掏（搯）作核桃一样大的圆子，放入大冰盘内候用。②临上蒸笼时，用滚水预先发透糯米遍粘在圆子上面，蒸熟以后肉味就松嫩可口。注意：假如糯米泡不透彻而又早粘上去，便怕有越蒸越硬、越蒸越干的毛病。"

糯米洗净，用温水浸泡2小时，捞出沥干水分。

马蹄去皮后切成黄豆大小的粒。

后腿瘦肉剁成糜，肥肉切成黄豆大小的粒。

旧的方法是将瘦肉糜放在钢盆内，加入精盐，用人手以"螃蟹爪"顺同一方向迅速搅拌至螯合。

需要说明的是，这种做法是建立在采用粗饲料、散豢养的猪之上，这种被定义为是传统方法饲养的猪的肉质纤维长且坚实，制品蒸熟后的质感不太容易霉。而采用精饲料、聚豢养的猪，则要借助机器高速搅拌，才能弥补这种被定义为是现代方法饲养的猪的肉质纤维短且松散的问题。

新的方法是将瘦肉糜放在钢盆内，加入精盐和清水，用电动打蛋器高速搅拌至螯合；然后加入肥肉粒、马蹄粒、葱花、味精、绍兴花雕酒、胡椒粉及白芝麻粉，顺同一方向（顺时针）用人手搅拌均匀即为肉馅。

将温水浸泡过并沥干水的糯米用花生油拌匀，放在扁平窝篮上；然后将用人手挤成乒乓球大小的肉馅放在糯米上轻轻辘过，使肉馅表面粘满糯米，再逐个有间距地排放在垫有菜叶的蒸笼内；再连蒸笼置入蒸柜内，以猛火蒸18分钟；取出蒸笼，趁热将糯米肉馅从蒸笼内铲出并排砌上碟即成（如果将糯米肉馅直接排放在小蒸笼内蒸制，则可免去这个工序）。

◎糖醋骨

原料：排骨1 000克，精盐12克，白糖35克，味精8克，生抽45克，湿淀粉8克，糖醋汁180克，蒜蓉25克，青辣椒件和红辣椒件各10克，白芝麻1克，花生油（炸用）3 500克，芝麻油35克。

制作方法：

这道肴馔对排骨的拣选较为苛刻，要选软骨猪的排骨，行中称之为"蔗渣骨"（这样的排骨从截面看，内骨如蔗渣松散，而外骨较薄，容易被人咬碎咀嚼啖其骨味），而且要选第6节肋骨起的俗称"金沙骨"的软肋骨，还不要尾端的肉。最主要是要留薄薄的肥肉（皮下脂肪）在排骨肉面，这样才能将肴馔演绎得完美。

砧板师傅用片刀先将排骨块内面一片外露的嫣红色的肉块（质感较艮韧）切去，再将两排骨之间的肉剀下，将排骨块分成条；再用骨刀将排骨条横斩成2.3厘米的段。由于排骨呈弓形，是很难整条平放在砧板上的，如果这样强行去斩的话，排骨不仅会产生反弹力，难以斩断，也会让刀因回弹力导致落刀轨迹偏离，危及操作者的安全。正确的做法是，操作者左手握着排骨条放在砧板边缘，避开排骨的弯度，使排骨条稳妥地平放在砧板上，然后右手用力落刀，按要求将排骨斩成段；接着左手移位，再依法将排骨条稳妥地平放在砧板上，再斩，直到斩完为止。

排骨的刀章要求是：一刀断，不残留碎骨，长度相若。

将排骨段放在钢盆内，加入精盐、白糖、味精、生抽及湿淀粉拌匀，腌30分钟左右。

青辣椒和红辣椒作为肴馔的料头，去蒂开边及去籽，然后改菱形件。

之后的事由候镬岗位操作。

白芝麻洗净，沥干水，用白镬微火炒干和炒香。炒时不用镬铲，用镬扫拨动为宜。

将花生油放入铁镬内，用中火加到六成热（180℃），腌好的排骨段放在笊篱上，放入油里急火猛炸，使排骨段外表迅速发硬，然后再浸炸至熟。排骨段外表迅速发硬是制作肴馔的关键，技巧是油炸时要确保油温在放入排骨之后能迅速回升，使排骨段表面的肥肉和瘦肉迅速硬化定形。火候既不能过高，过高会让排骨外燶内生；又不能停火，停火则会让排骨丧失焦香气。所以，如果加工量大，宁愿分多份多次炸。原则是一次定形、不返炸。见排骨段整体呈焦黄色、肥肉边缘呈焦红色，用笊篱将排骨段捞起。这个工序称为"炸骨"。将花生油倒入油盆里，将铁镬放入炉口，滗入清水，用镬扫刷洗铁镬，将污水倒去。这个工序称为"洗镬"。以中火烧红铁镬，先滗入一壳（勺）旧油（曾炸过肉料的油，粤菜铁镬炉边一般摆有两个油盆，一个盛炸过肉料的旧油，一个盛未炸过肉料的新油）溏镬，将油倒回油盆，加入新油（约50克）。这个工序称为"猛镬阴油"。随之放入蒜蓉，爆香，加入糖醋汁，此时不要急于放入排骨，要稍微加热糖醋汁，使糖醋汁产生焦糖香气；见糖醋汁加热至从起大泡转为起小泡（这是糖醋汁的糖分变性的现象，变稠、变

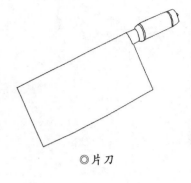

◎片刀

◎骨刀

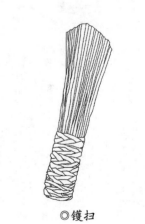

◎镬扫

◎油盆

黏、生焦香），将炸好的排骨段及青辣椒件、红辣椒件放在糖醋汁上，用镬铲迅速翻兜（粤菜厨师将由底往上滗的动作称为"兜"）排骨段，使排骨段均匀裹上糖醋汁，并留有少量余汁（即糖醋汁不要收得太紧），淋上芝麻油上碟。打荷用筷子将青辣椒件、红辣椒件夹到排骨面上，并撒入炒香的白芝麻即可。

○糖醋骨与生炒骨

◎许衡先生绣像

即使是老一辈粤菜厨师也会偶有所失地误将"糖醋骨"与"生炒骨"混为一谈，因为两者的用料和工艺实在是太相似了，就看如何演绎。

先看看被老一辈粤菜厨师誉为"粤菜教父"的许衡先生在《粤菜精华》中是如何讲解糖醋骨的做法的："将排骨用精盐拌匀，加上鸡蛋，用湿淀粉15克（三钱）再拌匀，拍上干淀粉。烧镬放油1 000克（二斤），把排骨放在镬中炸至七成熟捞起，待油温回升后，再放回油里炸至熟，（排骨与油）倾在笊篱里，将镬放回炉上，把料头放在镬中，加入糖醋，用湿淀粉20克（四钱）打芡，将炸熟的排骨放入炒匀，加包尾油5克（一钱）、麻油和匀上碟便成。"关键是这道肴馔既称"糖醋骨"又称"生炒骨"。与此同时，同书还有"酥炸排骨"（又称"干炸排骨"）的做法——"将排骨用精盐捞过，用鸡蛋、湿淀粉拌匀，再捞匀干淀粉，烧镬放油1 500克（三斤），将排骨放入油里炸至八成熟捞起，待油温回升后，再放回油里炸至熟，倾在笊篱里，滤去油，将排骨放回镬中，溅入绍酒、麻油上碟便成。干炸咕噜肉制法相同。"关键是末尾的一段话，也就是说，在许衡先生的眼中，糖醋骨、生炒骨以及酥炸排骨是同一类型的肴馔。

为什么会这样呢？

因为许衡先生是酒家出身，不太深究饭店肴馔制作的专业技艺。

生炒骨和糖醋骨是20世纪30年代一同享誉广州的粤菜名馔，但它们分别为酒家和饭店的出品。《酒家与饭店溯源》

一文就提及酒家与饭店在形成自然行业的时候就在各自的公会和工会支持下研习适合自己的技艺，两者的肴馔烹饪走着两条不同的路线，酒家可凭借装潢招徕食客，而饭店没有这个条件，因此则较重于镬气。

怎样理解呢？

例如同为炒菜心，酒家和饭店就有不同的演绎。酒家的做法是用滚水先将菜心灼熟，用油起镬爆香蒜蓉，再放菜心入镬，攒酒、调味、抛镬炒匀即可。这种做法叫作"软炒"，优点是卖相好，菜心碧绿、饱满。而饭店的做法是用油起镬，先将菜心煸熟，倒起，将镬洗净，再用油起镬爆香蒜蓉，放菜心入镬，攒酒、调味、抛镬炒匀即可。这种做法叫作"硬炒"，卖相虽不好（站在酒家的角度），但菜心回味、镬气浓，尝之想尝。

再说糖醋骨，其酥脆并不像生炒骨要倚靠粉浆，全凭排骨肥肉油炸所起"鸡角"（应该写为"觭角"，肥肉脱水、脱油硬化，形成半焦不燶的效果）赋予，与此同时，又对糖醋汁进行焦糖化处理，既使糖醋汁变稠，无水分干扰，又使排骨有酥脆的效果，还让糖醋汁形成奶油般的香气，从而让糖醋骨外酥内嫩、味香四溢。这种技法是酒家厨师不太擅长的。

◎注：在20世纪70年代之前，广州饭店都用一句"捻手小炒"的广告语招徕食客。很多人对"捻"字不太理解，借此机会解释一下。有人说，"捻手小炒"应该写成"撬手小炒"，理由是这句广告语在粤语中是读成nan²手小炒，nan²可能是普通话neng²的音转，是"能手小炒"之意，后来广州人在"能"字加"手"字旁便成"撬"。这种说法好像解释得通，然而，"撬"不是广州人造的字，一早就有，《集韵》曰："撬，攀糜切，音披。剖肉也。与破同。"粤语读作pei¹，此音字现在多写成"批"。因为用"捻"字是正确的，此字有三个读音，一个是nin²，作手搓解，如捻线；一个是nip⁶，作轻巧解，如捻手捻脚（轻手轻脚）；一个是nan²，作精心解，"捻手小炒"就是取此字和读音。

◎蒸排骨

原料①：排骨1 000克，酸梅肉40克，白糖40克，生抽10克，蒜蓉10克，面豉酱20克，淀粉60克，花生油40克。

原料②：排骨1 000克，酸梅酱400克，蒜蓉10克，姜米10克，辣椒米16克，米酒40克，淀粉24克，精盐14克，花生油160克。

原料③：排骨1000克，豆豉12.5克，蒜蓉2.5克，淀粉25克，生抽25克，精盐10克，味精12.5克，白糖1.25克，猪油25克，葱白花8克。

制作方法：

蒸排骨不是酒家的出品，是饭店的名肴，所以筵席上鲜见其踪影，它又与茶楼的"干蒸排骨"（见《粤厨宝典·点心

◎注1：原料①与原料②虽分别选用酸梅肉和酸梅酱，但归根结底都是用酸性调味剂调味，而酸性调味剂对肉的水溶性蛋白有收敛作用，因此腌制排骨的时间不宜过长，否则会导致排骨的质感偏重于敨。基于这个原理，如果要对这两个肴馔的材料进行远程配送的话，酸梅肉或酸梅酱应后下，即在蒸排骨时才拌入酸梅肉或酸梅酱，上碟后淋花生油再蒸。

◎注2：原料③尽管不是用酸性调味剂调味，也并非可以全盘照搬远程配送，因为当中有可以令肉变酸的生抽。为此，有厨师会反驳，现在的生抽已非全发酵的产品，都是现代调味液复配而成，不太会让肉制品变酸。事实上，现代的生抽尽管不能与传统的生抽相提并论，但其配方当中几乎都含有呈味核苷酸，而呈味核苷酸同样会让肉制品发酵，带来酸味（甚至其他杂味），因此，如果对这一制品进行远程配送，生抽应该要后下，即蒸排骨时再捞入。

◎注3：原料③的豆豉，不同的厨师有不同的处理方法，有的厨师会取部分豆豉进行油炸处理；有的厨师会将豆豉剁烂。

◎注4：干蒸排骨的配方和详细的工艺，请参见《粤厨宝典·点心篇》。

篇》）略有不同，后者是品茗的点心，它则是餸饭的菜肴。

饭店蒸排骨所用的排骨一般不会漂水（俗称"啤水"），只会将开条斩段（约长2.3厘米）的排骨段放在清水里略微将血水洗去，沥去水分，放在钢盆内待用。

这里有三个配方，分别称为"梅子蒸排骨""酸梅蒸排骨"以及"豉汁蒸排骨"。前两道菜肴不同之处是一个用原个酸梅，一个用酸梅酱，它们的酸香气也会有所不同。

用原个酸梅（原料①）的要用手将酸梅揸烂并将酸梅核取出，然后与白糖、生抽、蒜蓉、面豉酱、淀粉混合并加入排骨段中捞匀；约腌15分钟，将排骨段平铺在瓦碟上。此时还不能仓促地去蒸，还要淋些花生油在排骨面上，这似乎是饭店制作此肴馔的最大心得。

用酸梅酱（原料②）的则将蒜蓉、姜米、辣椒米、米酒、淀粉、精盐与酸梅酱混合并加入排骨段中捞匀；约腌15分钟，将排骨段平铺在瓦碟上，并淋上花生油。

用豆豉（原料③）的则是将蒜蓉、生抽、精盐、味精、白糖、淀粉与排骨段捞匀；约腌15分钟，将排骨段平铺在瓦碟上，淋上猪油并撒入豆豉。

蒸制的时间和火候都相同，即以猛火蒸10分钟。

蒸好后，用豆豉（原料③）的还要撒入葱白花增香。

◎椒盐骨

原料：排骨1 000克，精盐25克，味精15克，白糖10克，生抽35克，淀粉125克，花椒盐75克，花生油（炸用）3 500克。

制作方法：

排骨斩段的规格有两个，一个是开条斩成2.3厘米的短段，一个是开条斩成5.5厘米的长段。斩时要注意，落刀必须一刀将骨斩断，不能将骨筒斩破碎。这个工序称为"斩骨"。排骨斩好后放入流动的清水里将血水洗净。这个工序称为"洗骨"。排骨洗去血水后用笊篱捞起，沥干水分，放入钢盆里，加入精盐、味精、生抽及淀粉拌匀，腌30分钟。这个工序称为"腌骨"，以上工序由砧板师傅操作，以下工序由候镬师傅完成。将花生油倒入铁镬内，以中火加至六成热（160℃），然后将排骨段由镬边放入油里（这个动作是避免被热油溅伤）；排骨段放入油里先不要搅动，让热油将排骨段表面炸定形，这一过程约20秒；排骨段表面定形后，用镬铲轻轻晃动，使粘连的排骨段各自散开。这个工序称为"炸骨"。这里需要注意的是花生油的实效热能。由于在实际操作中的生产量以及排骨的温度各有不同，花生油的实效热能每次都有偏差；如果排骨段放入花生油内未能迅速恢复到设定的温度，排骨表面的水溶性蛋白就不能迅速固化，其后果是给予排骨表面的水溶性蛋白吸收油分的时间，当排骨表面的水溶性蛋白软化，就要花费更长的加热时间；而排骨表面的水溶性蛋白软化，则未能形成保护排骨内部水溶性蛋白的屏障，没有这道屏障再加上延长加热时间，显然要付出让排骨整体同时脱水的代价，继而让排骨丧失这种烹饪法追求的外酥内嫩的效果，换用粤语形象的说法就是"干狰狰"（干巴巴）。因此，每次投放量的准则是——排骨放入花生油内油温必须在15秒内提升到设定的温度，以杜绝排骨表面的水溶性蛋白吸收油分。

有厨师会问，如果加大火候或升高油温能不能解决问题呢？

答案是否定的。

首先是火候太猛（即中火改为猛火）以及升高油温（即从160℃升高到170℃或更高），会影响到花生油重复使用的次数。其次是初始的油温是让排骨表面的水溶性蛋白迅速固化，达到这个目的，这个高油温就结束了使命，其后就要让油温自然下降，使排骨内部的水溶性蛋白及非水溶性蛋白做出反应。如果排骨外部的水溶性蛋白固化之后油温未能合理降低，就会出现这种现象——排骨内部仍未熟透，外部已被炸燶。

这个工序的制作技巧是迅速让排骨表面固化，从容让排骨内部熟透。

基于这个技巧，当见排骨表面定形，即将油镬端离火口，让花生油的余温继续浸炸排骨15分钟左右，使排骨熟透，然后用笊篱捞起。

需要强调的是，刚炸出来的排骨存在一个看不见的动能，在高热环境下，排骨内部水分是往内压缩；结束油炸之后，排骨内部的水分就会往外宣泄，而这些往外宣泄的水分会影响到排骨表面酥脆的效果。所以，要确保排骨表面的酥

◎注1：花椒盐的配方及做法，请参见《粤厨宝典·候镬篇》。

◎注2：椒盐骨是干口性食品，原为20世纪60年代广州饭店的经典之作，以供食客饮酒聊天享用。因为供作聊天，故斩段规格是以短段居多。20世纪80年代中期，此肴馔被引入酒家（酒楼）筵席的热荤菜当中，斩段规格改为长段。另外，后来粤菜著名的"蒜香骨"（腌制方法请参见《粤厨宝典·砧板篇》）也是由此肴馔的做法演变而来。

脆效果，就要待排骨内部水分宣泄过后，再将排骨复炸一次，使排骨表面高度脱水。

具体做法是，排骨用笊篱捞起后，先晾一下（至少2分钟），再将排骨放入五成热（150～180℃）的花生油中炸20秒，再用笊篱捞起。这个工序称为"复炸"。

另起镬，用中火加热，先放花椒盐炒热，再放入复炸过的排骨与花椒炒匀，即可上碟销售。

◎炆排骨

◎炆排骨

原料①：排骨1 000克，萝卜1 200克，豆豉80克，蚝豉25克，蒜蓉40克，葱段120克，花生油80克，绍兴花雕酒40克，淡二汤400克，精盐12克，味精12克，老抽40克，湿淀粉80克，胡椒粉4克。

原料②：排骨1 000克，竹笋1 000克，葱段120克，蒜蓉40克，豆豉80克，花生油160克，绍兴花雕酒40克，淡二汤600克，精盐12克，味精12克，老抽60克，湿淀粉120克，胡椒粉4克。

原料③：排骨1 000克，芋头1 200克，葱段120克，大蒜段120克，豆豉80克，绍兴花雕酒40克，淡二汤900克，精盐12克，味精12克，花生油160克。

原料④：排骨1 000克，菜远200克，蒜蓉40克，豆豉60克，绍兴花雕酒80克，淡二汤400克，花生油240克，精盐20克，味精12克，生抽60克，湿淀粉120克。

原料⑤：排骨1 000克，葱段75克，蒜蓉25克，豆豉50克，花生油100克，绍兴花雕酒50克，淡二汤750克，精盐7.5克，味精5克，生抽37.5克，湿淀粉75克。

原料⑥：排骨1 000克，蒜蓉25克，辣椒米15克，洋葱粒30克，花生油100克，绍兴花雕酒50克，淡二汤300克，咖喱酱30克，精盐3克，味精5克，白糖25克，湿淀粉30克。

◎注1：烹饪法中有"炆"与"焖"，它们的工艺流程十分相似，所以曾有不明就里的厨师误认为它们是异名同工的烹饪法，详细解释可参见《粤厨宝典·厨园篇》。

◎注2：原料⑥及原料⑦中的咖喱酱和茄汁是标准化配方，它们的配方和做法请参见《粤厨宝典·候镬篇》。

原料⑦：排骨1000克，蒜蓉25克，花生油100克，绍兴花雕酒50克，淡二汤625克，精盐7.5克，味精5克，白糖25克，茄汁50克，湿淀粉30克，葱段30克。

制作方法：

这里的炆排骨是看馔的形式，它们分别为萝卜炆排骨、竹笋炆排骨、香芋炆排骨、豉汁炆排骨、菜远炆排骨、咖喱炆排骨及茄汁炆排骨，尽管看上去会有点眼花缭乱，实际上是三种组合——排骨加淀粉类、根茎类蔬菜（原料①、原料②、原料③）、排骨加蔬菜（原料④）以及排骨加汁酱（原料⑤、原料⑥、原料⑦），了解制作精髓，看馔的形式更加变化无穷。

在解说之前先弄清看馔制作的新旧概念。

老一辈厨师评价这个看馔的制作，不是以流程作为指标，而是以排骨的生熟作为指标，如果排骨经过油炸处理才进入炆煮阶段的，就会称为"熟炆排骨"；但如果排骨未经过油炸处理，还要操作者用煎的方法加工才进入炆煮阶段的，就会称为"生炆排骨"。

事实上，这种划分方法如今看来并不严谨，因为排骨进入炆煮阶段时都已经过炸或煎的方法处理，也就没有所谓"熟炆"和"生炆"之说，因此，现代的烹饪理论纠正了这种说法，明确"炸"或"煎"是制作这道看馔所需的排骨预处理的选项，也就是说，所谓"熟炆排骨"，就是用炸的方法对排骨进行预处理，再炆煮；所谓"生炆排骨"，就是用煎的方法对排骨进行预处理，再炆煮。也就是说，"熟炆"和"生炆"正确的叫法应为"炸炆"和"煎炆"。

另外，这道看馔会在铁镬或瓦罉上进行制作，老一辈厨师将前者制作的称为"镬上炆"，将后者制作的称为"瓦罉炆"。

了解了相关知识之后，即可进入菜式制作的环节。

"萝卜炆排骨"中的萝卜，要拣选坠手、皮薄、肉脆的货色，刨去皮，顺长切成4份，再横切成斧头块。排骨开条并横斩成2.5厘米的段。烹制萝卜也有两种方法，一种是将萝卜块放入钢锅，并加足够的清水及冰糖（萝卜重量的5%），以猛火焗腍。另一种是用160℃的花生油（配方未列）将萝卜块拉（用水为"飞"，用油为"拉"）过。萝卜准备好后，即以花生油起镬爆香蒜蓉、葱段、豆豉、蚝豉，再放入排骨段煎透，攒入绍兴花雕酒、淡二汤，并用精盐、味精调味，用老抽调色，以中

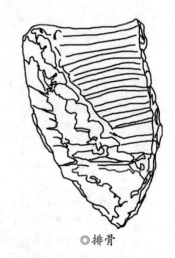

◎排骨

◎竹笋

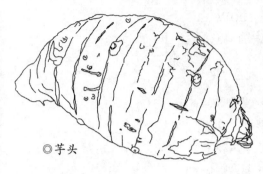

◎芋头

◎注3：芋头又称莒、蹲鸱、芋炭、毛芋、土芝，《史记》中记载："岷山之下，野有蹲鸱，至死不饥，注云芋也。盖芋魁之状若鸱之蹲坐故也。"。按形状可分成多头芋、大魁芋及多子芋等类。

多头芋是指母芋分蘖群生，子芋甚少，台湾山地栽培的狗蹄芋、广西宜山的狗爪芋皆属此类。特征是植株矮，一株生多数叶丛，其下生多数母芋，结合成一块。粉质，味如风栗。

大魁芋是指母芋单一或少数，肥大而味美，生子芋少，植株高大，分蘖力强，子芋少，但母芋甚发达，粉质，味美，产量高。如台湾、福建、广东等热带地区常见的槟榔心、竹节芋、红槟榔心、槟榔芋、面芋、红芋、黄芋、糯米芋、火芋等。

多子芋是指子芋多而群生，母芋多纤瘦，味不美。本类分蘖力强，子芋为尾端细瘦的纺锤形，易自母芋分离，栽培目的是采收子芋。我国中部及北部栽培者多属此类。如台湾的早生白芋、浙江杭州的白梗芋、浙江慈溪的黄粉芋等。浙江的红顶芋、乌脚芋、台湾的乌柿芋等品种具红色或紫色叶柄，也属此类。

火炆至排骨肉离骨。此时加入萝卜块，并用湿淀粉勾芡。将排骨段、萝卜块及芡汁滗入瓦罉内，撒上胡椒粉即成。

"竹笋炆排骨"的竹笋有新鲜及罐装清水竹笋两种可供选择，后者使用方便，免去焯竹笋的程序。将竹笋顺长切成4份再横切成斧头块。排骨开条并横斩成2.5厘米的段。将大概1 500克花生油（配方未列）放入铁镬内，以中火加热至160℃，分别将排骨段及萝卜块拉过油备用。用花生油起镬，爆香蒜蓉、豆豉，放入排骨段，并攒入绍兴花雕酒，炒匀，加入淡二汤、竹笋块，用精盐、味精调味，用老抽调味，中火炆至排骨肉离骨，用湿淀粉勾芡，撒入葱段、胡椒粉并炒匀，滗入瓦罉即可。

"香芋炆排骨"对于所使用的芋头没有特定的要求，既可以用体形硕大的大魁芋，也可用体形较小的多子芋或多头芋。如果选用前者，一般切成3厘米（熟后约2.5厘米）见方的粒。如果选用后者，一般是原个加工。

另外，这个菜式又是淀粉根茎类植物菜式的样板，薯仔、番薯、鲜淮山、莲藕等也可以用同样的方法烹制。

较之薯仔、番薯、鲜淮山、莲藕这些淀粉根茎类植物，芋头去皮时，最让操作者担心的是，其会引起双手痕痒，具体的应对方法请见本书"扣肉"原料②制作方法上的介绍。

实际上，这些淀粉根茎类植物的预制加工都有一个共同做法——油炸。油炸有两个主要目的，一是使淀粉根茎类植物表面淀粉膨化，使淀粉根茎类植物定形并形成保护膜，以便加水炆煮时淀粉不易溶解。二是将淀粉根茎类植物内部预糊化并消耗水分，以使淀粉根茎类植物内部的淀粉在加水炆煮时获得粉焖软滑而非不爽不粉（广东人俗称"脢"）的质感。油炸温度以七成热（240℃）为宜，油炸时间约20分钟。评判标准是制品表面微焦黄，外形略收缩。

至于排骨，以后肋骨为主。

需要强调的是，传统做法中，一般不对排骨进行腌制，换句话说，即在排骨顺切成条再横斩成2.5厘米的段后就直接烹饪，这样做的优点是最大限度地保留排骨本来的鲜味及应有的质感。然而，由于现在猪的饲养方法与传统大不相同，如果继续采用传统的工艺流程去烹制排骨，显然不合时宜。所以，目前的做法都是先腌制。

问题是腌制的目的是什么呢？

腌制有两个目的，一个是为厨师所熟悉的加强味道，一个是为厨师所陌生的改善质感。

为此，有厨师不禁会问，能不能同时完成加强味道的腌制与改善质感的腌制呢？

答案是否定的。

因为尽管加强味道与改善质感在实际操作中都会投放食盐以及白糖，但两者的投放量并不相同，前者比较随意，达到一定的咸甜味即可；而后者必须精准，食盐及白糖放多了或放少了都不能起到改善质感的作用。

与此同时，加强味道与改善质感的腌制还有四点是大相径庭的。一是腌制耗时不同，加强味道耗时较短，一般为60分钟；改善质感耗时较长，不少于36小时。二是配放水分不同，加强味道通常是不添加水分；而改善质感则必须配放适当的水。三是腌制温度不同，加强味道一般采用冷藏处理（保持在5℃以上）；而改善质感则必须经过冷冻（保持0℃以下）处理。四是酸性调节不同，加强味道通常不需要酸性调节，有的投放酸性物质，也是为了赋予酸味；而改善质感则必须添加如碳酸钾、碳酸钠等的碱性物质（磷酸盐不属于碱性物质）以及海藻糖、低聚异麦芽酮糖、白糖等仿真糖原。

为了不忘初心，这里是以传统的烹饪方法为例，而要了解改善质感的腌制技术请参见后文或《厨房"佩"方》。

猛镬阴油后用100克花生油爆香豆豉，再放入排骨煎至金黄色，攒入绍兴花雕酒，加入淡二汤；用猛火将汤水加热至沸腾；再加入预先用油炸好的芋头（也有的是用水焓熟的，取质感焖滑），改慢火继续炆（一般不用冚盖）。待排骨熟透、芋头内部吸足水分即放精盐、味精调味，然后将排骨、芋头连汁水滗入烧热的瓦罉内，撒入葱段、大蒜段，再攒入50克沸腾的花生油作为包尾油即成。

豉汁炆排骨在传统上，对排骨有两种处理方法，一种是排骨顺切成条再横斩成2.5厘米的段后直接烹饪；一种是排骨顺切成条再横斩成2.5厘米的段后先裹上湿淀粉（粤菜厨师称淀粉为"生粉"），经滚油拉熟（粤菜厨师将用滚油预熟的称"拉"，将用滚水预熟的称"飞"）再烹饪。

为什么会有这样的区别呢？

粤菜厨师发现，如果预先在排骨表面裹上湿淀粉，加热时淀粉糊化形成保护膜，排骨内部水分流失比没有裹湿淀粉时低，排骨的软滑度就会提高。这个发现从某种意义上说是厨艺技术的一大进步。

然而，外裹湿淀粉的方法随着时光流逝又变得不太能

◎注4：广州坊间有针对芋头劣性质感的评价标准——脤。所以，在进入烹饪讲解之前，先讲解一下这个劣性质感评价标准。

脤（shèn，粤语san5）本是祭祀所用的生肉，《说文解字》曰："脤，社肉。本作祳。盛以蜃，故谓之祳，天子所以亲遗同姓。"《春秋谷梁传·定十四年》又云："脤者何也？俎实也，祭肉也。生曰脤，熟曰膰。"也就是说，"脤"本是古时用以代表祭祀同姓先辈所用的生肉，用以祭祀直系祖先的是熟肉，也就是现在俗称"烧肉"的膰。芋头是淀粉根茎类植物，本应呈现粉糯的质感，但是，如果生长环境水分过于充足，会使芋头含水率上升，其淀粉质量就会大打折扣，烹饪致熟后的质感便不爽不粉。为了表达芋头这种劣性质感，广州人就借用了"脤"字来形容。

正是这个原因，广州人购买芋头时会将芋头分为两类，即粉芋头及脤芋头，一般是用手戥量区分，轻身的为粉芋头，坠手的为脤芋头（与拣萝卜恰恰相反）。

满足食客的要求。因为尽管排骨外表有糊化淀粉进行保护，排骨内部水分不易排出，但是，排骨自身所含的水分毕竟有限，无外加水分的帮助，炆熟的排骨同样会出现霉、敊、粉、柴等劣性质感。

正因为这样，新的厨艺技术（具体说是腌制技术）应运而生，这一技术与外裹湿淀粉的技术形成对炆排所谓的"外保水"与"内保水"的关系。内保水技术的定义是通过人为的方法让排骨内部获得合适的水分，从而让排骨在致熟后获得爽、嫩、滑、弹等良性质感并且具有二次加热的能耐。

豆豉是"豉汁炆排骨"的调味主角，粤菜厨师通常会指定使用广东的阳江豆豉，皆因阳江豆豉乌黑油润、质酥而且喷香，会让菜肴平添一番香气。另外，广东还有味带五香的罗定豆豉。而外省有湖南的浏阳豆豉、四川的潼川豆豉、重庆的永丰豆豉、江西的湖口豆豉、云南的妥甸豆豉、广西的黄姚豆豉、山东的八宝豆豉、陕西的香辣豆豉可供选择。

豆豉的处理方法在这道肴馔里主要有两种，一种是油炸法，一种是油爆法。前者是在制作肴馔前先用五成热（150～180℃）的油温慢火浸炸20分钟左右，使豆豉质感变得油酥，待肴馔将成时放入。这种做法的优点是保留豆豉的原态。后者是制作肴馔时用豆豉起镬（即待油在镬里烧热后放入豆豉爆香。此时通常还会与蒜蓉等协同）。这种做法的优点是突出豆豉的香气。另外，豆豉与蒜蓉是对绝配，豆豉香气短而味道浓，蒜蓉则香气长而味道淡，它们相互衬托，互补不足，以给肴馔提供足够的香气和味道。

烧红铁镬，先用旧花生油搪一下镬，将油倒出，再加入80克新花生油。粤菜厨师称这组动作为"猛镬阴油"。放入蒜蓉、豆豉，以中火爆香（切忌猛火，否则会令豆豉香气尽失且呈焦苦）；放入排骨，以半煎炸的形式使排骨表面煎至金黄；随即攒入绍兴花雕油，再滗入淡二汤，继续以中火加热；待汤水沸腾，改用慢火炆约5分钟，见汤水将近收浓及排骨已熟透，用精盐、味精调味，用生抽调色，用湿淀粉将汤水勾成琉璃芡，用20克花生油作为包尾油。及后将排骨连芡汁滗入浅底瓦钵内，再撒入葱段即成。

菜选炆排骨与萝卜炆排骨、竹笋炆排骨、香芋炆排骨等菜肴有显著不同之处，后者按老一辈粤菜厨师的通俗话语形容是"硬口嚼"（质地硬的东西），可以与排骨同镬或罉炆熟；而这道肴馔是蔬菜（老一辈粤菜厨师称之为"软口嚼"，即质地软的东西），故不能与排骨同镬或罉炆熟。如果按烹饪技术的定义解释则为——利用炆的方法将排骨致熟

◎注5：豆豉是中国人发明的调味品，最早称为"幽尗（菽）"，《说文解字》曰："配盐幽尗也。"后人再解释道："尗，豆也。幽，谓造之幽暗也。"之所以后来称为"豉"，是因为这种制品十分诱人食欲，汉代刘熙在《释名·释饮食第十三》曰："豉，嗜也。五味调和，须之而成，乃可甘嗜也。"

◎注6：北魏时期贾思勰更在《齐民要术·卷八·作豉法第七十二·作豉法》中详细介绍了豆豉的加工方法："先作暖荫屋，坎地深三二尺。屋必以草盖，瓦则不佳。密泥塞屋牖，无令风及虫鼠入也。开小户，仅得容人出入。厚作蕰篱以闭户。四月、五月为上时，七月二十日后八月为中时；余月亦皆得作，然冬夏大寒大热，极难调适。大都每四时交会之际，节气未定，亦难得所。常以四孟月十日后作者，易成而好。大率常欲令温如人腋下为佳。若等不调，宁伤冷，不伤热；冷则穰覆还暖，热则臭败矣。三间屋，得停百石豆。二十石为一聚。常作者，番次相续，恒有热气，春秋冬夏，皆不须穰覆。作少者，唯须冬月乃穰覆豆耳。极少者，犹须十石为一聚；若三五石，不自暖，难得所，故须以十石为率。用陈豆弥好；新豆尚湿，生熟难均故也。净扬簸，大釜煮之，申舒如饲牛豆，掐软便止，伤熟则豉

后，再扒到经煸炒的蔬菜表面，简单地说就是"扒"（具体定义请参阅《粤厨宝典·厨园篇》）。

所谓"菜莛"，是取自广东人称为"菜心"的一种菜薹。该菜薹不同于外省所种的菜薹，尤以质脆嫩、味鲜甜而著称。事实上，在20世纪90年代前，广东产的菜薹的质感远胜于外省所产，更引人入胜的还要数优中之优的"萧岗柳叶菜心"。花城出版社在1983年出版的《广东特产风味指南·农副产品·萧岗柳叶菜心》中介绍说，有一位外国朋友经过宾馆的陈列台时，不小心碰跌台面上的蔬菜，只见蔬菜落地当即断裂成几截。那位外国朋友以为是摔碎了什么贵重玉器而大惊失色；后来听宾馆服务员的解释才放下心头大石。原来，外国朋友碰跌的不是贵重玉器，而是广东人引以为傲的萧岗（现在该处已无农田）柳叶菜心。萧岗柳叶菜心的特点是茎脆嫩、叶尖细、色碧绿且带有透明感，最重要的是嚼之无渣以及味香且回甜。由于这种蔬菜质地特别脆嫩，摔在地上自然可碎成几截。然而，即使具有这样的优点，广州人还未满足，还要取其嫩中之嫩的芽梢部分，这一部分就称为"莛"或"菜莛"。

顺带提一下，从整颗菜心摘下菜莛之后，根据叶片将菜梗分成节段的称为"马褂"，可以用于其他肴馔。

◎菜莛

需要说明的是，用炆好的排骨扒在脆嫩的菜莛面上的做法始于20世纪20年代，目的是让清淡的菜莛赋上肉味。20世纪90年代后，因萧岗从农村变为城市，市面鲜有质优的菜心，此菜肴逐渐式微，如今已鲜见其面目。

粤菜厨师有一个心得——肉要炟，菜要煸，意思是说肉有臊味，要通过将肉放入炽热不带油的铁镬里翻炒予以去除；而菜有草味（广州人俗称其为"臭青味"），要通过将菜放入炽热并

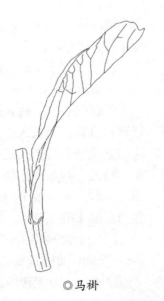

◎马褂

烂。漉著净地掸之，冬宜小暖，夏须极冷，乃内荫屋中聚置。一日再入，以手刺豆堆中候看：如人腋下暖，便须翻之。翻法：以杷锨略取堆里冷豆为新堆之心，以次更略，乃至于尽。冷者自然在内，暖者自然居外。还作尖堆，勿令婆陀。一日再候，中暖更翻，还如前法作尖堆。若热汤（烫）人手者，即为失节伤热矣。凡四五度翻，内外均暖，微着白衣，于新翻记时，便小拨峰头令平，团团如车轮，豆轮厚二尺许乃止。复以手候，暖则还翻。翻讫，以杷平豆，令渐薄，厚一尺五寸许。第三翻，一尺；第四翻，厚六寸。豆便内外均暖，悉着白衣，豉为粗定。从此以后，乃生黄衣。复掸豆令厚三寸，便闭户三日。自此以前，一日再入。三日开户，复以锨东西作垄耩豆，如谷垄形，令稀概均调。锨铲法，必令至地——豆若着地，即便烂矣。耩遍，以杷耩豆，常令厚三寸。间日耩之。后豆黄衣，色均足，出豆于屋中，净杨簸去衣。布豆尺寸之数，盖是大率中平之言矣。冷即须微厚，热则须微薄，尤须以意斟量之。杨簸讫，以大瓮盛半瓮水，内豆着瓮中，以杷急抒之使净。若初煮豆伤熟者，急手抒净即漉出；若初煮豆微生，则抒净宜小停之。使豆小软则难熟，太软则豉烂。水多则难净，是以正须半瓮尔。漉出，着筐中，令半筐许，一人捉筐，一人更汲水于瓮上就筐中淋之，急斗（抖）擞筐，令极净，水清乃止。淘不净，令豉苦。漉水尽，委着席上。先多收谷糠，于此时内谷糠于荫屋窖中，掊谷蘩作窖底，厚二三尺许，以蓬蘩蔽窖。内豆于窖中，使一人在窖中以脚蹑豆，令坚实。内豆尽，掩席覆之，以谷蘩埋席上，厚二三尺许，复蹑令坚实。夏停十日，春秋十二三日，冬十五日，便熟。过此以往则伤苦；日数少者，豉白而用费；唯合熟，自然香美矣。若自食欲久留不能数作者，豉熟则出曝之，令干，亦得周年。豉法难好易坏，必须细意人，常一日再看之。失节伤热，臭烂如泥，猪狗亦不食；其伤冷者，虽还复暖，豉味亦恶：是以又须留意，冷暖宜适，难于调酒。如冬月初作者，须先以谷蘩烧地令暖，勿焦，乃净扫。内豆于荫屋中，则伤汤浇黍穰穰令暖润，以覆豆堆。每翻竟，还以初用黍穰周匝覆盖。若冬作，豉少屋冷，穰覆亦不得。暖者，乃须于荫屋之中，内微燃烟火，令早暖，不尔则伤寒矣。春秋量其寒暖，冷亦宜覆之。每人出，皆还谨密闭户，勿令泄其暖热之气也。"

带少量油的铁镬里并攒入少量的绍兴花雕酒翻炒以摒弃。正是有了这样的心得，传统的粤菜厨师在制作"菜远炆排骨"时会对菜远采用此法。然而，新派的粤菜厨师则较热衷使用灼的方法，即将菜远放入沸腾的油盐水里渌过。后者的优点是保持菜远翠绿和脆嫩，其外观也相当饱满和坚挺，但是，其缺点是缺乏煸法那种诱人食欲的焦香（镬气）。

用80克花生油起镬，放入菜远，撒入8克精盐，随即以猛火煸炒至仅熟；将菜远倒入疏篱沥去菜汁，再由打荷用筷子将菜远有序地排在瓦碟内（此工序通常会在排骨将近炆好时操作）。用120克花生油起镬并爆香蒜蓉及豆豉，放入排骨（斩件规格同上）略煎，攒入绍兴花雕酒，滗入淡二汤，以中火炆制。待淡二汤水量挥发近半时，用精盐（12克）及味精调味，用生抽调色，用湿淀粉勾芡，最后淋入40克花生油作为包尾油即可将排骨连芡汁扒在煸熟的菜远面上，菜肴即成。另外，也有做法是在排骨勾好芡后放入煸熟的菜远炒匀，淋入包尾油上碟。

"咖喱炆排骨"是由西餐调味演变过来的粤式肴馔，有读者不禁诘问，咖喱不是印度的产物吗？怎么说是西餐的调味呢？这个问题在《粤厨宝典·候镬篇》已经给出了答案。咖喱源于印度人将多种香辛料混合煮食，但是，早在100多年前，英国人就在此基础上将多种香辛料的粉末混合或深加工制作酱，便成了商品，这种商品就叫作咖喱（curry）。顺带说一下，印度人将多种香辛料混合煮食的形式称为马萨拉（masala）。咖喱与马萨拉的区别在于煮食方式从农耕化转变为工业化。马萨拉卖的是原始的香辛料，而咖喱卖的是带有附加值且使用（食用）方便的香辛料。事实上，英国人将多种香辛料复配出咖喱还有更深层的意义，就是让煮食变得更加方便，从而让中国人重温"酱率百味而行"的道理，这个道理让中国人得以理解烹饪美食不必过度依赖火候，从而让美食简单化、扁平化。

◎注7：咖喱炆排骨可配上薯仔、芋头等淀粉根茎类植物。由于淀粉根茎类植物十分吸水，炆制时要加大用汤量。做法可借鉴"芋头炆排骨"。

将铁镬烧热，放入80克花生油，加入蒜蓉、辣椒米、洋葱料爆香，再放入排骨（斩件规格同上）摊平略煎，攒入绍兴花雕酒及滗入淡二汤，以中火炆制；至汤水沸腾，用咖喱酱、精盐、味精、白糖调味；继续以中火加热，待淡二汤水量挥发近半时，用湿淀粉勾芡，淋入20克花生油作为包尾油和匀即可。

"茄汁炆排骨"同样是由西餐调味演变过来的粤式肴馔，所谓"茄汁"即番茄汁的简称，而番茄是广东人的叫法，又称"西红柿"。这种蔬果味道酸甜，容易诱开食客胃口。

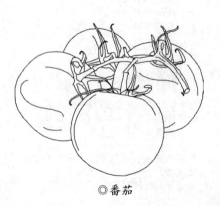

◎番茄

将铁镬烧热，放入80克花生油，加入蒜蓉爆香，再放入排骨（斩件规格同上）摊平略煎，攒入绍兴花雕酒及滗入淡二汤，以中火炆制；待淡二汤水量挥发近半时，用精盐、味精、白糖、茄汁调味，用湿淀粉勾芡，撒入葱段捞匀（这是为茄汁增香的法宝），再淋上20克花生油作为包尾油和匀即可。

◎注8：咖喱及茄汁的配制方法请参阅《粤厨宝典·候镬篇》。

◎煀排骨

原料：排骨1 000克，蒜头50克，冬菇50克，竹笋丁60克，蒜蓉5克，葱度25克，芫荽（香菜）段10克，红椒件5克，青椒件5克，豆豉15克，精盐0.5克，老抽35克，蚝油20克，白糖20克，花生油250克。

制作方法：

煀与焖的工艺及所使用的器皿十分相似，以至于很多新晋厨师不太理解它们的精妙所在。事实上，炆与焖才是最相似的烹饪法，都属于水烹法，区别在于一个是开着盖烹饪，另一个是冚着盖烹饪，背后的原理是压力。炆不借助压力，制品能尽最大能力保持本身的特性，质感偏于爽弹；而焖则借助了外来的汤水及汤水产生蒸汽形成的压力，制品的质地通常会遭受破坏，质感偏于腍软。焖与煀被认为相似，就是在加热时都冚着盖，然而在类别上，煀属于气烹法，是利用高热短时让制品致熟并以此赋上香气（加热过程中产生美拉德反应使然）。

在以往，煀被分为镬上煀与罉上煀，实际做法没有本质的区别。现在则被分为生煀与熟煀，具体说来，应以煎煀与炸煀来说明更为恰当。

从烹饪法的角度看，煀实际上是煎（属油烹法）的延伸。

众所周知，很多食品都可以通过煎形成香气，然而，由于煎是敞开式烹饪，大部分的香气无端散失，不能积聚形成浓香。正是这个原因，前辈厨师想到了一个方法，就是在煎制食品时冚上盖，让食品在煎制时所形成的浓烈香气得以回渗到食品身上。

前辈厨师在不断的工作中总结发现，如果单纯利用煎法

◎注1："煀"是粤菜专有的烹饪法，"煀"字读作wat[1]，写法应源于"爩"或"爌"；爩，《玉篇》曰："烟出也"，《集韵》曰："灶爌烟出"，《广韵》曰："烟气"；爌，《字汇》曰："俗爩字"。详细知识请参阅《粤厨宝典·厨园篇》。

◎注2：葱度尽管为葱段，但这两个名称在粤菜厨房里的实际应用中是各有分工的。葱度是指以葱白为主段，仅允许稍带一点葱管。葱段就是将葱条切成段，不太讲究葱白与葱叶的比例。

烹制，即使冚上了盖，食品也不会在短时间内煮熟，这就与焖法无异。

在烹饪之前（通常是开市前就准备妥当）要对蒜头及豆豉进行预处理，蒜头要用花生油以中火炸至金黄色，此时的蒜头香气足且无刺激性的辣，粤菜厨师称这样的蒜头为"炸蒜子"或"金蒜"。豆豉用花生油以慢火炸至半干（太干的话，豆豉会呈苦味）。此时的豆豉既浓缩香气，又不易散烂。

正如前文所说，焗有镬上焗与罉上焗两种形式，但能突出焗的精髓的，则非罉上焗莫属。

将瓦罉烧热，放入100克花生油，以中火继续加热。待到花生油微有青烟，放入预先拌上老抽的排骨段（斩法和所需长度见"炆排骨"）并铺平。约15秒后将排骨翻面，令排骨表面煎至金红色。将排骨拨向罉边，使瓦罉腾出空间来。先加入蒜蓉，待蒜蓉喷香，加入冬菇、竹笋丁和炸蒜子略爆，与排骨拌匀。再将排骨（及冬菇、竹笋丁和炸蒜子）拨向罉边，加入150克花生油（需预先加热至160℃左右），随即加入葱度及芫荽段，略爆后与排骨等拌匀，冚上罉盖，令蒜头、豆豉、冬菇、葱及芫荽等物在加热时产生的香气焗入排骨内部。约45秒后，打开罉盖，用精盐、蚝油、白糖调味，撒上红椒件及青椒件作为装饰，冚上罉盖即可供客膳用。

◎注3：《清稗类钞·饮食类三·炒排骨》云："排骨者，取猪之肋条排骨精肥各半者，不去骨，加醋及酱油炒之，更切葱加于其上。"

◎焗排骨

◎注1："焗"是粤语方言，指密封空间有余热。这里所说的"焗"是厨部的"焗"，与味部的"焗"略有差异，味部的"焗"请参见《粤厨宝典·味部篇》。
◎注2：茄汁的配方及做法请参阅《粤厨宝典·候镬篇》。

原料： 排骨1 000克，茄汁250克，淡二汤30克，老抽35克，蒜蓉20克，洋葱丝45克，五柳料100克，菠萝粒200克，红椒件5克，青椒件5克，花生油200克。

制作方法：

在实际应用中，除了焖与焗的工艺及所使用的器皿相似之外，还有"焗"是不能漏说的。焗与焖同为水烹法，区别在于焗所使用的汤汁较焖少，其少的程度几乎接近于焗（焖通常是利用原料自来的水形成汁，焗会因应肴馔的情况添加少许的汤水），所以很多新晋厨师会将焖与焗混为一谈。

其实，三者追求的质感和香气各不相同。

焖使用汤汁较多，目的是让制品的质感偏向腍的方面，故制品只有内味而欠缺外香。

焗是求制品获得外香，须知香气馥醇与制品的含水量有关，若制品含水量高，香气就会淡泊，反之就会浓郁。然而制品的质感偏偏又与含水量有关，含水量高，制品质感就会偏向滑，反之就会偏向腍和柴。

焗则是求制品获得爽、滑、弹的质感，含水量自然介乎焖与焗之间了。

与焖一样，过去的粤菜烹饪教材中都会将"焗"分为镬上焗与瓦罉上焗，《粤菜烹饪教材》对此有解释，"镬上焗即将腌制肉料放在镬中，切（放）入适量的汤水，调味加盖加热至熟的一种焗制方法。此种方法的菜品，肉料更显嫩滑滋味。瓦罉焗即将生料腌透以后，放入瓦罉内加热至熟，淋回原汁的一种焗制方法，多使用各种酱汁调味，所以口味甚多，原汁味较香浓，气味较芳香。但烹制时应注意火候应用，不宜过于猛烈，以防瓦罉的破裂而影响烹制效果。"然而，这样的解释不仅没有说到点子上，还让新晋厨师产生理解上的障碍。

如果按教材的说法，镬上焗与瓦罉上焗的区别仅在于汤水与酱汁的变化，难道瓦罉上焗不能用汤汁而镬上焗就不能用酱汁？

显然不是这样。

如果明白焗的定义——"在密封状态下利用水汽传导让制品迅速致熟"，就不会出现教材所带来的理解障碍了。

与此同时，这里顺带提一下"焖"的定义——"在密封状态下加热料头产生的香气回渗到制品表面"，这样就不会被焗与焖给弄糊涂了——因为《粤菜烹饪教材》的解释——"焖与焗骤眼看是相似的烹饪方法，但细心观察、分析，从它们的用料，加热处理的方法、要求，调味的倾向等方面，都有着极微妙的区别，因而，各自烹制的菜肴就有着不同的特色了"——同样没有说清楚焗与焖的区别。

将瓦罉烧热，放入花生油，以中火继续加热。待到花生油微有青烟，放入蒜蓉、洋葱丝爆香、爆透，随即加入用老抽拌过的排骨，并翻动使排骨受热均匀。攒入淡二汤，加入茄汁并拌匀，冚上罉盖焗4分钟左右。这里需要注意的是，排骨的精妙不在于肉，而在于包裹排骨的骨膜。骨膜熟得恰当，会与排骨分离，质感也爽滑；如果过熟就会包紧排骨，质感也变得艮韧或焖烂。所以，制作此肴馔的关键点是掌握排骨骨膜的生熟度。之后打开罉盖，加入五柳丝、菠萝粒拌匀，撒上红椒件及青椒件，冚上罉盖再加热20秒左右即可供客膳用。

◎注3：利用焗烹制的肴馔除了用茄汁调味之外，还可以用烧汁、咖喱等汁酱。各式汁酱的配方和做法请参阅《粤厨宝典·候镬篇》。

◎焗排骨

粤厨宝典·菜肴篇1

◎肉骨茶

◎肉骨茶

原料：排骨1 000克，蒜头60克，当归1.5克，党参1克，玉竹2.5克，八角0.5克，枸杞子2克，桂圆肉0.5克，桂皮0.8克，丁香0.2克，胡椒3克，甘草0.5克，老抽30克，清水3 500克，精盐8克，味精6克，鸡精6克，花生油（炸用）3 500克。

制作方法：

"肉骨"是新加坡华人对排骨的叫法，而"茶"则似是来源于国内客家人对有味汤水的称谓，与"擂茶"异曲同工。相传华人初到南洋（马来群岛、菲律宾群岛、印度尼西亚群岛一带）谋生，不太适应当地温热气候，常有病痛，所以，来自中国的客家人参照家乡"擂茶"的饮食习惯，改成饮用以滋补中药加排骨熬成的"茶"来疗病。

毋庸讳言，最初的"肉骨茶"只是小圈子食品，并非有太多的人接受，原因在于其虽美名曰"茶"，实际是"药"。所以，直到20世纪80年代经香港人的协助改革，将"药"改为"汤"，才成为新加坡的地标美食。

改革的宗旨是务必将"药"改为"汤"，因而要将呈现苦涩味的中药材淘汰或降低用量。例如当归原来的用量很多，有喧宾夺主之嫌，但其香气独特，所以保留下来，用量则降至呈香气而无涩味的范围，同时又增加香气沉实的桂皮、蒜头等香料，变相将烹调法中的"卤"融入其烹制之中，令此汤馔以半"煲"半"卤"的形式制作。

排骨用刀沿骨间膜剖开成条，再横刀斩成长15厘米的骨段，此为"单枝骨"；也有的是每3条骨剖开，再横刀斩成长15厘米的骨块，此为"三连骨"。

蒜头连衣放入五成热（150～180℃）的花生油中炸2分钟，取出，沥去油分，与当归、党参、八角、桂皮、胡椒、甘草一起放入煲汤袋里，制成"香料包"。

花生油倒入铁镬里，以中火加至七成热（210～240℃），将排骨条（或排骨块）放入花生油里迅速炸至表面略微焦黄，时间约2分钟（此步骤粤菜厨师称为"拉油"，目的是让排骨肉面的水溶性蛋白固化并形成保

◎注1：桂圆肉又称"圆肉"，是指鲜龙眼烘成干果。其味道清甜，具有开胃益脾、养血安神、补虚长智的功效。

◎注2：擂茶是客家人的特色食品，以肥仔米（爆米花）、花生、芝麻、绿豆、精盐及茶叶为主要原料。用擂钵将茶叶捣烂，冲入滚水，并用精盐调味制成茶水；将茶水盛在碗中，再加入肥仔米、花生、芝麻、绿豆啖饮。

护膜，确保排骨肉保持嫩滑），捞起，沥去油分，与“香料包”及玉竹、桂圆肉一起放入已加热至沸腾的清水罉里。先以猛火加热15分钟，再用中火加热20分钟左右，以排骨骨膜离骨为度熄火，捞起“香料包”并放入枸杞子，再以老抽、精盐、味精及鸡精调味，便可供膳。

◎金沙骨

原料①：排骨1 000克，金沙料450克，精盐8.5克，白糖15克，生抽25克，花生油（炸用）3 500克，湿淀粉100克，干淀粉150克。

制作方法：

排骨用刀剞成条后再横斩成长15厘米的骨段，与精盐、白糖、生抽及湿淀粉一同放入钢盆内拌匀，置冰箱内腌30分钟。花生油倒入铁镬内，以中火加至七成热（210～240℃）。从冰箱取出排骨段，拍上干淀粉，逐条放入花生油里。见排骨条没有太多气泡冒出时，说明淀粉固化并牢靠地粘附在排骨表面，随即用镬铲翻动排骨条，令排骨条受热均匀。约炸2分钟（肉厚的可相应延长时间），用笊篱将排骨条捞起稍晾凉。此时继续加热花生油，使花生油散去水汽。然后将排骨条重新放入花生油里，以使排骨条彻底熟透。再用笊篱将排骨条捞起，并将花生油倒出。将铁镬洗净，中火烧热，加入少许花生油，将排骨条及金沙料放入铁镬中，用镬铲炒匀即成。

原料②：排骨1 000克，咸蛋黄350克，牛油120克，牛奶120克，辣椒米10克，咖喱叶35克，精盐8.5克，白糖15克，生抽25克，花生油（炸用）3 500克，湿淀粉100克，干淀粉150克。

制作方法：

排骨炸制如原料①的制作方法，不同的是将“金沙料”换成“金沙酱”。咸蛋黄蒸熟，用湿型搅拌机搅碎。牛油放入铁镬中，以中火加热，见牛油熔化并冒出气泡，气泡散失即喷出香气，此时放入咸蛋黄碎，改慢火并用手壳不断

◎注1：金沙料的配方及做法请参见《粤厨宝典·候镬篇·攻略章》。

◎注2：金沙酱又称“咸蛋酱”，因成酱后如金沙得名。

制作“金沙酱”时，可直接用牛油加热生咸蛋，因为咸蛋黄与热油接触就会熔解。但是，由于受热不太均匀，会有熔解不充分的现象出现，厨师称之为“生骨”。蒸熟或熯熟后用湿型搅拌机搅烂就可避免这种现象发生。

熟咸蛋的加工方法主要有两种，一种是蒸熟，约蒸10分钟。一种是熯熟，以150℃，熯25分钟。

另外，用牛油加热咸蛋时，要待牛油的水汽消散并达到110～120℃时才能放入咸蛋，低于这个温度，咸蛋会吸油而不起沙，高于这个温度牛油发红、咸蛋易燶。

◎注3：咖喱叶是东南亚一带的叫法，国内又称“麻绞叶”“哥埋养榴”（云南傣语）。越南、老挝、缅甸、印度及我国的海南南部、云南南部均有种植。

◎注4：由于两款肴馔的名称相同，为避免混淆，可将由原料①制成的称为“蒜香金沙骨”，将由原料②制成的称为“咸蛋金沙骨”。

拨动，让咸蛋黄分散。待咸蛋黄起众多泡沫时，加入辣椒米及切碎的咖喱叶炒匀炒香，再加入牛奶炒匀，然后倒入炸熟的排骨条炒匀即成。

◎面豉猪肉

原料：去皮五花肉1 000克，面豉2 500克，白糖250克。
制作方法：

这道看馔属于饥馑年代货色，然而，直到现在还被过来人怀念，故而记录下来。为什么会怀念呢?

原来，这道看馔尽管用上了猪肉最富肥膏的部位，但吃起来不仅不肥腻，还带有回甘，并且在面豉的衬托下，香气四溢，令人胃口大开。

有很多人常常以为面豉是豆豉弄湿揸烂的制品，实际并不是这样，它是酿制豉油后的副产品，更通俗地说是酿制豉油后的渣滓。虽如此，它仍保留豉油应有的馥郁，否则也不会成为名闻粤港澳的"柱侯酱"的基料。正因为是渣滓，其售价相当便宜，故而顺理成章地成为饥馑年代的调味料。

对于猪部位的选择，最早的时候是选用"泡腩"，所谓"泡腩"就是猪乳房的肉，该肉肥多瘦少且质感较韧，未必迎合现代人的饮食习惯，今多改用"三花肉"与"五花肉"。当中要注意的是，如果肥肉厚，"五花肉"则是首选。

制作这道看馔其实并不复杂，先是将五花肉起皮，并改成宽20厘米左右的肉条。然后将肉条放入滚水镬内焓至刚熟。用笊篱捞起，晾至表面没有多余的水分。趁热将肉条放在方盘上，撒入白糖拌匀（白糖分布在肉面即可，无需多拌）。肉

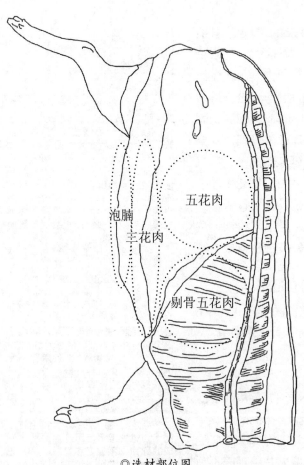

泡腩
三花肉
五花肉
剔骨五花肉

◎选材部位图

条凉冻，用面豉涂匀表面并层叠排放在保鲜盒内，将用剩下的面豉铺面。用保鲜盒盖冚好，在常温下腌3天左右（保鲜期在1个月左右）。吃时将五花肉切片排放在碟内，连面豉用猛火蒸8分钟至肥肉透明即可。

◎ 老娘叉烧

原料：去皮五花肉1 000克，柱侯酱180克，芝麻酱75克，白糖150克，麦芽糖80克，生抽135克，蚝油45克，蒜蓉15克，红葱（干葱）蓉15克，洋葱蓉10克，山西汾酒55克，红曲米2克，淡二汤135克，花生油300克。

制作方法：

这道肴馔又称"镬上叉烧"，原是点心部厨师在烧腊部厨师不能提供"蜜汁叉烧"的情况下要为"叉烧包"另行准备的馅料基料，后来厨房部厨师反过来参照了点心部厨师的做法逐步演绎出来。之所以冠以"老娘"的名字，是设计者刻意突出肴馔是家常做法，从而给食客带来亲切感。

制作肴馔之前先铲酱，酱名"叉烧酱"。将蒜蓉、红葱蓉、洋葱蓉与花生油一同放入铁镬内，以中火加热。之所以不采用先加热花生油再放入蒜蓉、红葱蓉及洋葱蓉爆香的做法，有三个目的：一是避免蒜蓉、红葱蓉、洋葱蓉焦燶；二是降低蒜蓉、红葱蓉、洋葱蓉所引起的辣刺激；三是让花生油能够充分吸收蒜蓉、红葱蓉、洋葱蓉的香气。待蒜蓉、红葱蓉、洋葱蓉香气溢出及颜色变微黄时，加入柱侯酱、芝麻酱、白糖、麦芽糖，再用镬铲不断翻到，至酱沸腾并有焦香气为止。

去皮五花肉切成宽3.5厘米的肉条，洗净并晾干水（最好用干毛巾吸去肉条表面水分）。烧红铁镬，将肉条逐条顺长摊平铺在镬内。此时需要掌握火候，以肉条不出油、不易燶为度；出油说明加热温度过低，易燶说明加热温度过高。两者都会影响肉条的质感和味道，前者会导致肉条发霉，让肉条失去爽、嫩、滑、弹的趣味，后者会导致肉条焦苦，让肉条失去清香。见肉条煎至金黄色，用镬铲将肉条翻转，依法将肉条两面都煎至金黄色。随后洒入山西汾酒，并加入

◎注：蜜汁叉烧的做法在《粤厨宝典·味部篇》及《烧卤制作图解》中都有详细介绍。

"叉烧酱"及生抽、红曲米、淡二汤，用镬铲翻匀。待汁酱沸腾后，冚上镬盖，改慢火炆至汁酱将近收干，此时汁酱应牢牢持在肉条表面，并发出酱香与肉香融会的香气。食用时用刀将肉条横切成块段，用加热的器皿盛上。

◎焦糖香肉

原料：去皮五花肉1 000克，白糖200克，生抽120克，淡二汤750克，精盐8克，蒜头20克，香叶2克，花生油150克。

制作方法：

这道肴馔与笔者在《厨房"佩"方》一书总结的理论或者有点出入，因为《厨房"佩"方》总结的一个重大要点就是食物制作要相辅相成及相得益彰地追求食物的质感和味道，然而，这道肴馔仅追求味道而几乎舍弃了质感。

事实上，舍弃了质感也是值得的，因为这道肴馔尽管使用的原料出奇的简单，但通过巧妙的烹饪，却演绎出沁人心脾、秘醇横溢的香气出来，让人百吃不厌——肉料在这里陡然变成了点缀味道的配角。

需要指出的是，尽管这里的去皮五花肉是肴馔香味的配角，但选料不能马虎。现在养猪的手法多种多样，致使猪肉的弹性纤维良莠不一。另外，由于养殖户追求利益，各养殖户对猪的肥瘦无一定标准，因此，拣选肉料时，除要留意瘦肉纤维紧实度，还要尽量拣选6分瘦、4分肥的五花肉。

制作时将去皮五花肉切成长条，长条的厚薄、长短随食肆的要求，没有特别限制；原则上不要太厚（难熟），也不要太薄（易失水），宗旨是既要保留肉的弹性，又要保留肉的水分。

将铁镬以中火烧热，放入花生油及蒜头，待蒜头发出微香，将铁镬搪一下，使花生油分布在铁镬表面，随即将去皮五花肉条逐条放入，略煎，使五花肉条表面焦黄并迅速致熟（否则肉易霉烂，丧失弹性）；然后攒入淡二汤，并加入白糖、生抽、精盐、香叶，继续以中火加热。待汤水沸腾，冚上镬盖煮

◎注：焦糖反应又称"褐变反应"，是指糖类在高温（180℃左右）加热的条件下发生降解，其降解产物经缩合、聚合形成了具有黏稠状特性的黑褐色物质。焦糖反应可生成两类物质：一是糖脱水形成的焦糖；二是裂解脱水形成的挥发性醛、酮类物质，经进一步缩合聚合而最终生成的深色物质。

20分钟左右。煮了20分钟就要高度留意汤水的情况了，因为白糖经汤水的煮制，内部结构发生了变化，由晶状体转化为琉璃体（俗称"糖胶"）。与此同时，随着汤水水分在加热过程中蒸发，白糖琉璃体也随之浓缩起来。白糖琉璃体在加热途中浓缩会产生一个著名的物理反应——焦糖反应。

技巧就在于此，因为焦糖反应有三个显著的过程，第一个过程是初始过程，经汤水加热，由晶状体转化为琉璃体，此时的白糖仍然保留原来的甜味；第二个过程为过渡过程，白糖琉璃体逐步脱水，稠度变浓、黏度提升、甜度下降、颜色加深、香气衍生。第三个过程为终结过程，白糖琉璃体高度脱水，由琉璃状变为粉末状，此时的白糖粉末成为无甜味、无香气的深色物质——焦糖粉。

而"焦糖香肉"的制作主要就是利用白糖焦糖反应的第二个过程。

经过20分钟（最终要看火候的情况）煮炼，白糖让汤水产生黏稠性并形成糖汁；糖汁在沸腾时会产生无数的气泡，当气泡由黄豆大小变成芝麻大小时，说明糖汁的含水量在45%左右（糖汁含水量低于30%时会突变，由缓慢脱水变为急促脱水，操作时要特别注意），其稠度、甜度及香气度已符合肴馔设计要求，即可用镬铲将去皮五花肉条从铁镬里铲出，并将糖汁滗起，放在另一容器内备用。供膳时用刀将去皮五花肉条切成小块，整齐铺在碟上，再淋上糖汁即可。

○说猪肠

"猪肠"可以说是个笼统的名称，在俗称"猪肚"的猪胃之后的管状消化器官都可以用这个名字称呼。然而，因为这段管状消化器官具有多种功能，所以各功能段都有其具体的学名及食名。

按照生理学的角度，在猪胃之后依次排列的消化器官为十二指肠、空肠、回肠、盲肠、结肠及直肠。生理学家又会根据肠脏的吸收与消化功能做出分类，将十二指肠、空肠及回肠归类为"小肠"，将盲肠、结肠及直肠归类为"大

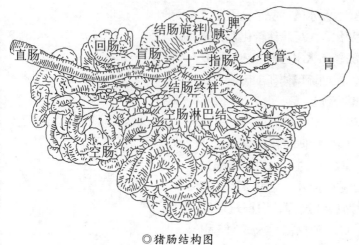

◎猪肠结构图

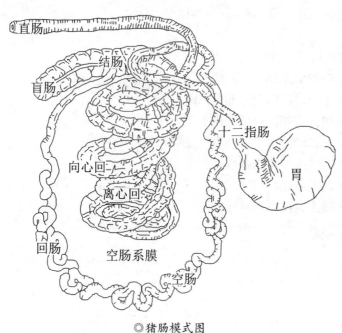

◎猪肠模式图

肠"。小肠的功能是吸收食物养分，而大肠的功能是消化食物残渣。从中也说明粤俗语中形容初时和善、后续狰狞的"翻转猪肚就是屎"属于举例不当，因为食物最终变成不可吸收的残渣废料——粪便，是到达直肠后才算完成的，即使是在直肠之前的结肠（除了乙状结肠）内的食物残渣，仍属于可吸收的级别，并不完全是地地道道的粪便。

十二指肠前端与胃部相连，有胆管与胰管接入，后端承接空肠。食物经过胃部蠕动搅磨及与胃液混合进入后，吸收养分。因长度为22厘米左右，古人认为其长度与12根并列手指的长度相若而得名。

空肠前端与十二指肠相连，侧缘悬有空肠系膜，后端承接回肠，位于腹腔左上侧，有很多血管分布其中，而在淡黄白色为主色之中透出淡粉红色血丝。是吸收食物养分的中段肠道。

回肠前端与空肠相连，侧缘悬有回肠系膜，后端承接盲肠，位于腹腔右下侧，无血管分布而呈单一的淡黄灰色。是吸收食物养分的末段肠道。

空肠与回肠没有明显的界线，通常以其在腹腔的位置作为区分，当它们被切割下来后就分不清谁是谁了，所以有人干脆称它们为"空回肠"或"系膜小肠"。其总长度为300～500厘米，管壁由黏膜、黏膜下层、肌层和浆膜构成；管壁有环形皱襞，黏膜上有许多绒毛，绒毛根部的上皮下陷至固有层，形成管状的肠腺，开口位于绒毛根部之间。一般而言，空肠稍粗及壁厚，占空回肠长度的2/5；回肠稍细及壁薄，占空回肠长度的3/5。

盲肠又称"蚓突"，是有消化功能的大肠的始点，功能是防止食物残渣回流倒灌。这个器官是非反刍的哺乳动物的标志。与前后接连的肠管不同，它是以粗、短外形而呈袋状，内有回盲瓣及三个通道，一个通道与回肠相连，一个通道伸向阑尾，一个通道续以升结肠。

结肠前端与盲肠相连，后端承接直肠，因肠管呈褶皱状得名。具体地说分为升结肠、横结肠、降结肠及乙状结肠。升结肠又称"上行结肠"，长12～20厘米，是消化食物残渣的初始部位。横结肠长40～50厘米，是消化食物残渣的延续部位。降结肠又称"下行结肠"，长20厘米左右，是消化食物残渣的终结部位。乙状结肠具有强烈的伸展性，在正常情况下，其长度为13～15厘米；在特殊情况下，其长度可延长到60厘米，是储存食物残渣废料的肠段。

直肠前端与结肠（具体说是乙状结肠）相连，后端为肛门。是食物残渣废料等待排泄的缓冲肠段，分肠壁较薄的直肠盆部及肠壁较厚的直肠壶腹。

西方人认为无论肠段清理得多么干净，肠段都是肮脏之物，不宜膳用。然而，中国人却有另一套看法，认为肠段质感爽、弹、滑，并且清香宜人、百吃不厌，尤其是直肠，更有"穷人烧鹅"的美誉。

既然是美食材料，如果照搬生理学名，明显欠缺趣味，所以，烹饪界为肠段另命名称。

不过，各地厨师对猪肠的烹饪理解不同，所命的名称会有差异，例如北方的厨师会将空肠及回肠称作"小肠"，将盲肠及结肠称作"肥肠"，将直肠称作"大肠"。

广东人更加"了能"（liu¹ nang¹，意为技术独到刁钻），根据猪肠的质感特性细致分割，就有了苦肠、粉肠、竹肠、小肠及大肠之分。

苦肠在过去归入粉肠中售卖，不知者以为养猪不善等原因带来苦味。其实不然，它是猪的空肠，这段肠因受胃液及胆液影响，导致有清凉的苦味。其质感与"粉肠"相同。

粉肠因焓煮熟透后质感丧失弹性而呈现粉糯而得名。曾选猪盲肠段，但较多的厨师认为猪回肠（及猪空肠）更加符合要求。屠场冷冻商品称其为"十二指肠"。该肠段的趣味在于肠内带有肠浆（消化液），仅熟的质感为爽弹，熟透的质感为粉糯。

竹肠在过去归入粉肠中售卖，也有厨师是选择结肠终祥或十二指肠。该肠段肠壁较厚，质感脆弹，因熟后外形犹如小竹管而得名。由于脆弹程度较粉肠强，深受食客喜爱，现在多以猪回肠靠近猪盲肠约15厘米一段为正选。

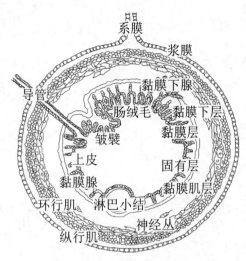

◎空回肠解剖图

系膜
浆膜
导管
黏膜下腺
肠绒毛
黏膜下层
皱襞
黏膜层
上皮
固有层
黏膜腺
黏膜肌层
环行肌
淋巴小结
神经丛
纵行肌

◎注1：食物首先在口腔被咀嚼成细小的颗粒经食管进入胃；胃就像个大袋子，里面很宽敞，所以广东人称其为"肚"。等食物颗粒集中后，胃就不停地蠕动搅磨，分泌胃液帮助混合搅拌这些小颗粒，以便消化吸收。接下来食物颗粒被送到由十二指肠、空肠及回肠组成的小肠区。小肠很长，在腹部盘成一团。食物颗粒进入到小肠，就像在一条弯弯曲曲的传送带上。凡是传送带经过的地方，都在吸收着食物的养分。食物颗粒在传送带上被小肠绒毛吸收了养分之后，剩下的是没用的残渣。这些食物残渣送到由盲肠、结肠及直肠组成的大肠。大肠会吸收食物残渣里的水分。最后这些食物残渣将通过肛门排出体外，这就是粪便。

◎注2：在民国时期（1912—1949年），广东人口中的"粉肠"可以说用"供不应求"来形容，因为它是制作腊肠肠衣的材料。随着现在合成肠衣的出现，粉肠这种美食才让更多的人认识。

◎注3：为了确保粉肠灌满肠浆（消化液），剐猪前一天要停止给猪喂食。

◎注4：在广州及香港，"粉肠"又被用作骂人语，等同于笨蛋、蠢材的意思。

113

小肠在粤菜烹饪当中是指猪结肠一段，与北方厨师所称的"肥肠"的理解不同。该肠段肠壁很薄，质感爽韧。

大肠即猪直肠段，由于猪直肠呈喇叭状，肠壁厚薄不一，于是粤菜厨师就将肠壁较厚（直肠壶腹）的一段（约15厘米）称为"大肠头"，以示区别。

◎铁板竹肠

原料：竹肠1 000克，白糖4克，精盐12克，鸡精4克，生抽35克，柱侯酱30克，淡二汤25克，广东米酒10克，蒜片25克，洋葱丝30克，姜片15克，芹菜丝10克，红椒丝5克，青椒丝5克，淀粉20克，胡椒粉0.5克，花生油260克。

制作方法：

竹肠原来是跟着粉肠售卖，被食家发现其脆弹性优于粉肠才独立开来。

事实上，竹肠与粉肠均为猪的回肠，竹肠是猪回肠的末段，而粉肠是猪回肠的始段（如果不怕清苦味，还可包括猪空肠）。

竹肠之所以较粉肠优秀，完全在于其肠壁较厚，通过烹饪时控制肠壁的熟度及持水量，使具艮性的肠壁易被咬断，就会呈现脆弹的质感。

与粉肠一样，除了获取脆弹性之外，其肠内白色的肠浆也有被啖食的趣味，千万不要以为是污物，用水将其洗净。

那么，是不是就不用清洗呢？

答案显然是否定的。无论是竹肠抑或粉肠，清洁应分为两个部分，一个部分是肠内，一个部分是肠外。对于肠内，是取一颗去衣的蒜子放在肠内，然后用手挤抲，使蒜子从肠内通过，如此一到两遍，就可以清理干净了。对于肠外，在挤抲蒜子后，将肠口两端分别打上结（目的是避免肠浆流失），放入钢盆内，加入少许精盐（配方未列）用

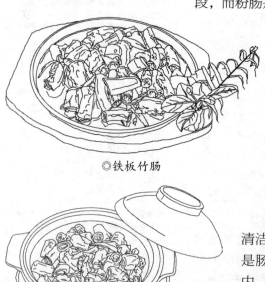

◎铁板竹肠

◎啫啫竹肠

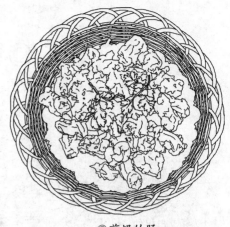

◎煎焗竹肠

手搓揉，再用清水冲洗干净即可。

目前市场上有加工并腌制好的冷冻竹肠可供选择，免去了腌制的环节。

事实上，早年曾有读者询问过竹肠的腌制方法，笔者做出了如下的答复：竹肠内的白色肠浆是消化液，其酸碱度呈酸性。然而，要让竹肠质感由艮韧变脆弹，实际上是要增加竹肠的持水量；让竹肠增加持水量，就要通过化学的方法，即使用碳酸盐或磷酸盐等食品添加剂进行腌制。矛盾点就在这里，由于除个别磷酸盐呈酸性外，大部分的磷酸盐及全部的碳酸盐均为碱性，就会与呈酸性的白色肠浆产生中和反应，效果会适得其反。因此，建议该读者使用蛋白酶处理。蛋白酶腌制属于物理的方法，利用蛋白酶分解蛋白纤维的能力，让艮韧的肠壁疏松起来，从而易被人咀嚼。

不过，这种方法存在一个缺点——没有让肠壁持水，最终的效果是竹肠质感的脆弹性不足且散柴。这种方法行不通后，唯有重新选用化学的方法处理。既然最开始是担心酸性的白色肠浆与碱性添加剂产生反应，那么能不能不让白色肠浆与碱性添加剂接触呢？当然可以，只要将竹肠两端肠口扎好，不让白色肠浆与碳酸盐或磷酸盐接触，问题就迎刃而解了。

将用碳酸盐或磷酸盐（这两种食品添加剂没有列在配方内，详细知识请参阅《厨房"佩"方》）腌制好的竹肠（要将肠上的系膜割去，但允许少量残留）放在砧板上，横切成长3.5厘米的段，放在钢盆内，加入淀粉捞匀。

这道肴馔尽管称为"铁板竹肠"，但制作并不是完全在铁板上完成，它是先在铁镬上烹制过后，才转到铁板上的。

候镬师傅将铁镬以中火烧热，放入花生油（160克）、蒜片及姜片，待蒜片稍黄，将竹肠段排入铁镬内煎到金黄色；攒入广东米酒，随即用镬铲将竹肠翻面，再加入花生油（50克），继续煎至金黄色；然后再加入洋葱丝、芹菜丝，及调入白糖、精盐、鸡精、生抽、柱侯酱（事先用25克淡二汤调稀），用镬铲炒匀。

当竹肠在铁镬中烹制时，打荷即将铁板放在煤气炉上加热至炽热。当竹肠在铁镬内烹制将近完成时，打荷将铁板端到候镬师傅跟前，候镬师傅将配方余下的花生油（50克）淋在铁板内，并将铁镬内的竹肠、蒜片、姜片、洋葱丝及芹菜丝泆到铁板内；打荷再撒上胡椒粉、红椒丝及青椒丝，即可供客膳用。

◎注1：无论是苦肠、粉肠抑或竹肠，都要用刀将肠管上的系膜（回肠系膜或空肠系膜）割去。

◎注2：需要补充的是，粤菜菜谱上还有啫啫竹肠、瓦罉竹肠、煎焗竹肠、锡纸焗竹肠等，都是按此方法制作，只是盛装器皿不同。

◎注3：柱侯酱的调配方法可参阅《粤厨宝典·候镬篇》。

115

◎豉汁蒸竹肠

◎豉汁蒸竹肠

原料： 竹肠1 000克，白糖12克，精盐8克，鸡精8克，豉汁65克，蒜蓉20克，炸蒜蓉5克，陈皮丝3克，胡椒粉0.5克，淀粉40克，花生油150克。

制作方法：

这道肴馔其实要关心的是两点，一个是味道，一个是质感，原因在于竹肠既无特殊的香气，又无特殊的味道，所以，调味的原则是——通过加入广州人称为"惹味"的调料给予改善，例如豆豉、柱侯酱之类。至于质感，竹肠深受广大食客欢迎而从粉肠中抽离出来，因为其脆弹性是优胜于粉肠的。

有读者会问，竹肠与粉肠同出于一条肠——猪的回肠，那么是以什么标准去界定它们呢？

这里有两个标准：第一是肠壁厚实而挺直的是竹肠，余下肠壁较薄的是粉肠；第二是致熟后两端肠口无翻卷的是竹肠，两端肠口有翻卷的是粉肠。

现在回头再说竹肠的质感。竹肠由于肠壁厚实而挺直，呈现更加脆弹的口感。

事实上，掌厨者通过控制竹肠的熟度，基本上就足以令竹肠呈现脆弹的质感。然而，这种原始且简单的烹饪方法并不能确保竹肠的质感从蒸柜端到席前都保持一致，原因在于竹肠从蒸柜端出时是热气腾腾的，其弹性纤维处于热胀的阶段，故而易被人咬断并呈现脆弹的质感，但随着竹肠温度降低，其伸张的弹性纤维就会冷缩，质感就会由脆弹转为艮韧。

怎样杜绝这种情况出现呢？

这就要进行质感技术处理。质感技术处理所用的材料有精盐、清水、海藻糖、赤藓糖醇、白糖、异麦芽糖醇等（具体原理请参阅《厨房"佩"方》）食品添加剂。其作用是调节竹肠的糖原，使竹肠的弹性纤维得到活化并提升持水量。

砧板师傅将竹肠（新鲜或经过质感技术处理）横切成长

4厘米的段。竹肠段全部放在钢盆内，先加入白糖、精盐、鸡精、豉汁及蒜蓉（俗称"银蒜"）拌匀（新鲜的竹肠要腌制15～30分钟，经过质感技术处理过的竹肠即刻可用）。其后再加入淀粉拌匀。

交给上什师傅后，上升师傅将竹肠段摊平放在瓦碟内，撒上陈皮丝，置入蒸柜以猛火蒸6分钟。取出撒上胡椒粉及炸蒜蓉（俗称"金蒜"），再攒入加热至160℃的花生油，即可供客膳用。

◎注1：豉汁的配方及做法请参阅《粤厨宝典·候镬篇》。
◎注2：炸蒜蓉即将蒜蓉放入花生油内，以慢火炸成金黄色，再脱油所得的制品。

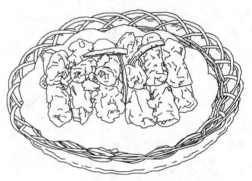

◎椒盐竹肠

原料：竹肠1000克，精盐12克，粉浆1200克，淀粉120克，椒盐75克，花生油（炸用）3500克。

制作方法：

这道肴馔在某种程度上可以体现菜肴标准化，因为肴馔所用的配料——粉浆及椒盐，都可以按标准事先配制好，到了烹制时，再按制品的重量算出比例投放即可。

◎椒盐竹肠

在《粤厨宝典·候镬篇》中，已编列粉浆及椒盐的配方及其做法，在此不再赘述。

需要强调的是，无论是传统的腌制方法抑或现代的质感技术，油炸制品都面对热缩显碱味的难题，这个难题归根结底是制品高度脱水问题，即让为制品提高持水性的碱性物质浓缩，继而让碱性物质显露碱性气味。

将竹肠（新鲜或经过质感技术处理）横切成长4厘米的段。竹肠段全部放在钢盆内，加入精盐、淀粉拌匀。在铁镬中煮上足够的清水，待清水沸腾，将竹肠段放入水中迅速灼过。将竹肠段捞出，放在干毛巾上吸去表面水分，放入粉浆内粘上粉浆。花生油放入铁镬中，以中火加热至160℃，用筷子将粘上粉浆的竹肠段夹入油内，见粉浆表面炸至金黄色时，将竹肠段捞起。将椒盐放入铁镬中慢火炒热，放入炸好的竹肠段拌匀，即可供客膳用。

◎注：粉浆是用淀粉配成的，如果换成面粉配，则称"面糊"。两者所得的效果有相似也有迥异。另外，淀粉有玉米淀粉、绿豆淀粉、木薯淀粉等，它们的直链淀粉与支链淀粉比例不同，产生的松脆效果也会不同。

◎香煎竹肠

◎打蛋器

◎香煎竹肠

原料：竹肠1 000克，鸡蛋1600克，精盐32克，味精16克，胡椒粉1克，葱花80克，红葱米20克，花生油120克。

制作方法：

将鸡蛋砸到钢盆边敲开，取出鸡蛋液。将精盐、味精、胡椒粉、葱花、红葱米放入鸡蛋液内，用打蛋器将鸡蛋液打散。将平底镬放在煤气炉上，以中火烧热，放入80克花生油，待花生油烧热（微有青烟），排上竹肠段（横切成3.5厘米）煎至金黄色；用镬铲将竹肠段翻面，加入40克花生油，然后倒入打散的鸡蛋液，再煎至鸡蛋液焦香，即可上碟供客膳用。

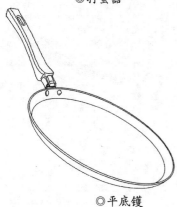

◎平底镬

◎粉肠

◎鲜汤浸粉肠

原料：粉肠1 000克，淡二汤2 500克，精盐80克，味精25克，鸡精25克，胡椒粉2.5克，芹菜丝10克，葱花20克，芫荽段15克，生菜叶150克，炸蒜蓉5克，花生油（炸用）3 500克。

制作方法：

这道看馔见于汕尾海丰，有"飞水"及"拉油"烹制之分，前者见于家庭，后者见于食肆。这里以食肆做法为例。

事前将生菜叶垫在汤碗内，再铺上芹菜丝、葱花、芫荽段。将花生油放入铁镬内，以中火加热至160℃左右，然后将横切成3厘米的粉肠放入油中，并迅速打散，让粉肠段受热均匀，约30秒后，用笊篱将粉肠段捞起，并放在垫有生菜叶等料的汤碗内。另起镬加热淡二汤，用精盐、味精、鸡精、胡椒粉调味。待汤水沸腾后，将汤水滗入装有粉肠的汤碗内，再撒上炸蒜蓉，即可供客膳用。

◎脆皮大肠

粤厨宝典·菜肴篇1

原料：大肠头1 000克，白卤水5 000克，花生油（炸用）3 500克。

脆皮糖水：麦芽糖60克，大红浙醋25克，绍兴花雕酒25克，老抽5克，淀粉30克。

制作方法：

很多新晋厨师烹制这道看馔都会受到广东的"脆皮烧鹅"或"麻皮乳猪"（均可见于《粤厨宝典·味部篇》）做法的影响，希望能将大肠头烹制出表面膨化而松脆的质感，因为三者都要涂上以麦芽糖为主要原料的脆皮糖水。

事实上，脆皮大肠与脆皮烧鹅及麻皮乳猪的"脆"形成原理不同。脆皮烧鹅及麻皮乳猪的"脆"来源于以明胶构成的表皮。明胶最大的特性是含水量在合适的条件下就会呈现脆的质感，如果给予焦糖化的助剂（脆皮糖水），再赋予合适的温度加热，就会絮化膨胀，进一步呈现松化的质感。而脆皮大肠呈紧密网状，并没有絮化膨胀的先决条件，虽然含水量达到合适的程度同样能够呈现脆的质感，但涂抹在表面的焦糖化助剂充其量只能起到着色的作用，而不能像脆皮烧鹅及麻皮乳猪那样呈现脆而松的效果。

大肠肥膏原本是在肠管外面，屠夫在劏猪时恐防污物沾在肥膏上，会在割下大肠时将肠管翻转，使肥膏套在肠管里面。因此，制作这道看馔前，要先将大肠翻转，使大肠肥膏露在肠管外面，继而将肥膏撕去。由于大肠肠管内壁较外壁光滑，所以，在撕去大肠肥膏之后再将肠管翻转，将大肠光滑肠壁翻到外面（详细知识可参阅《粤厨宝典·砧板篇》）。

大肠肠壁靠向肛门的肉较厚，在约12厘米处开始收窄（这是它有"七寸肠"的俗名的原因），到15厘米彻底收窄呈喇叭状。因此，所谓的"大肠头"应该是指12厘米长的这一段。不过，屠夫可不愿意这样交货，他们通常会提供15厘米的货源，更甚的会将整条直肠割下来

◎洗大肠

119

交货。后者即俗称的"大肠"。如果来货是"大肠",可以采用套叠的办法处理,使肠壁较薄的一段藏在肠壁较厚的一段内。

由于大肠是由紧密网状肉质构成,质地较艮韧,不能像脆皮烧鹅及麻皮乳猪那样用滚水烫渌表面了事,所以要经过焓焗的方法处理。

焓焗的方法并不复杂,取大钢锅装上清水并加热至水沸腾,将大肠头放入水中焓煮30分钟,然后熄火,并冚上锅盖焗20分钟左右。以筷子轻易插入肠壁为度。

用笊篱将大肠头捞起,略微晾去水分再放入保持温热(约60℃)的白卤水中。白卤水之所以要温热,有三个原因:第一是避免大肠头肉质产生冷缩反应;第二是在温热的环境下,大肠头肉质处于热胀状态,更利于吸收白卤水的香气和味道;第三是大肠头由热水转到凉水会产生"过冷河"反应,之后表面的水分不易挥发。大肠头在白卤水中浸泡30分钟(在此期间要翻动一至两次,以利于均匀吸收味道)便可捞起。

大肠头从白卤水中捞起,要晾去肠管内的水,尤其是以套叠形式处理的货色。在涂抹脆皮糖水时要用干布吸去大肠头表面的水分。

脆皮糖水最好是在温热(35℃左右)状态下使用,而其中的淀粉可以保持为粉状,也可加热成糊状。

大肠头涂抹了脆皮糖水之后,用叉烧环串起并吊挂在通风处吹晾。约60分钟后用手触摸大肠头表面,如果大肠头表面干燥发硬,说明大肠头已达到烹饪的标准。如果仍然湿软,继续吹晾,至发硬为止。

将花生油放入铁镬内,以中火加至七成热(210～240℃),将吹晾至表面发硬的大肠头放入花生油内浸炸40秒,用笊篱捞起,架在花生油面上,再用手壳淰热油淋炸,至大肠头表面金红且没有发出"滋滋"声(这是大肠头内部水分遇热引起,有声说明大肠头含水量高,无声说明大肠头含水量低,但不能太过干燥,否则会影响大肠头的质感,即没有汁)时即可停止淋炸。

炸过的大肠头晾去油分(或用吸油纸吸去表面油分),用刀横切成长9厘米的段,再剖开分成4片(这种切裁形式称为"日"字件);或斜刀横切,每段为3厘米(这种切裁形式称为"榄形件"),再整齐排砌上碟。

脆皮大肠通常要备上佐料,传统是佐上淮盐或椒盐,现在多佐上糖醋芡。

◎注1:白卤水的配方和做法,请参阅《粤厨宝典·味部篇》。

◎注2:叉烧环的样式,请参阅《烧卤制作图解》。

◎注3:"过冷河"又称"过冷",最常用于制作白切鸡。其原理是将制品由热水环境,转到凉水或冷水的环境使制品表面冷缩,继而起到抑制制品内部水分挥发的作用。

◎注4:淮盐、椒盐及糖醋芡的配方和做法,请参阅《粤厨宝典·候镬篇》。

◎注5:由于大肠在加热时会弯曲及缩短,要让大肠挺直及避免缩短,要在焓卤之前插根大葱到大肠管内,待大肠熟后再将大葱抽出。

◎注6:民国二十五年(1936年)的《秘传食谱·第三编·猪门·第四十五节·锅烧猪大肠》云:"预备:猪大肠、盐、白醋、生葱(宜多备些)、红酱油、花椒盐。做法:①先取猪大肠,如前翻转,用盐很多先擦一过,再拿白醋泡洗一次,然后用水洗去醋味,去净浮油(不去油也可),仍旧翻转。②取洗净的生葱,满满塞入肠内,两头再拿绳子扎紧,外面再涂满红酱油,放进滚油锅里炸透了。取出,切成七八寸长斜段,用预先研好的花椒和盐蘸吃,比炒的还要好些。"

◎ 九转大肠

原料： 大肠1 000克，葱花8克，姜米3克，蒜蓉10克，芫荽叶3克，白糖135克，生抽35克，白醋65克，精盐5克，绍兴花雕酒15克，胡椒粉0.3克，砂仁碎0.3克，肉桂粉0.3克，淡二汤200克，花椒油20克，花生油（炸用）3 500克。

制作方法：

将焓熟大肠用刀切成长2.5厘米的段，放在滚水内飞（迅速灼）过备用。在铁镬中放入花生油，以中火加至七成热（210～240℃），再将大肠段放入，炸至金红色。用笊篱捞起。将花生油倒走。铁镬洗净，滗入35克花生油，放入葱花、姜米、蒜蓉爆香；攒入白醋，加入生抽、白糖、淡二汤、精盐、绍兴花雕酒，迅速放入炸好的大肠段，改慢火炆爆至汤汁近干时，再撒入胡椒粉、砂仁碎、肉桂粉及淋入花椒油，炒匀上碟，再撒上芫荽叶即成。

◎注1：据介绍，"九转大肠"的做法始于清代光绪年间（1875—1908年）的山东济南九华楼酒楼，因甜、酸、咸、辣兼备被人称道，好事者和应酒楼名的"九"字，取"九转仙丹"之意命名。

◎注2：民国二十五年（1936年）的《秘传食谱·第三编·猪门·第四十五节·锅烧猪大肠》云："预备：猪大肠、盐、白醋、生葱（宜多备些）、红酱油、花椒盐。做法：①先取猪大肠如前翻转，用盐狠狠先擦一过，再拿白醋泡洗一次，然后用水洗去醋味。去净里面浮油（不去油也可），仍旧翻转。②取洗净的生葱满满塞入肠内，两头再拿绳子扎紧，外面再涂满红酱油，放进滚油锅里炸透。等炸好了，取出切成七八寸长斜段，用预先研好的花椒和盐醮吃，比炒的还要好些。"

◎ 糯米酿大肠

原料： 大肠头1 000克，糯米250克，绿豆50克，花生15克，冬菇10克，虾米5克，腊肠15克，腊肉20克，胡椒粉0.5克，花生油5克，白卤水5 000克。

制作方法：

糯米酿大肠原本是广东、广西民间为治疗脱肛、痔疮、便血、便秘等症的药物，大概是颇有食趣，才从药物变成典型的肴馔。

事实上，这种肴馔被认为不能登大雅之堂，所以通常只见于大排档，酒家、酒楼这样的高级场所是难见踪影的。

正是由于出身于全凭手艺见功夫的大排档，糯米酿大肠

粤厨宝典·菜肴篇1

的做法犹如八仙过海——各显神通。

然而，将一大堆不同做法的糯米酿大肠总结归类，会发现在设计思路上有两个共通点：一个是从馅料搭配上着墨，一个是烹饪手法上着手。

糯米酿大肠，顾名思义，主角自然离不开糯米与大肠，然而，不同的配角也有不一样的效果，就好像这里用绿豆做配角，有的则换成粟子，或者干脆两者有之，诸如此类，各有搭配。用意是衬托主角并带出不同的质感与味道。

至于烹饪手法也有两个，一个只是卤，一个是在卤的基础上再加炸。后者也可以说是融会了"脆皮大肠"的做法。

制作此肴馔的前期工作是先用清水分别浸泡糯米、绿豆、花生、冬菇及虾米，使这些原料充分吸收水分。需要指出的是，这些原料浸泡的时间并不相同，要懂得分时段浸泡，务求各原料浸泡的结束时间一致。

冬菇、腊肠、腊肉用刀分别切成花生大小的粒。糯米晾去水分，放在钢盆内，先加入花生油捞匀（也有的是先撞入沸腾的清水，将糯米表面渌熟，再加入花生油捞匀。两做法所得的糯米质感会有所不同），然后再加入绿豆、花生、冬菇粒、虾米、腊肠粒、腊肉粒以及胡椒粉拌匀，做成糯米馅料。

需要说明的是，由于大肠的长短、厚薄会有不同，所装的馅料也会不同。在实际操作中是以糯米重量为参考值再配入其他配料，而不是以大肠重量作为参考值。

将大肠外面的肥膏撕去并洗净，然后将光面翻出向外。

用绳绑着大肠一端的开口，将糯米馅料酿入大肠管里。由于大肠受热收缩及糯米受热膨胀，因此酿入的糯米馅料不要太过饱满，以八成满即可，否则大肠加热时会被撑破而露馅。酿入糯米馅料后，再用绳将另一端开口绑紧，即为酿大肠。

将白卤水煮滚，放入酿大肠。白卤水重新沸腾后，以中火焗15分钟，再改慢火浸25分钟。以筷子容易插入大肠壁为度，即可将大肠捞起。由于存在蒸气挥发的问题，为确保大肠表面不会因此干结和氧化，最好是再备一镡温度为5℃的白卤水过冷，从而抑制大肠表面水分挥发。过冷时间在15分钟左右，之后即可捞起。

此时用刀将大肠横切成5厘米左右的块并摆砌上碟，即为卤制的糯米酿大肠。

如果再结合"脆皮大肠"的做法，则为炸制的糯米酿大肠。在白卤水中焗熟后，不用过冷，趁热涂抹脆皮糖水。晾干表面水分即可油炸（工艺流程参见"脆皮大肠"）。

◎注1："糯"是稻最早的栽培品，故其穗实原称"稻米"，《韵会》曰："稻有芒谷，即今南方所食之米，水生而色白者。"后广州栽培出粳米，才在稻米的基础上派生出糯米及粳米。《尔雅翼》云："稻，米粒如霜，性尤宜水，一名稌。然有黏，有不黏，今人以黏为稉（糯米），不黏为秔（粳米）。"再后来占城（今属越南）产有比粳米更加不黏的稻米，就有了俗称"占米"的籼米（广东人习惯写为"粘米"）。

◎注2：绿豆是豆科植物绿豆的种子，我国南北各地均有栽培。种子供食用，亦可提取淀粉制作豆沙、粉丝等。洗净置流水中，遮光发芽，可制成芽菜，供蔬食。入药，有清凉解毒、利尿明目之效。

◎ 酸菜炒猪肠

原料： 结肠1 000克，酸菜650克，葱白段35克，蒜蓉25克，红辣椒件20克，青辣椒件20克，芡汤80克，糖醋20克，老抽5克，芝麻油2克，湿淀粉8克，花生油120克。

制作方法：

在饮食界，会将解剖学上的直肠称为"大肠"，将解剖学上的结肠称为"小肠"或"肥肠"。此肴馔的猪肠用的就是结肠，又称"酸菜炒肥肠"。

结肠管径由起端6厘米逐渐收窄到末端5厘米，但肠壁厚薄几乎一致，但伸展性较直肠强，故预制加工法与直肠的略有不同。

将结肠上的肥膏撕去，将光面翻转向外并洗净，然后有以下两个预制加工方法：一个是将结肠放在钢盆内，加入少量如食粉或纯碱等碱性食品添加剂拌匀，腌30分钟左右再用清水漂清。这种方法最常用，优点是可使结肠肠壁质感脆弹，缺点是容易残留碱味。另一个是将结肠放入沸腾的清水镬里，先焓15分钟，再冚上镬盖焗30分钟，捞起，用清水漂凉。这种方法的优点是味道纯正，没有化学味，缺点是脆弹性不太强烈。

无论是用何种方法预制加工，结肠都要用刀横切成5厘米左右的段。

酸菜用清水浸泡至适当的咸度，用刀直切成粗丝或斜切成厚片，然后放入干镬中加白糖（配方未列），以中火煵炒至水干。

将结肠飞水（放入滚水里并迅速捞起的专业术语），用笊篱捞起，晾去水分。猛镬阴油爆香蒜蓉、葱白段，放入晾去水分的结肠及煵炒过的酸菜，炒匀。随即用芡汤、糖醋、芝麻油及湿淀粉调味，用老抽调色，再加入红辣椒件、青辣椒件炒匀即成。

◎注1：有厨师嫌酸菜酸味不够纯正，用白醋复腌，详细方法请《粤厨宝典·砧板篇》。

◎注2：芡汤、糖醋的配方和做法请参阅《粤厨宝典·候镬篇》。

◎注3：民国二十五年（1936年）的《秘传食谱·第三编·猪门·第四十四节·炒猪大肠》云："预备：猪大肠一挂、油适量、白酱油、好醋、烧酒、盐（均少许），又芡粉少许。做法：将猪大肠漂洗干净除去气味，斜切成六七分长段子，放入滚油锅内先炒一过，加上白酱油、好醋、烧酒、盐，再炒到好。附注：也有略略加上芡粉的。"

《秘传食谱·第三编·猪门·第三十七节·清烩银肚丝·附录》云："洗猪肚、猪大肠法。预备：猪肚或猪大肠、猪小肠、豆油（或花生油）、盐、石碱、清水，又糖、盐、白醋，又灰面、盐。做法：①猪肚同猪大小肠的里面好像油又不是油，最为腤臜，洗的法子，须要将他翻转，用豆油（或花生油）同盐、石碱，满满涂上，狠狠搓揉，就同肥皂搓衣服的一样，搓过以后，再用清水洗漂一过，看无有气味了，方翻转，再洗外部，他那黏拖的油腻，并要除去。最后再用清水净漂一过，方能拿去烹制。②将猪肚、猪大小肠翻转，先在墙上控去遇遗，再用盐擦揉一过，放入白醋内泡洗半刻，然后用清水将醋洗净。或拿糖去代盐的，也有用灰面和盐去同洗的。"

123

○说猪肚

广州人常用"翻转猪肚就是屎"去形容一个人初时和善，后续狰狞的丑恶双面性格。当中说猪肚里面为粪便，显然不当，因为猪的大肠末端里面才是粪便。

实际上，猪肚是猪胃的俗称，是食道的扩大部分，主要功能是储存及蠕动搅磨食物，使食物与胃液充分混合。而食物最终变成粪便还要经过大概300厘米的距离。

很多新晋厨师对猪胃为什么被称为"猪肚"表示不解。

"肚"又写成"胐"，有两个解释，《广韵》曰："肚，腹肚"，读作du⁴；《集韵》曰："肚，胃也"，读作du³。

从中可见，将胃称作"肚"古已有之，并非近代人所为，也非广州人的专利。现代人则取《广韵》的字义，将"肚"指为"腹"才导致混乱。

顺带提一下，广州人会将"腹"称作"腩"。

当然，将胃称作"肚"，极可能是俗话，因为"胃"字本来就有，又写作"胃""脗""脂""閶"等。《说文解字》曰："谷府也。从囗从肉，象形。"《玉篇》曰："白虎通曰胃者，脾之府，谷之委，故脾禀气于胃。"

正是由于猪肚中装着的不是粪便，所以不像猪大肠那样会带有浓重的屎尿氨气，味道较为清香，故而被食家老饕们视为"猪什之珍"。

猪肚呈袋形，主要分两个区域，即贲门腺区及幽门腺区（以胃小弯和胃大弯对线分割），而幽门腺区即广州人俗称的"猪肚顶"（这里的"顶"的粤语不读作deng²或ding²，而是读作ding³，疑应写作"蒂"）。猪肚壁分三层，间层呈网状，外层壁的厚薄几乎一致，幽门腺区——"猪肚顶"的间层壁较厚，而贲门腺区的内层壁与外层壁的厚薄几乎一致。

食管与猪肚的交接壁被覆俗称"猪肚衣"的柱状上皮。这层皮质感粗散，要用热水渌过后撕去（请见《粤厨宝典·砧板篇》）再烹饪。另外，猪肚光面有藜（《集韵》曰："鱼龙身濡滑者"）液，用刀刮去可使猪肚光鲜一些。

◎注：民国时期（1912—1949年）徐珂先生在《清稗类钞·饮食三·八宝肚》中云："八宝肚者，猪肚也。先翻转，用腌菜卤洗去其秽恶，煮一滚。复出锅，取细之猪肉、栗子、芡实、糯米，用酒酱油拌匀，塞其中。既满，以线密缝。宽汤，略加油酱。酥后，切片食之，味香美。如嫌味淡，尚可外蘸酱油也。"

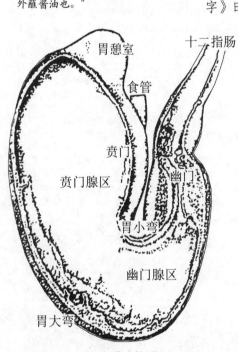

◎猪胃结构图

胃憩室
十二指肠
食管
贲门
贲门腺区
幽门
胃小弯
幽门腺区
胃大弯

◎猪肚煲鸡

粤厨宝典·菜肴篇1

原料：猪肚1 000克，鸡项1800克，白果5粒，沙参15克，玉竹15克，胡椒根25克，红枣15克，北芪8克，党参8克，当归3克，花椒0.2克，胡椒粒30克，枸杞子20克，淡二汤2500克，精盐18克，鸡精15克。

制作方法：

明代药学家李时珍在《本草纲目·兽部·猪肚》中云："猪水畜而胃属土，故方药用之补虚，以胃治胃也"，所以，这道肴馔可以说得上是药膳。不过，这道肴馔最大的营销手法不止于此，而是演绎成药膳火锅，既可以啖吃猪肚、鸡项，又可以呷饮其汤，甚至借助其汤烫灼其他肉料而吃。

猪肚在烹饪前必须清洗，这是厨师应知的常识，但是，有很多厨师为贪图方便，会放入一些白醋擦洗，以去除猪肚光面上的簌液。这个方法乍看能将簌液清洗干净，但实际上既破坏了猪肚的质感及味道，又让猪肚熟后出现曝裂现象，十分不妥。原因在于猪肚上的簌液为猪的胃液，胃液自身的酸碱度会起到保护猪肚的作用，贸然将之更改，则会破

◎注1：白果是我国特产，为银杏科植物银杏的种子，有洞庭皇、小佛手、鸭尾银杏、佛指、卵果佛手、圆底佛手、橄榄佛手、无心银杏、大梅核、桐子果、棉花果及大马铃等12个品种。白果肉质外种皮含白果酸、白果醇及白果酚等有毒物质，不能生食；虽然用清水焓熟后无毒，但也不宜多食。

◎注2：沙参有南沙参与北沙参之分，前者有养阴清肺、化痰益气的功效，后者有清肺、养阴止咳的功效。

◎注3：玉竹又称"尾参""地管子""铃铛菜"，为百合科玉竹的干燥根茎。中医认为其有滋阴、润燥、养胃、除烦、生津、止渴的功效。

◎注4：胡椒主要含胡椒碱及少量的胡椒挥发油，用于调味，亦作为胃寒药，能温胃散寒、健胃止吐，服少量能增进食欲，过量则刺激胃黏膜引起充血性炎症。

胡椒根则是胡椒的根茎。

◎注5：红枣又称"大枣"，是李科枣属植物，成熟后变成红色。入药及入膳均为晒干品，中医认为有养胃、健脾、益血、滋补、强身的功效。

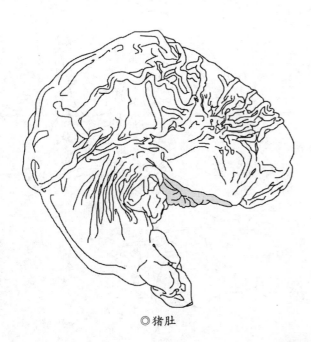

◎猪肚

坏猪肚的质感、味道及外观。用适得其反来形容不为过。

猪肚清洗的方法在《粤厨宝典·砧板篇·刉宰章·洗猪肚》中有介绍，这里不再赘述。

鸡项即未曾生过蛋的母鸡。其肉质较母鸡嫩滑，骨也脆软。刉鸡的方法在《粤厨宝典·砧板篇·刉宰章·刉鸡》中有介绍，这里不再赘述。

刉净的鸡即为"光鸡"，这里实际上需要的是去毛、去脏、去爪的鸡项。

将白果去壳焓熟，用清水漂凉。沙参、玉竹、胡椒根、红枣、北芪、党参、当归、花椒、胡椒粒、枸杞子分别用清水洗净。

将焓熟的白果及胡椒粒填入鸡项腔内，并将鸡项塞入猪肚（光面朝外）内，然后用竹签将猪肚开口闭合好。

淡二汤连同沙参、玉竹、胡椒根、红枣、北芪、党参、当归、花椒放入瓦罉内，以中火加热至沸腾，然后将塞入鸡项的猪肚放入汤内（必须要完全浸入汤，否则猪肚会因氧化变成棕褐色），保持中火，煲煮90分钟。及后，趁汤仍在沸腾时加入枸杞子，并用精盐、味精调味即可供膳。

膳用时，连瓦罉端出放在煤气炉上。服务员将猪肚及鸡项捞起。砧板厨师将猪肚割开，取出鸡项，然后将猪肚切成片、将鸡项斩成件放在碟上，再由服务员端回食客面前。

此肴馔要配海鲜豉油供客蘸吃。

◎注6：北芪又称"黄芪""黄耆"，因盛产于我国北方，故名北芪。其根为补虚药。《本草纲目》云："耆，长也，黄耆色黄，为补者之长故名。"

◎注7：党参为桔梗科植物党参、素花党参或川党参等的干燥根。中医认为其有补中益气、和胃生津、祛痰止咳的功效。

◎注8：当归的中医认为其有补血、和血、调经止痛、润肠滑肠的功效。

◎注9：花椒一名最早有文字记载在《诗经》里，如"椒蓼之实，繁衍盈升"。在中药里，原粒的种子称为"花椒"，种子的外果皮称为"椒红"，内果皮称为"黄壳"，内果仁称为"椒目"。以陕西、四川所产最优，故有"川椒"的别名。花椒最大的特点是让食者口中产生"麻"的感受。但产生"麻"的物质是油溶性的，在油的衬托下才会显现，在水的环境下只会产生香。这就是广东人常用它与八角配伍烹调而没有"麻"感的原因。中医认为其有温中行气、逐寒、止痛、杀虫等功效。

◎注10：枸杞子为茄科植物枸杞或宁夏枸杞的成熟果实。中医认为其有益精明目、滋补肝肾的功效。

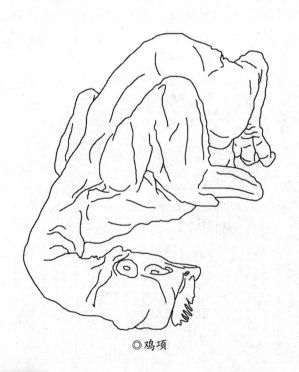

◎鸡项

◎油泡爽肚

原料：猪肚顶1 000克，葱榄25克，姜花20克，甘笋（红萝卜）花5克，绍兴花雕酒10克，精盐7.5克，味精5克，白糖3克，胡椒粉0.1克，湿淀粉5克，芝麻油0.5克，花生油（炸用）3 500克。

制作方法：

猪肚不愧为"猪什之珍"，早在清初，乾隆才子袁枚就在《随园食单》中举出两例猪肚的食法，其中一例与即将介绍的肴馔做法极其相似，从中也可见前人珍食猪肚是瞄上猪肚爽脆的质感。

然而，不管猪肚如何新鲜、厨师手艺如何娴熟，都无法满足食客对猪肚爽脆质感的欲望。正是这个原因，前辈厨师在穷尽一切物理的方法之后，不得不要借助化学的方法帮忙。

猪肚与粉肠（小肠）及大肠一样，都是以紧密的网状形态构成的肉质，质地艮韧，弹性较强。粉肠之所以能获得爽脆的质感，完全在于肠壁较薄，人的牙齿能够轻易咬断，再给予恰熟的烹制方法即可满足食客的欲望。与之相对的是，没有厨师试图用同样的方法烹制大肠，原因在于大肠的壁肠很厚，人的牙齿难以轻易咬断，即使是恰熟也无法显现爽脆的质感。而猪肚与粉肠（小肠）及大肠不同，猪肚分贲门腺区及幽门腺区两个区域，当中贲门腺区没有什么特别，内外肚壁加松散的网状间层，可演绎的空间不大；而幽门腺区俗称"猪肚顶"，特点是间层厚且质地松软，能很轻易地获得爽脆的质感。然而，无论是粉肠（小肠）抑或猪肚顶，即使采用娴熟的急火快起手法烹制，都无法避免肉质纤维受热不匀的问题，这就会出现未熟的出现"艮"的质感及过熟的出现"韧"的质感的现象。之所以会受热不匀，是由于肉质纤维违背热胀这种自然规律，反常地热缩。如果肉质纤维间隙没有牢靠传热介质，正收缩的肉质纤维就难以在急促的受热时间内致熟。因此，无法满足食客对猪肚爽脆质感欲望的主要原因是肉质纤维间隙没有牢靠的传热介质。

就猪肚顶而言，其肉质纤维的传热介质就是水。

◎注1：清代袁枚的《随园食单·特牲单·猪肚二法》有载："将肚洗净，取极厚处，去上下皮，单用中心，切骰子块；滚油炮炒，加作料起锅，以极脆为佳，此北人法也。南人白水加酒煨二枝（炷）香，以极烂为度，蘸清盐食之亦可；或加鸡汤作料煨烂熏切，亦佳。"

◎注2：民国时期（1912—1949年）的《秘传食谱·第三编·猪门·第三十四节·炒肚尖》云："预备：猪肚一个，盐少许，油适量，芡粉、白酱油、绍酒、白醋、砂糖（都适量）。附：①生葱数枚、香菇数个。②净水适量，发水少许。做法：①将猪肚翻转，用盐抓过，擦洗干净，取最厚的地方割下备用。②再将所取肚领除去上下的皮，只用中心切成骰子一样大小的块，放进滚油锅内炮炒一过，加上芡粉、白酱油、白醋、绍酒、砂糖几物（作料要预先调好，然后放进），再炒几下，直到炒得极脆方起锅上桌，乘热就食。附注：①也有再加上生葱段、香菇数个同炒的。②又有将猪肚切好以后用碱水少许泡拌半刻再用净水漂水一过，然后去炒，都可得同样的美果。"

问题的症结找到了，就要有的放矢地采取方法。

事实上，在乾隆才子袁枚记录两例猪肚食法之后，就有厨师寻求突破，通过化学的方法解决肉质纤维热缩所带来的问题。

原理并不难理解，就是在"猪肚顶"烹饪之前增加一个腌制的程序，此程序不是为了让"猪肚顶"赋入味道，而是让"猪肚顶"提高持水力。

为了提高"猪肚顶"的持水力，前辈厨师想到了在腌制时添加陈村枧水、食粉及烧碱（氢氧化钠）等碱性食品添加剂。其用意是透过调节猪肚顶的酸碱度让"猪肚顶"持有充分水分，从而让其肉质纤维间隙在受热时有牢靠的传热介质，继而让"猪肚顶"受热均匀，以此获得爽脆的质感。

利用碱性食品添加剂对猪肚顶进行腌制，粤菜厨师将之称为"腌爽肚"，腌制配方及腌制方法可参见《粤厨宝典·砧板篇·腌制章·腌爽肚》，与此同时，腌制的原理可参见《厨房"佩"方》，在不再赘述。

腌好的"猪肚顶"用刀斜切成0.3厘米的薄片。需要补充的是，有的厨师为了让"猪肚顶"易熟，在切薄片时先在肚面剞上坑纹。这也是不错的思路。

将花生油倒入铁镬内以中火加至五成热（150℃），将切成薄片的猪肚顶放入油里，并迅速打散，以使猪肚顶受热均匀，约20秒后用笊篱捞起，架在油盘上沥去油分。粤菜厨师称此程序为"拉油"。

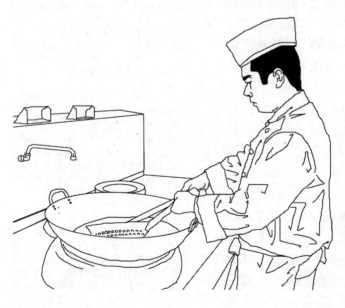

另起镬，以猛火加热，放入90克花生油，花生油热后，加入葱榄、姜花、甘笋花及沥去油的"猪肚顶"，随即攒入绍兴花雕酒，抛两下铁镬，使各料分散及受热均匀。将铁镬拉离炉口，再加入精盐、白糖、胡椒粉，另用手壳装入湿淀粉。将铁镬重新放入炉口，将火改为中火，一手抛动铁镬，一手倒入湿淀粉，使各料被湿淀粉包裹。将铁镬端到打荷台，再加入芝麻油作为包尾油，随即将各料滗到瓦碟上便可供膳。

◎ 白果猪肚汤

原料：猪肚1 000克，支竹150克，白果20粒，胡椒粒3克，淮山12克，芡实2克，薏米2克，红枣5克，精盐8克，味精8克，鸡精8克，清水3 500克。

制作方法：

广州人有一句形容命运的歇后语"酒楼例汤——整定（意为早已安排）"，说明粤菜酒楼除肴馔之外，还有一味极受欢迎的汤馔，此汤馔不同于肴馔，是要预先准备好的。

粤菜酒楼的汤馔主要用5种烹饪方法加工，即"川""清""滚""炖""煲"。

"川"应该是源于燲法，指将沸腾的汤水注入盛放在瓦窝内的食材上使熟的烹饪方法。此法的经典案例有云南的"过桥米线"。

"清"的做法与"川"的解释几乎相同，然而两者各有区别。"清"是侧重于汤水，食材居次；而"川"恰恰相反，是侧重于食材，汤水居次。此法的经典案例有广州的"清汤鱼肚"。

"滚"原写作"涫"，指食材放入沸腾的清水或汤水里加工成汤水的烹饪方法。之所以称为"滚"，是因为烹饪的时间不长，在5分钟左右，常见的案例有"豆腐芫荽汤"。

"炖"是指将食材与清水放入密封的瓦盅内再以蒸汽加热的烹饪方法。常见案例有"人参炖乌鸡"等。

"煲"是指将食材与清水放入瓦煲内并架在火上加热的烹饪方法。常见的案例有"白果猪肚汤"等。

需要指出的是，"炖"与"煲"都被广东人视为带滋补功能的烹饪法，它们的区别在于加热温度，"炖"的加热温度几乎恒定在100℃，在这个温度下，肉料的水溶性蛋白会随着时间逐渐螯合在一起，因此汤水相对清澈，味道较为单薄；而"煲"的加热温度大部分时间超过100℃，肉料的可水溶性蛋白不会

◎注1：支竹是黄豆榨成豆浆并加热到65℃左右凝结成衣再挑起晾晒至干燥的制品。在"白果猪肚汤"中投放可起到增白、增滑的作用。

◎注3：淮山又称"山药""淮山药""面山药"等，但去皮、切片并晒干才称为"淮山"。

◎注3：芡实又称"鸡头米"，是睡莲科植物芡实的种子，市面上有鲜品及干品，汤馔通常用干品。芡实具有益肾固精，补脾止泻、除湿止带的功效。

◎注4：薏米又称"苡米""绿谷""感米""六谷米"及"回回米"等。薏米营养价值高且兼具药理作用，具有抗氧化、抗炎症、抗癌、抗肿瘤、降血糖和止痛等功效。市面上有鲜品及干品，汤馔通常用干品。

◎瓦煲

螯合而分散在汤水里，汤水相对混浊，味道较为浓郁，因而汤水有"老火汤"美誉。

此汤馔制作工序并不复杂，将猪肚清洗干净，放砧板上按扁平后剀开，再切成拇指大小宽度的条。白果去壳，焙熟后漂水并抒去果衣。支竹、胡椒粒（原粒或压破均匀）、淮山、芡实、薏米及红枣用清水洗净。

将清水放入瓦煲内猛火加热至沸腾，再加入猪肚条（也有放原个猪肚，待汤煲成后取出切条再放回汤中）、白果、支竹、胡椒粒、淮山、芡实、薏米及红枣，保持猛火加热约20分钟，再转中火加热40分钟。用精盐、味精及鸡精调好味即可供客膳用。

需要注意的是，在加热的过程中，不要让猪肚露出水面，否则猪肚会颜色变褐及丧失弹滑的质感。

○说猪心

"猪心"顾名思义就是猪的心脏，是推动血液流动，向其他器官、组织提供充足的血流量，以供应氧和各种营养物质，并带走代谢的终产物（如二氧化碳、无机盐、尿素和尿酸等），使细胞维持正常代谢和功能的器官，这个器官一旦停止跳动，即宣告死亡。

从解剖学的角度看，猪的心脏与人的心脏相同，均由心肌及左心房、左心室、右心房、右心室四个腔组成（这是哺乳类及鸟类心脏的标志。爬虫类也有两心房与两心室，但两心室之间未完全分隔；两栖类为两心房与一心室；鱼类为一心房与一心室），左右心房之间和左右心室之间均隔开，互不相通，心房与心室之间有瓣膜，这些瓣膜使血液只能由心房流入心室而不能倒流。

当然，厨师可不这样理解，他们将白色的心瓣部分称为"猪心顶"，余下的才叫"猪心"。

之所以有这样的区分，完全是因为两者烹熟后的质感有很大的差别，"猪心顶"的质感偏于韧脆，而"猪心"的质感则偏于韧弹。

◎注：相对分子质量就是化学式中各个原子的相对原子质量的总和。

Ca（钙）相对原子质量为40，O（氧）相对原子质量为16，H（氢）相对原子质量为1，Na（钠）相对原子质量为23，C（碳）相对原子质量为12。

事实上，无论猪心顶抑或猪心的肉质与猪小肠及猪大肠的肉质成分是相同的，都不含水溶性蛋白，这就决定了它们具有较强的韧弹性，继而难以通过强化持水能力改变致熟后的质感。

因此，利用西方国家的以磷酸盐（rhosphate）腌制求得强化持水效果的方法显然在这里是行不通的。

当然，采用中国传统方法，以碳酸盐（carbonate）——具体地说是其中的强碱弱酸盐——碳酸钠（Na_2CO_3，俗称"纯碱""苏打"）、碳酸钾（K_2CO_3，俗称"陈村枧水"）、碳酸氢钠（$NaHCO_3$，俗称"食粉""小苏打"）、碳酸氢钾（$CHKO_3$）腌制会取得较好的效果，因为这些食品添加剂不是通过强行的持水方法来获得较好的质感，而是通过拉伸肉纤维使肉纤维疏松赢得。

需要指出的是，强碱弱酸盐针对猪心这样的烟弹纤维是十分有效的，但对猪心顶这样的韧弹纤维却略显余力不足，往往需要加大投放量才能达到预计的效果，从而会呈现不太愉悦的俗称"金属味"的碱性气味。

原因是在腌制过程中，强碱弱酸盐受到猪心顶产生的酸性物质的干扰（中和）弱化而失去作用。

根据这个思路，可使用酸碱度更高的强碱去腌制，也就是投放不呈碱性气味的用量就可以达到预计的效果。

可用于食品加工的强碱有俗称"烧碱""火碱""苛士的"的氢氧化钠及俗称"熟石灰""消石灰"的氢氧化钙。

氢氧化钠的分子式为NaOH，氢氧化钙的分子式为$Ca(OH)_2$。了解分子式十分重要，因为氢氧化钙与碳酸钠混合起来加水使用就会生成氢氧化钠。当然，它们还会衍生出不太溶于水的俗称"石灰石"的碳酸钙（$CaCO_3$）。

化学方程式：$Ca(OH)_2 + Na_2CO_3 = CaCO_3\downarrow + 2NaOH$

经过相对分子质量计算即可求得投放的用量。

无论是直接使用氢氧化钠抑或间接使用氢氧化钙与碳酸钠生成的氢氧化钠，都可以让具韧弹性的猪心顶致熟后产生爽脆的质感。处理猪心则不需要动用这些食品添加剂。

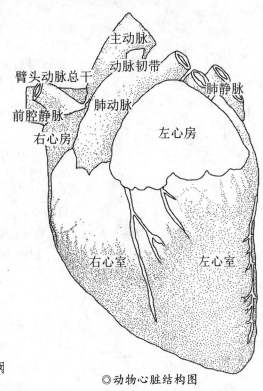

◎动物心脏结构图

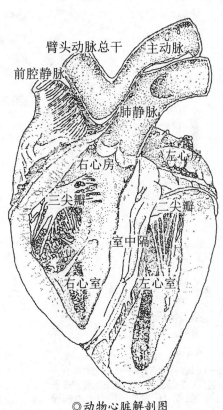

◎动物心脏解剖图

粤厨宝典·菜肴篇1

◎爆炒猪心顶

原料： 猪心顶1 000克，清水1 400克，熟石灰26克，纯碱18克，青辣椒件350克，红辣椒件350克，蒜蓉50克，豆豉15克，葱段100克，白糖8克，精盐20克，味精15克，生抽60克，花生油（炸用）3 500克。

制作方法：

猪心顶改成"日"字形件，放入塑料袋内，再加入以清水、熟石灰及纯碱混合的溶液浸渍，并将塑料袋封好，置入冰箱冷冻箱内腌24小时。24小时后，猪心顶存在塑料袋内进行解冻。至溶液完全溶化，从塑料袋内取出猪心顶，并用清水冲洗猪心顶表面的浆液，以清爽即可，不宜多洗。

将3 500克花生油倒入铁镬内，并以中火加热，待花生油达到五成热（150～180℃）时，将沥干水分的猪心顶放入花生油里迅速拖过（此工序为"拉油"），用笊篱捞起，放一旁沥油。随之将花生油倒出，将铁镬洗净，放炉上中火加热，见铁镬烧白，先用旧油搪一下铁镬，再放入120克新的花生油（此为"猛镬阴油"），并加入蒜蓉、豆豉爆香。然后将沥干油的猪心顶以及青辣椒件、红辣椒件放入铁镬里，撒入白糖迅速翻炒几下，随即用精盐、味精调味，攒入生抽并迅速翻炒几下，激发辣椒的香气，最后加入葱段，再翻炒几下即可膳用。

◎榨菜蒸猪心

◎注：榨菜是芥菜中的一类，一般是指叶用芥菜一类，如九头芥、雪里蕻、猪血芥、豆腐皮芥等。菱角菜又俗称"榨菜"，但市面上的榨菜通常是指经盐渍后的制品。

榨菜上中国名特产之一，与法国酸黄瓜、德国甜酸甘蓝并称世界三大名腌菜。

原料： 猪心1 000克，榨菜180克，蒜蓉50克，葱段100克，精盐20克，白糖120克，味精15克，生抽30克，湿淀粉100克，花生油150克。

制作方法：

因为此肴馔是用两种原料配搭制成，所以要分两步叙述。

先说榨菜。榨菜是盐渍品，为了便于盐渍，都会切成片块状；为了方便消费者使用，生产商在提供片块状之余，还会将片块切成丝条。所以，市面上的榨菜既有片状的，也有丝条状的。这里最好是选择丝条状的。另外，为了提升食客的胃口，生产商通常会在成品的榨菜表面撒上辣椒粉。如果担心食客不能接受辣的刺激，可用温水洗去。榨菜是盐渍品，自然咸味较重，可加入120克白糖及30克花生油拌捞均匀，以调和味道。

再说猪心。猪心即猪的心脏，心脏有室房，内里并非实心，是有空洞的。同时，心脏是将血液运输至身体各个部分的器官，空洞常会潴留淤血。潴留的淤血得清理干净，方宜烹饪。

用刀将猪心顺长切开，用清水冲洗干净，再用刀横切成厚1.5厘米的薄片，然后用精盐、味精、生抽及湿淀粉拌匀，腌15克。

将拌上白糖及花生油的榨菜与腌好的猪心混合，平铺在瓦碟上，置入蒸柜猛火蒸6分钟，取出撒上葱段，再淋上120克炽热的花生油即可供膳。

◎ 冰糖炖猪心

原料： 猪心1 000克，玉竹15克，枸杞子5克，姜片3克，香荚兰2克，冰糖180克，清水1 800克。

制作方法：

由于猪心是将血液运输至身体各个部分的器官，会带有浓重的血腥味，并非所有人都乐意接受，尤其以密封式的蒸炖烹制，血腥味更难散失。为弥补这个缺陷，这里提供一种放香料的方法。

猪心用刀顺长剖开，用清水将淤血冲洗干净，再用刀横切成厚3厘米的薄片。玉竹、枸杞子及香荚兰用清水洗净，与猪心一起放入炖盅内，加入清水、姜片及冰糖，用玉扣纸封好炖盅口；然后置入蒸柜，猛火蒸30分钟，取出即可膳用。

◎注1：香荚兰又称"温尼拿""云呢拿""吪呢拿"等。详细知识请参阅《粤厨宝典·食材篇·香料章》。

◎注2：民国时期（1912—1949年）的《秘传食谱·第三编·猪门·第三十三节·炖吊子》云："预备：猪心一个，猪肺一挂，猪肝一副，猪大肠一条；生葱（适量多备）、白醋、熟盐（各适量）；绍酒四成，净水六成（两样要以盖过所煮各物二三寸为度）。生姜二片，八角三枚；白酱油、红酱油、盐（均少许）。（特别器皿）大瓦钵一个，快刀一把，长针一支，麻绳两根。做法：①一先将成个猪心破开，洗净血。二将猪肺灌洗到极白。三将成个猪肚用长针戳几十个孔，拿净水漂洗一过，挂在当风的处所将水汽晾干。四将猪大肠整条翻转，先拿熟盐抓过，再拿白醋洗净其中垢腻，仍用水将醋味洗净。至于肠里面的肥油切不可轻易弄掉。随即翻转使成原样。拿洗净的生葱向肠内塞满，用绳子在两头扎紧。②将备好的各物一并放在大瓦钵内，就用四成绍酒、六成水连生姜、八角一并加好，炖到有八分好为止。③再将各物取起。一（将）猪心用手撕掐成块子。二（将）猪肺也用手撕作碎块。三（将）猪肝每离二分宽，用刀直划成一条深痕，随手就从划入地方也逐片撕开。如果还有粘住不能撕脱的，用刀割下。④仍将各物放进原炖的钵内，酌量加上红酱油、白酱油同盐合味，炖到极烂为止。盛起来人时候，四样仍分别摆放，共装在一大海碗里（或大蒸盆里头）。附注：若是炖好以后再蒸一刻也好。"

粤厨宝典·菜肴篇1

◎ 花生猪尾煲

◎花生猪尾煲

原料：猪尾1 000克，花生800克，蒜子120克，蒜蓉50克，葱段100克，甘笋花15克，绍兴花雕酒30克，淡二汤1 000克，精盐20克，味精15克，南乳60克，老抽30克，湿淀粉100克，花生油120克。

制作方法：

此肴馔原为饭店之作。

猪尾放入滚水（开水）迅速拖过（行中称为"飞水"），沥干水，放在炭火上或用煤气喷枪将表面烧燶（焦），并将猪毛烧去。然后将猪尾泡在清水里，用小刀将烧燶（焦）的地方及猪毛根刮净。再用骨刀横斩成段（近臀部直径大的，要再竖起斩成4份）。

猪尾用花生油（配方未列）以七成油温（190～210℃）炸熟。蒜子用花生油（配方未列）以五成油温（150～180℃）炸成金黄色（行中称为"金蒜"）。花生用花生油（配方未列）以五成油温（150～180℃）炸熟（不是炸脆）。

用花生油起镬，先放入蒜蓉爆香，再放入炸猪尾，随即攒入绍兴花雕酒。略炒，倒入淡二汤，及加入炸花生、炸蒜子（金蒜）、南乳，以中火加热6分钟，用精盐、味精调味，用湿淀粉勾芡，再用老抽调色。然后将所有原料滗入预先烧热入瓦罉内，再撒上葱段，冚好瓦罉盖即可供膳。

◎ 南乳炆猪手

原料：猪手1 000克，南乳20克，精盐2克，白糖8克，老抽12克，绍兴花雕酒10克，八角2克，湿淀粉20克，淡二汤300克，花生油（炸用）3 500克。

制作方法：

猪手（猪前蹄）放入滚水中迅速拖过，沥干水，放在炭火上或用煤气喷枪将表面烧燶，并将猪毛烧去，然后将猪手泡在清水里，用小刀将烧燶的地方及猪毛根刮净，再用骨刀剖开并斩成块。

将猪块放入滚水镬里焓至仅熟，捞起，沥干水分，放入钢盆内趁热拌入2克的老抽。然后放花生油入镬，以七成热（190～210℃）炸至焦红色。

将炸过的猪手放入瓦罉内，再加入精盐、绍兴花雕酒、白糖、八角及淡二汤，以中火加热，炆至猪手腍软；然后调入南乳及余下的老抽，再用湿淀粉勾芡即可供膳。

◎ 潮州猪脚胨

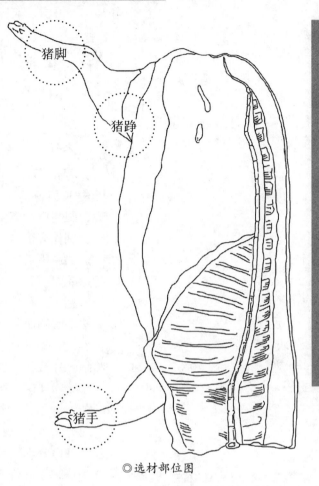

◎选材部位图

原料：猪脚1 000克，猪踭800克，猪皮400克，清水2 500克，鱼露250克，味精10克，冰糖80克，白矾10克，芫荽50克。

制作方法：

猪脚（猪后蹄）与猪踭用刀斩切成块，与猪皮一起放滚水镬里滚熟，捞起，用清水洗净。然后将这些原料放在瓦罉内，加入清水，以中火加热至沸腾，撇去浮沫，再用鱼露、冰糖、味精调味，改慢火炆至肉腍。将猪皮捞起不要，并将猪脚及猪踭分派到特制的容器内。

把汤水中的浮油撇清，加入白矾（作澄清剂用），再加热至沸腾。然后用滤网过滤汤水，再将汤水分派到装有猪脚及猪踭的特制容器内。再将特制容器放在炉火上，以慢火加热至汤水沸腾。然后将特制容器放在阴凉处候凉，冬季在6小时左右，汤水就会结成肉胨。膳用时将肉胨剉成块，再伴好芫荽即可。

◎注：民国时期（1912—1949年）的《秘传食谱·第三编·猪门·第三十一节·猪脚冻（胨）》云："预备：猪脚五斤，去皮衣人冬笋块一斤，淡鲞鱼（或比目鱼）十二两，绍兴酒、红酱油、白酱油（均适量）。又白砂糖少许。做法：将猪脚去净毛，切成中等块子，先用净水炖到七分好，加上去净皮衣、切好成块人冬笋，同淡鲞鱼（或比目鱼）同绍（兴）酒、白酱油、红酱油、盐再炖到恰好取起。隔得一宿就成胨了。附注：①这样东西要冬天做着方能得胨。②也有再加进些砂糖的。"

◎ 瓦罉煀猪脷

原料：猪脷1 000克，沙姜65克，姜米15克，蒜子25克，蒜蓉15克，青辣椒10克，红辣椒10克，洋葱丝15克，葱段30克，精盐8克，白糖5克，味精5克，绍兴花雕酒15克，湿淀粉80克，柱侯酱35克，生抽10克，花生油230克。

制作方法：

猪脷即猪舌，因粤语"舌"与"蚀"谐音，而"蚀"是做生意亏本的意思，故广州人将舌称为"脷"，取一本万利之意。

猪脷上有苔衣，质感毿，烹饪前须将其刮去。刮猪脷的方法请参阅《粤厨宝典·砧板篇》，在此不赘述。猪脷刮去苔衣后，用刀横切成三段，再顺长切成厚0.5厘米的薄片。将猪脷片放在钢盆内，调入精盐、白糖、味精、绍兴花雕酒及湿淀粉拌匀，腌30分钟左右。

沙姜用刀拍烂，剁成黄豆大小的粗粒。蒜子用花生油（配方未列）以五成热（150~180℃）炸成金黄色。青辣椒及红辣椒分别剖开去核，切成榄角件。

瓦罉架在煤气炉上，用猛火烧热，放入花生油、洋葱丝及蒜蓉爆香，再放姜米、葱段，加热至没有太多水汽时，依次放入腌好的猪脷片、沙姜粒及炸蒜子并拌匀，冚上罉盖，煀40秒左右。然后再调入柱侯酱及生抽并拌匀，撒入青辣椒件及红辣椒件，冚上罉盖再煀15秒即可供膳（不要太熟，太熟猪脷就不爽脆了）。

◎注1：沙姜又称"山柰""砂姜"，为一年生草本植物。这种根茎为芳香健胃剂，有散寒、去湿、温脾胃、辟恶气的功用；民间多作为调味香料。从根茎中提取出来的芳香油，可为调香原料，定香力强。

◎注2：柱侯酱在粤菜厨房中要用其他酱及原料制过，其配方及做法请参见《粤厨宝典·候镬篇》。

◎ 天麻炖猪脑

原料：猪脑1个，天麻10克，枸杞子3克，淡二汤230克，姜葱肉1串，绍兴花雕酒20克，花椒水15克，精盐3克，味精2克。

制作方法：

李时珍在《本草纲目》中并不看重猪脑，其理据在于《礼记》上记载"食豚去脑"，书中还列举了唐代100多岁高龄的药王孙思邈撰写的书籍总结出来的《孙真人食忌》中的"猪脑损男子阳道，临房不能行事。酒后尤不可食"，以及宋末元初时期由李鹏飞撰写的养生著作《延寿书》的"今人以盐酒食猪脑，是自引贼也"，更加坚定地认为猪脑"甘，寒，有毒"，因此将猪脑入药只派为外用——"主痈肿，涂纸上贴之，干则易。治手足皲裂出血，以酒化洗，并涂之"。

是不是这样呢？

应该不是这样。由四川人民出版社于1979年出版的《四川中药志》中则有"（猪脑）无毒。入心、脑、肝、肾四经"的论述，大可放心食用。

猪脑洗净，放笊篱上入滚水镬里渌一下，再放入清水里，用竹签将猪脑上的红筋挑去。然后与天麻放入炖盅内，注入淡二汤、绍兴花雕酒、花椒水，再放入姜葱肉串。用玉扣纸密封炖盅口，置入蒸柜猛火蒸炖90分钟。从蒸柜取出炖盅，揭开玉扣纸，用筷子夹起姜葱肉串，用精盐、味精调味，撒入枸杞子，冚上炖盅盖，再将炖盅置入蒸柜熥热即可供膳。

◎注1：天麻又称"赤箭"，为兰科植物天麻的干燥块茎。这种块茎是名贵中药，用以治疗头晕目眩、肢体麻木、小儿惊风等症。

◎注2：姜葱肉串做法：将生姜切成指甲片，青葱取葱白切成段，瘦肉切成1厘米左右的方粒，然后用小竹签将1片姜片、1段葱白和1粒瘦肉串起。用在炖汤里起辟腥、增鲜的作用。

◎ 爆炒腰花

原料：猪腰1 000克，冬笋250克，甘笋花5克，姜花5克，蒜片10克，青辣椒件25克，红辣椒件25克，食粉2克，生抽30克，精盐6克，味精3克，白糖3克，花生油（炸用）3 500克。

制作方法：

猪腰剥去外膜，用刀扁平剖开，并将内里的白筋剔去，依《粤厨宝典·砧板篇·刀工章》上介绍的剞刀法将猪腰剞成花状。然后将猪腰放在钢盆内，加入食粉拌匀，腌30分钟再用清水漂洗干净。捞起，沥干水。

◎注1：猪腰是猪肾脏的俗称，北方人称为"腰子"。

◎注2：冬笋是冬天采掘的竹笋，如果在春天采掘则为春笋。竹笋美妙之处是清甜、爽脆。

◎注3：甘笋花、姜花的知识，请参阅《粤厨宝典·砧板篇·料头章》。

猪腰烹制极其考究，生熟度要把握得恰到好处，未熟透易翻生，摆放一段时间会渗出血水；过熟则质感变得焖软。唯有刚刚熟时质感才爽脆嫩滑。

冬笋剥去老衣，放入滚水罉里焓熟，捞起，用清水漂凉，再用刀切成片（也可以改切成花）。

花生油倒入铁镬内，猛火烧至七成热（190~210℃），将沥干水的猪腰及冬笋片铺在笊篱上，放入花生油里迅速拖过，时间不多于8秒。架放在一旁沥油。

将花生油倒回油盆，将铁镬刷洗干净，再以猛火加热至铁镬发白，以猛镬阴油的形式加热120克花生油，先放入甘笋花、姜花、蒜片爆香，再放入沥干油的猪腰及冬笋片，抛两三下铁镬，使各料均匀受热，然后加入青辣椒件及红辣椒件，再抛两三下铁镬，使各料均匀受热。铁镬端离炉口，以精盐、白糖及味精调味。将铁镬放回炉口，抛两三下铁镬，使味道均匀。最后攒入生抽，再抛两三下铁镬，使各料受味均匀即可滗出供膳。

◎核桃炖猪腰

原料： 猪腰1 000克，核桃240克，瘦肉120克，桂圆肉20克，黄芪30克，枸杞子5克，红枣10克，黑豆15克，陈皮3克，姜片0.5克，葱白段0.5克，绍兴花雕酒20克，淡二汤2 000克，精盐8克，味精4克。

制作方法：

猪腰剥去外膜，用刀扁平剖开，并将内里的白筋剔去，再用刀分切成块。然后用清水漂净血水。

瘦肉用刀切成与猪腰块大小相若的方块。

核桃、桂圆肉、黄芪、红枣、黑豆、陈皮用清水洗净。

姜片与葱白段用竹签串起。

将猪腰块、瘦肉块、核桃、桂圆肉、红枣、黑豆、陈皮放入炖盅内，注入淡二汤及绍兴花雕酒，再放入姜葱串，然后用玉扣纸（不宜用保鲜膜，因为保鲜膜既不疏汽，又含对人体有害的塑化剂）密封炖盅口，置入蒸柜猛火蒸炖120分钟。

炖盅从蒸柜取出，掀起玉扣纸，用筷子将姜葱串夹起不要，用精盐、味精调味，撒入枸杞子，再将玉扣纸封好，然后将炖盅重新放回蒸柜内，将汤水焗熟即可供膳。

◎注1：核桃又称"胡桃"，是胡桃科胡桃属植物，与杏仁、腰果、榛子并称为"世界四大坚果"。中医称其味甘、性平，温，无毒，微苦，微涩；具补肾、固精强腰、温肺定喘、润肠通便的功效。

◎注2：黄芪又称"北芪"。李时珍《本草纲目》云："耆，长也。黄者色黄，为补药之长，故名。今俗通作黄芪，或作著者非矣。"中医称其味甘，气微温，气薄而味浓，可升可降，阳中之阳，无毒。专补气。入手太阴、足太阴、手少阴之经。其功用甚多，而其独效者，尤在补血。

◎注3：黑豆又称"黑大豆""橹豆"，是豆科大豆属植物大豆的黑色种子。中医称其具有消肿下气、润肺清热、活血利水、祛风除痹、补血安神、明目健脾、补肾益阴、解毒的作用。

◎白灼猪膶

原料：猪膶1 000克，青辣椒件120克，红辣椒件120克，白芝麻50克，海鲜豉油250克。

制作方法：

猪膶即猪的肝脏，因“肝”与干湿的“干”同音，广东人认为干即没有水，水代表财富，在餐桌上说“干”会招惹生意人不满，饮食业为照顾这帮主顾的避忌，但凡“肝”（或“干”）都会呼为“膶”。

《三元参赞延寿书》说：“猪临杀，惊气入心，绝气归肝，俱不可多食，必伤人”，由此说明猪膶能成为上膳的一个因素就是不能暴戾地劏猪。当然，还要讲求新鲜，因为在屠宰过后，猪膶就会进入僵硬期，质感与味道会渐渐发生明显的变化，质感会变得不爽脆，味道会变得不腥香。因此，要让猪膶呈现上膳的效果，还得尽快烹饪。

然而，在实际操作中，要达到“尽快”是不现实的，这就必须退而求其次，以追求猪膶的质感为先。

有读者不禁询问，既然猪膶质感与味道好的前提是讲求新鲜，新鲜过后去追求质感又从何谈起？

没有错，如果模仿猪膶新鲜时的腥香味道，的确无法做到；但要模仿猪膶新鲜时的爽脆质感，则是驾轻就熟，通过碱性物质就可以做到。猪膶进入僵硬期后，其体内的酸萌发，通过添加碱性物质就可以抑制酸的生成，从而保持猪膶的柔软性。与此同时，碱性物质又具有保水的作用，继而最大限度地再现猪膶在新鲜期所呈现的质感。

大多数猪膶的颜色是呈棕褐色的，正是这个原因，广州人会将棕褐色称为“猪肝色”；不过偶尔也会出现棕黄色的。另外，大多数猪膶表面是平滑光亮的，但偶尔也会出现表面呈沙点的。广州人会将猪膶颜色棕黄、表面呈沙点的称为“黄沙膶”，并视其为猪膶中的上品。

猪膶用刀分成数块，横切成厚1.5厘米的薄片，用清水冲洗干净并沥干。

猪膶片与青辣椒件、红辣椒件先放在笊篱内，再放入加热至沸腾的滚水罉内灼淥15秒左右，捞起，沥去水分，然后堆放在瓦碟上，再撒入预先炒香的白芝麻即可供膳。供膳时要用小碗盛装海鲜豉油作为蘸料调味。

◎注1：海鲜豉油的配方及做法，请参见《粤厨宝典·候镬篇》。

◎注2：腌制猪膶的知识在《粤厨宝典·砧板篇》及《厨房“佩”方》都有详细介绍，这里不再赘述。

◎注3：白芝麻为胡麻科胡麻属植物脂麻的种子。其具有含油量高，色泽洁白、籽粒饱满、种皮薄、口感好、后味香醇等特点。

◎注4：民国时期（1912—1949年）的《秘传食谱·第三编·猪门·第四十一节·炖沙肝》云：“预备：沙猪肝一整块，猪网油一大块，好清汤、绍兴酒、白酱油、熟盐（各少许），肉汤适量，大乌源海参一个。做法：①将沙肝整个用猪网油包裹，炖两个时辰，取走将网油除去。②将海参发好，先用肉汤炖煮一过，取出备用。③即将绍酒、好汤、酱油、熟盐同炖好的海参、沙肝同放进一大盘内，隔水蒸约四点钟久。临吃时，将肝用手掐碎或切成块子。附注：①有用猪网油包好以后先行蒸好再去熟的，也好。②肝有沙肝、面肝的分别，色现深紫而略带黑，又起一层沙点的，就沙肝；宜于炖煮。面肝色较浅淡，质也极软、极松，恰就宜于煎炒。”

《秘传食谱·第三编·猪门·第四十二节·炒肝》云：“预备：面肝一块，油、热水、清水、酱油、糖（均适量），发好的木耳、切好的葱（都适量），醋、豆粉（各少许）。做法：①先将面肝用清水洗净，放入热水内略过一滚，等漂去浊味，取起沥干。②取油倾入锅中炼滚，将切好的肝放将进去，反复急炒几下，随取酱油、糖先和好面肝放进去，加上清水一小碗，加入切好的葱同发好的木耳，急急又炒几下，再加上和好的醋同芡粉，再炒几下即行起锅。”

◎茄汁焗猪脌

原料： 猪脌1 000克，食粉15克，洋葱丝500克，生抽25克，白糖9克，淀粉25克，绍兴花雕酱20克，番茄汁350克，蚝油35克，花生油（炸用）3 500克。

制作方法：

猪脌用刀分成数块，横切成厚1.5厘米的薄片，用清水冲洗干净并沥干。

将沥干水分的猪脌放在钢盆内，加入食粉、生抽、白糖及淀粉拌匀，腌30分钟左右。

将花生油倒入铁镬内，以中火加至五成热（150～180℃），腌好的猪脌片以笊篱盛装，放入花生油内迅速拖过，放在一旁沥干油分。以同样方法去处理洋葱丝。

花生油倒回油盆，将铁镬洗净，并以猛镬阴油的形式加热250克花生油，花生油微冒烟，放入沥干油分的猪脌片，攒入绍兴花雕酒，抛两三下铁镬，使猪脌片受热均匀，然后加入番茄汁，再抛两三下铁镬，使番茄汁完全包裹，随后将猪脌片连番茄汁滗入锡纸内，然后铺上沥干油分的洋葱丝，并将锡纸像信封一样包好。将锡纸封边朝下摆在预先烧热的铁板上即可供膳。供膳时在锡纸面上剪个"十"字口并翻开。

◎白灼天梯

原料： 猪天梯1 000克，青辣椒件120克，红辣椒件120克，海鲜豉油200克。

制作方法：

猪天梯即猪上颚的软骨，又称"上牙堂"。因是软骨，故质感爽脆；也因为是软骨，不受僵硬酸化的影响，无须像猪腘那样要进行质感改善处理，直接洗净即可烹饪。其实，猪天梯只有爽脆的质感，无良好的味道，因而酒家、饭店的菜谱中很少会见到它的踪迹。最能派上用场的则是火锅店，那里可以通过浓重的味道掩饰其平淡无奇的味道。

用刀顺切、横切分成4份，与青辣椒件、红辣椒件一起放在笊篱内，再放入加热至沸腾的滚水镬内灼渌25秒左右，捞起，沥去水分，然后堆放在瓦碟上，即可供膳。供膳时要用小碗盛装海鲜豉油作为蘸料调味。

◎菜干猪肺汤

原料：猪肺1 000克，猪筒骨500克，白菜干200克，陈皮10克，蜜枣20克，罗汉果10克，南杏仁5克，北杏仁5克，精盐8克，味精4克，清水4 500克。

制作方法：

猪肺的清洗方法在《粤厨宝典·砧板篇》上有介绍，这里不再赘述。猪肺洗干净后，用刀切成块，揸干水，放入以中火加热的铁镬干炒，在此期间会有很多水渗出，用手壳淰去，直至无水分渗出为止。猪筒骨用刀背敲断。白菜干用清水泡软，洗去沙尘，再用刀横切成段。

将猪肺块、猪筒骨、白菜干、陈皮、蜜枣、罗汉果、南杏仁、北杏仁与清水一起放入汤煲内，先以猛火将水煲滚，撇去浮沫，再改中火煲90分钟左右。用精盐、味精调味即可供膳。

◎注1：《随园食单》也有关于洗猪肺的论述，从中我们可以了解古人的制作方法："洗肺最难，以洌尽肺管血水，剔去包衣为第一著。敲之仆之，挂之倒之，抽管割膜工夫最细。用酒水滚一日一夜，肺缩小如一片白芙蓉，浮于汤面，再加作料，上口如泥。汤西崖少宰宴客，每碗四片，已用四肺矣。近人无此工夫，只得将肺拆碎，入鸡汤煨烂亦佳，得野鸡汤更妙，以清配清故也。用好火腿煨亦可。"

◎注2：民国时期（1912—1949年）的《秘传食谱·第三编·猪门·第四十三节·杏仁炖猪肺》云："预备：灌漂干净的猪肺一挂（灌法附后），去净皮衣的杏仁二三两，好绍酒一杯，生姜二片，白酱油、盐（各少许）。做法：将肺灌漂极净（要完全变成白色为度）切做略大方块，再用去净皮衣的杏仁、好绍酒同炖，加上生姜两片，等到极烂，再加白酱油同盐合味。特点：这样东西去痰、清肺的功劳甚大。"

《秘传食谱·第三编·猪门·第四十三节·杏仁炖猪肺·附录·灌猪肺法》云："预备：猪肺一挂，清水一桶。（特别器具）板凳一张，大砂煲一个。做法：先将板凳竖起，将肺挂在凳的脚上，用大砂煲盛清水对准肺管缓缓斟下，一面斟水，一面用手在肺上拍打，这时肺中血水会由下面肺管里冲流出来。但要一边拿水去灌，一边用手去拍，直到肺的颜色灌成雪白为止。"

◎注3：白菜干是白菜晒干而成，素以"甜、脆、软、甘"有名，仲秋闷热时节宜用白菜干煲粥、煲汤，是岭南地区尤其是广州珠三角地区的传统民间饮食习俗。

◎注4：罗汉果又称拉汗果、假苦瓜、光果木鳖、金不换、裸龟巴，被人们兴誉为"神仙果"，其主要功效是止咳化痰。

◎注5：杏仁为蔷薇科落叶乔木植物杏或山杏的种子。杏的种仁分苦、甜两味，甜者称"南杏仁"或"甜杏仁"，苦者称"北杏仁"或"苦杏仁"。苦杏仁含有一种叫氢氰酸的物质，它可以对呼吸神经中枢起到一定的镇静作用，具有止咳、平喘的功效，但具有一定的毒性，二三十粒生苦杏仁足以令人中毒，甚至致命。不过，经炙炒处理及控制用量是安全的。

◎酱爆黄喉

原料：黄喉1 000克，绍兴花雕酒30克，蒜蓉25克，XO酱120克，青瓜1 000克，花生油（炸用）3 500克。

制作方法：

黄喉又称"管廷"，为与心脏相连的大动脉血管，学名为主动脉弓或心管；与心脏相连的大动脉血管有两条，一条在左心室，其管壁较厚；另一条在右心室，其管壁较薄。

黄喉与猪天梯的质感都是爽脆，但各有不同：猪天梯由软骨构成，无须进行质感改善处理；而黄喉由平滑肌构成，则可进行质感改善处理。故此，市面上可见水发黄喉及鲜黄喉（新鲜或冰鲜）。

水发黄喉（即黄喉）是用俗称"烧碱"的氢氧化钠溶液浸泡，灼熟后用清水漂洗干净，再用清水浸泡待沽的制品。

不过，做肴馔的黄喉一般不进行水发处理，只需遵从以下的做法就可以了。

将黄喉外壁表面的脂肪撕去，用清水冲洗干净；利用筷子顶着黄喉窄端，将黄喉壁翻过来（将外壁由外翻向内），再用清水冲洗干净。然后将黄喉放入滚水罉里以中火焓至八成熟（以筷子轻易插入为度），捞起，用清水漂凉。

在刀工方面有两种手法：一种是将黄喉顺长剖开，再切成菱形片；再一种是以"蜈蚣花刀"的手法在黄喉上剖上花纹，即将黄喉用手压平，先以一边每隔0.5厘米剖入一斜刀，再依法在另一边同横线剖上同距的斜刀，然后横切成长5厘米的段。

青瓜去皮，用刀顺长开成4份；以平刀法将瓜瓤片去；然后横切成15厘米的段，顺切成片，再顺切成幼丝。

花生油倒入铁罉内，以中火加至七成热（190～210℃），黄喉段以笊篱盛装，放入花生油内迅速拖过，放在一旁沥干油分。

将花生油倒回油盆，将铁罉洗干净，再以猛火加热至铁罉发白，以猛罉阴油的形式加热100克花生油，先放入蒜蓉爆香，再加入XO酱，然后放入沥干油的黄喉段，攒入绍兴花雕酒，用罉铲迅速炒匀，然后将黄喉段堆放在垫有青瓜丝的瓦碟上即可供膳。

◎注：XO酱的配方及做法，请参见《粤厨宝典·候镬篇》。

◎ 粟栗蹄筋煲

原料：蹄筋1 000克，粟米（玉米）2个，风栗200克，蒜蓉35克，绍兴花雕酒10克，生抽15克，蚝油30克，白糖15克，精盐6克，味精6克，胡椒粉1克，湿淀粉12克，淡二汤800克，花生油（炸用）3 500克。

制作方法：

在市面上，蹄筋有两种货色，一种是干蹄筋，一种是鲜（冻）蹄筋。它们的预制手法略有不同，干蹄筋需要涨发，涨发方法有油炸、沙爆及水焗等，详细做法请参阅《粤厨宝典·候镬篇·涨发章》，在此不再赘述。鲜（冻）蹄筋唯有一法，就是焓焗，即将蹄筋放入滚水罉里，先用中火焓30分钟左右，再熄火冚上罉盖焗至水凉，然后用清水漂净。制作这个肴馔并没有限定是使用干蹄筋抑或鲜（冻）蹄筋，但在正式烹饪时，蹄筋必须达到脍软爽弹而易于咀嚼的程度。

◎粟栗蹄筋煲

用刀将达到脍软爽弹而易于咀嚼的蹄筋横切成长15厘米的段。粟米去衣、去须，用刀切齐两端，并横向分成两半，再顺向分成两半；即一条粟米分成4份。

风栗去壳有生去壳及熟去壳两种手法，生去壳效率低，熟去壳效率高，故而建议使用熟去壳法。先用刀在风栗壳上剖"十"字坑，剖时要注意不要太深，刚破开壳即好，然后将风栗放入滚水罉里焓10分钟左右，捞起，放凉水中泡一下，趁热从开口处将风栗壳掰开，并将风栗肉取出。切记风栗肉不要残留毛衣。另外，此时要懂得分拣风栗肉。风栗受欢迎之处是其质感粉糯，而不是质感爽脆（原指祭社稷所用的肉，后借指不生不熟、不粉不糯的质感）。质感粉糯的风栗肉较松软，用手可轻易捏碎；质感爽脆的风栗肉较硬实，用手不易捏碎。

将花生油倒入铁镬内，以中火加至七成热

143

◎注1：粟米是广东人的叫法，又称玉米、苞谷、玉蜀黍等。玉米的营养价值较高，是优良的粮食作物。

◎注2：风栗又称板栗，原产中国，是我国食用最早的著名坚果之一，年产量居世界首位。板栗炒制后肉质细密，香甜可口，老少咸宜。

（190～210℃），分别将蹄筋段及粟米（玉米）段放在笊篱上，再放入花生油里迅速拖过，然后放在一旁沥干油分。

以猛镬阴油的形式加热100克花生油，先放入蒜蓉爆香，攒入绍兴花雕酒，再放入蹄筋段、粟米段及风栗肉，炒匀，加入淡二汤，冚上盖待汤水沸腾。汤水沸腾后，掀起盖，加入生抽；再冚上盖，改以中火加热。汤水约耗一半时，将盖掀起，用蚝油、白糖、精盐、味精及胡椒粉调味。再加热30秒，将铁镬端离炉灶，随即将蹄筋段放入瓦罉垫底，再将粟米段摆成"伞"形，并将风栗肉填在粟米段之间。将铁镬重新端回炉灶，改以慢火，用湿淀粉将汤汁勾成琉璃芡，再淋在粟米段及风栗肉上面，冚上罉盖，再在煤气炉上加热至沸腾即可供膳。

◎红烧蹄筋煲

原料： 蹄筋1 000克，生抽60克，老抽15克，绍兴花雕酒40克，精盐12克，味精8克，白糖20克，淡二汤800克，湿淀粉12克，葱条120克，冬菇件50克，竹笋片90克，花生油（炸用）3 500克。

制作方法：

蹄筋按"粟栗蹄筋煲"的要求加工好。

将花生油倒入铁镬内，以中火加至七成热（190～210℃），将蹄筋、冬菇件、竹笋片分别放在笊篱上，再分别放入花生油里迅速拖过，然后放在一旁沥干油分。

以猛火阴油的形式加热250克花生油，先放入葱条爆香、爆干，捞起葱条不要，将沥干油的蹄筋段、冬菇件及竹笋片放入铁镬内炒匀，攒入绍兴花雕酒，并加入淡二汤。待汤水沸腾，再加入生抽。改以中火让汤水消耗大半，用精盐、味精、白糖调味，用老抽调色，用湿淀粉勾芡；然后将所有原料滗入瓦罉内，冚上罉盖，将瓦罉架在煤气炉上烧热即可供膳。

◎注：冬菇又写作"冬菰""香蕈"，市面上有鲜、干两品，鲜冬菇滑而不香，干冬菇香但不滑。入馔通常用干冬菇。

◎杜仲骨髓汤

原料：骨髓1 000克，脊骨250克，绍兴花雕酒60克，赤小豆50克，杜仲40克，巴戟天40克，淡二汤2 500克，精盐20克。

制作方法：

《黄帝内经太素》有"空腹食之为食物，患者食之为药物"的话语，从中反映出食物与药物是有区别的。然而，在实际应用之中，往往存在中间地带——既非果腹，又非治病，即"药食同源"，就产生了保健品。

需要强调的是，并非所有药物都能运用到保健品中去，加上我辈仅为厨师，对药理并不太明，又对食客的身体状况不了解，故而运用"药食同源"这个概念要慎之又慎。

骨髓切成长10厘米左右的段，用笊篱盛装，脊骨洗净斩小块，二者再放入滚水镬里迅速拖过，再放入流动清水里漂凉。

将漂凉的骨髓捞起并沥干水分，与洗净的赤小豆、杜仲、巴戟一同放入炖盅内，注入绍兴花雕酒及淡二汤，用玉扣纸密封炖盅口，然后将炖盅置入蒸柜内猛火蒸炖90分钟。从蒸柜取出炖盅，掀开玉扣纸，用精盐调味，岬（盖）上盅盖，再置入蒸柜熥热即可供膳。

◎注1：赤小豆又称"米豆""饭豆"。中医认为它有行血补血、健脾去湿、利水消肿的功效。

◎注2：中医认为巴戟天有补肾助阳、强筋壮骨、祛风除湿的功效。

◎注3：中医认为杜仲有补肝肾、壮腰膝、强筋骨、安胎的功效。

◎莲藕骨髓汤

原料：骨髓1 000克，脊骨250克，莲藕1 000克，花生120克，红枣20克，生姜25克，陈皮5克，精盐18克，味精10克，清水2 500克。

制作方法：

尽管莲藕在中药当中赫然有名，但它真正被确认的身份是食物，与杜仲、巴戟天被认定为药物截然不同。

骨髓切成长10厘米左右的段。脊骨横斩成长5厘米的段。莲藕去皮，用刀横切成长8厘米的段（将藕节切去）。花生、红枣与陈皮用清水洗净。生姜用清水洗净，用刀拍扁。

将骨髓段、脊骨段、莲藕段、花生、红枣、生姜、陈皮与清水一起放入汤煲内。先用猛火将水加热至沸腾，再以中火加热45分钟。趁汤水沸腾，用精盐、味精调味即可供膳。

◎肉粒烩浮皮

原料： 湿浮皮210克，后腿肉100克，韭黄45克，鸡蛋70克，绍兴花雕酒5克，淡二汤1 500克，精盐4克，味精4克，花生油25克，湿淀粉30克，胡椒粉0.2克。

制作方法：

浮皮是膨化干猪皮的俗称。

制作浮皮并不是很复杂。首先是将整件猪皮上的油脂铲刮干净（猪皮如果残留油脂的话，就难以干燥，继而影响膨化），再用竹片撑开猪皮，使猪皮充分平展，然后将猪皮挂在通风处吹晾至干透。

猪皮干透即可进行膨化处理。膨化方法主要有三种：即油炸、沙爆及火焗。

油炸即将干透的猪皮放入七成热（190～210℃）的植物油里炸。

沙爆即将干透的猪皮藏在210℃的海沙里爆（爆好后要趁热将海沙抖落干净，否则海沙会牢靠地黏附在猪皮上）。

火焗即将干透的猪皮放入210℃的密封烘炉里焗。用这种方法加工的猪皮储存时间长，不容易臜（北方厨师称作"哈剌"，指油脂氧化引起的油败）。

现在市场上有膨化好的浮皮供应。

用清水浸泡浮皮使其软化，即为湿浮皮，用刀切成长3厘米、宽1.5厘米的条。

后腿肉切成1.5厘米见方的粒。韭黄横切成长1厘米的

◎注1：韭黄是韭菜通过培土、遮光覆盖等措施，在不见光的环境下经软化栽培后生产的黄化韭菜。见阳光生长而采收的叶片则为"韭菜"。

◎注2：民国时期（1912—1949年）徐珂先生的《清稗类钞·饮食类三·汆猪肉皮》云："猪肉皮（鲜宿均可）略泡，入沸油汆之，至色黄皮松，乃起锅，藏以待用，不易腐坏，可为煎炒各物之辅助品。且形似鱼肚，几可乱真。"

段。鸡蛋砸开，取出蛋液，并用筷子打散。

用花生油起镬，攒入绍兴花雕酒，注入淡二汤，以中火加热。待汤水沸腾，放入后腿肉粒及浮皮条，用精盐、味精调味。再待汤水沸腾，用火调慢，一手用手壳搅动汤水，另一手慢慢注入鸡蛋液，使鸡蛋液呈散花状。依法注入湿淀粉，使汤水呈琉璃状。然后将所有原料滗入汤煲内，撒入韭黄段及胡椒粉即可供膳。

◎啫啫生肠煲

原料：猪生肠1 000克，食粉18克，白糖4克，精盐12克，鸡精4克，生抽35克，柱侯酱30克，蒜片25克，红葱头30克，洋葱丝10克，姜片15克，芹菜丝10克，芫荽段5克，胡椒粉0.5克，花生油260克。

制作方法：

猪生肠是猪的子宫系统。既然是子宫系统，说得透彻些，就是猪乸（母猪）有而猪公（公猪）没有的部位。北方厨师称此原料为"猪花肠"。

猪生肠较竹肠（临近胃部的小肠）的质地更韧，这就赋予了猪生肠有较之竹肠更爽脆的质感。

需要画重点的是，质感的爽脆往往是来源于原料质地的艮韧。

那么，在实际操作之中，如何将原料艮韧的质地转变为爽脆的质感呢？答案是通过控制原料的生熟程度。如果原料完全熟透，就会出现"热缩"的现象，原料肉质结构就会紧缩，这样就会呈现艮韧的质感，而原料处于仅熟的状态，是维持在"热胀"这个正常的物理现象之中，原料肉质结构就会较为松弛而易于被人咀嚼。易于咀嚼是获得爽脆质感的先决条件，否则就是艮韧了。

基于这种解释，要让猪生肠质感爽脆，可以通过控制烹饪时的生熟度来获得。

由于猪生肠的管壁较厚，即使切成段也难免受热不

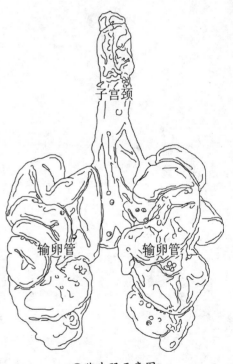

◎猪生肠示意图

◎切上齿坑的猪生肠

◎啫啫生肠煲

匀，所以在为猪生肠切段时要打上齿坑（厨师称其为"花"），即用刀将猪生肠的系膜剖开，使猪生肠由扭曲状变成直条状。然后，以管径一半为限、以1.5厘米左右为距，在肠管上切出齿坑，每隔3道齿坑就彻底切断。

将切成段的猪生肠放在钢盆内，加入食粉、白糖、精盐及鸡精拌匀，腌30分钟左右。

红葱头、洋葱丝用五成热（150～180℃）的花生油炸熟，用笊篱捞起，放一旁沥油备用。

瓦罉架在煤气炉上猛火加至炽热，放入花生油、蒜片及姜片爆香，再将腌好的猪生肠（可先用油泡半成熟，此为"熟啫"；直接放生的猪生肠的为"生啫"）放入瓦罉内，迅速炒动，使猪生肠受热均匀，然后加入柱侯酱、生抽，以及沥干油分的红葱头、洋葱丝搅拌均匀，撒入胡椒粉、芹菜丝及芫荽段，冚上罉盖即可供膳。

◎海丰猪什汤

原料： 后腿肉100克，猪横脷100克，猪腘100克，猪心100克，猪腰100克，粉肠100克，猪骨汤3 000克，沙参45克，玉竹45克，枸杞子5克，葱花10克，精盐12克，味精6克，胡椒粉0.5克。

制作方法：

海丰猪什与别处的猪什不同，加了猪横脷。所谓"猪横脷"是指猪的脾脏。广州人一般不将猪横脷入馔，常见的是与一些中草药煲成去湿茶。经过煲煮，猪横脷的质感相当粉焖，加上没什么味道，并不美妙，故此，广州人从来不会想到将猪横脷入馔。然而，海丰人却另辟蹊径，用渌的方法烹制，换来的是不一样的质感。

将后腿肉、猪横脷、猪腘、猪心、猪腰（要切去内部的白筋）切成薄片，将粉肠切成段。

将沙参、玉竹放入猪骨汤内慢火煲45分钟，用精盐、味精调好味备用。

当食客需要此汤馔后，将沙参、玉竹与汤水氽入小钢

◎注1：中医认为沙参有滋补、祛寒热、清肺止咳之效，也有治疗心脾痛、头痛、妇女白带之效。
◎注2：中医认为玉竹有养阴润燥、生津止渴的功能。

镬内以中火加热。汤水沸腾后，将后腿肉片、猪横脷片、猪腘片、猪心片、猪腰片、粉肠段及枸杞子放入汤水内，待汤水重新沸腾，将汤水连各料倒入瓦碗内，撒入胡椒粉及葱花即可供膳。

◎馅用叉烧

原料：去皮五花肉1 000克，姜黄15克，莪术5克，胡椒粉0.3克，碳酸钾14克，碳酸钠6克，精盐180克，白糖780克，鸡蛋液50克，生抽75克。

制作方法：

此配方为新创，专为面包等馅用叉烧而设计。

在《粤厨宝典·味部篇》有"蜜汁叉烧"的配方和做法，该配方历史较悠久。当时的猪肉肉纤维较为紧实，通过"吊"——叉烧在炽热炉温中，先让表面的水溶性蛋白迅速固化形成保护膜，再略降温，让叉烧内部油脂产生油炸反应，叉烧能呈现松软嫩滑的质感。

然而，现在的猪肉纤维疏松，再用旧法处理，叉烧会呈现散柴霉散的质感，十分不妥。

此配方的原理是利用姜黄凝结油脂的功能，让肉质纤维（非水溶性蛋白）之间产生空隙，再利用碳酸钾、碳酸钠接驳非水溶性蛋白、膨胀水溶性蛋白的能力，令叉烧呈现爽滑软弹的质感。

将去皮五花肉（其他部分的瘦肉及肥瘦肉也可以）切成长30厘米、宽3厘米、厚1.3厘米的条。放入钢盆内，再加入预先混合好的姜黄、莪术、胡椒粉、碳酸钾、碳酸钠、精盐、白糖、鸡蛋液、生抽等腌制料拌匀，置入冰箱冷藏36小时。

去皮五花肉条穿在叉烧环上，挂入炉温达到280℃且呈现红外线光亮的烧鹅炉内，迅速让去皮五花肉条表面干结。这一过程最好是在2分钟内完成。去皮五花肉条表面，将炉内温度降到220~240℃，隔15分钟将叉烧原来朝炉壁的一面转向朝火，再烧15分钟即可。取出淋麦芽糖。回炉（炉温约180℃）5分钟，取出再淋麦芽糖便可。

○陈福畴与四大酒家

　　需要肯定的是，陈福畴先生对粤菜烹饪及"食在广州"的名声的建立，功勋卓著，他对粤菜烹饪体制的改革，使这个菜系作为后起之秀，在近百年来一跃成为烹饪界的翘楚。

　　冯明泉先生在《广州文史·第四十一辑》中记有《陈福畴与四大酒家》的文章，今将其摘录，以资参考。

　　"食在广州"这个美名，是泛指广州之"食"，以其品类之多、制作之精、烹调之巧、味道之美、适应面之广而享誉海内外。任何阶层人士，步入广州城，不愁没有适应自己消费和口味的食处；高、中、低档，真是包罗万象。然而中华人民共和国成立前影响最大、声誉最广的莫如陈济棠主粤时期的"四大酒家"。它们是当时广州的"最高食府"，至今仍为海内外人士所津津乐道。

　　四大酒家是指在八旗二马路的南园、文昌巷的文园、长堤的大三元、惠爱西的西园。

　　原来它们都是各自经营、独立核算、不相统属的。在经营上也同其他酒家无殊，甚至有艰难度日，暗中易手者（更换东主，不改招牌）。

　　自从南园酒家改由陈福畴等主持之后，业务迅猛发展，不数年兼主理四大酒家（内部股东不同，仍是独立核算），名声大噪，陈也被誉为"酒楼王"。

　　确实陈福畴的经营方法是具有过人之处的，当然亦不排除巧遇一点机缘。本文是根据十多位酒楼老前辈以及南园酒家等有关的人士忆述的记录整理，只作为抛砖之举，尚望社会知情人士，勿吝指正。

南园酒家

　　南园酒家是四大酒家之首，在八旗二马路，原为孔家大院。孔氏凋零后，一度成为"棺材庄"（停厝灵柩的地方），后且易主成为番禺黄佐贤先生产业。他是后来南园酒家主持人之一黄焯卿的叔父。

　　南园酒家占地纵深约233米，原为一景酒家经理（旧称在事）番禺何展云所经营，利用原大院结构，树木分布，改造成为天然园林古雅的酒家。此地在清朝光绪末年，已相当畅旺。天字码头一带河面，妓艇密集。岸上便是"广舞台"、襟江酒家（第二代茶楼王谭晴波主持，宣统元年1909年开业）。南园虽在同一地段，但偏入后街，加上何展云先生年事已高，渐难兼顾，因而业务平淡，无法与襟江争衡。于是与亲信职员高敬之（张王爷）、黄焯卿（大只脚）商量，愿以低价将南园转让经营。高、黄以挚友陈福畴（乾坤袋）有谋略、结识广、地头熟（传陈原是襟江酒楼楼面部长），最有可能"扛大旗"，三人一撮即合。

陈福畴本身资金不多，但陈结识不少常来东堤寻欢作乐的公子王孙、巨贾官商，特别是许多在太平沙（南园酒家后面）的大盐商，都是一掷千金无吝惜的富豪。陈争取到不少这些富豪入股，解决了资金问题。

当时，筹组南园酒家总资本5万元，大部分是外股的。能得那些外股是由于规定投资8 000元（一说5 000元）便成董事，可以在南园花钱时签单（不用给现钱），签单很有面子，在社交上，特别在女人面前摆摆股东的阔气，很够威风，所以这些盐商、捐商，花几千元入股认为值得，赚钱与否似不在乎。陈福畴招得这些股东，不但引来很多生意，而且利用他们的权势对南园这样的公共场所起了一定的保护作用。

陈福畴的股金既然不多，他定出的利益分配办法是不以投资额为依据的。他与高敬之、黄焯卿是主事人，利益分配是总经理占40%、经理30%，按股均分只有30%（后来他主持的酒家均按此办法）。由于外股不计较分红，他便得益不少。

此外还有酒家进货的回扣（佣金），槟（以前酒楼是有槟榔蒌叶奉客的）、芥、下栏、小账（客奖励），麻雀牌、烟具租金，代请歌妓、乐队的服务费等众多项目收入，都要提出30%以至全部不等统归企业经理们自行支配。一般情况下，企业主事人占其中的50%，其余给有功的职工。因此，陈福畴重组南园之后，个人收入之巨，声誉之隆，与日俱增。另外，南园酒家的股东，不少原是因缘时会的暴富，在"白云苍狗"的政局中，不时有人垮台，又因"签单"花钱，容易失控，使投放在南园的股份实际所余无几，陈福畴等轻而易举地承受下来，于是实力就更加雄厚了。

以后的酒楼，不少效尤了南园的分配办法，是导致广州市"百年茶楼不算长，十年酒家成老号"的主要原因之一。

陈福畴经营南园，确是殚精竭虑，与高敬之、黄焯卿等

◎注1："酒楼"的名称在唐代已有，诗人李白在《相和歌辞·猛虎行》中言："溧阳酒楼三月春，杨花漠漠愁杀人。"但该"酒楼"非今"酒楼"。该"酒楼"实际上是具有楼阁的酒馆，而今"酒楼"则将"酒家"与"茶楼"的经营模式融于一体。

粤厨宝典·菜肴篇1

人都倾注了心血，经营和管理都有独到之处。他们充分利用南园酒家天然园林之胜进行改建，使酒家亭、台、楼、阁俱全，更有独立小庭院，十分适合达官贵人不乐意与其他顾客杂处饮宴的心理。而且所有建筑物，均可"曲径通幽"，这在民国初年，是绝无仅有的。一时民国的军政官员以及陈福畴所联系的巨贾、"王孙"（或称太子爷、二世祖）相率而来，生意越做越旺。直到陈济棠主粤时（1929—1936年）声誉、业务达到登峰造极。

正当南园酒家改由陈福畴经营后，执当地（东堤）业务"牛耳"的襟江酒家因炸伊面不慎失火，全楼被毁，遂使南园得以"独霸一方"。

其后襟江虽经重建，改称澄江楼，但却以经营茶楼为主，不与南园"争食"。而此时（1918年左右）南园已在陈福畴锐意经营下，站稳"脚跟"继续发展。

陈福畴接主南园酒家之日，社会并不安定。当时孙中山护法战争失败，滇、桂军阀对抗孙中山，改组护法军政府（孙辞职），桂系军阀莫荣新任广东督军，全国（包括广东）都处在军阀割据、混战，各自为政，势力不断此消彼长，瞬息变幻的年代。军政界官位交往频繁，奔走于官门求职者固多，得官而存"五日京兆"之心者更多，暴敛暴富亦多。由于他们的钱来得非常容易，花钱也就一掷千金无吝惜了。陈福畴等人抓准这些经营对象，面向官场。怎样使他们把钱更多地花在南园，陈福畴自有他的一套。为了联络顾客感情，陈福畴、高敬之、黄焯卿等也经常在老主顾的"雀局"三缺一的情况下凑合助兴。

陈福畴还把酒家的设备逐步高级化。餐具全用江西配套名瓷、银器、锡器和真象牙筷。烟局用的是全酸枝"罗汉床"、酸枝床几（矮几，摆在床中央，两人分隔横卧，共同抽烟），还有镶玉、镶象牙的高级"烟枪"，来路（进口）烟灯，名瓷烟枕（枕头的一面是斜形的）。雀局则用原身全酸枝麻雀枱，还备有当时的高档麻雀牌，闻说有些是用象牙雕刻的。响局则几乎全是中乐，吹奏、打击、管弦俱备，如顾客欢喜，还代聘女伶演唱，更有些精神空虚和钱多文化少的暴发户要唱"咸水妹"（咸水妹是低等职业歌女，唱得多是庸俗下流歌曲，如当时最流行的"十八摩"等）的，南园同样可以请来。

南园地处东堤，妓艇云集（合昌帮、琼花帮），而居民不太稠密；富也不如西关，故来客都是远道（非本地段）而来，娱乐消闲，非富则贵。

本来当时的饮食行业，一般是就近服务的场所，不必注重宣传招徕。但由于南园要招上述远道的阔客，所以陈福畤十分重视宣传广告。其宣传方法也是创新的，不特大肆宣传南园的地方环境，还着意宣传其巧手菜式——红烧网鲍片、白灼响螺片，还加意宣传其主制厨师邱生，使企业、厨师、名菜结成"三位一体"，所谓名店、名师、名菜。这在福畤主持南园之前，整个饮食行业是没有的（即使在7年之后，1925年开业的陶陶居，宣传力远胜南园，但因是茶楼性质，也没有采此办法）。这对防止技术骨干跳槽，加强骨干分子的归属感、责任感，起到十分重要的作用。而邱生师傅除了主理南园厨政之外还是个得力的买卖手，并且还培养了一批徒弟。由于南园维系了一批得力的技术骨干，加上大肆宣传招徕，使南园更是顾客盈门，生意兴旺。

这个时期（直到广州沦陷）的东堤，日间似乎还算"平静"，一到夜幕初垂，华灯吐艳，即摩肩接踵，鬓影衣香。市民称它为"鸡、鸦、狗集市"，实为十分贴切的描写。南园更是车水马龙，弦歌不绝，珍馐杂陈，酒香、脂香，混成一体。豪客消费之大，"出手"之阔，一般升斗小民，是难以想象的。

有一例可以说明，笔者的前辈李荣福，16岁开始在南园酒家当楼杂，18岁当巾杂（服务员），每月工资只有2元，一直做到1938年42岁时，却颇有积蓄，还购置了物业。

这是什么原因？

原来他每晚伺候豪客赌博、打麻将，侍应十分妥帖，豪客"罢战"结算时，台面白银堆成小山，其中有些熟客每次给"手震"（赏钱）时，都指定他先取，叫他用双手捧乱银，捧（拿）得多少算多少，一次为限，所以每晚分得8元、10元是平常事。虽然赏钱是由厅堂部门均分，可是长期如此，半生在灯红酒绿的环境中，不嫖赌饮吹，勤勤恳恳，所以有可观的积蓄。

这个例子，说明南园酒家当时之盛况。

南园酒家正在蓬勃发展的时候，日寇侵华，广州沦陷，整个酒家毁于一炬。

文园酒家

文园酒家地处西关繁盛之区，下九甫与第十甫交汇点的文昌巷。文昌巷是因有文昌庙而得名，这同广州不少街道如观音直、金花街、洪圣巷等以庙名街，是一样的。

民国十一年（1922年），当局以破除迷信为由，拆卖部分寺庙产业、地皮，实则是以充军饷和政府经费。文昌庙亦在拆卖之列，地皮为西关某富人投得，改建为园林式酒家，委陈福畴主持集股经营。而陈此时羽翼已丰，自有一定实力，且经营眼光独到，认为西关是正当商人、文人荟萃之地，业务绝不能与南园相同。于是把文园也建成亭台楼阁的花园式，还别开生面，开凿一大莲池，池心建亭，连以曲折小桥，亭为雅座。在此饮宴，欣赏四面荷花，宛如芙蓉出水，亭亭玉立，扑鼻幽香，确实别饶风味。然而，文园并不以此为主厅，其主厅则为"汇文楼"。汇文楼面积不太大，而大小房间俱全，装修古雅，酸枝家私，适合文人雅集，商贾斟盆（洽谈业务）。鲜为外人知者，该楼后间，还设有神龛，仍然供奉文昌魁星，以自我安慰占用文昌庙址之"愆"，免降不祥之祸。

陈福畴本人，社交广泛，酬酢频繁。文园日常业务，此时实际已交由其把兄弟池林、池深主理，而林基（蛇王基）为辅，并主持营业部重责。

文园的业务以面对西关巨商、晚清遗老、文人为主，除不可避免地仍需开设"雀局"外，偶尔亦有"响局"之开，而无"烟局"和侑酒之妓，这在当时是十分正常的酒家业务范畴。

文园的招牌菜式：江南百花鸡、蟹黄大翅、玻璃虾仁。主制厨师先后为罗泉（妥当泉）、黑面牛（忘其姓）、钟林。陈福畴仍沿用南园管理办法，宣传名菜的同时还宣传其主制厨师。但到陈济棠主粤中期（约1932年），钟林与黑面牛均参加了冯俭生（后曾号称"香港酒楼王"）为首的"七贤堂"。广州沦陷期间，七贤堂在广州酒楼业也起过旋风式的闪光作用，此是后话。

文园开业声势浩大，雄踞西关，成为当时全西关最高级的文人雅士、富商巨贾的消费场所。它的出现，使原来星罗棋布的中小型酒楼大为失色，即使与大型的如南园相比，也各有千秋。

据前辈目击，每天中午刚过，便陆续有"两人舆""三人舆"（轿）络绎翩然莅止，长衫马褂者有之，西装革履者有之，粉白黛绿者亦有之，中、西、今、古、车、轿、骡、马，蔚为奇观。这些人中，当然不乏谈诗论文、切磋经典、品评古物雅集之士，亦有"竹战""攻城"（打麻雀牌）消磨永日之辈。一般入夜以后，才作开筵。不少商界人士，也在酒酣耳热之余，成交贸易。由于西关当时除了西如、莲香、太如、富隆等各大型茶楼之外，酒楼则全是中小型的，所以文园酒家便成一枝独秀。

文园位于（文昌巷）内街。在第十甫、上下九开拆马路后，新开建的西南酒家（今广州酒家），位于文昌巷口，靠近马路，因此文园在交通上当然逊色。其后不久，宝华路宝华中约的谟觞酒家开业，同是园林布局，规模相等，竞争更烈，文园业务大不如前。股东之间内讧迭起，陈济棠下野时，陈福畴已离开文园。抗日战争，文园全毁，地皮为张钜彬医生所有。

大三元酒家

大三元酒家地处广州最繁华地段之一——长堤，面对海珠小岛公园（今爱群大厦至省总工会一带），原来楼高只三层，却可窥海珠小岛全貌，珠江帆影尽收眼底。这里在未开拆马路之前，已经相当畅旺。每当夜幕低垂，堤边便灯光点点（煤油小灯），游人如鲫，睇（看）相、算命、卖药，以至"流莺"（私娼）、"三教九流"混迹其间。小贩星罗棋布，饭店酒楼业务竞争异常激烈。

这里中小型酒楼林立，其中比较大的有名园（民初曾改为"得元"，最后改称"七妙斋"）、胜记（后改为"总统"，最后改为"南昌"）、大三元等。至于小型晏（饭）店就更多了。

这主要的原因是清朝到民国，直至新中国成立初，广州的四乡码头、水路交通均以此为枢纽，日间客流量大，夜间闲杂人多。

正因为如此，这里历来都是黑社会势力最为猖獗的地段，明抢暗偷、收规（保护费）勒索，无日无之，是以这里的酒楼虽多而殷实商人裹足。

从表面看，长堤的饮食业、旅业，几乎占了所有店铺的三分之一，而且都相当兴旺，但由于竞争激烈，利润微薄，各方"应酬"的费用很大，实际不易维持。

据几位前辈忆述，名园酒家在30年间，竟然8次易手（最后一次是给七妙斋），大三元酒家也不例外。

大三元酒家据传始创于民国五年（1916年，即乙卯大水灾后）。原为小型酒楼，铺位只有一间，而且是"竹筒铺"（狭长形，左右均不可开窗），这对经营饮食业本来是很不利的。除了生产工场和后勤必需地方外，实际营业地方只有二三楼，而且还是单边厅房。由于见到隔壁的壶天酒楼（同样是竹筒铺）业务相当畅旺，使经营者认为有把握。结果在他们兄弟辈紧密配合、努力经营下，几年之间，也算薄有成绩，名声比壶天好。

不过该地中小饭店酒楼越开越多，右邻的胜记酒楼

◎注2："乙卯大水灾"发生于1915年7月，当时广东大部分地区遭受空前严重的水灾，导致珠江水系出现"三江并发"的局面。7月上旬，广东连日暴雨，令西江、北江、东江的江水陡然暴涨，三路洪峰奔袭广州。

7月9日，北江洪水冲崩三水榕塞围，直扑清远石角。7月10日，洪水越来越猛，随即冲崩石角围，清远城内外水封屋檐，首先沦陷。其后洪水直向南涌，先后淹没花都白坭、赤坭、炭步一带。过后北江水仍直向南冲，与流溪河汇合，直逼广州北郊。与此同时，西江洪水连破高要、四会的堤围，抢道北江，直逼广州西郊。7月9日至11日，南海堤围多处崩决，洪水直捣广州西郊。东江洪水也凶相毕呈，连决增城堤围，直犯广州东郊黄埔。广州城南的珠江，受南海大潮顶托，广州四面水困。7月12日起，广州街头水浸高达4米，长堤、西濠、下西关、泮塘、澳口、东堤、花地等低处地区受灾尤为严重。7月13日凌晨2时，十三行忽然失火，无法施救，烧至14日19时方熄，但到22时又死灰复燃，烧至次日凌晨1时。

（东主黄胜，酒楼前辈老行尊，三代从事酒楼业）地方宽敞、实力雄厚，不惜降格竞争。在大小同业夹攻之下，壶天首告不支，大三元也岌岌可危。

正在此时（1919—1920年），陈福畴的事业正蒸蒸日上，福至心灵，他认为只要解决竹筒铺问题，竞争就有把握。经人介绍与大三元协商，一撮即合，把大三元顶手过来，暗盘成交，同时承租了壶天铺位，合二（铺）为一。

这回的集资（股）人，主要是与南园有交易的供货商号，如：肉商、糖面商、海鲜鱼栏商、茶商、酱料商、租汽灯商等。而所有这些股友，实际都是互相利用的，参加了大三元投资后，就可以长期做酒家的供货生意。

在筹备工作中，适右邻的羊城置业公司停业。

"千金难买相连地。"陈福畴当然不会错过时机，立即承顶（租受）其铺位。于是大三元便由原来的竹筒铺变为"三合一"的宽敞大店。

当时人称"成人自有退位"。然而由于"一阔三大"，原来的预算严重不足，原定做流动资金的，也全部投资在装修设备上。

面对难题，股东决定采取两项措施：一是有供货关系的股东缓收货款，二是由股东提供"付项"（是借贷的一种形式，企业盈余，优先偿还"付项"本息）。最后，由一德东路万生茶庄老板温心田先生提供到足以使大三元顺利开业所需款（付项，数字不详，后来成为大三元最大的债权人）。

陈福畴对大三元的经营构思，是匠心独运的。本来当地军政上层人物，已由南园几乎独"揽"其生意；殷商巨贾，自料一时难与一景酒家争衡，但长堤地区也很优越，这里既是水运交通枢纽，码头相接，又是"鸡鸦狗"云集之地。大量黑社会堂口、码头包工、侦缉"老爷"等，他们都是"红、黑道"中的揾（赚）钱容易且散得去（肯花钱）的人物，以及有求于这种人包庇的、被他们敲诈而要"讲数"（讨价还价求情）的，这种人消费，不比上层官员逊色多少，但他们又不大乐意到南园去，怕的是"碰"到上司，局面尴尬。来历不明的钱，宁给人知，莫给人见。为此，他决定以这类人物为营业的主要对象，并轻而易举地通过交际手段，联系上若干这类人物的头头，在大三元扩张开业之际，给他们以特殊优惠，请他们"捧场"，顿时酒家56个厅房，全部客满，一连数天，座无虚席，声誉鹊起，雄视长堤，二三年间，便成为广州市最负盛名的大酒家之一。

大三元是陈福畴主持的第三家酒家，也是唯一非园林式的一家。铺面虽占三间，相当宽敞，而室内布局由于中有隔墙两堵，厅堂宽度受客观条件限制，大型宴会，实嫌"气派"不足。于是陈福畴又想出了弥补办法。他发现西堤大新公司开业（1918年）时，市民对电梯（当时人称"升降机"）的浓厚兴趣，受"坐升降机行大新公司"的口头禅的启发，决定在大三元安装全行第一部电梯，为大三元增添了不小"声价"（声势），成为最现代化的酒家。

果然不少市民争相传说，当了大三元的义务宣传员。其实人尽皆知，只有三层高的楼宇，安装电梯，是宣传作用大于实际的。陈福畴又成功了。

大三元的股东原来多是中层工商业者，他们对自己参与投资的企业是很关心的，这与南园酒家股东的官商和暴富人物的"阔佬懒理"迥然不同。他们不断过问企业经营、收支情况。

当时的问题是，业务虽然颇佳，年终股东的分红却很少，而且五六年过去了，尚未能还清股东的"付项款"。其中原因，除了不断地装修、改革、添置外，利益分配制度实是主要原因之一（股东只占利润30%）。

这样，外股东家意见是很大的，但因互无联系，力薄能单，起不了大的"风波"。特别由于部分仍同大三元有长期交易（供货）关系的大股东如万生茶庄、何不光出租汽灯商（当时电灯时有暗如香火之弊，故各大酒家均需长期租用汽灯，由汽灯商每晚派员驻酒家专责"伺候"，很像现在专人管理发电机）等仍然认为有利可图，不愿多生枝节，并出面调停或收购，遂继续相安下去。

直至1929年，陈福畴又主持开设了广源酱园（在第八甫，今光复路）、永隆海味店（在十三行），还参与了若干市场肉类的经营，于是属下各大酒家的所需均改由这些店铺供应，因而原来由于仍有供货关系，还有利可图的股东，最后的交易希望也幻灭了，遂又一次掀起退股风波。

为了应付这场风波，大三元进行改组。得到吴满（蛇王满）的投资支持，并举荐了吴仲怡参加经营管理。

陈福畴还提拔了妻舅欧阳拔卿主理店务。欧阳和吴两人分析市场形势，决定"祭"出60元大裙翅的新招。

当时各大酒家的红烧大鱼翅最高售价不超过30元白银。大三元的大群翅价格高得惊人，自然引起人们的猜测、议论、注意。

这种经营手段，名为"划逆水"。

当然，社会上总有些好奇心很大的豪富为了一看究

◎注3：大新公司于1922年建成，是广州第一座钢筋混凝土结构的高层楼房，原名"城外大新公司"，坐落在沿江西路49号，广州珠江边的标志性建筑之一。该大楼特别先进，于天台设有空中花园、游乐场，还有电梯运送客人，并有螺旋形斜坡供小汽车上下。后来易名为"南方大厦"。

竟，好歹都想试一试。

因此，这道菜，务必"冠绝群伦"，确实"标青"（非常出众）。当他们认为果然质量特佳，物有所值时，自会给你绘影绘声地义务宣传，以炫耀自己的"识货、阔绰"。

这是我们行业前辈长期阅历所得的社会心理之一。

当时，吴銮师傅入主大三元厨政，时年仅30岁，以烹制鱼翅见长，人称"翅王"。

他主持炮制的60元大裙翅"出笼"之日，大三元全店以至行人道，均被鲜花篮壅塞，各层楼宇前面又挂满鲜花牌，长长的鞭炮多达数十串，几乎整日不断燃放。

凡食过的，无不交口称赞。

于是大三元的60元大裙翅声誉逐渐越传越广，"翅王"吴銮声誉也不特为行家所承认，在广州则街知巷闻。

不过社会上能承受这样高消费的人士毕竟极其少数。据1956年吴銮对笔者忆述（当时吴是第十甫式饭店经理，我是同业公会副主委），60元裙翅推出后，最高销售量的一天也只4～5个，而不"发市"却是常见的，但却大大提高了大三元的知名度和档次，带来全企业兴旺，不少工商界上层人物，也乐于在大三元小叙、小宴（大三元因地方所限，没有够气派的大型宴会厅堂，而小厅房多达56个）。

后来采取光顾裙翅一个，附送名贵二热荤的措施，销量有所增加，不过平均日销不足一个（本来实际销售量是业务秘密，但当时吴銮、吴仲怡均已退出大三元多时）。

大三元的全盛期是在第三次改组后（约1929—1936年），恰是陈济棠主粤期间。

陈济棠虽然没有制定过对饮食服务业的任何扶助政策，但由于全国性的各种原因（政治的军事的），粤局得以相对稳定，而陈又在知识分子帮助下大搞市政建设，大办工业，统一军政大权，使工商业均有较大的发展。

特别是陈以各种借口，指定地段开赌局（番摊、色宝、牌九样样俱全，在今海珠区大基头南村一带）、设妓寨（东堤、陈塘以至带河路显耀里宣仁坊，城里的鸡风巷、钟鼓巷等），还有彩票形式的"白鸽票""山铺票"等（均是赌博），收到了大量的特种捐税，并豢养了一大批以此为业的"三山五岳人马"（俗称"捞偏门"），养肥了不少"捐商""打手"（以武力维护捐商利益的恶徒），这类人物多半是"胡天胡帝"乱花钱的，加上正当的工商业的发展和正常的贸易交往，这两大类客源的汇合造就了我们酒楼行业的全盛时期（其主要全盛期当在1931—1935年间）。

自从白银收归国有（1935年）之后，广东广州市场流通逐渐由纸币代替了银毫，五花八门的纸币如中、交、农的大洋券和省银行的毫券及市立银行的毫券等，人们对纸币的信心，远非像白银本位那样安定。

随着1936年又发生"两广事变"（陈济棠与广西李宗仁、白崇禧联合反蒋失败），陈济棠下野；黄慕松主粤政，一度高唱禁赌、禁烟之类"德政"（其实禁而不止）；同时抗日救亡，百姓呼声日趋激烈，抵制仇货，行动如火如荼。

所有这些社会上的问题，自然影响到物价的稳定，政坛人事的变迁，捐税征收的混乱。特别是在外侵日亟、国家民族已深陷累卵之危时，人们对不论官、商、"黑白二道"人物那种纸醉金迷的糜烂生活，都是异常反感的。

当然，在客观环境下，这些人的收入也会受较大的影响，酒楼行业赖以繁荣的"两大类"客源逐渐减少，全行业务趋淡，尤以高级酒楼为最，大三元不能例外。

陈福畴眼看所属企业渐陷困境，赴港另图发展。旋即七七卢沟桥事变，抗战军兴，广州几乎每天都在敌机轰炸威胁之下，包括陈福畴在内的不少富裕人家，举家移居港澳者有之，转迁农村者有之，广州的繁华景象，烟消云散。

大三元进入了艰苦维持期，原来5～6年的经营全盛时，利润本很可观，但由于组织、分配等种种原因所余无几，流动资金在沦陷前夕已经是负数。

广州沦陷后，大三元酒家由欧阳拔卿筹集若干资金，作简单的粉饰复业。仍以陈福畴之子陈董芝先生为总经理。

在新的环境下，虽然没有了全盛期的雄风，但由于复业较早，锐意经营，又调低了档次，生意一度相当畅旺。两三年间，便又扭转了沦陷前两年的颓势，收获亦佳，拔卿也积蓄了自己的实力。

1940年5月，汪精卫伪政府正式成立，一群群沐猴而冠的大小汉奸，纷纷粉墨登场，饮食业表面上也露一线生机，一些未被战火毁掉的原酒楼铺址，也陆续有人投资复业，尤以太平南（人民南）、长堤一带为多，其著者如陆羽居、钻石、大同、金轮、金龙、明月、爱群（十一楼）、七妙斋、总统（原胜记）等。特别是邻近大三元的几家，新装修均比大三元老貌为好，不无影响大三元的业务。

1942—1943年间，拔卿脱离了大三元（可能有内部原因），在附近长堤海珠南路口开设了金城酒家，自任经理，而以其拜把兄弟吕伯侯（摩啰镇）主持营业，大三元则全部移交给吴仲怡主持（欧阳拔卿走后，大三元曾提拔翅王吴銮为司理兼采购湿货）。

两年之后，迎来了日寇投降福音，广州光复，又一批新富新贵莅任，酒楼全行业又迎来一个鼎盛时期，大三元业务当然也蓬勃起来，可惜只是昙花一现。原来颇负盛名的六国饭店（位于太平南、西堤二马路口，毁于战火）在实力雄厚的谭杰南（陈福畴之后第二代酒楼王）主持下，以冯海潮为司理，又选址在长堤（现海珠花园左侧）堂皇复业；以拥有几家中型饭店的何恩主持的冠华酒家又在长堤靖海路口开业；以"新扎师兄"（爱群十一楼服务员）麦苏主持的一景酒家也在大三元右邻复业。大三元在实力雄厚、朝气蓬勃的同业重重包围之中，可能是家底较薄，"龙钟老貌，难换新颜"吧，随着光复而来的"好景"，犹如闪电的光，一霎即逝。

1948年秋冬之际，大三元即放"暗盘"招顶。笔者当时陪同工作单位的富国、富华、海天、擎天、永乐、永安的主要负责人江能、江进兄弟曾直接与吴仲怡洽谈承顶，但虽经数次协商，也因条件不合未能成交。事为大三元右邻的总统酒家经理陈勤昌获悉，主动愿意以较低条件出让"总统"，于是一谈即合。而大三元终于由最大的债权人——万生茶庄温光和谭焕章以15万元港币承受了（温光是已故万生茶庄主人温心田的儿子），温光在其岳丈（原配妻子之父）茶楼王谭晴波的辅导下经营大三元到中华人民共和国成立后合营。

西园酒家

西园酒家在城里的惠爱西路（今中山六路）六榕路口，有天然园林，布局幽雅，莲池水榭，敞轩回廊。所有营业厅堂全处在茂林修竹里，配以古色古香的雅座、视野开阔的牖窗，使任何一个座位都能欣赏到园林景色，这是西园酒家设计的特色。

据前辈相传，西园酒家的地址，原来是六榕寺产的一部分，是民国初年（20世纪20年代）孙科主穗时，同其他寺庙产一样拍卖归公的。因这原是古寺丛林，所以酒家内有一株极为罕见的红棉连理树。当时人们估计，树龄已超百年。树干两株并立，大可合抱，相距可过一人，一丈高处便连成一体，且无接驳痕迹，高达4丈，蔚为奇观。"在天愿作比翼鸟，在地愿为连理枝。"广州人视它为吉祥物，凡初次光临西园者，莫不驻足欣赏。惜乎这也成为古树"罪过"，"文革"开始，便被"判"斩树除根。今酒家虽已复业，连理树则已无影无踪了。

西园酒家是陈福畴主办的四大酒家中的最后一家，开业准确时间不详，但可以肯定是在1920年以后（不可能早于大三元）。

据说是在广州起义期间（1927年）才由陈福畴等接手重修主办的，但成绩始终平平。陈福畴时对其得力助手林基（蛇王基、文园营业部长兼助理）说："西园是鸡肋（食之无味，弃之可惜），但只有保住它，我才不用坐'三脚凳'（不稳、危险）。"

这证明西园比起其他三大酒家是大为逊色的。

前文谈过，陈福畴做生意有个特长是"因地制宜"。

西园地处惠爱西，地位远比不上西关、长堤的富裕繁华，而其优点则是具有天然园林之胜，紧邻六榕古寺，"善男信女"、香客游客众多。他所主持的酒家，均要突出一个招牌名菜为号召。

于是决定精制一款"罗汉斋"以适应佛门弟子、居士之需。继又以"罗汉斋"这个菜，广州大小酒楼，家家有售，殊欠高贵，遂又易名为"鼎湖上素"，以示有别于一般。

事实证明，西园的"鼎湖上素"用料是很高级的，远非一般"罗汉斋"可比（后详）。

主制这个菜的厨师诨名八卦田（忘其姓名）。由于绝大部分高级斋料本身是无味的，所以他先将无味的原料，一律用二汤先行"喂"（煨）透，这样吃起来也不觉得味"寡"（上汤的主要原料是老鸡、猪瘦肉、火腿骨等，取上汤后再熬便称"二汤"）。

此斋菜推出后，一时确实博得一些食家的好评，但是由于售价高达20元白银，绝非普罗大众所可问津，所以除了达官富豪慕名小试外，原来陈福畴所指望它能适应的消费对象——"善男信女"反而"敬而远之"，那是陈福畴始料不及的。

一计不成，又生二计，于是再度复用"罗汉斋"的传统名称与"鼎湖上素"同时并存，才又吸引了不少普通食客，业务渐渐趋稳。

这并非纯是"斋菜"之功，是由于恰值广州饮食行业两个最大的工会（酒楼工会、茶楼工会）矛盾缓解，茶楼工会默许其开设茶市（原来酒楼业是不得经营茶市的）。西园经营早午茶市，出售"罗汉斋面"售价只需2～3角钱，既有碗头又有碟头，而其座位舒适，环境幽雅，是当时任何茶楼所不及的，因而其门如市，而且带动随意小酌，业务有所起色。这对维持西园的生存起了决定性的作用。

然而终因茶市业务顾客多而"生意"（实际收入）少；且西园酒家员工多，费用大，勉强维持，纯益也不多，难怪陈福畴老前辈也称之为"鸡肋"。

1937年，西园酒家已由王瑞芝先生自主经营。时值抗战前夕，时局影响，业务平平，乃以"卖枱"方式（连同家私、铺位、招牌租给别人经营），希望渡过难关，但"买枱"者也经数易才艰难度过沦陷时期。待到广州光复，业务总算恢复正常，然而档次则已降至二三流酒家了。

四大酒家的名菜

凡是著名的菜式，能为群众所公认者，必有其独特之处，一是主制厨师的独擅烹调，二是选料的上乘精美，而且均需持之以恒，坚持原则，条件不备，宁可暂不出售，婉请顾客原谅，这是某些名店名菜长盛而不衰的主要原因。反之，贪图销售量于一时，质量不稳定，名菜必将不名，更招疵议。

这就是某些过去的名店，现在虽然店名依旧，实已不名的症结所在，既往四大酒家的名菜，脍炙人口，道理亦缘于此。

南园酒家最负时誉的是红烧鲍片，主制人是邱生师傅。邱师傅不但对炮制鲍片有独到专长，而且对各江海味货源有极强的鉴别能力（这成为他日后兼任采购的原因）。

南园选用的是网鲍。它是鲍鱼中最名贵的品种，椭圆鲍身，四周完整，裙细而起珠边，色泽金红，肥润鲜美。炮制时涨发功夫绝不贪图快捷，更不加入任何碱性物质，使鲍鱼的原味和营养价值不受损坏。涨发时完全依靠适当的火候掌握，使其脸度恰到好处。在刀工（斜刀）方面做到四边厚薄均匀、块块一样、大逾半掌，排列整齐美观，芡汁适量，色泽鲜明，客人睹此，未下箸而食欲已增，甫经品尝，自然赞不绝口。

在广州"无鸡不成宴"的风气下，人们对吃鸡已经非常熟悉，尽管鸡的制法，常用的已有百多种，可是食家们对鸡的制作要求和鸡身的质量要求却越来越高。

文园酒家针对这种情况，特意精心炮制了一款江南百花鸡，以满足吃腻了鸡的人士的胃口。这类鸡除了使用原只鸡的皮外，只留回鸡头、鸡翅尖以便砌成鸡型，其他肉骨全部不用，所以吃起来必然味与鸡殊，别饶食味。其制法是：选用原只"鸡项"（未曾下蛋的母鸡）拆骨去肉，留回原只完好的鸡皮（这要靠刀工技术），反转铺平鸡皮，薄涂生粉，酿上"百花馅"，猛火蒸熟，斩件砌回鸡形，放回蒸熟的鸡头、鸡翅尖，淋上上汤芡，视季节伴上夜香花或菊花之类便成。

这道菜的关键是：（1）百花馅必须鲜爽而甘，百花馅主料是鲜虾肉，去干水分后压烂，再挞成胶，然后每斤混入切成小粒的肥肉头（一两多些）。如虾肉不够干或先混入肥肉粒挞胶，其胶不爽。（2）酿时用鸡蛋白（清）抹平滑并使其略宽于鸡皮，为防止鸡皮蒸熟过度收缩，可在鸡皮上划上几道刀痕。（3）用上汤调入湿粉加油味料打芡。

文园的主制厨师先后为钟林、黑面牛（忘其姓名）、罗全（妥当全），均能掌握技术要领，芡、味俱佳，保住名菜长盛不衰。

大三元的60元大裙翅，主制厨师为翅王吴銮，名声之响，远超其他三大酒家几位名厨。

吴銮对鱼翅的选料、烹调确实具有过人之处。

鱼翅的品类甚多，单以裙翅一类，常用的也有5～6种，而以犁头鲨的翅最佳，翅针长而软滑。

吴銮用翅，以它为主。

在酒楼千百菜式中，烹制鱼翅是较高深而复杂的技术，工序繁多，单浸发洗沙、除灰臭、去翅骨就要反复煲、焗、浸、漂等多次（恕不详述），然后取得净翅针。

这项工作，在厨房部门的分工中，都是由"上杂"（工种职务）干的。

吴銮认为一个细微工序出了岔子，必然影响到整道菜的质量，所以每当一个工序完成，他必细心观察、检查，务求全合规格要求，取得满意的半制成品，然后他才亲自动手做"煨"翅工作。

煨翅是主要工序之一，一般要煨四次。第一次将翅整理叠好，用竹笪夹着，插些姜片在翅内，在沸水里滚约半小时，取出去姜，如前夹好，又用姜汁酒在沸水中再煨，取出后即可进行第三次煨。这次要用姜、葱、猪油爆香，洒上姜汁酒，再加二汤滚煨。最后就要将取出的翅分头围、二围、尾围倒序排列好在疏眼竹笪上夹好，放入大瓦盆，以重碟压着，放入上汤，文火慢滚3～4小时，直至翅身够软，"食"透上汤，把翅整齐地上碟，以上汤、火腿汁、调味料、湿蹄粉推芡，另跟制好的银针（去头尾的芽菜）、浙醋上席。这道菜的制作关键是每个工序均需细致，调味要靠质量上乘的上汤。上述只是粗略介绍，具体操作笔难详述。

西园酒家的"鼎湖上素"这道菜是在传统粤菜罗汉斋

的基础上发展起来的，之所以取名为"罗汉"，是根据佛教有"十八罗汉""五百罗汉"等尊者，取其众多汇成之意，而"斋"也同佛教信仰关系密切。罗汉斋也是以众多素菜料汇集而成。几乎所有植物以及没有活动生命的都可入为斋料（极少数如韭菜、芹菜等因同宗教传说有关不算斋类），所以品类繁多，贵贱悬殊，一般酒楼是根据本店的档次和售价水平决定自己的罗汉斋使用原料的。

西园酒家为了突出自己的罗汉斋是使用高级原料的，又因鼎湖山是广东佛教著名的胜地之一，故取名"鼎湖上素"是十分恰当而文雅的。

鼎湖上素的用料是北菇、雪耳（中华人民共和国成立前无人工培植，雪耳是十分珍贵的）、竹笋、桂花耳、榆耳、黄耳、白菌、蘑菇、鲜菇（或干草菇）、鲜莲子、银芽等，这些原料除菇类外多数本身是无味的。

于是，西园厨师八卦田把这些原料分别用二汤煨透。然后用一只大碗砌作造型——从碗底做起沿碗壁分层次砌上，以余料实其中，覆以大碟，反转后，去大碗，于是一座有形有款的鼎湖上素就展现在大碟上。再以青绿的菜蔬伴边，顶上加上煨好的桂花耳，用上汤、蚝油及各种味料调成的芡汁淋上，此菜便成。这菜制作的关键是各种原料受味程度不同，必须分别焖透，经浸发的要先滤干水分，使其能尽量多地吸收上汤鲜味。

关于四大酒家的招牌名菜，笔者只能每家介绍其主要的一种，而且都是粗略的，但这些都是传统粤菜的精英。

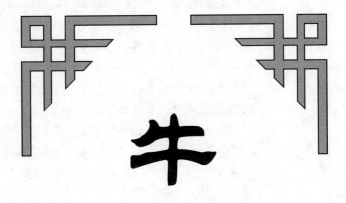

牛肉类

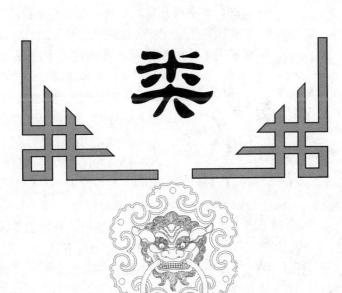

我们先祖给予牛的地位颇高，曾指定为天子、诸侯的祭品，例如《礼记·曲礼（下）》有云："凡祭，有其废之，莫敢举也，有其举之，莫敢废也。非其所祭而祭之，名曰淫祀。淫祀无福。天子以牺牛，诸侯以肥牛，大夫以索牛，士以羊豕。支子不祭，祭必告于宗子。"因此，《说文解字》给牛的定义为"大牲也"。

正因为牛具有颇高的地位，先祖在造字上也有侧重。既有"牛"部首，也有"牛"偏旁，根据有相同地位的"豕"（猪）加个"宀"成"家"字的惯例，给"牛"字加个"宀"则成"牢"字。

从字义上说，"牢"与"家"是围起来的地方，但是，"牢"的管控范围要比"家"大。"家"仅是人的居所，繁衍后代的居所；而"牢"既为"闲养牛马圈也"（《说文解字》），也是保护人的安全场所，段玉裁《说文解字注》的定义为"防禽兽触啮"的场所。由此可见，没有"牢"就没有"家"。

然而，《战国策·楚策》上有一段"见兔而顾犬，未为晚也；亡羊而补牢，未为迟也"的对话，将"牢"的字义给彻底扭转了，"牢"逐渐成为监狱的代名词，司马迁在《报任安书》中就有"故士有画地为牢,势不可入"的话语，继而引申出监牢(监狱)、牢狴（监狱）、牢城（宋时囚禁流配罪犯的地方）、牢坑（囚禁犯人的处所）等专有名词。

有读者可能不解，这本明明是讲授烹饪的书籍，为什么咬文嚼字？事实上，这里咬文嚼字是有因由的，从中可以了解"牛不上筵"的起因。

筵席选材，基本上都讲求吉祥的寓意，例如：选用烧乳猪，寓意大展宏图；选用鱼，寓意年年有余。与美好的寓意相反的是影射。有些筵席招待的并不是友好的客人，就要通过影射予以羞辱或奚落。牛肉就是

◎黄牛

最好的选材，如果给煮好的牛肉加个盖，即为"牢"，影射不言而喻。

出于这个原因，除非是筵席主办方刻意要求，筵席承办方基本上是不会主动推介牛肉菜式的，因为万一主办方的客人以此挑起事端，承办方就会招惹不必要的麻烦。

当然，这只是"牛不上筵"其中的一个主要原因。

◎水牛

另外还有两个重要原因。

第一，牛在农业社会是必不可少的降低农民劳动强度的生产工具，除退役的老牛允许被宰杀膳用之外，市面上绝少有牛肉充斥于市。这也导致食肆鲜见牛肉菜式。

第二，牛的繁殖周期决定了牛的产量难以满足市场的需要。母牛的怀孕期为280天左右，每胎最多3头牛犊，牛犊生长期也要在280天左右。也就是说，如果并非竭泽而渔，要等1年后才有最多2头牛供应。从收益回报的角度计算，牛比起猪、羊、鸡、鹅、鸭等家畜来说，收益少、回报期长，并不划算。

考虑到以上各种因素，"牛不上筵"几乎成为饮食业的守则。

牛肉充斥于市是在工业革命之后，所以，欧美等西方地区及国家将牛变成日常的盘中餐要比中国早100多年。

自实行改革开放政策之后，中国逐步从农业社会迈向工业社会，在农耕方面，电动机器也因应社会发展取代了牛。由此，牛不再是必不可少的生产工具，其价值就剩下供奶及膳用了。如果不理会那些所谓的"影射"，牛肉完全可以成为筵席上的美味，甚至可以与全羊宴、全猪宴一样，有"全牛宴"。

《粤厨宝典·食材篇·兽禽章》为本书配套书籍，该书已列多个牛种以供参考。需要再次强调的是，尽管牛种众多，归根结底，从学科的角度出发，牛分为两属——牛属及

粤厨宝典·菜肴篇1

◎起牛肉

水牛属，也就是分为黄牛及水牛。

《本草纲目》云："藏器曰：牛有数种，《本经》不言黄牛、乌牛、水牛，但言牛尔。南人以水牛为牛，北人以黄牛、乌牛为牛。牛种既殊，入用当别。时珍曰：牛有㸺牛、水牛二种。㸺牛小而水牛大。㸺牛有黄、黑、赤、白、驳杂数色。水牛色青苍，大腹锐角，其状类猪，角若担茅，能与虎斗；亦有白色者，郁林人谓之州留牛。又广南有稷牛，即果下牛，形最卑小，《尔雅》谓之犦牛，《王会篇》谓之纨牛是也。牛齿有下无上，察其齿知其年，三岁二齿，四岁四齿，五岁六齿，六岁以后每年接脊骨一节也。牛耳聋，其听以鼻。牛瞳竖而不横。其声曰牟。项垂曰胡蹄，肉曰𦙫，百叶曰膍角，胎曰鰓，鼻木曰拳，嚼草复出曰齝，腹草未化曰圣斋。牛在畜属土，在卦属坤，土缓而和，其性顺也。

《造化权舆》云：干阳为马，坤阴为牛，故马蹄圆，牛蹄坼。马病则卧，阴胜也；牛病则立，阳胜也。马起先前足，卧先后足，从阳也；牛起先后足，卧先前足，从阴也。独以乾健坤顺为说，盖知其一而已。"

另外，南北朝时期著名的药学家陶弘景认为，按药用价值，黄牛优于水牛，而水牛仅供膳用——"㸺牛惟胜，青牛为良，水牛惟可充食"。

之所以重温黄牛与水牛的性质，是因为黄牛肉与水牛肉无论是味道抑或质感，都有极大的分别。

一般而言，黄牛肉味臊、质软，水牛肉则味香、质韧。因此，黄牛肉膳用，大多数不需要通过腌制改善质感，而水牛肉膳用，则须用具持水效果的食品添加剂腌制，才能具有爽、滑、嫩、弹的质感。

◎ 西湖牛肉羹

原料：腌好的水牛肉片450克，熟蟹肉75克，上汤1 500克，芫荽叶20克，鸡蛋清100克，绍兴花雕酒10克，精盐6克，味精2克，鸡精6克，芝麻油0.5克，胡椒粉0.05克，马蹄浆25克，花生油25克。

制作方法：

这道羹馔是旧式粤菜命名的一个经典案例。虽然称为"西湖"，但与杭州西湖、惠州西湖等无关，而是粤语谐音使然。"西"是指芫荽的"荽"，"荽"字的粤语正音读作seoi¹，但因与衰落的"衰"同音，人们都不自觉地将其转音，读作sai¹——西，这也是很多人将"芫荽"写成"芫茜"的原因。相对而言，"湖"就好理解一点，因为此肴馔是羹馔，即用淀粉糊煮成，于是与芫荽组在一起，就有了十分文艺的名称——"西湖"了。

在20世纪90年代以前，我国大部分地区还处在农耕时代，那时的耕作还需借助于牛，而广东的农村则借助力气较大的水牛。从膳食的角度看，水牛肉的质地较黄牛肉艮韧，但诱人之处是肉味清香，因而吸引食客膳用。正是这个原因，粤菜烹饪所用的牛是指水牛。到了20世纪90年代之后，我国大部分地区逐步迈向工业时代，加上交通环境逐渐完善，北方的黄牛才慢慢进入粤菜菜单之中。

因为水牛肉的质地较黄牛肉的艮韧，所以在膳用之前要进行腌制处理。这是粤菜厨房中的砧板岗位必须掌握的技能。水牛肉的腌制方法可参阅《粤厨宝典·砧板篇·腌制章》及《厨房"佩"方》，这里不再赘述。

这里所用的蟹，一般是特指俗称"肉蟹"的雄蟹。当然，也可以用其他的蟹，甚至是海虾、龙虾之类。添加目的主要是提升羹馔的鲜甜味及提高羹馔的档次。

在剔取蟹肉前，必须要将蟹清洗干净，尤其是选用青蟹时，更要打开蟹厣，将其内部的粪便挤压干净，否则会残留臭味，影响蟹肉的质量。将蟹清洗干净之后，放在蒸笼内猛火蒸熟，取出晾凉，破壳，将蟹肉取出。

将腌好的水牛肉放在砧板上用刀剁成蓉。

◎注1：芫荽又称香菜、香荽、胡荽、芫茜、盐茜等。这种植物原产于欧洲地中海地区，西汉时（公元前1世纪）由张骞先生从西域带回，现我国东北、河北、山东、安徽、江苏、浙江、江西、湖南、广东、广西、陕西、四川、贵州、云南、西藏等地区均有栽培。

◎注2：古籍《尚书·说命》就有"尔惟训于朕志，若作酒醴，尔惟红蘖；若作和羹，尔惟盐梅"的说法，说明"羹"这种做法古已有之。不过，《齐民要术》却将"羹"与"臛"合在一起介绍，也说明"羹"与"臛"的做法类同。不过，不用疑惑，有人在给《楚辞·招魂》的"露鸡臛蠵"做注时给出了答案——"有菜曰羹，无菜曰臛"。

然而，古时的"羹"与现在的"羹"截然不同，民国时期（1912—1949年）的《秘传食谱·第六篇·禽鸟门·第四十九节·百脑羹》中有"预备：鸡、鸭同各项禽鸟的脑髓若干，火腿蓉、蘑菇屑、冬笋屑、鸡汤、白酱油。手术：将鸡、鸭同各项禽鸟的脑髓挑去外膜，捣和（合）极烂，用火腿蓉、蘑菇屑、冬笋屑加上适量鸡汤、少许白酱油烩作羹吃，极为补益。附注：假使不捣烂，就成块的烩吃，名为'百脑豆腐'"的做法，充分说明民国以前的"羹"的定义——将蔬菜、肉料捣烂再烩煮成较浓稠的肴馔。事实上，现在对"羹"的定义则为"通常用蒸、煮等方法做成的糊状食物"（《现代汉语词典》），所以制羹时往往要加入淀粉增稠。曾经有一种说法：羹匙放于糊状的汤水上不沉的，即为"羹"。正是这个原因，现在的"羹"与"汤"的做法类同，加淀粉再煮的为"羹"，不加淀粉煮的为"汤"。

◎蟹肉

将鸡蛋清放在碗内，用筷子打散。

用铁镬加热清水，分别将牛肉蓉及蟹肉"飞水"，并分别倒入密隔内滤去水分。

以上工作准备好后，用猛火将铁镬烧红，放入花生油，随即攒入绍兴花雕酒，并加入上汤。待上汤沸腾，用精盐、味精、鸡精调味。加入已预处理的牛肉蓉，稍加热，再用手壳将牛肉蓉搅散。将铁镬拉离火口，一边搅动上汤，一边慢慢注入马蹄浆，使上汤变成汤羹。随后放入蟹肉，并搅动汤羹，慢慢注入鸡蛋清，使鸡蛋清呈散花状。此时即可将汤羹全部倒入汤煲内，再淋上芝麻油，撒上胡椒粉及芫荽叶便成。

◎蛋蓉牛肉羹

◎汤煲

原料：腌好的水牛肉片600克，鸡蛋液200克，淡二汤2 000克，精盐3克，味精2克，鸡精3克，胡椒粉0.1克，芝麻油2克，马蹄浆60克，绍兴花雕酒15克，花生油50克，芫荽叶50克。

制作方法：

"蛋蓉牛肉羹"与"西湖牛肉羹"都是20世纪30年代时的粤菜经典羹馔，它们的做法看似雷同，但设计思路上是针对两个不同的消费群体，迎合市场的实际需求。前者是针对中等消费能力的群体，后者是针对高档消费能力的群体。因此，它们的配料略有区别。

这是一个相当好的案例，给现在好高骛远的粤菜师傅上了堂针对不同的消费群体应如何设计肴馔的课程。

自国家实行改革开放之后，粤菜得地利之便，威名席卷大江南北，在消费群体的印象中，粤菜是高档菜系的象征。然而，随着内陆城市经济发展，其他菜系的消费档次亦逐步提升，到21世纪初，粤菜已不再是高档菜系的象征。

事实上，粤菜重犯昔日淮扬菜的错误。

淮扬菜是以扬州为代表的江苏菜系。扬州作为中国大运河枢纽城市，自隋朝以来，经济一直蓬勃发展，美食如云。可以说，在清代以前，淮扬菜是全国各地厨师学习的榜样。在消费群体的印象中，其犹如当今的粤菜，是高档菜肴的象征。

然而，随着火车运输的兴起，水路运输逐渐没落，扬州的经济衰落，消费者再也无法支撑高档次的消费，更遑论让厨师在美食上寻求更大的突破了，淮扬菜也随之消沉。

粤菜正是在淮扬菜走向消沉的时候异军突起，成功之处在于肴馔的设计顾及高、中、低不同档次的消费群体，成功地赢得"食在广州"的口碑。

"蛋蓉牛肉羹"及"西湖牛肉羹"正是粤菜异军突起之时的经典羹馔，虽同为牛肉羹，但采用的配料不同，迎合了不同的消费群体，继而为"食在广州"增添光彩。

腌好的水牛肉放在砧板上用刀剁成蓉。

将鸡蛋液放在碗内，用筷子打散。

用铁镬加热清水至沸腾，将牛肉蓉放入"飞水"，进行预处理，并分别倒入密隔内滤去水分。

以上工作准备好后，用猛火将铁镬烧红，放入花生油，随即攒入绍兴花雕酒，并加入淡二汤。待淡二汤沸腾，用精盐、味精、鸡精调味。再加入已预处理的牛肉蓉，稍加热，再用手壳将牛肉蓉搅散。将铁镬拉离火口，一边搅动淡二汤，一边慢慢注入马蹄浆，使淡二汤变成汤羹。再如法注入鸡蛋液，使鸡蛋液呈散花状。此时即可将汤羹全部倒入汤煲内，再淋上芝麻油并撒上胡椒粉及芫荽叶便成。

◎注1："蛋蓉牛肉羹"及"西湖牛肉羹"可以位用、例牌及中窝的形式售卖。

◎注2：粤菜中使用的水牛肉，一般是指水牛臀部俗称"牛冧"的部位，该部位筋膜极少，切片整齐。其他部位则或多或少都带有筋膜，且质地粗糙。

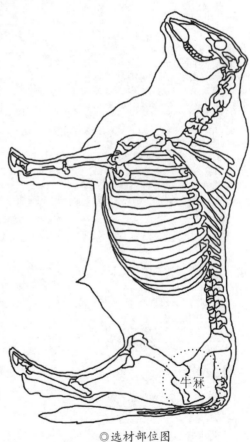

牛冧

◎选材部位图

◎蚝油牛肉片

原料： 腌好的水牛肉片1 000克，指甲姜片7.5克，葱榄75克，蒜蓉5克，绍兴花雕酒25克，蚝油50克，白糖15克，味精8克，老抽40克，淡二汤75克，湿淀粉15克，花生油（炸用）1 500克。

制作方法：

"蚝油牛肉片"原是饭店的支柱菜肴，后来又被酒家引用，消费群体更为广泛，成为粤菜中档看馔的经典。

这道看馔十分讲究牛肉嫩滑爽弹的质感，会采用两个工序细心处理，即腌制工序及油泡工序。

腌制工序是让牛肉充分地持有水分，抑制牛肉呈现艮韧的质感。

油泡工序是让牛肉以饱满的形态致熟，让水分牢靠地分散到牛肉的每一个角落。

顺带提一下，指甲姜片、葱榄、蒜蓉这种料头的搭配，体现看馔"油泡"的做法，见到这种料头搭配，打荷及候镬师傅就应该知道怎么做。打荷要迅速准备好盛装的器皿，候镬师傅要迅速设计好看馔的烹饪流程。

在牛肉油泡之前，对于是否要将牛肉片进行"飞水"处理，厨师们有过争论。一派认为：对牛肉进行"飞水"处理，可将牛肉的杂味清去，并且避免用于油泡的花生油受到污染。另一派认为：牛肉熟化只有一个机会点，这个机会点关系到牛肉最终的质感，如果先"飞水"，水温不足以令牛肉表面的水溶性蛋白迅速固化，牛肉就有可能呈现散的质感。

所以，在制作看馔之前，厨师们要清楚知道，如果是追求看馔颜色明快，就要先对牛肉进行"飞水"处理。如果是追求牛肉呈现绝对的嫩滑爽弹的质感的，就直接对牛肉进行油泡处理。

另外，牛肉油泡一般有两个温度段：一个是130℃温度段，即所谓的"三成油温"；另一个是170℃温度段，即所谓的"五成油温"。相对而言，前者固化牛肉表面的水溶性蛋白的速度没有后者快，但由于在热油环境下浸泡，牛肉内部的水分不易渗出，加上固化迟延，反而给了牛肉表面的水

◎注1：《秘传食谱·兽肉门·第四节·炒牛肉（一）》云："预备：瘦牛肉一大块，滚水一壶，麻油适量，生姜丝、冬笋丝、白酱油、绍兴酒、净水、芡粉都各少许。做法：①先将牛肉用冷水漂洗一次，再用滚水漂洗一过，去尽筋络，切作丝子。②将麻油入锅炼滚，倾肉入内，炒十余下，加进生姜丝、冬笋丝、白酱油、绍兴酒、净水，再炒几下起锅。或再加一些芡粉，肉味极好。附注：将牛肉切成片子，如法炒制，就是炒牛肉片。"

◎注2：《秘传食谱·兽肉门·第五节·炒牛肉（二）》云："预备：嫩牛肉一斤，鸡蛋两个（打开只取蛋清），猪油适量，绍兴酒、白酱油、盐都适量，芡粉少许。做法：①将牛肉同上节洗漂干净，去尽筋络，切作丝子（或切片子），在打好鸡蛋清内拌匀一过。②将猪油入锅熬滚，倾肉入内不停手炒一二十下，加上绍（兴）酒、酱油、盐、芡粉再炒到好起锅。注意：切忌久炒，炒得过久，（牛肉）会变老的。"

◎注3："指甲姜片"是生姜切片的一种形式。切法是将生姜去皮后切成高1厘米、宽1厘米、长2厘米的菱形粒，再横切成厚0.2厘米的薄片。切好后用清水泡上，防止变色。

◎注4："葱榄"是葱白切段的一种形式。切法是只取葱白，再将葱白斜切成3.5厘米的榄形段。切好后放在干爽的容器内，避免腐烂。

溶性蛋白吸收油分的时间，继而令牛肉呈现嫩滑的质感。而后者的温度足以令牛肉表面的水溶性蛋白迅速固化，促使牛肉致熟后呈现爽弹的质感。

明白这些道理之后，候镬师傅看到指甲姜片、葱榄及蒜蓉之后，再观察腌好的水牛肉片，就可以马上决定是否进行"飞水"处理及采用何种温度段进行油泡。将蚝油、白糖、味精、老抽、淡二汤及湿淀粉放入小碗内调成"碗芡"。

用花生油将腌好的水牛肉片泡好后，将牛肉片倒入笊篱内晾油。随即另起镬，放入指甲姜片、葱榄及蒜蓉爆香，加入泡好油的水牛肉片，攒入绍兴花雕酒，略炒几下，再加入"碗芡"炒匀，淋上包尾油（约25克花生油，用意是强化肴馔的光泽、质感，并可保温）即可滗出膳用。

◎滑蛋牛肉片

原料：腌好的水牛肉片1 000克，鸡蛋液1 500克，葱花50克，精盐7.5克，味精7.5克，芝麻油2.5克，胡椒粉0.3克，花生油（炸用）1 500克。

制作方法：

"滑蛋牛肉片"是粤菜经典肴馔——"黄埔蛋"的加料版。"黄埔蛋"为粤菜烹饪四大软炒蛋馔之一，其特点是利用合适的温度，再结合煎与炒的手法，让受热鸡蛋液固化成如布状薄片。

这种制作形式能让肉类的水溶性蛋白受热固化，以能呈现嫩、滑、弹的质感著称。

将鸡蛋液放入小碗内，并加上葱花、精盐、味精、芝麻油、胡椒粉，用筷子打散，做成鸡蛋浆。

将花生油放入铁镬内加热，按"蚝油牛肉片"的制作方法判断应采用何种温度段对腌好的水牛肉片进行泡油预熟。为确保肴馔熟后瀡（泻）水，建议采用五成热（15～180℃）对水牛肉片油泡预熟。将水牛肉片泡熟后，倒入疏壳沥去油分，再放入鸡蛋浆里混合。

用75克花生油起镬，油温达到80℃时，搪一下铁镬，

◎注：粤菜中将以鸡蛋作为原料并以煎炒结合的形式进行烹饪的手法称为"软炒法"。这类烹饪手法共有四种，即黄埔法、滑炒法、桂花法及雪花法。

"黄埔法"原称为"黄布法"，因孙中山先生1924年在广州黄埔长洲岛上创办了陆军军官学校，使黄埔声名大噪，以至于粤菜著名的"黄布炒蛋"被讹传为"黄埔炒蛋"，后来干脆变为正式的名称。这种做法充分利用温度与鸡蛋液的凝固点，让鸡蛋液连片成形，再铲向上面，使制品既有煎的香，又有炒的滑感。成品最终呈现弹滑的质感。

"滑炒法"与"黄埔法"的区别在于并不倚重于煎，全程是炒，即鸡蛋液受热未凝固就铲向上面，使鸡蛋液不能连片成形。深层意义是鸡蛋液有充足的时间吸收水分才凝固，因此能够呈现嫩滑的质感。

使花生油均匀分布镬面，此时火候不宜过高（油不能冒青烟），并将鸡蛋浆及水牛肉片倒入镬里，见镬面鸡蛋浆凝固，用沾上花生油的镬铲将鸡蛋浆凝固的部分铲向上面。如是反复，见鸡蛋浆将近全部凝固（全部凝固会散），即可用镬铲滗出膳用。

"桂花法"因鸡蛋液致熟后犹如桂花一般而得名。这种方法的加热温度较"黄埔法"及"滑炒法"的高，为120℃左右，能使鸡蛋液迅速固化，继而在含水率低的环境下发生具增香效能的美拉德反应，使成品呈现秘醇的香气，不过，其质感则变得艮　。

"雪花法"的手法与"滑炒法"相同，两者的区别在于前者用蛋清液，后者是全蛋液。

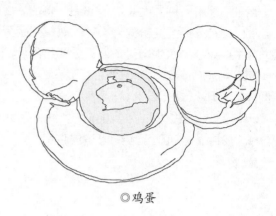

◎鸡蛋

○大良炒牛奶

原料：水牛奶1 000克，鸡蛋清600克，腌虾仁50克，蟹肉50克，榄仁50克，鸡䏠50克，鹰粟粉（玉米淀粉）4克，精盐1克，味精1.2克，金华火腿蓉2克，花生油（炸用）1 500克。

制作方法：

"大良炒牛奶"实际上是粤菜烹饪的软炒手法之一的"雪花法"的代表作。

"雪花法"是用主料与鸡蛋清配合制作肴馔的方法，制作出来的成品除了颜色雪白之外，与全蛋液制作出来的成品最大的区别在于质感方面。鸡蛋清性能内敛，故质感弹滑；全蛋液因含有鸡蛋黄，其性能外溢，故质感松滑。

需要指出的是，鸡蛋清是否能够完全呈现弹滑的质感，还与其受热固化时含水多寡有关，如果含水量偏少的话，其质感则偏向艮韧。而由于鸡蛋清性能内敛，在固化时会收缩挤出水分，为避免其过分收缩，用油填

◎大良炒牛奶

粤厨宝典·菜肴篇1

充。与此同时，油的比热容高，传热迅速，能够让鸡蛋清未来得及收缩就固化，因而呈现含油且充溢的状态，为能呈现滑的质感建立坚实的基础。

蟹肉的处理方法见"西湖牛肉羹"。

榄仁用花生油以130～140℃的油温炸至酥脆并呈象牙色，用疏壳捞起沥油（可每天开市前炸好一批备用）。

鸡脯用0.8%的食粉拌匀，腌30分钟后，用过面的沸水慢火浸熟。浸熟后放入流动的清水漂凉。沥干水，切成0.5厘米见方的粒。

水牛奶放在瓦罉（不要用铁制器皿）内慢火加热至沸腾，滗入干净的器皿内晾凉（可预先批量准备）。使用时，将水牛奶与鸡蛋清、精盐、味精及鹰粟粉混合均匀，形成"奶蛋浆"。

将花生油放入铁镬内，加热至130℃左右，分别将虾仁、蟹肉及鸡脯粒"拉油"，倒入笊篱沥油后放入"奶蛋浆"内拌匀。

以猛镬阴油的形式起镬，改中火并放入"奶蛋浆"，用沾上凉油的镬铲匀速由"奶蛋浆"边缘将固化的"奶蛋浆"以同一方向往上翻起。待"奶蛋浆"接近全部凝结时加入榄仁，再翻炒至"奶蛋浆"全部凝结，即可上碟。上碟时，将"奶蛋浆"堆成"山"形，撒上金华火腿蓉便可膳用。

◎注1：大良炒牛奶除配上虾仁、蟹肉及榄仁之外，还有的添加烧鸭肉料的，此时则称"四喜会炒牛奶"。

◎注2：在炒制奶蛋浆时，镬铲要沾上凉油，以使鸡蛋清在受热固化时吸油，呈现嫩滑的质感。

◎注3：有厨师认为，制作此肴馔的水牛奶在事前以不加热为宜，理由是水牛奶加热之后，易与空气接触氧化，生成奶皮，从而降低水牛奶的香气。不过，水牛奶不加热存放容易滋生细菌，坚持事前将水牛奶加热杀菌的厨师认为这更符合卫生标准。

另外，水牛奶变质除不符合卫生标准之外，在炒制时也难以凝结，会出现澌水的现象。

◎注4：各配料要在制成奶蛋浆之后才可加入混合，切忌混入配料之后才配制"奶蛋浆"。

◎注5：大良炒牛奶的外观标准应该是雪白、饱满、浮松、不澌水。

◎注6：虾仁的腌制方法，请参见《粤厨宝典·砧板篇》以及《厨房"佩"方》。

◎注7：清代袁枚的《随园食单·杂牲单·假牛乳》中有述："用鸡蛋清拌蜜、酒娘（酿），打掇入化，上锅蒸（蒸）之。以嫩腻为主。火候迟便老，蛋清太清亦老。"

◎菜莚炒牛肉

原料： 腌好的水牛肉片1 000克，菜莚1 500克，淡二汤350克，姜片7.5克，蒜蓉2.5克，芡汤62.5克，白糖25克，精盐7.5克，老抽6.5克，绍兴花雕酒12.5克，湿淀粉12.5克，芝麻油1.5克，胡椒粉0.5克，花生油（炸用）2 500克。

制作方法：

这道肴馔原为饭店的支柱品种，后被酒家引入，有多个做法。

将芡汤与老抽、芝麻油、胡椒粉及湿淀粉调成"碗芡"。

用烧镬猛火加热150克花生油，放入菜莚煸炒，先放

◎疏壳

◎笊篱

◎注1："芡汤"是粤菜烹饪中复配的调味液，以此统一各厨师的调味准则，详细配方及做法请参阅《粤厨宝典·候镬篇》。
◎注2：粤菜厨师有"肉要煸，菜要煏"的口诀，"煏"与"煸"的粤语读音都是bin¹。有人为区别两字，会将"煸"读作bin²。"煏"是肉制品的半成品加工法，即用干镬煎炒，使肉中的油脂被逼迫出来，以此降腻及辟臊味。"煸"是蔬菜制品中的半成品加工法，即用少量的油快炒，使带涩味的菜汁被逼迫出来。

白糖，煏匀后放精盐，再边煏边攒入淡二汤，致菜远变翠绿及半熟，倒入笊篱，沥去水分。

将花生油倒入铁镬内，并加至五成热（150～180℃），放入水牛肉片，进行油泡预熟。水牛肉片泡熟后，倒入疏壳，沥去油分。

接着用200克花生油起镬，爆香姜片、蒜蓉，放入煸好的菜远及泡过油的水牛肉片，攒上绍兴花雕酒，抛炒几下，调入"碗芡"并炒匀，淋上约30克花生油作为包尾油，即可滗出上碟膳用。

这是饭店其中的一个做法，叫"煏炒法"。

饭店还有一法，叫"生炒法"，即菜远不用预先煏炒，在水牛肉片泡过油后，用姜片、蒜蓉起镬，放入菜远，并攒入绍兴花雕酒，撒入白糖及精盐，抛炒几下，再冚镬盖，待菜远转翠绿色时（若菜汁较多要滗出部分），加入泡好油的水牛肉并抛炒几下，再用"碗芡"勾芡并淋上包尾油即成。这种做法的优点是使菜远保留菜味之余还融会水牛肉的香气和味道。

以上的做法只讲镬气，不讲造型，不太适合酒家。

酒家的做法是"扒炒法"，即候镬师傅将菜远煏炒或"飞水"，交给打荷整齐排列砌上碟，再将泡过油并用"碗芡"勾芡炒成的水牛肉片扒在菜远上。

◎豉椒炒牛肉

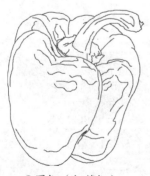

◎圆椒（灯笼椒）

原料： 腌好的水牛肉片1 000克，圆椒或牛角椒1 500克，姜米7.5克，蒜蓉5克，葱榄15克，豉汁75克，芡汤100克，白糖7.5克，生抽12.5克，芝麻油7.5克，绍兴花雕酒50克，湿淀粉50克，花生油（炸用）3 500克。

制作方法：

人们常用"天上飞的除飞机不吃，地上跑的除汽车不吃，水里游的除轮船不吃"来形容广东人的饮食，连狰狞百怪的蛇虫鼠蚁都可以成为广东人的盘中餐。而事实上，广东人还不吃辣椒。20世纪80年代以前，广东南北交往并不深，在粤菜菜谱中根本找不到辣椒的菜式，所见的椒，实际上是刺激性不强的圆椒，而刺激性强烈的辣椒仅作为色彩料头，为菜肴点缀增色。20世纪80年代之后，辣椒才逐步取代圆椒，但厨师们对于辣的刺激性的追求还是比较温和及理性的。

圆椒或牛角椒去蒂开边并顺切成条，片去瓤核（刺激性的辣的源头），再横切成菱形件块。

将芡汤、白糖、生抽、芝麻油及湿淀粉放在小碗内配成"碗芡"。

将花生油倒入铁镬内，加至五成热（150～180℃），对腌好的水牛肉片进行油泡预熟。水牛肉片泡熟后，倒入疏壳，沥去油分。

接着用200克花生油起镬，爆香姜米、蒜蓉、豉汁，先放入圆椒件或牛角椒件，攒入绍兴花雕酒并煸炒几下，使圆椒件或牛角椒件翠绿。加入泡好油的水牛肉片炒匀，再放入"碗芡"勾芡，撒葱榄，淋上包尾油即可上碟膳用。

◎注1："豉汁"的配方及做法，请参阅《粤厨宝典·候镬篇》。另外，该肴馔也可以直接使用原粒豆豉。

◎注2："辣椒"原产于墨西哥到哥伦比亚的地区，中国约于明代引种，初作观赏植物种植，约于清代后期才作为食物调料。该果实有4个变种，即牛角椒、簇生椒、朝天椒及圆椒。另外，同属还有一种个头很小、辣度很强的小米辣。辣椒除未成熟为绿色、已成熟的为红色这两种常见的颜色之外，还有橙色、黄色、紫色、白色、黑色等。

粤厨宝典·菜肴篇1

◎冬笋牛肉片

原料： 腌好的水牛肉片1 000克，冬笋1 500克，姜米7.5克，蒜蓉5克，葱榄15克，豉汁75克，芡汤120克，白糖7.5克，芝麻油7.5克，绍兴花雕酒50克，湿淀粉50克，花生油（炸用）3 500克。

制作方法：

冬笋是竹笋的一个季节性品种，以脆嫩无渣胜于其他季节所产的竹笋，所以冬笋作为时令菜膳用。余下季节品种有夏笋、秋笋及春笋。竹笋主要有三种，即干笋、鲜笋及罐头笋。

如果是干笋，要预先浸泡回软，涨发方法可参阅《粤厨宝典·候镬篇·涨发章》。

如果选用鲜笋，要预先保留笋衣，用大量的清水以微滚的状态焓脸，再用流动的清水漂凉，再将笋衣剥去。

罐头笋则无以上工序，打开罐头取用即可。

不过，无论是干笋、鲜笋还是罐头笋，都要进行刀工处理。刀工处理有两个目的：第一个是将竹笋不太脆嫩的部分

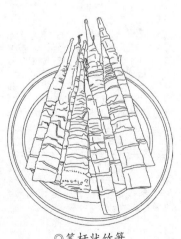

◎笔杆状竹笋

裁去，并切成长4厘米、宽2.5厘米、厚0.5厘米的薄片（如果是笔杆笋，则是开边再横切成4厘米的段）。

就整个肴馔所呈现的质感而言，冬笋的质感是通过事前焓煮去控制，正常的质感是爽脆，如果质感脸软，便会让肴馔失去神韵。水牛肉的质感则是通过事前腌制去调整，恰当的质感是爽弹或者软滑，如果艮散，也会让肴馔丧失风采。

需要指出的是，"冬笋炒牛肉"的烹饪流程与"豉椒炒牛肉"的烹饪流程别无两样，不同之外是芡汁的控制。一般而言，"冬笋炒牛肉"的芡汁以略微丰富为宜，而"豉椒炒牛肉"的芡汁以略微包紧为妥。

"冬笋炒牛肉"的烹饪流程请参见"豉椒炒牛肉"，这里不再赘述。

◎草菇（菇祯）

◎注1："鲜菇牛肉片"中的鲜菇，是菜单术语，即"草菇"。

"草菇"又称"秆菇""麻菇""稻草菇""中国菇"。按采收时的形态，还可以分菇体未伞开的"菇祯"及菇体已伞开的"兰花菇"。食肆膳用一般是用"菇祯"。"菇祯"有三种规格：一种是直径1～1.5厘米，多用于肴馔的料头；一种是直径1.5～2厘米，多用于高档肴馔；一种是直径2～3厘米，多用于普通肴馔。

◎注2：《清稗类钞·饮食类》云："广州酒楼之肴，有所谓消夜者，宜于小酌，一碗二碟。碗为汤，碟为一冷荤，一热荤。冷者为香肠、叉烧、白鸡、烧鸭之类，热者为虾仁炒蛋、炒鱿鱼、炒牛肉、煎曹白鱼之类。"

◎鲜菇牛肉片

原料：腌好的水牛肉片1 000克，草菇2 500克，指甲姜片15克，葱榄100克，蒜蓉15克，绍兴花雕酒25克，蚝油75克，白糖30克，味精15克，老抽40克，淡二汤180克，湿淀粉30克，花生油（炸用）1 500克。

制作方法：

此肴馔中的草菇选用的是未伞开的"菇祯"。使用时刮去须根并洗净，用刀在顶部剞上"十"字纹。膳用时，放在沸腾的清水内滚过，用笊篱捞起，沥去水分。

将花生油放在铁镬内，以中火加至五成热（150～180℃），放入腌好的水牛肉片"拉油"，再用笊篱捞起，沥去油分。

用350克花生油起镬，爆香指甲姜片、蒜蓉，攒入绍兴花雕酒，注入淡二汤。待淡二汤沸腾，放入沥去水分的草菇。待淡二汤重新沸腾，放入沥去油分的水牛肉片。待淡二汤重新沸腾，用蚝油、白糖、味精调味，用老抽调色，用湿淀粉勾芡，撒入葱榄炒匀。淋上50克花生油作为包尾油，用浅底瓦钵盛起便可膳用。

◎挂炉牛肉片

原料： 腌好的水牛肉片1 000克，鸡蛋浆500克，面包糠650克，花生油（炸用）6 000克，淮盐适量。

制作方法：

"挂炉牛肉片"是20世纪70年代广州的饭店曾经盛行的一道肴馔。不过，迄今为止，笔者也不太明白这道肴馔为什么不称为"吉列牛肉片"。

将腌好的水牛肉片与鸡蛋浆拌匀，逐片粘上面包糠（粤菜厨师将这个工序称为"拍"），并用手轻轻按压，使面包糠牢靠地黏附在牛肉片表面。此项工作由打荷完成。

候镬师傅将花生油放入铁镬内，以中火加至五成热（150～180℃），然后将粘上面包糠的牛肉片一点点地放入油内（由镬边放入），随即将铁镬离火，浸炸至面包糠表面金黄及质感酥脆时，用笊篱捞起，并交打荷排砌上碟供膳。供膳时佐上淮盐。

◎注："吉列"是西餐的做法，为英文Cutlet的粤语译音，意指油炸肉块。但在实际应用之中，该类油炸肉块都会粘上面包糠，以使肉块表面呈现酥脆的质感。正是这个原因，但凡被赋予"吉列"二字的肴馔，都是指粘上面包糠的油炸肉块。

◎美极牛肉片

原料： 腌好的水牛肉片1 000克，鸡蛋浆500克，美极鲜酱油75克，生抽25克，葱白蓉50克，金蒜100克，花生油（炸用）6 000克。

制作方法：

将花生油放入铁镬内，以中火加至五成热（150～180℃），将拌匀鸡蛋浆的牛肉片一点点地放入油内（由镬边放入）浸炸至干结酥脆。用笊篱捞起，沥油。

用铁镬中留有的残油（约100克）爆香葱白蓉，随即加入沥去油分的牛肉片，攒入美极鲜酱油与生抽的混合调味液，摌镬炒匀，再撒入金蒜并摌镬炒香即可上碟供膳。

◎注："金蒜"是粤菜厨师对油炸蒜蓉的俗称。与纯蒜蓉被称为"银蒜"相对。

◎沙茶涮牛肉

◎注1：沙茶酱与沙嗲酱虽同为潮州人所创，但配方及诞生地不同，前者诞生在中国潮州，后者诞生在印度尼西亚。
◎注2：沙茶牛肉片的做法可参见蚝油牛肉片。

原料： 水牛肉1 000克，沙茶酱200克，精盐8克，味精4克，白糖40克，芝麻酱65克，辣椒油15克，牛骨汤1 000克，猪油150克，生菜1 500克。

制作方法：

"沙茶涮牛肉"是潮州菜的经典之作，是广东"打边炉"的一种形式。

在水牛肉用料上，挑选"牛𣎴"的部位，去净筋膜，依肉纹横切成长10厘米、宽6厘米、厚0.1厘米的薄片，并整齐地排入碟内。

将沙茶酱、猪油、芝麻酱、辣椒油及白糖放入钢盆内混合均匀，并用小碗分好，作为蘸酱使用。

将牛骨汤放入瓦罉内，用精盐、味精调味。将瓦罉连汤端出餐厅，架在煤气炉上加热。旁边摆上牛肉片及生菜，食客将牛肉及生菜放入瓦罉内，边涮边蘸着沙茶酱膳用。

◎牛蓉烩豆腐

◎注：现在很多书籍都认为豆腐的发明者为汉代淮南王刘安，这是不正确的。豆腐的历史比刘安的历史还要长，这种豆腐叫作"盐卤豆腐"。刘安发明的是"石膏豆腐"。前者又称"北豆腐"，豆香味浓；后者又称"南豆腐"，质感嫩滑。

原料： 腌好的水牛肉片1 200克，豆腐1板，指甲姜片25克，葱花50克，绍兴花雕酒100克，上汤4 000克，淡二汤4 000克，精盐7.5克，味精15克，湿淀粉500克，胡椒粉0.5克，花生油150克。

制作方法：

将腌好的水牛肉片剁成蓉，也有的直接用未腌制的水牛肉片剁成蓉。前者用量为1 200克，后者用量为1 000克。从质感的角度看，后者会显得艮散。

豆腐剞成6厘米见方的大块，再剞成1.5厘米的小粒。用沸腾清水拖过，用笊篱捞起，沥去水分。

用100克花生油起镬爆香指甲姜片，攒入绍兴花雕酒，注入上汤及淡二汤。待汤沸腾，将沥去水分的豆腐粒放入汤内。再待汤沸腾，放入牛肉蓉。需要注意的是，牛肉蓉放入后不要急于搅动，要待牛肉蓉表面略微熟化，再用手壳晃动汤水，使牛肉蓉分散。牛肉蓉分散后，用精盐、味精调味，并用湿淀粉勾芡，让汤水呈琉璃状。随即撒入葱花、胡椒粉，淋上50克花生油作包尾油，用汤煲盛起便可膳用。

◎牛肉烩三丝

原料：腌好的水牛肉片1 000克，冬笋丝600克，冬菇丝200克，韭黄20克，绍兴花雕酒80克，上汤3 200克，淡二汤3 200克，精盐6克，味精12克，老抽40克，湿淀粉240克，胡椒粉0.4克，花生油150克。

制作方法：

将腌好的水牛肉片切成0.5厘米见方的丝，韭黄切成长5厘米的段。

用100克花生油起镬，攒入绍兴花雕酒，注入上汤及淡二汤。待汤沸腾，放入牛肉丝、冬笋丝及冬菇丝，再用精盐、味精调味。待汤重新沸腾，用老抽调色，用湿淀粉勾芡，再撒入韭黄段、胡椒粉，并淋入50克花生油作为包尾油，再用汤煲盛起膳用。

◎五彩牛肉丝

原料：腌好的水牛肉片1 000克，青辣椒100克，红辣椒150克，冬菇150克，甘笋250克，洋葱250克，湿淀粉75克，芡汤400克，干粉丝100克，花生油（炸用）3 500克。

◎注1："红萝卜"及"甘笋"都是粤菜厨师的叫法。

◎注2:《随园食单·杂牲单·牛肉》云:"买牛肉法:先下各铺定钱,凑取腿、筋、夹(疑为'胛'字)肉处,不精不肥;然后带回家中,剔去皮膜,用三分酒、二分水清煨极烂,再加秋油收汤,此太牢独味孤行者也,不可加别物配搭。"

◎注3:《秘传食谱·兽肉门·第四节·炒牛肉(一)》云:"预备:瘦牛肉一大块,滚水一壶,麻油适量,生姜丝、冬笋丝、白酱油、绍兴酒、净水、芡粉都各少许。做法:①先将牛肉用冷水漂洗一次,再用滚水漂洗一过,去尽筋络,切作丝子。②将麻油入锅炼滚,倾肉入内,炒十余下,加进生姜丝、冬笋丝、白酱油、绍兴酒、净水,再炒几下起锅。或再加一些芡粉,肉味极好。附注:将牛肉切成片子,如法炒制,就是炒牛肉片。"

◎注4:《秘传食谱·兽肉门·第五节·炒牛肉(二)》云:"预备:嫩牛肉一斤,鸡蛋两个(打开只取蛋清),猪油适量,绍兴酒、白酱油、盐都适量,芡粉少许。做法:①将牛肉同上节洗漂干净,去尽筋络,切作丝子(或切片子),在打好鸡蛋清内拌匀一过。②将猪油入锅熬滚,倾肉入内不停手炒一二十下,加上绍酒、酱油、盐、芡粉再炒到好起锅。注意:切忌久炒,炒得过久,(牛肉)会变老的。"

◎甘笋(胡萝卜)

制作方法:

这里的青辣椒与红辣椒,是指辣度不强的牛角椒,甚至是俗称"圆椒""菜椒"的灯笼椒。这是因为粤菜调味比较温和,并不追求辣的刺激感。这里使用青辣椒与红辣椒的目的,与冬菇、甘笋及洋葱一样,都是展现颜色变化的配料。

青辣椒与红辣椒切丝的步骤与规格是一样的,即顺长开边,并将瓤及核片去,横切成4.5厘米的段,并以皮向下、肉向上的姿势叠在一起,再顺长切成0.3厘米见方的丝。

冬菇在用料上,会选干冬菇,但需要注意,如果是要保留冬菇的香味,用温水泡软便可将冬菇切丝。如果要让冬菇呈现软滑的质感,则需要再用"煨"的工序处理后再切丝。

甘笋刨去皮,横切成4.5厘米的段,顺切修成方块后,再切成厚0.4厘米的片,再叠起,顺切成0.4厘米见方的丝。

洋葱剥去老衣,立起摆放,将叶尖、葱蒂切去;平放开边,再顺切成0.4厘米见方的丝。

在以上配料之中,除了冬菇要有"煨"的工序之外,还有甘笋需要预先加热处理,即将甘笋用沸腾的清水焯熟,再用流动的清水漂凉。经过漂凉处理,甘笋会保持爽脆的质感,否则会焖烂。

腌好的水牛肉片切成0.4厘米见方的丝。

在铁镬内放入花生油,以中火加热,至花生油达到四成热(120~140℃)时,放入干粉丝,随即用笊篱按压,使干粉丝充分膨化。待干粉丝完全膨化,用笊篱捞起,沥去油,放在碟内作围边或垫底之用。

将水牛肉丝倒在笊篱内,并架在油盆上,将炸完干粉丝的花生油倒在水牛肉丝面上。这样可使水牛肉丝油泡预熟。

铁镬内留有余油,随即放入青辣椒丝、红辣椒丝、冬菇丝及甘笋丝炒热,再加入水牛肉丝,然后一边抛炒,一边注入芡汤与淀粉混合的"碗芡",使各料抛炒均匀之余,也让味道附在各料表面。最后淋上50克的包尾油,即可将各料滗到用膨化粉丝围边或垫底的碟内膳用。

◎爽口牛肉丸

原料: 水牛肉1 000克, 精盐12克, 味精15克, 白糖0.3克, 湿淀粉80克, 清水180克, 胡椒粉0.02克, 葱花100克, 牛骨汤3 000克, 猪油10克。

制作方法:

"爽口牛肉丸"与"爽口猪肉丸"一样, 原为东江菜(客家菜)的经典之作, 查阅各时期的菜谱, 不难发现在20世纪70年代之前, 这两款肴馔都与潮州菜扯不上关系, 但在此之后, 因潮州市与汕头市兴起这种食法并专攻这项技术, 粤菜菜谱才将其易名为"潮州牛肉丸"。

现在, "爽口牛肉丸"在做法上分为两派, 一派为"手打", 一派为"机打"。由于"机打"的方法与本书"猪肉类"中的"爽口猪肉丸"的方法相同, 这里仅介绍"手打"的方法。

2008年, 一位外地的读者从潮州学完"爽口牛肉丸"的制法后顺路到广州探访笔者, 就牛肉丸的诸多问题咨询笔者, 当中一个问题印象深刻, 他说他的家乡只有黄牛而没有水牛, 问能否用黄牛肉取代水牛肉制作"爽口牛肉丸"。

笔者是这样回答的: 水牛肉较黄牛肉有着无可替代的弹性质感, 因此用之制作牛肉丸会有着天然的爽弹质感。黄牛肉的质感偏于焖散, 用之制作牛肉丸必定不如人意。

果不其然, 在几年之后, 该外地读者致电笔者, 说他不管如何想方设法, 用当地的黄牛肉制作的牛肉丸, 始终无法实现潮州牛肉丸爽脆软弹的口感, 最终还是决定放弃原来的想法。

实际上, 即使是选用水牛肉, 如果拣选的部位不准确的话, 制作出来的牛肉丸也未必能做到极致。

关于牛肉拣选的问题, 虽然笔者在《粤厨宝典·砧板篇·牛肉丸的选材》中已有论述, 但这里不妨重温一下: 牛肉的部位分为四个等级, 高等级是腹腩肉, 次等级是肩胫肉, 中等级是臀胫肉, 下等级是脊背肉。与此同时, 公牛肉又比母牛肉略胜一筹。

需要强调的是, 无论是从劳动强度还是产量的角度

◎手打牛肉

看，"手打"牛肉丸都无法与"机打"牛肉丸争胜。从学术研究的角度看，厨师们则必须对两者的物理反应有深入的认识。

有很多厨师误以为牛肉丸的爽弹与用铁锏捶打牛肉成浆有关。这是不正确的。用铁锏捶打牛肉，充其量只会让牛肉获得更加细腻的质感，并不能与爽弹扯上关系。

牛肉丸呈现爽弹质感，与投放食盐的比例及搅拌的速度有关联，将这些因素标准化之后，无论是用铁锏捶打抑或用绞肉机绞烂，效果是一样的。

在整个制作过程中，食盐的投放比例是关键所在，因为牛肉丸的爽弹质感与牛肉渗出的胶体成正比。另外，要想达到最佳质感，还要与搅拌速度相结合，这样才能形成良好的牛肉浆结构。

食盐具有电解肉蛋白的能力，可以使肉料中的水溶性蛋白相互吸附，从而令肉料产生黏稠的胶体。

这是因为食盐作为电解的介质，让肉料中的水溶性蛋白带上电荷及离子化，强化了肉料中的水溶性蛋白的亲水能力。加上食盐具有渗透压的能力，可透过细胞膜让蛋白质析出，提高了水溶性蛋白的水化能力。

然而，在静态条件下，肉料中的水溶性蛋白只会原封不动，所产生的胶体也相当少。

要让肉料胶体充分浮现，必须施加外力。

事实上，施加外力有轻重之分，效果也截然不同。外力轻重可分为三个等级：一级是人手抓捞（低速搅拌），二级是人手摔挞（中速搅拌），三级是机械搅拌（高速搅拌）。

人手抓捞是肉片腌制中常用的手法，特点是通过食盐的电解及渗透压并施加程度较小的振荡，令肉料中的水溶性蛋白持水性加强，从而让肉料致熟后可以呈现嫩滑的质感。

人手摔挞是肉糜制作中常用的手法，特点是通过食盐的电解及渗透压并施加程度中等的振荡，令肉料中的水溶性蛋白发生轻微的凝固并保持一定的持水性，从而让肉料致熟后可以呈现爽弹的质感。

机械搅拌是肉糜制作中的升级手法，特点是通过食盐的电解及渗透压并施加程度剧烈的振荡，令肉料中的水溶性蛋白塑化凝固并保持一定的持水性，从而让肉料致熟后可以呈现爽

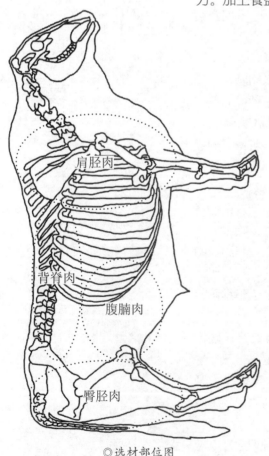

肩胛肉

背脊肉

腹腩肉

臀胫肉

◎选材部位图

脆的质感。

　　需要说明的是，肉料中的味道与肉料中的水溶性蛋白析出的能力成反比，这是因为水溶性蛋白析出之后，将呈味的氨基酸封闭起来，人的味蕾难以察觉。

　　将水牛肉放在厚大的砧板上，用一对铁锏不断捶擂，使水牛肉呈泥糜状。为确保牛肉筋络也能成泥糜状，最好用双刀再剁切一遍。

　　将精盐、味精、白糖、湿淀粉及清水放于大钢盆内混合均匀，将水牛肉糜加入其中，用"太极手"（即利用掌力）顺同一方向不断旋转搅拌及抽打牛肉，以抽打为主。以抽打至牛肉起胶为度。

◎左手拿捏牛肉糜，使牛肉糜从拇指与食指之间挤出，形成一个重量约15克的圆丸，右手将圆丸滗入清水内。

　　牛肉丸的嫩滑、爽弹与牛肉的致熟速度有着绕不开的关系，因为牛肉致熟与其他肉料致熟一样，都以蛋白固化为指标。牛肉丸经过食盐的帮助及搅拌，其水溶性蛋白几乎都陈于表面，致使其传热功能并不顺畅，以至于仓促加热的话，要么是迅速固化而呈现发硬的质感，要么是缓慢固化而呈现发霉的质感。

　　事实上，糜状肉料的水溶性蛋白陈于表面时（即经过食盐处理及搅拌之后），浸泡于凉水内，其水溶性蛋白会缓慢地以网状的形式持水固化，并为最终呈现爽弹质感建立牢固的基础。

　　将糜状肉料泡在温水里的工序称为"养"或"燊"。这是肉料致熟的三个温度段的其中之一的"中温致熟"。这一工序及肉料致熟区间的知识在《从牛百叶看腌制》中有讲解，这里先埋下伏笔。

　　准备一大盘温度为25～35℃的清水，在牛肉糜搅拌及抽打成胶状体后，左手拿捏牛肉糜，使牛肉糜从拇指与食指（虎口）之间挤出，形成一个重量约15克的圆丸，右手配合地将圆丸滗入清水内，直到将牛肉糜挤滗完为止。

　　将盛满牛肉圆丸的水盆摆放在一旁，静置15分钟左右，直到用手捏压牛肉圆丸有回弹的感觉为止。这个工序就是"养"或"燊"，或者叫作"中温致熟"。

　　经过"养"之后，将牛肉圆丸放入水镬内，以"菊花心"加热至牛肉圆丸浮出水面为止。这个工序称为"煮"，或者是"高温致熟"。捞起放入凉水中过冷，即为爽口牛肉丸。

　　将爽口牛肉丸按售价分量放在汤煲内，加入猪油并撒上葱花、胡椒粉，再淋入加热至沸腾的牛骨汤即可供膳。

◎注1："爽口牛肉丸"可配沙茶酱或沙嗲酱蘸吃。

◎注2：传统配方没有对牛肉冷缩采取任何合理的处置，因此不太适合冷链远程配送，仅能做到现打现卖。

◎冬菜蒸牛脲

原料： 腌好的水牛脲片1 000克，津冬菜400克，葱花30克，生抽60克，白糖40克，湿淀粉40克，熟花生油60克。

制作方法：

这个肴馔由上什岗位制作。

问题是，在厨房众多正在等待烹制的肴馔当中，要如何辨别什么时候该由候镬岗位制作，什么时候该由上什岗位制作呢？

这就要看"料头"了。

所谓"看料头便知蒸炒煎煸焗"，这是粤菜厨师提高工作效率的关键所在。"料头"既是增香、调色的法宝，又能传递出采用何种烹饪方法的信息。打荷就是凭借这个信息，将待烹的配料合理地分配到烹制岗位中去。当打荷看到"料头"中有葱花，就知道这个肴馔应该是由上什岗位的厨师制作了。

腌好的水牛脲片与津冬菜放在钢盆内，加入生抽、白糖、湿淀粉与熟花生油拌匀，并摊平放在瓦碟上，再置入蒸柜猛火蒸8分钟左右，取出，撒入葱花，即可膳用。

◎注1："冬菜"是大白菜以半干形态发酵的腌渍制品，有两大制作形式：一种是用生抽与绍兴花雕酒腌渍，即"京冬菜"；另一种是用食盐与蒜蓉腌渍，即"津冬菜"。

◎注2：榨菜蒸牛脲、葱菜蒸牛脲及酸笋蒸牛脲等肴馔也可按这种方法制作。

◎注3：这类肴馔并不局限用牛脲，也可换成腌好的水牛肉片。

◎注4："蒸"这个汽烹法，对于放油的先后，在不同时期有不同的理解。在1985年之前，即所谓的"新派粤菜"还未在广州传播的时期，但凡蒸制肉料，都是在临蒸时淋上熟花生油。这是当时蒸馔的秘技，但在1985年之后改为攒油，即肉料蒸好后攒上加热至150℃的炽热花生油。

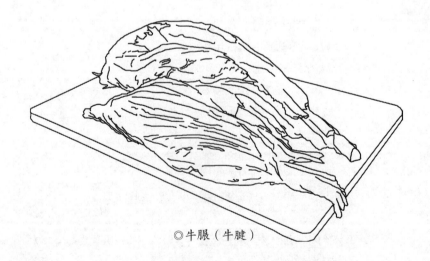

◎牛脲（牛腱）

◎金针云耳焗牛脹

原料： 腌好的水牛脹片1 000克，湿金针（黄花菜）375克，湿云耳375克，去核红枣15克，姜片25克，精盐8克，味精12.5克，胡椒粉0.3克，湿淀粉50克，淡二汤750克，花生油275克。

制作方法：

粤菜烹饪制作工艺中有一对"孪生兄弟"，那就是"焗"与"焗"，稍不留神真不知道谁是谁。

"焗"法在《随园食单》中已有提及，说明它属于全国通用的烹饪方法；而"焗"则是粤菜原创的烹饪方法，具体应该不会晚于民国（1912—1949年）时期。

那么，"焗"与"焗"的区别在哪里呢？

"焗"字过去写作"爩"，《玉篇》曰："烟出也。"《集韵》曰："灿爩烟出。"《广韵》曰："烟气。"这里的关键在于"烟"字，所以烹饪火力由始至终要猛烈。

"焗"字源于广州方言，被字典收录也是20世纪80年代末的事情。字义为利用余温让制品起反应。因此，其烹饪火力恰恰与"焗"相反，由始至终要温和。

由于"焗"与"焗"所使用的火候不同，肴馔最终呈现的味道与质感也不同。"焗"让肴馔呈现烟火香气及爽脆的质感。"焗"让肴馔呈现制品的本味及爽滑的质感。

将瓦罉放在煤气炉上猛火烧至极热，先放入250克花生油，再放入姜片及腌好的水牛脹片爆过，注入淡二汤，加入湿金针、湿云耳、去核红枣，并用精盐、味精调味。随即冚上罉盖，继续沿用猛火（如果此时改用慢火则为"焗"），焗至水牛脹片刚熟（窝盏状）。随后掀开罉盖，用湿淀粉勾芡，再撒上胡椒粉并淋上25克花生油作为包尾油，重新冚上罉盖，略加热便可膳用。

◎注1：金针菜是粤菜厨师对黄花菜的俗称。市面上偶有新鲜摘下的黄花菜花蕾销售，但不建议食肆使用，因为花蕾中的花药含有多种生物碱，会引起食者腹泻等中毒现象。建议使用经过蒸、晒加工后的干品。使用干品时要预先用温水泡软。

◎注2：云耳是黑木耳的一个品种，因外形似耳朵而得名。常见的黑木耳有两种。一种是多耳状、腹面平滑、正面色黑而背面多毛并呈灰色或灰褐色的，学界称其为"毛木耳"，商品名称"木耳"；这种货色质感韧，不易嚼碎，味道较淡。另一种是单耳状、整体光滑、黑褐色、半透明的，学界称其为"光木耳"，商品名称"云耳"；这种货色质感脆滑，味道鲜香。

粤厨宝典·菜肴篇1

187

◎注：绍菜是广州人对南方产的大白菜的俗称。南方产的大白菜以梗宽、叶窄、身长为特征，最重要的是菜梗无筋丝、质感软滑，深受广州人喜爱。

◎绍菜（大白菜）

◎牛肉扒绍菜

原料：腌好的水牛肉片1 000克，绍菜1 500克，淡二汤1 000克，精盐10克，味精10克，老抽35克，湿淀粉50克，胡椒粉0.3克，花生油150克。

制作方法：

绍菜去叶留梗，加过面清水（配方未列）浸泡，置入蒸柜内以猛火蒸腍。

将腌好的水牛肉片剁成蓉。

用100克花生油起镬，注入淡二汤。待汤沸腾，放入水牛肉蓉，用精盐、味精调味。待汤重新沸腾，加入沥去水分的绍菜梗，用老抽调色，用湿淀粉勾芡，撒上胡椒粉，淋上50克花生油作为包尾油，以绍菜梗垫底，牛肉蓉芡在面，用浅底瓦钵盛起便可膳用。

◎萝卜牛骨汤

原料：水牛肋骨450克，萝卜800克，眉豆25克，黄豆15克，陈皮10克，拍姜块30克，精盐8克，味精8克，清水4 500克。

制作方法：

水牛肋骨相当坚硬，用骨刀确实难以砍断，有厨师干脆改用斧头，但即使是这样，也相当费力和辛劳。现在可用电动的锯骨机，将水牛肋骨锯成7厘米的段，则轻松很多。

萝卜刨去皮，顺开成四件，再横斜切成近三角块，这个形态，粤菜师傅称之为"斧头块"。

将水牛肋骨块、萝卜块、眉豆、黄豆、陈皮、拍姜块"飞水"，用笊篱捞起，沥去水分后，放入烫煲内，加入清水。先用猛火煲滚，再改用中火煲90分钟。临近煲好时，用精盐、味精调味。

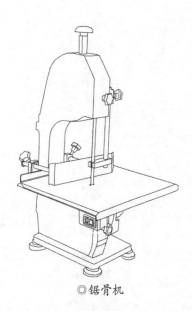

◎锯骨机

○ 罗宋汤

原料： 黄牛肉1 000克，椰菜、薯仔、洋葱、番茄、甘笋各270克，黄汁3 500克，茄汁200克，黄油750克。

制作方法：

将黄牛肉切成1.5厘米见方的粒。椰菜切成长菱形。薯仔去皮，切成厚0.5厘米的薄片。将洋葱切成粗条。番茄用热水烫过，撕去表皮，切成4瓣。甘笋去皮，横切成0.5厘米的薄片。用清水（配方未列）将以上原料分别以慢火焓脸。

用汤煲烧热黄油，并将黄牛肉粒熘炒一下，再加入沥干水的椰菜、薯仔、洋葱、番茄、红萝卜及黄汁，以中火煮约1分钟，再用茄汁将汤水调成红色即成。

◎注1：罗宋汤即Borscht，而Borscht——甜菜浓汤通常被解释为Russian soup，因此中国人将其称为"罗宋汤"或"俄国菜汤"。

事实上，罗宋汤的起源地并非俄国，而是在乌克兰。在俄国"十月革命"后，大批俄国人来到上海，他们喜欢食用这样的菜汤，所以中国人误以为这是俄国的美食。

◎注2：椰菜又称卷心菜、洋白菜、包心菜。广东、广西地区用其做的椰菜酸，是酸料里比较好吃的一种。

◎注3：广东人说的"薯仔"其实就是土豆、马铃薯。

◎ 鲜菇牛肉汤

原料： 腌好的水牛肉片1 000克，兰花菇500克，菜远500克，指甲姜片7.5克，淡二汤6 000克，精盐7.5克，味精15克，胡椒粉0.5克，花生油100克。

制作方法：

用花生油起镬，爆过指甲姜片，注入淡二汤。待汤重新沸腾，先放入兰花菇及菜远。待菜远变翠绿，再放入腌好的水牛肉片。放入腌好的水牛肉后，不要急于搅动，要等水牛肉片表面熟化，再用手壳拨动汤水，使水牛肉片分散。待汤重新沸腾，用精盐、味精调味。撒上胡椒粉，即可滗入汤煲膳用。

◎兰花菇（平菇）

◎注：鲜菇是粤菜厨师对草菇的称谓。草菇按采收时的不同形态，分"菇冧"及"兰花菇"。"兰花菇"又被粤菜厨师称为"平菇"，多在滚汤类汤馔中使用。

另外，市面上还有一种叫"平菇"的商品，粤菜厨师称其为"秀珍菇"。

粤厨宝典·菜肴篇1

◎牛蓉冬瓜露

原料： 腌好的水牛肉片1 000克，冬瓜蓉2 500克，指甲姜片75克，鸡蛋清400克，绍兴花雕酒75克，上汤4 000克，淡二汤4 000克，精盐10克，味精15克，鸡精15克，湿淀粉500克，胡椒粉0.5克，花生油200克。

制作方法：

腌好的水牛肉片剁成蓉。

将冬瓜去皮，切成块，加过面清水（配方未列）泡浸，置入蒸柜猛火蒸熟。取出用刀压成蓉。压蓉时见有筋络要挑出。用布袋盛起，挤去三分之一水分。

用150克花生油起镬，爆过指甲姜片，攒入绍兴花雕酒，注入上汤及淡二汤。待汤沸腾，放入水牛肉蓉及冬瓜蓉，用精盐、味精、鸡精调味。待汤重新沸腾，用湿淀粉勾芡，使汤水变得略微浓稠。撒上胡椒粉，淋上50克花生油作为包尾油，用汤煲盛起便可膳用。

◎注：冬瓜又称枕瓜。冬瓜在我国有大、小瓜之分，品种不同。南方瓜大，有青皮冬瓜、粉皮冬瓜、大面瓜；北方瓜小，如一串铃瓜、吉林小冬瓜等。

◎白灼牛百叶

原料： 牛百叶1 000克，西芹丝50克，芫荽段50克，姜丝25克，葱白丝25克，红辣椒丝30克，海鲜酱油250克。

制作方法：

牛百叶是用肚胘包裹着的叶片，是牛的四个胃之一，所以要用刀将肚胘剖开，才能见到牛百叶的叶片。剖开肚胘之后，在见到梳状的叶片之余，还会见到藏在叶片之间未完全磨碎的草料，这些草料在古时还是岭南人的美食——圣齑。

不过，现在并没有人会认为那些草料是美食，得彻底清

◎牛百叶（部分）

理干净才能膳用。草料清理方法十分简单，逐片叶翻开，用高压水枪冲洗即可。

将藏在叶片之间的草料清理干净之后，才能对肚胘进行清理。这个步骤不能倒置，否则草料粘在肚胘上，是难以清理干净的。肚胘的清理也十分简单，将表面的薄膜撕去即可。

牛百叶片表面会有一层黑衣，这层黑衣致熟食用会呈现皱的质感，按道理是应该要清理掉的。不过，20世纪90年代发生了"化学添加剂事件"——用非食用的化学品加工食品引起风波之后，食客对没有黑衣的牛百叶高度设防。为平息食客的恐慌，也可保留黑衣烹制。

事实上，清理牛百叶表面的黑衣并不困难，将牛百叶放入75℃的热水里浸泡一下，取出，用手搓揉，黑衣就会自然脱落，再用高压水枪一喷，牛百叶就会现出洁白的真容。

牛百叶彻底清理干净之后，用刀以5厘米为距，顺叶片间隔，将牛百叶分成数段，然后摆顺叶片，再以0.6厘米为距横切。这样，肚胘就连着叶片形成梳形。

牛百叶切成梳形后，可直接烹制或先进行腌制。腌制方法主要有烧碱（氢氧化钠）法、松肉粉（木瓜蛋白酶）法及强碱弱酸（碳酸钾、碳酸钠）法等。这些方法在后面的《从牛百叶看腌制》中会提及，不再赘述。

烹饪时，要准备一镬滚水及一罉冰水。

将切成梳形的牛百叶放在笊篱内（一次不宜过多，以放料后水温不低于98℃为宜），再将笊篱置入用猛火加热的滚水内，用筷子快速拨动牛百叶，使牛百叶充分受热。牛百叶在滚水里滚约8秒即可捞起，并立即放入冰水里过冷。

牛百叶在冰水里变凉后，用笊篱捞起，沥去水分，放在钢盆内，与西芹丝、芫荽段、姜丝、葱白丝、红辣椒丝捞拌均匀（也有厨师在此时直接调入海鲜酱油，但会影响肴馔的颜色），再堆砌入碟。配上用味碟盛起的海鲜酱油作为蘸料，即可膳用。

◎注1：牛百叶即牛胃。牛是反刍动物，与其他家畜不同，最大的特点是有4个胃，分别是瘤胃、网胃、瓣胃及皱胃组成，其中瓣胃就是俗称的"牛百叶"，而瘤胃即俗称的"毛肚"。

◎注2："圣斋"一词见于唐代（618—907年）广州司马刘恂先生的地理杂记《岭南录异·卷上》，书中云："容南土风，好吃水牛肉。言其脆美。或炰或炙，尽此一牛。既饱，即以盐、酪、姜、桂调斋而啜之。斋是牛肠胃中已化草，名曰'圣斋'。腹遂不胀。"后来北宋（960—1127年）的《太平御览·饮食部·十三·斋》收录云："《岭表异录》曰：容南土风，好食水牛肉，言其脆美，则柔毛肥麤不足比也。每军衔有局廷，必先此物，或炮或炙，尽此一牛。既饱，即以圣斋销之（圣斋，如有菹，云是牛肠胃中已化草）。既至，即以盐、酪、姜、桂调而啜之，腹遂不胀。北客到彼，多赴此廷，但能食肉，罔有啜斋者。"

◎注3：牛百叶古称"胘"，《说文解字》曰："胘，牛百叶也。"《类篇》云："服虔说，有角曰胘，无角曰肚。一曰胃之厚肉为胘。"

◎注4：北魏（386—534年）高阳太守贾思勰的《齐民要术·卷九·炙法第八十·牛腩炙》云："老牛胘，厚而脆。铲穿，痛瘦令聚，逼火急炙，令上劈裂，然后割之，则脆而甚美。若挽令舒申，微火遍炙，则薄而且韧。"

○从牛百叶看腌制

◎牛百叶与重庆火锅结上难解的缘分
图为旧时重庆人围坐一起膳用火锅的景象。

早在 1 500 多年前，我们的祖先就理解到了当时被称作"牛肶"的牛百叶的质感了，贾思勰先生在《齐民要术》中用了"脆而甚美"来形容，可见奇妙。

不过，贾思勰先生也深知，牛百叶的脆并非必然，一定要通过"逼火急炙"才能达致，如果换成"微火遥炙"的话，牛百叶的质感则会变成"薄而且韧"。

贾思勰先生对牛百叶的理解，让后辈领悟到了"脆"与"韧"的变化。郑玄在《说文解字》中对两字的解释是"脆（脆），小臾（软）而易断也。韧，柔而固也"。用现在的话说，"脆"是被牙齿咬合易断的反应，而"韧"则是牙齿咬合且要拉扯才断的反应。两者都是食物的质感，哪个被人喜爱则高下立判。

粤菜的白灼牛百叶就是遵循贾思勰先生教导的做法——"逼火急炙"去烹制，因而给食客的口感是牛百叶的质感十分爽脆。

需要强调的是，为确保牛百叶获得爽脆的质感，烹制过程绝不假手他人，完全是由粤菜厨师亲手操作，原因在于粤菜厨师担心由食客操作的话，烹制时间及火候难以控制，牛百叶的质感就无法达到最佳。

然而，重庆厨师则反其道而行，吃火锅时，牛百叶的烹制完全由食客自己操作，不太理会食客采用什么样的烹制时间及烹制火候。

是不是重庆厨师不负责任呢？

倒也不是！

这是因为重庆厨师在事前已对牛百叶进行腌制，使得不管采用怎样的烹制时间及怎样的烹制火候，牛百叶都能始终如一地呈现爽脆的质感。

正是这个原因，牛百叶与重庆火锅结上缘分，就好像北京填鸭与北京烤鸭紧密相连一样。

那么，重庆厨师是应用什么样的腌制方法呢？

自2014年之后有三种方法，即烧碱法、松肉粉法及强碱弱酸法。以下讲解三种方法的腌制原理。

烧碱法就是利用俗称"火碱""哥士的""苛性钠"的氢氧化钠溶液对牛百叶进行腌制的方法。

要了解这种方法的腌制原理，首先要了解肉类熟化是怎么一回事。肉类熟化是肉类中的水溶性蛋白与非水溶性蛋白变性并固化的表现。

在一般的认知当中，肉类中的水溶性蛋白与非水溶性蛋白变性及固化是通过加热至100℃高温才能完成的，但事实并非一定如此！

有两个肉类的加工程度可以证实，肉类中的水溶性蛋白与非水溶性蛋白无须通过加热至100℃高温，也能满足肉类熟化——变性并固化的条件，那就是日常可见的"皮蛋"加工程度及"鱼圆"加工程度。

"皮蛋"又称"变蛋""松花蛋"，是用乙二胺四乙酸（$C_{10}H_{16}N_2O_8$）、茶叶（$C_8H_{10}N_4O_2$）、食盐（$NaCl$）、纯碱（Na_2CO_3）、熟石灰［$Ca(OH)_2$］、草木灰（K_2CO_3）配成腌制料，再与清水、黄泥、稻壳混合后裹在鸭蛋表面，并以低于15℃的环境腌100天加工而成的。

问题在于同样是腌制，"皮蛋"与"咸蛋"的表现却截然不同。

为了更深入地认识，再看看"咸蛋"是怎样加工的。

"咸蛋"是以食盐与清水、黄泥混合后裹在鸭蛋表面（或将鸭蛋浸泡于浓盐水中）并以低于35℃的环境腌40天左右加工而成的。

如果将腌好的"皮蛋"与"咸蛋"分别砸开，不难发现："皮蛋"的蛋清与蛋黄已经变性并固化，俗语说"已经熟了"，也就是可以即时膳用；而"咸蛋"的蛋清与蛋黄却仍然处于水样状态，俗语说"还未脱生"，因此还要施以高温烹煮才能膳用。

为什么会这样呢？

原因在于"皮蛋"与"咸蛋"的腌制料成分不同。简单地说，"皮蛋"的腌制料是由碱性物质与食盐等组成，而"咸蛋"仅用食盐腌制（有的会在腌制料之中添加一点曲酒，曲酒也具有令肉类中的水溶性蛋白与非水溶性蛋白变性及固化的功能。由于曲酒挥发性强，且变性及固化的效果与碱性物质变性及固化的效果不同，暂且按下不表）。

"皮蛋"的腌制料除乙二胺四乙酸（是含铅的"黄丹粉"的替代品）及食盐不是碱性物质之外，余下的茶叶、纯

◎注1：最早的"皮蛋"腌制配方中会添加俗称"黄丹粉"的四氧化三铅（Pb_3O_4）。这种物质并非食品添加剂，最早时添加的目的是让鸭蛋的水溶性蛋白多样变性，使鸭蛋蛋清在固化时形成雪花花纹。然而，由于四氧化三铅可导致服食者铅中毒，现已禁止在食品中使用。

就在此时，乙二胺四乙酸成为四氧化三铅的替代品。

碱、熟石灰及草木灰都是碱性物质。

从“皮蛋”的腌制料的组成及腌制效果就可以理解到，肉类中的水溶性蛋白与非水溶性蛋白的变性及固化不一定要通过加热至100℃高温才能完成。

这就是低温致熟！

不需要通过加热至100℃高温致熟的另一个案例，就是“鱼圆”。

“鱼圆”有“广州鱼圆”及“南京鱼圆”两个类型的做法。“南京鱼圆”最大的特点是制作过程中有一个叫“㸆”的步骤，即鱼肉刮成糜后，加入食盐与清水搅挞鳌合成胶状，再将鱼胶挤成丸状放于凉水（25～35℃）中浸泡。

鱼圆经过“㸆”之后，鱼肉中的水溶性蛋白及非水溶性蛋白便会变性及固化，如果不顾虑卫生的问题，完全达到可以膳用的地步。

这就是中温致熟！

说到这里，不难发现肉类中的水溶性蛋白与非水溶性蛋白的变性及固化，有低温致熟、中温致熟及高温致熟三个温度区间。低温致熟与中温致熟是有条件要求的：低温致熟必须在碱性环境（可能还包括酸性环境及乙醇环境）下完成；中温致熟必须是将肉剁成糜状并且与食盐鳌合成胶状并与凉水接触后完成（鱼片用食盐腌制是不能致熟的）。

牛百叶在重庆火锅中烹煮，质感能保持始终如一，就是利用低温致熟的原理，让牛百叶在碱性环境下预熟，再烹煮就不用顾虑牛百叶遇热收缩的问题，这样就能够较持久地让牛百叶呈现爽脆的质感。

需要强调的是，日常可见的碱性物质，如食粉、纯碱及陈村枧水等，都是碱性较弱的强碱弱酸盐，没有巧妙的配方比例是难以让牛百叶中的水溶性蛋白及非水溶性蛋白变性及固化的，仅能达到充盈及伸张状态。

这就必须要借助碱性较强的烧碱帮忙。

烧碱的化学名称为氢氧化钠（NaOH），0.2%的氢氧化钠溶液就能让肉类中的水溶性蛋白与非水溶性蛋白即时轻微变性及固化。溶液浓度越大，肉类中的水溶性蛋白与非水溶性蛋白变性及固化的速度越快、强度越大。

事实上，回头重温“皮蛋”的腌制料，不难发现其中奥秘——暗藏着氢氧化钠的成分。因为腌制料当中的熟石灰——氢氧化钙［$Ca(OH)_2$］，能与纯碱——碳酸钠（Na_2CO_3）反应生成氢氧化钠（NaOH）及碳酸钙（$CaCO_3$）。

2014年前后，因食品行业出现多起企业非法使用不被

◎注2：经查阅，2014 年 12 月由国家卫生和计划生育委员会颁布的《食品安全国家标准　食品添加剂使用标准》[GB 2760—2014] 中明确，俗称“烧碱”的氢氧化钠为“可在各类食品加工过程中使用，残留量不需限定的加工助剂名单（不含酶制剂）”，故烧碱可以作为牛百叶的腌制料使用。不过，有一点需要注意的是，市面所见的氢氧化钠并非全部是食品级的。添加在牛百叶中的氢氧化钠的重金属等诸多指标必须符合食品安全卫生要求。

允许在食品中添加的有害化合物的事件，如苏丹红事件、塑化剂事件、甲醛（福尔马林）事件等，食客对食品添加剂高度不信任。

正是这个原因，食客对在牛百叶中添加烧碱腌制持反对意见，所以除了重庆之外，在其他地区，用烧碱腌制牛百叶的方法受到严重冲击。

如何辨别牛百叶是否经过烧碱腌制呢？

方法十分简单。经烧碱腌制过的牛百叶呈充盈状态，其叶片与包裹在叶片表面的"黑衣"并不粘连，故而牛百叶的"黑衣"多被清理干净。由于牛百叶处于充盈状态，颜色十分洁白（用热水烫刮黑衣的牛百叶是瘀白色的）。

松肉粉法的研究和开发在20世纪80年代就已展开，即利用水解蛋白酶对肉蛋白质进行水解，以使肉类的纤维变细，从而让肉料致熟后不再呈现艮韧的质感。

木瓜蛋白酶是常见的水解蛋白酶之一，除此之外，还有菠萝蛋白酶、生姜蛋白酶及无花果蛋白酶等选择。"松肉粉"是这些水解蛋白酶的商品名称。

松肉粉法最初主要是针对水牛肉的腌制，由于此法完全泯灭了水牛肉的弹性质感，在实际应用当中被接受的程度并不高。后来才转用在牛百叶的腌制上。

要知道的是，水解蛋白酶是活性剂，与肉类中的蛋白质接触就会产生水解反应，持续不间断地水解蛋白质，直到呈固态的蛋白质被水解成液态为止。

这也表现在牛百叶的腌制中。

厨师们使用松肉粉法最大的困惑在于剂量、温度及时间并非关联，同一剂量、同一温度、同一时间腌制，每批次牛百叶的质感效果却不尽相同。

最经典的案例发生在2012年四川的一家肉类加工厂内。

经小范围测试证明，利用松肉粉腌制牛百叶的方法可行。于是，肉类加工厂决定上马这个项目，打算将腌好的牛百叶配送到重庆的火锅店去。当时雄心勃勃的肉类加工厂一下子就生产了10吨的牛百叶，而且没几天就销售干净。就在肉类加工厂准备再生产时，客户的反馈令肉类加工厂心灰意冷。因为配送出去的牛百叶烂如布渣，根本无法放入火锅中膳用。

问题出在哪里呢？

原因出自实验室没有做破坏性试验，只是将实验中所腌制的牛百叶当场试吃了，也没有考虑牛百叶的后续变化。

殊不知后续的变化才能体现牛百叶被腌制后的真正表现及松肉粉的功能。

◎注3：木瓜蛋白酶、菠萝蛋白酶、生姜蛋白酶及无花果蛋白酶的平均灭活数据是，在pH为7时，中心温度达到70℃并持续160秒。

当然，问题最终被解决了，就是增加一道灭活的工序——在牛百叶呈现所需的质感时，对牛百叶进行加温，以使不耐高温的水解蛋白酶丧失活性，从而停止水解反应。

综观以上两种腌制法，不难发现它们都有一定的局限性。2011年由笔者主持，于2012年立项的通用性极强的腌制方法——强碱弱酸法展开数据实验，于2014年终于获得可应用于猪、牛、鸡、鱼、虾等肉的腌制成果，并于当年整理出版了《厨房"佩"方》一书，将整个腌制原理公之于世。

强碱弱酸法是利用碳酸钾、碳酸钠、食盐、赤藓糖醇、海藻糖、白糖等为原料腌制肉料的方法。详细知识可参阅《厨房"佩"方》，这里不再赘述。

◎酱爆金钱肚

原料：金钱肚（网胃）1 000克，沙嗲酱75克，老抽7.5克，绍兴花雕酒15克，葱榄100克，指甲姜片25克，红辣椒丝10克，青辣椒丝10克，蒜蓉15克，花生油125克。

制作方法：

牛是反刍动物，其消化系统分成四个胃室。这四个胃室分别是瘤胃、网胃、瓣胃及皱胃。

瘤胃是贮存及初始发酵饲料的胃室，容量几乎占了半个牛的腹部。因为胃壁布满的小肉瘤犹如草皮一样，故而有"草肚"的俗名。

网胃是贮存及深度发酵饲料的胃室，容量为瘤胃的1/6左右。因为胃壁布满坑状肉瘤，犹如蜂窝或金钱状，故而有"蜂窝肚"或"金钱肚"的俗名。

瓣胃是磨碎饲料及挤压饲料水分的胃室，容量为瘤胃的1/4左右。因为壁瓣如叶状有序排列，故而有"百叶"的俗名。

皱胃又称"真胃"，属反刍动物的后胃区，为分泌消化液及与单胃动物消化功能相似的胃室。因为胃壁光滑，故而又有"光肚"的俗名。皱胃的功能仅仅是消化及吸收液化状饲料，乳牛

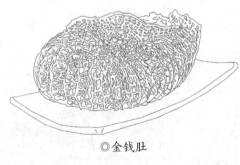

◎金钱肚

的皱胃容量较瘤胃、网胃及瓣胃组成的前胃区大，但是，随着牛的成长，皱胃会逐渐缩减并老化。一般被人类膳用，是在牛的四月龄之前，在四月龄之后，皱胃会逐渐退化，最终不能膳用。

需要说明的是，瘤胃与网胃的胃室并不分明，屠夫只会模糊地以胃壁的形态为界线将两胃室分割。问题在于两胃室致熟后呈现的质感千差万别，瘤胃艮韧，网胃爽弹，而且两者售价悬殊，供应商在供应过程中容易暗藏猫腻。

从学科角度看，瘤胃、网胃与瓣胃是研磨饲料的前胃区，胃壁上会有一层俗称"黑衣"的胃壁膜，这层胃壁膜不仅颜色不太悦目，致熟后的质感也十分粗糙，因此在膳用之前要将之清理。

清理金钱肚胃壁上的"黑衣"并不困难。将金钱肚浸泡在75℃的热水里20秒左右，利用热胀的原理，让壁膜发胀，与壁肉分层，取出再加以搓揉，就可以将壁膜撕剥下来，然后再用清水冲洗干净便可。

金钱肚与牛百叶的质感不同：后者爽脆，所以会采用急促致熟的方法处理；而金钱肚质感是爽弹，不宜采用急促致熟的方法处理，用慢火细煮——也就是粤菜厨师所谓的"焓焗"的方法处理更为适合。

"焓"与"焗"虽然都是水烹法，却采用两种不同的加热温度，前者为超过100℃，后者为不高于98℃，继而产生热缩与热胀的效果。

热缩是与正常的物理现象相违背的，会自然地产生双向的拉扯力，令纤维熟化、绷断，持久下去，会让制品获得脮的质感。

热胀与正常的物理现象一致，在纤维熟化的条件下，会令纤维松弛并吸收水分。

金钱肚正是利用一收一放的两极反应获得软弹的质感。

具体的操作是，先用钢镡煮上不少于金钱肚重量5倍的清水，待清水沸腾，放入"黑衣"撕剥干净的金钱肚，继续以猛火加热，并维持约15分钟（此为"焓"）。及后，冚上镡盖，熄火至水冷却（此为"焗"）。最终以筷子易于插入为标准。

金钱肚经"焓焗"之后，从钢镡中捞起，放入流动的清水中漂去牛油。再用刀切成长4.5厘米、宽3厘米、厚0.5厘米的斜薄片。

在这之后，就轮到候镬岗位出马了。

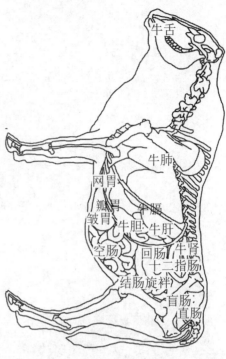

◎牛内脏分布图

粤厨宝典·菜肴篇1

先将金钱肚片"飞水"，用笊篱捞起沥水。随即将铁镬烧热，放入花生油并爆香蒜蓉、指甲姜片及沙嗲酱，攒入绍兴花雕酒，随即将金钱肚片、葱榄、红辣椒丝、青辣椒丝放入，并撷镬抛匀，再用老抽调色，便可上碟膳用。

◎凉拌金钱肚

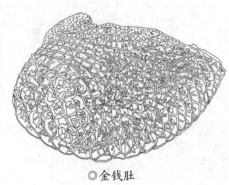

◎金钱肚

原料：金钱肚1 000克，生抽55克，美极鲜酱油20克，山西陈醋25克，辣椒油25克，芝麻油10克，味精7.5克，芫荽段300克，葱菜丝250克，葱白丝200克，红辣椒丝100克，青辣椒丝100克，白芝麻5克。

制作方法：

金钱肚的烹饪方法并不多，粤菜馆的三大部门——厨房部、烧卤部、点心部几乎只会设计一两款而已，但大多都指望烧卤部制作，例如，卤水金钱肚就是粤菜烧卤中较著名的看馔品种。

对于"卤水金钱肚"而言，有红白两色的制作，红的是用潮州卤水或精卤水，白的是用白卤水。用白卤水制作的衍生产品就是"凉拌金钱肚"。

凉拌金钱肚的做法是将经焓焗煮熟的金钱肚放入冰凉的白卤水中浸泡2小时。捞起，沥去水分，用刀切成长4.5厘米、宽0.3厘米的丝。

用生抽、美极鲜酱油、山西陈醋、辣椒油、芝麻油、味精放在钢盘内，混合成调味液。

将金钱肚丝、芫荽段、葱菜丝、葱白丝、红辣椒丝、青辣椒丝放在钢盘内，并淋上调味液捞匀，摆砌上碟后，再撒上炒香的白芝麻即可膳用。

◎注：葱菜又称"冲菜"，大头菜的一种，指大头菜用盐水腌渍后晒干的制品，其味酸、开胃。

◎薏米草肚粥

原料：草肚1 000克，薏米白粥底8 000克，精盐25克，味精20克，鸡精20克，陈皮丝5克，姜丝10克，胡椒粉0.8克。

制作方法：

"草肚"是广东人的叫法，别的地方又有"毛肚"之名，实际上是指牛的消化系统的第一个胃室——瘤胃。这个胃室致熟后会呈现艮弹的质感。

薏米草肚粥有两种做法：一种做法是将草肚切丝，与薏米、籼米等连清水同时煲成粥；另一种做法是薏米与籼米等连清水先煲粥，膳用时再在粥中加入事前焓焗好并切成丝的草肚。

这里介绍后一种做法。

将草肚放入75℃的热水里浸泡30秒左右，取出搓揉，将草肚表面的"黑衣"撕剥下来，并用清水冲洗干净。将草肚放入滚水罉里焓焗，使其达到软脸的质感（以筷子轻易插入为度）。

将焓焗好的草肚用流动的清水漂去表面牛油。沥干水分，用刀切成长3厘米、宽0.4厘米的丝。

以籼米1 500克、薏米500克、腐竹250克、清水50千克的比例放入钢罉内，先用猛火煲至沸腾，再改文火煲90分钟，得薏米白粥底40千克。

取薏米白粥底8 000克，用精盐、味精、鸡精调好味，以中火加热致沸腾，放入1 000克草肚丝、陈皮丝及姜丝，待粥底重新沸腾，撒上胡椒粉即可膳用。

◎注：薏米又称"苡米""绿谷""六谷米""回回米"，在中国、日本和越南广泛种植，是传统的药食兼用谷物资源，被誉为"世界禾本科植物之王"。

◎生炒牛肚

原料：草肚1 000克，鲜笋片800克，葱段30克，指甲姜片5克，蒜蓉5克，姜汁酒50克，芡汤150克，湿淀粉40克，胡椒粉0.1克，芝麻油0.2克，精盐5克，纯碱60克，花生油70克。

◎注1："牛肚"是草肚与金钱肚的统称，一般不包含牛百叶。在实际应用中，牛肚往往就是指草肚。

199

◎注2：以往厨师对强碱弱酸盐的成员——碳酸钾、碳酸钠、碳酸氢钠的研究不深，仅停留在酸碱度的角度上。实际上，这类食品添加剂远不止这个功能，简单而言：碳酸钾具有强化横向纤维的功能，即抑制艮的质感；碳酸钠具有强化竖向纤维的功能，即抵制韧的质感；碳酸氢钠不定向，呈现较虚浮的质感。

制作方法：

洗净牛肚上的"黑衣"，顺直纹切成薄片；放入钢盆内，加入纯碱拌匀，腌4小时。再用流动清水漂清碱味。

腌好牛肚后，用滚水"飞"至六成熟，用笊篱捞起，沥去水分。

用50克花生油起镬，爆香指甲姜片、蒜蓉、葱段、鲜笋片，攒入姜汁酒，用芡汤、湿淀粉勾成琉璃芡；然后再放入沥去水分的牛肚炒匀，放精盐，随即撒上胡椒粉，淋上芝麻油及20克花生油便可上碟供膳。

◎蚝油牛脷片

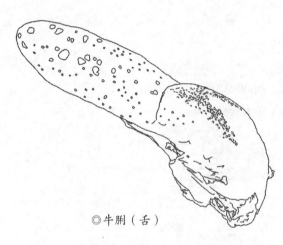

◎牛脷（舌）

原料：牛脷1 000克，冬笋片450克，姜片20克，葱白榄40克，绍兴花雕酒50克，淡二汤750克，精盐5克，味精7.5克，蚝油25克，白糖40克，生抽25克，老抽7.5克，湿淀粉37.5克，芝麻油0.5克，花生油（炸用）3 500克。

制作方法：

牛脷是广州人对"牛舌"的称呼。

牛脷的苔衣较厚，膳用前要将之撕剥干净。方法是将牛脷放入78℃的热水中浸泡40秒左右，使苔衣发胀并与脷肉分离，捞起，趁热将苔衣撕剥下来即可。

根据1950—2010年的菜谱记录，蚝油牛脷片有熟炒与生炒的做法，大抵是寻求牛脷的不同质感。

简单而言，熟炒是寻求牛脷脸软的质感，生炒是寻求牛脷弹软的质感。

熟炒是先将撕剥去苔衣的牛脷放入水罉里以焗焗的方法致熟，以筷子轻易插入为度，捞到流动的清水里漂去表面的牛油。捞起，沥去水分，用刀顺长边一分为二，再切成厚0.3厘米的薄片。

生炒是直接将剥去苔衣的牛脷用刀顺长边一分为二，再切成厚0.2厘米的薄片。

将花生油放入铁镬内以猛火加至五成热（150～180℃），将牛脷片放入油里打散，受热20秒左右，再用笊篱捞起，沥去油分。

将花生油倒回油盆，留100克花生油在铁镬内，以猛火爆过冬笋片、姜片，攒入绍兴花雕酒并注入淡二汤，用精盐、味精、蚝油、白糖、生抽调味；待汤汁沸腾，放入牛脷片炒匀，下葱白榄。将铁镬拉离炉口避火，用老抽调色，用湿淀粉将汤汁勾成琉璃芡，淋上芝麻油即可滗出砌在碟内供膳。

◎注：蚝油牛脷片这种烹制形式，若将蚝油改用咖喱、茄汁，即为咖喱牛脷片及茄汁牛脷片。

◎ 醒胃牛三星

原料： 牛脷1 000克，牛膀500克，牛腰500克，牛骨汤5 000克，酸萝卜2 500克，指天椒50克，猪油100克，胡椒粉2克，食粉适量，姜丝适量，花生油适量，白醋适量，白糖适量，精盐适量，糖精适量。

制作方法：

牛脷切成长5厘米、宽2厘米、厚0.2厘米的薄片，放在钢盆内，加入以1 400克清水、3克食粉及8克精盐调成的腌制液，腌30分钟，再用流动清水漂涤30分钟。之后，沥干水分，放入保鲜盒内，加入50克姜丝拌匀，置入冰箱冷藏备用。

牛膀顺长边一分为二，再横切成0.6厘米的薄片，放钢盆内并加入以700克清水、1.5克食粉及4克精盐调成的腌制液，腌30分钟，再用流动清水漂涤30分钟。之后，沥干水分，放入保鲜盒内，置入冰箱冷藏备用。

牛腰平放顺长边一分为二，将内部白色腰骚片去，再横成厚0.3厘米的薄片，放在钢盆内，加入以700克清水、2克食粉及6克精盐调成的腌制液，腌30分钟，再用流动清水漂涤30分钟。之后，沥干水分，放入保鲜盒内，加入20克花生油拌匀，置入冰箱冷藏备用。

萝卜去皮，顺长边一分为二，顺长边切成厚1厘米的

◎注1："牛三星"并没有固定的成员，有的是由牛肉、牛百叶与牛脷组成，有的是由牛心、牛腰与牛脷组成，有的是由牛双胘、牛膀与牛脷组成，不一而足。牛三星可取牛内脏自由搭配，并无限制，但笔者认为，牛膀、牛腰与牛脷的搭配最为合理。

◎注2："牛膀"即牛的胰脏，等同于猪胰脏（猪横脷）。其致熟后质感焖软，是"牛三星"的灵魂。

◎注3：由于牛脷难以被人消化，故膳用时要配酸萝卜开胃解滞。

片，顺长切成宽1厘米的条，然后横切成1厘米的粒。

将萝卜粒放入钢盆内，以1 000克萝卜粒加50克精盐的比例混合，再用手不断搓揉，使萝卜略微柔软（此时萝卜会不断渗出水分）。搓揉至萝卜柔软，用流动的清水漂涤30分钟。捞起，沥干水分。

指天椒洗净去蒂，横切成长0.5厘米的段。

以1 000克白醋加白糖350克、精盐15克、糖精0.5克的比例混合，并用慢火将白糖煮溶，制作糖醋液。

糖醋液晾凉后，以1 000克糖醋液加入600克沥干水的萝卜粒的比例，浸泡萝卜粒，制成酸萝卜。

将牛腘片、牛膀片及牛腰放入沸腾的清水内灼45秒左右，用笊篱捞起，放在汤煲内，上铺酸萝卜及指天椒段，滗入猪油，撒上胡椒粉，注入沸腾的牛骨汤便可供膳。

◎ 白灼牛双肶

◎注："牛双肶"又称为"肶肮"，川菜厨师称其为"牛肚梁"。很多人误认为它是牛胃之一。

实际上，将牛双肶误以为是牛的四个胃之一也是有历史渊源的。《玉篇》的解释是"肶，牛百叶也"，直接说"肶"就是牛百叶。《类篇》的解释是"服度说，有角曰肶，无角曰肚。一曰胃之厚肉为肶"，则说得较为全面，即有角动物的胃称为"肶"，无角动物的胃称为"肚"。也就是牛的胃称"牛肶"，猪的胃称"猪肚"。最大的争议则是胃的厚肉称肶的解释，导致后世将金钱肚与牛百叶的交接处称为"双肶"。

原料： 牛双肶1 000克，西芹丝50克，芫荽段50克，姜丝25克，葱白丝25克，红辣椒丝30克，海鲜豉油250克。

制作方法：

1975年由中国财政出版社出版的《中国菜谱·广东》为牛双肶的注释就是简单的三个字——"即牛肚"，以致很多厨师误以为它是牛的四个胃之一。

其实，牛双肶的确是牛肚的组成部分，但肯定不是四个胃之一，它只是金钱肚与牛百叶的转接部位。这个部位承接了金钱肚的软滑及牛百叶的爽脆，曾经风靡食界。

将牛双肶表面的薄膜、筋膜撕去，用刀在圆顶一方剞上"人"字花纹（刀距约0.4厘米，不切断）；再翻转到另一面，隔0.6厘米横剞（划）一刀（不切断）；最后切成长4厘米、宽2.5厘米的片。切好的片用清水浸泡，等待白灼。

白灼及拌味的方法请参阅"白灼牛百叶"。

◎菜干煲牛肺

原料： 牛肺1 000克，白菜干750克，蜜枣2个，姜片50克，陈皮10克，清水2 500克，精盐6克，味精6克，生抽10克。

制作方法：

菜干用清水泡软，洗净并控干水分。

将连接牛肺的气管套在水龙头上灌冲，将牛肺内部的血水灌冲干净；然后用手挤压，将牛肺内部的水分尽量挤压干净；再将牛肺切成长5厘米、宽3厘米、厚3厘米的块。

将牛肺块、蜜枣、姜片、陈皮、清水及控干水的菜干放入汤煲内，先用猛火煲滚，再改用中火煲90分钟。其后，用精盐、味精及生抽调味便可供膳。

◎注："白菜干"是指用小白菜晒成的干制品，为广东特产。其做法是将小白菜原颗洗净，用沸腾的清水灼过，再原颗挂在竹竿上暴晒至完全干燥。

小白菜就是青菜，为中国最普遍的蔬菜之一，中国南北各省均有栽培，尤以长江流域为少。

◎街边烩牛杂

原料： 牛杂1 000克，禾秆草300克，老姜块100克，陈皮15克，花椒5克，八角8克，香叶2克，桂皮5克，甘草3克，烩牛杂汤5 000克，精盐8克，味精6克，生抽20克，柱侯酱20克。

制作方法：

牛杂是牛的消化系统及呼吸系统等内脏的杂烩，原料包括草肚、金钱肚、牛肠（小肠、大肠）、牛膀、牛肺、牛腰、牛心等，也可包括牛蹄筋。

在这众多原料之中，牛肠是灵魂所在，也是最难处理的部分。正所谓"牛肠香则牛杂香，牛肠滑则牛杂滑"。

广东有"三宝"，即"陈皮、老姜、禾秆草"。这三样原料本身并不昂贵，但其用途使它们矜贵起

◎牛杂

粤厨宝典·菜肴篇 1

来。不说不知道，它们原来是处理牛肠的法宝。

牛肠本来是十分香的，而抑制其香的罪魁祸首是其身上的脂肪。牛的脂肪有一个特点——环境温度达到46℃时才会溶解，呈液态状。也就是说，在常温环境下是呈固化状的。因此，在常温环境或略高于常温的环境下，牛的脂肪会包埋牛肠的香气，使牛肠的香气飘逸不起来，从而令牛杂不能引起人的食欲。因此，牛肠在膳用之前，得进行脱脂增香的处理。

怎样才能有效地对牛肠进行脱脂增香的处理呢？

粤菜厨师想到了"广东三宝"，并且将该过程分为两个步骤。

第一个步骤是利用禾秆草浸泡并擦洗牛肠。

牛肠撕去多余的脂肪并裁切成几段后放在钢盆内，加入过面的清水及禾秆草，稍浸泡，让禾秆草渗出颜色。用手搓揉禾秆草与牛肠，使牛肠的脂肪脱落。搓揉至牛肠表面清爽时，拣起禾秆草，用流动的清水将牛肠的脂肪漂清。

第二个步骤是利用陈皮、老姜焓煮牛肠。

这里需要注意的是"焓煮"而非"焓焗"。焓焗是指前期是沸腾，后期是冚盖停火。焓煮是指由始至终都是沸腾的。这是因为一旦停止沸腾，就会给牛肠的脂肪凝固的机会，继而抑制牛肠喷出香气。

按1份牛肠放5份清水的比例将清水放入水镬内，加入老姜及陈皮，以猛火加热至沸腾，然后才放牛肠。待清水重新沸腾，将火候调至"菊花心"的状态，直到牛肠软腍（以易被筷子插入为度）为止。需要注意的是，在整个焓煮过程中不能歇火，而且牛肠不能浮出水面。所得的汤水一般不留用。

牛杂虽然是牛内脏的杂烩，但焓煮时基本上是分类混搭或独立完成。

草肚一般是与金钱肚混搭焓煮。两者先浸泡在75℃的热水中30秒，取出，将它们表面的"黑衣"撕去，并用清水冲洗干净。焓煮方法与牛肠的相同，但所用清水较牛肠的多，一般是1份肚放8份清水，所得的汤水可留用，即为"焓牛杂汤"。

牛肺要先灌冲干净才进行焓煮。灌冲方法是将气管套在水龙头上，利用水压将牛肺内的血水排压出来。灌冲干净后要用重物压着牛肺，将牛肺内的水分挤出。牛肺是海绵体，不易煮熟，焓煮时要将其切成几份。焓牛肺与焓牛肠的方法相同，一般还与牛膀混搭完成，但牛膀会最先捞起。

牛腰要用刀平面切开，将内部白色的臊筋切去。单独用清水煮熟或灼熟。

◎注1："街边焓牛杂"在20世纪80年代之前写作"街边焓牛什"，这里的"什"是什锦的意思，《现代汉语词典·2002年增补本》说："什锦，①多种原料制成或多种花样的。②多种原料制成或多种花样拼成的食品。"而该字典没有"杂锦"之说。

"什"有zap⁶的粤语读音（《广州音字典》），与"杂"的粤语读音相同。与此同时，读该音时，两字的意思都是指多种多样。所以，现在相习成俗地写成"牛杂"。

◎注2：禾秆草的使用价值颇高，依次排序有"燃烧、取暖、喂食、捆扎、打扫、洗刷"，"用禾秆草做成的稻草人还可以驱赶雀鸟"。

◎注3：老姜即姜母，指栽种满10个月，已经完全成熟老化的姜。其纤维较粗，味道辣。中医师指出，老姜因为"姜辣素"成分较多，味辛辣，有抗寒的作用，较适合怕冷、手脚冰冷、常腹泻、痛经等虚寒体质者食用。

◎注4：陈皮又称"广陈皮"。为芸香科植物橘及其栽培变种的干燥成熟果皮。采摘其成熟果实，剥取果皮，晒干或低温干燥制成。

◎注5："酸辣酱"即番茄酱与辣椒酱混合成的酸甜中带微辣的汁酱。

◎注6："街边焓牛杂"通常会与炸面筋、焓萝卜同售。

将牛心切开，将内部瘀血清洗干净，可与牛蹄筋混搭焓煮。

牛蹄筋可用鲜牛蹄筋或干牛蹄筋。干牛蹄筋有水发及油发两种处理方法，水发是将牛蹄筋放入清水中浸泡，使其吸收水分并焓煮致腍。这种方法的优点是保持牛蹄筋的软弹质感，但其胶质会慢慢溶解，摆放时间长会显得黐粏粏（黏黏糊糊）油发是将牛蹄筋放入180℃的热油内炸至膨胀，再焓煮致腍。这种方法的优点是牛蹄筋较为清爽，但质感较为松泡。焓煮牛心、牛蹄筋、黄喉的汤水可留作"焓牛杂汤"之用。

"街边烩牛杂"实际上是一种利用"酱卤"调味的杂烩，所以，在所有牛杂焓煮好后，就要利用焓煮牛杂时的汤水配制"酱卤"——在"焓牛杂汤"之中加入花椒、八角、香叶、桂皮、甘草、精盐、味精、生抽及柱侯酱，用猛火加热至沸腾。

在"酱卤"沸腾后，将牛杂放入其中，卤15分钟即可待售。

牛杂待售期间，要将牛杂捞起，摆放在"酱卤"上方，并以慢火加热"酱卤"，使"酱卤"的蒸汽热着牛杂。

牛杂供膳时，用剪刀将牛杂剪成小段或小块放于碗内或用竹签串上，再淋上"酸辣酱"即可。

◎夫妻肺片

原料：黄牛肉2 500克，牛杂2 500克，四川卤水2 500克，生抽150克，芝麻粉100克，花椒粉50克，精盐125克，味精5克，八角4克，花椒5克，桂皮5克，白酒50克，辣椒油150克，清水4 000克。

制作方法：

这道肴馔出自川菜厨师之手，出彩的关键不在于制作，而是命名的技巧，其煽情的馔名让食客情不自禁地受到感染，起到帮衬生意的作用。它实际上只是一味"凉拌牛杂"。

黄牛肉、牛杂洗净。黄牛肉切成重500克的块。

◎注："夫妻肺片"中的牛杂指是牛心、牛心顶、牛腴、牛相胘、牛百叶、牛草肚等，并没有牛肺。

将黄牛肉块及牛杂放入滚水罉内"飞"去血水，然后用笊篱捞到正以中火加热并沸腾的四川卤水中，并将以汤袋包好的八角、花椒、桂皮放入卤水里，再加入精盐、白酒及清水，先以中火加热，让四川卤水重新沸腾，再改慢火卤煮90分钟左右，以脸软而不烂为度，用铁钩随时将达到标准的肉料捞出晾凉。

取500克四川卤水，加入生抽、味精、辣椒油、花椒粉调成凉拌汁。

用刀将卤好晾凉的黄牛肉及牛杂斜切成长5厘米、宽3厘米的薄片，放在钢盆内与凉拌汁拌匀，摆砌上碟后撒上芝麻粉（或再垫上炸花生）便可膳用。

◎酥炸牛脑

原料： 牛脑1 000克，淮盐17.5克，精盐19.2克，碳酸钾1.5克，碳酸钠0.6克，白糖0.8克，海藻糖0.3克，赤藓糖醇0.9克，清水420克，鸡蛋液670克，干淀粉850克，花生油（炸用）6 000克。

制作方法：

牛脑泡在清水里，用竹签挑去红筋；然后放入用精盐、碳酸钾、碳酸钠、白糖、海藻糖、赤藓糖醇及清水调好的腌渍液中，置入冰箱冷藏24小时。

牛脑经过24小时的腌渍之后，用刀切成拇指般大的块，用干布吸去表面水分，放入用鸡蛋液、干淀粉拌匀的蛋浆之中，使蛋浆裹满牛脑块表面。

将花生油放入铁镬内，以中火加至五成热（150～180℃），将裹满蛋浆的牛脑块逐块由铁镬边滑入油内，炸至蛋浆呈金黄色，捞起摆砌入碟，撒上淮盐便可供膳。

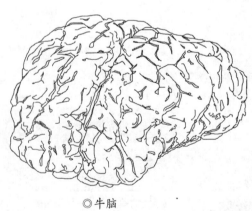

◎牛脑

◎蛋煎牛脑

原料： 牛脑1 000克，鸡蛋液1 500克，精盐15克，味精25克，胡椒粉0.75克，花生油250克。

制作方法：

牛脑泡在清水里，用竹签挑去红筋；随后用刀切成花生般大小的粒，放入用鸡蛋液、精盐、味精、胡椒粉调成的蛋浆中拌匀。花生油放入铁镬内加热，微有青烟时，搪一下铁镬，使花生油遍布镬面，然后将牛脑蛋浆倒入铁镬中央。轻搪铁镬，使蛋浆搪成圆形，用手壳将牛脑拨匀，再将蛋浆煎至两面金黄、焦香即可。

◎什锦牛脑羹

原料： 牛脑半个，鸡肾丁50克，冬菇丁25克，冬笋丁40克，牛肾丁50克，丝瓜丁25克，绍兴花雕酒15克，姜片3克，滚水150克，上汤800克，精盐0.75克，味精1.5克，胡椒粉0.05克，湿淀粉50克，花生油15克。

制作方法：

牛脑泡在清水里，用竹签挑去红筋；之后加入绍兴花雕酒、姜片、滚水蒸熟。取出切成黄豆般大小的丁。

用花生油起镬，攒入绍兴花雕酒及上汤，加入牛脑丁、鸡肾丁、冬菇丁、冬笋丁、牛肾丁，并用精盐、味精调味。待汤沸腾，加入丝瓜丁，用湿淀粉勾芡，撒上胡椒粉便可供膳。

◎川芎炖牛脑

原料： 牛脑1个，川芎25克，白芷5克，姜片10克，金华火腿片10克，绍兴花雕酒10克，精盐3.5克，味精2.5克，鸡精2.5克，牛骨汤600克。

制作方法：

牛脑泡在清水里，用竹签挑去红筋；放入沸腾的清水里"飞水"；捞起沥干水分，摆放入炖盅内，加入姜片、金华火腿片、牛骨汤、绍兴花雕酒，以及洗净的川芎、白芷；用玉扣纸（不要用保鲜膜）将炖盅口封好，将炖盅置入蒸柜猛火蒸炖25分钟。取出掀起玉扣纸，用精盐、味精、鸡精调味。冚上炖盅盖即可供膳。

◎香菇炖牛筋

原料： 牛蹄筋1 000克，香菇400克，姜片15克，绍兴花雕酒50克，精盐12.5克，味精7.5克，淡二汤2 000克。

制作方法：

牛蹄筋有干、鲜两品，但用于汤馔时，一般是选用鲜蹄筋。

牛蹄筋洗净，放入滚水中焯煮20分钟，捞起，用流动清水漂凉，再用刀横切成长3厘米的段。

将牛蹄筋段、香菇、姜片、绍兴花雕酒和淡二汤一同放入炖盅内，用玉扣纸（不要用保鲜膜）封上炖盅口，置入蒸柜猛火蒸炖至牛蹄筋软脸。取出炖盅并掀开玉扣纸，用精盐、味精调味，冚上炖盅盖便可供膳。

◎ 麻婆牛骨髓

原料： 牛骨髓1 000克，姜米25克，蒜蓉25克，蒜苗段200克，豆豉12.5克，郫县豆瓣25克，辣椒粉12.5克，花椒粉5克，生抽25克，精盐5克，味精2.5克，淡二汤300克，湿淀粉37.5克，花生油250克。

制作方法：

牛骨髓横切成长2厘米的段，放入沸腾的清水中"飞"过，用笊篱捞起，沥去水分。

将花生油放入铁镬内，以中火加热，微有青烟时放入姜米及蒜蓉爆香，再放入豆豉、郫县豆瓣炒匀。放入辣椒粉并炒至花生油转红色。注入淡二汤，加入牛骨髓段。待汤水冒大泡时，下生抽，用精盐、味精调味，用湿淀粉勾芡。随后将镬内原料倒入垫上蒜苗段的瓦窝内，撒上花椒粉便可供膳。

◎注："麻婆"是四川厨师对一种麻辣调味形式的俗称。著名的肴馔有"麻婆豆腐"。

◎ 花生煲牛尾

原料： 牛尾1 000克，花生300克，姜片35克，精盐4克，味精4克，鸡精4克，淡二汤2 500克。

制作方法：

牛尾刮洗干净，用刀横斩成长5厘米的段。

将牛尾段、花生、姜片及淡二汤放入汤煲内；冚上煲盖，再将汤煲架在煤气炉上，以猛火加热至汤水沸腾；然后调至中火，使汤水处于仅涌动的状态，并一直维持60分钟；然后用精盐、味精、鸡精调味便可膳用。

◎注：花生煲牛尾与花生牛尾煲是两款形式不同的肴馔，前者属于汤馔，后者属于炆馔。

◎淮杞炖牛鞭

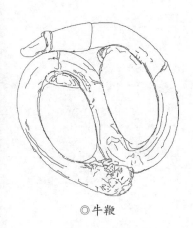

◎牛鞭

原料： 牛鞭1 000克，淮山75克，枸杞子75克，陈皮15克，姜片15克，绍兴花雕酒35克，精盐8克，味精4克，鸡精4克，淡二汤2 500克。

制作方法：

牛鞭是广州人对雄牛生殖器官的称谓，通常专指牛阴茎。牛睾丸则称为"牛荔枝"。雌牛生殖器官则称为"牛爽爽"。既是雄牛的生殖器官，自然也就是雄牛的小便器官，就会带有较强的臊胺味。因此，在烹饪前一定要将臊胺味清洗掉。

牛鞭的清洗方法：用刀将尿道剖开，并用力反复擦洗，务求将残留在尿道的尿液清洗干净。

待牛鞭清洗干净后，放入滚水镬内焓煮20分钟，捞起漂凉，用刀横切成长3厘米的段。

将牛鞭段、淮山、枸杞子、陈皮、姜片、绍兴花雕酒及淡二汤放入炖盅内，用玉扣纸（不要用保鲜膜）将炖盅口封好，将炖盅置入蒸柜猛火蒸炖90分钟。取出掀起玉扣纸，用精盐、味精、鸡精调味。冚上炖盅盖即可供膳。

◎红烧牛掌

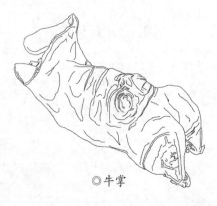

◎牛掌

原料： 带皮水牛掌1对（约1 500克），老鸡姆（母鸡）500克，冬菇蒂100克，瑶柱25克，菜远75克，绍兴花雕酒100克，生抽5克，胡椒粒15克，葱条50克，拍姜块50克，焦糖色5克，精盐5克，味精2克，鸡油75克，芝麻油50克，湿淀粉25克，淡二汤1 800克。

制作方法：

将带皮水牛掌用煤气喷枪燂至表皮焦黑，放入湿水内，将焦黑物泡软，用小刀彻底地将焦黑物刮洗干净。

将刮洗干净的带皮水牛掌放入其5倍重量的滚水内，再加入20克拍姜块、20克葱条及50克绍兴花雕酒，焗焗至水牛掌易被筷子插入为度。用笊篱捞起水牛掌，放在流动的清水里漂凉，然后将胫骨卸去。

将老鸡𫚈、冬菇蒂、瑶柱、50克绍兴花雕酒、30克拍姜块、30克葱条、胡椒粒、鸡油及淡二汤放入钢镬内，以中火加热至沸腾，再将用汤袋包好的去骨带皮水牛掌放入汤中。待汤水重新沸腾，改慢火炆煮至带皮水牛掌腍软。

待带皮水牛掌炆至腍软，捞起，并从汤袋取出，摆砌在瓦碟中央，四周伴上灼熟的菜蔬。

炆带皮水牛掌的汤水（约余350克）用滤隔过滤汤渣后放入铁镬，以中火加热至沸腾，用精盐、味精、生抽调味，用焦糖色调色，用湿淀粉勾芡，用芝麻油作为包尾油，然后将芡淋在带皮水牛掌表面即成。

◎注1："焦糖色"是用适当的植物油将冰糖或白糖煎至焦黑，再攒入清水获得的调色剂。现在市面有现成的粉末商品可供选择。

◎注2：此肴馔并不局限于用水牛掌制作，黄牛掌、牦牛掌也可应用。

◎梅花牛掌

原料：带皮水牛掌1对（约1 500克），湿冬菇50克，冬笋片50克，精盐7.5克，味精5克，鸡精5克，绍兴花雕酒10克，葱条25克，拍姜块25克，淡二汤500克，湿淀粉15克，猪油75克。

制作方法：

带皮水牛掌燂烧、刮洗的方法与红烧牛掌的方法相同。

将刮洗干净的带皮水牛掌放在蒸盆内，加入淡二汤、葱条、拍姜块、绍兴花雕酒、精盐、味精、鸡精，置入蒸柜蒸至腍软（约3小时）。然后将带皮水牛掌取出晾凉，卸去胫骨，用刀切成薄片，并剖成梅花形态。

◎注："梅花牛掌"出自鄂菜厨师之手，曾于20世纪50—70年代风靡武汉等地。

将猪油放入铁镬烧热，攒入蒸带皮水牛掌时留下并过滤的原汤，加入湿冬菇、冬笋片、带皮水牛掌片略烩，再用湿淀粉勾芡，便可上碟供膳。

◎柱侯牛腩煲

原料： 牛腩1 000克，拍姜块150克，蒜蓉35克，花椒8克，八角5克，甘草2克，绍兴花雕酒25克，柱侯酱125克，蚝油10克，生抽15克，味精3克，淡二汤800克，花生油75克。

制作方法：

牛腩是广州人对牛的腹部带筋腱的肉或零碎肌膜的称谓，因此有"牛坑腩""牛白腩"及"牛碎腩"之分。

牛坑腩即包裹牛肋骨的肉，从牛肋骨上整块剔出，因带有坑纹而得名。致熟后呈现脆弹的质感。

牛白腩又称"蚅蚱腩""蝴蝶腩"，即牛隔膜及其附近的肉。致熟后呈现爽弹的质感。

牛碎腩是从各部位牛肉割下来的肌膜及筋肌。致熟后呈现艮滑的质感。

牛腩烹制可采用切块生炆的方法，以及整块焓熟再切块熟炆的方法。生炆可保留牛腩的香气，但因出现热缩的现象，不仅烹煮时间长，而且堆头也相对减少。熟炆可避开热缩导致堆头减少的弊端，卖相饱满，但因是二次加热，香气较弱。

这里先介绍熟炆的方法，生炆的方法可参照"红炆牛腩煲"。

熟炆的方法一般适用于"牛坑腩"及"牛白腩"。

按"牛坑腩"及"牛白腩"重量乘以8，计算出清水的重量，并将清水放入钢镬内，以猛火加热至沸腾，然后将"牛坑腩"或"牛白腩"放入水中，并继续以猛火加热。从"牛坑腩"或"牛白腩"放入水中重新沸腾开始算，加热20分钟便可将火熄灭，冚上镬盖，以焗的形式令"牛坑腩"或"牛白腩"致焓（以筷子轻易插入为度）。

将"牛坑腩"或"牛白腩"切块要待其温度降至常温（35℃）以下才好进行，避免热缩挤压水分及影响堆头。切块的尺寸为3厘米见方。

用花生油起镬，先爆拍姜块，再爆蒜蓉，攒入绍兴花雕

◎注："柱侯牛腩煲"可配上萝卜块烹煮。萝卜的处理方法是去皮切方块，用油炸过后，再用清水焓焓，在牛腩将近炆好时加入。

酒，放入牛腩块及柱侯酱炒香，注入淡二汤并撒入花椒、八角、甘草，改中火加热。

此时如果冚上镬盖，从烹调法的角度看为"焖"，牛腩致熟后大多呈现脸软的质感。建议不要冚上镬盖，采用"炆"的方法。尽管此法烹煮所需的时间较长，却可保留牛腩应有的爽弹质感。

在淡二汤挥发将近2/3时，就可以加入蚝油、生抽调色，并将牛腩连汁滗到预先烧热的瓦煲内，冚上煲，再将瓦煲架在煤气炉上，下味精，烧至汤汁沸腾便可供膳。

◎红炆牛腩煲

原料：牛腩1 000克，蝉蜕粉0.02克，拍姜块150克，蒜蓉35克，八角2.5克，绍兴花雕酒20克，白糖20克，精盐6克，味精3克，蚝油10克，生抽15克，老抽5克，淡二汤1 200克，湿淀粉80克，花生油75克。

制作方法：

"红炆牛腩煲"与"柱侯牛腩煲"的区别在于调味方面，也是用生炆与熟炆两法烹制。熟炆在"柱侯牛腩煲"中介绍，这里采用生炆法。

采用生炆法的话，牛腩除了用"牛坑腩""牛白腩"之外，还可以用"牛碎腩"。不管怎样，牛腩要切成2.5厘米见方的块，并用沸腾清水"飞"过，再用笊篱捞起沥水。

用花生油起镬，先爆拍姜块，再爆蒜蓉，攒入绍兴花雕酒，放入牛腩块、八角炒香，注入淡二汤，撒入蝉蜕粉，以半掩形式冚着镬盖，并以中火加热。待牛腩易被筷子插入时，用白糖、精盐、味精、蚝油、生抽调味，用湿淀粉勾芡，用老抽调色，随即滗入预先烧热的瓦煲内，冚上煲盖，再将瓦煲架在煤气炉上，烧至汤汁沸腾便可供膳。

◎注1：红炆牛腩煲改用番茄汁调味，则为茄汁牛腩煲；改用咖喱酱调味，则为咖喱牛腩煲。番茄汁、咖喱酱的配方及做法，请参见《粤厨宝典·候镬篇》。

◎注2：在咖喱牛腩煲的基础上加上薯仔，则为薯仔牛腩煲。当中的薯仔切成2.5厘米见方的粒，用油炸透再烹煮。添加薯仔之后，要相应增加汤水去炆煮。

◎注3：蝉蜕为蝉科昆虫黑蚱的若虫羽化时脱落的皮壳。黑蚱又称为蝉、知了、秋蝉、蚴蠽（粤语读作au¹yi¹)，其若虫羽化脱落的皮壳含可水解蛋白的酶，功用与木瓜蛋白酶相似。

◎注4：生炆牛腩除了用蝉蜕之外，也可用番木瓜、蕉蕾等。

◎蝉蜕

◎注：酥炸牛腩条曾被称为"窝炸牛腩"，属20世纪70年代时粤菜的创新品种。

现在回顾此肴馔的创新历程，会发现此肴馔的设计并不合理，最明显之处是牛腩的质感与脆浆的质感并不匹配。

◎酥炸牛腩条

原料： 熟牛腩1 000克，淡二汤3 500克，八角5克，香叶5克，拍姜块10克，精盐6克，味精6克，生抽60克，脆浆1 500克，花生油（炸用）5 000克。

制作方法：

熟牛腩的做法可参见"柱侯牛腩煲"。熟牛腩焓焗好并晾凉后，用刀切成长4厘米、高2.5厘米、宽1.5厘米的块。

将淡二汤、八角、香叶、拍姜块、精盐、味精、生抽放入钢镬内煮滚，放入牛腩块加热10分钟，使牛腩块赋满味道及香气。

膳用时，将牛腩块捞起，用毛巾吸去表面水分，放入脆浆之中，使表面裹上脆浆，然后捞起，放入加至五成热（150～180℃）的花生油内，炸至脆浆呈象牙色时，捞起并摆砌上碟即可。

◎果汁煎牛柳

◎牛肉槌

原料： 腌好的牛柳片1 000克，精盐7.5克，味精12.5克，白糖25克，果汁50克，鸡蛋液40克，绍兴花雕酒37.5克，淡二汤1 000克，干淀粉500克，湿淀粉37.5克，花生油200克，威化片75克。

制作方法：

"牛柳"是粤菜厨师对牛里脊的俗称。不过，在实际应用之中，是取黄牛的里脊肉，而非水牛的里脊肉。

"牛柳"的切裁方式：将里脊膜铲去之后，横切成厚1厘米的薄片，与粤菜将水牛肉切成厚0.2厘米的薄片略有不同。与此同时，还有一个"擂拍"的工序，即切成薄片后，用刀背擂拍一下，使"牛柳"结构疏松。这是从西餐引过来的技法。实际上，粤菜厨师通过腌制牛柳后，这一工序是没有必要的。

腌好的牛柳片放在鸡蛋液中拌匀，捞起，拍上干淀粉。

用花生油起镬，微有青烟时，将铁镬搪过，使花生油均匀分布。随后将拍上干淀粉的牛柳片逐片平摊在铁镬内。以中火加热，将牛柳片两面煎至金黄色及煎熟。

将煎好的牛柳片倒在笊篱上，交给打荷递给砧板师傅，砧板师傅将牛柳片切薄后排砌上碟，再交还打荷放在候镬师傅面前。

候镬师傅将牛柳片交给打荷后，将铁镬放回炉上，随即攒入绍兴花雕酒，注入淡二汤，加入精盐、味精、白糖及果汁。待汁酱沸腾，用湿淀粉将汁酱勾成琉璃芡，再将汁酱芡淋在排砌好的牛柳片上，打荷将预先炸好的威化片放在牛柳片周围便可供膳。

◎注1：从果汁煎牛柳这一肴馔开始，均指定黄牛作为肴馔的原料。

◎注2：果汁的配方及做法，请参见《粤厨宝典·候镬篇》。

◎注3：威化是英语wafer的音译，或者wafer一词本身就是来源于粤语。粤菜厨师还会将"威化"称为"虾片"，是虾肉蓉与淀粉混合晒干后再油炸膨化的食品。

◎铁板黑椒牛柳

原料：腌好的牛柳条1 000克，黑椒汁250克，洋葱丝350克，牛油500克，花生油（炸用）5 000克。

制作方法：

"铁板黑椒牛柳"是粤菜引进西餐名馔的经典案例。

国际上现行三种饮食文化，即"筷子文化""刀叉文化"及"抓吃文化"，它们的切裁肉料都有各自的特色。

在"筷子文化"中，肉料会被切裁成小片，方便食客用筷子夹吃。在"刀叉文化"中，肉料会被切裁成大块，食客膳用时要用刀切小，再用叉取吃。在"抓吃文化"中，肉料会被切裁成小粒，以便与其他食物混合，并用手送入口中。

西餐是"刀叉文化"的代表，肉料是大块的，不被"筷子文化"中的粤菜所采纳。粤菜引进西餐美食，第一步就是调整其肉料切裁的尺寸。

"铁板黑椒牛柳"制作的第一步，就是将牛柳从

◎注1：铁板黑椒牛柳实际应用中，将最后调味由厨房移到餐厅，使肴馔香气在餐厅内飘逸，以强化用膳气氛。不过，在攒入汁酱时，汁酱会四溅，操作时需特别小心。

◎注2：黑椒汁的配方及做法，请参见《粤厨宝典·候镬篇》。

◎注3：铁板黑椒牛仔骨也可按此法烹制。

牛仔骨取未成年的嫩黄牛的肋骨连肉（牛坑腩），放冰箱冷冻后用锯骨机横锯成厚1.5厘米的块。做法来源于西餐。

"扒"（长10厘米、宽6厘米、厚2厘米的幅度）改为"片"（长5厘米、宽3厘米、厚0.4厘米的幅度）及"条"（长5厘米、宽1厘米、厚1厘米的幅度）。

将花生油放入铁镬内，以中火加至五成热（150～180℃），将腌制好的牛柳片或牛柳条放入"拉油"，用笊篱捞起，放在碟上。洋葱丝用牛油煮软，另用碟盛起。

将烧至炽热的铁板端到客人面前，先倒入洋葱丝，再倒入牛柳块或牛柳条，再倒入黑椒汁便可膳用。

◎灯影牛肉

原料： 黄牛腝1 000克，粗盐20克，白糖65克，亚硝酸盐0.2克，味精2克，五香粉2克，花椒粉30克，辣椒粉30克，绍兴花雕酒200克，姜片25克，芝麻油20克，菜籽油1 500克。

制作方法：

严格来说，"灯影牛肉"不属于肴馔，为中国传统意义上的休闲食品，因名声响亮，外省的酒楼将之引入，成为餐前的凉菜。

"灯影牛肉"始于四川省达州（通州），而达州在清代之前是全国有名的盛产岩盐的地方，所以当地有很多协助盐业生产的退役黄牛。

清末民初，有梁平县（今重庆梁平区）阙姓人家流落到达州（时称"绥定府"），用退役黄牛的肉制成小吃，在闹市设摊售卖。初时，阙姓人家并不善烹制，牛肉制品的销路难以打开。阙姓人家在一番总结之后，认为销路不畅的原因归根结底就是牛肉太过艮韧，于是将牛肉切得极薄，并用硝盐（硝酸盐或亚硝酸盐的旧称）辅助腌制。这一方法果然奏效，牛肉质感由原来的艮韧，变得疏松而易于咀嚼，因此广受食客欢迎。由于牛肉切得极薄，加上硝盐的作用，牛肉平添红亮艳丽的色彩，犹如皮影戏的道具，阙姓人家就给这种牛肉制品起了个绘声绘色的名称——灯影牛肉。

◎注1：牛腝是广州人的写法，实际即牛腱。牛腝为牛腿的肉：前腿的肉为前腝，由多束肌腱组成；后腿的肉为后腝，由单束肌腱组成。

从技术的角度看，阙姓人家深明水分的重要性，问题的关键是灯影牛肉为干制品，持水度本身就受到了限制。

如何让干制品既干燥又保持水分，是阙姓人家日思夜想的问题。

我们常说，肉料腌制无非是用碱性物质或酸性物质予以辅助，但所针对的肉料是建基在高度持水的状态下，碱性物质或酸性物质在低度持水的状态下无法发挥作用，甚至适得其反。原因在于碱性物质会令肉料的水溶性蛋白膨胀（性质放纵），导致肉料在干燥环境下更容易失水干结并发硬；而酸性物质会令肉料的水溶性蛋白收缩（性质收敛），导致肉料水分更容易被排斥出来。

阙姓人家的高明之处是用硝盐腌制牛肉。

硝盐既对肉料的水溶性蛋白起作用，又对肉料的脂肪起作用（碱性物质及酸性物质可分解脂肪），因此，能让肉料在高度持水的状态下抑或在低度持水的状态下都有良好的表现。在高度持水的状态下，硝盐可起到持水作用；而在低度持水的状态下，硝盐又起到持油作用；从而避免肉料出现骰、柴、艮、韧的质感。

与此同时，硝盐又能与肉料中的肌红蛋白发生反应，生成近似玫瑰红的亚硝基肌红蛋白和亚硝基血红蛋白，从而让肉料平添红亮艳丽的色彩。

顺带提一下，如果肉料不用硝盐腌制的话，肉料中的肌红蛋白容易氧化，逐渐变成褐棕色。

在制作之前要准备好腌制盐。腌制盐的做法：将干净铁镬烧红，放入粗盐后改慢火，炒至粗盐微黄、干燥，取出晾凉，再用石磨碾碎，然后加入亚硝酸盐拌匀。

黄牛腜选后腿的为佳，不要水洗，若水洗，黄牛腜会吸入水分。用刀将黄牛腜上的薄膜剔去，裁去两端筋腱，再片出厚度一致并且完整的大薄片来。当然，大薄片并非越薄越好，太薄的话，黄牛腜就没有空间持油了，质感就会偏向柴及韧，从而丧失软、滑、弹的质感。

将黄牛腜薄片平摊在案板上，均匀地撒上腌制盐，卷成圆筒状，再排放在竹笪上，置入5℃的腌制房中吹晾36小

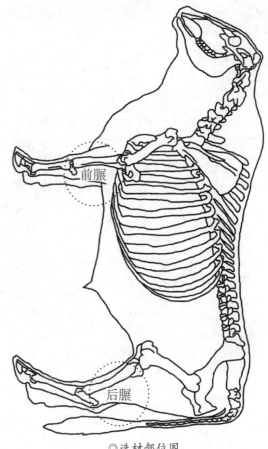

◎选材部位图

◎注2：作为食品添加剂的亚硝酸盐并没有被中华人民共和国《食品安全国家标准　食品添加剂使用标准》禁用，但有最大使用量及残留量的要求。根据标准，在肉制品中，亚硝酸盐的最大使用量为0.15克/千克（150毫克/千克），残留量要求等于或少于0.03克/千克（30毫克/千克）。

时（严格来说，此工序不叫"晾"或"腌"，叫"腊"）。此工序目的有四个：一个是赋入味道（粗盐的作用），一个是激发香气（亚硝酸盐的作用，熟后才会呈现），一个是改善色泽（亚硝酸盐的作用，熟后才会呈现），最后一个是干燥水分（吹晾的作用）。

将腊干（以略坚挺、发硬为度）的黄牛䐗薄片平铺在钢丝架上，用炭火熯10分钟。这个工序的目的有两个：一个是诱发美拉德反应，促使黄牛䐗薄片产生香气；另一个是让黄牛䐗薄片被炭火所产生的红外线照射，以促成黄牛䐗薄片呈现艳丽的玫瑰红色。值得注意的是，如果黄牛䐗薄片未能被炭火所产生的红外线充分照射，颜色会偏瘀红，质感偏霉，香气也会消减。因此，在操作的过程中，要让黄牛䐗薄片每个位置都能被炭火所产生的红外线照射，而且要迅速，如果未受红外线照射却已熟的话，再怎样被红外线照射也无法弥补了。熯好的黄牛䐗薄片颜色艳红、光泽亮并喷发出焦香气。此时也可售卖，称为"牛肉干"或"牛肉脯"，但此时的质感偏向艮韧。

将熯好的黄牛䐗薄片排放在蒸笼内，置入蒸柜，猛火蒸30分钟。取出，将黄牛䐗切成长4厘米、宽2厘米的"日"字片，再排在蒸笼内，并置入蒸柜，猛火蒸60分钟。此工序的目的是让黄牛䐗薄片原本干结的纤维吸收充分的水分，使黄牛䐗薄片获得更加松化的质感。

将菜籽油倒入铁镬内，以中火加至七成热（210～240℃），放姜片煸出香味，捞出，待油温降至三成热（90～120℃）时，放入蒸好的黄牛䐗薄片慢慢炸透。滗去约2/3的油，加入绍兴花雕酒、五香粉、花椒粉、辣椒粉、白糖、味精炒匀，起镬晾凉，淋上芝麻油再拌匀即成。

◎ 手撕牛肉

原料： 黄牛腒1 000克，香料包1份，生抽1 000克，绍兴花雕酒200克，清水1 000克，味精10克，I&G25克，花椒1克，辣椒粉5克，黑芝麻0.5克，菜籽油（炸用）1 500克。

香料包配方： 山楂15克，花椒10克，八角5克，桂皮8克，香叶3克，陈皮3克，潮州姜8克，肉豆蔻2克，草果2克。

制作方法：

同"灯影牛肉"一样，"手撕牛肉"也不属于肴馔，充其量是餐前小吃，以休闲食品为主打。

有两个地方制作手撕牛肉较具盛名，一个是新疆，一个是四川，但两地做法截然不同。

新疆的做法是用粗盐反复搋擦牛肉，使牛肉发胀，用清水洗去表面的盐分后晾干并腊干，再干蒸致熟，然后撕条膳用。

四川的做法实际上是将"卤"与"炸"相结合。

将香料包、生抽、绍兴花雕酒、味精、I&G与清水放入钢镤内煮滚，制成卤水，摆在一旁，待其降至常温，然后将黄牛腒放入其中，腌12小时左右。

将黄牛腒从卤水中捞起，将卤水加热至沸腾，再将黄牛腒放入卤水中，慢火卤至能轻易插入筷子为止。随即将黄牛腒捞起晾凉。

用刀将晾凉的黄牛腒顺纹切成长5厘米、宽1厘米、高1厘米的条。

将菜籽油放入铁镬内，以中火加至五成热（150～180℃），将黄牛腒条放入油中炸至酥干，用笊篱捞起，沥去油分。

将花椒、辣椒粉及黑芝麻在干镬内慢火炒熟，制成椒麻粉。

将沥去油分的黄牛腒条放入钢盆内与椒麻粉拌匀，再摆砌上碟便可膳用。

○食品质感评价

早在编写《粤厨宝典·候镬篇》的时候，笔者就有疑问：为什么坊间会有"食在广州"的口碑，是粤菜厨师的技艺高深吗？

显然不是！

粤菜仅是四大菜系甚至是八大菜系的其中一员，技艺高深仅原因之一，并非全部。

经过十多年的思考，答案终于呼之欲出——广州这块人灵地杰的地方孕育出对美食有无限追求的人，他们心目中有一套完整的美食评价标准，而这套完整的美食评价标准正是鞭策粤菜厨师不断提高技艺的动力。

2018年末，笔者有幸参与由广东省人力资源和社会保障厅因应广东省委要求而牵头的《粤菜师傅》工程培训教材的编写工作，首次在教材之中倡议将食品质感评价的事项收入教材，让广大的学员认识令粤菜厨师不断进步的广州人心目中的美食标准。

以下是笔者为《粤菜师傅》一书编写的"食品质感评价"部分的原文。

烹饪食物的目的，不仅是让人饱肚，很大程度上是让人享受口福。

所谓"口福"就是让人口腔的感官知觉感受到食物带来的味道、质感以及刺激综合形成的乐趣。

食物味道包含鲜、甜、苦、酸、咸"五味"，食物质感包含爽、脆、嫩、滑、弹"五质"，食物刺激包含热、辣、温、凉、冷"五激"。

从科学的角度，食物味道是由味觉器官感受（食物香气通常会归类在食物味道的范畴内，它是由鼻的嗅觉器官感受），食物质感及食物刺激都是由触觉器官感受。

食物质感及食物刺激虽然都是由人的触觉器官感知，但两者的表现各不相同。食物质感是机械性，要通过咀嚼才能感知，是被动反应。食物刺激是对触觉器官进行扩充性刺激，是主动反应。这种扩充性刺激不仅口腔内的触觉器官知觉，就连皮肤等其他存有触觉器官的部位也能感知。食物刺激除了辣可以与味一样额外添加之外，余下的热、温、冻、冷都是外界给予的温度引起。

粤菜历来对食物质感的表现尤为重视，其理论基础甚至上升到成为体系的根本，造就其与鲁菜、苏菜、川菜一道组成中国烹饪"四大菜系"。

正如食物味道一样，食物质感本身就隐藏在食物之中，但其良劣同样可以如调味一样去做出调节。但与食物味道（这里不含香气）不一样，食物质感的最终表现会受到加热的温度、时间及环境等因素的影响。

食物由动物性原料与植物性原料组成，这些原料的基础是由水溶性蛋白与非水溶性蛋白构成。食物质感就是其含有的水溶性蛋白与非水溶性蛋白的不同表现所形成的。

水溶性蛋白与非水溶性蛋白的不同表现就带来被人口腔触觉器官感知的爽、脆、嫩、滑、弹的质感表现。不过，水溶性蛋白与非水溶性蛋白的不同表现并非全部受人喜爱。这样就分出了受人喜爱的良性质感和不受人喜爱的劣性质感。

以下是粤菜厨师及广东人对食物质感的评价术语。

爽：（shuǎng，粤语song²）这种食物质感的定义是口腔触觉器官感受不到食物有黏性阻滞的表现。属典型的良性质感，与食物呈现粗的质感相对。其表现主要由食物的水溶性蛋白为主体引起，主要特征是水溶性蛋白处于收敛状态。不过，很多人会将食物质感的"爽"与食物质感的"脆"混为一谈。呈现爽的质感的食物在咀嚼时，舌头会感觉到嚼碎的食物周边带有水分。

脆：（cuì，粤语ceoi³）这种食物质感的定义是牙齿咬合食物先有阻力继而截面急促折断的表现。其表现会因食物干燥或食物湿润的情况由不同的主体引起。属典型的良性质感。食物干燥的情况下，由食物的水溶性蛋白为主体引起。食物湿润的情况下，由食物的非水溶性蛋白为主体引起。当水溶性蛋白在湿润的情况下，而水溶性蛋白又没有引起黏性阻滞时，就会让食物呈现爽、脆的质感。

嫩：（nèn，粤语nyun⁶）这种食物质感的定义是牙齿轻轻咬合或舌头略为摆动都能把食物弄碎的表现。其表现由食物的非水溶性蛋白为主体引起。属典型的良性质感。具体地说由非水溶性蛋白的粗细、长短引起。当非水溶性蛋白直径较粗或长度较长时会产生阻力，而阻力是食物呈现弹的质感的诱因。当非水溶性蛋白的直径较细或长度较短所产生的阻力与水溶性蛋白产生的阻力相一致时，食物就会呈现嫩的质感。

221

滑：（huá，粤语wat⁶）这种食物质感的定义是口腔触觉感受到食物不受控地移动的表现。属典型的良性质感。与食物呈现糊的质感相对。其表现由食物的非水溶性蛋白为主体引起。需要注意的是，食物呈现爽与滑的质感都是由食物的水溶性蛋白引起的，区别在于水溶性蛋白的含水量，滑的含水量较爽的多，由于滑同样是没有黏性阻滞，就有了爽滑的说法。

弹：（tán，粤语tan⁴）这种食物质感的定义是咀嚼时口腔触觉感受到食物有连续回力的表现。属典型的良性质感。其表现既可由食物的非水溶性蛋白为主体引起，是处于与食物呈现霉与韧的质感中间位置上；又可由食物的水溶性蛋白为主体引起，而当中的水溶性蛋白是由明胶构成。是与食物呈现艮的质感相对的。简单地说：为肉质时，由非水溶性蛋白引起；为皮质时，由水溶性蛋白引起。

艮：（gèn，粤语yin⁴）这种质感的定义是牙齿用力往下也难以咬合且无回力的表现。属典型的劣性质感。其表现由食物的水溶性蛋白为主体引起。缘由是水溶性蛋白含水量低，个体体积小，各个体相互紧实地联系在一起。此时如果调节水溶性蛋白的含水量，会呈现不同的质感。施以充足水分时，会呈现滑的质感。施以仅让水溶性蛋白略为膨胀的水分时，会呈现弹的质感。继续干燥，会呈现脆的质感。

韧：（rèn，粤语yen⁶或ngan⁶）这种质感的定义是用力拉扯回弹不易断、咬合有短促回力不易断的表现。属典型的劣性质感。与食物呈现软的质感相对。其表现由食物的非水溶性蛋白为主体引起。缘由是非水溶性蛋白直径太粗。很多人会将食物质感的韧与食物质感的艮混为一谈，两者区别在于食物质感的韧，不能通过调节含水量去改善，只能通过火候才能软化，软化后成为弹的质感。

糯：（sè，粤语soek³）这种质感的定义是食物含水量过足而松弛，咬合回力弱的表现。属典型的劣性质感。其表现由食物的水溶性蛋白为主体引起。缘由是水溶性蛋白含水量过足，以致不能感受到非水溶性蛋白产生的回力。可以通过"内腌"（内保水）的腌制技术控制水溶性蛋白的持水度及加强非水溶性蛋白的强度。

腍：（rèn，粤语nam⁴）这种质感的定义是牙齿咬合食物无回力但感受到食物呈条状的表现。属典型的劣性质感。其表现由食物的非水溶性蛋白为主体引起。缘由是非水溶性蛋白经过长时间加热降低了回弹力，但又未至于到达崩断的程度；与此同时，水溶性蛋白又大量溶于水中。解决的办法是控制烹饪时间。

粔：（nà，粤语lap⁶）这种质感的定义是口腔触觉器官感受到食物有黏性阻滞的表现。属典型的劣性质感。与食物呈现爽的质感相对。其表现主要由食物的水溶性蛋白为主体引起。缘由是水溶性蛋白处于扩充及正在溶解之中；或已结束溶解，但仍未进入收敛阶段。可通过"过冷"的方法，让水溶性蛋白迅速收敛，并把将近溶解的加快溶解。

软：（ruǎn，粤语jyun⁵）这种质感的定义是咬合食物仅感觉到微弱回力的表现。其表现由食物的可水溶性蛋白为主体引起。源由是可水溶性蛋白持水量既没有多达食物滑的质感的持水量，又没有少至食物艮的质感的持水量。一般认为它属于中性质感。

酥：（sū，粤语sou⁴）这种质感的定义是牙齿咬合食物轻易咬散碎的表现。属典型的良性质感。其表现由食物的水溶性蛋白为主体引起。缘由是水溶性蛋白干燥絮化但仍具有一定的支撑力。另外，也可由食物的非水溶性蛋白为主体引起。缘由是非水溶性蛋白在带油加热时高度干燥崩断。

化：（huà，粤语faa³）这种质感的定义是食物不需咀嚼，仅津液就致其溶解的表现。其表现由食物的水溶性蛋白为主体引起。缘由是水溶性蛋白干燥絮化过度而丧失支撑力。这种食物质感不会在非水溶性蛋白上体现。

散：（kāi，粤语hai⁴）这种质感的定义是口腔触觉器官感受到食物阻滞、粗糙的表现。属典型的劣性质感。与食物呈现滑的质感相对。其表现由食物的水溶性蛋白为主体引起。缘由是水溶性蛋白在加热的过程中未能吸足水分而固化。可通过事前腌制加强水溶性蛋白的水分加以改善。水溶性蛋白持水量增多，会使食物呈现滑的质感。

柴：（chái，粤语cai⁴）这种质感的定义是牙齿不易咬合，口腔触觉器官感受到食物干结、无回力、呈条状的表现。属典型的劣性质感。其表现由食物的非水溶性蛋白为主体引起。缘由是非水溶性蛋白得不到水分滋润，相互之间紧密联系在一起。可通过"内腌"（内保水）的腌制技术强化围绕在周边的水溶性蛋白的持水能力。

霉：（méi，粤语mui⁴）这种质感的定义是口腔触觉器官感受到食物（动物性原料）断烂而毫无支撑力的表现。属典型的劣性质感。与食物呈现弹的质感相对。其表现由食物的非水溶性蛋白为主体引起。缘由是非水溶性蛋白强度弱且断段多。在不当饲养、不当烹饪及致熟后无及时散热的食物（动物性原料）中常见。如果是不当饲养，可通过"内腌"

◎注：《食品质感评价》是为2018年广东省人力资源和社会保障厅响应广东省委书记李希同志倡导实施“甜菜师傅”工程而展开编撰的《粤菜师傅》教材而编写的文章。

（内保水）的腌制技术给予提升强度和接驳断段去改善。

粉：（fěn，粤语fan^{2}）这种质感的定义是咀嚼食物虽易碎但诱发不出津液，散碎的食物颗粒积聚在咽喉处难以吞下的表现。属典型的劣性质感。其表现是由食物的非水溶性蛋白与水溶性蛋白共同引起。缘由是非水溶性蛋白折断得过短，而围绕其身边的水溶性蛋白又过于干结。可通过“内腌”（内保水）的腌制技术避免非水溶性蛋白折断得过短及加强水溶性蛋白的持水能力。

脤：（shèn，粤语san^{5}）这种质感的定义是口腔触觉器官感受不到食物断裂、滑动及回力带来的特征的表现。属典型的劣性质感。这种表现主要出现在植物性的食物上，尤其是瓜果及含淀粉的根茎。脤是古代祭社稷用的生肉，先被广州人用“蒸生瓜——脤下脤下”作歇后语，形容人神经兮兮；后被广州人用以形容食物不生不熟、不滑不弹、不爽不脆的口腔感官感受。

焖：（měi，粤语min^{4}）这种质感的定义是口腔触觉器官感受到松散、片状，用舌头轻顶就分散的表现。这种表现主要出现在煲煮过后的大米上。缘由是大米的支链淀粉（属水溶性蛋白范畴）在煲煮的过程中大量溶入水中，仅剩下直链淀粉（属非水溶性蛋白范畴）作为框架存在。此字的粤语读音为“绵”，有部分前辈厨师讹写成“绵”字。

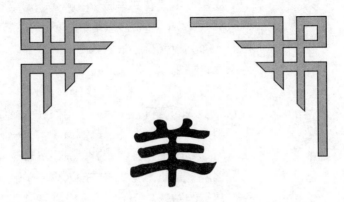

羊肉类

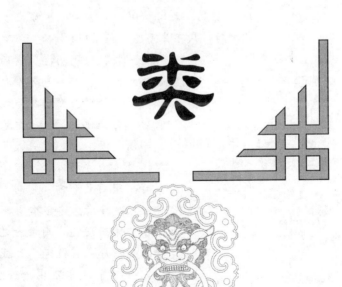

广州自古就有“羊城”的称号，粤菜食谱自然不会遗漏“以羊入馔”。清代屈大均先生的《广东新语·第二十一卷兽语·獐》中就有广东“秋冬食獐，春夏食羊。獐以酿酒，羊以为粮”之说。

不过，广东之地五行属于火，说“春夏食羊”似乎不合五行学说的逻辑，原因在于羊肉在五行学说当中同样属于火，明代李时珍先生《本草纲目·兽之一·羊》就有“羊性热属火，故配于苦。羊之齿、骨、五脏皆温平，惟肉性大热也”之说。因此，现在的广东人烹制羊馔，大多会在秋冬两季，并且作为滋补药膳。

《本草纲目·兽之一·羊》云：“羊释名羖、羝、羯。《说文》云：羊字象头角足尾之形。孔子曰：牛羊之字，以形似也。董子云：羊，祥也，故吉礼用之。牡羊曰羖，曰羝。牝羊曰䍽，曰牂（音“臧”），白曰粉（羒），黑曰羭，多毛曰羖䍦，胡羊曰羪䍲，无角曰䍶，曰䍀，去势曰羯羊，子曰羔，羔五月曰羜（音“宁”），六月曰䍌（音“务”），七月曰羍（音“达”），未卒岁曰䍮（音“兆”）。《内则》谓之柔毛，又曰少牢。《古今注》谓之长髯主簿云。《别录》曰：羖羊生河西。弘景曰：羊有三四种。入药以青色羖羊为胜，次则乌羊。其羪䍲羊及虏中无角羊止可啖食，为药不及都下者，然其乳、髓则肥好也。颂曰：羊之种类甚多，而羖羊亦有褐色、黑色、白色者。毛长尺余，亦谓羖䍦羊，北人引大羊以此为羊首，又谓之羊头。诜曰：河西羊最佳，河东羊亦好。若驱至南方，则筋力自劳损，安能补益人？今南方羊多食野草、毒草，故江浙羊少味而发疾。南人食之，即不忧也。惟淮南州郡或有佳者，可亚北羊。北羊至南方一二年，亦不中食，何况于南羊，盖土地使然也。宗奭曰：羖䍦羊出陕西、河东，尤狠健，毛最长而浓，入药最佳。如

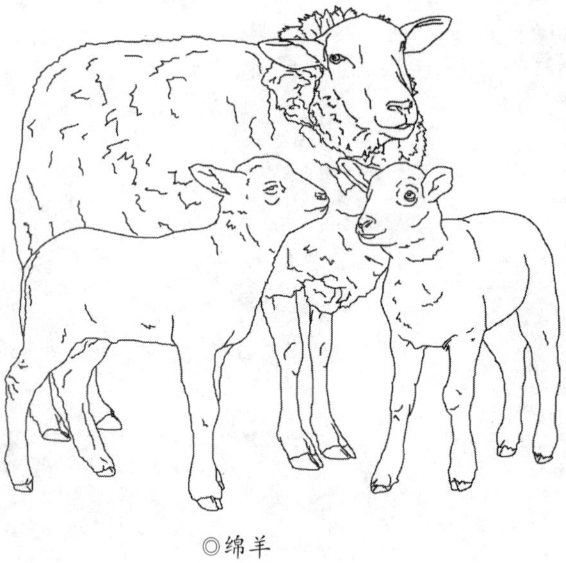

◎绵羊

供食，则不如北地无角白大羊也。又同、华之间有小羊，供馔在诸羊之上。时珍曰：生江南者为吴羊，头身相等而毛短。生秦晋者为夏羊，头小身大而毛长。土人二岁而剪其毛，以为毡物，谓之绵羊。广南英州一种乳羊，食仙茅，极肥，无复血肉之分，食之甚补人。诸羊皆孕四月而生。其目无神，其肠薄而萦曲。在畜属火，故易繁而性热也。在卦属兑，故外柔而内刚也。其性恶湿喜燥，食钩吻而肥，食仙茅而肪，食仙灵脾而淫，食踯躅而死。物理之宜忌，不可测也。契丹以其骨占灼，谓之羊卜，亦有一灵耶？其皮极薄，南番以书字，吴人以画采为灯。"

《本草纲目》这段文其实又反映了一个现象，就是在明代之前，我们的祖先对羊的认识仅仅是局限于公羊、母羊、有角羊、无角羊、黑羊、白羊的范畴，仍未清楚地知道广义上的羊拥有4族13个属超过1 000个品种。

不过，纵使羊有4族13个属超过1 000个品种，也并非全部可供膳用，因为有些品种是濒危、稀有及渐危的级别，受国家法律保护，禁止伤害。详情可参阅《粤厨宝典·食材篇2·兽禽篇》，这里不再赘述。

实际上，可膳用的羊只是4族13个属中2个属辖下的品种。庆幸的是，尽管只有2个属，却可提供超过500多个品种。

两个可膳用的科属是绵羊属（盘羊属）及山羊属，即俗称的"绵羊"及"山羊"。

在学习羊馔制作之前，首先要了解在中国烹饪这个大家庭之中，是分成两大派别的，这里姑且称为"传统绵羊派"及"传统山羊派"。两个派别无论是在劏宰方法抑或烹饪方法上都有各自的理解。

传统绵羊派是将羊按倒在地，用刀在羊的心窝上开一个孔，并由小孔探手入羊腔内，掐着或揪断羊心上的动脉，令羊窒息断气，然后将羊吊挂起来，用刀将整张羊皮割下来。

◎山羊

传统山羊派则是将羊四肢捆绑起来，用刀割断羊喉，待羊血流净后，将羊浸泡在75℃左右的热水里烫过，取出，将羊毛煺净。

也就是说，传统绵羊派及传统山羊派所劏净的羊有去皮与带皮的区别。

之所以要强调"传统"两字，是随着跨省、跨市的交通日渐便利，这两派方法已经大混合，绵羊按山羊的做，山羊又按绵羊的做，几乎没有界限。

有一点可以肯定的是，"传统绵羊派"与"传统山羊派"都有一个共通点——怕羊的膻味，并且都发现羊肉的膻是来源于公羊，且不约而同地采用了"犗"——将公羊阉割的方法，出现所谓的"羯羊"。

除以上的分别之外，粤菜厨师烹羊的理念与其他省市的厨师烹羊的理念略有不同，粤菜厨师会围绕着爽、脆、嫩、滑、弹的质感去烹煮羊肉，而其他省市的厨师会围绕着干、香、酥、脆的质感去烹煮羊肉。故羊馔有"多汁"与"干酥"之别。

◎注："传统绵羊派"及"传统山羊派"的劏宰方法详情，可参阅《手绘厨艺·烧卤制作图解Ⅱ》。

◎传统绵羊派的劏羊方法

◎传统山羊派的劏羊方法

◎红扒羊排

原料： 带皮山羊排1 000克，湿冬菇65克，去核红枣35克，去皮马蹄250克，陈皮15克，八角15克，香叶3克，拍姜块50克，葱条50克，精盐8克，味精8克，胡椒粉0.2克，芝麻油5克，姜汁酒35克，绍兴花雕酒25克，老抽（深色酱油）15克，湿淀粉20克，淡二汤2 000克，花生油（炸用）5 000克。

制作方法：

受到西餐的影响，粤菜烹饪有些术语，比如"扒"与"排"，常让人产生误会。在此有必要说明一下。

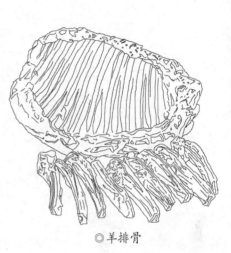

◎羊排骨

"扒"在粤菜烹饪之中是一个烹饪法，意指辅料铺盖在主料上。在西餐中则是指煎熟的肉块。

"排"在粤菜烹饪之中是排骨的简称。在西餐中则指T骨牛排（T-bone），与粤菜烹饪的意思相同。

然而，由于T骨牛排同样符合西餐"扒"的要素——煎熟的肉块，所以也有人将其译为"T骨牛扒"，继而就导致很多人认为"排"就是"扒"。

"红扒羊排"是粤菜烹饪的经典肴馔，是指将调成艳红色泽的芡扒在炆好的羊排骨上的制品。

将带皮山羊排放入滚水中烫一下，捞起，用禾秆草燂去表皮上的毛，然后泡在清水里刮洗干净。将带皮山羊排沥去水分，用刀以4厘米为一段，将排骨斩断但不切断肉（原块炆煮可以避免羊肉在加热时过分收缩）。这两个工序由水台岗位的厨师完成。

带皮山羊排斩好后交给候镬师傅，候镬师傅将带皮山羊排放入滚水中焓3分钟左右，捞起，趁热将7.5克老抽涂抹在羊皮表面。

将花生油倒入铁镬，以猛火加至八成热（240~270℃），随即将带皮山羊排以皮朝下的姿势放在笊篱上，再放入油镬里炸。炸时要冚镬盖，以免热油四溅伤人。油炸的目的有三个：第一是将羊排的油脂炸出，以减少羊排的膻味；第二是迅速令羊肉固化，使羊肉疏松，以缩减后续炆煮的时间；第三是让羊皮赋上大红的颜色。约炸3分钟后，将带皮山羊排捞起并沥去油分。

　　将花生油倒回油盆，铁镬内留有余油（约100克），随即放入炸好的带皮山羊排，攒入姜汁酒，注入淡二汤，加入去核红枣、去皮马蹄、陈皮、八角、拍姜块、葱条、香叶。猛火将汤煮至沸腾，再倒入瓦罉，以中火炆90分钟左右（视山羊的老嫩程度而定）。再加入湿冬菇，并用精盐、味精调味，再炆10分钟左右。

　　将炆好的带皮山羊排捞起（汤水留用），由打荷交给砧板师傅，用刀将带皮山羊排依骨缝切成段，再横斩成长4厘米的段，并以皮朝上的姿势摆砌入碟。打荷将炆好的冬菇、马蹄伴在带皮山羊排周围。

　　用25克花生油起镬，攒入绍兴花雕酒，注入炆带皮山羊排的汤水，撒上胡椒粉，并用湿淀粉将汤水勾成琉璃芡，然后将芡淋到斩好的带皮山羊排表面便可膳用。

◎椒盐羊排

◎注1：椒盐的配方及做法，请参阅《粤厨宝典·候镬篇》。
　◎注2：民国时期（1912—1949年）《秘传食谱·窝烧羊肉》云："预备：去皮的羊肉一方（一斤多重），作料（酌量用加），滚油小半锅，花椒、盐均少许。铁钩一具。做法：①将羊肉去净皮，先用作料炖好大约到五成的光景即便起锅，取铁钩将肉钩住，沥尽卤汁。②将油入锅烧滚，取整块羊肉放进炸熟，再行或切成块或削成片。取预备好的花椒和盐醮着去吃，极好。"

原料： 去皮山羊排1 000克，百里香50克，椒盐125克，红辣椒30克，青辣椒30克，花生油（炸用）5 000克。

制作方法：

　　有很多新晋厨师往往弄不明白，同样的一块肉，为什么采用水烹法的"炆"会比油烹法的"炸"耗时更长？答案可以通过这道肴馔与"红炆牛排"的制作领悟到。

　　水烹法的"炆"的传热介质是水，水的传热温度在110℃左右，肉中的水溶性蛋白遇热固化范围相当小；加上肉是处在水环境里，又使已固化的水溶性蛋白吸水发胀，形成阻隔热量传播的"隔热墙"，使未固化的水溶性蛋白形成链状粘连结构，从而导致肉要达到被人轻易咀嚼的程度，需要较长的时间将链状粘连结构打散。

　　油烹法的"炸"的传热介质是油，油的传热温度可达到300℃左右，肉中的水溶性蛋白的遇热固化范围相当大，而且处在非水环境里，不会使已固化的水溶性蛋白发胀，热量能够畅通无阻地传递，令水溶性蛋白整体分离性固化，从而令肉轻易地达到被人易于咀嚼的程度。

　　这里需要明白一个名词——蛋白固化，这是肉制品熟化的标志。蛋白固化不仅能通过高温（一般是指100℃以上。红炆羊排及椒盐羊排是通过两种不同高温获得的蛋白固化的产物）获得，还可通过中温（一般是指35℃左右。爽口牛肉丸就是通过中温获得蛋白固化的经典案例之一）、低温（一般是指5℃以下。皮蛋就是通过低温获得蛋白固化的经典案例之一）获得。悟明了这个道理，烹饪事业就会迎来高度发展及突破。

去皮山羊排用刀依骨缝分成条，再将条横斩成长4厘米的段；然后用流动清水漂清血水，沥干水分，放入钢盆内，与用手揉轻的百里香拌匀，置冰箱冷藏，腌60分钟。

红辣椒、青辣椒去蒂，用刀顺长开边，去除瓤核后，顺切丝再横切成米状。

将花生油倒入铁镬内，以猛火加至七成热（210～240℃），随即逐条将去皮山羊排由铁镬边缘放入油内。此时要掌握好油温，也就是掌握好以下三个演变过程：第一是迅速地让羊排肉的表面固化，第二是让羊排肉充分熟化，第三是让羊排肉充分酥化。当中除第一个过程需要极端高温之外，余下两个过程则需要平和高温。否则，羊排肉会外燶内生，或是整肉干涸（呈现散柴的质感），或是整肉焦燶，从而丧失外酥内嫩的质感。也就是说，当羊排肉表面固化定形时，便可由猛火改为中火，最终以五成热（150～180℃）浸炸为妥。待去皮山羊排炸好后，用笊篱捞起，沥去油分。

将花生油倒回油盆，铁镬内留有余油（约25克），放入红辣椒米及青辣椒米略爆，将铁镬端离炉口，加入椒盐及沥去油分的去皮山羊排，用镬铲炒匀，摆砌上碟便可膳用。

◎注3："百里香"是西餐常用的香料，中国称为"地椒""地花椒""麝香草"等。

《本草纲目·果之四·地椒》云："地椒出北地，即蔓椒之小者。贴地生叶，形小，味微辛。土人以煮羊肉食，香美。"

需要注意的是，香料香气的传播是通过香料精油挥发达致，而香料精油挥发与温度有关，温度越高，挥发越快。因此，采用极端高温烹制羊排时，百里香的香气会加速挥发，残留量几乎变得微不足道。其投放的目的仅为初期避膻。

◎香草羊排

原料： 去皮绵羊排1 000克，牛至叶碎15克，咖喱叶碎25克，百里香碎10克，蒜蓉20克，洋葱蓉20克，香芹蓉15克，红辣椒米10克，青辣椒米10克，味酥175克，精盐15克，味精7.5克，鸡精7.5克，牛油250克。

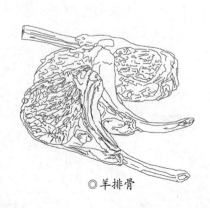

◎羊排骨

◎注1：牛至是西餐常用香料，又称香薷、满山香，英文Oregano（亚里根劳）。

另外，同属还有一种叫"甘牛至"的干燥叶片，英文Sweet marjoram（甜马郁兰），也是西餐常用香料，这种香料甜味较重。

◎注2：咖喱叶又称为麻绞叶。需要注意的是，这种叶片不宜干燥，否则香气尽失。保管时要控制含水量，并且用纸包好，置冰箱冷藏。另外，这种叶片的香气是否浓郁，与叶片的大小无关，与枝条粗细或老嫩有关，枝条粗老，香气浓郁而持久，枝条细嫩，香气淡薄而短促。

制作方法：

羊排分割有中式与西式之分，中式是将羊里脊及羊脊骨去掉余下的肋骨。西式则保留羊里脊及羊脊骨，经冷冻，用锯骨机依骨缝锯成块（扒）。这道看馔建议采用西式的分割法处理。

将去皮绵羊排放入钢盆内，加入牛至叶碎、咖喱叶碎、百里香碎、蒜蓉、洋葱蓉、香芹蓉、红辣椒米、青辣椒米、味醂、精盐、味精、鸡精拌匀，置入冰箱冷藏腌制30分钟。

平底镬以中火加热，放入牛油使其熔化，此时不要急于烹饪，要用镬铲推动，使牛油内部水分尽量挥发，但也要注意牛油并不耐高温，当内部水分挥发到一定程度时，就要将去皮绵羊排以平摊的姿势放在牛油上，继续以中火加热。加热至去皮绵羊排一面焦化，再翻转到另一面继续煎，直至去皮绵羊排两面焦黄即可摆砌上碟膳用。

◎手抓羊肉

原料：去皮绵羊排1 000克，芫荽碎25克，葱段15克，葱蓉15克，姜片15克，蒜蓉10克，八角1克，花椒1克，桂皮1克，小茴香0.5克，胡椒粉0.5克，白醋60克，生抽60克，绍兴花雕酒5克，精盐5克，味精1克，辣椒油50克，芝麻油5克，淡二汤1 500克。

制作方法：

将去皮绵羊排用刀沿骨缝斩开，用水洗净。

将葱蓉、蒜蓉、芫荽碎、生抽、白醋、胡椒粉、芝麻油、辣椒油放在钢盆内配成腌制料，放入沥去水分的去皮绵羊排捞匀并腌渍30分钟。

去皮绵羊排"飞水"，放入有八角、花椒、小茴香、桂皮、葱段、姜片、绍兴花雕酒及精盐的淡二汤内慢火炆至脸软，下味精。膳用时配上原汁蘸吃。

◎注：小茴香又称"蘹蕃"，为伞形科植物茴香的干燥成熟果实。其味辛，性温，有散寒止痛、理气和胃的功效。

◎脆炸羊腩

原料： 去皮绵羊腩1 000克，钻孔核桃2个，花椒2克，八角5克，小茴香2克，陈皮5克，香叶5克，拍姜块10克，葱条20克，精盐6克，味精6克，生抽60克，清水4 000克，脆浆1 500克，花生油（炸用）5 000克。

制作方法：

此肴馔在20世纪80年代之前称作"锅烧羊腩"，做法应该是来源于北方。

经查，在1985年11月由陕西科学技术出版社出版的《迎宾菜谱》中就有"锅烧羊肉"的介绍："原料：羊肉三斤，面粉二两，鸡蛋三只，葱五钱，姜五钱，精盐三钱半，酱油一两，绍酒一两，香油一两，花椒二分，大香二分，小香二分，清油二两。制作：一、将羊肉裁成条块，用水浸漂洗净，再将羊肉投进凉水锅烧沸，撇去浮沫，和入酱油、精盐，加入葱、姜、大香、小香、花椒（用纱布包裹），关盖，用文火焖煮熟透。二、鸡蛋破壳，入碗搅和，加入面粉、香油和少许精盐，略掺生水，搅均匀。三、将煮羊肉取出，沥尽汤汁，切成薄片。将少许蛋糊铺置盘内，拿羊肉片平摊上面，再用糊覆盖。然后将锅上火，添油烧至五成沸，把羊肉轻推入锅，用勺翻搅，炸至透黄色，捞出，剁成马鞍形的条块，嵌摆扒盘内。特点：色泽金黄，酥脆嫩香。"

可能是这种做法太受人喜爱而引起粤菜厨师的关注，于是粤菜厨师加以改良，将"蛋糊"改为"脆浆"，后来粤菜名师许衡先生就将做法记录在《粤菜精华》一书当中。然而，从粤菜命名的角度看，称之为"锅烧"不符合惯例，今将其改名为"脆炸羊腩"。

将去皮绵羊腩整块放入钢镬内，加入拍姜块、葱条，以及用布袋包好的钻孔核桃、花椒、八角、小茴香、陈皮、香叶，注入清水，用精盐、味精、生抽调味。以中火加热至沸腾，撇去浮沫，改慢火炆至去皮绵羊腩易被筷子插入为度，捞

◎起去羊皮

起晾凉，再用刀切成长4厘米、宽1.5厘米、高1.5厘米的条。

将花生油倒入铁镬内，以中火加至五成热（150～180℃），随即将蘸上脆浆的去皮绵羊条逐条由铁镬边缘放入油里，炸至脆浆呈象牙色时，捞起并摆砌上碟即可。

○全羊席

清代（1636—1911年）袁枚先生首先提到"全羊"的名称，他在《随园食单·杂牲单·全羊》中说："全羊法有七十二种，可喫（吃）都不过十八九而已。此屠龙之技家厨难学，一盘一碗虽全是羊肉，而味各不同才好。"然而，短短数语虽让厨师无限遐想，却又让厨师意犹未尽。

迨至民国时期（1912—1949年），徐珂先生在《清稗类钞·饮食类》中再跃升一步，提到"全羊席"，书中说："清江庖人善治羊，如设盛筵，可以羊之全体为之。蒸之，烹之，炮之，炒之，爆之，灼之，熏之，炸之。汤也，羹也，膏也，甜也，咸也，辣也，椒盐也。所盛之器，或以碗，或以盘，或以碟，无往而不见为羊也。多至七八十品，品各异味。号称一百有八品者，张大之辞也。中有纯以鸡鸭为之者。即非伊斯兰教中人，亦优为之，谓之曰全羊席。同、光间有之。"

而略早于《清稗类钞》之前，民间忽然发现在篇末署"同治五年丙寅岁季冬月朔五日，程记录"并再抄者署"中华民国四年十一月正明"的《筵款丰馐·依样调鼎·新录》，使"全羊席"继"满汉全席"之后成为高级筵席的典范，徐珂先生大体就是将此传闻记于书中。

《筵款丰馐·依样调鼎·新录》分两个部分，前部为"筵款丰馐"，后部为"依样调鼎"，被后人吹嘘的"全羊席"蓝本则收录于"筵款丰馐"之中。不过，书中并不是如厨师所愿称作"全羊席"，而是称作"全羊类"。"全羊宴（席）"一词，则见于抄录于同治年间的一本叫《如意全羊席》的书中。

◎注1："全羊席"是否仅停留在文案欣赏角度，仍然是争论不休的话题，它不同于有酒家去经营的满汉全席，而且真有菜单去证实有108种菜式。而"全羊席"号称有72种菜式，是想凑合"天罡"之数，目的是至少不逊于将"天罡""地煞"之数合一的"满汉全席"，显然是在跟风。与此同时，尽管有72种菜式，却不符合筵席的规格，难登大雅之堂。

今摘录《筵款丰馐·依样调鼎·新录·全羊类》如下：

全羊类（名称五十八种，作法六十种）

词曰：谒金门

全羊好，或炰或腷或老。汤浸油煎用火燎，件头预备齐。花肠宜灌灵巧，血肠不比灵聊草。见景生情内外找，样样不可少。

杂录：

云顶盖	顺风耳	千里眼	闻香草	鼻脊管	口叉唇
上天梯	巧舌根	双黄喉	胳膈肉	核桃圆	白云花
玲珑心	白页肺	蜂窝肚	伞把头	燹肚梁	菊花肠
水珠子	枣泥肝	蹄磷筋	鸳鸯腰	胆邦条	千层肚
呼狼蚤	银丝肚	夹沙肝	拌净瓶	安吉脯	羊双膝
琉璃丝	天花板	蛾眉元	西洋卷	羊子盖	金钱尾
糟羊肝	熘肺丁	血糊涂	双皮麟	里脊丝	炒荔枝
锅鑱肉	炸肝卷	青香菜	腰窝油	千子签	凤云肺
白云条	十景菜	血腐	血酪	血丝	血肠
白肠	双肠	花肠	摘锦汤	外有大件八款	

附录：

一、《摘录》

全羊烧烤

龙眼：用眼睛白穿皮，山药饼、杏仁炒。或糖或咸。

顺风：（原注：耳叶）用盐菜、笋（竹笋）炒。

耳尖：用火腿、香菌丝炒。

天花板：用青笋（莴笋）粒子炒。

耳川：（原注：耳心）用口蘑、笋（竹笋）烩。

天平：用梨片、火腿拌角中间拱上肉。

鼻统：用青笋（莴笋）、苔菜(海苔菜)炒。

嘴唇：用葱丝、香蕈（冬菇）丝炒。

口叉：用香菌、青笋（莴笋）炒。

闻香草：用蜇（海蜇）片、蒜片炒，糖醋。

巧舌根：用冬笋、青蒜（蒜苗）、酱瓜炒。

上天梯：用酸菜、大蒜（蒜头）炒。

核桃肉：锅烧（上蛋浆炸的方法），椒盐蘸。

梅花肉：用虾仁、火腿、口蘑、核桃、清汤烩。

黄脑：用蛋黄、灰面果（裹），走油，虾仁炒（加虾仁炒）。

黄喉：用冬笋（竹笋）、火腿炒。

肺管：用蛋芡、灰面果（裹），炸黄、切碎。

白肺：切丝，（用）酱瓜、姜、葱、芥末拌；切片也可。

◎注2："锅鑱肉"原写作"锅铁肉"，翻查所有字典，都没有找到"铁"这个字。而"鑱"字在《博雅》中的解释为"锐也"，所以又有人将"鑱"字写成"尖"字，为此，《说文解字大徐本》的作者徐铉说"鑱今俗作尖，非是"。大抵是《筵款丰馐·依样调鼎·新录》的抄录者嫌"鑱"字的笔画多，故简写成"铁"字。

"锅鑱肉"应该是指羊胸肉。

◎注3：《筵款丰馐·依样调鼎·新录》文中附录有"一、《摘录》"，且没有"二""三"的文字。原文如此，谨此抄录。

◎注4：《如意全羊席》的内容已收录在《粤厨宝典·食材篇Ⅱ·兽禽章·羊的分割》之中，这里不再赘述。

◎注5：《如意全羊席》抄录于同治年间，肯定是伪书，理由是"烤羊肉"的"烤"字是民国初年才有的，该字不可能穿越。齐白石先生为一家叫"烤肉宛"的店题字时就有"钟鼎本无此烤字，此是齐璜杜撰"的解释。

粤厨宝典·菜肴篇1

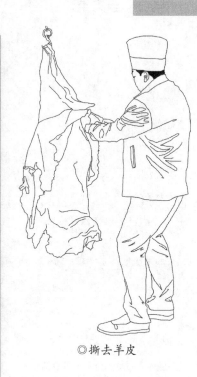

◎撕去羊皮

项圈：锅烧（上蛋浆炸的方法）、卤煮（用香料及汤水调成传热介质去烹饪的方法）。

八宝心：用核桃、杏仁、姜、藜（藜芦嫩味）、瓜丁炒。

麻哪肺：用芝麻、椒盐、白糖拌肺上，炸过。

生羊肝：用椒盐、醋、麻油、芥末、韭菜黄（韭黄或韭菜白）拌。

炒羊肝：用酸菜炒。

麻炸肝：用芝麻拌。

羊枣肝：用生肝、蛋黄灌小肠煮，刮去外面炒。

西洋肝卷：用韭菜、盐菜、花椒拌，用网油包，油锅炸、切段。

鹿尾肝：用生肝、肥油丁、蛋黄灌大肠，冬笋（竹笋）炖。

糟羊肝：用糖醋，放芹菜炒，加酱。

炒肚头：用生肚头，豆豉炒。

肚丝：用火腿、冬笋（竹笋）、盐炒。

蜂窝肚：用酱瓜、姜丁炒。

白炖肚肺：用各鲜色配合，上碗。

净瓶：用酒米（糯米）、火腿、笋子、瓜丁酿小肠，清蒸。

蓑衣肚：用白果、木耳、青笋（莴笋）、芥末拌。

脊髓：用口蘑、青笋（莴笋）、蛋糕(蛋浆)调，烩。

核桃肠：用核桃、火腿灌，清炖。

酒米肠：用酒米（糯米）、火腿灌，蒸，挂卤。

梅花肠：用香菌、笋（竹笋）片炒。

黄肠：用大、小肠烩。

肥肠：用油灌，清炖。

炙肠：小肠炸黄，盐菜、韭菜炒。

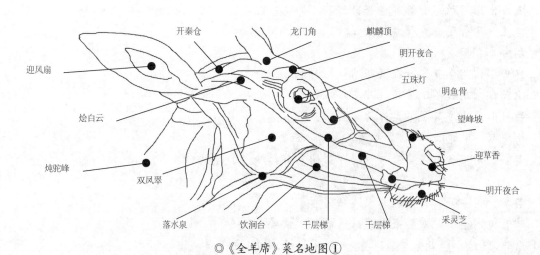

◎《全羊席》菜名地图①

锅烧肠：用大、小肠，椒盐蘸。

红白肠：用血灌，烩。

腰窝油：用肚、肝、腰条、甜酱炒。

金钱腰：用酸菜、冬笋（竹笋）炒。

鸡冠油：用核桃、杏仁炒。

小子肝：红烧，用核桃、杏仁、姜、葱拌，切丝拌。

西洋肉卷：肉丝、盐白菜、葱、蒜，网油包卷，烧。

果子羊肉：用肉丁、桃仁，网油包卷，烧。

虎尾肉：用莲子、火腿丝酿，网油包卷，蒸，清汤。

晾干肉：用瘦肉晒干，切片，用大头菜、蒜（蒜头）片
干炒。

水羊肉：白煮（即广州人说的"焓"），切韭菜拌。

羊梅元：羊肉切碎，用蛋黄合火腿丁。蒸，清烩。

酸肉：用整大块腿子，放麻油红烧，收干，手撕，上碗。

段肉：用方块，同醋炖。

锅烧肉：用酱炖好，走油、炒，切块，蘸椒盐。

羊肉卷：用肥羊肉包小肠，缠好煮，清汤。

元尾肉：用肥羊尾，白炖。

炸羊肉：白炖，晾冷切片，拌蛋黄和灰面（从柴灰浸澄
所得的"枧水"），油炸，上白糖。

羊血糊：炒灰面、胡椒、葱、姜、蒜末，清汤糊。

羊肾：白煮或炒。

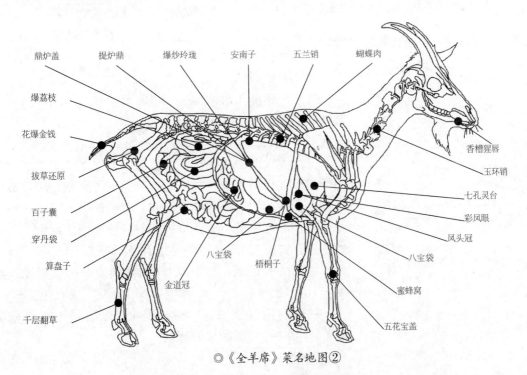

◎《全羊席》菜名地图②

237

羊蹄筋：清烩、爆炒俱可。

鲞炖羊肉：用白鲞，或红白炖，或藕根炒。

绿沙羊肉：用大方块串切，走油，红烧。

烤羊肉：用瘦肉二三片，大块，用冷水淋过吊起、扎紧串片，合酱油，上铁丝上烤吃。

◎支竹羊腩煲

◎支竹羊腩煲

原料： 带皮山羊腩1 000克，支竹200克，竹蔗50克，马蹄75克，甘笋50克，陈皮5克，拍姜块35克，炸蒜子35克，蒜苗100克，柱侯酱125克，南乳15克，腐乳15克，老抽7.5克，味精12.5克，鸡精12.5克，胡椒粉0.05克，清水2 500克，花生油（炸用）5 000克。

制作方法：

羊腩的部位与猪腩、牛腩的部位略有不同，后两者通常不包括带骨的部位，而羊腩通常是指羊的两个腹部，允许带有少量的排骨，但绝对不包括脊骨。与此同时，粤菜师傅烹制羊馔，通常会连皮烹制，以让羊馔呈现软、滑、弹的质感。

带皮山羊腩用滚水拖过，以收紧羊皮；再用煤气喷枪燂去表面残毛，放在清水里刮洗干净。沥干水分后，用刀斩成长4厘米、宽2.5厘米的块。

支竹放入以中火加至五成热（150～180℃）的花生油中炸涨发。炸时将支竹放入油内，见支竹膨胀，用笊篱上下按动，使支竹时而在油里又时而在油面上（单纯在油里或单纯在油面上都不能让支竹均匀且透彻地涨发），让支竹充分膨胀。见支竹完全膨胀，用笊篱捞起。

竹蔗洗去蜡层，横斩成长6厘米的段，再立起破开成4份。

马蹄有两种做法，一种是整个去皮，再一种是平切去蒂部与底部，留腰部的皮。

甘笋去皮后，用刀切成"斧头块"。用五成热

◎注："竹蔗、马蹄、甘笋"在粤菜烹饪当中，是一个辟膻除味的组合，这个组合经常在炆羊肉中使用。

（150～180℃）的花生油炸透。

蒜苗洗净，用刀横切成长4厘米的段。

粤菜烹饪秘诀有"肉要焖，菜要煸"，这个秘诀正好在烹制羊腩时印证。

以中火烧热铁镬，将沥干水分的带皮山羊腩块放入铁镬内，用镬铲不断翻炒，直到带皮山羊腩块表面略有焦黄为止。在翻炒的过程中，带皮山羊腩块会渗出水分，可用镬铲随时滗走。这个工序为"焖"。

带皮山羊腩块焖好后，用滚水"飞"水，用笊篱捞起，沥去水分。

铁镬洗净，以中火加热，放入100克花生油爆香拍姜块及炸蒜子，再放入沥干水分的带皮山羊腩块及柱侯酱、南乳、腐乳炒匀，攒入清水，并加入竹蔗段、马蹄、甘笋块、陈皮，用老抽调色。待汤水沸腾，将火调至令汤水微涌动的状态，直到带皮山羊腩软腍为止。然后，用味精、鸡精、胡椒粉调味，再放入炸支竹拌匀，全部滗入预先烧热的瓦煲内，将瓦煲架在煤气炉上，再加热至汁水沸腾便可膳用。

制作此肴馔的关键是收汁，汁水合适的话，羊肉表面会显得亮泽。但由于肴馔带有吸水性强的炸支竹，汁水少的话，会被炸支竹全部吸收而干狰狰（干巴巴）。最佳的状态是既让羊肉表面亮泽，又有充足汁水让炸支竹吸收。

◎清汤羊腩煲

原料：带皮山羊腩1 000克，绍兴花雕酒100克，竹蔗50克，马蹄100克，甘笋75克，红枣15克，草果5克，白豆蔻2克，甘草3克，陈皮3克，胡椒2克，当归1克，白芷0.5克，钻孔核桃2个，拍姜块35克，清水3 000克，精盐7.5克，味精3克，花生油100克。

制作方法：

带皮山羊腩的前置处理方法——燂毛、斩块及焖炒，以及竹蔗、马蹄及甘笋的切裁方法，参见"支竹羊腩煲"。

粤厨宝典·菜肴篇1

◎注1：《清稗类钞·植物类·豆蔻》云："豆蔻，有草豆蔻、白豆蔻、肉豆蔻三种。草豆蔻，草本，产于岭南，叶尖长，春日开花成穗。实稍小于龙眼，端锐，皮光滑，仁辛香气和。又有皮黄薄而棱峭，或黑厚而棱密者，别称草果。白豆蔻，形如芭蕉，叶光滑，冬夏不凋。实浅黄色而圆大，壳白而厚，仁如缩砂仁，皆入药。肉豆蔻，木本，产于新加坡、苏门答腊等处，近岁盛有输入。叶为长椭圆形，夏开单性白花。实为肉质，内有红色假种，皮甚坚，其仁香气强烈，亦入药，并作香料。草豆蔻花成穗时，嫩叶卷之而生，初如芙蓉，穗头深红色，叶渐展，花渐出，而色微淡，亦有黄、白色者。"

将花生油放入烧热的铁镬并以中火加热，爆香拍姜块，再放入"飞"过水的带皮山羊腩块煎透，攒入绍兴花雕酒并注入清水，同时加入竹蔗段、马蹄、甘笋块、红枣、草果、白豆蔻、甘草、陈皮、胡椒、当归、白芷、钻孔核桃等。继续以中火加热，直到汤水变白及消耗一半，用精盐、味精调味。用筷子夹起竹蔗段、草果、拍姜块及钻孔核桃，然后全部倒入预先烧热的瓦煲内，将瓦煲架在煤气炉上，再加热至汤水沸腾便可膳用。

◎注2："甘草"被南北朝时期（420—589年）的名医甄权形容为"诸药中甘草为君，治七十二种乳石毒，解一千二百般草木毒，调和众药有功故有国老之号"的中药。

◎注3："白芷"又称为"大活""香大活""狼山芹"等。

◎砂钵羊头

原料： 带皮绵羊头1个（约2 500克），湿冬菇5克，精盐1.5克，味精5克，白糖2.5克，姜汁2.5克，绍兴花雕酒60克，葱条10克，姜片10克，牛奶150克，湿淀粉25克，淡二汤1 250克，鸡油150克。

制作方法：

带皮绵羊头用热水渌过，用煤气喷枪燂去羊皮上的绒毛，放入清水中刮洗干净。

将刮洗干净的绵羊头放入水罉里焓至七成熟。取出放入流动的清水漂凉。

◎注："砂钵羊头"并不局限于烹制绵羊头，山羊头也可如法烹制。另外，如果是雄绵羊或雄山羊的角较大的话，要先将羊角敲下才好烹制。

焓熟的绵羊头漂凉后，剔净骨头，取出羊眼及羊脑（羊脑可另作他用），择去血管、油胰，剥去腩衣，挼去耳皮。再将皮、肉、腩撕成块，将眼切成片。

用50克鸡油起镬，爆香葱条、姜片，攒入绍兴花雕酒，注入淡二汤，以猛火加热。待汤水沸腾，用笊篱捞起葱条及姜块；再放入100克鸡油，继续以猛火加热，务必令汤水煮成奶白色；然后将奶白色的汤水倒入砂钵内。将砂钵架在煤气炉上加热，放入撕成块的绵羊头及湿冬菇、姜汁，用精盐、白糖、味精调味，用湿淀粉勾芡，用牛奶调色，最后撒上羊眼片便可供膳。

粤厨宝典·菜肴篇1

◎红烧羊脑

原料：羊脑10副，鸡蛋液90克，干淀粉150克，腌好的猪肉丝50克，湿冬菇丝30克，姜丝3克，葱丝5克，绍兴花雕酒30克，精盐3克，味精5克，老抽10克，生抽8克，芝麻油0.2克，胡椒粉0.03克，淡二汤500克，湿淀粉20克，花生油（炸用）3 000克。

制作方法：

羊脑泡在清水里，用竹签挑净红筋，原副放在蒸盘内，加入过面清水，置蒸柜蒸熟。

羊脑蒸熟晾凉并沥去水分，蘸上用精盐、鸡蛋液调匀的蛋浆，再拍上干淀粉。

将花生油倒入铁镬内，以中火加至五成热（150～180℃），由镬边将拍上干淀粉的羊脑放入油里，将羊脑表面炸至金黄色，用笊篱捞起，沥去油分。

铁镬留有余油（约50克），放入腌好的猪肉丝、湿冬菇丝及姜丝，攒入绍兴花雕酒并炒匀。注入淡二汤，并用精盐、味精、老抽、生抽调味及调色，用湿淀粉勾芡，再将沥去油分的羊脑放入其中略炆30秒，再加入芝麻油、胡椒粉及葱丝，便可上碟膳用。

◎注："红烧羊脑"所用的羊脑可用烹制"沙钵羊头"留下的羊脑。

◎京馔它似蜜

原料：绵羊肉眼（里脊）1 000克，白糖265克，甜面酱35克，生抽65克，糖色5克，白醋15克，绍兴花雕酒20克，姜汁10克，湿淀粉165克，芝麻油400克，花生油（炸用）5 000克。

制作方法：

此馔出自御膳厨师之手，传说馔名还是根据慈禧太后的

◎注1："它似蜜"估计是源于满族语，在20世纪60年代前的书刊又写成"他司蜜"。

◎注2："甜面酱"与"面豉酱"是制作酱油及豉油剩下的渣滓。前者产于北方，属冷发酵；后者产于南方，属温发酵：香气味型自然各具特色。

赞叹而得。实际上，这是北京厨师的炒作。如果定睛一看，此馔的制作与粤菜著名的"柱侯羊腩煲"同出一辙，都是以酱调味。

将绵羊肉眼铲去白膜，斜刀切成长3.5厘米、宽2.5厘米、厚0.16厘米的薄片，放在钢盆内，加入甜面酱及100克湿淀粉拌匀，腌约30分钟。

用姜汁、糖色、生抽、白醋、绍兴花雕酒、白糖及65克湿淀粉调成"碗芡"。

将花生油倒入铁镬内，以中火加至七成热（210℃～240℃），放入绵羊肉眼片"拉"油，再用笊篱捞起，沥去油分。

铁镬留有余油（约50克），再加入350克芝麻油，以中火加热，放入沥去油分的绵羊肉眼片，抛炒打菜，再淋入"碗芡"，使芡包裹绵羊肉眼片，然后再淋上用芝麻油做的包尾油便可供膳。

◎砂钵绵羊肉

原料：去皮绵羊肉1 000克，绍菜650克，甘笋150克，蒜苗150克，绍兴花雕酒75克，精盐6.5克，白糖3.5克，味精3克，生抽60克，花椒10克，八角2克，干辣椒15克，姜片15克，淡二汤600克，胡椒粉0.5克，砂仁粉2克，芝麻油150克。

制作方法：

去皮绵羊肉切成3厘米见方的块，放在滚水中"飞"过，用流动清水漂清血水，捞起，沥去水分。

绍菜用刀从根部上约7厘米处截断，顺切一分为二，再顺切成12瓣。

甘笋用刀切成块，放在滚水中焓软，用流动清水漂挺身，捞起，沥去水分。

蒜苗用刀横切成长7厘米的段。

◎注："砂钵绵羊肉"源于鄂菜厨师之手，肴馔特别之处是用芝麻油。

以芝麻油起镬，爆过姜片、蒜苗段、花椒、八角、干辣椒，再放入去皮绵羊肉块焗炒，随后攒入绍兴花雕酒，注入淡二汤。待汤水沸腾，用精盐、白糖、味精、生抽调味，下砂仁粉，改慢火炆煮。待去皮绵羊肉脸软，加入漂挺身的甘笋拌匀，然后全部倒入垫有绍菜瓣的砂钵内，再将砂钵架在煤气炉上加热至沸腾，撒上胡椒粉便可供膳。

◎陕西羊酥肉

原料： 绵羊肥瘦肉1 000克，鸡蛋液35克，干淀粉100克，面粉35克，蒜苗丝35克，葱条70克，姜片35克，八角15克，生抽100克，精盐15克，味精5克，绍兴花雕酒200克，湿淀粉35克，淡二汤1650克，芝麻油35克，菜籽油（炸用）5 000克。

制作方法：

此馔本是陕西"三蒸九扣"的品种之一。

绵羊肥瘦肉切成长3厘米、宽2厘米、厚0.3厘米的薄片，放在钢盆内，加入35克绍兴花雕酒、65克生抽、干淀粉、面粉、鸡蛋液拌匀。

将菜籽油倒入铁镬内，以中火加至七成热（210～240℃），逐片放入裹上蛋糊的绵羊肥瘦肉片。待绵羊肥瘦肉片炸至焦黄色，用笊篱捞起，沥去油分。

将沥去油分的绵羊肥瘦肉片以瘦肉朝下、肥肉朝上的姿势摆砌在扣碗内，加入用淡二汤、35克生抽、165克绍兴花雕酒、精盐、味精、葱条、姜片、八角配成的调味料，置入蒸柜蒸60分钟左右。取出，拣去葱条、姜片及八角，并将原汁倒出，再将绵羊肥瘦肉片倒扣在瓦碟上。

将原汁放入铁镬内加热，用湿淀粉勾芡，放入蒜苗丝，并以芝麻油作为包尾油，再将芡淋在绵羊肥瘦肉片上便可供膳。

◎ 葱爆羊肉片

◎注1："茨汤"是粤菜迈向烹饪标准化的思想理念，做法诞生距今已有100多年的历史。在此理念下，距今30年前，粤菜又建立"汁酱"的标准化做馔方法，继而使粤菜烹饪立于烹饪技术的最前沿。

◎注2：原料①的为粤菜的做法。原料②的为鲁菜的做法。

◎注3："小葱"是一次种植成型的品种，生长期短、植株较矮。

"大葱"是两次种植成型的品种，生长期长、植株较高。

葱通常有七种切法，即"葱白蓉""葱花（葱米）""葱榄""葱度""葱段""葱丝"及"葱条"。

"葱白蓉"是将葱白一段剁成泥状，适用于小葱及大葱。

"葱花"是针对小葱而作，即将小葱横切成长0.3厘米左右的段。

"葱米"是针对大葱而作，即将大葱葱白顺切成丝，再横切成稻米大小的粒。

"葱榄"是针对小葱而作，是取葱白斜切成2.5厘米的榄状段。绝对不带葱青。

"葱度"是针对小葱而作，是取葱白横切成长4.5厘米的段，当中允许带少量的葱青。

"葱段"是针对小葱而作，是将小葱横切成两三段，也可是"葱榄""葱度"处理好后剩下的葱青。

"葱丝"是指将葱横切成长5厘米，再顺切成的丝。当中又分"葱白丝"及"整葱丝"，后者仅适合小葱，前者既适用于小葱，也适用于大葱。

"葱条"是针对小葱而作，即整条小葱或切去头尾的小葱。

原料①：腌好的绵羊肉片1 000克，葱度800克，茨汤800克，湿淀粉400克，老抽200克，绍兴花雕酒600克，芝麻油20克，胡椒粉4克，精盐25克，味精25克，花生油（炸用）6 000克。

制作方法①：

"葱爆"不是粤菜烹饪的体例，引自鲁菜。类似体例还有"芫爆"——将葱改成芫荽。粤菜则只有"酱爆"。

粤菜的"葱爆羊肉片"是使用小葱，而非鲁菜使用的大葱。一般而言，小葱呈香，大葱呈甜。葱度是指从葱白量起横切成长4.5厘米的段，允许带少量葱青，余下葱叶不要。也就是一根小葱通常可切出三段葱度。

将茨汤、湿淀粉、老抽、芝麻油、胡椒粉放入小碗混合，调成"碗茨"。

将花生油倒入铁镬内并以中火加至五成热（150～180℃），放入腌好的绵羊肉片"拉"油，使腌好的绵羊肉片达到八成熟。随即将绵羊肉片连油倒在架在油盆上的笊篱内，沥去油分。

铁镬留有余油（约100克），并以猛火加热，爆香葱度，再将沥去油分的绵羊肉片加入其中，并攒入绍兴花雕酒，在炉边搕镬，使葱度、绵羊肉片拌匀，然后加入"碗茨"，下精盐，再搕镬，使"碗茨"分散性地包裹葱度及绵羊肉片，滗入约30克花生油作为包尾油，下味精即可上碟膳用。

原料②：绵羊肉1 000克，葱度1 000克，鸡蛋清200克，绍兴花雕酒60克，生抽14克，精盐8克，味精4克，湿淀粉140克，芝麻油20克，花生油（炸用）5 000克。

制作方法②：

顺肉纹将绵羊肉切成长4.5厘米、宽3.5厘米、厚0.2厘米的薄片，放入钢盆内与鸡蛋清、湿淀粉及4克精盐拌匀。

这里是使用大葱并纯取葱白。用刀将葱白横切成4.5厘米的段。

将生抽、绍兴花雕酒、味精、湿淀粉及4克精盐放入小碗混合，调成"碗茨"。

将花生油倒入铁镬，以中火加至五成热（150～180℃），放入绵羊肉片及葱度"拉"油，使绵羊肉片达到八成熟，使葱度焦黄。随即连油倒在架在油盆上的笊篱内，沥去油分。

铁镬留下余油（约100克）并以猛火加热，将沥去油分的绵羊肉片及葱度重新放回铁镬内，略颠镬使各料受热均匀，随即泼入"碗芡"，再颠镬使"碗芡"分散性地包裹绵羊肉片及葱度，滗入约50克花生油作为包尾油，颠翻数次便可上碟，淋上芝麻油即可膳用。

◎酸笋羊肉片

原料： 腌好的绵羊肉片1 000克，酸笋片1 000克，姜花25克，葱榄50克，蒜蓉20克，红辣椒片45克，青辣椒片45克，生抽80克，绍兴花雕酒160克，清水1 500克，精盐10克，胡椒粉0.2克，芝麻油2克，芡汤65克，湿淀粉25克，花生油（炸用）5 000克。

制作方法：

酸笋片是用酸笋切成的长4厘米、宽2.5厘米、高0.3厘米的薄片。用1 500克清水与10克精盐滚过，用笊篱捞起，沥去水分备用。

将花生油倒入铁镬内，以中火加至五成热（150～180℃），放入腌好的绵羊肉片"拉"油，使腌好的绵羊肉片达到八成熟。随即将绵羊肉片连油倒在架在油盆上的笊篱内，沥去油分。

将生抽、胡椒粉、芝麻油、芡汤、湿淀粉放入小碗内混合，调成"碗芡"。

铁镬留有余油（约100克），并改以猛火加热，爆香姜花、葱榄、蒜蓉、红辣椒片、青辣椒片，加入酸笋片炒匀；然后放入沥去油分的绵羊肉片，并攒入绍兴花雕酒，在炉边㸆镬，使各料均匀。㸆镬致各料均匀后，一手抓手壳翻动各料，另一手将"碗芡"徐徐淋入各料当中，使调料与各料充分融合。最后淋入25克花生油作为包尾油，将各料堆砌上碟便可供膳。

◎注1："酸笋"是竹笋用盐水浸泡发酵的制品。

◎注2："姜花"是姜切片的形式之一。

姜的加工形式主要有五种，即"姜块""姜片""姜丝""姜米"及"姜蓉"。

"姜块"有"原姜块"及"拍姜块"的形式，"原姜块"即洗净并切去边皮的制品，中也可花巧地切成方形、角形、榄形。"拍姜块"即将去皮或留皮的姜用刀拍裂的制品。

"姜片"是将姜切成片的形式。有"原姜片""指甲姜片"及"姜花"等。"原姜片"是将去皮或留皮的姜不管造型地切成厚0.2厘米薄片的制品。"指甲姜片"是将去皮的姜改成菱形块后再切成厚0.2厘米薄片的制品。"姜花"是将去皮的姜改成图案后再切成厚0.2厘米的薄片的制品。

"姜丝"是将去皮的姜切成长4厘米、厚0.1厘米的薄片，再切成0.1厘米见方的丝的制品。

"姜米"是在"姜丝"的基础上横切成稻米大小的粒的制品。

"姜蓉"是将去皮或留皮的姜用姜磨磨烂的制品。

◎五彩羊肉丝

◎注1："姜黄"是一种粉末，是印度"咖喱"的主要原料。

我们的实验发现，这种粉末能凝固蛋白，在肉中添加会抑制霉、散等劣性质感。

◎注2：民国时期的《秘传食谱·兽肉门·第十二·炒羊肉丝》云："预备：腿子羊肉半斤，冬笋半斤，花生油适量，料酒三钱，白酱油一两，生姜汁少许。又芡粉少许。又生葱少许。又麻油少许。麻绳一大束。做法：将羊肉同冬笋各切成细丝，共放入花生油锅内炒十几下，加上料酒、白酱油、生姜汁再炒几十下起锅。注意：①羊肉比猪肉较为韧些，色（颜色）、气（气味）也较为浓些，切丝以后须要先放在净水里面稍浸一刻，然后再如法去烹制。羊肉当要炒时，能够用清稀的芡粉略揉拌一刻更好。炒羊肉时，不可过火，不然就不会嫩的。②腿子上的羊肉肥少瘦多，最合煎炒。附注：吃时能够加上一些生葱丝更好。如果用麻油去炒，更见香美松嫩。"

原料： 绵羊肉丝1 000克，冬笋丝175克，冬菇丝125克，青辣椒丝75克，红辣椒丝75克，甘笋丝100克，蒜蓉15克，葱榄25克，胡椒粉0.1克，芡汤175克，芝麻油7.5克，生抽25克，湿淀粉125克，鸡蛋清25克，姜黄3克，粉丝25克，花生油（炸用）5 000克。

制作方法：

这道肴馔是粤菜经典，但出自广州回民饭店厨师之手。事实上，尽管广州回民饭店是以民族菜招徕顾客，但其厨师很早就将粤菜烹饪技术融入其中，除了原料之外，所有技法都与粤菜厨师无异，故此，广州人从来没有将广州回民饭店的肴馔视为民族菜。

绵羊肉丝是取绵羊的臀、腿部的肉顺切成长4.5厘米、宽0.5厘米、高0.5厘米的丝。将切好的绵羊肉丝放在钢盆内，加入湿淀粉（50克）、鸡蛋清及姜黄拌匀，腌制30分钟。

将芡汤、芝麻油、胡椒粉、生抽、湿淀粉（75克）放入小碗内混合，调成"碗芡"。

这道肴馔会用新、旧花生油烹饪。制作粤菜时，炉头会放两个油盆：一个油盆盛新鲜的花生油，俗称"新油盆"；另一个油盆盛炸过肉料但仍可使用的花生油，俗称"旧油盆"。已炸至变黑及含大量杂质的称"黑油"，通常不会被候镬师傅使用。这里炸粉丝就是用"新油"，其油会倒回"新油盆"。绵羊肉丝"拉"油用的是"旧油"，其油会倒回"旧油盆"。

◎绵羊劏法

将新油倒入铁镬内，并以中火加至五成热（150～180℃），将粉丝放入油内，并用笊篱翻动，使其充分膨化，用笊篱捞起，沥去油分，然后将油倒回"新油盆"。

将旧油倒入铁镬内，并以中火加至三成热（90～120℃），将腌好的绵羊肉丝放入油内，用手壳打散，随即将绵羊肉丝连油倒回架有笊篱的"旧油盆"内。

铁镬留有余油（约120克），并改以猛火加热，爆香蒜蓉、葱榄，先放入冬笋丝、冬菇丝、红辣椒丝、青辣椒丝、甘笋丝炒透，再放入沥去油分的绵羊肉丝炒匀，然后倒入"碗芡"调味，再淋入25克花生油作为包尾油，将各料滗在用炸粉丝垫底的碟上便可供膳。

粤厨宝典·菜肴篇1

◎双冬烩羊丝

原料：腌好的山羊肉丝1 000克，冬菇丝500克，冬笋丝500克，姜丝150克，陈皮丝1.5克，绍兴花雕酒150克，精盐10克，味精15克，鸡精15克，生抽50克，老抽50克，魔芋丝750克，淡二汤7 500克，湿淀粉150克，胡椒粉0.5克，花生油200克。

制作方法：

用150克花生油起镬，攒入绍兴花雕酒，注入淡二汤。待汤水沸腾，放入腌好的山羊肉丝、冬菇丝、冬笋丝、姜丝、陈皮丝。待汤水沸腾，加入魔芋丝，并用精盐、味精、鸡精、生抽调味，用老抽调色，用湿淀粉勾芡，撒上胡椒粉，淋上50克花生油作为包尾油，再将各料滗入汤煲便可膳用。

◎注：民国时期的《秘传食谱·兽肉门·第十五·清烩羊肉丝》云："预备：羊肚子一个，好汤适量，火腿丝、香菇丝、白酱油、绍兴酒都适量，生姜汁少许。做法：①将羊肚如上法擦洗至极干净，然后再入滚水内烫洗两次，切成细丝。②取好汤、火腿丝、香菇丝加上白酱油、绍兴酒、生姜汁，与切好的羊肉肚一同烩吃，好。附注：①照这法子，又可以制清烩猪肚丝。②如果切成片子，就是清烩羊猪肚片。清烩猪肚丝片也同样。"

◎酥炸羊肉丸

原料：绵羊肉1 000克，马蹄300克，柠檬叶3克，湿陈皮5克，芫荽100克，精盐10克，味精5克，鸡精5克，鸡蛋液700克，淀粉300克，脆浆600克，花生油（炸用）5 000克。

制作方法：

这道肴馔的做法实际上是参照粤式点心"干蒸牛肉"，所以并不会呈现爽弹的质感。

马蹄去皮拍粒并剁成米粒大小的粒。柠檬叶与湿陈皮分别切成芝麻般大小的粒。芫荽切碎。

绵羊肉取臀、腿部瘦肉，用刀剁成泥靡状，与精盐、味精、鸡精、100克鸡蛋液及100克淀粉放入钢盆内，并用手以顺时针方向搅挞起胶；再加入马蹄粒、柠檬叶粒、陈皮粒，并用手以顺时针方向拌匀；然后用手挤成直径3厘米的肉丸。以上工序由砧板岗位完成。

打荷将绵羊肉丸放入600克的鸡蛋液中，让绵羊肉丸蘸上鸡蛋液；再将蘸上鸡蛋液的绵羊肉丸捞到200克淀粉上，使绵羊肉丸裹上淀粉，然后挂脆浆。

候镬师傅在打荷为绵羊肉丸蘸鸡蛋液裹粉时，将花生油倒入铁镬，并以中火加至五成热（150～180℃），待绵羊肉丸裹上粉后，将绵羊肉丸由铁镬边缘放入油内浸炸，在此期间用手壳拨动，使绵羊肉丸受热均匀。浸炸4分钟左右，使绵羊肉丸表面酥脆、内里熟透，用笊篱捞起，摆砌上碟便可供膳。

◎注：柠檬叶为芸香科植物黎檬或柠檬的叶。黎檬原产亚洲，现我国南部多有栽培；柠檬广东有栽培。

◎当归羊肉汤

原料： 带皮山羊肉1 000克，拍姜块60克，当归100克，红枣15克，清水4 500克，精盐7.5克，味精7.5克。

制作方法：

此汤馔原为药膳，汉代时已有，宋代名医寇宗奭记有"仲景治寒疝当归生姜羊肉汤，服之无不验者。一妇冬月生产，寒入子户，腹下痛不可按，此寒疝也。医欲投抵当汤"的话语。

经查，东汉末年著名医学家，被后众人称为"医圣"的张仲景在《金匮要略·腹满寒疝宿食病脉证治》中有"当归三两、生姜五两、羊肉一斤"的配方。

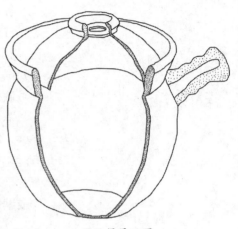

◎汤煲展示图

需要说明的是，在肴馔的角度，"当归羊肉汤"与"清汤羊腩煲"虽然最终都含有较多的汤水，但所用烹饪方法截然不同。"当归羊肉汤"是用羊肉熬取汤水，而"清汤羊腩煲"是用汤水烹制羊腩。

将带皮山羊肉切成3厘米见方的块，与拍姜块一同在铁镬内焗炒至焦黄。随后全部放入瓦煲内，加入当归、红枣及清水，先以猛火煲滚，再改中慢火，保持汤水涌动的状态，煲约90分钟。在汤水仍沸腾的状态下放入精盐、味精调味便可供膳。

"当归羊肉汤"毕竟是药膳，受众较少，所以广州民间多以"清补凉"代替当归。

所谓"清补凉"，就是以莲子、百合、沙参、芡实、玉竹、淮山、薏米组成的具健脾去湿、润肺去燥功效的煲汤料。

◎淮杞炖羊靴

◎羊靴（羊蹄）

原料： 羊靴（羊蹄）1 000克，淮山120克，枸杞子60克，红枣10克，钻孔核桃2个，拍姜块25克，金华火腿片20克，猪瘦肉块20克，绍兴花雕酒100克，清水2 500克，精盐7.5克，味精5克，胡椒粉0.2克。

制作方法：

羊靴即羊的蹄足。因此，在烹制之前有两项工作必须完成。第一项是将趾甲敲去，具体方法是用刀背将趾甲敲松再撬脱下。第二项是将趾缝、胫皮上的残毛清理干净，具体方法是用煤气喷枪燂烧，再放在清水里刮洗干净，然后用刀（或锯骨刀锯）斩成长4厘米的段，趾部依趾缝破开。

以中火烧红铁镬，放入羊靴段干燂，燂至羊靴段表面焦黄为止。

铁镬洗净，放入清水（非配方所列）烧滚，再放入燂炒过的羊靴段"飞水"；然后用笊篱将羊靴段捞到炖盅内；再将淮山、枸杞子、红枣、钻孔核桃、拍姜块、金华火腿片、猪瘦肉块、绍兴花雕酒及配方所列的清水放入炖盅内。用玉扣纸（不宜用保鲜膜）将炖盅口封好，置入蒸柜蒸炖120分钟左右。掀走玉扣纸，用筷子将猪瘦肉块及钻孔核桃夹起。用精盐、味精、胡椒粉调味。冚上炖盅盖再燏热便可供膳。

◎海参羊靴煲

原料： 羊靴1 000克，水发海参250克，拍姜块15克，葱条10克，花椒5克，八角8克，陈皮5克，蒜蓉25克，生抽45克，柱侯酱25克，绍兴花雕酒35克，味精3克，老抽25克，淡二汤1 000克，花生油（炸用）5 000克。

制作方法：

羊靴处理方法如"淮杞炖羊靴"一样，将趾甲及表面的残毛清理干净，并以同样尺寸斩或锯成段。

海参以水发的方法涨发。方法可参见《粤厨宝典·候镬篇》或《海味制作图解》，这里不赘述。用刀切成长4.5厘米、宽3厘米的块。

将羊靴段放入滚水（配方未列）中"飞"过，捞起，趁热涂上老抽，略为晾干。用中火将花生油加至七成热（210～240℃），将羊靴段炸至嫣红色。用笊篱捞起，沥去油分。

用钢蹲加入羊靴5倍量的清水并煮滚，加入拍姜块、葱条、花椒、八角、陈皮及沥去油分的羊靴段，待水重新沸腾并维持5分钟左右，熄火并冚上蹲盖，焗至水温降到35℃。用笊篱将羊靴段捞到流动的清水里漂30分钟，然后用笊篱将羊靴段捞起，沥去水分。

用花生油起镬爆香蒜蓉，放入沥去水分的羊靴段，攒入绍兴花雕酒，加入柱侯酱、生抽炒匀。注入淡二汤，继续以中火加热。在汤水消耗一半时，加入水发海参块，并用味精调味。将火调到猛火状态收汁，见汁浓稠，将羊靴段、海参块及汁水全部滗入预先烧热的瓦煲内便可供膳。

◎注1：《本草纲目·兽之一·羊》云："头蹄（白羊者良），气味甘，平，无毒。大明曰：凉。震亨曰：羊头、蹄肉，性极补水。水肿人食之，百不一愈。主治：风眩瘦疾，小儿惊痫（苏恭）。脑热头眩治丈夫五劳骨热。热病后宜食之，冷病患勿多食（孟诜。《心镜》云：以上诸证，并宜白羊头，或蒸或煮，或作腤食。）疗肾虚精竭。"

◎注2：《随园食单·杂牲单·羊蹄》云："煨羊蹄照煨猪蹄法，分红白二色。大抵用清酱者红，用盐者白。山药配之宜。"

◎ 咖喱绵羊腿

原料： 去皮绵羊腿1 000克，姜米10克，蒜蓉15克，小豆蔻0.3克，锡兰肉桂2克，丁香2克，香芹籽2克，野胡椒2克，红辣椒粉2克，精盐12.5克，柠檬汁30克，无籽葡萄干35克，杏仁15克，姜黄粉25克，酸奶酪120克，蜜糖100克，藏红花0.75克，清水150克。

制作方法：

这是一道纯印度风味的肴馔，从中可以理解制作异域美食的方法。这道肴馔是用烘的方法烹制而成，其烘盘与我们制作点心用的烘盘十分相似，但大抵是为防烟尘的需要，多了个盖。另外，烘炉的燃料本来是使用具"防腐功

◎注1："小豆蔻"又称"绿豆蔻""三角豆蔻""印度豆蔻"。这种植物原产印度及斯里兰卡，在我国云南、广西偶有发现，但果实的品质极逊，现在仍通过贸易由印度引进。

◎注2："锡兰肉桂"与中国肉桂的干制品十分相似，但香气更胜一筹，有先辣后甜的特点。中国肉桂的香气较浊，且是先甜后辣。

粤厨宝典·菜肴篇1

◎注3："丁香"有观赏丁香与香料丁香两种，前者为丁香属辖下，后者为蒲桃属辖下。

◎注4：藏红花是"西藏红花"的简称，又称"红蓝花"。中医认为这种植物花柱的干制品"味辛、性温，有活血、化瘀、生新、镇痛、健胃、通经之效"，但印度人将其入膳主要是取其渗入红黄颜色的能力。

◎注5："马萨拉"是调味料的意思。"咖喱"是煮的意思，类似中国人说的"烹饪"。后来英国人为突出印度的调味料，在宣传上强调印度煮法——Curry，使不明原委的人误以为Curry就是印度的调味料。

"马萨拉"的调配形式多样，大体分为三种：一种是将硬性果实磨成粉，一种是将软性果实擂成酱，三是将以上两种混合成干湿香料酱。如果是偏湿性的"马萨拉"，印度人会称为"嘎拉姆马萨拉"。

能"的牛粪，这一点，中国人会不适应，所以这里改用电烘炉制作。

将姜米、蒜蓉、小豆蔻、锡兰肉桂、丁香、香芹籽、野胡椒、红辣椒粉、精盐、柠檬汁放入擂拌器内擂成偏干性香料酱，即印度人俗称的"马萨拉"、英国人俗称的"咖喱"。

将去皮绵羊腿用刀剞出深3厘米的"井"字坑纹，将香料酱涂抹在绵羊肉面及刀口内，并将绵羊腿放在烘盘上腌30分钟。

杏仁用滚水浸泡并剥去仁衣，切碎。再与无籽葡萄干、姜黄粉、酸奶酪一起放入擂拌器内擂成印度人俗称的"嘎拉姆马萨拉"的偏湿性香料酱；再将酱均匀泼在绵羊腿表面，然后淋上蜜糖，镶上用25克清水浸软的藏红花，再将浸泡藏红花的水加125克清水淋在绵羊腿周围。

将电烘炉以175℃预热，温度达到后将摆放绵羊腿的烘盘冚上盖，并置入电烘炉内加热90分钟。将电烘炉温控调至120℃，再加热30分钟。之后，将烘盘取出，打开盘盖，让绵羊腿冷却，60分钟后便可供膳。

◎咖喱羊肉煲

原料： 去皮绵羊肉1 000克，藏红花3克，酸奶酪500克，精盐30克，印度脱白油120克，小豆蔻粉2克，锡兰肉桂粉15克，丁香粉10克，洋葱粒250克，蒜蓉80克，姜米80克，红辣椒粉15克，椰汁750克，清水350克。

制作方法：

这道肴馔采用典型的印度制作法，从中可以理解英国人是怎样将印度的"马萨拉"转变成世界知名的"咖喱"的。

去皮绵羊肉切成2厘米见方的粒，放在钢盆内。加入用清水50克浸泡10分钟左右的藏红花（连水），以及酸奶酪及精盐，捞拌均匀，腌30分钟。

杏仁（配方中未列）用150克清水泡软，去仁衣，用湿型搅拌机绞成蓉。

将印度脱白油放入铁镬内以中火加热，在滴入一水珠

◎注：在《粤厨宝典·候镬篇》有复配的"咖喱酱"配方及做法可供选择。

能产生水油爆反应（这是印度厨师对油温的测试方法）时，放入小豆蔻粉、锡兰肉桂粉及丁香粉并翻炒透彻，然后再加入洋葱粒、蒜蓉、姜米继续翻炒，直到洋葱粒变软并呈黄褐色为止（这个过程约10分钟）。随即将腌好的去皮绵羊肉粒捞到铁镬内翻炒。翻炒至去皮绵羊肉粒呈暗橙色时，倒入杏仁酱、红辣椒粉、腌肉的原汁并另加150克清水。炒匀后，炆约10分钟，再添入椰汁继续炆到去皮绵羊料软脸便可供膳。

◎鲁南羊肉汤

原料： 带皮山羊肉10千克，山羊油1 500克，山羊腿骨5 000克，葱结150克，拍姜块100克，芫荽碎100克，花椒150克，桂皮50克，陈皮25克，草果25克，潮州姜50克，白芷150克，丁香粉10克，桂子粉25克，精盐250克，花椒水500克，羊辣油1 500克，生抽250克，芝麻油150克。

制作方法：

山羊腿骨先用刀背敲断，垫在汤镡底。带皮山羊肉切成长10厘米、宽3.5厘米、厚3.5厘米的条，放在敲断的山羊骨上。加入过面的清水（配方无列），以猛火加热至沸腾。用手壳将浮沫撇去，将汤滗出不用。另加入70千克清水，再以猛火加热至沸腾，用手壳撇去浮沫。再加入5千克清水。汤水重新沸腾，用手壳撇去浮沫。随即放入山羊油，至汤水重新沸腾，用手壳撇去沫。将葱结、拍姜块、精盐及用汤袋包好的花椒、桂皮、陈皮、草果、潮州姜、白芷放入汤中。继续以猛火加热，煲至带皮山羊肉达到八成熟时，加入花椒水及羊辣油，再煲120分钟左右。

需要注意的是，整个煲汤过程都应保持猛火状态，否则汤水泛青而不奶白。

膳用时，将带皮山羊肉捞出，用刀切成薄片并放入汤碗内，撒上丁香粉及桂子粉，淋上生抽及芝麻油，滗入沸腾的汤水，再撒上芫荽碎便成。

◎注1："潮州姜"即南姜，是一种混合型的半香料，除了强烈的姜味，还具有肉桂、丁香和胡椒的香味特征。南姜又称大高良姜，除了潮汕，还广泛分布于东南亚各地。

◎注2："桂子粉"即桂子磨成的粉末。桂子是中药材，其入药部位是樟科植物天竺桂的果实，具有和胃、温中的药用功效。

◎注3："花椒水"是以1份花椒与5份清水浸泡后加热再过滤所得的溶液。

◎注4："羊辣油"是用10份加至炽热的羊油攒入1份红辣椒粉制得的辣椒油。

◎炙金肠

原料： 去皮绵羊肉（瘦七肥三）2 500克，羊肠500克，白醋250克，鸡蛋黄液250克，精盐7.5克，白糖100克，胡椒粉10克，葱条10克，葱花10克，姜米10克，白酒25克，花椒水200克，芝麻油50克。

制作方法：

这道看馔历史悠久，根据文献记载，不晚于宋代就已风行于市，《东京梦华·第九卷·宰执亲王宗室百官入内上寿》记述了当天宴会（此宴会形式极像现在的自助餐）的第七盏的编排，其中就有"下酒：排炊羊、胡饼、炙金肠"。

将羊肠放在钢盆内，加入白醋及葱条，用手不断搅打，务必令异味去除，再用流动清水漂净。

去皮绵羊肉用刀剁成糜状，放在钢盆内，加入精盐、白糖、胡椒粉、葱花、姜米、白酒、花椒水、芝麻油拌匀，制成"羊肉馅"。

将"羊肉馅"通过漏斗灌入清洗干净的羊肠内。待肉馅全部灌到羊肠内，羊肠两端用草绳扎紧，再每隔20厘米，用草绳扎分成数段，制成"羊肉肠坯"。

将"羊肉肠坯"挂在通风处，晾吹7天左右，使成"风干羊肉肠"。检视标准是用手捏肠有发硬的感觉。

将"风干羊肉肠"按段剪下，每段用一根长30厘米的竹签顺长穿好，然后将它们横架在炭火炉上烧烤。烤至半熟时，用毛扫将鸡蛋黄液均匀地涂在羊肠表面，边烤边涂，直到羊肉肠内馅完全成熟为止。烧烤时要控制好火候，尤其是涂上鸡蛋黄液之后，务必确保羊肠表面呈金黄的颜色，从而体现"金肠"的要旨。

"风干羊肉肠"烧烤好后，可原段连竹签供膳；也可将竹签拔出，再用刀将肠斜切成象眼块，摆砌上碟供膳。

◎汤泡羊肚

原料：羊肚1 000克，葱丝250克，胡椒粉0.75克，芝麻油0.5克，上汤3 750克，精盐7.5克，味精7.5克，鸡精7.5克。

制作方法：

尽管羊与牛同为反刍动物，但碍于身形，羊肚的大小不能与牛肚比量齐观，而且其质感的爽脆程度也略为逊色。

在一般情况下，所谓的羊肚是指羊的第一个胃区——瘤胃，即俗称的"羊板肚"。这道肴馔也主张使用这个胃区。

用清水将羊肚内的杂物冲洗干净，放入75℃的热水里烫30秒，取出，将表面的"黑衣"揉擦干净。用刀切成长4厘米的直纹薄片。

将葱丝放入汤煲内，撒上胡椒粉并滴入芝麻油备用。

准备两个水罉，一个加热清水，一个加热上汤。

膳用时，将用笊篱盛着的羊肚片放入沸腾的清水罉里快速灼至仅熟，捞起，沥去水分，放入垫上葱丝、胡椒粉、芝麻油的汤煲内。随即从沸腾的上汤罉里浧出上汤，并用精盐、味精、鸡精调味（可预先调好味加热），然后再注入放有羊肚片的汤煲内便成。

◎陕西烩羊杂

原料：羊肚片75克，羊头皮块75克，羊眼片2只，羊胸片75克，羊肺片75克，羊肠段75克，羊心片75克，羊脷片75克，羊耳片75克，芫荽段20克，蒜苗段25克，精盐5克，味精2克，胡椒粉10克，羊骨汤500克，牛油15克。

制作方法：

羊肚包括羊草肚、羊钱肚、羊百叶及羊真肚，洗净杂物及烫刮其表面"黑衣"，用清水焓熟并切成斜刀片。

◎注1：此馔所用的"牛油"是指用牛膏炼炸出来的油脂，不是从牛奶中抽提出来的奶油。

◎注2：羊肚与牛肚虽然都是指该牲畜的胃部，但俗称各不相同，羊的瘤胃称为"板肚"，网胃称为"葫芦"，瓣胃称为"散丹"，皱胃称为"蘑菇"。网胃与瓣胃交接的部分称为"肚领"。

255

羊头的制作方法参见"砂钵羊头",熟后撕成片。

羊肠的制作方法参见"炙金肠",熟后切成段。

将羊腘、羊肺、羊心、羊腩、羊耳、羊眼（也可连羊头焓熟）洗净,用清水焓熟,熟后切成片。

以上工作完成后,将羊骨汤（熬制方法参见"鲁南羊肉汤",但汤中不加羊肉）放入铁镬内煮滚,将羊肚片、羊头皮块、羊眼片、羊腘片、羊肺片、羊肠段、羊心片、羊腩片、羊耳片及蒜苗段放入汤中,待汤水重新沸腾,撇去浮沫,用精盐、味精调味,淋上牛油作为包尾油,将羊杂连汤倒入汤煲内,撒上胡椒粉及芫荽段便可供膳。

◎清真扒海羊

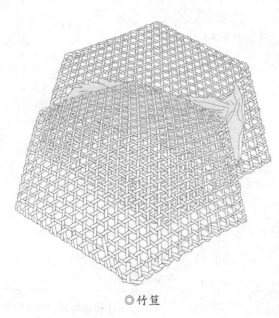

◎竹笪

原料: 羊蹄筋100克,羊脊髓100克,羊百叶100克,羊钱肚100克,羊草肚100克,羊真肚100克,羊脑100克,羊眼2只,葱条20克,拍姜块10克,蒜片10克,芫荽段50克,八角2克,生抽150克,糖色25克,绍兴花雕酒40克,味精15克,鸡油175克,湿淀粉125克,上汤5 000克。

制作方法:

此馔原为北京著名的清真饭馆——"又一顺"在20世纪50年代的招牌菜。

将羊蹄筋、羊脊髓切成长3.5厘米的段。将羊百叶、羊钱肚、羊草肚、羊真肚切成长3.5厘米、宽0.8厘米的斜片。羊脑切成厚0.8厘米的薄片。羊眼切成厚0.3厘米的薄片。以上原料均在焓熟后处理。

用25克鸡油以猛火起镬,放入10克葱条、5克拍姜块、5克蒜片、1克八角爆香,攒入20克绍兴花雕酒,注入2 500克上汤。待汤水沸腾,用笊篱捞起葱条、八角等物,将羊

蹄筋段、羊脊髓段、羊百叶片、羊钱肚片、羊草肚片、羊真肚片、羊脑片及羊眼片放入汤内。待汤水重新沸腾，加入75克生抽、10克糖色、5克味精调色及调味。接着改慢火煬10分钟左右。然后用62.5克湿淀粉勾芡，淋上50克鸡油作为包尾油，全部滗入浅底瓦钵内作为馔底。

随即用25克鸡油以猛火起镬，放入10克葱条、5克拍姜块、5克蒜片、1克八角爆香，攒入20克绍兴花雕酒，注入2 500克上汤。待汤水沸腾，用笊篱捞起葱条、八角等物。待汤水重新沸腾，用75克生抽、15克糖色、10克味精调色及调味。接着改慢火煬10分钟左右。然后用62.5克湿淀粉勾芡，淋上100克鸡油作为包尾油，全部滗入浅底瓦钵内作为馔面，撒上芫荽段便可供膳。

◎注："羊蹄筋"有鲜、干两种商品可供选择，其涨发方法可参见《粤厨宝典·候镬篇》。

◎ 麻辣羊腩

原料：羊腩1 000克，生抽25克，精盐1.5克，葱榄75克，姜花5克，花椒粉2.5克，胡椒粉1.5克，花椒盐15克，菜籽油（炸用）5 000克。

制作方法：

羊腩用刀切成长5厘米、宽1.5厘米、厚0.5厘米的薄片，用干毛巾揾去血水。放入钢盆内，用花椒粉、胡椒粉、精盐、生抽拌匀，腌15分钟。

将菜籽油倒入铁镬内，并以中火加至五成热（150～180℃），放入羊腩片"拉"油。用笊篱将羊腩捞起，菜籽油继续加热，待菜籽油达到七成热（210～240℃）时，再将羊腩炸至深黄色，用笊篱捞起，沥去油分。

◎注："花椒盐"的配方及做法，请参见《粤厨宝典·候镬篇》。

铁镬留有余油（约50克），爆香葱榄、姜花，将沥去油分的羊腩片加入其中并炒匀，再撒入花椒盐调味并炒匀，便可上碟供膳。

◎羊血肠

◎注："羊血肠"中提取血清及红血的方法同样适合于猪血（猪红）、牛血、鸡血、鹅血及鸭血等。

原料： 羊血1 000克，肉汤300克，精盐40克，花椒10克，味精3克，胡椒粉0.5克，芫荽碎100克，羊肠适量。

制作方法：

羊肠的制作方法参见"炙金肠"，并洗净备用。

此馔有红、白两种。"羊红血肠"是用红血制成，"羊白血肠"是用血清制成。羊血不加水及不加盐在钢盆内静置，浮在上面颜色较淡的便为血清，沉于下面颜色较深的便为红血。

用汤壳将浮面的血清氹出，与余下的红血分别按原料所列的比例处理。

将肉汤与精盐、花椒、味精及胡椒粉放入钢锅内，加热至沸腾，再静置候凉。用滤网滤去花椒，将汤水与血清或红血混合，撒入芫荽碎搅匀，随之将血清或红血灌入洗净的羊肠内，用草绳扎好两端，再用草绳将羊肠扎成长15厘米的段，便成"羊白血肠坯"及"羊红血肠坯"。

将"羊白血肠坯"及"羊红血肠坯"放入滚水锅内，以慢火焓20分钟左右。捞起晾凉，用刀切成厚0.3厘米的薄片，供其他烩馔使用。

杂兽类

◎炒鹿丝

◎梅花鹿

原料： 梅花鹿丝1 000克，冬笋丝1 000克，冬菇丝200克，葱丝80克，姜丝20克，青辣椒丝10克，红辣椒丝10克，蒜蓉8克，精盐4克，食粉8克，鸡蛋清80克，绍兴花雕酒75克，茨汤320克，干淀粉40克，湿淀粉120克，胡椒粉0.4克，老抽（深色酱油）40克，粉丝75克，花生油（炸用）4 000克。

制作方法：

梅花鹿与黄牛、水牛都是反刍动物，无论是劏宰，还是烹制，都可以按照黄牛或水牛的方法处理。

将切好的梅花鹿丝（长4.5厘米、粗0.8厘米）放在钢盆内，加入精盐、食粉、鸡蛋清、干淀粉拌匀，腌15分钟左右。

冬笋丝、冬菇丝分别放入滚水中"飞"过；用笊篱捞起，分别放入流动的清水中漂凉；漂凉后，用干毛巾吸干水分。

将花生油放入铁镬内，以中火加至五成热（150～180℃），先放入粉丝炸膨胀，用笊篱捞起并放在瓦碟上作为肴馔的垫底物。放入腌好的鹿丝，"拉"至仅熟，用笊篱捞起。

将花生油倒回油盆，留有约50克余油，爆香蒜蓉，攒入绍兴花雕酒，加入冬笋丝、冬菇丝、葱丝、姜丝、青辣椒丝、红辣椒丝及鹿丝，摁镬使各料分散均匀；用茨汤调味，用老抽调色，用湿淀粉勾茨；再摁镬使各料均匀，撒入胡椒粉，淋上花生油作为包尾油，全部滗入作为垫底的炸粉丝上面，即可膳用。

◎注1：梅花鹿又称"花鹿"，被古人视为"六兽"之一，是一种表皮具稀散白色斑点的中型鹿，分布于中国大陆、中国台湾，以及俄罗斯与日本的广大地区。

梅花鹿原有14个品种，历史上猎杀过度，野生梅花鹿数量极少，在中国已是高度濒危动物。其中有部分品种已在野外消失，全部品种的野生品种均为国家一级保护动物，膳食的必须是人工繁殖品种。

◎注2：《本草纲目》云："弘景曰野兽之中，獐、鹿可食生，则不膻腥。又非十二辰属，八卦无主，且温补，于人生死无尤，道家许听为脯。过其余，虽鸡、犬、牛、羊补益，于亡魂有怒责，并宗爽曰三祀皆以鹿腊，亦取此义，且味亦胜他肉。时珍曰邵氏言鹿之一身皆益人，或煮，或蒸，或脯，同酒食之良。大抵鹿乃仙兽，纯阳多寿之物，能通督脉，又食良草，故其肉、角有益无损，陶说亦妄耳。"

◎ 圆蹄炖鹿冲

原料： 鹿冲2副，带皮猪蹄肉600克，老鸡㞗800克，花椒2克，陈皮5克，胡椒粒1克，绍兴花雕酒100克，葱条100克，拍姜块100克，精盐6克，味精6克，淡二汤3 000克。

制作方法：

"鹿冲"是四川人的叫法，南北朝时期著名药学家陶弘景先生的《名医别录》称为"鹿肾"，唐朝时期著名药学家孙思邈先生的《千金方》称为"鹿茎筋"，清朝时期著名药学家汪绂先生的《医林纂要探源》称为"鹿阴茎"，实际上是公鹿的生殖器，性质与牛的生殖器——"牛鞭"一样。

市面上有干制的"鹿冲"供应，鲜品较少见，除非是自己现劏才有。所以，现时入膳是以干品居多，这里就以干品为例。

先用过面清水泡浸鹿冲，并置入冰箱两天，使鹿冲吸足水分。用钢镬煮鹿冲10倍重量的清水，待清水沸腾后，将吸足水分的鹿冲放入沸腾的清水里，待清水重新沸腾，冚上镬盖，熄火焗至水凉。

焗好的鹿冲用刀劏开，用手刮去表面的白衣，并用清水漂去胺味。之后，用刀切成长4厘米的段。

带皮猪蹄肉用滚水"飞"过，用煤气喷火枪燂去表面残毛，泡在清水里刮洗干净。

用铁镬煮半满清水，放入葱条、拍姜块煮沸腾，再放入鹿冲略煮以辟去杂味。用笊篱捞起，拣去葱条、拍姜块，并沥去水分。

将刮净的带皮猪蹄肉放入炖盅内，上面放原块老鸡㞗。如果将老鸡㞗斩碎的话，则放在带皮猪蹄肉四周，再将鹿冲段放在老鸡㞗面上。放入用布袋包好的花椒、陈皮及胡椒，淋入绍兴花雕酒，注入淡二汤，用玉扣纸封好炖盅口。

将炖盅置入蒸柜，猛火炖90分钟左右。随后将炖盅取出，掀去玉扣纸，取出香料包，用精盐、味精调味便可供膳。

◎鹿冲（干品）

◎注1：《随园食单·杂牲单·鹿肉》云："鹿肉不可轻得而制之，其嫩、鲜在獐肉之上，烧食可，煨食亦可。"

◎注2：《随园食单·杂牲单·鹿筋二法》云："鹿筋难烂，须三日前先捶，煮之。绞出臊水数遍。加肉汁汤煨之，再用鸡汁汤煨，加秋油、酒、微芡收汤，不搀他物便成白色。用盘盛之。如兼用火腿、冬笋、香蕈（香菇）同煨，便成红色。不收汤，以碗盛之，白色者加花椒细末。"

◎注3：《随园食单·杂牲单·鹿尾》云："尹文端公品味，以鹿尾为第一。然南方人不能常得。从北京来者，又苦不新鲜。余尝得极大者，用菜叶包而蒸之，味果不同。其最佳处，在尾上一道浆耳。"

◎五香驴肉

原料：驴肉5 000克，花椒10克，八角5克，肉豆蔻2克，山楂10克，桂皮5克，白芷5克，草果5克，红曲米20克，拍姜块20克，葱条50克，冰糖50克，生抽300克，绍兴花雕酒100克，精盐30克，清水20千克，花生油15克。

制作方法：

驴肉入馔在粤菜烹饪之中并不多见，这里只举一例。

将驴肉顺纹切成大块，放入流动清水漂浸5小时，以去净血水。

铁镬置炉上以中火加热，放入花生油及冰糖翻炒，见糖熔解并转金红色及冒烟时（此工序为"炒糖色"），马上攒入清水。随即将水倒入钢罉内，并用生抽、精盐及绍兴花雕酒调味。之后，将钢罉置在炉上加热，待水沸腾，放入用汤袋包起花椒、八角、肉豆蔻、山楂、桂皮、白芷、草果制成的香料包，及用汤袋包起红曲米制成的颜料包，以及拍姜块。再待水重新沸腾，改慢火制成"五香卤水"。

"五香卤水"使用时长要视香料香味渗出的情况而定，一般以慢火熬30分钟为度。

将驴肉块漂清血水，放入滚水里"飞"过，再用笊篱捞到"五香卤水"里卤制。卤制时间约90分钟。

驴肉块卤好后，用笊篱捞起晾凉，横纹切片堆砌成龟背形，上碟膳用。

◎驴

◎ 粉蒸兔肉

原料： 去皮兔肉1 000克，籼米400克，八角5克，苦豆子80克，精盐6克，味精4克，花椒粉4克，葱花60克，生抽100克，绍兴花雕酒80克，甜面酱40克，淡二汤100克，芝麻油100克，鲜荷叶10张。

制作方法：

此馔为"三蒸九扣"形式的品种之一，但非粤菜之所为，这里举例仅作资料参考。

铁镬慢火烧热，放入籼米、八角及苦豆子不断翻炒，炒至籼米变黄，取出磨成碎屑，即为"米粉"。

去皮兔肉洗净，切成长4.5厘米、厚0.6厘米的片，然后放在钢盆内，加入绍兴花雕酒、精盐、味精、花椒粉、葱花、生抽、淡二汤及芝麻油拌匀，腌约15分钟，再加入"米粉"拌匀。

鲜荷叶用滚水烫过，剖成4块，每块包入拌好的兔肉5片并卷好，然后，排放在蒸笼内，用猛火蒸2小时左右，取出蘸甜面酱便可膳用。

◎注1：兔是裂唇、长耳并奔跳的动物，共有11属63种（详见《粤厨宝典·食材篇Ⅱ》）。

◎注2：苦豆子为豆科槐属植物，产于内蒙古、山西、陕西、宁夏、甘肃、青海、新疆、河南、西藏的干旱沙漠和草原边缘地带。

◎ 酱爆兔丁

原料： 去皮兔肉1 000克，鸡蛋液250克，葱榄15克，姜片10克，柱侯酱25克，绍兴花雕酒75克，生抽75克，精盐10克，味精8克，湿淀粉100克，芝麻油50克，淡二汤75克，花生油（炸用）2 500克。

制作方法：

去皮兔肉洗净，切成2厘米见方的丁粒，放入钢盆内，加入精盐、25克绍兴花雕酒及鸡蛋液拌匀，再加入50克湿淀粉拌匀，腌约15分钟。

◎兔

将花生油放入铁镬内，以中火加至五成热（150～180℃），将腌好的兔肉丁放入油内打散，约10秒，将花生油及兔肉丁全部倒入架有笊篱的油盆内。

铁镬内留有50克余油，放入葱榄、姜片爆香，再放入柱侯酱煸香，攒入50克绍兴花雕酒，加入生抽、味精、淡二汤，用50克湿淀粉勾芡，随即放入沥去油分的兔肉丁，离火炒匀，淋上芝麻油作为包尾油即可上碟膳用。

◎注：酱爆兔肉丁除了用柱侯酱调味之外，还可用其他汁酱。其他汁酱可参阅《粤厨宝典·候镬篇》上的介绍。

◎绿柳兔丝

原料： 去皮兔肉1 000克，金华火腿丝125克，鲜笋丝1 000克，冬菇丝125克，韭黄段200克，鸡蛋清100克，粉丝75克，青辣椒丝25克，红辣椒丝25克，柠檬叶丝75克，蒜蓉5克，葱榄5克，精盐7.5克，白糖5克，味精12.5克，胡椒粉0.1克，芝麻油5克，老抽35克，姜汁酒25克，绍兴花雕酒50克，食粉7.5克，清水7.5克，滚水2 500克，芡汤175克，湿淀粉50克，花生油（炸用）2 500克。

制作方法：

去皮兔肉洗净，切成长4.5厘米、厚0.4厘米的片，再将片叠起，切成长4.5厘米、粗0.4厘米见方的丝；然后放在钢盆内，加入姜汁酒、清水及食粉拌匀，腌约30分钟；再放入鸡蛋清拌匀，腌约15分钟。

将滚水、精盐放入铁镬内加热至沸腾，放入鲜笋丝煨过，然后用笊篱捞起鲜笋丝，并用干毛巾吸干鲜笋丝水分。

将芡汤、味精、老抽、芝麻油、胡椒粉及50克湿淀粉放入小碗内调匀，配成"碗芡"。

将花生油放入铁镬内，以中火加至五成热（150～180℃），先放入粉丝炸膨胀，用笊篱捞起，并放在瓦碟上作为看馔的垫底物；再放腌好的兔肉丝"拉"至仅熟，用笊篱捞起。

铁镬内留有50克余油，放入蒜蓉、葱榄爆香，再放入兔肉丝、鲜笋丝、冬菇丝、青辣椒丝、红辣椒丝，撒入白

◎注：绿柳兔丝与菜蔬炒兔片都是在镬上完成的且都是以"碗芡"形式投味。两者区别之处是收芡的技巧：绿柳兔丝收芡较紧，以不见汁为度；而菜蔬炒兔片则收芡较稀，以略带汁为度。

糖，攒入绍兴花雕酒，摁镬，使各料分散。其后放入韭黄段，边摁镬边注入"碗芡"。芡汁收紧后，淋入75克花生油作为包尾油，即可将所有原料堆在垫有炸粉丝的碟上，再撒入金华火腿丝及柠檬叶丝便可供膳。

◎菜苤炒兔片

原料： 去皮兔肉1 000克，菜苤650克，姜片15克，蒜蓉10克，甘笋花5克，冬菇件15克，芡汤60克，虾酱10克，精盐3.5克，绍兴花雕酒75克，食粉7.5克，鸡蛋清100克，清水7.5克，姜汁酒25克，淡二汤250克，湿淀粉25克，花生油（炸用）2 500克。

制作方法：

去皮兔肉洗净，切成厚0.3厘米的薄片，放入钢盆内，加入姜汁酒、清水及食粉拌匀，腌约30分钟，再放入鸡蛋清中拌匀，腌约15分钟。

猛镬落50克花生油，放菜苤、精盐及淡二汤煸炒。淡二汤是边煸炒边注入。注入淡二汤的技巧是入镬能迅速汽化，以使菜苤翠绿，而镬内无太多的汁水。煸好后将菜苤倒在笊篱内沥水。

将芡汤、虾酱及湿淀粉放入小碗内调匀，配成"碗芡"。

将花生油放入铁镬内，以中火加至五成热（150～180℃），放入腌好的兔肉片"拉"油。将花生油及兔肉片全部倒入架有笊篱的油盆内。

铁镬内留有50克余油，放入蒜蓉、姜片、甘笋花爆香，再放入冬菇件、煸好的菜苤及沥去油分的兔肉片，攒入绍兴花雕酒，摁镬，使各料分散，随即边摁镬边注入"碗芡"，并淋入25克花生油作为包尾油，再将各料堆放在瓦碟上便可膳用。

◎注：明代药学家李时珍先生的《本草纲目·兽之二·兔》云："兔释名明视。时珍曰按魏子才《六书精蕴》云，兔字篆文象形。一云吐而生子，故曰兔。《礼记》谓之明视，言其目不瞬而瞭然也。《说文》兔子曰娩（音"万"），狡兔曰㺚（音"俊"），曰毚（音"谗"）。《梵书》谓兔为舍迦。颂曰：兔处处有之，为食品之上味。时珍曰：按《事类合璧》云，兔大如狸而毛褐，形如鼠而尾短，耳大而锐。上唇缺而无脾，长须而前足短。尻有九孔，跌居，趫捷善走。舐雄豪而孕，五月而吐子。其大者为毚（音"绰"），似兔而大，青色，首与兔同，足与鹿同，故字象形。或谓兔无雄，而中秋望月中顾兔以孕者，不经之说也。今雄兔有二卵，古乐府有'雄兔脚扑速，雌兔眼迷离'，可破其疑矣。《主物簿》云：孕环之兔，怀于左腋，毛有纹采，至百五十年，环转于脑，能隐形也。王廷相《雅述》云：兔以潦而化为鳖，鳖以旱而化为兔，荧惑不明则雌生兔。"

○腌制技术的认知

食物腌制技术历史十分悠久。

根据史料推算，距今2 000多年之前，腌制技术就已经成型，但技术的要素历代都是语焉不详，即使是被誉为中国古代农业百科全书的《齐民要术》也只字不提，可见技术上升到"绝密"的级别。

对语焉不详的残余史料加以梳理，大体可知距今2 000多年之前的腌制技术分为干腌和湿腌，干腌即"腌"，湿腌即"渍"。两者加工的对象各不相同："腌"是针对肉类，用盐粒作为加工原料；"渍"则是针对菜类，用盐水作为加工原料。

当然，也不排除"腌"会针对菜类，"渍"会针对肉类。不管怎样，两种方法的目的都是保存食品。而同时期，保存肉类的方法还有"腊"，这是一种以风干形式保存的方法，在秋冬季节才能操作。

需要注意的是，在漫长的岁月当中，"腌""渍""腊"都是分开操作的。直到北宋后期，即距今900多年前，"腌"与"腊"两法才结合在一起。

最初的时候，腌与腊两法结合在一起显然并不成功，因为制品常常滋生致命的肉毒梭状芽孢杆菌。

当然，致命的肉毒梭状芽孢杆菌并不是在当时被发现的，但却是当时以高科技的姿态解决了这个世界级的难题。西方国家直到200多年前才找出原因，并按照中国的方法解决问题。

怎样才能不让腌与腊结合在一起加工成的制品滋生致命的肉毒梭状芽孢杆菌呢？

浙江人找到了方法，就是在食盐的基础上增加少量的亚硝酸盐（当时称为"硝"）去腌，然后才腊。

自此，腌法正式成为腊法的前置工序，但当时并没有详细介绍，以至于民间对两法常常混淆不清，干脆视腌肉为腊肉，腊肉就是腌肉。

从中也大概知道，腌法所使用的材料除了食盐之外，还增加了亚硝酸盐。目的是让肉制品（腊肉）腊干并延长保质期，并且可以让肉制品在腊干的过程中发酵，产生香气。

这种腌与腊结合在一起的经典作品就是浙江的金华火腿。

制作流程大概是这样：将食盐与亚硝酸盐混合，并擦匀在猪腿表面，将猪腿层叠起来，并用麻布盖面腌三四天；三四天后将层叠的猪腿倒叠，即将原来在上层的猪腿放在下层，将原来在下层的猪腿放在上层，同样用麻布盖面腌三四天。之后，将猪腿以蹄向上的状态吊挂起来直至腊干，便可收藏。收藏期可超过一年之久。

到了明代，即距今大约700年前，南京人将腌与渍结合在一起，并且制品不腊干，而是直接烹饪，整合"南京盐水鸭"的鸭馔。不过，这种鸭馔尽管不腊干，其储存期还是颇长的，可保存一个月左右。

操作流程大概是这样：将食盐与亚硝酸盐混合，并擦匀鸭的表皮及内腔，再将鸭放入盐水缸中浸泡两三天；两三天后，将鸭捞到加热至沸腾的清水里焓熟制成。

大概在清代中期，即距今大约300年前，由于制作酱油技术的提高，酱油成了日常饮食不可或缺的调味料。

在此社会环境下，广东人舍弃了以往腌法所使用的材料，改以酱油为主并加上白糖作为调味液去加工腊肉，将渍与腊结合在了一起［按照《随园食单》的记载，此法称为"郁"（过去写作"鬱"），但广东人没有这种说法］。

操作流程大概是这样：在入秋的时节，将猪肉（多选肥瘦相间的"五花肉"）切成条，放在酱油和白糖的调味液中浸渍一晚，第二天中午时分趁着太阳炽热，将肉条吊起；等到太阳下山，将肉条收起，再放入调味液中浸渍。如是者几天，直到调味液被肉条完全吸干为止，再在阴凉处风干几天即可收藏。

这样的腊肉就是现在"广东腊肉"的雏形，可收藏到来年的清明节前。

紧接着，广东人继续采用这种腌料，制作以猪肉粒酿入晒干的猪小肠（俗称"肠衣"）里面的腊肠出来，也就有了"广东腊肠"。

需要说明的是，后来"广东腊肉"及"广东腊肠"也如"金华火腿"及"南京盐水鸭"一样，在腌料上加入了亚硝酸盐。

不过，加入亚硝酸盐的目的不全是杀灭致命的肉毒梭状芽孢杆菌，因为广东人发现亚硝酸盐还具有较强的保水功能。

另外，清代汪绂的《医林纂要探源》就首先提及又称"松花蛋"的皮蛋。皮蛋是利用碳酸钾、碳酸钠等碱性物质腌制而成的。

需要强调的是，皮蛋在腌制过后已经是熟透的了，剥去蛋壳即能膳食。

为什么会这样呢？

这是因为碳酸钾与碳酸钠具有低温发热的功能，皮蛋用之腌制并假以时日之后，皮蛋内的水溶性蛋白及非水溶性蛋白就会熟化。

另外，民间好于拣选皮蛋，都会一手拿着皮蛋，另一手轻轻敲碰：有震颤感的就是好皮蛋，这种皮蛋会呈现滑弹的质感；没有震颤感的就是劣皮蛋，这种皮蛋会呈现艮韧的质感。

这实际上是水溶性蛋白熟化速度过快所致。影响水溶性蛋白熟化速度的最大因素，就是温度。具震颤感的皮蛋在腌制过程中始终处于5℃。高于这个温度，震颤感就逐渐减弱。

腌法发生划时代的改变是在清代后期，即距今大约100年前。

随着烹饪技术的进步，粤菜厨师紧跟时代的节拍，也掌握了炒法的技术。炒法是指切成小件形状的食物放入炽热的薄油上动态致熟的方法。这种烹法，可使食物平添上俗称"镬气"的香气。

不过，粤菜厨师并没有满足于此。他们发现单纯切成小件的肉料不加处理就去炒制，虽有了"镬气"，但味道还差一点。于是，他们想出了在肉料炒制之前，先用食盐和白糖腌制（通常为30分钟左右），以丰富肴馔味道。

这种做法效果斐然，腌制便逐渐成为粤菜炒法的标准配置。

腌制成为标准配置之后，粤菜厨师又敏锐地发现，肉料虽然经过食盐和白糖预处理之后丰富了味道，但在质感方面还很不理想。粤菜厨师坚信，味道和质感有着相辅相成、相得益彰的作用。为此，粤菜厨师又费尽了心思，并想出了很多的办法。有厨师在烩法使用淀粉增加肴馔嫩滑质感的启发下，在食盐和白糖的基础上再增加了淀粉，使肉料着上一层嫩滑的外衣。紧接着，也有厨师在食盐、白糖和淀粉的基础上，通过调节酸碱度的办法强化肉料的嫩滑感。调节肉料酸碱度的材料有鸡蛋清、食粉、陈村枧水及纯碱等。

实际上，通过增加淀粉使肴馔嫩滑的办法是物理持水，通过调节肉料酸碱度使肴馔嫩滑的办法是化学持水。

其中，用调节肉料酸碱度的办法使肉料持水，是粤菜乃至中国烹饪技术高成就的象征。

就在粤菜厨师找到以调节酸碱度让肉料化学持水的方法的同时，西方食品工业的设计人员正在为如何使肉料加强持水能力苦恼不已。

德国人率先发现磷酸盐具有让肉料持水的能力，而所谓的磷酸盐是指磷酸三钠、六偏磷酸钠、三聚磷酸钠、焦磷酸钠、磷酸二氢钠等。至于磷酸盐为什么具有让肉料持水的能力，时至今天仍未有合理的答案，而其负面的影响已浮出水面。原因在于添加量即使是肉料的万分之一，也会彻底地湮灭肉料本来的味道。

踏入21世纪的10年之后，即距今10年左右，粤菜腌制技术又迎来新的变革。

变革的起因是随着社会的进步，家禽、家畜的饲养方式发生翻天覆地的变化，不再以散养而是以圈养的方式豢养，这就弱化了呈现弹韧质感的非水溶性蛋白的强度，即使采用以往的化学持水的方法，也于事无补。为此，粤菜腌制技术变革的呼声日益高涨。

于是，经过粤菜厨师的不懈努力，终于就有了崭新的"内腌"或称"内保水"的腌制技术理论。

内腌的腌制技术是与使用了超过一个世纪的腌制技术相对而言的。

使用已超过一个世纪的腌制技术被称为"外腌"或"外保水"。其原理是利用碱性物质具有软化生肉料中的水溶性蛋白的功能（顺带提一下，酸性物质则具有硬化生肉料中的水溶性蛋白的功能），使肉料呈现嫩滑的质感。不过，碱性物质软化功能并非绝对可靠，实际上，让肉料呈现嫩滑质感，还是倚靠作为外衣的淀粉。

为了将两种腌制技术区别开来，传统的腌制方法称为"调味腌制技术"，崭新的腌制方法称为"调质腌制技术"。

由于以往家禽、家畜都是以散养为主，活动量大，呈现弹韧质感的非水溶性蛋白的强度相当大，使之与水溶性蛋白不能尽显嫩滑质感时起到补救的作用。

但是，当家禽、家畜变为圈养之后，这类肉料的非水溶性蛋白与水溶性蛋白之间质感互补的作用荡然无存。

与此同时，由于调味腌制技术侧重于调味，食盐与碱性物质的比例并不合理，导致碱性物质不具备抑制肉料回酸的功能。

肉料是呈酸性的物料，自身具有调节酸碱度的功能，就算人为地造就碱性环境，肉料都会自然地回到酸碱度中性偏酸的位置上。肉料自然地回到酸碱度中性偏酸的位置上的过程就称为"肉料回酸"。

崭新的调质腌制技术并没有丢弃盐、糖及碱的组合，而是让三者发挥各自的专长。

当然，除了盐是指以氯化钠为主要成分的食盐之外，糖与碱都有所指。

糖是指白糖、海藻糖、赤藓糖醇及异麦芽酮糖等。

碱是指碳酸钾、碳酸钠。

为了让盐、糖及碱分布均匀，要先用清水兑成腌渍液，所以，在表面上，调质腌制技术与调味腌制技术的手法，就是渍与腌的区别。

工作原理大概如下：利用碱性物质让水溶性蛋白松弛起来，再利用食盐具有的渗透压，将腌渍液送入松弛的水溶性蛋白的内部，使水溶性蛋白持水膨胀起来而充盈；再利用白糖具有的黏性，使水溶性蛋白个体形成保护膜，堵塞进入水溶性蛋白回渗的缺口，最终让腌渍液恒定在水溶性蛋白内部。

与此同时，碱性物质又对非水溶性蛋白起到强化、接驳的作用。强化是指使软弱的非水溶性蛋白坚挺起来。接驳是指将分段的非水溶性蛋白连接起来。

需要强调的是，水溶性蛋白与非水溶性蛋白具有以上反应，必须产生低温致熟的反应之后才能完成。也就是在0℃以下冷冻不少于36小时。盐和碱是水溶性蛋白和非水溶性蛋白低温致熟的助剂。

肉料经过低温腌渍，解冻加热致熟后可呈现爽、脆、嫩、滑、弹的质感。

调质腌制技术，既适合切成丝、条、片、粒形态的肉料，又适合剁成糜状的肉料。肉料包括兽、禽、鱼、虾。如果是牛肉，操作较为复杂，要进行排酸处理，即将牛肉放入0℃以下的冰箱内冷冻至少48小时，使其体内酸性变弱。

如果是加工糜状肉料，可与腌渍液一起高速搅拌成胶状（螯合）后用容器盛起，并置于0℃以下的冰箱内冷冻至少48小时。取出解冻挤成丸的肉料，先经过"煣"的工序处理，再用沸腾的清水浸熟。

从食物致熟的角度去看煣法，属于中温致熟的范畴，但通常是作为糜状肉料加工过程中的工序。煣法的定义是经过腌制、搅拌等工序处理过的糜状肉料挤成丸状，放入45℃的温水里预熟的方法。在温水之中，糜状肉料有吸收水分的能力，使得肉料的水溶性蛋白充分持水，从而让肉料呈现爽、脆、嫩、滑、弹的质感。

◎注：《腌制技术的认知》是2018年广东省人力资源和社会保障厅响应广东省委书记李希同志倡导实施"甜菜师傅"工程而展开的《粤菜师傅》教材而编写的文章。

○烧与红烧的概念

因为广州有行当称"烧腊"，很多新晋厨师始终弄不清楚"烧腊"的"烧"与"红烧"的"烧"的区别，为此在这有必要说明一下。

"烧腊"是以"烧味"与"腊味"结合在一起销售的行当，是广州在清末民初时建立起来的特有的食品销售模式。

这里专说"烧味"。

"烧味"的做法是从远古的"炙"演变而来，所谓"炙"，即将肉架在火上烹饪的方法。到了北宋，应天府（即现在的南京）——北宋第四代皇帝赵祯的龙兴之地的厨师发明了在禽鸟（当地人喜食的鸭）表皮涂上可加速焦糖化反应的麦芽糖，使"炙"的技艺登峰造极而成为美食烹饪的顶级造诣。

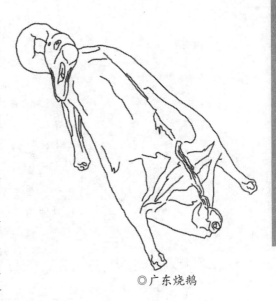

◎广东烧鹅

因此，应天府的厨师就将"炙"改称为"烧"。

不过，此时的"烧"法仍然留有"炙"的影子，同样是架在火上烹饪。

"烧"法真正脱胎换骨要等到南宋末年之后。

在南宋末年，宋朝与元朝进行殊死争斗，可惜宋朝不敌往南撤退，先是宋端宗赵昰在福建顽强抵抗而身亡，再是宋怀宗赵昺在广东冈州（今新会一带）最后一拼，结果以崖门海战失败而告终。

这段历史让代表南宋顶级造诣的"烧"法随着南宋御厨勤王一起流落到广东。

为了不暴露身份，南宋御厨将应天府的做法完全颠覆，悄然无声地将原来架在火上烹饪改为放进炉内烹饪，正式确立"烧"的定义——肉料在相对封闭的环境内利用对流及辐射的热传递进行烹饪。

有新晋厨师会诘问，"烧"与"烤"又有什么分别呢？

"烧"与"烤"在某种意义上是相通的，它们的共通点都是利用对流及辐射的热传递方式烹饪食物，"烤"在北方流行，仍遗留"炙"的影子。与此同时，它们的区别之处还在历史的引申方面，"烧"是先整只或大块烹饪，再引申到小块烹饪，而"烤"是先切成小块烹饪，再引申到整只或大块烹饪。

这就是广东人称"烧"，北方人称"烤"的原因。

"红烧"的定义与"烧"扯不上边，做法源于北方，与粤菜的"红炆"做法相仿，有的地方甚至称为"红炖"。

"红烧"的做法与花生油的出现息息相关，它是典型的"油烹法"（"烧"是典型的"火烹法"），必须与油的烟点结合起来。

一直以来，烹饪所用的油主要是动物性油脂——猪油，及植物性油脂——芝麻油。这两种油脂的燃点都不高，难以承担食物加热介质的职责。自明代原产南美洲的花生在中国大面积种植且中国人掌握榨油技术之后，油承揽起与水或火或气或汽一样作为食物加热介质的职责。

最初的时候，花生油作为食物加热介质，并没有被广大厨师所重视，烹饪法只用了模棱两可的"煠"字称呼。

"煠"在北宋时期编写的《广韵》中被定义为"汤煠"，意思是说用滚水或滚汤加热食物。而在明代之后的"煠"，既可以指用滚水或滚汤加热食物，也可以是指用滚油加热食物。到了清代，厨师发现用"煠"表示用滚油加热食物有点词不达意，于是改称为"炸"。

"炸"有什么优势呢？

因为花生油的燃点为340℃，滚油应用温度可以轻松地提升到280℃左右，比水温所能提供的温度高近两倍，这样可让肉料表面的水溶性蛋白瞬间干结固化，继续让肉料在干结时呈现酥脆的质感，湿润时呈现酥软的质感。

与此同时，因为油温高，肉料有了产生美拉德反应的条件，能平添秘醇的香气。

"红烧"的技法就是在这种理论下产生，通俗地说就是"红炸"。由于这种技法创出的时候，"炸"这种烹饪法的名称仍未最终确定下来，所以现在仍继续沿用。

需要说明的是，"红烧"并不是单纯的"炸"，它其实是一个烹调组合，属二级烹调法范畴，即肉料经油"炸"过后再经配有老抽的汁水去"炆"（所以粤菜厨师曾称其为"红炆"），以此满足"色、香、味、质"的烹调要求。

鸡肉类

粤菜历来有"无鸡不成宴"的说法，这是有它的历史渊源的——中华古老文化说"鸡有五德"，继而让鸡馔筵席披上文化的荣光。所谓"鸡有五德"出自《韩诗外传·卷二》的一段对话："首戴冠者，文也，足搏距者，武也，敌在前敢斗者，勇也，得食相告，仁也，守夜不失时，信也。鸡有此五德……"

《本草纲目·禽部·之二·鸡》云："鸡释名烛夜。《广志》云：大者，曰蜀；小者，曰荆。其雏曰鷇。《梵书》曰：鸡曰鸠七咤。《别录》曰：鸡生朝鲜平泽。弘景曰：鸡属甚多。朝鲜乃在玄菟、乐浪，不应总是鸡所出也。马志曰：入药取朝鲜者，良尔。颂曰：今处处人家畜养，不闻自朝鲜来。时珍曰：鸡类甚多，五方所产，大小形色往往亦异。朝鲜一种长尾鸡，尾长三四尺。辽阳一种食鸡，一种角鸡，味俱肥美，大胜诸鸡。南越一种长鸣鸡，昼夜啼叫。南海一种石鸡，潮至即鸣。蜀中一种鹖鸡，楚中一种伧鸡，并高三四尺。江南一种矮鸡，脚才二寸许也。鸡在卦属巽，在星应昴，无外肾而亏小肠。凡人家无故群鸡夜鸣者，谓之荒鸡，主不祥。若黄昏独啼者，主有火患，谓之盗啼。老鸡能人言者，牝鸡雄鸣者，雄鸡生卵者，并杀之即已。俚人畜鸡无雄，即以鸡卵告灶而伏出之。南人以鸡卵画墨，煮熟验其黄，以卜凶吉。又以鸡骨占年。其鸣也知时刻，其栖也知阴晴。《太清外术》言：蓄蛊之家，鸡辄飞去。《万毕术》言：其羽焚之，可以致风。《五行志》言：雄鸡毛烧着酒中饮之，所求必得。古人言鸡能辟邪，则鸡亦灵禽也，不独充庖而已。"

广东人吃鸡与外地人不同，专拣骨脆肉嫩的鸡项，而外地人则多拣骨硬肉老的鸡㓥。所以，鸡的烹饪方法及理念南辕北辙。

外地人拣骨肉老的鸡㓥，是贪图此年龄段的鸡肉味浓郁。为了体现肉味浓郁，火候上采用猛火久煮的方法。

而广东人的烹饪理念，也是全国独此一处，将食物质感与食物味道有机地融会在一起，缺一不可，鸡的烹制也是坚守这个理念。

自从广东人发现鸡在鸡项的年龄段时，无论质感抑或

◎山地树上鸡系

◎平原走地鸡系

味道是最佳时，广东人对鸡馔的狂热正式拉开帷幕，"白切鸡""豉油鸡"是筵席不可或缺的看馔，制作技法不断改良，务求令鸡馔皮爽、肉滑而香浓。

之后，在此基础上，粤菜鸡馔层出不穷，诸如"脆皮鸡""上汤鸡""水晶鸡"目不暇接，食客大快朵颐。

实际上，广东人拣鸡除鸡项之外，广东境内有多款名鸡种也让广东人餍足，既有三黄鸡品种，也有麻鸡品种。

三黄鸡著名的品种有"龙门胡须鸡""洲心三黄鸡"。麻鸡著名的品种有"清远麻鸡"。

这两个品种包含了骨脆、肉肥、味甜的平原走地鸡系及骨硬、肉韧、味鲜的山地树上鸡系。

所以，广东境内的鸡种与外地的鸡种无论是质感，抑或味道都有其优胜之处。

然而，由于近二十年来鸡农没有对鸡种做好保育工作，鸡种品质每况愈下，最大的表征是鸡胸肉粉散、鸡髀肉欠韧弹、味道清淡（无鸡肉味），即使广大技术精湛的厨师花九牛二虎之力，也回天乏术。

笔者曾向鸡农了解过近年养鸡的情况，有不少鸡农反映，现在孵出的雏鸡的抵抗力今不如昔，观其肛门，无不都是布满虫卵，不加处理的话，根本养不大。

笔者对此的结论是：数十年来，自然豢养的鸡越来越少，鸡的下一代都是来自一出生就豢养在鸡笼中的鸡公、鸡乸，久而久之，鸡已失去天然生存的优胜劣汰的基因，品质不断下降。

需要强调的是，这也是笔者曾在《粤厨宝典·味部篇·清平鸡与小店思维》中发表的立论——鸡的品质是鸡馔成败的生命线。

粤菜鸡馔所用的烹饪法并不多，集中在浸、卤、烧及炸方面，偶尔有焗和炆，其他也不能体现鸡馔的质感和味道了。

另外，广东人对鸡什（鸡内脏）也情有独钟，如鸡胭、鸡肾（肫）、鸡心、鸡肠、鸡嗉窝（嗉囊），甚至是鸡红（鸡血），都是以鸡馔飨客的食肆的菜谱中的常见品种。

◎注：中国各地的名鸡品种，可参阅《粤厨宝典·食材篇》。

◎金华玉树鸡

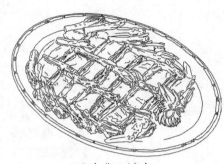

◎金华玉树鸡

原料： 白切鸡1只（光鸡约900克），金华火腿400克，菜远600克，上汤200克，精盐4克，味精5克，湿淀粉20克，芡汤10克，花生油50克。

制作方法：

此馔是广州筵席著名的"大篸"之一。

近代广州筵席主要经历三个时期的演变。明清时期，广州与全国一样，看馔以"三蒸九扣"的形式为主。踏入清代有所分化，民间为"三蒸九扣"，官宦、商贾为"满汉全席"。到了清末民初，由陈福畴主办的"四大酒家"锐意改革，将"满汉全席"简化，开创了"九大篸""四热荤，六大菜"等；之后，其他酒家相继跟随改革，并且不约而同地以"大篸"作为招牌菜，"金华玉树鸡"是众多这样的招牌菜中的佼佼者，甚至一度成为粤菜烹饪的名片。

从筵席菜单的角度看，"金华玉树鸡"是"白切鸡"的升级版，是由带骨变为无骨，格调高贵，由此从"冷荤"跻身"大篸"。

此馔虽然是采用"白切鸡"的方法制作，但与《粤厨宝典·味部篇》介绍的"白切鸡"不同。

首先是拣鸡的要求不同。

《粤厨宝典·味部篇》中介绍的"白切鸡"，应拣选皮爽、肉嫩、骨脆的"鸡项"烹制，而这里是拣选皮艮、肉实、骨硬的"二黄头"（下第二次蛋的成年母鸡）烹制。

其次是使用火候不同。

由于"鸡项"与"二黄头"的质地不同，会分别采用"冷胀"与"热胀"的火候。

"热缩"与"热胀"是相对的。

"热缩"的加热温度为98℃，此时鸡肉中的水溶性蛋白处于最饱满的状态，但鸡肉中的非水溶性蛋白处于微伸展状态，故而能让鸡肉呈现嫩滑的质感。

"热胀"的加热温度为100℃，此时鸡肉中的水溶性蛋白易于固化而不再吸收外来水分，使之处于在饱满峰值向下回落的状态，但鸡肉中的非水溶性蛋白处于最大伸展的状态，故而能让鸡肉呈现爽弹的质感。

无论是采用"冷胀"的温度烹制，抑或是采用"热胀"的温度烹制，最好在致熟后"过冷"处理。

"过冷"也有"冷胀"与"冷缩"的区别。

"冷胀"是指在水体温度为5℃左右的环境下去处置，鸡肉未因冷而完全收紧，冷热温度自由置换，确保鸡肉不太受残余热力破坏而影响质感效果。

"冷缩"是指在水体温度为0℃以下的环境下去处置，外围鸡肉因冷却迅速收紧，导致外围鸡肉与内部鸡肉的冷热温度难以置换，使内部鸡肉形成"怄"（滞碍）的状态，继而令内部鸡肉中的非水溶性蛋白绷断而呈现霉散的质感。

当然，此馔所需的"白切鸡"与《粤厨宝典·味部篇》介绍的"白切鸡"的制作流程完全相同，这里不再赘述。

金华火腿洗净，在熬上汤时放入汤中浸熟，取出晾凉；再用刀起皮，并将肉完整成块起出；然后，将肉块改成长4.5厘米、宽2.5厘米、厚0.3厘米的长方片，需要16片或24片。

菜莛可选用菜心或芥蓝，以质感脆脆为标准，也可选用生菜胆、芥菜胆等。

将"白切鸡"放在砧板上，用刀将头颈斩下，即在颈头交界处落刀将鸡头斩下。将鸡尾向外，左手扶鸡的右翅膀，右手持刀沿鸡脊背顺剖一刀。将鸡放倒，鸡右翅膀朝上，用刀沿鸡腹顺剖一刀。左手略掀鸡的右翅膀，使肱骨与肩胛骨的关节外露，用刀分离。将刀向下压，左手向上提，将鸡胸、背的肉与骨分离。用刀压着鸡的胸、背，右手握鸡右髀并向上翻，使股骨与髋骨的关节外露，用刀分离，右手顺势掀扯，将右边皮肉与骨彻底分离。将整个右翅膀斩下来，再将肱骨段斩下，留鸡中翼连尖（尺骨与掌骨段）并将指骨平口斩去。左边皮肉如法操作。

将起出的皮肉改成长4.5厘米、宽2.5厘米的长方片，需要16片或24片。每片夹一片金华火腿肉片，以"麒麟"形式分3行排砌在椭圆形的瓦碟内，再将鸡头、鸡中翼连尖摆上，砌成鸡形。

猛火烧热25克花生油，放入菜莛并逐渐注入芡汤，将菜莛煸炒至刚熟，然后分4行将菜莛排在鸡皮肉两旁。

用猛火烧热铁镬，放入25克花生油，注入上汤，用精盐、味精调味，用湿淀粉勾成琉璃芡，再将琉璃芡淋在鸡皮肉及菜莛上面，便可供膳。

◎注：清末民初广州的"四大酒家"是现代粤菜烹饪体系的发源地，无论是厨房岗位架构，抑或是料头的搭配，甚至是饮食文化之类，都是这个发源地的厨师整合出来，时至今天仍然继续沿用和传唱。这也是"百年粤菜"的背景。

◎玉树鸳鸯鸡

原料： 光鸡1只（约1 050克），金华火腿200克，百花馅（虾胶）200克，芥菜胆400克，绍兴花雕酒15克，精盐7.5克，味精5克，干淀粉10克，湿淀粉10克，胡椒粉0.1克，芝麻油2克，上汤200克，淡二汤500克，猪油75克。

制作方法：

此馔实际上是"金华玉树鸡"的升级版，是为高档筵席而设计的"大篸"。其一半是"金华玉树鸡"，一半是"百花麒麟鸡"，两者相合而得"鸳鸯鸡"。

需要明确的是，此肴馔的技巧在于拣鸡。理论上，拣鸡的技巧不在于鸡的重量而在于鸡的质地。肴馔需要的是更良韧的皮质，以便成馔后呈现爽弹的质感。为了有一个刚性的指标，《粤厨宝典》推荐"白切鸡"的重量为750克，"金华玉树鸡"重量为900克，"玉树鸳鸯鸡"为1 050克，但明白技巧背后的所需，就不会受到所谓的刚性指标限制。

既然"玉树鸳鸯鸡"是由"金华玉树鸡"与"百花麒麟鸡"相合而得，为免赘述，这里就只说"百花麒麟鸡"的做法。

将光鸡放在砧板上，用刀将头颈斩下，鸡尾向外，左手扶鸡的右翅膀，右手持好，沿鸡脊背将鸡破成两爿，一爿浸"白切鸡"，一爿起皮做"百花麒麟鸡"。起皮的方法与"金华玉树鸡"起皮肉的方法一样，起出皮肉后，再将皮完整地从肉上撕下来。

鸡皮要清理干净肥油并且用针耙戳一些小孔。用干毛巾吸干水分，以肉面向上的姿势平铺在竹笪上，撒入干淀粉，再酿入0.5厘米厚的百花馅。百花馅的厚薄直接影响到肴馔的质感与味道，太厚了难熟，会呈现霉散的质感，太薄了虽易熟，但无法呈现百花馅应有的爽滑质感及鲜甜的味道。酿好后置入蒸柜用猛火蒸7分钟左右。取出，以鸡皮向上的姿势放在砧板上，用刀剀成16件或24件，规格为长4.5厘米、宽2.5厘米。

猛火烧镬，下45克猪油，注入淡二汤，用5克精盐、2.5克味精调味。汤水沸腾后，放入芥菜胆，改慢火煮2分钟

◎注1：粤菜所用的"芥菜胆"是长度为10厘米的心叶部分，但近10年已罕见。这种"芥菜胆"在烹制时会有一个"炟"的工巧配套。
◎注2：百花馅的配方及做法请参阅《粤厨宝典·砧板篇》。

左右（这个工序行中称为"炟"）。

摆砌造型与"金华玉树鸡"一样，芥菜胆也排在鸡肉两旁，并且砌成鸡形。

猛火烧镬，下30克猪油，攒入绍兴花雕酒，注入上汤，用2.5克精盐、2.5克味精、胡椒粉调味，用湿淀粉勾成琉璃芡，用芝麻油作为包尾油。将琉璃芡淋在鸡肉及芥菜胆上面便可供膳。

◎园林香液鸡

原料： 光鸡1只（约750克），菜莶300克，姜丝25克，葱白丝15克，精盐13.5克，味精8克，芝麻油2克，西凤酒17.5克，上汤150克，芡汤25克，湿淀粉35克，花生油115克。

制作方法：

此鸡馔为广州泮溪酒家的招牌菜，因该酒家号称"最大的园林酒家"，故用蔬菜伴边，不称"玉树"而称"园林"，十分贴题。

此鸡馔与"金华玉树鸡"采用"白切鸡"不同，是采用"水晶鸡"，也就是前者用"浸"的形式烹制鸡坯，后者是用"蒸"的形式烹制鸡坯。

光鸡洗净并用干毛巾抹干表面水分，用10克精盐与8克味精涂匀鸡膛内外。将姜丝、葱白丝填入鸡腔，再将西凤酒灌入鸡腔。然后将鸡置入蒸柜猛火蒸18分钟到仅熟。

光鸡蒸熟，取出"收汗"并稍晾便为"水晶鸡"。

将"水晶鸡"放在砧板上，斩下头颈，顺势将颈斩成几段，与姜丝、葱白丝一起放在深底椭圆瓦碟或浅底瓦钵中央作为垫底，鸡头削平颈骨放在一端。鸡尾向外，左手扶鸡右翅膀，右手持刀沿鸡脊背将鸡分为两爿。取一爿斜刀伸入鸡的翅膀底将翅膀削下。随即左手握着鸡髀胫骨关节，右手持刀顺势沿鸡髀底部将皮剖开，左手顺势向上提起，将鸡髀分离出来，再用刀将鸡髀外露的股骨关节削去并修平。随后用刀将鸡胸、鸡脊顺长边一分为二。另一爿也如法处置。

◎斩头颈

◎开两爿

◎起鸡翼

◎起鸡髀

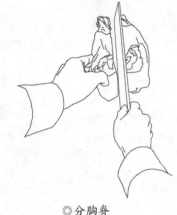

◎分胸脊

◎摆砌完成

◎摆砌雏形

此时，鸡身被分成鸡翼（翅膀）、鸡髀、鸡脊及鸡胸四大份，再按次序斩件摆砌成鸡形。

鸡脊先斩。斩前要削平尖凸外露的脊骨，以皮向上的姿势放在砧板上，横斩成长2.3厘米的段，摆在垫底的鸡颈两旁。

接着斩鸡胸。由于鸡胸肉厚及不整齐，得要削平才能摆砌平整。所以，左手轻按鸡胸，右手持刀在鸡胸肉与鸡胸肉的中间斜切，使鸡胸再分成鸡胸骨及鸡胸肉。之后，先斩鸡胸骨。将鸡胸骨以肉面向下、骨面向上的姿势放在砧板上，用刀横切成长2.3厘米的段，摆在刚才斩好的两鸡脊段之间及鸡颈段的上方。再斩鸡胸肉。以皮面向上的姿势放在砧板上，横斩成长2.3厘米的段，摆砌在鸡脊段边缘及鸡胸脊骨上面。

接着再斩鸡髀。左手握鸡髀胫骨关节，右手持刀贴着鸡胫骨向下破削，将鸡髀分成带胫骨的内髀与不带胫骨的外髀。将内髀以皮向上的姿势放在砧板上。此时要注意的是，股骨部的要斩成2.3厘米长的段，而胫骨部仅斩两刀，要留一段较长的胫骨。再将斩好的内髀摆砌在鸡头的对向、鸡胸肉、鸡胸骨的上面。两鸡胫要略伸出外围。再将外髀以皮向上的姿势放在砧板上，横斩成长2.3厘米的段，摆砌覆盖在两鸡脊的中心、鸡胸肉、鸡胸骨、鸡内髀的上面。

最后是斩鸡翼。用刀削去鸡指骨，顺势将鸡翼尖（掌骨）斩下，再将余下的鸡翼横斩成2.3厘米的段，覆盖在鸡髀段的前方，两翼尖放在鸡脊与鸡翼之间。

以上工序由砧板师傅完成。技术要求是：见皮不见肉，龟背形，骨口平整无尖刺。

将芡汤及10克湿淀粉放在小碗内拌匀，配成"碗芡"。

猛火烧镬，落45克花生油，放入菜远并加入1.5克精盐，将其煸到仅熟。将菜远倒入笊篱。再猛火烧镬，下45克花生油，重新放入菜远，注入"碗芡"调味及勾芡。由打荷将此伴在斩好的"水晶鸡"周围。

猛火烧镬，下25克花生油，注入上汤，用2克精盐、味精调味，用5克湿淀粉勾成琉璃芡，用芝麻油作为包尾油。将琉璃芡淋在"水晶鸡"及菜远上面便可供膳。

◎砂锅上汤鸡

原料： 光鸡1只（约900克），精盐13克，味精15克，沙姜粉1.5克，当归0.8克，白芷0.3克，黄芪0.3克，枸杞子3克，红枣丝0.2克，上汤350克。

制作方法：

此鸡馔为20世纪90年代所创，原来是配用乙基麦芽酚增加香气。由于乙基麦芽酚是工业香精，香气过分充溢，不太自然而受到食客反感。厨师们有鉴于此，纷纷改用当归、白芷等药材作为香料，使得鸡馔既有香气，又具滋补功能。

光鸡洗净，用干毛巾抹干表面水分。将7.5克精盐、8克味精、沙姜粉混合后涂抹在鸡膛内外，腌15分钟左右，再将鸡置入蒸柜猛火蒸15分钟至仅熟。

将上汤与当归、白芷、黄芪一起放入钢盆内，用5.5克精盐、7克味精调味，置入蒸柜猛火炖30分钟。枸杞子及红枣丝放入小碗并置入蒸柜干蒸20分钟。

蒸好的鸡稍晾，以鸡形（方法可参照"园林香液鸡"）摆砌在砂锅内，淋入用当归、白芷、黄芪蒸炖好的上汤（各药材不放入），撒上蒸炖好的枸杞子及红枣丝，将砂锅架在酒精炉上加热便可供膳。

◎注："砂锅上汤鸡"还有升级版，即再加入竹荪、肉苁蓉、杏鲍菇等菌菇。

◎菜胆上汤鸡

原料： 光鸡1只（约900克），芥菜胆500克，精盐10克，味精5克，芝麻油0.1克，胡椒粉0.1克，湿淀粉15克，淡二汤500克，上汤300克，清水1 500克，陈村枧水12克，花生油50克。

制作方法：

此鸡馔是20世纪90年代以前广州筵席上常见菜式。

俗话说"无鸡不成席"，所以，酒家筵席菜单上都会提供"白切鸡"或"豉油鸡"飨客。

然而，这里有一个先决条件，就是食肆必须配置制作烧卤的岗位才能供应。

◎注1："菜胆上汤鸡"与"砂锅上汤鸡"不同之处在于前者的上汤勾芡，而后者的上汤不勾芡。此中体现粤菜厨师的烹饪理念会随时代的变化而变化，绝非墨守成规。

◎注2："菜胆上汤鸡"所用的蔬菜绝对不是非芥菜胆不可，生菜胆、菜心苠，甚至是娃娃菜等也都可以。

◎注3："陈村枧水"是柴灰、草灰等炭灰泡水后的澄清液的商品名称，但也有用碳酸钾与碳酸钠按一定比例兑水配成的。

◎注4：芥菜胆经陈村枧水"烚"过，颜色变得翠绿，质感变得脆滑，而且苦味降低，并增添鸡蛋般香气。因此，曾经一度成为粤菜烹饪的骄傲。遗憾的是，现在广州的粤菜馆已鲜见其面貌。

但是，并非所有的食肆都配置制作烧卤的岗位，这就要厨房部的厨师自己想办法了。

在此情况下，食肆的营业员（行中称"师爷"）就会给顾客推荐"菜胆上汤鸡"。

需要明白的是，从筵席等级上划分，"菜胆上汤鸡"的等级要略逊于体现刀工造型的"金华玉树鸡""玉树鸳鸯鸡"等鸡馔。

将清水与陈村枧水放入铁镬并加热至沸腾，放入芥菜胆煮8分钟左右，以软脸为度，用笊篱捞起，浸在流动的清水里漂去枧水味，并将糜烂的叶片拣去。用胶篮盛起，沥去水分。这个工序为"烚"。

光鸡洗净，置入蒸柜猛火蒸18分钟，取出晾凉，按"园林香液鸡"的方法将鸡斩件，摆砌到深底椭圆瓦碟或浅底瓦钵内。

"烚"过的芥菜胆放入滚水中"飞"过，用笊篱捞起。然后，猛火烧镬，落25克花生油，注入淡二汤，用7.5克精盐、2.5克味精调味，放入芥菜胆"煨"2分钟，用笊篱捞起，沥去水分，交由打荷将芥菜胆伴在斩好的鸡周围。

猛火烧镬，落25克花生油，待花生油微冒青烟，注入上汤，用2.5克精盐、2.5克味精及芝麻油、胡椒粉调味。待汤水沸腾，用湿淀粉勾成琉璃芡，并将琉璃芡淋在鸡及芥菜胆上面便可供膳。

◎茅台牡丹鸡

原料： 光鸡1只（约1 050克），爽肚175克，蟹黄50克，菜苠300克，八角2克，姜片10克，葱条10克，麦芽糖25克，绍兴花雕酒30克，精盐7.5克，味精4克，芡汤20克，茅台酒15克，上汤125克，湿淀粉35克，猪油50克，花生油（炸用）2 500克。

制作方法：

此鸡馔是20世纪70年代以前广州筵席上常见的菜式。其设计理念受到当时已走向式微的"三蒸九扣"技术的影响，其变化在于伴上与肴馔毫不相干的爽肚与蟹黄。所以，随着"金华玉树鸡""园林香液鸡"等鸡馔制作技术的成熟，此鸡馔慢慢被人淡忘。

当然，此馔有些技术是值得再深入研究的，例如鸡馔是先油炸后才调味蒸制的，而不是用现在较通行的先调味再油炸再去蒸制的方法。

其中有没有巧妙之处，是不是厨师担心会影响制品的质感，还是当时没有想到呢？

光鸡用滚水淋透，涂上用麦芽糖与绍兴花雕酒调配的糖水，用钩挂起，放于通风处吹晾至表面干爽。

花生油放在铁镬内，以中火加热至180℃，将吹晾干爽的光鸡放入油里炸至表皮呈金红色。炸好后，将鸡捞起，稍晾凉，用5克精盐、2.5克味精涂匀鸡膛，再填入姜片、葱条、八角并灌入茅台酒。随即将鸡置入蒸柜猛火蒸12分钟左右。

鸡蒸好后，按"园林香液鸡"的方法将鸡斩件摆砌在大圆碟内。

蟹黄放在碗内，隔水蒸至刚熟。

将芡汤、湿淀粉放入小碗内调成"碗芡"。

猛火烧镬，落25克猪油，待猪油微冒青烟，用1.5克精盐煸炒菜远，再用"碗芡"调味及勾芡，然后将菜远交给打荷伴在斩好的鸡件周围。

爽肚分成12件，先用滚水"飞"过，再用150℃的花生油"泡"过，最后用留有余油的铁镬"炒"（也可放入少量湿淀粉勾芡）过。交给打荷平放在菜远上面。打荷再将蒸熟的蟹黄镶在爽肚面上。

猛火烧镬，落25克猪油，注入上汤，用1克精盐、1.5克味精调味，用湿淀粉勾成琉璃芡，放入10克花生油作为包尾油，将琉璃芡淋在鸡件上面即可膳用。

◎注1："茅台"是一种白酒的名称，产于贵州省遵义市仁怀市茅台镇，具有酒液无色透明、饮时醇香回甜、没有悬浮物及沉淀、酒香突出、幽雅细腻、酒体醇厚、回味悠长、空杯留香持久、经久不散的特点。

◎注2："爽肚"即猪肚顶经碱性液体浸泡膨胀而获得爽脆质感的制品。

其制作方法是：取猪肚顶，用刀将肚衣及肚膜铲去，每1000克加6克纯碱拌匀，腌30分钟左右，见猪肚呈紫红色时，用流动清水漂去碱味即成。

粤厨宝典·菜肴篇1

◎玉髓蟹黄鸡

原料： 光鸡1只（约1 050克），猪骨髓150克，蟹黄100克，蟹肉40克，菜远300克，绍兴花雕酒25克，滚水125克，拍姜块10克，葱条10克，精盐5.5克，味精5克，胡椒粉0.1克，芝麻油1克，上汤150克，猪油40克。

制作方法：

此鸡馔原来称作"玉髓牡丹鸡"，与"茅台牡丹鸡"没有丝毫的关系，所以为免误会，有人将其称作"玉髓蟹黄鸡"。它也是为传统粤菜筵席配备的鸡馔。

猪骨髓撕去外衣，洗净，放在钢盆内，加入125克滚水、5克绍兴花雕酒及10克拍姜块置入蒸柜猛火蒸熟。

光鸡洗净，用干毛巾抹干表面水分，用1.5克精盐、2.5克味精涂匀鸡膛，腌15分钟，置入蒸柜猛火蒸12分钟，取出，按"园林香液鸡"的方法将鸡斩件摆砌在椭圆瓦碟内。

打荷将蒸好并沥去水分的猪骨髓伴在鸡件四周。

猛火烧镬，落15克猪油，待猪油微冒青烟，用1.5克精盐煸炒菜远，并将煸好的菜远交给打荷伴在猪骨髓外围。

蟹黄、蟹肉蒸熟。烧镬，落25克猪油，待猪油微冒青烟，放入蒸熟蟹黄、蟹肉略爆，攒入20克绍兴花雕酒，注入上汤，用2.5克精盐、2.5克味精、胡椒粉、芝麻油调味，用湿淀粉（配方未列）勾成琉璃芡，再将琉璃芡淋在鸡件上面即可膳用。

◎竹园椰香鸡

原料： 光鸡1只（约750克），水发竹荪50克，百花馅125克，菜远300克，鲜牛奶100克，椰子汁50克，椰子油

0.02克，姜片30克，葱榄35克，芫荽头35克，猪油100克，上汤85克，淡二汤150克，茨汤15克，精盐14克，味精12.5克，芝麻油5克，绍兴花雕酒15克，干淀粉5克，湿淀粉10克。

制作方法：

此鸡馔曾是广州竹园酒家为筵席设计的招牌菜。

光鸡洗净，用干毛巾抹干表面水分，用5克精盐、7.5克味精涂匀鸡膛，将芫荽头填入鸡腔。腌15分钟左右。

猛火烧热瓦罉，落40克猪油，待猪油微冒青烟，先放入姜片、葱榄爆香，再放入腌好的光鸡煎香，然后攒入10克绍兴花雕酒，注入35克上汤，冚上罉盖，以中火将光鸡焗熟。

光鸡焗好取出，按"园林香液鸡"的方法将鸡斩件摆砌在大圆碟内。

水发竹荪用滚水"飞"过，取淡二汤加2.5克精盐"煨"过，用笊篱捞起，沥去水分，拍上干淀粉，酿上百花馅，置入蒸柜猛火蒸6分钟左右，使百花馅仅熟，即为"百花酿竹荪"。取出交由打荷摆砌在鸡件旁。

猛火烧镬，落15克猪油，用1.5克精盐及淡二汤煸炒菜蔬。用笊篱捞起，再猛火烧镬，落15克猪油，待猪油微冒青烟，再用茨汤煸炒菜蔬；然后将菜蔬交给打荷摆砌，使鸡件、"百花酿竹荪"及菜蔬构成椰林景象。

猛火烧镬，落30克猪油，攒入5克绍兴花雕酒，注入焗鸡的原汁、50克上汤及鲜牛奶、椰子汁、椰子油，用5克精盐、5克味精调味，用湿淀粉勾成琉璃茨，用芝麻油作为包尾油。将琉璃茨淋在鸡件上面即可膳用。

◎注："竹笙"是广州人对竹荪的叫法。有"长裙竹荪""短裙竹荪""棘托竹荪"及"红托竹荪"等品种，是寄生在枯竹根部的一种隐花菌类，气香、质脆。

◎瓦罉葱油鸡

原料：光鸡1只（约750克），姜片30克，葱段310克，八角0.2克，老抽15克，精盐10克，味精8克，西凤酒20克，花生油175克。

制作方法：

此鸡馔是饭店的招牌菜式。饭店烹饪的特色是不求造

◎注1："瓦罉葱油鸡"的烹饪关键在于火候，也就是采用较慢火的"焗"，还是采用较猛火的"煀"。"焗"令鸡肉滑，"煀"令鸡肉香。

◎注2："西凤酒"是我国的四大名酒（贵州茅台酒、山西汾酒、四川泸州老窖、陕西西凤酒）之一，以"醇香典雅、甘润挺爽、诸味协调、尾净悠长"及"不上头、不干喉、回味愉快"的独特风格而闻名。

型，只求味道和香气。

光鸡洗净，用干毛巾抹干表面水分，用精盐涂匀鸡膛内外，再将味精、姜片、八角及10克葱段填入鸡腔，然后再用老抽涂匀鸡皮。

瓦罉架在煤气炉上，猛火烧热，落50克花生油，待猪油微冒青烟，将光鸡煎到表皮呈金黄色。因为这个工序仅是预熟，不太介意在哪里操作，可以在铁镬内批量煎制。

光鸡煎好后，从瓦罉取出，将西凤酒灌入鸡腔。

瓦罉架在煤气炉上，猛火烧热，落125克花生油，先爆香300克葱段，再以侧卧的姿势将鸡放在葱面上。冚上罉盖，改中火焗9分钟。掀开罉盖，用筷子协助，将鸡翻转，再冚上罉盖焗8分钟。此时可原罉端出供客自行手撕膳用，也可斩件并淋上罉内葱油供膳。

○煀与焗的概念

◎注："鼎中之变，精在微纤"出自《吕氏春秋·卷第十四·览·孝行览·本味》之中。

该文较长，这里仅摘录部分："凡味之本，水最为始。五味三材，九沸九变，火为之纪。时疾时徐，灭腥、去臊、除膻，必以其胜，无失其理。调和之事，必以甘酸苦辛咸，先后多少，其齐甚微，皆有自起。鼎中之变，精妙微纤，口弗能言，志弗能喻，若射御之微，阴阳之化，四时之数。故久而不弊，熟而不烂，甘而不浓，酸而不酷，咸而不减，辛而不烈，澹而不薄……"

"煀"这个字在20世纪80年代之前仍未收录于字典之中，仅见于手抄本或手刻本的粤菜烹饪资料上面。

经考证，"煀"是粤菜厨师由笔画繁多的"爩"或"燸"字简写而来。

"爩"或"燸"是什么意思呢？

古代的字典做出了解释，《玉篇》曰"爩，烟出也"，《集韵》曰"爩，灿爩烟出"，《广韵》曰"爩，烟气"，《字汇》曰"燸，俗爩字"。

根据古代字典的解释，可以明确"爩"或"燸"的字义为浓烟所产生的效果——与现代字典定义的"煀"相同。再形象地说，就是类同于"熏"。

作为烹饪法的分类，"煀"与"熏"各有分工。

"煀"是在较密封的器皿内利用油汽产生的热量及所形成的香气，使制品致熟及赋上香气的方法。

"熏"则是燃烧某些香料并产生具香气的浓烟，在密封的器皿内，使制品赋上香气的方法。

与此同时，"煀"是针对生的制品，而"熏"是针对熟的制品。因此，在绝对意义下，"焆"属于烹饪方法，而"熏"则仅是赋香方法。

明白了"焆"的定义及用意之后，很多新晋厨师也想了解另一个烹饪方法——"焗"。因为它们无论制作工艺抑或制作流程都十分相似，简直如孪生兄弟一样，远处骤眼望去真不知道谁是谁。

从烹饪总法的归类看，"焆"是属于油烹法，而"焗"则属于汽烹法。

尽管如此，"焗"与"焆"的相似度实在是太高了。

就以"瓦罉葱油鸡"举例，如果原料配方是减油加水，加热温度再略为降低，当中的姜葱就成为防焦煳的垫底物，不形成香气，制品致熟完全是靠汤水产生的蒸汽。此时，制品所呈现的馥馥香气尽管下降了，但制品嫩滑的程度会大大提高，给予食客另一番享受。这就是"焗"。

因此，"焆"与"焗"的变化正是应合《吕氏春秋》所说的"鼎中之变，精妙微纤"的道理。

◎啫啫鸡

原料： 光鸡1只（约750克），猪油75克，葱榄80克，姜片5克，洋葱件20克，红辣椒件10克，青辣椒件10克，精盐7.5克，白糖10克，味精5克，生抽15克，红烧酱10克，淀粉10克，花生油20克。

制作方法：

此鸡馔成名于20世纪70年代广州白云山脚的一家大排档。因鸡馔端到食客面前仍发出"啫啫"的声音而被广州人戏称为"啫啫鸡"。

按烹饪特性，啫啫鸡是用油烹法辖下的"焆"烹制的。

需要说明的是，此鸡馔原创是使用瓦制炊具烹制，图取这种炊具有良好的保温性能。但是，瓦制炊具虽有良好的保温性能，却在高温反复加热的情况下，使用三四次就会脆化爆裂，并不耐用，从而增加了经营者的成本。

◎啫啫鸡

◎注："红烧酱"的配方及做法，请参阅《粤厨宝典·候镬篇》。辛而不烈，澹而不薄……"

有鉴于此，在20世纪90年代的时候，业界为了降低瓦制炊具的损耗，一致改用可以反复加热的铁制炊具——"啫啫煲"。

不过，尽管铁制炊具经久耐用，但缺点也慢慢暴露出来，就是保温的性能极差。于是，业界在21世纪初又改为既耐用又保温的陶制炊具，并一直沿用至今。

将光鸡洗净，用刀斩成长4厘米、宽2厘米的块，并将之放入钢盆内，加入精盐、味精、白糖、淀粉拌匀，再用花生油封面，腌5分钟左右。

将啫啫煲架在煤气炉上，以猛火烧热，先落猪油，见有微烟，放入葱榄、姜片、洋葱件、红辣椒件、青辣椒件爆香，再放入腌好的鸡块，用木铲炒匀，然后用生抽、红烧酱调味、调色，再用木铲炒匀各料。随即冚上煲盖焗3分钟左右。掀开煲盖，用木铲炒匀各料，并疏去煲内部分蒸汽。再冚煲盖加热2分钟左右，当煲内油温达到极限，与汁水接触就会产生高温油水反应——发出急剧的"啫啫"声。此时便可将啫啫煲安放在防热碟或藤篮内并端出餐厅供客膳用。

◎香薰油汽鸡

◎注1："小豆蔻"又称"绿豆蔻"，原产于印度南部、斯里兰卡。小豆蔻的消费主要为它的种子原香料，亦有精油、油树脂和酊剂等产品使用。

◎注2："香薰油汽鸡"的炊具可配套组合成小推车样子，将烹制过程移至食客面前，以增加餐厅的演示气氛。

原料： 光鸡1只（约900克），精盐12.5克，沙姜粉1.5克，八角0.3克，姜丝10克，葱丝15克，老抽10克，生抽30克，绍兴花雕酒30克，桂皮3克，小豆蔻5克，当归1克，芫荽籽1.5克，白芷2克，清水300克，花生油150克。

制作方法：

此鸡馔是《粤厨宝典·味部篇》中介绍过的"香汁油汽鸡"的改良版本。"香汁油汽鸡"攒入的是绍兴花雕酒，而此馔攒入的是香料药材浓缩液。

首先是熬制香料药材浓缩液，将桂皮、小豆蔻、当归、芫荽籽及白芷与清水放入钢蹲内，用慢火熬煮，使香料药材的香味溶入水中。约熬45分钟停火降温。待香料药材水降至常温时，用滤网将香料药材滤去，余下的香料药材水加入生抽及绍兴花雕酒制成"香料药材熏汁"，并用琉璃瓶装好。

光鸡洗净，用干毛巾抹去表面水分，用精盐与沙姜粉混合好的调味盐涂匀鸡膛内外，腌20分钟左右。将姜丝、葱丝及八角填入鸡腔内，再用老抽涂匀鸡皮，使鸡皮着色。

将铁镬架在煤气炉上，落入花生油，以合适的火候令花生油保持在160℃左右。托架置在油面，将腌好的光鸡放在托架上（光鸡不能接触到花生油），冚镬盖。将可控制流量的软管伸入铁镬内。软管套入装有"香料药材熏汁"的琉璃瓶，将琉璃瓶挂在铁镬上方。这样，"香料药材熏汁"通过软管受控地流入铁镬内，与铁镬炽热的花生油接触产生高温油水反应，继而产生具香气的蒸汽，令鸡致熟。

花生油应维持在指定的温度内，温度过低，高温油水反应会不全面。温度过高，不仅破坏香料药材的香气，还会溢出油烟味。与此同时，"香料药材熏汁"的流量要控制得好，既要产生蒸汽，又不能让花生油的温度降下来。

熏蒸约18分钟，将鸡取出，按"园林香液鸡"的方法将鸡斩件摆砌上碟供客膳用。

◎荷叶花雕鸡

原料：光鸡1只（约900克），鲜荷叶1张，精盐5克，味精2克，八角2克，姜丝5克，葱丝10克，绍兴花雕酒25克，沙姜粉1.5克，老抽10克，猪油4克，芝麻油1克。

制作方法：

此鸡馔在现代已不具先进性了，但在20世纪20年代仍处于技术的先锋地位。

之所以说其具有先进性，是此鸡馔做法的设计者深明绍兴花雕酒对鸡肉中的水溶性蛋白的作用，利用绍兴花雕酒的乙醇具有低温致熟鸡肉中的水溶性蛋白的能力，让鸡肉在高温致熟后能够呈现爽滑的质感效果。

与现代豢养的方法不同，在20世纪80年代以前，搬上餐桌的鸡都是自由散养长大的，肉质较为紧实，如果不加处

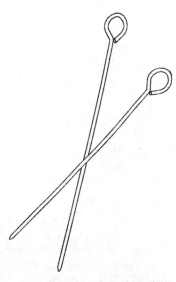

◎"鸭尾针"是制作烧鸭缝合鸭腹开口的工具。这里可借用。

◎注：民国时期的《秘传食谱·鸡门·第三节·荷叶鸡》云："预备：（材料）一切与前相同。新鲜荷叶（没有就取干的也好）几大张。（特别器具）都同前节一样。做法：第一步、第二步均同前一样，将鸡宰净、除去各物；擦抹盐和花椒。第三步同前一样，抹去鸡内的盐，涂上绍兴、酱油；取新鲜荷叶一块块的包起，停一二刻。第四步、第五步再如前放入蒸笼蒸好；以后挂在当风的地方吹得约半天工夫。然后或撕条或切片去吃，分外香美。附注：①也有将荷叶满满塞在鸡肚里去蒸的。②假如没有新鲜荷叶，用干荷叶也好。③制法得宜，还可以久留，冬天能三四天不会变，夏天也隔得一两宿毫无异味。"

理的话，成馔后会呈现艮韧的质感，但在烹饪前加入较为温和的绍兴花雕酒进行腌制，鸡肉的肉质结构就会轻微地发生改变，原因出在绍兴花雕酒令鸡肉中的水溶性蛋白低温致熟，处于半凝结的状态，而水溶性蛋白相互之间也由相连变为分散，使得鸡肉再进行高温致熟时，鸡肉结构变得松散，从而让鸡肉能够呈现爽滑的质感。

不过，随着豢养方法的改变，现代的鸡的肉已不太紧实，再采用预先低温致熟——用绍兴花雕酒腌制的方法，显然是不合时宜的。这一点不可不知。

光鸡洗净，用干毛巾抹去表面水分，用3克精盐、1克味精混合制成的调味盐涂匀鸡膛内外，腌20分钟左右。

将绍兴花雕酒灌入鸡腔，并抹匀，填入姜丝、葱丝及八角，用铁针（鸭尾针）缝上鸡腹开口，再用老抽抹匀鸡皮，使鸡皮着色。

将鲜荷叶平铺在工作台上，将腌好的鸡放在荷叶中央，对折荷叶，将鸡严实包裹，再以收口向下的姿势将荷叶鸡放入蒸笼内，以猛火蒸18分钟令鸡熟透。取出，按"园林香液鸡"的方法将鸡斩件摆砌上碟（荷叶垫底）供客膳用。

膳用时，取2克精盐、1克味精、1.5克沙姜粉与猪油、芝麻油制成调味料，供客蘸鸡。

◎夜香奶液鸡

◎注："夜香花"又称"夜兰香"。可供栽培观赏，亦可入药。其新鲜的花和花蕾具有清肝明目之功效，可治疗目赤肿痛，麻疹上眼、角膜去翳等。

原料： 光鸡1只（约900克），水牛奶1 500克，夜香花50克，精盐7.5克，味精7.5克，上汤50克，湿淀粉10克，花生油15克。

制作方法：

此鸡馔在粤菜菜谱当中曾经让人眼前一亮，但因制作的厨师老去，没有传承而鲜为人知。

将水牛奶倒入瓦罉内，加入5克精盐及5克味精，以慢火加热至沸腾，然后将洗净的光鸡浸入水牛奶之中，按"白切鸡"的方法将鸡浸熟。及后，按"园林香液鸡"的方法将鸡斩件，摆砌在浅底瓦钵内。

　　猛火烧镬，落花生油，再注入上汤及200克浸过鸡的水牛奶，用2.5克精盐、2.5克味精调味，用湿淀粉勾成琉璃芡，然后将琉璃芡淋在鸡面。

　　夜香花摘去花托（也可保留），用滚水灼熟，捞起伴在鸡件四周。

◎脆皮葫芦鸡

　　原料： 光鸡1只（约1 050克），湿糯米75克，金华火腿粒25克，湿冬菇粒50克，鲍鱼粒100克，鲜莲子75克，精盐5克，味精5克，陈村枧水2.5克，脆皮糖水100克，淡二汤100克，花生油（炸用）2 500克。

　　制作方法：

　　此鸡馔是粤菜体系中较为罕见的刀工菜式。之所以说较为罕见，是因为粤菜体系的烹饪理论突出"鲜活"两字，也就是十分注重保留食材自带的质感，过多的刀工，被视为"屠龙之技"，会破坏原料的肉质结构，使原料致熟后的质感变得松散霉烂，不成美食。

　　由于是刀工菜，所需的光鸡是指煺毛但未掏取内脏的鸡，目的是确保光鸡只有一个刀口。

　　将光鸡放在砧板上，在踝关节用刀将鸡头骨与鸡颈椎的交接处斩断，但要确保鸡颈皮与鸡头仍然相连。

　　将鸡椎骨翻出，要能见到鸡肩胛骨，用小刀分别将两边的鸡肩胛骨关节剜开。用小刀贴着肱骨刮离骨膜，使粘连肱骨的皮肉分离开来。一手握着鸡中节（尺骨、桡骨），另一手握着肱骨扳动，使肱骨与肘关节分离。用小刀沿肘关节环剜一刀，用力翻动鸡皮肉，使鸡尺骨及鸡桡骨外露

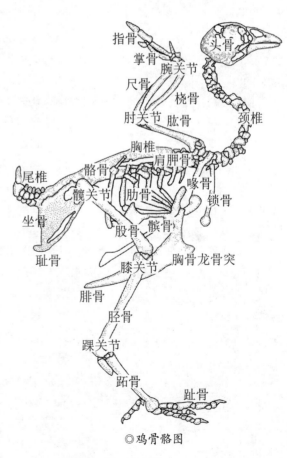

◎鸡骨骼图

出来，利用贴骨刮膜的手法，令鸡皮肉与鸡尺骨、鸡桡骨分离，然后一手握着鸡翼尖，另一手握着鸡尺骨、鸡桡骨扳动，使鸡尺骨、鸡桡骨与腕关节分离。再用同一手法将另一边的鸡翼内的骨刮脱出来。

此为脱鸡翼法。

用小刀贴着鸡胸椎表面刮剁，边刮剁边移动鸡皮肉，使鸡胸椎、鸡肋骨的皮肉分离。到达鸡髋关节时，握鸡股骨向上扳动，使鸡股骨脱落。

此为脱鸡身法。

用小刀沿鸡股骨的髋关节处环剁一刀，再贴刮鸡股骨令皮肉分离。在鸡股骨部分外露后，一手握鸡股骨，另一手握鸡皮肉，并反方向拉扯，使鸡股骨完全外露。顺势一拧，使鸡股骨与膝关节分离。用小刀沿鸡胫骨的膝关节环剁一刀，再贴刮鸡胫骨令皮肉分离。在鸡胫骨部分外露后，一手握鸡胫骨，另一手握鸡皮肉，并反方向拉扯，使鸡胫骨完全外露。顺势一拧，使鸡胫骨与踝关节分离，再用同一手法将另一边的鸡髀（鸡腿）内的骨刮脱出来，再在踝关节对下1.5厘米处将鸡爪（凤爪）斩下来（可在起鸡骨前操作）。

此为脱鸡髀法。

以上部位骨肉分离之后，就剩下尾椎部分的皮肉未与骨彻底分离。此时要特别小心，原因是此处的皮肉很薄，稍有不慎就会弄破鸡皮，使整个操作功亏一篑。谨慎的做法是：边扯皮肉边刮该处鸡骨，扯力不宜大，刮处不宜多，还要适时地调整光鸡的摆放位置。

以上各法合起来就是"起全鸡法"。

技术要求是：全鸡表皮完整，无破口；鸡肉无骨碎及肢骨残留。

技术要领是：以刮为主，以扯为辅。

将湿糯米放入疏网桶内，撞入滚水中，使湿糯米表面预糊化，以降低糯米黐稠（黏黏糊糊）机能，提高清爽的效果。撞水时要多翻动糯米，务必让所有糯米都能接触到滚水。疏网桶要通畅，不宜让滚水滞留。

将鲜莲子放入钢盆内，加入陈村枧水拌匀，腌5分钟左右，然后放入铁镬，并用中火加热至沸腾的滚水焓煮。焓时用笊篱晃动，使鲜莲子外衣脱落。焓煮至鲜莲子脸软，用笊篱捞到流动的清水里漂凉，用竹签将莲子心戳去。

猛火烧镬，落30克花生油，放入湿糯米、鲜莲子、金华火腿粒、湿冬菇粒、鲍鱼粒及葱花，用5克精盐、5克味精调味，以中火炒匀，制成馅料。

◎注："脆皮糖水"的配方及做法在《粤厨宝典·味部篇》上有更详细的介绍，这里再举一个做法以供参考。

原料：麦芽糖400克，白糖2 500克，曲酒100克，大红浙醋100克。

制作方法：将各料放入钢盆内搅拌混合，搅拌至麦芽糖完全溶解为止。

① "脆皮葫芦鸡"是饭馔结合的食品，所耗时间集中在令糯米成饭的过程上。为突出鸡皮的酥脆，可用其他原料替代糯米。

② "脆皮葫芦鸡"的做法，有一版本是待鸡坯蒸熟后，蘸上脆浆再进行油炸。

将馅料酿入脱骨鸡（荷包鸡）内，将鸡颈皮绕过鸡翼打上结，形成"葫芦鸡坯"。

将"葫芦鸡坯"放入滚水中渌过，再用脆皮糖水涂匀表皮，置通风处吹晾，让鸡皮干爽。

将花生油放入铁镬内，以中火加至五成热（150～180℃），再将吹晾干的"葫芦鸡坯"放入油内炸至鸡皮酥脆及呈金红色；然后将炸好的"葫芦鸡坯"放入瓦锅内，加入淡二汤，置入蒸柜蒸25分钟左右，以糯米熟透为标准。

将花生油放入铁镬内，以中火加至五成热（150～180℃），再将蒸好的"葫芦鸡坯"放入油内炸至鸡皮干爽，取出，用刀顺切一分为二，摆砌上碟便可供膳。

◎梧州纸包鸡

原料：净鸡肉1 000克，糯米纸60张，鸡蛋清50克，干淀粉25克，蒜蓉12.5克，辣椒米50克，豉汁25克，芝麻油5克，精盐7.5克，味精7.5克，花生油（炸用）2 500克。

制作方法：

此鸡馔又名"威化纸包鸡"。之所以称为"梧州纸包鸡"，有两种说法：一种是此鸡馔始创于广西梧州，另一种说法是梧州人擅长制作糯米纸，因鸡馔的糯米纸取于梧州而得名。

此鸡馔可作为筵席的热荤菜。

将净鸡肉切成薄片，放入钢盆内，用鸡蛋清拌匀，再加入精盐、味精、蒜蓉、辣椒米、豉汁调味，用干淀粉裹浆，再淋上芝麻油腌15分钟左右。

将糯米纸铺在砧板上，将连料约20克的鸡片放在糯米纸上，然后将糯米纸折卷并两端对折，使糯米纸折卷成"日"字形纸包鸡坯。纸包鸡坯以收口向下的姿势放在撒上淀粉的钢盘内待用。

将花生油放入铁镬内，以中火加至五成热（150～180℃），然后将纸包鸡坯逐件放入油内，浸炸至纸包鸡的糯米纸微脱并浮起，用笊篱捞起沥去油分，再摆砌上碟便可趁热供膳。

◎注1：糯米纸又名"威化纸"，有两种做法。

一种是将糯米煮成饭，再将饭擂成稀团，然后一手揪着稀团快速抹涂在熯铛上，并迅速抽离，使稀团留在熯铛上并形成厚薄一致、直径为15厘米的圆片，见薄圆片干熟，另一手拿竹签将薄圆片挑起，再依次重复操作。

另一种是将糯米粉与清水开成一定浓度的稀浆，再将稀浆喷涂在加热至160℃的熯铛内，使稀浆熯成直径为15厘米的薄圆片。

总的来说，第一种方法的质感较为酥化，第二种方法的质感较为艮韧。

◎注2：梧州纸包鸡有多种调味形式，这里仅举豉香一例。也有的是用东南亚香料配味，没有特定要求。

另外，"纸包鸡"的做法，近年来也有一款，是将鸡肉放入用玉扣纸折成的纸袋里油炸制成。这种做法欠缺之处是要食客自己动手撕袋取食，不太优雅。

◎秋菊红梅鸡

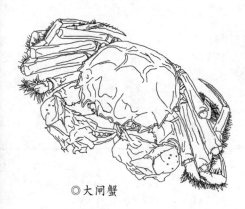

◎大闸蟹

原料： 光鸡1只（约1 050克），鸡蛋清20克，蟹黄100克，鸡肾球200克，菊花瓣20克，指甲姜片2克，葱榄3克，绍兴花雕酒10克，精盐7.5克，味精7.5克，湿淀粉15克，花生油（炸用）2 500克。

制作方法：

此鸡馔有两种做法，第一种做法是将鸡肉起球，泡油后再与锯缘青蟹的蟹黄烩煮。这种做法在20世纪70年代以前的高档饭店流行。曾式微过一段时间。20世纪90年代左右改为用大闸蟹与光鸡一同浸熟，再将大闸蟹拆肉取黄作酱扒在斩砌好的白切鸡上。

先讲第一种做法。

将光鸡脱骨起肉，并将肉切成球状（比粒大为球），放入钢盆内，加入鸡蛋清、湿淀粉拌匀。

将蟹黄放入钢盆内，冲入滚水浸至八成熟。用滤网捞起并沥去水分。

鸡肾剞花并切成球。

将花生油放入铁镬内，以中火加至五成热（150～180℃），分别放入鸡球和鸡肾球，泡至仅熟，用笊篱捞起，沥去油分。将火调小，使油温下降至120℃左右，放入沥去水分的蟹黄，让蟹黄泡至全熟，用滤网捞起，沥去油分。

铁镬留有余油，爆香指甲姜片及葱榄，攒入绍兴花雕酒，放入鸡球及鸡肾球，并用精盐、味精调味，摁镬，使各料充分受热，即可滗入碟上堆成龟背形，再将蟹黄铺面及将菊花瓣围于四周。

再讲第二种做法。

锯缘青蟹选用圆脐的（膏蟹），张开肚厣将蟹腹洗净，尤其要将其粪便挤压出来。与光鸡一道放入滚水鐪中浸熟。这一过程约为18分钟。

光鸡浸熟即为"白切鸡"，用凉水过冷，使鸡皮收紧变爽滑，然后斩件上碟。

将锯缘青蟹捞起，降温后将蟹黄、蟹肉拆出来，并加料

◎注1："秋菊红梅鸡"的第二种做法与"玉髓蟹黄鸡"似有雷同。区别在于用蟹和伴边，前者用中华绒螯蟹及菊花瓣伴边，后者用锯缘青蟹及骨髓伴边。

◎注2："大闸蟹"的学名为中华绒螯蟹。其中以洞庭湖大闸蟹最为著名，历来被称为蟹中之冠。

头等物煮成"蟹黄酱"（见《粤厨宝典·候镬篇》），再将
"蟹黄酱"扒在斩好的"白切鸡"面上，四周伴上菊花瓣便
可供膳。

◎云南汽锅鸡

原料： 光鸡1只（约1 050克），干鸡㙡菌10克，干竹荪
25克，干牛肝菌10克，干虎掌菌10克，姜片5克，绍兴花雕
酒25克，精盐7.5克，味精5克。

制作方法：

此鸡馔是采用汽烹法的"蒸"烹制而成。趣味在于在蒸
制时并没有加水，但馔成后却变成汤。

全部秘密在于烹制器皿——"汽锅"的设计。汽锅外表
与其他汽锅没有太大区分，但巧妙在于陶锅内部有一个差点
齐口的"小烟囱"，汤水就是从这个看似"小烟囱"的空心
管传来的蒸汽冷凝而来的。

将干鸡㙡菌、干竹荪、干牛肝菌及干虎掌菌分别用温
水泡软。其中干竹荪香气太浓，要用流动清水反复漂洗多
次，以仅带微香为度。泡软后再分别用刀切块或切段。

光鸡沿脊部用刀分为两爿，再将每爿斩成5块。

将光鸡块、鸡㙡菌、竹荪、牛肝菌、虎掌菌、姜片放入
汽锅内，冚上锅盖，将汽锅架在装有沸腾清水的铁镬上，用
猛火加热，攒入绍兴花雕酒，并保持铁镬内有足够清水，约
90分钟后掀开锅盖，用精盐、味精调味便可膳用。

◎注1："云南汽锅鸡"的配
料没有特定要求，除配食用菌之
外，还可配中药材或蔬果等材料。

◎注2："鸡㙡菌"现在多
写成"鸡枞菌"，《字汇》曰：
"㙡，咨容切，音踪。土菌也。高
脚伞头，俗谓之鸡㙡。出滇南。"
可见用"枞"或"樅"字有误。

此菌为食用菌中珍品之一。其
肉厚肥硕，质细丝白，味道鲜甜香
脆。《本草纲目》云："谓鸡㙡，
皆言其味似之也。"又称"荔枝
菌""白蚁菌"。

◎注3："牛肝菌"又名草笠
竹，是一种珍贵的食用菌和药用
菌。常用于食积气滞、脘腹胀满、
痰壅气逆喘咳。

◎注4："虎掌菌"又称"老
鹰菌""獐子菌"，是一种珍稀名
贵的野生食用菌，营养丰富，味
道鲜美。该菌性平味甘，有追风散
寒、舒筋活血之功效。

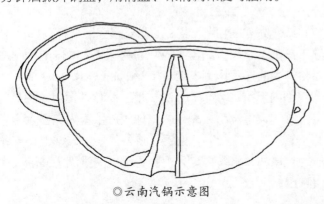

◎云南汽锅示意图

◎骨香鸡球

原料：鸡球1 000克，鸡脆骨650克，指甲姜片5克，蒜蓉3克，茨汤12克，精盐7.5克，味精5克，芝麻油0.5克，胡椒粉0.3克，绍兴花雕酒50克，湿淀粉50克，鸡蛋清65克，鸡蛋黄65克，干淀粉50克，菜莶1 000克，花生油（炸用）3 000克。

制作方法：

此鸡馔是民国时期饭店的经典，其趣味在于除了品尝到鸡肉的嫩滑质感之外，还能品尝到鸡脆骨的爽脆质感。鸡脆骨是取自鸡胸骨龙骨突末端的软骨，每只鸡内仅有一丁点，尤为矜贵。因外形呈三角矛状，又名"三角骨"或"脆矛骨"。

将鸡脆骨放入钢盆内，用精盐2.5克拌匀，再用鸡蛋黄及5克湿淀粉拌匀待用。

将鸡球放入钢盆内，用鸡蛋清拌匀，再用15克湿淀粉拌匀，用20克花生油封面待用。

将茨汤、芝麻油、胡椒粉及25克湿淀粉放入小碗内混合，配成"碗茨"。

将花生油放在铁镬内，以中火加热至220℃。打荷将干淀粉放入腌好的鸡脆骨中拌匀。候镬师傅随即将鸡脆骨倒入花生油内，并将鸡脆骨炸至金黄色，然后用笊篱捞起鸡脆骨并沥去油分，再交给打荷，再鸡脆骨在圆碟上砌成圆圈。

将花生油倒回油盆，铁镬内留有25克余油，趁热用5克精盐煸炒菜莶。待菜莶煸炒至刚熟，倒入笊篱，沥去水分。

将铁镬洗净并用猛火烧热，放入花生油，将花生油加至五成热（150～180℃），再将腌好的鸡球放入油内泡至刚熟，然后将花生油连鸡球倒入架有笊篱的油盆内。

铁镬内留有30克余油，趁热爆香蒜蓉、指甲姜片，再将沥去水分的菜莶及沥去油分的鸡球放入铁镬内，攒入绍兴花雕酒，并注入"碗茨"，搵镬，将各料炒匀，淋上15克花生油作为包尾油，将各料滗入鸡脆骨围成的圆圈内并堆成山形便可膳用。

◎注：骨香鸡球之所以成为民国时期饭店的经典，完全是因为当时的鸡的质感不霉散，而菜莶是选自以爽脆著称的萧岗柳叶菜心。但自这两种食材的品质下降，这款经典鸡馔随之逐渐被食客淡忘。

◎江南百花鸡

原料：光鸡1只（约1 250克），百花馅350克，蟹肉25克，鸡蛋清30克，菊花瓣20克，精盐0.5克，味精2克，胡椒粉0.05克，绍兴花雕酒2.5克，干淀粉5克，湿淀粉10克，上汤400克，猪油30克。

制作方法：

此鸡馔是民国时期广州最早的连锁企业——"四大酒家"之一的文园酒家的招牌菜。其灵感来源于当时名冠广州的怡珍茶楼的"百花馅"。

怡珍茶楼是清代首富伍秉鉴先生的后人在河南（现海珠区）瑞宝乡经营的茶楼，主打伍秉鉴先生珍藏的食谱做出的美食。当中以河虾去壳压烂并挞成虾胶用以制作点心的"百花馅"最受食客及同行的青睐。"百花馅"甚至被公认为是体现"食在广州"这一招牌的荣耀之作。

20世纪30年代，被后人誉为"酒楼王"的陈福畴先生在筹建"文园酒家"时，其旗下的名厨罗泉（外号"妥当泉"）先生创出利用怡珍茶楼的点心师崔强先生指导制作的"百花馅"酿在鸡皮上蒸制的肴馔。陈福畴先生在品尝过后当场拍板，将之推举为"文园酒家"的招牌菜。在日后的五十年间，这款名为"江南百花鸡"的肴馔不愧当初名家极力推荐，一直稳居"十大经典粤菜"的名单之内。

需要指出的是，原料配方尽管用的是光鸡，但实际上只是用光鸡的皮，余下的鸡肉及骨架另作他用。

但是，选光鸡不能马虎，必须要恰到好处，鸡龄过嫩，鸡皮偏于糯软；鸡龄过老，鸡皮过于韧韧。拣鸡应以呈现爽脆嫩滑的质感为标准，这样才能体现肴馔的灵魂——鸡皮爽脆、虾胶爽滑的上善质感。

用刀由鸡颈背开始并顺剖到鸡尾，然后完整地将鸡皮剥离出来。将鸡皮平铺在砧板上，用竹签密插，在鸡皮上戳小孔，用以降低鸡皮在蒸制加热时的收缩程度。

鸡皮戳上小孔后，以肉面向上的姿势平铺在竹笪上，撒入干淀粉，用手抹平，使鸡皮肉面均匀沾上一层薄薄的干淀粉。

◎注1："百花馅"的配方及做法，请参阅《粤厨宝典·砧板篇》。

◎注2："江南百花鸡"所用的蟹肉是取自锯缘青蟹的成熟雄蟹（肉蟹）生拆出来的肉。

◎注3：伍秉鉴是清代广州十三行怡和行的掌柜，是有名的"虾痴"，广州著名点心"虾胶"，就是他的府厨为他而设计出来的。

◎注4："百花馅"蒸制时必须采用猛火，若火候不足，虾肉会霉而不爽。与此同时，蒸制时间也不宜过长，否则虾肉又会丧失爽滑质感变得糙。

◎注5："百花馅"蒸时会收缩，有厨师在挞馅时加入切成米粒的肥肉。

百花馅与蟹肉放入钢盆内混合并挞好，制成蟹肉百花馅，然后将蟹肉百花馅镶在沾上干淀粉的鸡皮上，用刮板沾鸡蛋清，使蟹肉百花馅平滑（铺平厚度应以不多于1.8厘米为宜）。连竹笪置入蒸柜猛火蒸6分钟左右。取出，放砧板上切成3条，每条再分成8块（骨牌形），再以皮面向上的姿势放在瓦碟中央。

用中火烧镬，放入猪油，待猪油微冒青烟，攒入绍兴花雕酒并注入上汤，用精盐、味精、胡椒粉调味，用湿淀粉勾成琉璃芡，再将琉璃芡淋在鸡皮上。打荷将洗净的菊花瓣撒在鸡皮四周作为伴边便可供膳。

◎翡翠莲花鸡

◎注："莲花白酒"是北京地区出产的佳酿，制作始于明朝万历年间，以酒香充溢、酒质柔和、酒味纯厚著称。民国时期徐珂先生编写的《清稗类钞》云："瀛台种荷万柄，青盘翠盖，一望无涯。孝钦后每令小阉采其蕊，加药料，制为佳酿，名莲花白。注于瓷器，上盖黄云缎袱，以赏亲信之臣。其味清醇，玉液琼浆，不能过也。"

原料：光鸡1只（约750克），百花馅180克，草菇12粒，莲花白酒20克，菜远200克，精盐14.5克，味精11克，白糖1.5克，芝麻油0.5克，胡椒粉0.02克，葱条10克，八角粉2克，淡二汤200克，上汤200克，干淀粉15克，芫荽叶12片，金华火腿蓉5克，花生油55克。

制作方法：

此鸡馔是在"江南百花鸡"之后创出，初衷是为中档酒家的筵席而设计，历史评语是"仅为参照，没有超越"。

光鸡洗净，用干毛巾抹去表面水分，用以9克精盐、7.5克味精及八角粉混合的调味粉涂匀鸡膛内外，将葱条填入鸡腔，再将10克莲花白酒灌入鸡腔。然后将整鸡置入蒸柜，并以猛火蒸熟。

光鸡蒸熟后，倒出原汁留用，并按"园林香液鸡"的方法将鸡斩件摆砌上碟。

草菇用200克淡二汤加1.5克精盐滚煨3分钟，用笊篱捞起，用干毛巾吸去水分，用刀切去底部，拍上干淀粉，并将百花馅镶入草菇内部，再将芫荽叶及金华火腿蓉贴在百花馅表面制成百花草菇坯。随即将百花草菇坯置入蒸柜，以猛火蒸熟（约6分钟）。

猛火烧镬，落25克花生油，待油微冒青烟，放入菜选，煸熟，并用1克精盐调味。将菜选倒入笊篱，沥去水分，再交给打荷伴在鸡件四周。

"百花草菇坯"蒸熟后，交给打荷，打荷将之摆在菜选上面、鸡件两旁。

猛火烧镬，落30克花生油，待油微冒青烟，攒入10克莲花白酒，并注入上汤及原汁，用3克精盐、3.5克味精、1.5克白糖调味，用10克湿淀粉将汤汁勾成琉璃芡，用芝麻油作为包尾油，再将琉璃芡淋在鸡件、菜选及百花草菇坯面上，便可供膳。

◎ 碧绿香麻鸡

原料： 光鸡1只（约1 250克），芝麻酱15克，白芝麻（炒熟）15克，绍兴花雕酒15克，姜片10克，葱条15克，菜选250克，精盐7.5克，味精7.5克，白糖2.5克，老抽25克，花生油（炸用）3 000克，猪油100克。

制作方法：

此鸡馔在民国时期广州饭店的菜谱上常见，但现在的菜谱已难见其踪影。

光鸡洗净，用干毛巾抹去表面水分，再用老抽涂匀鸡皮。将鸡放在笊篱内，用七成热（210～240℃）的花生油炸至表皮硬化并呈金黄色，再用精盐、味精、白糖及芝麻酱混合的调味料擦匀鸡的内腔，并填入姜片、葱条。

将瓦罉架在煤气炉上以猛火烧热，落猪油，待猪油微冒青烟，将鸡放入瓦罉内并攒入绍兴花雕酒。随即冚上罉盖，改中火焗18分钟至鸡刚熟。取出，按"园林香液鸡"的方法将鸡斩件摆砌上碟，伴上灼熟的菜选，并撒入白芝麻便可供膳。

◎注："碧绿香麻鸡"其实是"焗"法烹饪的一个经典案例，归根结底，它是"啫啫鸡"的孪生品种。

◎芝麻汾香鸡

◎注1："芝麻汾香鸡"使用山西汾酒有两个目的，第一个是图取山西汾酒的酒香气；第二个是利用山西汾酒的乙醇对鸡肉进行低温致熟，使鸡肉呈现爽嫩的质感。但是，这种做法必须建立于鸡肉的非水溶性蛋白——也就是通常所说的鸡肉纤维处于长与粗的状态的基础上。这在以往开放式豢养的鸡中常见。如果是封闭式豢养，并不适用，鸡肉反而呈现霉散的质感。

◎注2："山西汾酒"是一种白酒的名称，产于山西省汾阳市杏花村，又称"杏花村酒"，具有入口绵、落口甜、饮后余香、回味悠长的特点。

原料： 光鸡1只（约1 050克），菜远300克，山西汾酒25克，精盐13.5克，味精7.5克，猪油75克，姜丝15克，葱丝25克，白芝麻（炒熟）10克，芡汤20克。

制作方法：

此鸡馔的做法可以说是民国时期粤菜的通用做法，即将调味料涂抹在鸡膛后蒸熟斩件。变化就在于后续调味和蘸料。总的来说，鸡馔制作技艺没有鲜明的突破点。

光鸡洗净，用干毛巾抹去表面水分，用味精、12克精盐混合的调味料涂匀鸡膛内外，并灌入山西汾酒及填入姜丝、葱丝，置入蒸柜猛火蒸18分钟致熟。取出，按"园林香液鸡"的方法将鸡斩件，摆砌上碟。

猛火烧镬，落35克猪油，待猪油微冒青烟，将菜远煸炒至仅熟，用1.5克精盐调味，倒入笊篱，沥去水分。猛火烧镬，落40克猪油，待猪油微冒青烟，放入沥去水分的菜远，并用芡汤炒匀赋味。将菜远倒入笊篱，交给打荷，打荷将之伴在鸡件两旁。将炒熟的白芝麻撒在鸡件上便可膳用。膳用时可配姜葱蓉作为蘸点调味。

◎脆皮盐焗鸡

原料： 光鸡1只（约1 400克），沙姜粉25克，精盐12.5克，味精8克，芝麻油75克，咸香鸡卤水8 000克。

制作方法：

此鸡馔实际上是"东江盐焗鸡"的一个版本。

"东江盐焗鸡"不是客家菜，是典型的广州制造，始创于民国时期广州"东江饭店"。为了不与客家菜的"正宗盐焗鸡"混淆，又称"手撕盐焗鸡"。

需要指出的是，无论是"东江盐焗鸡"抑或"正宗盐焗鸡"，都是选用鸡项——未生蛋的雌鸡作为原材料，所以，它们会呈现皮爽肉滑的质感。

然而，这里介绍的"脆皮盐焗鸡"则打破了这个局限，选用刚性成熟的生鸡（雄鸡）作为原材料，以使鸡皮致熟后呈现韧脆的质感。当然，选用这样的鸡是有代价的，就是鸡肉致熟后会呈现艮且敧的质感。

既然不选用鸡项而改用生鸡，卤浸致熟的火候也要相应调整。

一般而言，选用鸡项是图取其皮爽肉滑，卤浸致熟的火候就无须过高，水温维持在98℃左右。而选用生鸡仍采用这个火候的话，其皮肉就会呈现艮韧的质感，难以被人轻松咀嚼。

因此，生鸡卤浸致熟的火候必须要高，水温维持在100℃以上。这样的火候对于质感艮韧的生鸡而言，除了改善质感之外，还提升香气，让藏于鸡肉缝隙里的香气因鸡肉热缩喷发出来，这是水温太低去烹饪不能赋予的。这就是行内所说的"鸡项用'浸'，生鸡用'焓'"。

咸香鸡卤水以猛火加热至沸腾。手握洗净的光鸡的鸡头，将鸡身按入咸香鸡卤水里，抽提两三次，使鸡腔内外受热均匀，然后才将光鸡完全浸入咸香鸡卤水里。待咸香鸡卤水重新沸腾，调节火候，让咸香鸡卤水处于仅仅沸腾的状态。每隔5分钟，用长竹筷子夹绕着鸡颈将鸡提起，将鸡腔内的咸香鸡卤水排去，再换入温度较高的咸香鸡卤水，以使鸡腔内外受热均匀（这个工序，行中称为"戽水"）。如是者大概25分钟后，观察鸡髀踝关节处，见踝关节内部液体沸腾，即可用长竹筷子将光鸡从咸香鸡卤水里夹起。

将光鸡夹起后，放在钢盘上晾凉，这一过程叫作"收汗"，使鸡皮的水分挥发出来。但此时要控制鸡皮水分挥发的程度，含水分太少，鸡皮会艮；含水分太多，鸡皮会糯；唯有鸡皮含水率适当，鸡皮才会呈现脆的质感。因此，当发现鸡皮水分达到要求时，用花生油（配方未列）涂抹在鸡皮表面，以抑制水性挥发。

光鸡放在砧板上，用刀斩下鸡颈。鸡尾朝外，左手按着鸡翼，右手持刀在鸡尾处落刀，顺鸡脊骨将鸡平分成两爿。左手握鸡翼，右手持刀将鸡肩关节剖开，左手顺势往上提，令鸡肉与鸡骨分离。左手握鸡髀向外翻，右手持刀剖开髋关节，令鸡肉与鸡骨彻底分离开来。另半爿如是操作。将鸡骨

◎注1："东江盐焗鸡"及"正宗盐焗鸡"的配方和做法，请参阅《粤厨宝典·味部篇》。

◎注2："咸香鸡卤水"的配方和做法，请参阅《粤厨宝典·味部篇》。

◎注3：在焓鸡的过程中，水温要维持在沸腾的状态，否则，鸡肉的香气会受到抑制，不会溢出，难成美味。

◎注4：如果同时烹制的鸡数量较多时，各鸡要有一定的间距"收汗"，避免影响散热，形成"焐"的环境，令鸡肉质感变霉。

◎注5：粤菜食谱中的"盐焗鸡"并不局限于将鸡埋在炒至炽热的粗盐里致熟，利用白切鸡撕成条状再拌上沙姜粉加芝麻油等调料制成的也可称为盐焗鸡。为免误解，可将前者称为"正宗盐焗鸡"，将后者称为"手撕盐焗鸡"。

斩件、鸡肉撕条、鸡皮切块，分别拌上用沙姜粉、精盐、味精与芝麻油混合的"盐焗料"，再以鸡骨垫底、鸡肉铺上、鸡皮铺面的姿势排砌入碟。

◎ 七彩片皮鸡

原料： 光鸡1只（约1 250克），鸡胸肉180克，番茄（西红柿）400克，青瓜（嫩黄瓜）150克，菜远150克，薄脆100克，虾片100克，精盐3.5克，味精1克，白糖10克，鸡蛋液30克，干淀粉50克，淡二汤50克，芡汤10克，西汁75克，白卤水1罉，脆皮鸡水50克，花生油（炸用）5 000克。

制作方法：

此鸡馔于民国时期在粤菜中的地位等同于"金陵片皮鸭"及"北京片皮鸭"的地位，得到广大食客的青睐。最终销声匿迹，原因全在"七彩"两字。"七彩"使鸡馔的整套工艺太过繁复冗赘，以至于厨师忙于处理无关紧要的"七彩"——鸡馔造型而疏忽至关重要的脆皮方面，导致鸡馔沦为花里胡哨的看菜，趣味全失。

制作此鸡馔，主要分成两个部分，一个部分是制作"脆皮鸡"，一个部分是制作"七彩"。

"脆皮鸡"部分是将白卤水加热至沸腾，将光鸡放入白卤水内，用慢火浸18分钟致熟。捞起，用脆皮鸡水涂抹表皮，再用钢钩勾起，挂在通风处吹干表皮，准备油炸。

◎油炸脆皮鸡

"七彩"部分较为繁复冗赘，要逐样处理，并且要掌握好各样合成的时机，确保其新鲜度。

将鸡胸肉切成12片，每片长4厘米、宽3厘米、厚0.3厘米。用1.5克精盐、1克味精拌匀。腌10分钟后加30克鸡蛋液、35克干淀粉拌匀。以半煎炸的形式烹制，使鸡胸肉焦脆、金黄。猛火烧镬，落15克花生油，待花生油微冒青烟，将鸡胸肉及西汁放入镬里拌炒均匀，滗在碟里备用。

番茄洗净，横切成12片圆片。圆片两面先撒上白糖，再撒上15克干淀粉。用五成热（150～180℃）的花生油炸熟，用笊篱捞起，沥去油分。

青瓜洗净，横切成12片扇形片。

猛火烧镬，落15克花生油，待花生油微冒青烟，用淡二汤及2克精盐将菜远煸炒至九成熟。将菜远倒入笊篱，沥去水分。再烧镬，落10克花生油，待花生油微冒青烟，用芡汤将煸熟的菜远炒匀授味，再将菜远倒入笊篱，沥去水分。

薄脆和虾片分别以五成热（150～180℃）的花生油炸膨化，用笊篱捞起，沥去油分。

猛火烧镬，落足花生油，待花生油加至五成热（150～180℃），将吹干表皮并用筷子戳破鸡眼的"脆皮鸡坯"用笊篱盛起放入油里，炸至鸡皮泛白，拿起笊篱，使"脆皮鸡坯"架在油面上，用手壳（勺）不断地滗热油淋在鸡皮上，使鸡皮受热焦化变红、变脆。待鸡皮均匀地变成金红色，即停止淋油，将鸡交由砧板师傅进行片皮工作。

在候镬师傅给鸡进行油炸工作时，砧板师傅即进行摆碟工作。将炸好的薄脆堆在瓦碟中央，再按顺序将鸡胸肉片、菜远、番茄片、青瓜片及虾片伴在薄脆周围。

待"脆皮鸡坯"炸好后，将鸡侧卧，先在鸡嗉窝部片出2块4厘米见方的鸡皮，再按鸡胸、鸡翼、鸡背、鸡髀的次序片出同样大小的鸡皮共22块（总共24块），并排砌在薄脆上面。将鸡头、鸡翼尖斩下，并按鸡形摆放在碟内便可供膳。

◎注1："薄脆"的配方和做法，请参阅《粤厨宝典·点心篇》。

◎注2："西汁"的配方和做法，请参阅《粤厨宝典·候镬篇》。

◎注3："白卤水""脆皮鸡水"的配方和做法，请参阅《粤厨宝典·味部篇》。

◎注4："脆皮鸡坯"在油炸前必须将鸡眼戳穿，防止油炸时鸡眼受热膨胀爆裂四溅。

◎注5：砧板师傅的摆碟工作要与炸鸡同步进行，以确保各料鲜、脆处于最佳状态供膳。

◎炸子鸡

◎注1："子鸡"是童子鸡的简称，又称"拳鸡"。童子鸡是指刚长成但仍未有性意识的雏鸡。

◎注2：民国时期的《秘传食谱·鸡门·第四节·炸子鸡》云："预备：（材料）十几两重未生蛋的嫩子鸡一只，绍兴酒适量，滚开水一锅，滴珠红酱油适量，油半锅，红酱油、白酱油、好清汤、茨粉均适量；或蜜糖适量，或浙醋、砂糖、净水、茨粉也均适量；或花椒、盐都适量，预先其研成细末。（特别器具）蒸笼一具，干净布一大块，七寸盘一个。做法：①取嫩子鸡也如前法去尽毛内肚内各物，不可破开。②用绍酒将鸡的内外擦过，放入蒸笼内略蒸上一刻，或入滚开水的锅内煮二三十滚；取起，晾干水汽，用干净布遍身揩擦一过。③再用滴珠红酱油遍涂皮上，略停一刻，再放进滚油锅内炸到透熟。④取起，趁热将肉用手撕烂，盛放在七寸盘子里面。⑤另外用红酱油、白酱油、好清汤加上少许茨粉一并入锅，先煮成一小碗卤子，将撕好的鸡肉拌进，取食最佳。注意：①有用生鸡肉去放入油锅炸的，最佳。但是，非极好的手段不能恰到妙处。②还有用蜜糖将鸡肉周身涂抹一过，再放进滚油锅内炸的，更佳。③也有用浙醋、砂糖、净水、茨粉打成卤子，同炸熟的鸡肉拌吃，也好。④更有用盐同花椒研成末去拌蘸着鸡肉吃的。"

◎注3：民国时期的《秘传食谱·鸡门·第五节·炸拳鸡》云："预备：（材料）拳头的小鸡数个，绍酒、酱油均都适量，以能盖过所焖的物为度；又绍酒另备少许，油半锅。（特别器具）五寸碟数个。做法：①取拳头大的几个小鸡去净毛，及肚里肠脏各物，整块先用绍酒、酱油共焖到五分好，取起，沥尽汁水，置候冷透。②用绍兴酒再将冷透的鸡肉遍身涂抹一过，然后放入滚油锅内炸到极好；分个的盛放在五寸碟中，捧到桌上，像吃西餐一样，每客各放一碟用手撕吃，不仅肉嫩味美，连骨也酥脆异常。注意：因为子鸡过于嫩小，所以，将要油炸前须先涂上些绍酒，方不致有被油炸破皮肉的弊病。"

原料：光鸡1只（约600克），精盐7.5克，米酒15克，葱条15克，姜片10克，老抽25克，麦芽糖3克，花生油（炸用）3 500克。

制作方法：

此鸡馔曾是民国时期粤菜的经典名作。

清末时，太平馆的烧乳鸽作为西餐食品在广州声名鹊起，招徕众多食客帮衬。遗憾的是，乳鸽并非粤菜传统食材，粤菜师傅对其烹制并不擅长，引来不少的非议。粤菜师傅认为这样愧对粤菜烹饪，决定绝地反击，于是，另辟蹊径选用比鸡项更加骨脆肉嫩的童子鸡应战。粤菜师傅深受广州饮食文化的熏陶，就此创出的"炸子鸡"一战成名，让"烧乳鸽"的拥趸者也成为"炸子鸡"的拥趸者。

民国末期，广州沿江路的"大同酒家"新开张，旗下名师将"炸子鸡"的工艺进行改良，由生炸改为熟炸；同时也将童子鸡改为鸡项，确保鸡皮酥脆。这就是时至今天仍然是粤菜经典的"大红脆皮鸡"（又称"大同脆皮鸡"）。

顺带提一下，"大红脆皮鸡"的工艺倒逼本属西餐食品的"烧乳鸽"也进行改革，但这一改革进程则是由粤菜师傅实施，使得粤菜有了"红烧乳鸽"的名馔。

这里介绍的"炸子鸡"做法是民国时期的版本，务求让新晋厨师了解鸡馔原始的做法，以此了解鸡馔发展的轨迹。

用精盐、米酒、葱条、姜片、老抽及麦芽糖放在钢盆内混合成调味液，将调味液涂匀鸡膛内外，腌30分钟。

将花生油放入铁镬内，以中火加至五成热（150～180℃），将腌好并用筷子戳穿鸡眼的光鸡放入油里浸炸，在此期间用笊篱拨动，使光鸡受热均匀。待鸡皮转红、发硬，用笊篱捞起，沥去油分，再交给砧板师傅，按鸡形斩件上碟即可膳用（通常还伴上炸好的虾片）。

◎碎炸童子鸡

原料： 带骨碎鸡块1 000克，鸡蛋液100克，精盐12.5克，干淀粉125克，花生油（炸用）3 500克。

制作方法：

此鸡馔为"炸子鸡"成名之后的横向衍生品种。实际上是参照"咕噜肉"的做法，用童子鸡代替五花肉。

将带骨碎鸡块与精盐拌匀，腌15分钟后再加入鸡蛋液拌匀，捞起，放干淀粉上，使带骨碎鸡块各自成团地裹上干淀粉。

将花生油放入铁镬内，以中火加至七成热（210～240℃），将各自成团的带骨碎鸡块由镬边放入油里，用笊篱轻轻翻动，使带骨碎鸡块均匀受热。在带骨碎鸡块表面的淀粉呈金黄色时，用笊篱捞起，让鸡块疏散内部水汽，然后再放回油里复炸，使带骨碎鸡块获得外脆内嫩的质感。炸好后排砌上碟即可供膳。

◎注："碎炸童子鸡"这道肴馔可将子鸡油炸后直接供膳，也有细致一点的做法，即佐上淮盐、喼汁以补味道不足。

○脍与焓

2019年9月笔者为五邑地区校阅一本教材时，发现书中多次出现"焓"的用字，当即提出异议。因为食物质感评价的术语，是不应该用"火"字旁的"焓"的。

但是，校阅该书的另一位专家坚持要用"焓"字，并写了以下短文交给编写组：

"'焓'和'脍'这两个字在字典上都有，所以可以使用。'焓'和'脍'的词义都不十分明确，相对来说'焓'更不明确（也就是类似空白），但是也都有'软'的意思。（而）'脍'字的解释有以下一些：'脍'是中国的汉字，有多层意思，一种是泥土、木头不坚硬。如：落（下）雨后耕地，趁（趁着）地脸。这里的'脸'，对于泥土来说是松软，对于木头来说是疏松、松泡。'脸'在这里意思与粤菜肉料软熟的质感是有区别的。'脸'除了软的意思外还有以下一些意思，其中包括粤语的习惯用语——熟，煮熟。（古文有）'腥肆焖脸祭，岂知神之所飨也'，（指）味美（或）饱。（另外）人性情柔和随顺,不易发火,不大出声。如：暵（这）个人好（很）脸善，但系个脸瘟佬。康熙字典《广韵》如甚切；《集韵》《韵会》《正韵》忍甚切，音饪。《广韵》味好。《增韵》熟也。《礼·郊特牲》腥肆焖脸祭。《注》脸，熟也。《博雅》美也。（在读音方面）'烩'（粤语）读nam⁴或nem⁴，作'捻'解时（普通话）读niǎn。'脸'（普通话）读rèn。英语翻译（方面）'烩'（为）soft——软的，柔软的。'脸'（为）cooked; be satiated; good-tasting——煮熟的；饱腹便便的；美味可口的。根据以上查阅资料的结果来看，形容肉煮熟软感觉使用'烩'较好。补充三个理由：行业内惯用此'烩'字，没有使用过'脸'字。由于'烩'字义偏于空白，正好用作粤语有实际意义的字。目前一般的电脑字库有'烩'字。"

读了短文，深信该位专家也曾为用"脸"或"烩"去表达进行了思考，但最终用意过于主观。

短文中的论述全部是围绕着"脸"字而展开，然而，最大的致命点是各种字典都证实"烩"字是"捻"字的讹写。既是讹写，就是一个错字，毫无意义可言，更无使用的合理性。

而在进行"脸"字的字义解释之后，该专家就在字的读音上错误引导。

经核对，"烩"字是根据"捻"字而配上读音的，普通话为niǎn，粤语为nam⁴，再无其他读音了。专家所举不知是来源何处。"脸"的读音源于古语，普通话为rèn，粤语有jam⁶、nam⁴及nam⁶三个读音，后两个读音是一些烹饪书籍将字写成"淋"的原因。

专家为了证实其理据，更借用了英文做解释，说"烩"字有soft——柔软的意思，但他没有看清，这个英文之前还有cant——虚伪之言、黑话（《牛津现代高级英汉双解词典》）这一句释义，证明解释的不确定性。而"脸"字直截了当就是soft。

专家最后的理据说电脑字库有"烩"字并且字义偏于空白，去否定并篡改"脸"字，显然是主观武断的表现。

◎注1："脸"字在古语中主要有四个解释：一个是"味好"（《广韵》），一个是"饫也"（《集韵》），一个是"熟也"（《增韵》），一个是"美也"（《博雅》）。如果根据其历史背景去分析，归根结底，就是指"熟也"，因为摆脱茹毛饮血的生活习惯是当时的主流思想。食物经过烹饪之后，除卫生方面有了保证，食物质感也发生了改变，由韧艮变为软脸。这个食物质感的表现最终被广东人领悟，也就只有广东人才会说出这种食物质感的感受。

◎注2："cant"的英文有以下用法。

n. 倾斜；（下层社会的）黑话；斜面；言不由衷的话。

vi. 斜穿；使用黑话（或行话等）；说言不由衷的话。

vt. 使具有斜面；使倾斜；将……斜掷出去；猛扔。

adj. 黑话的；有斜面的；斜穿的。

古人之所以创出"脕"字，是经过长期经验总结出来的，并不是信口开河。因为"脕"字与食物致熟后的状态有关，所以用上了与"月"字旁十分相近的"肉"字旁。在书写时，"月"字较窄（共有84个字），如朦、朕等；"肉"字旁较阔（共有826个字），如肌、脍等。有强烈的表意意义。

与此同时，"脕"是食物质感的一个表现，虽然它解释为软，但实际上，"软"是与"韧"相对，是物质横向无力的表现；"脕"则是与"艮"相对，是物质上下无力的表现。

在食物质感评价术语之中，并非只有"脕"才用上"肉"字旁，"脆"也是其中一员，是物质受上下压力即散碎的表现。曾经写作"胜""脆""脺""脃""胜""鮠""鱢"，但都没有"火"字旁的。另外，食物质感评价术语有一字的确用上了"火"字旁，它就是"烟"。《集韵》曰："熟谓之烟。"《玉篇》云："烟烟，烂也。"是用火将食物煮烂的状态，相比于"脕"来说是被加工过的，"脕"则是天然存在的状态。

明白了古人造字的本义，就不会认为用"火"字旁的"烟"可代表物质上下无力表现的软了。

◎注3："韧"与"艮"都是食物难以被人咀嚼的质感表现。具体而言，"韧"是指用力拉长而不易断。"艮"则是指用力上下咬合而不易断。

顺带提一下，有些刊物写的"烟韧"，实际上就是"艮韧"的讹写。

◎注4：经查，由饶秉才先生主编的《广州音字典》及由詹伯慧先生主编的《广州话正音字典》均未收录"烟"字，但收录"脕"字。

◎注5：关于"脕"与"烟"的使用，笔者编写《粤厨宝典》的前几篇时就曾有过初步的质疑，无奈当时的烹饪书籍都用"烟"字。自编写《厨房《佩》方》这本涉及食物质感的书籍后，才坚定"脕"字是唯一正确的写法。

◎ 鸳鸯鸡球

原料： 去骨鸡肉1 000克，去骨牛蛙髀1 000克，菜苋250克，指甲姜片12.5克，蒜蓉12.5克，绍兴花雕酒125克，茨汤175克，芝麻油7.5克，胡椒粉0.5克，湿淀粉125克，鸡蛋清150克，花生油（炸用）3 500克。

制作方法：

此鸡馔是"北园酒家"在民国时期菜谱上的"大鸡三味"的选择之一。所谓"大鸡三味"，就是一鸡做出三款菜式出来。

去骨鸡肉用刀切成方状块。

去骨牛蛙髀只选大腿部与小腿部，顺着骨剖开脱骨。两者放钢盆内，加入鸡蛋清及60克湿淀粉拌匀，腌15分钟左右。

◎注1："北园酒家"位于广州白云山麓余脉越秀山东面，在民国时期就已开张，为茶寮式酒家。当时，该处仍是广州城的东郊地区，吸引"东山少爷"般人士郊游飨客。为招来食客，酒家特意设计现劏现烹的"大鸡三味"供客膳用。"大鸡三味"没有固定菜式，是以煎、炸、炒、蒸、灼的形式制作三款菜式出来。

307

粤厨宝典·菜肴篇1

◎注2：这里介绍的"鸳鸯鸡球"的做法叫"混炒法"，亦有"分炒法"的做法，即菜蔬与肉料分开炒，先炒菜蔬，交打荷在圆碟上围成一圈；再炒肉料，并将肉料滗在圆圈内部。

◎注3：清代袁枚《随园食单·羽族单·炒鸡片》云："用鸡脯肉，去皮，斩成薄片；用豆粉、（芝）麻油、秋油拌之，芡粉调之，鸡蛋清（鸡蛋白）抓；临下锅加酱瓜姜、葱花末。须用极旺之火炒，一盘不过四两，火气才透。"

将芡汤、芝麻油、胡椒粉及65克湿淀粉放小碗内混合，制成"碗芡"。

将花生油放入铁镬内，放入指甲姜片，以中火加至三成热（90～120℃），将腌好的去骨鸡肉块及去骨牛蛙髀放入笊篱内，再将笊篱放入油里，使鸡肉块及去骨牛蛙髀油泡至仅熟。取起沥油。

将花生油倒回油盆，铁镬内留有45克余油，继续以中火加热，待花生油微冒青烟，放蒜蓉略爆至香（不能焦燶），加入菜蔬煸炒至仅熟。随即加入沥去油分的去骨鸡肉块及去骨牛蛙髀，并攒入绍兴花雕酒及注入"碗芡"调味，摁镬，使各料混合均匀。再淋入35克花生油作为包尾油，滗起上碟便可供膳。

◎香滑鸡球

◎注：民国时期的《秘传食谱·鸡门·第二十一节·生炒鸡片》云："预备：（材料）嫩子鸡肉（要取肚皮、胸腔上的），豆粉少许，油少许，料酒少许，白酱油少许，盐少许，香菇少许，冬笋块（预先剥好、切好，放入锅内先行煮熟）。又芡粉少许（先用水调好）。做法：先将鸡肉生切成片，用豆粉略抓一过，放入滚油锅内略炒十余下，即便加进料酒、白酱油、盐、香菇（预先洗好、发好）、冬笋块（预先煮熟）和净水调好的芡粉，再炒几下即起锅，食味极佳嫩。注意：此等物炒法最要留心不能过火，过火就老，俗语云：'凡炒物，火要旺、油要红、手要快而匀。'就是绝好炒菜的秘诀。"

原料：鸡胸肉1 000克，鸡蛋清25克，葱榄12.5克，指甲姜片7.5克，鲜草菇62.5克，绍兴花雕酒25克，芡汤87.5克，湿淀粉37.5克，胡椒粉0.2克，芝麻油1.5克，花生油（炸用）3 500克。

制作方法：

鸡胸肉用刀切成方块状，放入钢盆内，先用鸡蛋清拌匀，腌15分钟后，加12.5克湿淀粉拌匀。

将芡汤、芝麻油、胡椒粉及25克湿淀粉放小碗内混合制成"碗芡"。

将花生油放入铁镬内，以中火加至五成热（150～180℃），将腌好的鸡胸肉块放入油里，鸡胸肉块定形后，用手壳轻晃花生油，使鸡胸肉块不粘连成团。见鸡胸肉块仅熟，取起笊篱沥油。

将花生油倒回油盆，铁镬内留有25克余油，继续以中火加热，先爆香葱榄、指甲姜片、鲜草菇，再放入沥去油的鸡胸肉块，攒入绍兴花雕酒，用"碗芡"调味，摁镬，使各料均匀，淋上10克花生油作为包尾油便可上碟供膳。

◎ 果汁鸡粒盏

原料： 鸡胸肉1 000克，鸡髀菇250克，精盐5克，味精1.25克，绍兴花雕酒37.5克，葱榄15克，鸡蛋液200克，干淀粉162.5克，果汁250克，薯片60片，花生油（炸用）3 500克。

制作方法：

此鸡馔是西餐的汁酱与粤菜烹饪技艺相结合的结晶。早期（民国时期）的做法是将鸡胸肉切成5厘米见方，用刀拍扁（西餐厨房常见的做法，用意是机械地对鸡胸肉的非水溶性蛋白强制分离。对于这一做法，中餐厨师尤其是粤菜厨师会嗤之以鼻，因为仅追求所谓的松散，没有顾及鸡胸肉的软弹效果，并不高明），捞鸡蛋液、拍干淀粉，再用油煎熟并用果汁拌味。之后（约在20世纪90年代），粤菜厨师发现这种做法并没有将鸡胸肉的软弹质感表现出来，完全按照粤菜烹饪的制作工艺操作，除直接将鸡胸肉切粒以外（不拍），还改用油泡方法将鸡胸肉粒预熟（不煎）。到了现在（21世纪20年代），粤菜师傅更在鸡馔的配料搭配与营销手法结合的路上花心思，初步的成果是加入菇菌配料并以盏的形式装碟，从中体现营养化与高档化。

鸡胸肉用刀切成2厘米见方的粒，放钢盆内，用精盐、绍兴花雕酒腌15分钟，再加入鸡蛋液及干淀粉拌匀。

鸡髀菇用刀切成1.5厘米见方的粒。

将花生油放入铁镬内，以中火加至五成热（150～180℃），将鸡髀菇与腌好的鸡胸肉粒放入笊篱内，再将笊篱放入油内。鸡胸肉粒入油定形会黏结成团，用手壳轻晃花生油，使鸡胸肉粒分散。约30秒即可将各料捞起沥油。

将花生油倒回油盆，铁镬内留有25克余油，改以慢火加热，放入果汁。待果汁沸腾，将鸡胸肉粒及鸡髀菇料加入并炒匀。略收汁，下味精，加入葱榄炒匀。淋上15克花生油作为包尾油即可滗出供膳。

此鸡馔有两种摆碟形式：一种是直接将各料滗入瓦碟，四周伴上薯片，让食客自行将各料滗入薯片内啖食；

◎ 注1：鸡髀菇又写作"鸡肶菇""鸡腿菇"，因其形如鸡腿，肉质肉味似鸡丝而得名。鸡腿菇营养丰富，味道鲜美，口感极好。

◎ 注2：鸡胸肉被选中，是因为其被切裁后形状划一。其最大的弊端是致熟后会呈现霉、敨的质感。有鉴于此，过去的厨师会特意裹上干淀粉去油泡，祈望可以保留鸡胸肉的水分。

实际上，这种做法收效甚微，尤其是现在饲养的鸡，肉质上更不能满足厨师的主观意愿。

裹干淀粉是"外保水"的形式，对鸡胸肉致熟后的质感并没有改善。现在建议用"内保水"的方法处理，鸡胸肉致熟后不仅不霉不敨，还呈现"挑柱丝"的效果，并且质感爽弹。

"内保水"的原理可参阅《厨房"佩"方》。

另一种是由打荷将各料滗入薯片（两片薯片一份，共24份）内再摆砌上碟。不过，后者虽然造型较高雅且方便食客，但薯片会因受潮由脆变脸。

○再说煎、炸、炒

◎油烹法的"煎"

煎、炸、炒是油烹法的主要成员，是以油作为传热介质烹饪食物。以用油的多寡由少至多的排序为煎、炒、炸，以操作动作的多寡由少至多的排序为煎、炸、炒。

也就是说，煎是以用油较少并且近乎静态的形式将食物致熟的烹饪方法。炸是以用油较多并且需要翻动的形式将食物致熟的烹饪方法。炒是以用油较煎的多、较炸的少并且需要勤密翻动的形式将食物致熟的烹饪方法。不过，在实际应用之中，还可利用加热温度等因素让这三种烹饪方法演绎出不同的效果出来。

煎有三个温度区间。

第一个是110℃区间（98～120℃）或低温区间。这个温度区间未能迅速让与油接触的食物表面固化，但也未让食物遇热急促收缩，使得食物内部溢出水分与食物表面固化吸收及自然挥发的水分几乎成正比，因此不会令食物产生焦化反应和脆化反应，也就不会呈现酥脆的质感和秘醇的香气。正因如此，这个温度区间的煎被称为"软煎"。

第二个是150℃区间（120～160℃）或中温区间。这个温度区间有两个波段。第一个波段是迅速地让与油接触的食物表面固化形成分隔层。这个分隔层吸收并抑制水分的能力高于食物内部溢出的水分，给予了与油接触的食物表面发生焦化反应和脆化反应的环境，使食物致熟后能呈现酥脆的和秘醇的香气。第二个波段是针对食物内部而言，由于食物表面有了固化的分隔层，食物内部的水分不能溢出，只能由食物内部自行吸收，使得食物内部致熟后呈现嫩滑的质感。这就让用此温度区间烹制的食物能呈现外酥脆、内嫩滑的质感。

需要强调的是，凡是表面含有明胶（吸水能力极强）的肉料，尤其是带皮的鱼，都不宜运用低温区间烹制，会让食物表面与加热器皿粘连（俗称"藕底"），不利于食物翻动。与此同时，食物表面之所以能够产生焦化反应和脆化反应，是由两个因素造成，即含水率和加热温度。当食物表面的含水率低于25%并且接触温度达到150℃时就会发生焦化反应和脆化反应。正因如此，这个温度区间的煎被称为"硬煎"，并且以中温区间作为煎的标杆性加热温度。

第三个180℃区间（160～190℃）或高温区间。实际上，古人说煎就是收干水分，《扬子·方言》曰："火干也。凡有汁而干谓之煎。"而这个温度区间已高于油的烟点温度，极易让食物表面或整体焦燋。因此，即使要让食物通过油产生焦化反应和脆化反应，也不必动用这个温度区间。在此意义下，采用这个温度区间就不能叫"煎"了。然而，粤菜师傅却无所畏忌地动用这个温度区间，并且还奠立两个方法出来——"焗"与"啫啫"。要理解这两个方法并不难，"焗"是在略为密闭的环境下以油少水多的形式高温去煎。"啫啫"则是在略为密闭的环境下以油多水少的形式高温去煎。两者的区别在于油与水的比例。换言之，"焗"与"啫啫"是以油与水作为传热介质的烹饪方法。

炸有三个温度区间。

炸的概念来源于"煠"。字书有这样的解释——《广韵》曰："煠，汤煠。"宋版十一行本《玉篇》曰："煠，爚也。"

从中可见，"煠"本来是指将食物放入以水作为传热介质的液体内致熟的方法。

不过，后来有厨师将传热介质的水改为油，食物质感和味道又出现另外一番景致。

然而，由于油分动物油脂及植物油脂，不可一概而论，也就妨碍了这种烹饪方法的发展。

可以肯定地说，直到清代结束，植物油脂也只是作为灯油，极少用于烹饪方面。换句话说，在很长的烹饪历史里面，动物油脂几乎占据着肴馔制作的主导地位。

动物油脂有两个因素妨碍着油烹法的发展，一个是黏度，一个是烟点温度较低。因此，其加热温度区间最高只能去到160℃。由于黏度高，可重复使用的次数极低。

◎油烹法的"炸"

粤厨宝典·菜肴篇1

植物油脂正式跻身烹饪界后，厨师发现其效果比动物油脂提高了不少。首先是黏度低，可重复使用的次数极高，可在日常中配备油镬烹制食物。与此同时，植物油脂的烟点温度较高，加热温度区间可达到270℃。此时，厨师认为继续用"煠"去称呼这个烹饪法已不合时宜。恰逢当时炸弹出现，厨师就用"炸"去定义以多量油作为传热介质烹制食物的方法。

在实际应用之中，以植物油脂作为传热介质，会分85℃区间（60～100℃）或温油区间、150℃区间（120～160℃）或热油区间及230℃区间（180～250℃）或旺油区间。

温油区间用于"煐"（宏观上属中温致熟），是肉糜制品质感优化的手段之一。"煐"有"水煐"和"油煐"之分，原理大体相同。这是由于肉糜制品中的水溶性蛋白被剁或绞烂后蛋白外露，遇水或遇油就会轻易熟化。但这一过程会比高温致熟耗费的时间长。虽如此，假若给予充足的时间，肉糜中的水溶性蛋白或非水溶性蛋白都会熟化，如果不考虑细菌等卫生问题，已可达到膳食的要求。在中温区间，肉糜中的水溶性蛋白会摄入大量的水分或油分，并以饱满的状态缓慢地熟化，继而令肉糜制品呈现软滑弹的质感（过快地熟化，肉糜制品内部会有空洞，质感会变得散柴）。

热油区间实为过去动物油脂"油煠"所用的温度。改用植物油脂之后，行中给予的术语为"泡"，为预熟粒状（包括片状或块）肉料及烹饪鱼、虾时使用的技法。其中预熟粒状肉料时也称为"拉油"或"拖油"。当中的概念等同于"水烹法"的"焓"或"飞水"。

无论是"泡油"或"拉油"，肉料表面的水溶性蛋白固化速度是较"水烹法"的"焓"或"飞水"快捷的，以此确保肉料自身水分不易流失，从而让肉料呈现软滑的质感。与此同时，水溶性蛋白在固化过程中，会摄取大量水分，但在热油区间的环境下，水溶性蛋白只能摄取油分，从而让肉料固化表面并变得油润，继而呈现嫩滑的质感。

旺油区间是典型的"炸"，这是因为这个温度区间已达到水分的蒸腾温度，从而呈现"水烹法""汽烹法""气烹法"甚至是"油烹法"的温油区间、热油区间所没有的爆发性。

需要注意的是，尽管旺油区间可以让制

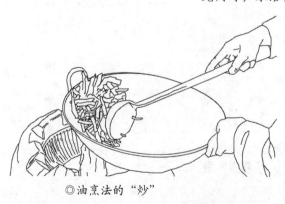

◎油烹法的"炒"

品内部水分迅速蒸腾，但由于油脂的密度大，制品内部蒸腾出来的水分会分散并滞留于油脂之中，如果不及时疏散这些水分，就会被已经酥脆的制品表面吸收，制品表面的质感就会由酥脆变为艮脆。

因此，用旺油区间烹制食品，不要让食品浸没在油里，要适时地捞出油面，让制品内部水分疏散，从而确保制品表面获得酥脆的质感。

正是这个原因，以旺油区间烹制食品有"浸炸"与"淋炸"之分。前者是指将制品投入旺油内致脆及致熟的方法，后者是指将制品架在旺油面，然后用手壳（勺）滗旺油淋在制品表面令制品着色、致脆及致熟的方法。

要补充的是，在实际操作之中，有介于煎与炸之间的用油量，既不像"煎"那样少油，也不像"炸"那样多油，只是与制品齐腰的用油量，行中以这样的用油量烹制的食物定义为"半煎炸"。

炒只有一个温度区间。

粤菜中的"炒"有别于其他菜系，是因为粤菜烹饪使用独特的"双耳镬"。"双耳镬"较其他菜系惯常使用的"单柄镬"浅平宽大，制品在镬内有更阔余的活动空间，继而让制品在跳动下充分受热并致熟。

"炒"的温度区间为180℃（160～220℃），准确而言是由所用油脂的烟点决定，动物油脂温度略低于植物油脂温度。

在操作时，放油入镬有两种方法。

第一种是凉镬放凉油或热油（这个区别不大）。这种方法用途不广，原因在于油虽然被加热到指定温度，铁镬仍未受热均匀，铁镬也就无法授出足够的热量让跳动的制品受热。

第二种是热镬放凉油或热油。这种方法被称为"热镬凉油"或"猛镬阴油"，即先将铁镬加热至指定温度，先放少量的油搪一下，将油倒出再滗入新油才开始烹馔。这种方法几乎是粤菜的"炒"的基本动作。

既然是"炒"，就意味着制品在铁镬内被不断翻动。手法有两种，一种是"镬铲炒"，一种是"抛动炒"。

镬铲炒是铁镬一边高一边低摆放，用镬铲将制品往高处迅速翻动的方法。

抛动炒又分"抛镬炒"和"摁镬炒"。

抛镬炒是用手布垫着镬耳，将铁镬端起，然后以前推低、后拉高的手势让镬内的制品产生惯性，依铁镬的轨迹翻

◎注1："煎"的操作手法有搪和翻。

搪是指端起铁镬左右摇晃，使制品在离心力的作用下在铁镬内旋动以便均匀受热的方法。

翻是将制品从受热面翻身到非受热面的方法。手法上有铁铲翻和搪镬翻两种。前者是借用铁铲将制品的受热面翻向非受热面；后者是端起铁镬前后晃动，使制品有了移动惯性再急促向前或向后，使制品受热面翻向非受热面。

◎注2："炸"的操作手法有"按压"和"捞翻"。

"按压"是用笊篱将制品压入油内使制品充分受热的方法。

"捞翻"是用笊篱将制品翻动，使制品内部蒸腾并充分受热的方法。

◎注3："炒"是非典型让制品受热，制品表面固化程度并不一致，呈现的质感会处于散与滑之间。所以，这个烹饪方法有一个几乎是特定的工序——勾芡——用糊化的湿淀粉让制品增滑。

◎注4："炒"所用的温度不取决于铁镬，而是取决于用油量。合适的用油量是让热量迅速传到制品的关键。即使铁镬温度再高，没有足够的油，制品也是不能迅速接收到热量的，但用油量必须要恰到好处，否则制品会油腻，难以让食客接受。

动的方法。

摁镬炒是用手布垫着镬耳，将铁镬稍稍拉离炉口，利用炉口高台做支点，以前推低、后拉高的手势让镬内的制品产生惯性，依铁镬的轨迹翻动的方法。

因为受热能力的问题，煎、炸、炒的制品尺寸是有限制的。

一般而言，"煎"是针对块状平面制品，"炸"是针对块状不规则制品，而"炒"是针对粒状小件制品。

◎韭黄炒鸡丝

◎注1："韭黄"是一种黄化韭菜，在不见光的环境下进行软化栽培得到的韭菜。

炒制韭黄段不可过熟，过熟即疲软，质感软脆；唯刚熟为挺身，质感爽脆。"生葱，熟蒜，半生韭"的口诀可应用于此。韭黄在半生熟时除挺身、爽脆之外，气味也特别香浓。

◎注2：《秘传食谱·鸡门·第二十二节·炒鸡丝》云："预备：（材料）肥嫩子鸡肉（同前取胸膛肚皮中的），豆粉三钱，猪油少许，白酱油半两，葱两段或冬笋丝，去掉头尾的绿豆芽。（特别器具）大海碗一只，盘子一个。做法：①将鸡肉去皮，刮尽肉面的油，先放进盛清水的大海碗内浸泡一刻。②再将鸡肉取出，沥干水汽，横切成细丝；放入盘内加上豆粉揉拌到极匀。③将猪油入锅烧滚，放进拌切过的鸡丝，急炒十余下，边炒边将联结的团子分拨开来，勿使成块；随即倒入酱油，加进葱段再炒十余下，即便起锅。附注：或者也有加一些冬笋丝或去头尾的绿豆芽的。"

原料：鸡胸肉1 000克，韭黄1 500克，鸡蛋清25克，冬菇丝75克，姜丝7.5克，蒜蓉2.5克，绍兴花雕酒50克，精盐7.5克，味精5克，白糖45克，茨汤150克，湿淀粉75克，胡椒粉0.5克，芝麻油2.5克，花生油（炸用）3 500克。

制作方法：

此馔特色是韭黄脆嫩、鸡肉嫩滑。

鸡胸肉切成长5厘米、宽0.8厘米的丝，与鸡蛋清拌匀，腌15分钟，再加25克湿淀粉拌匀。

韭黄用刀横切成长5厘米的段。

将茨汤、芝麻油、胡椒粉及50克湿淀粉放在小碗内混合，配成"碗茨"。

将花生油放入铁镬内，以中火加至五成热（150～180℃）。将腌好的鸡胸肉丝倒入笊篱内，再将笊篱放入油内，使鸡胸肉丝仅熟。鸡胸肉丝放入油中会抱团，在定形后要用手壳（勺）晃动花生油，使之分散。将笊篱连鸡胸肉丝取起并架在油盆上，将冬菇丝倒在笊篱内，然后将花生油倒回油盆。冬菇丝就利用这个时机预熟。

铁镬内留25克余油，继续以中火加热，倒入韭黄及白糖，摁镬煸炒，使韭黄迅速受热均匀，再用精盐调味。韭黄段在铁镬翻转七八次即可取出。

将铁镬清洗干净。以猛火加热，用少量花生油先搪一次镬，再放入100克花生油，随即放入姜丝、蒜蓉爆香，再放入沥去油分的鸡胸肉丝及冬菇丝，攒入绍兴花雕酒，摁镬，使各料分散，倒入"碗芡"调味，味精及勾芡，摁镬，使各料均匀裹芡。将铁镬拉离炉口，倒入煸过的韭黄段及淋入25克花生油作为包尾油，再摁镬使各料分散，滗出上碟即可供膳。

◎鸡丝扒芥胆

原料： 鸡髀肉1 000克，炟好的芥菜胆2 000克，绍兴花雕酒25克，精盐20克，味精7.5克，白糖2.5克，鸡蛋清50克，湿淀粉50克，上汤500克，淡二汤2500克，花生油（炸用）3 500克。

制作方法：

此肴馔因芥菜已无种植而凋零。这里所用的芥菜是包心直梗型芥菜，曾是广州东郊杨箕的特产，随着杨箕农田城市化，这个曾让粤菜骄傲的芥菜品种也就随之消失。粤菜菜谱再也见不到此馔的名字。

鸡髀肉切成长4.5厘米、厚0.6厘米的片，再叠起顺长切成宽0.6厘米的丝，并放入钢盆内，先加入鸡蛋清拌匀，再加入25克湿淀粉拌匀。

炟好的芥菜胆是指将芥菜胆放入有少量陈村枧水的滚水中焓煮至腍，用笊篱将芥菜胆捞到流动的清水里漂凉。然后将芥菜胆边缘的烂叶挼去并冲洗干净，整齐叠起，再用刀修整叶片。

将炟好的芥菜胆在沸腾的清水中"飞"过，用笊篱捞起，沥去水分。猛火加热铁镬，落25克花生油，见油微冒青烟，攒入绍兴花雕酒及注入淡二汤，用12.5克精盐调味，放入沥去水分的芥菜胆煨1分钟左右，用笊篱捞起，沥去水分。猛火加热铁镬，落100克花生油，注入125克上汤，用2.5克味精、白糖调味。上汤沸腾后，放入沥去水分的煨好的芥菜胆，汤重新沸腾后，将芥菜胆倒在笊篱上并交给打荷。打荷用筷子将芥菜胆整齐排砌在瓦碟内。

◎注1：粤菜菜谱还有"鸡丝扒菜胆"，做法与"鸡丝扒芥胆"雷同。不同之处是前者是用生菜胆，后者是用芥菜胆。与此同时，生菜胆没有"炟"的工序。而"炟"，几乎就是为芥菜量身定做的。

"炟"是指在滚水中加入少量陈村枧水并用此混合的溶液为某些特定蔬菜进行焓煮预熟的方法。

◎注2：已经失去农地种植的芥菜之所以成为粤菜师傅手中的食材，是因为这种芥菜经"炟"后腍软、易受味，而且其本味并不清苦，回甘而具蛋香，十分诱人。

◎注3："鸡髀"又被广州人约定俗成地写成"鸡脾"。《说文解字》曰："髀，股肉也。胜，牛百叶也。一曰鸟膍胵。"

将花生油放入铁镬内，以中火加至五成热（150～180℃）。将腌好的鸡髀肉丝倒入笊篱内，再将笊篱放入油内，使鸡髀肉丝仅熟。鸡髀肉丝放入油中会抱团，在定形后要用手壳（勺）晃动花生油，使之分散。

铁镬内留25克余油，继续以中火加热，注入375克上汤，用7.5克精盐、5克味精及芝麻油（配方未列）、胡椒粉（配方未列）调味；上汤沸腾后放入沥去油分的鸡髀肉丝，用25克湿淀粉勾芡，淋入20克花生油作为包尾油，随即将鸡髀肉丝连汁芡"扒"到芥菜胆面上便可供膳。

◎棉花滑鸡丝

原料①：腌好的鸡髀肉丝1 000克，发好的鱼肚2 000克，鸡蛋液2 000克，精盐50克，味精32.5克，芡汤100克，上汤500克，湿淀粉35克，芝麻油10克，姜片25克，葱条15克，花生油（炸用）3 500克。

制作方法：

此鸡馔实为炒滑蛋的升级版，是民国时期（1912—1949年）高档饭店（不是酒家）的经典之作，专为豪商巨贾设计。所谓"棉花"，是涨发鱼肚的菜单名字。民国时期"鲍参翅肚"是高档食材的象征，以此烹制肴馔供豪商巨贾膳用，目的是衬托豪商巨贾的奢华身份。

发好的鱼肚切成长3.5厘米、宽0.4厘米的丝。先用沸腾清水"滚"过（约1分钟），目的是去除鱼肚的杂味。然后再换沸腾清水，加入姜片、葱条及17.5克精盐"煨"过（约2分钟），目的是辟去鱼肚腥味及赋上味道。将发好的鱼肚"煨"好后，倒入笊篱沥水及晾凉，拣去姜片、葱条，用毛巾辅助挤去鱼肚丝内部水分。

将鸡蛋液放入钢盆内，加入25克精盐、25克味精、50克花生油并用筷子打匀，配成"鸡蛋浆"。

◎注1："鱼肚"的涨发方法可参阅《粤厨宝典·砧板篇》及《手绘厨艺·海味制作图解》。

猛火烧镬，落100克花生油，待花生油微冒青烟，放入挤去水分的发好的鱼肚丝，注入芡汤炒匀；将铁镬拉离炉口，用17.5克湿淀粉勾芡，随即倒入"鸡蛋浆"内拌匀，配成"鱼肚丝鸡蛋浆"。

以猛镬阴油的形式落100克花生油，待花生油微冒青烟，将"鱼肚丝鸡蛋浆"全部倒入铁镬内。此时操作者手持镬铲，见蛋浆凝结成布片状，即把蛋片铲堆向上，将"鱼肚丝鸡蛋浆"炒成俗称"黄埔蛋"的布片状滑蛋形式。"鱼肚丝鸡蛋浆"炒好后（以蛋浆呈细腻的布片状、外围无液体渗出为标准），铲堆在瓦碟内作为垫底之用。

将花生油放入铁镬内，以中火加至五成热（150～180℃）。将腌好的鸡髀肉丝倒入笊篱内，再将笊篱放入油内，使鸡髀肉丝仅熟。鸡髀肉丝放入油内会抱团，在定形后要用手壳（勺）晃动花生油，使之分散。

铁镬内留有25克余油，继续以中火加热，注入上汤，用7.5克精盐、7.5克味精及芝麻油、胡椒粉（配方未列）调味；上汤沸腾后，放入沥去油分的鸡髀肉丝，用17.5克湿淀粉勾芡，淋入20克花生油作为包尾油，随即将鸡髀肉丝连汁芡"扒"到炒至"黄埔蛋"般的"鱼肚丝鸡蛋浆"面上便可供膳。

原料②： 鸡髀肉1 000克，发好的鱼肚2 000克，鸡蛋液2 000克，精盐35克，芡汤100克，湿淀粉35克，姜片25克，葱条15克，花生油（炸用）3 500克。

制作方法：

将发好的鱼肚切成粗丝，放入沸腾清水中"滚"过；换清水，加入姜片、葱条及精盐再"煨"过；倒出鱼肚丝，去掉姜片、葱条，用毛巾辅助挤去水分。鸡蛋液放入钢盆内，用筷子打散。

猛火烧镬，落100克花生油，待花生油微冒青烟，放入挤去水分的鱼肚丝及注入芡汤，用湿淀粉勾芡，然后将鱼肚丝滗入鸡蛋液内搅匀。

鸡髀肉切中丝，用五成热（150～180℃）的花生油"拉"至仅熟，也滗入鸡蛋液内搅匀。

猛火烧镬，落100克花生油，待花生油微冒青烟，放入鸡蛋液，以炒滑蛋的形式致熟便可装碟供膳。

◎注2：以"炒"的形式烹制鸡蛋液，有"滑蛋""黄埔蛋"及"桂花蛋"等制作方法。

"滑蛋"是在鸡蛋液未完全凝结前就用镬铲向上堆，至鸡蛋液完全凝结为止。质感最嫩滑。

"黄埔蛋"原称"黄布蛋"，因民国时期的黄埔军校而改名。黄埔蛋是在鸡蛋刚凝结并呈布片状时才用镬铲堆向上，至鸡蛋液完全凝结为止。特点是滑中带香。

"桂花蛋"是鸡蛋液未呈布片状凝结就用镬铲堆向上，并且推铲的频率必须要密，目的是消耗鸡蛋液的水分；炒至鸡蛋液完全散碎凝结并且消耗大部分为止。这种做法从质感角度评价，略显粗，但从味道角度评价，尽显蛋香。

◎注3：粤菜菜谱有"棉花鸡丝羹"及"鸡丝烩花胶"，前者是以汤羹的形式供膳，后者是以杂烩的形式供膳。

◎腰果炒鸡丁

原料： 鸡胸肉1 000克，腰果500克，香芹800克，灯笼椒（菜椒）500克，甘笋200克，姜米7.5克，蒜蓉5克，短葱榄7.5克，精盐12.5克，绍兴花雕酒50克，鸡蛋清50克，芡汤175克，湿淀粉50克，芝麻油7.5克，胡椒粉0.5克，花生油（炸用）3 500克。

制作方法：

此鸡馔在酒家及饭店都有供应，酒家通常是为筵席而供应，以"鹊巢"装盛。这里介绍的是饭店的做法。

鸡胸肉先平刀片成厚1.8厘米的块，顺长切成宽1.8厘米的条，再横切成长1.8厘米的丁，然后放入钢盆内，加入鸡蛋清拌匀，腌15分钟，再加入25克湿淀粉拌匀。

腰果用沸腾清水加精盐"滚"过，用笊篱捞起，沥去水分。

香芹去叶，只留主茎，并将主茎顺切成宽1.5厘米的条，再横向斜切成长1.8厘米的菱形粒。

灯笼椒立起切开，顺切成1.5厘米的条，再横向斜切成长1.8厘米的菱形粒。

甘笋去皮，顺切成厚1.5厘米的块，顺长切成宽1.5厘米的条，再横向斜切成长1.5厘米的菱形粒。用沸腾清水焓5分钟，捞起用流动清水漂凉、漂爽。

将芡汤、芝麻油、胡椒粉及25克湿淀粉放入小碗内混合，制成"碗芡"。

将花生油放入铁镬内，以中火加至七成热（210～240℃），将沥去水分的腰果放入油里炸至质感酥脆、色泽金黄，然后用笊篱捞起，沥去油分。

将花生油放入铁镬内，以中火加至五成热（150～180℃），将腌好的鸡胸肉丁倒入笊篱内，再将笊篱放入油内，使鸡胸肉丁仅熟。鸡胸肉丁放入油内会抱团，在定形后要用手壳（勺）晃动花生油，使之分散。

铁镬内留有50克余油，放入姜米、蒜蓉爆香，再放入香芹粒、灯笼椒粒、甘笋粒及沥去油分的鸡胸肉丁，攒入绍兴花雕酒，淋入"碗芡"，摁镬，使各料分散；再放入短葱榄及炸酥脆的腰果并摁镬，使各料分散，淋上25克花生油作为包尾油便可装碟供膳。

◎注1：腰果又称鸡腰果、介寿果，原产热带美洲，现全球热带广为栽培。我国云南、广西、广东、福建、台湾均有引种，与榛子、核桃、杏仁组成"四大坚果"。

◎注2：由于酥脆是食物脱去水分后的一种质感表现，因此，但凡酥脆的原料都需防潮避水。正是这个原因，"腰果炒鸡丁"的腰果也是其他各料炒熟装碟后才摆上面，也就是不同时炒，以确保腰果最大程度呈现酥脆的质感。如果酥脆的腰果受潮，会呈现艮脆的质感。

◎鲍鱼炆鸡

原料： 光鸡1只（约1 500克），鲜鲍鱼1 000克，姜米7.5克，蒜蓉5克，长葱榄12.5克，红辣椒件5克，蚝油汁60克，淡二汤750克，花生油（炸用）3 500克。

制作方法：

此鸡馔在20世纪初期已经有供应，但之后不知什么原因却销声匿迹。然而，迈入21世纪后，此鸡馔又神奇地现身，甚至成为粤菜新奇做法。

鲍鱼有鲜、干两种，视经营环境决定采用何种货色。干鲍鱼需预先涨发好，甚至还要用浓汤煀味。

◎鲍鱼炆鸡

另外，鲍鱼还有大小之分，一般规格是3厘米（小）、4厘米（中）、5厘米（大）及6厘米以上（头）。

鲍鱼的切裁方法有两种：一种是剞花，即在鲍鱼平面直向、横向各拉几刀（鲍鱼厚度的1/3），使鲍鱼平面呈"井"字纹。这是加工5厘米以下规格的鲍鱼的方法。一种是切块，即在鲍鱼平面直向拉几刀，使鲍鱼平面呈坑纹，再横向斜切成宽1.5厘米的块。这是加工6厘米以上规格的鲍鱼的方法。

光鸡斩下头颈，顺势将鸡颈（检查是否有淋巴核，如有，要撇干净再斩）横斩成段。沿鸡脊切成两爿。斜刀伸入一爿鸡身的鸡翼底，将鸡翼斩下，顺手将鸡翼横斩成几段，再顺长边将斩下鸡翼的鸡身斩成两份，再横斩成宽3厘米的块。另一爿如法操作。

将花生油放入铁镬内，以中火加至五成热（150～180℃），将鸡块放入"拉"油至仅熟，用笊篱捞起，沥去油分。

瓦罉以中火加至炽热，放入100克花生油，待花生油微冒青烟，加入姜米、蒜蓉爆香。随即放入鲍鱼及沥去油分的鸡块，攒入绍兴花雕酒，用铁铲将各料翻匀。注入淡二汤，再用铁铲将各料翻匀。改猛火加热。在此期间要多翻动各料，避免煮燶。待汤水消耗1/3时，改中火加热，并用蚝油汁调味，最后放入长葱榄及红辣椒件翻匀便可供膳。

◎注1："鲍鱼"正称"鳆鱼"，又称"海耳""九孔螺"等，是名贵的"海珍品"之一，味道鲜美，营养丰富，被誉为海洋"软黄金"。

中国可见9个品种，详细知识可参阅《手绘厨艺·海味制作图解1》。

◎注2："干鲍鱼"的涨发方法及煀制方法，请参阅《手绘厨艺·海味制作图解》及《粤厨宝典·候镬篇》。

◎注3："蚝油汁"的配方及做法，请参阅《粤厨宝典·候镬篇》。

◎竹荪川鸡片

◎注："竹荪川鸡片"中的"川"字是"爨"字约定俗成的简写，有的说应写作"汆"，似乎也说得通。

"爨"（川）在粤菜中是一种烹调方法，即把各料致熟后摆放在瓦锅内，再将煮至沸腾的上汤注入瓦锅内，目的是让汤馔也有造型。这种烹调方法现已鲜见。

原料：去骨鸡肉1 000克，水发竹荪750克，金华火腿片20克，竹笋花100克，菜选150克，水发冬菇100克，绍兴花雕酒35克，精盐12.5克，味精12.5克，胡椒粉1.5克，湿淀粉35克，上汤5 000克，淡二汤3 500克，花生油85克。

制作方法：

去骨鸡肉切成长4.5厘米、宽3.5厘米的"日"字片，用湿淀粉拌匀。水发竹荪、竹笋花、菜选、水发冬菇分别用沸腾清水"飞"过。用花生油起镬，注入1 000克淡二汤及用精盐、味精调味，再放入水发竹荪及水发冬菇"煨"过，与竹笋花、菜选一起排放在瓦锅内。

去骨鸡肉片用余下的淡二汤"灼"熟，攒绍兴花雕酒，并排放入瓦锅内（各料的上面），再铺上金华火腿片并撒上胡椒粉，然后注入煮至沸腾的上汤便可供膳。

◎香煎鸡中翼

◎注："姜黄粉"，原产于印度的姜科植物姜黄的干燥根茎磨制成的粉，用作调味品和黄色着色剂，是家庭使用的普通调味料，用于咖喱粉、调味料等。

在"香煎鸡中翼"中添加姜黄，不是为了增香或调色，而是为了增强鸡皮酥脆的质感、调节鸡肉嫩滑的程度。原因在于姜黄具有凝结肉中的水溶性蛋白的能力，使鸡皮易脆、鸡肉易滑。

原料：鸡中翼1 000克，姜黄粉15克，精盐75克，味精35克，胡椒粉3克，蒜蓉120克，花生油100克。

制作方法：

将鸡中翼放入钢盆内，加入姜黄粉、精盐、味精、胡椒粉及蒜蓉拌匀，腌20分钟左右。

铁镬中火烧热，放入花生油，待花生油微有青烟，搪镬，使花生油分布于镬面。将鸡中翼排放在镬面，约30秒移动铁镬，使花生油流动而充分接触鸡中翼。再约10秒，左右晃动铁镬，使鸡中翼松动，随即用铁铲将鸡中翼逐个翻面。如法再操作。将鸡中翼两面煎好后，要勤翻动，务求令鸡中翼彻底熟透。鸡中翼彻底熟透便可装碟供膳。

◎茶腿香鸡札

原料：去骨鸡肉1 000克，金华火腿85克，湿冬菇350克，芫荽梗66条，上汤5 000克，精盐21克，味精12.5克，绍兴花雕酒42克，干淀粉21克，湿淀粉125克，花生油85克。

制作方法：

此鸡馔是民国时期广州饭店的经典肴馔，寓意早日收到投身革命的家人的音讯。"札"是信件的意思，与"扎"同音。

去骨鸡肉片成长6.5厘米、宽5厘米的"日"字块66件，放入钢盆内，加入绍兴花雕酒及8克精盐、4克味精搅匀，腌15分钟，再加入干淀粉拌匀。

金华火腿切成长5.5厘米、宽0.5厘米见方的条，要66条。湿冬菇顺长切成粗条，分成66份。芫荽梗用滚水烫软。

腌好的去骨鸡肉块以鸡皮向下的姿势平铺在托盘上，金华火腿条横放在去骨鸡肉块一端，再在金华火腿条旁边安上湿冬菇条；将去骨鸡肉块卷起，再用烫软的芫荽梗拦腰扎紧，修成"书札"状。将"鸡札"（鸡扎）排放在扣碗内，加入200克上汤，置入蒸柜，用猛火将鸡肉蒸熟。取出，先倒起汤汁，再将"鸡札"覆盖在浅底瓦锅内。然后，用花生油起镬，注入倒起的汤汁及4800克上汤，用13克精盐、8.5克味精调味，用湿淀粉勾芡，再将汤芡淋在"鸡札"面上便可供膳。

◎注："茶腿"是浙江金华火腿系列的一个品种，原为喝茶时的助食，故咸味较其他金华火腿的品种淡，又称"淡腿"。由于追求淡味，势必减少食盐的用量；减少食盐的用量，也变相影响到防腐的效能。因此，这种金华火腿有必要用竹叶烟熏，又有"竹叶熏腿"或"熏腿"之名。

粤厨宝典·菜肴篇1

◎ 油泡鸡肾球

原料： 鸡肾1 000克，短葱榄2.5克，指甲姜片2.5克，绍兴花雕酒25克，茨汤45克，芝麻油2.5克，胡椒粉0.2克，湿淀粉20克，老抽8克，花生油（炸用）3 500克。

制作方法：

鸡肾在腺胃对向切开，剥去俗称"鸡内金"的砂囊内壁，即得两爿相连的鸡肾球。用刀片去相连壁膜（行中称"底膜"，与鸡肾球粘连同炒相当良韧，片出来炒则相当爽脆），再将单个鸡肾球切开，并在切开面剞上"井"字坑纹，即为鸡肾球花。

将鸡肾球花放在钢盆内，加入1 000克清水（配方无列）及30克食粉（配方无列）腌25分钟左右，捞起，沥去水分。这个腌制工艺是为鸡肾球花保水，以使鸡肾球花致熟后有更好的爽脆质感。

将老抽、茨汤、芝麻油、胡椒粉及湿淀粉放入小碗内混合，配成"碗茨"。

将花生油放入铁镬内，以中火加至五成热（150～180℃），将沥去水分的鸡肾球花放入油内致仅熟。用笊篱捞起，沥去油分。

铁镬内留有100克余油，继续以中火加热。放入短葱榄、指甲姜片略爆，再放入沥去油分的鸡肾球花，攒入绍兴花雕酒，注入"碗茨"，摁镬，使各料均匀，淋入25克花生油作为包尾油，即可装碟供膳。

◎注1："鸡肾"是广东人对鸡胃的称呼，但外地人说鸡肾时则可能是指鸡睾丸。鸡睾丸，广东人称为"鸡子"或"鸡腰"。而外地人将广东人所说的"鸡肾"称为"鸡肫"。"肫"又写作"胗"。

◎注2："油泡鸡肾球"可加瓜果、蔬菜、竹笋等同炒，加竹笋的则为"竹笋炒鸡肾球"，加菜心的则为"菜苗炒鸡肾球"。

◎ 咸菜浸肾肠

原料： 鸡肾肠1 000克，潮州咸菜800克，蒜蓉15克，指天椒25克，指甲姜片35克，胡椒粉0.2克，精盐7.5克，味精7.5克，芝麻油2.5克，淡二汤3 000克，花生油100克。

制作方法：

鸡肾肠顺长剪开，放入钢盆内，加入少量精盐（配方无列）搋擦，再用清水将表面潺液冲洗干净。沥去水分，再放入钢盆内，加入1 000克清水（配方无列）及25克食粉（配方无列）腌25分钟，捞起，沥去水分。

潮州咸菜用清水泡淡，用刀切成1.2厘米的方粒。

指天椒横切成长0.6厘米的粒。

用花生油起镬，爆香蒜蓉及指甲姜片，注入淡二汤，放入潮州咸菜粒。待汤水沸腾，用胡椒粉、精盐、味精调味，然后再放入鸡肾肠及指天椒粒，淋入芝麻油即可供膳。

◎注1："鸡肾肠"即与鸡肾相连的腺胃。腺胃连着鸡嗉窝，质感爽滑。

另外，将鸡嗉窝清洗干净也可按"咸菜浸肾肠"的方法烹制供膳。

◎注2："潮州咸菜"是一道美味可口的地方名肴，颜色金黄，闻之清香，生、熟吃均可。

◎ 白灼鸡肠

原料：鸡肠1 000克，绿豆芽菜2 000克，海鲜豉油300克。

制作方法：

鸡肠用小刀顺长剖开（行中称为"通肠"），用清水冲去杂物，加入少量精盐（配方无列）搋擦，再用清水将表面潺液冲洗干净。沥去水分，再放入钢盆内，加入1 000克清水（配方无列）及35克食粉（配方无列）腌25分钟，捞起，沥去水分。

绿豆芽菜洗去壳衣及搣（摘）去须根，放入滚水中烫一下（不要加热过熟，避免脸软、塌身，失去爽脆质感），捞起，放在瓦碟内作为垫底。

铁镬内放入足量清水（以鸡肠放入不至于水温迅速下降为度），以猛火加热。在清水剧烈沸腾时放入沥去水分的鸡肠，并用竹筷子拨动鸡肠，让鸡肠均匀且迅速受热。鸡肠变色及略收缩，即用笊篱捞起，放入冰水中过冷（也要在冰水中打散，以免热量受困，产生怄热反应而让鸡肠质感变霉敤）。

◎注1："绿豆芽菜"为豆科植物绿豆的种子经浸泡后发生的嫩芽。食用部分主要是下胚轴。

◎注2："海鲜豉油"的配方及做法，可参阅《粤厨宝典·候镬篇》。

鸡肠温度降到55℃时，捞起，沥去水分，摆放在烫熟的绿豆芽菜面便可供膳。供膳时佐上海鲜豉油作为蘸料调味。

◎注：鸡红质感嫩滑程度与盐水凝结及滚水浸熟的技巧有关。

盐与水比例为1.2克精盐兑100克清水（可含3%烧酒）。盐水与鸡血的比例为100克盐水冲入300克鸡血。

预熟鸡红时，大滚水放入，随即改慢火浸熟，避免煮老起蜂窝。浸熟耗时不少于35分钟。

◎韭菜鸡红

原料：鸡红1 000克，韭菜段2 500克，精盐25克，味精25克，淡二汤5 000克，胡椒粉5克。

制作方法：

鸡血冲入盐水中凝结即为"鸡红"，以瓦钵盛装，高度在2厘米为宜。放入滚水中慢火浸熟。取起晾凉，剖成2厘米的方块。

淡二汤放钢镬内煮滚，用精盐、味精调味，放入"鸡红"块再煮滚，滗入有韭菜（飞水）的瓦碗内，撒上胡椒粉便可供膳。

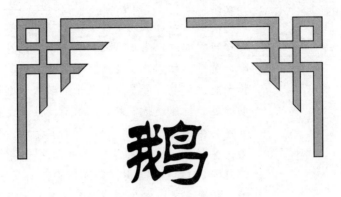

鹅肉类

《本草纲目·禽部·之一·鹅》云："鹅释名家雁、舒雁。时珍曰：鹅鸣自呼。江东谓之舒雁，似雁而舒迟也。时珍曰：江淮以南多畜之，有苍白二色及大而垂胡者，并绿眼、黄喙、红掌，善斗共夜鸣应更。师旷《禽经》云：脚近臎者能步，鹅、鹜是也。又云：鹅伏卵则逆月，谓向月取气助卵也。性能唼蛇及蚓，刮射工，故养之能辟虫虺。或言鹅性不食生虫者，不然。白鹅膏腊月炼收，气味甘、微寒、无毒，主治灌耳，治卒聋。《别录》云润皮肤，可合面脂。《日华》曰：涂面急，令人悦白。唇渖，手足皴裂，消痈肿，解礜石毒。时珍曰：肉气味甘平、无毒。《日华》曰：白鹅辛，凉，无毒。苍鹅冷，有毒，发疮肿。诜曰：鹅肉性冷，多食令人易霍乱，发痼疾。李鹏飞曰：嫩鹅毒，老鹅良。《别录》曰：主治利五脏。孟诜曰：解五脏热，服丹石人宜之。《藏器》曰：煮汁，止消渴。《藏器》曰：苍鹅食虫，主射工毒为良。白鹅不食虫，止渴为胜。时珍曰：鹅气味俱厚，发风发疮，莫此为甚，火熏者尤毒。曾目击其害，而《本草》谓其性凉利五脏。《韩悉医通》谓其疏风，岂其然哉？又葛洪《肘后方》云：人家养白鹅、白鸭可辟、食射工，则谓白鹅不食、不发病之说，亦非矣。但比苍鹅薄乎云耳。若夫止渴，凡发胃气者皆能生津，岂独止渴者便曰性凉乎？参苓白术散乃治渴要药，何尝寒凉耶？臎一名尾罂，尾肉也。时珍曰：《内则》舒雁臎不可食，为气臊可厌耳，而俗夫嗜之。《日华》曰：主治涂手足皴裂，纳耳中，治聋及聤耳。陶弘景曰：血气味咸，平，微毒，主治中射工毒者，饮之，并涂其身。时珍曰：解药毒，祈祷家多用之。时珍曰：胆气味苦，寒，无毒，主治解热毒及痔疮初起，频涂抹之，自消。痔疮有核，白鹅胆二三枚，取汁，入熊胆二分，片脑半分，研匀，瓷器密封，勿令泄气。用则手指涂之，立效（刘氏《保寿堂方》）。孟诜曰：卵气味甘，温，无毒，主治补中益气，多食发痼疾。时珍曰：涎主治咽喉谷贼。时珍曰：按洪迈《夷坚志》云，小儿误吞稻芒，着咽喉中不能出者，名曰谷贼。惟以鹅涎灌之即愈。盖鹅涎化谷相

◎黑鬃鹅头

制耳。《别录》曰：毛主治射工水毒。苏恭曰：小儿惊痫，又烧灰酒服，治噎疾。弘景曰：东川多溪毒，养鹅以辟之。毛羽亦佳，并饮其血。鹅未必食射工，盖以威相制耳。时珍曰，《禽经》云：鹅飞则蜮沉。蜮即射工也。又《岭南异物志》云：邕州蛮人选鹅腹毳毛为衣、被絮，柔暖而性冷。婴儿尤宜之，能辟惊痫。柳子厚诗云：鹅毛御腊缝山罽，即此。盖毛与肉性不同也。"

之所以几乎全文抄录李时珍先生在《本草纲目》中关于鹅的内容，是想说明从药膳的角度看，鹅肉并不受待见——发风发疮莫此为甚，火熏者尤毒。

民间据此还虚拟了朱元璋"赐食蒸鹅"的故事。话说朱元璋取得天下之后开始清理臣子，时值武将徐达身患背疽，朱元璋趁此机会赏赐食盒给徐达。徐达从病床上挣扎起来磕头谢恩，打开食盒，竟是一只蒸鹅。徐达一见深知圣谕，但君命难违，只得当着内侍的面咽下蒸鹅，不几日就因背疽恶发而亡。

从《本草纲目》及"赐食蒸鹅"的故事可以深知，鹅肉有毒的观念是被民间广泛认可的。

不过，正是这样的错误观念，带来让广东全盘接收南宋先进烹饪技术的机会。

1278年5月8日，在福建进行了两年抗元大业的宋端宗赵昰在逃往碙州（今湛江硇洲岛）途中病亡，抗元重担转给了身在广东新会，打算与宋端宗赵昰形成掎角之势的弟弟宋少帝赵昺身上。1279年3月19日，因"崖山海战"失败，左丞相陆秀夫背着宋少帝赵昺跳海，南宋宣告灭亡。

在抗元重担转给了身在广东新会的宋少帝赵昺身上时，勤王的队伍随之向新会聚拢，当中包括技术精湛的御厨。在南宋灭亡后，这群勤王的队伍散居新会。

为了谋生，御厨使出了真本领。为了隐藏身份，御厨改以广东地道的黑鬃鹅去制作原本用高邮鸭制作出来的熟食。

这一招果真瞒天过海，因为鹅在中原地区仅为看家护院而豢养，加上历来被认定是发风发疮之物，极少膳用，现以

◎黄鬃鹅（公）

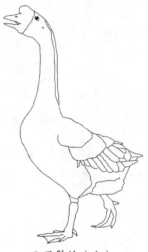

◎黑鬃鹅（公）

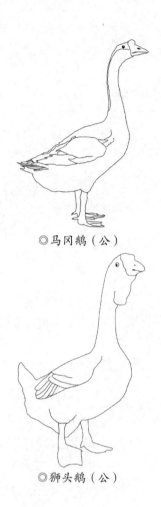

◎马冈鹅（公）

◎狮头鹅（公）

◎注：中国各地的名鹅品种，可参阅为本书配套的《粤厨宝典·食材篇·兽禽章》。

火烹饪膳用，所以元军没有一丝怀疑烹制者是南宋的御厨，甚至认为这是传说中的"南味""南烹"。

御厨在广东生存下来，使代表南宋时代的顶尖烹饪技术也在广东扎根发展。如果现在说"厨出顺德"，那么，应补充"技出新会"。

广东一境有三个鹅的品种，即粤东地区的"狮头鹅"，粤西地区的"黄鬃鹅"以及粤中地区的"黑鬃鹅"。其中粤中地区的"黑鬃鹅"以骨脆、肉厚且嫩滑而著称，是粤菜鹅馔首选的食材。

20世纪90年代，广东江门市开平马冈镇以"黑鬃鹅"为母本与其他鹅种杂交繁育新品。该新品以体大、皮厚、肉肥为特点，并以"马冈鹅"为名推广。

广东人有"清明鹅"之说，这是因为鹅是草食性动物，而清明时节正是青草抽芽的季节，嫩草易于消化，因此鹅长得尤为肥嫩，肉的味道也特别鲜美。

现代中医证实，鹅肉性平、味甘，归脾、肺经，具有益气补虚、和胃止渴、止咳化痰、解铅毒等作用，适宜身体虚弱、气血不足，营养不良之人食用，并不是不能膳用。另外，鹅肉还可为老年糖尿病患者补充营养，控制病情发展，并且具有治疗和预防咳嗽病症的作用，尤其对治疗急慢性气管炎、慢性肾炎、老年浮肿、哮喘痰壅等都有良效。

一般而言，在吃鹅馔的时候，不要吃鸭梨及鸡蛋。中医认为吃鹅馔的时候同吃鸭梨，会导致食者生病发烧，吃鹅馔的时候同吃鸡蛋，会导致食者伤元气。另外，鹅肉不宜与茄子同煮，这样会影响食者的肾脏健康。

广东人喜食鹅肉，是认为鹅肉较鸭肉香，正是这个原因，虽然同为利用辐射、对流的热量致熟的方法制作，"烧鹅"的名气要比"烧鸭"大很多。"烧鹅"甚至是粤菜名片之一。

需要明确的是，以往酒家高档筵席，惯例上不用鹅肉和牛肉。现在没有这个限制。

◎彭公火鹅

原料： 烧鹅1 000克，蒜蓉20克，葱花20克，辣椒米20克，腐乳75克，白糖15克，味精7.5克，淡二汤800克，湿淀粉30克，花生油40克。

制作方法：

"火鹅"是酒家、饭店的厨师对"烧鹅"的称呼。为什么会这样称呼呢？这是因为制作"烧鹅"的行当与酒家、饭店是两个不同的经营实体。过去厨师戏称这两个经营实体的竞争是"井水不犯河水"——各有各的经营。

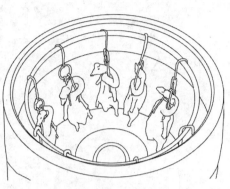

◎"烧腊"行当的"烧鹅"到了酒家、饭店后被用作食材，则改称为"火鹅"。

制作"烧鹅"的行当叫作"烧腊"，是以点带面的外卖式经营实体。而酒家、饭店则是以点带点的堂食式经营实体。所以，两个行当都有其专业的烹调术语。

就"烧腊"行当而言，其厨师所说的"烧"，是指肉食制品放入特制的缸炉里，并利用缸炉内部火焰（炭火）产生辐射及对流的热量，令肉食制品致熟的烹饪方法。

就酒家、饭店而言，其厨师所说的"烧"，是指食品放入铁镬内，以油和水作为传热介质，令食品致熟的烹饪方法。

因此，为了避免搞乱各自早已厘定的烹饪方法及定义，酒家、饭店的厨师就将从"烧腊"行当获得的"烧鹅"称为"火鹅"，而自身出品的"烧鹅"则是另有所指。

至于"彭公"，是以腐乳调味的菜单术语。另外，如果是以南乳调味，则称为"温公"。这种约定俗成的菜单术语在民国时期较为盛行，现在已经鲜见。

烧鹅斩件装碟分"上椿"和"下椿"，前者是指带翼的部分，后者是指带髀（腿）的部分。

具体斩件方法如下：

拔下鹅尾针，将烧鹅腔内的汁水放出。用烧腊刀将烧鹅的头颈斩下，再将头与颈斩开，鹅颈横斩成长1.2厘米的段，分成4份；鹅头斩去嘴喙，顺长破开，再分别顺长破开得4块，每块鹅头与鹅颈1份作垫底。

◎注1："烧鹅"的详细配方及做法，可参阅《粤厨宝典·味部篇》或《手绘厨艺·烧卤制作图解》。

◎注2："烧腊刀"是"烧腊"行当的专用刀，比文武刀宽大和重，用于斩禽鸟骨，操刀者可以借助刀的重量轻易地将骨斩断，而骨筒不碎。这是文武刀等刀具所不能及的。如果将骨筒斩碎，会给大意的食客带来伤害，由此会带来争执。

◎注3：酒家、饭店厨师所说的"烧"实际上是"炆"，之所以称为"烧"，实际上是沿用清代美食家袁枚先生记录的说法。他在《随园食单·羽族单·烧鹅》中云："杭州烧鹅为人所笑，以其生也。不如家厨自烧之妙。"从中可见，文中的"烧鹅"是在炉灶上完成，而非在特制的烧鹅挂炉内完成。

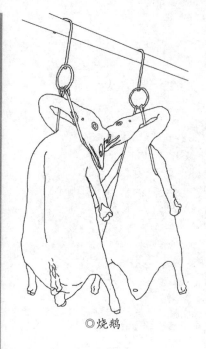

◎烧鹅

◎烧鹅的头颈

◎烧鹅的上椿

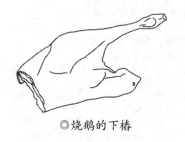

◎烧鹅的下椿

将鹅尾向外，鹅腹向上，左手扶着鹅翼，右手持烧腊刀沿鹅腹顺长将鹅腹剖开。在刀的辅助下，将鹅胸摵（粤语读ma^6，掰）开，再用刀顺鹅脊将鹅分成两爿。每爿在鹅腰处横斩，即分成上椿和下椿。

取一爿上椿，用刀贴紧鹅翼腋底，将鹅翼削下，顺长将鹅胸与鹅背斩成两块，即分成鹅翼块、鹅胸块及鹅脊块。鹅胸块较厚，用刀沿胸肉与胸骨之间切开，分成鹅胸肉与鹅胸骨两块，然后以2.5厘米的距离横向将鹅胸骨斩成段，铺在作为垫底的烧鹅头颈块段上面。以2.5厘米的距离横向将鹅胸肉斩成段，铺在烧鹅头颈块段的左侧。鹅脊块有脊骨尖凸出，要用刀削平，并以2.5厘米的距离横向斩成段，铺在烧鹅头颈块段的右侧。鹅翼块以2.5厘米的距离横向斩成段（临近俗称"翼柄"的肱骨末端的一刀不斩断），铺在鹅胸肉段与鹅背骨段之间，使其呈见皮不见肉、见肉不见骨的龟背形。另一爿上椿如法操作。

取一爿下椿，用刀贴紧鹅髀裆底，将鹅髀削下，顺长将鹅腹与鹅背斩开，即分成鹅髀块、鹅腹块及鹅背块。鹅腹块以2.5厘米的距离横向斩成段，铺在作为垫底的烧鹅头颈块段左侧。鹅背块用刀修平（斜刀削去凸出的脊骨），以2.5厘米的距离横向斩成段，铺在烧鹅头颈块段的右侧。鹅髀块带有裆肉，不平整，用刀贴着股骨将裆肉削下，并将裆肉以2.5厘米的距离横向斩成段，铺在鹅腹块段与鹅背块段之间的空位处；削去裆肉的鹅髀块以2.5厘米的距离横向斩成段，铺在鹅腹块段与鹅背块段之间，使其呈见皮不见肉、见肉不见骨的龟背形。另一爿下椿如法操作。

以上工序由砧板岗位操作，完成之后由候镬岗位配汁调味。

腐乳是豆腐的盐渍制品，外层有"衣"，须用湿性果汁机搅拌，其质地才会细腻，否则会有小团。

铁镬以中火烧热，放入花生油及蒜蓉，并将蒜蓉爆香。其后，注入淡二汤，用腐乳、白糖、味精调味，用湿淀粉勾芡，撒入葱花及辣椒米拌匀，将芡汁淋在斩好的烧鹅（如果烧鹅的温度过凉，可先用微波炉对烧鹅略加温）面上便可供膳。

烧鹅用浅底瓦碟或镬仔（一种与瓦锅大小相同、样子像铁镬的器皿）盛装，瓦碟架在有微火的酒精炉上，使烧鹅在膳用过程中保持温热。

○再说广东烧鹅

广东烧鹅始创于南宋末年，距今有740年历史。技术来源于建康府（现在的南京）的御厨。这些顶级御厨跟随宋少帝赵昺的抗元大军来到广东新会，又因"崖山海战"失败散居在广东新会，使南宋顶尖的烧制技法全套流传到了广东新会。为了避免被元军捕杀，这些御厨改变了烧制的原料，由建康的手摛烧鸭，改为广东的挂炉烧鹅。当时民间信奉中医的理论，认为鹅有毒，不能膳用，因此御厨得以麻痹元军。元军断定挂炉烧鹅是地道的广东风俗食品而没有追究御厨的背景。

回头再说建康的手摛烧鸭。建康御厨率先发现麦芽糖具有辅助鸭皮变得酥脆并着色的作用，即焦糖化反应，进而形成精湛的烧鸭技术，这是美食的一个至高境界。如果不是御厨跟随宋少帝赵昺的抗元大军来到广东新会，建康府与新会相隔1 400多公里，广东新会乃至广东根本无缘获得如此精湛的烹饪技术。

◎新会古井的烧鹅挂炉，热源在挂炉外面

建康府的烧制技法流传到了广东之后，至少有三样改变，使之又形成广东的烧制技法。

第一样是食材的改变，由建康府所用的高邮鸭改为广东独有的黑鬃鹅。

第二样是调味的改变，由于气候的原因，建康府的手摛烧鸭是不调味的，这样可以为美化造型提供基础。建康府的手摛烧鸭掏取内脏的方法是：从鸭的右腋底开个小口完成，从而体现虽掏内脏却不见刀口的高端技术。而广东气候炎热且潮湿，不调味的话，挂炉烧鹅的肉很快就会变酸变馊，并不妥当。因此，来到广东的御厨马上想到了一个办法，就是用刀在鸭腹顺锸一刀开小口，并通过这个小口将鹅的内脏掏取出来，再从这个小口将调味料抹入鹅腔内，并且用铁针将小口缝紧。

第三样是操作方式的改变，即由劳动强度大且产量低的手摛方法改为劳动强度低且产量高的挂炉方法。

毕竟经历了700多年的历史，烧鹅所用的挂炉进行了多少次的变革已无从查证。如今有两种不同形式的烧鹅挂炉，

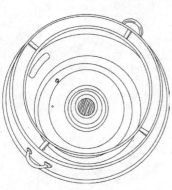

◎广州的烧鹅挂炉，热源在挂炉里面（俯视图）

即广州式的烧鹅挂炉和新会式的烧鹅挂炉。

新会式的烧鹅挂炉的柴火在挂炉的外部，是利用烟囱使热量传入炉内再产生热对流进行烧制。这种挂炉的优点是烧鹅餐餐吃都不会热气（上火），缺点是只能制作烧鹅。

广州厨师对烧鹅挂炉进行改革，将炭火移到挂炉内部，通过热辐射及热对流进行烧制，所以广州的烧鹅更香更脆。这样的烧鹅挂炉的优点是一炉多用，不仅可以制作烧鹅，还可以制作烧乳猪、烧叉烧及烧排骨等。

广东烧鹅最终成为广东的美食名片，是在广州"一口通商"之际正式开始，所以对于烧鹅的近代历史，有"起源于新会，扬名于广州"之说。

在此之后，烧鹅的技法全盘被广州厨师学会，又进行了不少的变革，其中最值得称道的莫过于对烧鹅脆皮糖水的变革。

一直以来，制作烧鹅的厨师都使用南宋御厨遗留的配方，就是用水调节麦芽糖的浓度，以使烧鹅在烧制时获得最佳的焦糖化反应。

然而，广州厨师并没有满足于此，他们发现鹅皮脆化效果还与鹅皮所含的油脂有关，而鹅皮油脂太多直接影响到脆化的程度。于是，广州厨师就将水改为白醋。白醋有消解油脂的作用。

不久，广州厨师又发现，鹅皮明胶在含水的环境下会有粘连，这种粘连直接影响到鹅皮的酥化效果。脆是成片散裂的质感效果，而酥则在脆的基础上小片散碎。有了这个理论基础，广州厨师就在白醋的基础上再加入白酒。因为白酒具有低温致熟的能力，可将成片粘连的明胶变成粒状粘连明胶，加热后个体膨化，鹅皮呈现酥脆的质感。

如今，广州厨师对烧鹅脆皮糖水有进一步的认识，采用酸碱的原理让鹅皮达到更酥更脆的质感效果。在酸性或碱性的环境下，生鹅皮和熟鹅皮都有不同的反应。在酸性环境下，生的鹅皮会发硬，致熟后发软。在碱性环境下，生的鹅皮会发软，致熟后发硬，使得鹅皮在高温下除发生明胶絮化反应外，还产生膨化反应，继而让鹅皮呈现更酥更脆的质感效果。

制作烧鹅的整个工序如下：

第一步是刉鹅，即宰鹅放血，重点是将鹅血完全排清，这样鹅身才会洁白，并且不会残留青草气味。

第二步是搪毛。搪毛的关键是渌毛，水温在75℃左右，渌完毛之后才正式搪毛。搪毛的重心是将藏在鹅皮内的毛钉清理干净。

第三步是斩下掌翼。

第四步是吹气。吹气的目的是使鹅皮浮胀起来，以利于后续的工作。

第五步是开肚，即用刀在鹅腹的1/3处顺剖一刀，然后从这个小口将内脏全部掏取出来，再用清水将腔内的血污冲洗干净。

第六步是调味，即将调味料从鹅腹小口填入鹅腔内并抹匀。用鹅尾针将鹅腹小口缝紧。顺便提一下，广州烧鹅用干粉性调料调味，而新会烧鹅则用液体调料调味。

第七步是渌水。在渌水之前再吹一次气，使鹅身更加饱满。将鹅放入沸腾的清水里迅速渌一下，使鹅皮收紧。顺便提一下，渌水与在烧鹅脆皮糖水中加入白酒有异曲同工之效，能高温致熟，使明胶粒状粘连，但效果不及低温致熟的白酒，因为高温致熟容易让鹅皮内的油脂外溢。

第八步是挂钩，即用烧鹅钩将鹅吊起。这里需要注意两点：第一是鹅挂上钩后，鹅翼一定要下垂，不能撑开；第二是鹅颈开口要用纸塞好，避免滴出水来污染鹅皮。

第九步是晾皮。晾皮有炉火焙皮和风扇吹皮之分。炉火焙皮耗时少，但容易让鹅皮内的油脂外溢，万一油脂外溢，则无法让鹅皮产生明胶絮化反应，即没有脆之余，还让鹅皮发艮。所以，近年来厨师都改用风扇吹皮的方法。为了避免在吹皮过程中鹅肉变酸，可在冷房内吹皮。晾皮的目的是让鹅皮水分减少，以便在烧制时产生焦糖化反应及明胶絮化反应。晾皮不是愈干愈好，鹅皮太干，鹅肉的含水率就少。鹅肉含水率愈高，嫩滑的程度愈高。晾皮的标准是用手触摸鹅皮，感觉干爽微硬即可。

第十步是烧制。烧制时要预先将炉壁加热至180℃左右，要有一定的明火，因为明火中的红外线能让鹅皮迅速受热，使表面迅速固化形成一道保护膜，使鹅肉的香气不易散失。鹅身由于较大，熟化时间较长，约45分钟。所以，鹅皮焦糖化反应及明胶絮化反应的时间要控制在入炉后的25分钟左右。鹅皮过早地发生焦糖化反应，至鹅熟就会焦煳。这是制作烧鹅的秘诀之一。在大概45分钟的时候，观察鹅眼及脚胫，如果鹅眼爆出及鹅胫内有滚油现象，说明鹅已熟透，就要用木柄手钩将鹅取出。为保险起见，可拿手布托着鹅背，将鹅尾抬起，见有汽烟从腹部缝隙冒出，说明烧鹅完全熟透。

由于鹅肉有热缩反应的现象，烧鹅从挂炉取出，不要急于斩件售卖，要吊挂起来略微晾凉，在鹅肉停止热缩反应的时候再开刀斩件，这样既可以保证皮脆，又可以保证肉中的水分不流失。

◎注：民国时期的《秘传食谱·禽鸟门·第三十节·烧鹅》云："预备：①大肥鹅一只，五香末一钱，盐一两，生姜数片，葱二三斤，浓冰糖水（冰糖泡成浓水）一小碗，麻油一碗。或腌菜。②铁叉一把，炭火盆一只，木炭若干，鸭毛扫一个。做法：①将鹅宰好，去净毛同肚内各物，不要破开。先用五香末同盐将（鹅）周身遍擦一过，再取生姜和葱满满塞进；然后在皮面涂上一层浓冰糖水，搁置约一两刻钟，候用。②用铁叉将鹅叉住，放好炭火上细心炙烤。烤时要缓、要慢、要匀、要遍，随时用鸭毛（扫）蘸上麻油加涂在烤干的皮上；一边涂着，一边烤着；直烤到鹅的皮面周围四转都成红色为止。附注：也有不用葱，改用腌菜或雪里蕻塞在鹅肚里。"

◎ 花胶烩火鹅

原料： 烧鹅1 000克，发好的花胶1 000克，湿冬菇丝250克，冬笋丝500克，绍兴花雕酒50克，精盐15克，味精15克，老抽37.5克，上汤7 500克，湿淀粉125克，胡椒粉0.2克，花生油150克。

制作方法：

此鹅馔是烧腊的行当与酒家的行当联姻之后的作品。烧腊行当进入酒家之后称作"低柜"，成为酒家经营的标志。

花胶是鱼鳔的加工品。鱼鳔外层晒干的制品为"花胶"，内层晒干的制品为"鱼肚"。

烧鹅起肉并与发好的花胶分别切成丝。

花胶丝、冬笋丝"飞水"备用。

猛镬阴油，落75克花生油，攒入绍兴花雕酒，注入上汤。待汤水沸腾，加入烧鹅丝、冬菇丝、冬笋丝。待汤水沸腾，将火候改为中火，用精盐、味精调味，用老抽调色，用湿淀粉勾芡，随即加入花胶丝，撒入胡椒粉，并用75克花生油作为包尾油，将所有原料滗入瓦锅便可供膳。

◎烧鹅

◎ 三丝烩火鹅

原料： 烧鹅肉丝1 000克，湿冬菇丝350克，冬笋丝700克，猪肉丝650克，韭黄段650克，绍兴花雕酒100克，精盐20克，味精20克，老抽35克，上汤10千克，湿淀粉100克，胡椒粉0.3克，花生油（炸用）3 500克。

制作方法：

猪肉丝用五成热（150～180℃）的花生油"拉"过。利用余油（100克），攒入绍兴花雕酒，注入上汤。待汤水沸腾，放入烧鹅肉丝、猪肉丝、湿冬菇丝、冬笋丝。再待汤水沸腾，用精盐、味精调味，用老抽调色，用湿淀粉勾芡，撒入韭黄段及胡椒粉，用75克花生油作为包尾油，将所有原料滗入瓦窝便可供膳。

◎酸梅鹅

原料： 光鹅1 000克，蒜片10克，姜米30克，酸梅子500克，白糖250克，精盐7.5克，淡二汤1 000克，老抽20克，花生油100克。

制作方法：

此鹅馔原为广州民间之美食，未在酒家、饭店的菜谱上出现。

经考究，曾经风靡一时的粤菜"梅子甑鹅"的做法从此鹅馔启发而来。

为什么这样说呢？

这从操作流程上可以溯源。"酸梅鹅"是用外汁炆煮，炆熟后现斩现食，最能保持鹅肉的质感和酱汁的味道。由于炆煮需时，炆熟的时间与就餐的时间并不吻合，厨师极少能将鹅肉的质感和酱汁的味道以最佳的姿态供膳。"梅子甑鹅"是内外汁炆煮，只要保持温热，鹅肉的质感和酱汁的味道都处于相对恒定的状态，这是酒家、饭店烹饪美食的基本要求。

酸梅子去核（粤语读wat⁶），用手揸烂或用湿性搅拌机绞烂。

铁镬以中火烧热，落花生油及蒜片，见蒜片炸至微黄再落姜米，用铁铲搅散，随之放入光鹅，将鹅表面煎透。

煎鹅有两个目的：第一个目的是将鹅油焗出来，以使鹅肉辟腥增香；第二个目的是让鹅肉表面的水溶性蛋白迅速固化，以使鹅肉致熟后能够保持爽弹的质感。

光鹅表面煎至焦红色后，即可注入淡二汤。汤水沸腾后，放入去核酸梅子、白糖及精盐，用老抽调色，继续以中火加热。

◎粤菜使用的双耳镬

◎注1："光鹅"是指已煺去羽毛并掏取内脏的鹅，与"毛鹅"相对。"毛鹅"是指仍未煺去羽毛的活鹅。

◎注2："酸梅子"是梅子的盐渍制品。酸梅中的有机酸、果酸、维生素含量非常丰富，能够加速肠道蠕动，补充人体所需的多种矿物质。

◎注3："酸梅鹅"是自来芡，无须再用淀粉勾芡。

◎注4：由于"酸梅子"带有果酸，而果酸是酸性物质，性能与碱性物质相反，是一种令肉中的水溶性蛋白粗暴硬化的物质，极容易让肉制品产生散的质感。

整个烹制关键在于火候一气呵成，中途不能降温，否则鹅肉的质感及味道就会逊色。中途约3分钟翻动光鹅一次，避免光鹅焦燶。大概20分钟之后就要寸步不离地留意汁水收干的情况。由于添加了白糖，汁水有很多气泡。当气泡慢慢由大变小时，说明糖稠开始起作用，要用铁铲滗起，观察汁水的流动性。在汁水流动性略微迟缓时，即可连汁带鹅用铁铲滗出。

鹅肉略降温，即以"彭公火鹅"的方法斩件装碟供膳。

◎梅子甑鹅

原料： 光鹅1 000克，酸梅子300克，蒜蓉10克，姜米15克，片糖50克，精盐7.5克，淡二汤650克，老抽25克，湿淀粉30克，花生油75克。

制作方法：

"甑"是古时候的一种蒸制工具，《周礼·冬官·考工记·陶人》云："甑实二鬴，厚半寸。"《史记·项羽纪》亦云："皆沈（沉）船，破釜甑，烧庐舍。"《本草纲目》再云："黄帝始作甑、釜。北人用瓦甑，南人用木甑，夷人用竹甑。"

具体地说，现在常见的竹制蒸笼也是根据古时"甑"的原理创制出来的。换言之，古时候的炊具是"釜"与"甑"，现在的炊具则是"铁镬"与"蒸笼"，古时与现在的炊具既没有增多也没有减少，都是利用滚水或蒸汽烹饪食物，只是在炊具的材料、外形等方面做出改变，但功能则是一模一样。

从中可见，"甑"作为食物的烹饪方法，应该是利用蒸汽作为传热介质，令食物致熟，否则不能称为"甑"。

遗憾的是，现在的粤菜烹饪教材却是以"炆"的方法教授，已违背"甑"的原意。这样的教授会给学员带来思想及烹饪定义上的紊乱，从而导致学员养成做事敷衍的工作态度。

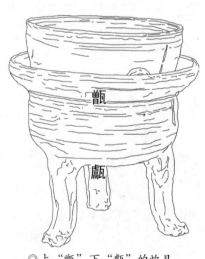

◎上"甑"下"鬲"的炊具

这里列举某教材的做法：

先将光鹅洗干净，抹去水分。再将酸梅用手抓烂，加入精盐、白糖、姜米、蒜蓉调匀，放入鹅的肚里，用铁针串着。将鹅身用深色酱油涂匀。用油50克起镬，将鹅放在镬里煎透。加入二汤，待滚，用深色酱油调为淡红色泽。加盖盖着，用文火瓹至腍，取起候冷却，斩好上碟。斩时，将肚里的味料隔清渣滓和原汁调匀，用湿淀粉打芡，加上包尾油5克和匀，淋匀在鹅上，加芫荽放在鹅上便成。

以下是符合"瓹"的原意的做法：

酸梅子去核，与蒜蓉、姜米及片糖一道放入蒸柜蒸30分钟。取出晾凉，用手揸烂或用湿性果汁机绞烂，配成"酸梅酱"。

取光鹅一只（约1 800克），从腹部顺剖一刀开口，掏取内脏，洗净，将"酸梅酱"填入鹅腔内并涂匀，再用鹅尾针缝上开口，制成"鹅坯"。

铁镬以中火加热，落花生油。待花生油微冒青烟，以鹅胸向下的姿势将"鹅坯"放在油面上，视与铁镬接触的鹅皮的熟化程度，用铁铲移动"鹅坯"，让未煎的鹅皮接触铁镬，直到"鹅坯"胸部及背部都煎透。取出，以鹅胸向上的姿势放在蒸盘（瓹盘）内。

在铁镬内煮滚淡二汤，用老抽调色，下精盐，然后将此汤水倒入蒸盘内，泡浸煎好的"鹅坯"。

将蒸盘置入蒸柜，以猛火加热45分钟左右，将"鹅坯"蒸熟。

将蒸盘从蒸柜中取出候凉，然后将蒸好的"鹅坯"取出，拨去鹅尾针，将"鹅坯"内的"酸梅酱"倒在器皿内，再按"彭公火鹅"的方法斩鹅，并将鹅件摆砌在蒸钵（瓹钵）内。

将蒸鹅的汤汁与倒在器皿内的"酸梅酱"混合，并放入铁镬内加热至沸腾，用湿淀粉勾芡，再将芡汁淋在斩好的鹅件面上便可供膳。

◎注1：瓹盘是旧有的炊具，样子像瓦盘，刚好可放一只鹅坯。现在已用不锈钢盘代替。

◎注2：瓹钵是旧有的器皿，样子像瓦钵，有大、中、小等规格。现已用浅底瓦钵代替。

◎注3：瓹作为烹饪方法，实际上属"三蒸九扣"的范畴。

◎注4："梅子瓹鹅"在勾芡时再添加25克的蜜糖推匀，便为"蜜梅瓹鹅"。

粤厨宝典·菜肴篇1

◎柱侯甑鹅

◎注1："柱侯甑鹅"配方中所用的"柱侯酱"是已配制好的汁酱，其配方及做法请参阅《粤厨宝典·候镬篇》。

◎注2："柱侯甑鹅"还有与芋头搭配的做法，即在"鹅坯"蒸（甑）到八成脸时取出斩块，与用油炸透的芋头件相夹并砌在扣碗内，再蒸15分钟。取出扣碗并倒扣，使鹅块夹芋头安放在瓦碟内，然后再淋上用汤汁与鹅腹内的柱侯酱加湿淀粉勾成的琉璃芡。

原料：光鹅1 000克，柱侯酱20克，老抽10克，淡二汤650克，湿淀粉35克，花生油75克。

制作方法：

此馔制作方法与"梅子甑鹅"相同。

将光鹅从腹部顺剖开口，掏取内脏后洗净，将柱侯酱填入鹅腔内并涂匀，再用鹅尾针缝上开口制成"鹅坯"。

铁镬以中火加热，落花生油。待花生油微冒青烟，以鹅胸向下的姿势将"鹅坯"放在油面上，视与铁镬接触的鹅皮的熟化程度，用铁铲移动"鹅坯"，让未煎的鹅皮接触铁镬，直到"鹅坯"胸部及背部都煎透。随即注入淡二汤，待汤水沸腾，用老抽调色。连汤带鹅（鹅胸向上）滗到蒸盘内，并置入蒸柜猛火蒸45分钟左右。

将蒸盘从蒸柜取出候凉，然后将蒸好的"鹅坯"取出，拨去鹅尾针，将"鹅坯"内的"柱侯酱"倒在器皿内，再按"彭公火鹅"的方法斩鹅，并将鹅件摆砌在蒸钵内。

将蒸鹅的汤汁与倒在器皿内的"柱侯酱"混合，并放入铁镬内加热至沸腾，用湿淀粉勾芡，再将芡汁淋在斩好的鹅件面上便可供膳。

◎菱角炆鹅

◎注：菱角又称腰菱、水栗、菱实等，是一种菱科菱属一年生草本水生植物菱的果实。菱角皮脆肉美，蒸煮后剥壳食用，亦可熬粥食用。

菱角炆鹅中的菱角肉可改为竹笋、慈姑、沙葛、粉葛等。

原料：光鹅1 000克，菱角肉1 250克，炸蒜子30克，蒜蓉15克，姜米25克，绍兴花雕酒75克，精盐7.5克，味精7.5克，淡二汤2 000克，老抽35克，湿淀粉75克，胡椒粉0.2克，花生油162.5克。

制作方法：

此鹅馔有块炆和爿炆两种。

块炆是一次完成，制作流程方便而顺畅，但由于肉制品有热缩的弊端，鹅肉致熟后的缩水程度较大，容易呈现艮韧的质感。

爿炆是在鹅坯炆熟后才斩件，制作流程麻烦且阻滞，但可最大限度地降低鹅肉热缩的程度，从而让鹅肉能够呈现嫩滑的质感。

光鹅斩成长4.5厘米、宽3厘米的块（为碎炆准备）；或者是将光鹅沿鹅腹顺开两爿，即半爿鹅；或者再将半爿鹅拦腰斩开两爿，即1/4爿鹅（为爿炆准备）。

铁镬以中火加热，落125克花生油，待花生油微冒青烟，放入蒜蓉、姜米爆香，再放入鹅块或鹅爿。鹅块焗，鹅爿煎。焗好或煎好，攒入绍兴花雕酒，注入淡二汤，用老抽调色。改慢火炆至鹅肉七成熟（取出鹅爿斩块再放入），用精盐、味精调味。随即放入菱角肉及炸蒜子炒匀，继续炆。此时操作者不宜离开炉灶，随时留意汤水剩余情况。在汤水黏稠时将鹅肉、菱角肉及蒜子肉滗出装起。用湿淀粉将汤水勾芡，撒上胡椒粉并将芡汁淋在鹅肉上便可供膳。

◎揾镬手势

◎蚝油炆鹅

原料：光鹅1 000克，蒜蓉10克，姜米20克，炸蒜子30克，葱榄20克，绍兴花雕酒40克，蚝油30克，精盐7.5克，味精7.5克，白糖15克，淡二汤650克，老抽25克，干淀粉15克，湿淀粉25克，花生油（炸用）3 500克。

制作方法：

此鹅馔有"传统"与"新派"两种做法。前者是先焗炒再炆煮，现在定义为"生炆"，后者是先"拉"油再炆煮，现在定义为"熟炆"。从制作流程上看，后者更简便和顺畅，但从味道而言，前者更能保留鹅肉的鲜味。

传统的做法：

用（花生）油60克起镬，将料头、鹅件放入镬中爆

◎瓦罉

◎注："蚝油炆鹅"与"梅子甑鹅"的制作方法里都有一段不同字体的内容。如果将两段内容对比，就会发现它们的流程并无分别，这说明，"梅子甑鹅"应称为"梅子炆鹅"。

透，溅入绍（兴）酒，注入二汤，用精盐、味精、蚝油调味，用深色酱油调为浅红色，加盖炆至腍，用湿淀粉打芡，加上包尾油20克、葱段炒匀上碟便成。

新派的做法：

光鹅斩成长4.5厘米、宽3厘米的块。沥去水分，撒上干淀粉抛匀，使光鹅件表面附上一层薄薄的干淀粉，用意是避免鹅肉过分收缩。

将花生油放入铁镬内，以中火加至七成热（210～240℃），将抛匀干淀粉的光鹅块放入"拉"油，仅定形即可捞起沥油。

瓦罉（也可在铁镬完成后再放入炽热的瓦罉内）猛火烧热，落75克花生油，花生油微冒青烟，放入蒜蓉、姜米爆香，再放入炸蒜子及沥去油分的光鹅块，攒入绍兴花雕酒并将各料炒匀，注入淡二汤，待汤水沸腾，用老抽调色（必须要待汤水沸腾再调色，否则味道会带酸）。改中火继续炆煮（切记火候不能时大时小，必须一直维持稳定，否则鹅肉的弹性会略降低），直至鹅肉熟透、汤水收浓，用蚝油、精盐、味精、白糖调味，用湿淀粉将汤水勾成琉璃芡，再淋上15克花生油作为包尾油，撒入葱榄便可供膳。

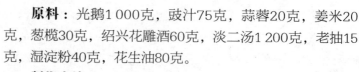

◎豉汁炆鹅

◎光鹅（未斩掌翼）

原料：光鹅1 000克，豉汁75克，蒜蓉20克，姜米20克，葱榄30克，绍兴花雕酒60克，淡二汤1 200克，老抽15克，湿淀粉40克，花生油80克。

制作方法：

虽然鹅馔与鸡馔都深受广东人的喜爱，但厨师在选材上却有不同的标准。厨师选鹅仅停留在品种上，只强调"黑鬃鹅""黄鬃鹅"等品种之分，没有像鸡一样在"清远鸡""胡须鸡"的品种上，还强调"鸡项""二黄头"之类的区别。这就导致鹅馔的烹制温度及烹制时间，欠缺统一的指导标准。

在此，笔者归纳禽鸟市场鹅的情况，将鹅分为"雏鹅""仔鹅""嫩鹅""成鹅"及"老鹅"五个级别。

"雏鹅"是指仍处在绒毛时期的鹅，一般在育种市场可见，很少在禽鸟市场出现，皆因中医有"嫩鹅毒，老鹅良"（《本草纲目》）之说，故不宜膳用。

"仔鹅"是指处于绒毛刚换成羽毛时期的鹅，即从鹅蛋孵出后的135天左右的鹅。此时鹅的皮软薄及略显瘦削；肉嫩且薄，质感偏糯；骨较松软，甚至可被人轻易咀嚼咬烂。这时期的鹅可膳用，"烧""炆"皆宜，但由于鹅皮薄，以"烧"烹制，没有明胶絮化反应的空间，不能呈现脆的质感。由于鹅肉嫩和鹅骨软，以"炆"烹制，很快就能达到膳用要求，因此烹制时间较短。

"嫩鹅"是指羽毛完全长成但仍未进入通翎时期的鹅，即从鹅蛋孵出后的160天左右的鹅。此时鹅的皮厚且韧，肉也较厚且肥，但骨则偏硬，不被人轻易咀嚼咬烂。这时期的鹅可膳用，"烧""炆"皆宜，尤其适合"烧"，原因是鹅皮厚且韧，有明胶絮化的空间，能呈现脆的质感。

"成鹅"是指羽毛翮根内部呈透明状，即通翎时期的鹅，即从鹅蛋孵出后的230天左右的鹅。此时鹅的皮较艮韧，肉厚实且肥，骨也偏于坚硬。这时期的鹅可膳用，"烧""炆"皆宜。由于鹅皮艮韧，在明胶絮化之后仍能耐久坚挺，并且呈现十分诱人的酥脆质感，因此，近年来采用"烧"法的鹅馔，多选用此时期的鹅。如采用"炆"的方法，烹制时间要相应延长。

"老鹅"是指除羽毛翮根内部呈透明状，其脚掌已有趼皮的鹅，即从鹅蛋孵出后的270天及以后的鹅。此时鹅的皮和肉都相当艮韧，骨也十分坚硬。这时期的鹅虽可膳用，但已不太适宜以"烧"法烹制。老鹅可"炆"可"煲"，但烹制时间相当长。

将光鹅顺鹅腹破开两片，再将每片斩成长4.5厘米、宽3厘米的块。

猛镬阴油，落60克花生油，待花生油微冒青烟，放入蒜蓉、姜米爆香，再放入光鹅块焗炒，攒入绍兴花雕酒，注入淡二汤。待汤水沸腾，用豉汁调味，用老抽调色。改中火炆煮，在此期间多翻动，以鹅肉熟透、汤水收浓为度，用湿淀粉勾芡，淋上20克花生油作为包尾油，撒入葱榄，滗入炽热瓦罉内，冚上罉盖便可供膳。

◎注1：清代袁枚先生编写的《随园食单·羽族单·云林鹅》云："倪《云林集》中，载制鹅法。整鹅一只，洗净后，用盐三钱擦其腹内，塞葱一帚，填实其中，外将蜜拌酒通身满涂之，锅中一大碗酒、一大碗水蒸之，用竹箸架之，不使鹅身近水。灶内用山茅二束，缓缓烧尽为度。俟锅盖冷后，揭开锅盖，将鹅翻身，仍将锅盖封好蒸之，再用茅柴一束，烧尽为度；柴俟其自尽，不可挑拨。锅盖用绵纸糊封，逼燥裂缝，以水润之。起锅时，不但鹅烂如泥，汤亦鲜美。以此法制鸭，味美亦同。每茅柴一束，重一斤八两。擦盐时，搀入葱、椒末子，以酒和匀。《云林集》中，载食品甚多，只此一法，试之颇效，余俱附会。"

◎注2："豉汁炆鹅"的配方中所用的"豉汁"是已配制好的汁酱，其配方及做法请参阅《粤厨宝典·候镬篇》。

◎在餐厅炆煮，气氛更浓

◎注1："咖喱炆鹅"配方中的淮阳咖喱酱是已配制好的汁酱，配方和做法可参阅《粤厨宝典·候镬篇》。

◎注2："咖喱炆鹅"如果选用成鹅制作，炆煮时间较长，还是在厨房操作为宜。

◎咖喱炆鹅

原料： 光鹅1 000克，蒜蓉10克，姜米20克，辣椒米20克，洋葱粒40克，绍兴花雕酒40克，淡二汤750克，淮阳咖喱酱50克，花生油80克。

制作方法：

此鹅馔如选用仔鹅，可在餐厅现场操作，以增加"以乐侑食"的气氛。

光鹅斩成长4.5厘米、宽3厘米的块。

瓦罉猛火烧热，落60克花生油，放入蒜蓉、姜米、辣椒米爆香，再放入淮阳咖喱酱炒香。加入光鹅块及攒入绍兴花雕酒并炒匀。将光鹅块表面炒熟，注入淡二汤。待汤水沸腾，保持猛火炆煮。至鹅肉熟透、汤水收浓时淋上20克花生油作为包尾油便可供膳。

○再说炆与焖

"焖"无疑是一项伟大的节能改革，因为在这项伟大改革奠立之前，人们一直用"炆"的方法烹制食物，而两者相比较，从烹饪时间到节能方面，"焖"都稍胜一筹，而它们的区别仅仅在于是否冚盖。

"炆"字在《集韵》中的解释是"无分切，音文。煴也"，说明此字及音均来源"煴"。而"煴"字在字书里多有解释，《说文解字》曰："鬱（郁）烟也。"颜师古为《前汉·苏武传》中的"置煴火"作注为："煴，聚火无焱者也。"《集韵》曰："乌昆切，音温，燀（焊）煴火微，或作熄。又邬本切，音稳，煴炳热也。又纤问切，音醖，以火伸物。又乌没切，音揾。烟鬱（郁）貌。"从中理解，"炆"是用近乎火灭的火候去烹制食物的烹饪方法。

与此同时，古人对烹饪火候认识不深，又或是受当时技术的限制，在烹煮时都没有加盖。所以，"炆"的定义是开盖慢火水煮的烹饪方法。

到了宋代，随着科技的进步，做个镬盖已不是什么难事，于是，就有人对"炆"进行改革，在烹煮时加上个镬盖。这小小改革，令烹饪的时间大大地缩短，因而得到广泛应用。

为什么单单加上个镬盖就能缩短食物的烹饪时间呢？

原因是压力！

在热环境下，蒸汽不断向上冒升，当有阻隔时，冒升的蒸汽就会形成压力，而这些压力就会对食物产生反应，令本来热缩的纤维强制热胀，从而令纤维崩断。纤维崩断即令食物快速呈现脸烂的质感。所以，"焖"的定义为加盖慢火水煮的烹饪方法。

而炆则不是这样，它遵循正常的热缩规律，食物的纤维在受热时缓慢熔解或拉伸至被人易于咀嚼，而食物质感达到被人易于咀嚼的地步必定要耗费一定的时间。

有人会问，为什么非要用慢火烹煮呢？

这是因为受食物热缩规律的制约，假若采用猛火，食物热缩程度会愈大，食物中心受热反而愈小，烹煮耗费的时间更多。

如今，唯一结合食物质感与食物味道两大要求去烹制食物的粤菜厨师认为，食物纤维崩断，意味着食物丧失弹的质感，所以，大多会返璞归真，用"炆"而不用"焖"。

◎注："焖"字在方法形成后近700年才被确定下来，所以清代初期的《康熙字典》也没有收录，到了清代中期，文学家曹雪芹先生在《红楼梦》中写有此字。

◎注1："紫苏叶"为发汗、镇咳、芳香性健胃利尿剂，有镇痛、镇静、解毒作用，用于感冒治疗，因鱼蟹中毒之腹痛呕吐者有卓效。

◎注2："麻酱紫苏鹅"配方中所用的"柱侯酱"是已配制好的汁酱，其配方及做法请参阅《粤厨宝典·候镬篇》。

◎麻酱紫苏鹅

原料：光鹅1 000克，柱侯酱10克，芝麻酱15克，精盐7.5克，味精7.5克，白糖20克，淡二汤40克，紫苏叶丝35克，红辣椒丝10克，猪油60克。

制作方法：

此鹅馔与"梅子甑鹅""柱侯甑鹅"的做法略有不同，梅子甑鹅、柱侯甑鹅是采用"湿蒸（甑）法"，而此鹅馔采用的是"干蒸（甑）法"。采用"湿蒸法"的鹅肉质感偏向脸，采用"干蒸法"的鹅肉质感偏向爽。

将柱侯酱、芝麻酱、精盐、味精、白糖、淡二汤及10克紫苏叶丝放在钢盆内混合，制成"紫苏酱"。

光鹅（约1 500克整鹅）从鹅腹顺剖开口以掏取内脏，洗净，将"紫苏酱"填入鹅腔内并涂匀，再用鹅尾针缝上开口，制成"鹅坯"。

"鹅坯"以胸向上的姿势摆入蒸盘内，放猪油，下以筷子盛起，以便热气流通，置入蒸柜内，猛火蒸35分钟左右，取出晾凉。以"彭公火鹅"的斩鹅方法将鹅斩件并砌在蒸砵内，淋上从鹅腹接下来的"紫苏酱"，撒上红辣椒丝及25克紫苏叶丝在鹅件面上便可供膳。

◎注：民国时期的《秘传食谱·禽鸟门·第二十九节·干蒸鹅》云："预备：①大肥鹅一只，酒一碗，熟盐三钱，酱油一杯（将熟盐先泡化在酱油内候用）。金针菜、香菇、红枣、正菜、黄豆、绍酒、葱结、姜片，以上八样各都适量，要能塞满在鹅的肚内为度。好滴珠红酱油一碗，面酱一小碗，酱油、面酱也要预先混和候用。芋子（小芋头）、黄豆均各适量。又红酱油一小碗。

◎豆酱干蒸鹅

原料：光鹅1 000克，普宁豆酱75克，芝麻酱12.5克，蒜蓉7.5克，姜米7.5克，绍兴花雕酒12.5克，淡二汤25克，八角粉0.5克，陈皮末0.2克，精盐2.5克，味精2.5克，白糖12.5克，老抽10克，湿淀粉12.5克，花生油25克。

制作方法：

此鹅馔是粤东地区"三蒸九扣"品种之一，结合"麻酱紫苏鹅"的做法分析，说明"甂"这种形式的烹饪方法实际上是旧时"三蒸九扣"之中的技法，只不过名称不同而已。

中火热镬，落花生油，待花生油微冒青烟，放入蒜蓉、姜米及普宁豆酱爆香，再放入八角粉、陈皮末、白糖、芝麻酱、精盐、味精及5克老抽炒匀，攒入绍兴花雕酒，注入淡二汤拌匀，取出，加入湿淀粉拌匀，配成调味汁酱。

取仔鹅整只或半只均可（原料分量按鹅重调节），但不斩碎。将汁酱抹匀鹅的全身，放在蒸盘内，置入蒸柜猛火蒸40分钟。取出，趁热将5克老抽涂在鹅皮上。稍晾凉，按"彭公火鹅"的方法斩砌在瓦砵内供膳。

做法：①将大肥鹅宰好，去净毛同肠肚各物，不要破开。②先用酒在鹅的周身内外洗净一过，然后再泡好的熟盐的酱油再在肚里遍擦一过。于是将发好的金针菜、香菇、红枣、正菜同黄豆、绍酒、葱结、姜片一并塞在腹内。皮面用好滴珠红酱油同和好的面酱再厚涂一遍。③再用大冰盘一个，将芋子、黄豆垫放盘底，即将填好的鹅放在上面，隔水蒸四五枝香久。取起，乘热再涂上红酱油一次，颜色更加好看。"

◎柱侯干焗鹅

原料： 光鹅1 000克，蒜蓉20克，姜米20克，柱侯酱75克，生抽30克，绍兴花雕酒30克，淡二汤250克，花生油120克。

制作方法：

此鹅馔以"仔鹅"为优，"嫩鹅"为次，关键是控制烹饪时间，以最短的时间让鹅肉的质地达到易被人咀嚼的地步。

光鹅斩成长4.5厘米、宽3厘米的块。

以猛镬阴油的形式落100克花生油，放入蒜蓉、姜米爆香，再放入斩好的鹅件，攒入绍兴花雕酒，加入柱侯酱，用铁铲将鹅肉表面急促炒熟，并让柱侯酱裹匀鹅肉表面。随后注入淡二汤，继续以猛火加热，在此期间要用铁铲多翻动鹅件，让鹅件充分且均匀地受热。

◎注："柱侯干焗鹅"与用"炆"法制作的鹅馔的区别在于汤汁收干的程度。此时的汤汁实质上已是芡（自然芡）。

"焗"的"自然芡"较干结，图取馔香。而"炆"的"自然芡"较稀稠，图取馔滑。

"自然芡"是指利用肉料所含的明胶让汁水自然增稠。

另外，制作肴馔还可使用"外来芡"。"外来芡"主要是通过添加湿淀粉增稠，所以又称"淀粉芡"。

粤厨宝典·菜肴篇1

整个鹅馔制作的关键点在于汁水的收干程度，最佳效果是鹅件表面刚有少许不太流动的汁水（芡），整体呈光亮感。

汁水将近收干时将火候改为中火，用铁铲不断翻炒以加快汁水挥发。在汁水将近干结时，加入生抽，翻炒均匀，再淋上20克花生油作为包尾油便可滗入浅底瓦钵或镬仔内供膳。

○芡的概念

"芡"是厨师烹制肴馔必须掌握的知识及技术，清代美食家袁枚先生对此尤为重视，其编写的《随园食单·须知单·用纤须知》云："俗名豆粉为纤（原用'縴'字，后同）者，即拉船用纤也，须顾名思义。因治肉者，要作团而不能合，要作羹而不能腻，故用粉以牵（原用'牽'字）合之；煎炒之时，虑肉贴锅，必至焦老，故用粉以护持之。此纤义也。能解此义用纤，纤必恰当，否则乱用可笑，但觉一片糊涂。《汉制考》：齐呼麹麩为媒，媒即纤矣。"

袁枚先生所说的"纤"，实际上就是现在所说的"芡"字。

其实，"纤""芡"的写法都是来源于qiǎn的读音，正确写法是"饘"或简作"饘"，《博雅》曰："饘糇，搏也。一曰黏也。一曰干饵。"从中可见与面或粉有关。袁枚先生则说是粉，这个粉是指淀粉。

"芡"指睡莲科芡属一年生水生草本植物。其种子含淀粉，供食用、酿酒及制副食品用；供药用，功能补脾益肾、涩精。种子含有丰富的淀粉，因为其淀粉入口清爽，常被厨师用于烹制肴馔，为汤汁增稠，恰巧读音为qiàn，与"饘"及"纤"的读音相近，就约定俗成地将增稠后的汤汁写成"芡"。

按照袁枚先生文中的意思，但凡放入肴馔之中的淀粉就称为"纤"，包括腌肉、作羹甚至炒制用的淀粉。不过，后来厨师对"纤"（芡）的用意有了更进一步的理解，芡也就

◎注：想要利用肉料中的明胶形成自来芡，必须掌握汤水与明胶的比例，这样汤水收干到一定程度就会出现明胶嗜水的现象，此时所谓的"自来芡"就会形成。

需要注意的是，肉料烹制时所用的汤水必须一次性放足，不宜后续添加，否则芡汁的包裹性就会下降，即俗称的"泻（瀉）芡"。

有了新的定义——用湿淀粉使肴馔汤汁变浓稠。

实际上，后来的厨师发现，在某些情况下，让肴馔汤汁变浓稠，并非一定要用湿淀粉不可，因为肉料之中本身含有黏稠度十分高的明胶。只要这些明胶溶解到汤水中，再将汤水与明胶的比例控制好，汤水自然就会变浓稠，这就是"自来芡"。而"淀粉芡"则是指加入湿淀粉令汤水变浓稠。

◎ 爢鹅

原料：光鹅1 000克，蒜蓉10克，姜米30克，红葱头蓉30克，绍兴花雕酒50克，老抽25克，生抽75克，冰糖120克，柱侯酱35克，海鲜酱35克，芝麻酱75克，腐乳75克，阳江豆豉100克，淡二汤1 200克，花生油175克。

◎ 爢鹅

制作方法：

"爢鹅"的做法不是近年才有，早在广东地区仍然以"三蒸九扣"作筵席形式时就已经存在，是"三蒸九扣"的补充，后因"三蒸九扣"的筵席形式被"满汉全席"的筵席形式所代替而退出市场。20世纪末，随着城市化进程常态化，田园乐（又称"农家乐"）成为城市人节假日驾车到乡间享受大自然乐趣的活动，此鹅馔又被乡间食肆发掘出来。不过，由于此鹅馔历史久远，真正名称已被淡忘，多以其音写成"碌鹅"。

"碌"字在《集韵》中的解释是"石地不平也"，用现在的话说是指石块的形状不方正。这个解释显然不能表达鹅馔名称的真正用意。于是，有厨师又穿凿附会地解释：这是因为鹅在镬里不断转动烹煮而得名。须知道，意为不断转动的则是"辘"，虽与"碌"同音——lù（粤语读luk¹），但都是讹写，应写为"爢"。

"爢"是典型的烹饪法，至少在北宋时期就已经奠立。北宋时期的《太平广记·诙谐六》就有"爢牛头"的诙谐短文："有士人，平生好吃爢牛头。一日，忽梦其物故。拘至地

◎注1："红葱头"又名红葱、圆葱、细香葱、香葱，属百合科葱属葱种分葱亚种的一个栽培类型，是岭南特色辛香蔬菜。此种葱因其鳞茎外皮为淡红褐色，故称为"红葱头"。又因其叶管多干燥，被称为"干葱头"。

所谓"生葱，熟蒜，半生韭"。红葱头与青葱及大葱不同，青葱之香在外，微加热即香；大葱是呈现甜香，不用加热；而红葱头之香在内，久煮才香。

◎注2："燶鹅"可选用"成鹅"和"老鹅"阶段的鹅制作，由于两阶段的鹅的肉质不同，所以处理手法也不同。"成鹅"以"炆"为宜，"老鹅"以"焖"为好。

◎注3：制作"燶鹅"时垫上竹笪，是为了防止鹅皮与铁镬接触引致焦燶。翻动光鹅时要小心，避免刮破鹅皮。

府鄮都狱。有牛首阿旁，其人了无畏惮，仍以手抚阿旁云：'只这头子，大堪燶。'阿旁笑而放回。"

遗憾的是，无论是北宋时期的人，抑或是在"三蒸九扣"没落前的人都并没有对"燶"加以详尽描述，只有《集韵》语焉不详地说"音禄，炼也"。

按烹饪的特性，"燶"实际上是"油烹法"与"水烹法"结合的既包含"煎"也包含"炆"的烹饪技法。这种技法的用意是务必让肴馔呈现焦香的味道和脸滑的质感。

选"成鹅"及"老鹅"阶段的光鹅，用滚水渌过，使表皮收紧。趁热用老抽涂抹鹅皮，使鹅皮赋上颜色。

铁镬中火烧热，落75克花生油，见花生油微冒青烟，用铁铲将油拨匀镬面，随之以鹅胸朝下的姿势，将涂抹上老抽的光鹅摆放在油面上煎。

这里的技巧是热量能迅速地将受热的鹅皮固化（硬化），以使之形成一道隔层，令鹅肉的水分不外渗，从而让鹅皮在相对干燥的环境下产生美拉德反应，形成酯酯的香气。

确定受煎的鹅皮已煎硬，用铁铲移动光鹅，让未受煎的鹅皮接触油面，直到整个鹅身煎成焦黄色为止。

在煎鹅的过程中，花生油起到传热和调节温度的作用，而且消耗极大，必须适时补充，但补充时不宜投放凉油，避免让铁镬温度骤然降低，以补充加热至150℃左右的热油（配方多预留25克，实际操作会略有变化）为宜。

光鹅煎好后取出，将铁镬洗干净，以中火烧热，放入75克花生油，爆香蒜蓉、姜米及红葱头蓉，攒入绍兴花雕酒，再放入柱侯酱、海鲜酱、芝麻酱、腐乳及阳江豆豉炒匀，并注入淡二汤，待汤水沸腾，加入冰糖及生抽，垫上竹笪，将煎好的光鹅摆在竹笪上并浸入汤水内。

及后的过程在烹饪法上叫"炆"，火候不宜太大，仅见汤水有沸腾状即可，这种状态行中称为"菊花心"。原因在于肉料（包括鹅肉）受热会出现热缩反应，温度愈高，热缩反应愈厉害，热量传递到肉料内部愈困难。只有合理的温度，才能让肉料做出相对的热胀反应，热量才能相对畅通无阻地传递到肉料内部，使肉料外部与内部的致熟效果达到平衡。另外，"炆"是强调开盖烹饪，如果冚上盖，则为"焖"。由于"焖"使烹饪环境处于密闭状态，在热量的作用下，密闭空间会形成压力并令温度升高，会给予肉料纤维无形的冲击，从而令肉料纤维崩断，按食品质感评价标准去形容，是呈现脸软的质感。因为"炆"在烹饪过程中没有形成压力且加热温度柔和，可确保肉料纤维的完整性，所以会呈现软弹的质感。

在加热的过程中要多翻动光鹅，使光鹅受热及受味均匀。由于汤汁中含有冰糖，且光鹅会溶出明胶，在双重作用下，汤汁会逐渐收浓。在光鹅达到膳用的软弹程度时取出，将汤汁收浓，光鹅斩件装碟后，将汤汁淋在鹅件上便可供膳。

◎ 三杯鹅

原料：光鹅1 000克，蒜蓉20克，姜片35克，白糖150克，米酒350克，生抽200克，味精15克，花生油100克。

制作方法：

此鹅馔的做法来源于"三杯鸡"，所谓"三杯"，历来说法不一。一种说法是一杯猪油、一杯生抽及一杯米酒，另一种说法是一杯生抽、一杯米酒及一杯白糖，但都离不开生抽及米酒。如果分析一下，不难发现是调味上的区别，是纯取咸味还是取咸甜味。当然，如果放白糖的话，汁水较为黏稠。

光鹅（以嫩鹅为宜，毛鹅约2 500克）斩成长4.5厘米、宽3厘米的块。

以猛镬阴油的形式落100克花生油，放入蒜蓉、姜片爆香，再放入斩好的鹅件，用铁铲炒匀。然后放入白糖、米酒、生抽及味精，冚镬盖，改用中火加热，隔一段时间开盖翻炒，避免鹅块焦燶。由于汁水带有白糖，加热不久后就会泛出泡沫，初时是大泡，随着水分消耗，泡沫逐渐变小。当泡沫变成芝麻大小时，便可滗出装碟供膳。

◎注："三杯鸡"或"三杯鸭"的做法可参照"三杯鹅"。

◎沙茶鹅㙟煲

◎鹅㙟煲

原料： 光鹅1 000克，蒜蓉20克，姜片35克，蒜苗段20克，沙茶酱75克，生抽25克，绍兴花雕酒30克，淡二汤1 200克，花生油150克。

制作方法：

此鹅馔出自广东粤北地区的清远市。原来是用面豉酱调味，后改良为用沙茶酱调味。

所谓"鹅㙟"，是指老母鹅。实际上，清远除鸡有名之外，也是黑鬃鹅的主要产区，故有很多老母鹅留在当地沽售。20世纪90年代时，清远县城（当时还未建市）的夜市几乎都是以老母鹅供膳招徕食客，烹法较多，唯"鹅㙟煲"最受食客喜爱，渐渐形成风气。

光鹅（以老母鹅为宜，毛鹅为3 500～4 000克）斩成长4.5厘米、宽3厘米的块。

以猛镬阴油的形式落150克花生油（因老母鹅质地艮韧，用油量较其他质地软嫩的肉类要多），放入蒜蓉、姜片爆香，再放入斩好的鹅件，用铁铲炒匀。攒入绍兴花雕酒，注入淡二汤，继续以猛火加热（这样鹅肉的香味才会出来）。至汤水消耗一半时，用沙茶酱、生抽调味，然后改用中火继续炆煮，直至汤水仅剩1/5及鹅肉质感达到爽脆为度，将各料滗到瓦煲再加热至沸腾，撒入蒜苗段，冚上煲盖便可供膳。

◎注1："沙茶酱"的配方及做法，请参阅《粤厨宝典·候镬篇》。

◎注2：由于鹅㙟质感老韧，不易被人咀嚼，烹煮时间较长。也可先将鹅块与淡二汤放入高压煲内加热至软脆，然后再在瓦煲内加沙茶酱、生抽炆煮。

◎潮州炸鹅

原料： 光鹅1只（约2 500克），潮州卤水1罉，湿淀粉25克，梅膏酱50克，胡椒油20克，酸黄瓜100克，花生油（炸用）3 500克。

制作方法：

此鹅馔开启了"潮州卤水鹅"成名的大门。现在有很多厨师都认为是先有"潮州卤水鹅"才有"潮州炸鹅"，但事实恰恰相反。

在20世纪60年代的时候，香港大排档盛行潮州风味的食品，当时的人称其为"打冷"。潮州的"打冷"食品除了潮州粥之外，大多是凉菜，如"猪脚胨""冻蟹"等，但偶尔会有档口挂上熟鹅，等待油炸成"炸鹅"后作为热菜供客。到了20世纪80年代的时候，香港人怕油炸食品热气，就干脆直接吃熟鹅。在这一需求推动之下，潮州厨师便开始对烹制熟鹅的卤水进行改良，这一改就诞生了"潮州卤水鹅"。

光鹅（成鹅为首选）起四柱骨，并在胸口开一小口。

潮州卤水以中火加热至沸腾，先将光鹅放入卤水内戤两三次水，再将光鹅完全浸入卤水里。待卤水重新沸腾，改慢火让光鹅熟透便为"卤水鹅"。取出挂起晾凉。

用刀将"卤水鹅"头颈斩下，将鹅以鹅胸向上的姿势平放在砧板上。在鹅胸顺剖一刀，翻开鹅胸将连带的皮肉起出，再分出翼部、胸部、背部及髀部，蘸上湿淀粉。余下骨架斩成块。

将花生油放入铁镬内，以中火加至七成热（210～240℃），根据大小，将鹅翼、鹅胸、鹅背及鹅髀放入油内炸至金黄色。用笊篱捞起，沥油，并交由砧板师傅切片。再放入鹅骨块炸酥。

及后的工序由砧板师傅完成。先用炸酥的鹅骨垫底，再将鹅翼、鹅胸、鹅背及鹅髀斜切成片块铺在鹅骨上，围上酸黄瓜片便可供膳。供膳时佐上梅膏酱及胡椒油。

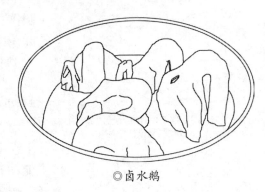

◎ 卤水鹅

◎注1："冷"在潮州话中有两个意思：一个意思是指人，读作nang5，"自己人"的潮州话音是"自己冷"——cit7 gi3 nang5。另一个意思是温热凉冷的"冷"。而"打"在粤地有聚合、围坐之意，例如吃火锅，广州人会称为"打边炉"。同理，潮州人所说的"打冷"，就是围坐在一起吃东西。
◎注2："梅膏酱"是潮汕地区的特产，用酸梅肉腌渍一年制成，现有商品供应。
◎注3："胡椒油"是用500克猪油、100克味精与20克胡椒粉配制而成的。

◎五彩鹅肉丝

原料： 鹅胸肉1 000克，竹笋丝1 000克，青辣椒丝200克，红辣椒丝200克，湿冬菇丝150克，甘笋丝250克，韭黄段250克，干米丝150克，湿淀粉150克，绍兴花雕酒100克，芡汤400克，胡椒粉0.5克，花生油（炸用）3 500克。

◎注1：粉丝是以绿豆淀粉为原料，熟化后压成丝再晒干的制品。
◎注2：芡汤的配方及做法，请参阅《粤厨宝典·候镬篇》。
◎注3：此鹅馔再加入洋葱丝、青瓜丝便为"七彩鹅肉丝"。

制作方法：

此鹅馔为饭店的作品，有"生炒"和"熟炒"两个做法，"熟炒"是用卤水鹅的鹅胸肉切丝。这里介绍"生炒"。

鹅胸肉切成长4.5厘米、厚0.6厘米的片，再切成宽0.6厘米的丝，放入钢盆内，加入75克湿淀粉拌匀。

用铁镬猛火烧滚清水，将甘笋丝焓软，用笊篱捞起，放入流动清水里漂爽（预早准备）。猛火烧滚清水，将竹笋丝、湿冬菇丝"飞"水，用笊篱捞起，沥去水分（供膳时操作）。

将花生油放入铁镬内，以中火加至五成热（150～180℃），先将干米丝放入油内炸膨化，用笊篱捞起，再放入鹅胸肉丝"拉"至六成熟，用笊篱捞起，沥去油分。

铁镬内留有100克余油，改猛火加热，先放入竹笋丝、青辣椒丝、红辣椒丝、湿冬菇丝、甘笋丝摁镬抛匀，再放入鹅胸肉丝，并攒入绍兴花雕酒，摁镬使各料均匀。注入芡汤及75克湿淀粉，并撒入韭黄段，摁镬使各料均匀。最后淋上50克花生油作为包尾油，撒上胡椒粉，将各料滗在垫有膨化干粉丝的瓦碟内便可供膳。

◎骨香鹅片

原料： 光鹅1 000克，菜蕻500克，蒜蓉5克，指甲姜片5克，鸡蛋清30克，鸡蛋黄55克，精盐3.5克，味精3.5克，绍兴花雕酒15克，老抽10克，芡汤60克，淡二汤165克，干淀粉135克，湿淀粉35克，胡椒粉0.1克，花生油（炸用）3 500克。

制作方法：

此鹅馔曾经是粤菜经典作，之所以有此地位，主要是粤菜师傅对鹅的骨与肉分开处理，做到骨酥肉滑，而且颜色搭配和谐，味道咸鲜。

将光鹅起肉，并将肉切成片，将骨斩成块。肉与骨的比例为2∶1。鹅肉片先用鸡蛋清拌匀，再用15克湿淀粉拌匀。鹅骨块先用鸡蛋黄搅匀，再拍上干淀粉。

将花生油（通常会用旧油）放入铁镬内，以中火加至七成热（210～240℃），放入鹅骨块，炸至金黄酥脆。用笊篱捞起，沥去油分，交给打荷放在瓦碟内作为垫底。

将花生油（通常会用新油）放入铁镬内，以中火加至五成热（150～180℃），放入鹅肉片"拉"至仅熟，用笊篱捞起，沥去油分。

铁镬内留有30克余油，放入菜蔬煸炒，边煸边淋入淡二汤，并用精盐、味精调味，至仅熟，用笊篱捞起，沥去水分。

以猛镬阴油的形式落100克花生油，放入蒜蓉、指甲姜片爆香，攒入绍兴花雕酒，再放入鹅肉片、菜蔬，摁镬抛匀。用芡汤调味，用老抽调色，用20克湿淀粉勾芡。撒上胡椒粉，淋上30克花生油作为包尾油，将各料滗在垫底的鹅骨块上便可供膳。

◎竹笋鹅片

原料： 鹅胸肉1 000克，竹笋片800克，蒜蓉20克，指甲姜片12克，葱榄120克，绍兴花雕酒60克，芡汤320克，湿淀粉120克，胡椒粉0.4克，芝麻油5克，花生油（炸用）3 500克。

制作方法：

此鹅馔是民国时期广州郊外食肆的时令菜，仅在笋嫩鹅肥的开春时节供市，一年之中就只有十多天，其他日子欠奉。

鹅胸肉（以嫩鹅为宜）顺切成宽4厘米左右的长块，再斜刀横切成厚0.6厘米的片。放入钢盆内，加入60克湿淀粉拌匀。竹笋片用沸腾清水"飞"过，用笊篱捞起，沥去水分。

353

将花生油放入铁镬内，以中火加至五成热（150～180℃），将鹅胸肉片放入油内"拉"至仅熟，用笊篱捞起，沥去油分。

铁镬内留有100克余油，改猛火加热，待花生油微冒青烟，放入蒜蓉、指甲姜片爆香，攒入绍兴花雕酒，倒入竹笋片及鹅胸肉片，摁镬抛匀。用芡汤调味，用60克湿淀粉勾芡，撒入葱榄，再摁镬使各料均匀。撒入胡椒粉，用芝麻油及80克花生油作为包尾油，滗出装碟便可供膳。

◎ 薄脆鹅片

原料： 鹅胸肉1 000克，薄脆375克，蒜蓉12.5克，指甲姜片7.5克，葱榄75克，绍兴花雕酒50克，芡汤200克，老抽20克，湿淀粉87.5克，花生油（炸用）3 500克。

制作方法：

鹅胸肉连皮斜切成长4.5厘米、宽3.5厘米、厚0.4厘米的片，放入钢盆内用50克湿淀粉拌匀。

薄脆预先用花生油炸好备用。

将花生油放入铁镬内，以中火加至五成热（150～180℃），将鹅胸肉片放入油内"拉"至仅熟，用笊篱捞起，沥去油分。

铁镬内留有100克余油，改猛火加热，待花生油微冒青烟，放入蒜蓉、指甲姜片爆香。攒入绍兴花雕酒，加入沥去油分的鹅胸肉片，摁镬，使鹅胸肉片受热均匀。用芡汤调味，用37.5克湿淀粉勾芡，用老抽调色，撒入葱榄，摁镬使各料均匀。淋上30克花生油作为包尾油，滗入圆碟内，四周伴上薄脆便可供膳。

◎注："薄脆"是面制品。制作方法为取面粉500克、鸡蛋液75克、白糖25克、南乳15克、蒜蓉5克、清水140克、纯碱15克、花生油50克揉匀，用压面机压薄，切成长2厘米、宽1厘米的橄榄形片，并用五成热（150～180℃）的花生油炸脆。

◎ 豉椒鹅片

原料： 鹅胸肉1 000克，圆椒件1 250克，蒜蓉25克，葱榄100克，阳江豆豉100克，白糖50克，淡二汤400克，芡汤250克，花生油（炸用）3 500克。

制作方法：

粤菜厨师有所谓"生砧死镬"之说，言下之意是砧板师傅已通过料头的增减将肴馔的风味调好，候镬师傅只需按照制作流程操作就可以了。例如，豉椒鹅片的烹饪流程与"竹笋鹅片"相似，但所用的蒜蓉略微增多，用以强化圆椒的香气。

鹅胸肉连皮斜切成长4.5厘米、宽3.5厘米、厚0.4厘米的片，放入钢盆内用75克淀粉（配方未列）拌匀。

用刀将阳江豆豉剁成碎泥状。

将花生油放入铁镬内，以中火加至五成热（150～180℃），将鹅胸肉片放入油内"拉"至仅熟，用笊篱捞起，沥去油分。

铁镬内留有120克花生油，改猛火加热，待花生油微冒青烟，放入蒜蓉、阳江豆豉泥爆香。放入圆椒件，并撒入白糖（目的是让圆椒件呈现爽脆的质感），摁镬，使圆椒件受热均匀。放入沥去油分的鹅胸肉片，再摁镬，使各料混合并受热。及后攒入淡二汤，用芡汤调味，用湿淀粉（配方未列）勾芡，用老抽（配方未列）调色（还有一个作用是激发圆椒的香气），撒入葱榄，淋上50克花生油作为包尾油便可装碟供膳。

◎注1：阳江豆豉是广东省阳江市的特产。"豆豉"与"豉油"都是豆类发酵出来的制品。"豉油"是湿发酵，以其发酵出来的溶液调味。"豆豉"是干发酵，以其发酵出来的原粒调味。

◎注2：圆椒又称菜椒、灯笼椒，体大肉厚，辣的刺激较轻。经栽培改良，果实颜色有绿色、紫色、红色、黄色及橙色等。

◎ 芝麻鹅脯

原料： 鹅胸肉1 000克，白芝麻500克，精盐10克，绍兴花雕酒50克，鸡蛋浆650克，威化片100克，花生油（炸用）3 500克。

◎注1：芝麻又称油麻、脂麻、胡麻。有黑、白两色，黑色的为"黑芝麻"，白色的为"白芝麻"。黑色的气香，但油炸时有黑色素渗出，故应用白色的。

◎注2：鸡蛋浆是鸡蛋与干淀粉混合配成的粉蛋浆，调配比例为50克鸡蛋液加75克鹰粟粉（玉米淀粉）。

制作方法：

鹅胸肉切成长方形厚片，放入钢盆内，拌入精盐及绍兴花雕酒腌30分钟。使用时，再加入鸡蛋浆拌匀。然后，将鹅胸肉逐件放在白芝麻堆上，使其表面都粘上白芝麻。用手轻压，使白芝麻粘牢。

将花生油放入铁镬内，以中火加至七成热（210～240℃），放入威化片炸膨化，用笊篱捞起备用。

继续用加热着的花生油，将粘上白芝麻的鹅胸肉片逐件由镬边放入油内。见鹅胸肉片定形，将铁镬端离炉口，让花生油不再升温，确保白芝麻及鸡蛋浆不被炸燶。这个油炸过程约8分钟，在此期间要用笊篱轻轻晃动，使鹅胸肉片受热均匀。炸到鹅胸肉片表面呈微黄色时，用笊篱将鹅胸肉片捞起，使鹅胸肉片表面水分疏散。再将铁镬端回炉口，见花生油没有太多水爆现象时，将鹅胸肉片重新放入油内，再炸约2分钟，使鹅胸肉片外酥脆而内嫩滑。鹅胸肉片炸好捞起时，花生油的油温不能下降，也就是趁高温捞起，否则，鹅胸肉片就会丧失外酥脆而内嫩滑的效果。用笊篱捞起鹅胸肉片，趁热装碟，四周伴上炸膨化的威化片。

◎果汁煎鹅脯

◎注1：果汁的配方及做法，请参阅《粤厨宝典·候镬篇》。

◎注2："果汁煎鹅脯"中的"果汁"，也可换成其他汁酱，如"咖啡酱"等。其他汁酱的配方及做法，请参阅《粤厨宝典·候镬篇》。

◎注3："炸薯片"可选购现成的商品，也可用"炸虾片"代替。

原料： 鹅胸肉1 000克，炸薯片100克，精盐10克，绍兴花雕酒150克，鸡蛋浆650克，果汁350克，花生油350克。

制作方法：

鹅胸肉切成长方形厚片，放入钢盆内，拌入精盐及绍兴花雕酒100克腌30分钟。使用时，再加入鸡蛋浆拌匀。

将花生油放入铁镬内，以中火加至七成热（210～240℃），放入鹅胸肉片，煎至两面呈金黄色并处于仅熟状态，攒入绍兴花雕酒50克并注入果汁，待果汁沸腾，连汁带肉装碟，四周伴上炸薯片便可供膳。

◎ 白灼鹅肠

原料： 鹅肠1 000克，红辣椒丝25克，青辣椒丝25克，葱丝30克，绿豆芽菜500克，食粉16克，海鲜豉油200克。

制作方法：

鹅肠用小刀顺长捅开，撕去附在鹅肠上的鹅油（以留下少量为宜），放入钢盆内，用清水反复搋擦冲洗，直到鹅肠绝对干净、水色清澈为止。

鹅肠洗净，用刀裁成长10厘米的段，放入钢盆内，加入1 000克清水（配方未列），撒入食粉拌匀，腌5分钟左右，然后用流动清水漂洗，捞起，沥去水分。

绿豆芽菜搋去须根及豆粒，并用清水冲洗干净，不留壳衣。

铁镬内放八成满清水，猛火烧至沸腾。将绿豆芽菜放在笊篱内，并将笊篱放入滚水内迅速灼一下（约3秒，不宜过熟，以挺身为度），捞起，沥去水分，铺在浅底瓦钵内作为垫底之用。

继续用铁镬内沸腾的清水，将鹅肠与红辣椒丝、青辣椒丝放在笊篱内，并将笊篱放入滚水内。用长筷子漾荡鹅肠，使鹅肠充分受热。约8秒，将鹅肠及红辣椒丝、青辣椒丝全部捞起，放入预先准备好的冰水（冰水要充足，使水温不会骤然升高）中过冷，防止鹅肠散热不及时导致纤维崩断而令质感变霉。在此过程中，同样要用筷子漾荡鹅肠，使鹅肠迅速散热。

鹅肠温度下降至45℃左右时，用笊篱连鹅肠及红辣椒丝、青辣椒丝全部捞起，略抛，使水分甩出。将鹅肠及红辣椒丝、青辣椒丝放在垫上绿豆芽菜的浅底瓦钵内，撒上葱丝便可供膳。供膳时佐上海鲜豉油作为蘸汁。

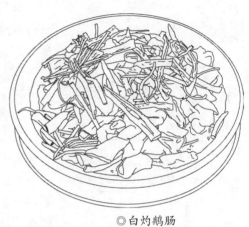

◎ 白灼鹅肠

◎ 注1："海鲜豉油"的配方及做法，请参阅《粤厨宝典·候镬篇》。

◎ 注2："白灼鹅肠"主要表现鹅肠爽脆的质感，所以没有调味。为弥补味道的缺失，有厨师在垫底的绿豆芽菜上做文章，在绿豆芽菜灼好垫底时淋上调味的琉璃芡，然后再放入灼好的鹅肠。

◎ 注3：清洗鹅肠时要保留与鹅肠相连的俗称"小胭"的胰脏。

◎酸菜鹅肠

原料： 鹅肠1 000克，酸菜段850克，红辣椒件75克，青辣椒件75克，蒜蓉15克，阳江豆豉泥35克，葱段30克，食粉16克，白糖65克，芡汤165克，老抽30克，湿淀粉50克，花生油130克。

制作方法：

鹅肠按"白灼鹅肠"的方法捅洗、切裁、腌制处理好。在膳用前用沸腾清水"飞"至仅熟。

酸菜段揸干水分，放入烧热的铁镬内煏炒至半干。

以猛镬阴油形式落100克花生油，见花生油微冒青烟，放入红辣椒件、青辣椒件、蒜蓉、阳江豆豉泥爆香，倒入"飞"至仅熟的鹅肠，搣镬使各料均匀。用白糖、芡汤调味，用湿淀粉勾芡，用老抽调色，撒入葱段，搣镬使各料均匀，淋上30克花生油作为包尾油，将各料溅出装碟便可供膳。

◎注1："酸菜"是用芥菜盐渍发酵出来的制品，分梗型、叶型及介于两者之间的三类型。这三个类型都可用于制作"酸菜鹅肠"。习惯上，高档食肆采用梗型的居多，普通食肆采用叶型的占多数。

◎注2：粤菜烹制鹅肠，除白灼外，都必放阳江豆豉，以让鹅肠惹味。

◎豉椒鹅肠

原料： 鹅肠1 000克，圆椒件850克，蒜蓉15克，阳江豆豉35克，葱段30克，精盐10克，味精10克，白糖65克，老抽35克，淡二汤500克，湿淀粉35克，花生油130克。

制作方法：

鹅肠按"白灼鹅肠"的方法捅洗、切裁、腌制处理好。在膳用前用沸腾清水"飞"至仅熟。

以猛镬阴油的形式落100克花生油，见花生油微冒青烟，放入圆椒件、蒜蓉、阳江豆豉爆香，注入淡二汤，下白糖，用精盐、味精调味，用老抽调色，倒入"飞"至仅熟的鹅肠，用湿淀粉勾芡，淋上30克花生油作为包尾油，将各料溅出装碟便可供膳。

◎注："豉椒鹅肠"分湿炒和干炒两种，本书介绍的是湿炒。如果不加淡二汤且不勾芡，即为干炒，并将老抽调色改为生抽调味。

◎菜莚鹅什

原料： 鹅什1 000克，菜莚1 200克，蒜蓉20克，指甲姜片15克，绍兴花雕酒60克，食粉20克，芡汤320克，湿淀粉100克，胡椒粉0.4克，花生油（炸用）3 500克。

制作方法：

鹅什包括鹅肾肠、鹅肾、鹅心、鹅胭及鹅肠，即所有可膳用的鹅内脏。它们形状及质地都不相同，要分开加工处理。

鹅肾肠用小刀顺长捅开，刮去表面浆液，并揞擦、冲洗干净（因量小，可与鹅肠一同揞擦及冲洗）。

鹅肾在腺胃对向切开，撕去俗称"鹅内金"的砂囊内壁，即得两爿相连的鹅肾球。用刀片去相连壁膜（行中称"底膜"，与鹅肾球粘连同炒相当艮韧，片出来炒则相当爽脆），再将单个鹅肾球切开，并在切面剖上"井"字坑纹，即为鹅肾球花。

鹅心顺长剖开，冲洗干净，再顺长剖坑纹，横向斜切成3片左右。

鹅胭与鹅胆相连，先摘下鹅胆，再顺长分成块，横向斜切成厚1.5厘米的片。

鹅肠按"白灼鹅肠"介绍的方法顺长捅开并冲洗干净，用刀切成长6厘米的段。

将鹅什放入钢盆内，加入1 000克清水（配方未列），撒入食粉拌匀，腌5分钟左右，然后用流动清水漂洗，捞起，沥去水分。

将花生油放入铁镬内，以中火加至五成热（150～180℃），将沥去水分的鹅什放入油内"拉"至仅熟。用笊篱捞起，沥去油分。

铁镬内留有100克余油，继续以中火加热。放入蒜蓉、指甲姜片爆香，攒入绍兴花雕酒，加入菜莚煸炒至仅熟。倒入沥去油分的鹅什，摁镬使各料均匀，用芡汤调味，用湿淀粉勾芡，撒入胡椒粉，摁镬使各料均匀，淋入35克花生油作为包尾油，即可装碟供膳。

◎注1："菜莚鹅什"有合炒法与分炒法之分，本书介绍的是合炒法，特点是菜莚充分吸收鹅什的油脂和味道，十分美味。分炒法是将菜莚与鹅什分开炒，菜莚垫底，鹅什铺面。分炒法的特点是造型整洁，十分美观。

当然，还有生炒法，即鹅什不"拉"油直接炒，近熟时再与菜莚合炒。这种方法用油要多，否则鹅什不易迅速致熟。

◎注2："菜莚鹅什"这种烹调形式叫"蔬菜炒"，当中的蔬菜可以换成小白菜、大白菜、油麦菜（莴苣叶）、芹菜、天绿香等。

也有"瓜果炒"的形式，当中的瓜果可以是沙葛、莴笋、丝瓜（有棱丝瓜）、水瓜（无棱丝瓜）、冬瓜、苦瓜等。

◎注："鹅肾"肉厚体大，质感爽脆，加上味道清鲜，其他禽鸟的肾无可比拟。但烹饪时切记一点，不能过熟，否则质感会转向艮韧。

另外，这种食材单独膳用，在粤菜烹饪之中除了用"汤泡"的形式烹制之外，也可用"白灼"的形式。

◎油泡鹅肾球

原料： 鹅肾1 000克，葱榄65克，指甲姜片10克，蒜蓉15克，胡椒粉0.3克，食粉15克，姜汁酒25克，绍兴花雕酒50克，芡汤75克，湿淀粉15克，芝麻油15克，花生油（炸用）3 500克。

制作方法：

鹅肾按"菜莛鹅什"介绍的方法处理并剖成鹅肾球花。放入钢盆内，加入1 000克清水（配方未列），并撒入食粉腌15分钟左右。沥去水分，加入姜汁酒拌匀。

将芡汤、湿淀粉、芝麻油、胡椒粉放入小碗内混合，配成碗芡。

在铁镬内注入清水并加热至沸腾，放入腌好的鹅肾球花"飞"水，用笊篱捞起，沥去水分。此步骤的目的是清洁鹅肾球花，也可直接进行"拉"油处理。

将花生油放入铁镬内，以中火加至五成热（150～180℃），将"飞"过水的鹅肾球花或直接将腌好的鹅肾球花放入油内"拉"至仅熟。用笊篱捞起，沥去油分。

铁镬内留有75克余油，继续以中火加热，先放入指甲姜片、蒜蓉爆香，倒入沥去油分的鹅肾球花，攒入绍兴花雕酒，摁镬让鹅肾球花受热均匀，注入碗芡调味及勾芡，撒入葱榄，摁镬使各料均匀，淋入30克花生油作为包尾油，滗出装碟便可供膳。

◎铁板黑椒鹅心

原料： 鹅心1 000克，圆椒件600克，洋葱件600克，牛油1 200克，淡二汤300克，竹笋丁200克，黑椒汁300克，食粉15克，花生油（炸用）3 500克。

制作方法：

鹅心顺长剖开，剞上坑纹，横向斜刀切成3片左右，用清水冲洗干净血垢，放入钢盆内，加入1 000克清水（配方未列），并撒入食粉腌15分钟左右，捞起，沥去水分备用。

牛油放入铁镬内慢火煮熔，加入圆椒件及洋葱件炒透，再注入淡二汤，煮至圆椒件及洋葱件脸软为止。

将花生油放入铁镬内，以中火加至五成热（150～180℃），将竹笋丁及沥去水分的鹅心放入油内"拉"至仅熟，用笊篱捞起，沥去油分。

膳用时，将鹅心、竹笋丁与煮脸软的圆椒件及洋葱件混合成"鹅心料"，用器皿装起，与煮热的黑椒汁及烧至炽热的铁板（包括铁板盖）交给餐厅服务员。服务员将炽热的铁板端到食客的台面，再将"鹅心料"倒入铁板，并迅速淋入黑椒汁，冚上铁板盖，约停5秒，服务员掀开铁板盖，让食客品尝。

◎注1："牛油"为统称，广义上还包括"黄油"。狭义的"牛油"是指从牛脂肪炼制出来的油脂制品，与"黄油"略有不同。"黄油"是从牛奶中抽提出来的油脂制品，故又称"奶油"，特点是柔滑细腻。

◎注2："黑椒汁"的配方和做法，请参阅《粤厨宝典·候镬篇》。

◎注3：服务员将各料倒入炽热的铁板时会产生急促的蒸汽，甚至汁水飞溅，为避免灼伤，可配备方巾给食客遮挡。

◎ 酱爆鹅心

原料： 鹅心1 000克，青瓜件800克，蒜蓉20克，帝皇酱（XO酱）450克，白糖45克，芡汤75克，花生油（炸用）3 500克。

制作方法：

鹅心按"铁板黑椒鹅心"介绍的方法切裁及腌制。

青瓜顺长切成4片，平刀顺长将瓜瓤削去，再斜刀将青瓜肉切成厚0.8厘米的斧头件。

用铁镬烧清水，沸腾后放入腌好的鹅心迅速"飞"过，用笊篱捞起，沥去水分。用意是去除鹅心杂味、血色。

粤厨宝典·菜肴篇1

◎注1："青瓜"又称"胡瓜"。如果是老黄果实则称"黄瓜"。

◎注2："帝皇酱"的配方和做法，请参阅《粤厨宝典·候镬篇》。

◎注3："爆"是"炒"的一种形式，理论上要求镬热、油温高，而且时间短促。

"酱爆"是一种烹调形式，调味风格并不局限于"帝皇酱"，其他汁酱形式可参阅《粤厨宝典·候镬篇》。

将花生油放入铁镬内，以中火加至五成热（150～180℃），将"飞"过水的鹅心放入油内"拉"至仅熟，用笊篱捞起，沥去油分。

铁镬内留有50克余油，继续以中火加热，放入蒜蓉爆香，加入青瓜件，撒入白糖，搣镬，使青瓜件受热均匀，注入芡汤调味，搣镬，使味道均匀，倒入笊篱沥水。

铁镬洗净，以猛镬阴油的形式落100克花生油，待花生油微冒青烟，倒入鹅心、青瓜件，用帝皇酱调味，搣镬使各料均匀，滗出装碟便可供膳。

◎莴笋炒鹅心

原料： 鹅心1 000克，莴笋1 200克，蒜蓉20克，指甲姜片15克，绍兴花雕酒60克，食粉15克，芡汤320克，湿淀粉100克，胡椒粉0.4克，花生油（炸用）3 500克。

制作方法：

鹅心按"铁板黑椒鹅心"介绍的方法切裁及腌制。

莴笋去叶、去皮，横切成4厘米的段，再顺长切成厚0.4厘米的片。

铁镬烧上清水，沸腾后放入腌好的鹅心迅速"飞"水，用笊篱捞起，沥去水分。用意是去除鹅心杂味、血色。

将花生油放入铁镬内，以中火加至五成热（150～180℃），将"飞"过水的鹅心放入油内"拉"至仅熟，用笊篱捞起，沥去油分。

铁镬内留有100克余油，继续以中火加热，放蒜蓉、指甲姜片爆香，倒入鹅心及莴笋片，攒入绍兴花雕酒，搣镬使各料受热均匀，用芡汤调味，用湿淀粉勾芡，淋入30克花生油作为包尾油，撒入胡椒粉，滗出装碟便可供膳。

◎注："莴笋"又称莴苣。主要食用肉质嫩茎，可生食、凉拌、炒食、干制或腌渍，嫩叶也可食用。

◎ 金沙鹅心

原料： 鹅心1 000克，食粉15克，精盐15克，咸蛋黄450克，黄油220克，牛奶120克，辣椒米10克，咖喱叶35克。

制作方法：

咸蛋黄蒸熟，用湿性搅拌机绞碎。将120克黄油放入铁镬内以中火加热，见黄油熔化并冒出气泡，等气泡散失喷出香气，此时放入咸蛋黄碎，改慢火，用手壳不断拨动，让咸蛋黄分散。待咸蛋黄起众多泡沫时，加入辣椒米及切碎的咖喱叶炒匀炒香，即为"金沙酱"。

◎鹅心

鹅心按"铁板黑椒鹅心"介绍的方法切裁及腌制。沥去水分后再加入精盐腌制。

铁镬烧上清水，沸腾后放入腌好的鹅心迅速"飞"过，用笊篱捞起，沥去水分。

将花生油倒入铁镬内，以中火加至七成热（210～240℃），放入沥去水分的鹅心炸熟。用笊篱捞起，沥去油分。

将100克黄油放入铁镬内慢火煮熔，加入"金沙酱"炒散，然后倒入沥去油分的鹅心并炒匀，再加入牛奶炒匀，便可装碟供膳。

◎注："黄油"在"铁板黑椒鹅心"的附注中已说明它是牛奶抽提出来的油脂制品，其特点除质感柔滑细腻之外，熔点低，流动性弱，包裹性强。

◎ 芥末鹅胭

原料： 鹅胭1 000克，食粉12克，牛油35克，淡二汤1 200克，白卤水2 500克，青芥辣300克。

◎注1：芥末鹅胸所用的鹅胸没有特别要求，通常是采用其他鹅馔余下的鹅胸制作，但也有厨师专门采用特制的鹅胸的。这种特制鹅胸是在劏鹅前将鹅胸困在竹笼内，并不停地用木棍拍打竹笼，令鹅不停地运动，再不停地喂食和灌酒，使鹅胸膨大。这种操作可让鹅胸重量达到鹅身体重的1/5以上。

◎注2："青芥辣"在日本称为wasabi，是用植物山葵的根茎磨成的酱，色泽鲜绿，具有强烈的香辛味。青芥辣含有烯丙基异硫氰酸化合物，也就是其独特的香味和充满刺激辣呛味的来源，它能去除鱼的腥味，并有杀菌消毒、促进消化、增进食欲的作用。

"辣根"又称"山葵""山姜""马萝卜""山嵛菜""山葵萝卜""西洋辣根""西洋山芋菜""西洋山萮菜""西洋山箭菜"等，有消食和中、利胆，利尿。

◎注3："白卤水"配方和做法，请参阅《粤厨宝典·味部篇》。

制作方法：

鹅胸入馔历来都有，无外乎是采用烧、卤、炒等热吃的方法烹制，但焓熟作为冷荤，则是近十年才有，其灵感来源于西餐的Foie gras——法国鹅肝。不过，法国鹅肝应称为"法国鹅肝膏"才正确，原因是这种食物是将鹅胸表面的薄膜撕去，切开剔去血管，切碎后用精盐、白糖、胡椒粉、豆蔻粉、牛油、淀粉腌制调味后烘熟，晾凉后压模成型，再经冷藏后切片供膳。而粤菜烹饪则是用整个鹅胸加工，不掺杂其他东西，更显真材实料。

鹅胸洗净，撕去周边血管，放入钢盆内，加入1 000克清水（配方未列），撒入食粉拌匀，腌30分钟。

铁镬慢火烧热，落入牛油煮熔，攒入淡二汤，待汤水沸腾，将腌好的鹅胸放入汤水内，保持98℃水温，令鹅胸致熟。

鹅胸致熟后，用笊篱捞起，放入预先冷冻好的白卤水中授味，这一过程需要36小时。在此期间要将白卤水置入冷藏柜内，以保持低温。

膳用时，按鹅胸形状顺长切成块，再横向斜切成厚1.2厘米的片摆砌上碟，佐上青芥辣。

◎鹅脑胨

原料： 鹅脑1 000克，鱼胶片15克，琼脂8克，精盐7.5克，味精7.5克，上汤400克。

制作方法：

此鹅馔是香港铺记酒家的招牌菜。

鹅头削去鹅下巴，只要带顶骨的头部，放入钢盆内，加满清水，置入蒸柜猛火蒸熟。取出晾凉，用剪刀剪开顶骨，将鹅脑整副掏出。

将鱼胶片、琼脂、精盐、味精及上汤放入钢盆内，置入蒸柜加热，以鱼胶片、琼脂全部溶解为度取出。此为"胨液"。

先氽入1/5"胨液"于胨盘内，晾凉，使此"胨液"凝

◎注1：鱼胶片是鱼骨、鱼皮熬出明胶晒干的商品。另外，也有"明胶片"，是用兽类的骨或皮熬出明胶的制品。两者均可称吉利丁（Gelatine）。

◎注2：琼脂又称洋粉、洋菜、大菜膏等，为石花菜或其他数种红藻类植物中浸出并提取的亲水性胶体的干燥品。

结。用格模辅助定位，将整副熟鹅脑安放在格模内。将余下4/5的"胘液"滗入胘盘内，取出格模，让"胘液"晾凉凝结，即成"鹅脑胘坯"。用保鲜膜封面，置入冰箱冷藏。

膳用时，用刀将"鹅脑胘坯"分割成内藏鹅脑的方块，再摆砌装碟便可。

◎鳖裙燴鹅掌

原料： 鹅掌1000克，鳖裙600克，猪皮100克，炸蒜子35克，竹笋角240克，火腿汁350克，淡二汤450克，生抽75克，白糖35克，精盐5克，味精5克，花生油（炸用）3500克。

制作方法：

一位僧人曾感叹"但愿鹅生四脚，鳖着两裙"（《两般秋雨盦随笔》）。鹅掌、鳖裙都是胶质重的食材，致熟后呈现出爽、弹、艮、韧的质感，十分诱人。

鹅掌剪去指甲，用刀贴着胫骨，并在第一与第二掌蹼之间落刀，将第二掌蹼端斩下，再在胫骨与第一掌蹼之间的关节处落刀，将胫骨与第一掌蹼斩开，使鹅掌分成3段。

鳖裙用75℃热水渌过，煺去表面"黑衣"，用刀切成长4厘米、宽1.5厘米的块。

将花生油放入铁镬内，以猛火加至七成热（210～240℃），将鹅掌段放入油内炸至表面干结，用笊篱捞起，沥去油分。

将铁镬端离炉口，将鳖裙块及竹笋角放入油内炸至仅熟，用笊篱捞起，沥去油分。

瓦罉置煤气炉上猛火烧热，落100克花生油，待花生

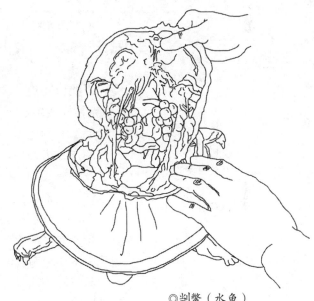

◎劏鳖（水鱼）

◎注1："火腿汁"的配方和做法，请参阅《粤厨宝典·候镬篇》。

◎注2："鳖"在广东被称为"水鱼"。劏鳖方法可参阅《粤厨宝典·砧板篇》或《手绘厨艺·海味制作图解Ⅰ》。

（粤厨宝典·菜肴篇1）

油微冒青烟，先放入炸蒜子爆香，再放入猪皮及注入火腿汁、淡二汤。待汤水沸腾，倒入鹅掌段、鳖裙块及竹笋角，用生抽、白糖、精盐、味精调味，改中火炆爆。至汤汁耗去3/5时，用筷子夹起猪皮，改慢火并用铁铲不断翻动，令汤汁裹紧各料。最后淋入30克花生油作为包尾油，冚上镩盖便可供膳。

◎红扣掌翼

原料： 鹅掌翼1 000克，湿冬菇75克，竹笋角150克，排骨300克，五花肉300克，金华火腿皮35克，拍姜块35克，葱条35克，芫荽头35克，绍兴花雕酒35克，老抽20克，干淀粉50克，湿淀粉20克，精盐7.5克，味精7.5克，甘草3克，桂皮3克，淡二汤2 000克，胡椒粉1.5克，花生油（炸用）3 500克。

制作方法：

此鹅馔是旧时"三蒸九扣"流传下来的做法。

在这里需要强调的是，此鹅馔是以"红扣"的方法制作，而非"红爆"，厨师必须清晰。

扣是汽烹法中蒸的一种形式，而爆是水烹法中炆的一种形式。不要因为其音近而将两者混淆。

鹅掌翼即鹅掌与鹅翼的合称。斩鹅掌的方法按"鳖裙爆鹅掌"的方法操作。鹅翼是在腕骨关节落刀，分成翼尖（指骨段）与翼柄（尺骨段），再将它们横斩成两段或三段。

将鹅掌翼段放入钢盆内，加入干淀粉及10克老抽拌匀。

将花生油放入铁镬内，以中火加至七成热（210～240℃），将鹅掌翼段由铁镬边放入油内，炸至鹅掌翼表皮呈金黄色，用笊篱捞起，沥去油分。随即将湿冬菇及竹笋角放入油内炸熟，用笊篱捞起，沥去油分。

将排骨、五花肉及金华火腿皮斩成块，放入铁镬内猛火爆炒至表面焦黄，攒入绍兴花雕酒及注入淡二汤。待汤水沸腾，放入精盐、味精、10克老抽、甘草、桂皮、葱条、拍姜块及芫荽头，改中火煮2分钟，制成"扣汁"。

瓦罉垫上竹笪，将炸好的鹅掌翼、湿冬菇及竹笋角放入竹笪中，再铺上竹笪，并将"扣汁"倒入瓦罉内。以先猛火后慢火的火候加热，以"扣汁"剩余250克为度结束加热（耗时约30分钟）。

将"扣汁"的肉渣取走，然后用筷子将鹅掌翼、湿冬菇、竹笋角整齐排在扣碗内，注入余下"扣汁"，下胡椒粉再蒸15分钟。

膳用时，将"扣汁"从扣碗倒出，将鹅掌翼、湿冬菇、竹笋角覆扣在瓦碟内。"扣汁"放入铁镬内加热，用湿淀粉勾成琉璃芡，再将琉璃芡淋在鹅掌翼、湿冬菇、竹笋角表面即成。

◎ 火腩掌翼煲

原料：鹅掌翼1 000克，火腩块300克，炸蒜子75克，绍兴花雕酒35克，白糖15克，精盐5克，味精7.5克，老抽15克，柱侯酱10克，淡二汤400克，花生油（炸用）3 500克。

制作方法：

"火腩"是酒家、饭店的厨师对"烧肉"的称呼，与将"烧鹅"称作"火鹅"同出一辙。需要说明的是，随着"烧肉"制作技术的演变，有"五香烧肉""嘉和烧肉"和"澳门烧肉"之分，因后两者追求表皮酥脆，所用火候已超过猪肉喷香的温度，因此，本肴馔建议采用"五香烧肉"。

鹅掌翼按"红扣掌翼"介绍的方法斩成段。放入钢盆内拌上老抽。

将花生油放入铁镬内，以中火加至七成热（210～240℃），将鹅掌翼段由铁镬边放入油内，炸至鹅掌翼表皮呈金黄色，用笊篱捞起，沥去油分。

铁镬内留有30克余油，放入火腩块焗炒，攒入绍兴花雕酒及注入淡二汤，用白糖、精盐、味精、柱侯酱调味（由于火腩所呈咸度并不恒定，调料要适当增减）。汤汁沸腾后倒入瓦罉内，再放入炸蒜子及沥去油分的鹅掌翼，中火炆至汤汁将近收干，冚上罉盖便可供膳。

◎注："五香烧肉""嘉和烧肉"及"澳门烧肉"的配方与制法，请参阅《粤厨宝典·味部篇》或《手绘厨艺·烧卤制作图解》。

粤厨宝典·菜肴篇1

◎辽参燴鹅掌

原料：鹅掌1 000克，水发海参3 000克，火腿汁450克，蚝油75克，生抽75克，花生油100克。

制作方法：

广义的海参有两种，一种是表面有明显的肉刺（棘凸），称为"刺参"，山东半岛和辽东半岛盛产，《本草纲目拾遗》中有"辽东产之海参，体色黑褐，肉嫩多刺，称之辽参或海参，品质极佳，且药性甘温无毒，具有补肾阴，生脉血，治下痢及溃疡等功效"的介绍。另一种则是表面无明显的肉刺（棘凸），称为"光参"，大部分海域都出产，如"婆参"等。按它们的质感和味道而言，"刺参"以质感脆弹、味道纯正为优，"光参"以质感艮弹、味道淡薄为次。

无论是"刺参"抑或"光参"，都以干货为入馔的首选，鲜货较难燴味，通常不会采用。

既是干货，就必须涨发，涨发的方法可参阅《粤厨宝典·候镬篇》及《手绘厨艺·海味制作图解》的介绍，这里不再赘述。

用剪刀剪去鹅掌指甲，放入沸腾的清水罉内（罉内的清水量要充足）炻煮5分钟。冚上罉盖，熄火焗至鹅掌表皮发胀，然后用笓篱将鹅掌捞到流动的清水里漂凉。

瓦罉架在煤气炉上，并推到食客台前猛火加热，放入花生油，待花生油微冒青烟，按食客每人一只鹅掌及一条海参的数量，将鹅掌及海参放入瓦罉内煎两个翻面，随即注入预先混合好的火腿汁、蚝油及生抽，在钢匙及筷子的辅助下不断翻转鹅掌及海参，使鹅掌及海参均匀燴入味道（这个动作称为"燴"），以汁液消耗3/5为度，以一只鹅掌及一条海参为一份摆砌装碟（碟内放一块灼熟的西兰花作为装饰），淋上余汁分派给食客膳用便可。

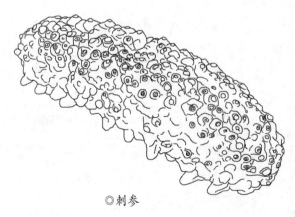

◎刺参

◎陈皮焗掌翼

原料： 鹅掌翼1 000克，新会陈皮25克，拍姜块75克，蚝油20克，精盐7.5克，味精7.5克，老抽15克，淡二汤1 500克，芝麻油3克，胡椒粉0.3克，湿淀粉20克，花生油（炸用）3 500克。

制作方法：

此鹅馔是民国时期饭店行当的粤菜经典名馔，甚至作为粤菜案例编入教材向外推广。

鹅掌翼原只放入滚水中"飞"过，用笊篱捞起，放入钢盆内，加入老抽趁热拌匀。

将花生油放入铁镬内，以中火加至七成热（210～240℃），将鹅掌翼由铁镬边放入油内，炸至鹅掌翼表皮呈金黄色，用笊篱捞起，沥去油分。

将炸好的鹅掌翼放入瓦罉内，加入淡二汤、蚝油、新会陈皮（用清水泡软并用刀刮去皮肉）、拍姜块、精盐、味精，猛火加热。待汤水沸腾，用老抽调色。改慢火炆焗至鹅掌翼腍软并入味。

将鹅掌翼用筷子夹起，按"红扣掌翼"介绍的方法斩成段。

瓦罉内的汤汁（用筷子将新会陈皮及拍姜块夹起）继续用慢火加热，撒入胡椒粉，淋入芝麻油，用湿淀粉勾芡，然后将斩成段的鹅掌翼倒入汤汁内，冚上罉盖便可供膳。

◎注1："陈皮"是广东三宝——陈皮、老姜、禾秆草之一。原则上将柑橘皮晒干越年之后便成陈皮，但广东人特指新会所产的为正宗。陈皮以摆放日久者佳。

◎注2：民国时期的《秘传食谱·禽鸟门·第三十二节·清烩鹅掌》云："预备：鹅掌若干，好清汤、先泡洗至好的草菇、火腿片、青菜段、白酱油、盐。做法：①先将鹅掌用滚水烫洗几过，去净外层粗皮同内里细碎子骨，候用。②取好汤、火腿片、草菇、切好的青菜段，同白酱油、盐及鹅掌入锅烩吃，风味极佳。"

粤厨宝典·菜肴篇1

鸭肉类

鸭有野鸭与家鸭之分，《礼·曲礼·疏》中就有"野鸭曰凫，家鸭曰鹜"的解释。

《本草纲目·卷四十七·禽之一·凫》云："凫，《诗疏》曰：野鸭、野鹜、䳑、沉凫。时珍曰：凫从几音，殊短羽高飞貌，凫义取此。《尔雅》云：䳑，沉凫也；凫性好没，故也。俗作晨凫，云凫常以晨飞，亦通。时珍曰：凫，东南江海湖泊中皆有之。数百为群，晨夜蔽天，而飞声如风雨，所至稻粱一空。陆玑《诗疏》云：状似鸭而小，杂青白色，背上有文（纹），短喙长尾，卑脚红掌，水鸟之谨愿者，肥而耐寒。或云食用绿头者为上，尾尖者次之。海中一种冠凫，头上有冠，乃石首鱼所化也。并宜冬月取之。"

《本草纲目·卷四十七·禽之一·鹜》云："鹜，音木，《说文解字》曰鸭，《尔雅》曰舒凫，《纲目》曰家凫、鶩鴄，音末匹。时珍曰：鹜通作木，鹜性质木而无他心，故庶人以为贽。《曲礼》云：庶的执匹，匹，双鹜也。匹夫卑末，故《广雅》谓鸭为鶩鴄。《禽经》云：鸭鸣呷呷，其名自呼。凫能高飞，而鸭舒缓不能飞，故曰舒凫。弘景曰：鹜即鸭。有家鸭、野鸭。《藏器》曰：'《尸子》云：野鸭，为凫，家鸭为鹜。不能飞翔，如庶人守耕稼而已。'保升曰：'《尔雅》云：野凫，鹜。'而《本草》：鹜肪乃家鸭也。宗奭曰：据数说，则凫、鹜皆鸭也。王勃《滕王阁序》云：'落霞与孤鹜齐飞'，则鹜为野鸭明矣。勃乃名儒，必有所据。时珍曰：四家惟藏器为是。陶以凫、鹜混称，寇以鹜为野鸭，韩引《尔雅》错舒凫为野凫，并误矣，今正之。盖鹜有舒凫之名，而凫有野鹜之称，故王勃可以通用，而其义自明。案《周礼》'庶人执鹜'，岂野

◎麻鸭

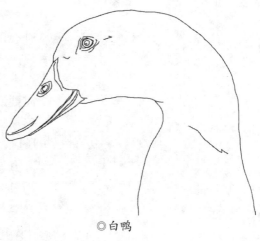

鸭乎？《国风》'弋凫与雁'，岂家鸭乎？屈原《离骚》云：'宁与骐骥抗轭乎？将与鸡鹜争食乎？宁昂昂若千里驹乎？将泛泛若水中之凫乎？'此以凫、鹜对言，则家也、野也，益自明矣。时珍曰：案《格物论》云：鸭，雄者绿头文（纹）翅，雌者黄斑色，但有纯黑、纯白者。又有白而乌骨者，药食更佳。鸭皆雄喑雌鸣。重阳后乃肥腯味美。清明后生卵内陷不满。伏卵闻砻磨之声，则鰕（古时指鲵、鲼、虾）而不成。无雌抱伏，则以牛屎妪而出之，此也。"

◎白鸭

经过长期豢养，家鸭又分为"麻鸭"与"白鸭"两类，如果再加上从外国引进的品种，又多了"番鸭"及番鸭与本地麻鸭杂交的"泥鸭"。总体而言，麻鸭肉质精瘦，是制作"板鸭""烧鸭""糟鸭"及"酱鸭"的首选材料。至清代，一项世界级的伟大成就——填鸭技术被发明出来之后，用白鸭育肥的填鸭随即成为烤鸭的首选材料。

清末民初的徐珂将用家鸭做食材的事情记录了下来，他在《清稗类钞·动物类·鸭》中云："鸭，人家所畜之水鸟也，嘴扁平，足短，两翼甚小，拙于飞翔。趾有连蹼，能浮水。性质木钝。产卵不择地。古谓之鹜。闽中鸭凡四类。他处所常食者曰水鸭，气味过腥，价至廉，为村野人家常食品耳。一种较他鸭为硕大，名曰家鸭，谓其最善育卵，营业家因以为利，不供匕箸也。更有性至敏者，凡养鸭为生者必蓄数头，能取缔群鸭出入，不至散失，因而价值极贵。京师及江宁均尚填鸭。填鸭者，即取鸭之肥壮者，以食填之，数日后较寻常者略肥而已。闽中所谓填鸭者，较家鸭稍小，脚与鸡为近，而顶有冠一球，作蓝黑色，大如胡桃，状亦相类，味极肥美鲜嫩，而价过家鸭三倍，筵宴中胥用之，允非他处号称填鸭者所能比拟也。"他还在《清稗类钞·饮食类·填鸭》补充道："填鸭之法，南中不传。其制法有汤鸭、爬（疑为'扒'字之讹）鸭之别，而尤以烧鸭为最，以利刃割其皮，小如钱，而绝不黏肉。"

需要说明的是，从地域划分，"麻鸭"多见于南方，"白鸭"多见于北方。

所以，宋代奠立出来的利用热辐射与热对流"烧"出来的鸭，用的就是麻鸭，如在南京附近出产的高邮麻鸭。

相对而言，白鸭肉质肥腴，膻味重，自从向南方推广之后，南方人深深地理解到鸭的膻味，如果不是其具有生长速度快的优点，能令售价降低的话，恐怕在南方没什么吸引力。

番鸭又名"麝香鸭""瘤头鸭"，因身形硕大，被喻为两不像——似鹅而鸭头，似鸭而鹅身。由于这种鸭原产地在美洲热带地区，耐寒能力差，来到中国仅适应中国南方的气候，所以在中国南方比较多。这种鸭精瘦程度更甚麻鸭，稍有不足的是骨硬肉艮，难以烹饪。于是，海南人（海南在1988年前隶属广东省）就用"番鸭公"与"麻鸭嫲"杂交，所得后代被称为"嘉积鸭"。后来全省仿照，改称为"泥鸭"。

相对而言，泥鸭的身形趋向于母系，但仍保留父系精瘦的特性，其骨硬肉艮的程度大有降低。因此，这种鸭除了不能利用热辐射和热对流去"烧"外，其他本应用在麻鸭上的烹法，都可适用。

现在，泥鸭不单是指番鸭与麻鸭杂交的品种，因应北方市场的需求，还有番鸭与白鸭杂交的品种，以及番鸭与麻鸭、白鸭三元杂交的品种。

◎番鸭头

◎红棉嘉积鸭

原料： 拆骨红鸭1只(光鸭为800克的泥鸭)，菜远400克，红鸭汁300克，鸡蛋清200克，百花馅60克，蟹黄25克，精盐3克，味精7.5克，绍兴花雕酒10克，老抽10克，芡汤75克，上汤75克，湿淀粉20克，芝麻油0.5克，胡椒粉0.01克，花生油125克。

制作方法：

这道鸭馔是围绕海南岛（现海南省）嘉积人利用原产南美的番鸭与广东的麻鸭杂交得来的新品种——嘉积鸭开发出来的，成为广东筵席的肴馔之一。嘉积鸭是继北京人发明填喂式育鸭得出"北京填鸭"之后的另一创新。

将百花馅分成12粒，并镶上蟹黄，置蒸柜猛火蒸5分钟致熟，制成"蟹黄百花馅丸"。

将鸡蛋清放入钢盆内，加入1.5克精盐、2.5克味精，用打蛋器打匀，再分别注入12个涂上花生油（配方无列）的红棉盏模内，将"蟹黄百花馅丸"安放在红棉盏模的中央。将红棉盏模置入蒸柜，以中火低压（蒸的期间要适时舒压）把鸡蛋清蒸熟（以内部紧实无气孔为佳）。取出，脱盏模便为"红棉"。

拆骨红鸭以鸭皮朝下的姿势放入钢兜内，并注入红鸭汁，置入蒸柜燂热。

拆骨红鸭燂热后，将汁水倒出，将鸭覆扣，以鸭皮朝上的姿势成龟背形安放在瓦碟内。

以猛镬阴油的形式落25克花生油，待花生油微冒青烟，放入菜远并注入芡汤，将菜远煸熟。将菜远倒入笊篱，沥去水分，交给打荷摆砌在燂热的拆骨红鸭两旁。

铁镬洗净，同样以猛镬阴油的形式落75克花生油，攒入绍兴花雕酒，注入燂鸭后倒出的红鸭汁，用5克味精调味，用老抽调色，用18克湿淀粉勾芡，撒入胡椒粉，滴入芝麻油，将芡淋在拆骨红鸭面上。

◎泥鸭

◎注1：拆骨红鸭的配方及制法，请参阅《粤厨宝典·砧板篇·腌制章·煲红鸭》。

◎注2：红鸭汁的配方及制法，请参阅《粤厨宝典·砧板篇·腌制章·煲红鸭》。

◎注3：百花馅的配方及制法，请参阅《粤厨宝典·砧板篇·腌制章·挞虾胶》。

◎注4：上汤的配方及制法，请参阅《粤厨宝典·候镬篇·浓汤章·上汤》。

◎注5：拆骨红鸭源自姑苏馆的厨师，在清朝后期乃至整个民国时期几乎充斥着广州的主流饮食市场，其时广东的本土肴馔根本没有发力的机会。自陈福畴的"四大酒家"建立了粤菜根基之后将近50年，拆骨红鸭才逐渐淡出。

打荷将8件"红棉"排放在拆骨红鸭两旁、菜选上方，将4件"红棉"排放在拆骨红鸭的背上。

铁镬烧热，注入上汤，下剩余的盐，用2克湿淀粉勾芡，用25克花生油作为包尾油。将芡淋在拆骨红鸭、"红棉"及菜选面上便可供膳。

◎陈皮煺大鸭

◎注：制作"陈皮煺大鸭"有两个工艺流程：一个是汤汁与拆骨红鸭同煺；另一个是先将拆骨红鸭煺热，再注入沸腾的汤汁。

原料： 拆骨红鸭1只（光鸭为800克的泥鸭），新会陈皮10克，红鸭汁750克，淡二汤250克，菜选100克，绍兴花雕酒10克，味精7.5克，老抽2.5克，胡椒粉0.01克。

制作方法：

此鸭馔分别在1976年和1991年列入中国财政经济出版社出版的《中国菜谱·广东》及《中国名菜谱·广东风味》的丛书之中，可见其被视为粤菜烹饪的经典。经考究，此鸭馔是广州盛行"三蒸九扣"筵席时所传下的。

此鸭馔同样用拆骨红鸭制作，要求是将胸骨、四柱骨、脊骨、锁骨、乌喙骨都脱去。

新会陈皮用清水泡软，放砧板上用刀刮去皮瓤，叠起切成幼丝。

拆骨红鸭以皮朝下的姿势摆放在钢兜（扣碗）内，再覆扣入汤煲内，使拆骨红鸭呈龟背形安放在汤煲内。

新会陈皮丝铺在拆骨红鸭面上，撒上胡椒粉，注入由红鸭汁、淡二汤、绍兴花雕酒组成并用味精调味、老抽调色的汤汁。置入蒸柜煺热。

拆骨红鸭煺热后取出，再将用清水灼熟的菜选排在拆骨红鸭两旁便可膳用。

◎爧与炖

"爧"与"炖"在普通话里不同音,分别读作tēng和dùn,不容易混淆。

在粤语当中,"爧"除少有地读作tung¹之外,均与"炖"读作dan⁶。以至于上一辈厨师在书写时把握不了该用何字。

◎注:"爧"与"炖"的详细知识还可参阅《粤厨宝典·厨园篇》。

在编写《粤厨宝典·有肴篇》时,笔者重新翻阅旧有的粤菜烹饪教材时就发现这个问题。上一辈厨师在把握不了该用何字时,干脆全用上了"炖",例如1973年编写的《粤菜烹调教材》、1976年编写的《中国菜谱·广东》、1991年编写的《中国名菜谱·广东风味》都将"八宝炖全鸭"与"陈皮炖大鸭"混为"炖"法,但后者正确的写法应该为"陈皮爧大鸭",采用"爧"法才对。

以传热介质分,"炖"与"爧"均为汽烹法的辖属,加热形式相同,但用途有别,它们的定义分别是:

"炖"是主辅料加入清水以猛烈的蒸汽作为传热介质致熟的方法。

"爧"是食料以温热的蒸汽作为传热介质去重新加热的方法。

◎军机大鸭

原料:拆骨红鸭1只(光鸭为800克的泥鸭),猪踭(肘)500克,湿冬菇75克,湿发菜100克,红鸭汁500克,上汤150克,精盐0.5克,味精1克,老抽15克,湿淀粉40克,芝麻油5克。

◎注1："发菜"又称为"龙须菜""地毛菜"等。过去写作"髪"，它的简体字为"发"，故又写作"发菜"，谐音发财。

◎注2：猪蹄是广州人对除去爪部（猪手）的猪腿部的称呼，一般又分上部分的"莺哥嘴"和下部分的"圆蹄"。

制作方法：

此"军机"不是军用飞机的简称，而是清朝议论军事事务的机构——军机处的缩写。

邓广彪先生在《广州文史·广州饮食业史话·军机大鸭》中云："为清朝某军机大臣厨师所创。以冬菇、发菜、肘子放在大碗里边，成品字型，大鸭则放在碗中央，味道浓郁。后来曾将肘子改为猪手或扣肉，亦受大众欢迎。"

从中可见，此鸭馔的做法非广州子弟所创，是来源于赴粤高官的衙厨。

猪蹄用滚水"飞"过，趁热将10克老抽涂抹在猪蹄表面，用铁钩钩起，吹晾至表皮干爽。然后放入烧鹅炉里猛火烧熟，制成"烧猪蹄"。也可用七成热（210～240℃）的花生油将猪蹄炸熟，则为炸猪蹄。另外，还有厨师直接用金华火腿的猪蹄部位。厨师可根据实际情况选定。用沸腾清水将猪蹄焓脸再将骨头拆去，放入瓦钵内作为垫底之用。

将湿冬菇及湿发菜围在拆骨猪蹄四周。

拆骨红鸭按鸭形放在猪蹄上面。淋入红鸭汁，置入蒸柜将各料烚热。

烚热后将红鸭汁倒出并放入烧热的铁镬内，加入上汤，用精盐、味精调味，用5克老抽调色，用湿淀粉勾芡，滴入芝麻油拌匀。将芡淋在拆骨红鸭面上便可供膳。

◎注1："虾圆"即用百花馅挤成丸状，经凉油"爆"过，再用温油"泡"熟的制品。其一般为榄核形，即百花馅从拇指与食指之间的虎口挤出，再用匙羹（匙勺）刮起。

"百花馅"的配方及做法，请参阅《粤厨宝典·砧板篇》。

◎八珍扒大鸭

原料： 拆骨红鸭1只（光鸭为800克的泥鸭），虾圆50克，鱼圆50克，鸭肾球50克，土鱿片50克，煨好的鱼肚片50克，叉烧片50克，湿冬菇50克，菜苣300克，红鸭汁150克，芡汤20克，精盐2.5克，味精7.5克，蚝油25克，老抽10克，湿淀粉40克，绍兴花雕酒15克，淡二汤150克，芝麻油1.5克，胡椒粉0.01克，花生油（炸用）3 500克。

制作方法：

此鸭馔虽称为"大鸭"，但其实并非用大鸭，只是顾及菜单以五字命名的原则。实际上均用定重的拆骨红鸭。

此鸭馔的拆骨红鸭仅将锁骨、乌喙骨及胸骨拆去即可。以鸭皮朝下的姿势将拆骨红鸭放入钢兜（扣碗）内，加入红鸭汁，转入蒸柜慢火煏热。

将鸭肾球放入沸腾清水"飞"过，倒入笊篱，沥水备用。

拆骨红鸭煏热后，倒出红鸭汁，再将拆骨红鸭覆扣在瓦碟上，使拆骨红鸭以鸭皮朝上的姿势，呈龟背形摆在瓦碟内。

以猛镬阴油的形式落25克花生油，待花生油微冒青烟，放入菜远并注入10克芡汤，将菜远煸熟，用5克湿淀粉勾芡。将菜远倒入笊篱，沥去水分，交给打荷摆砌在拆骨红鸭两旁。

将花生油倒入铁镬内，以中火加至七成热（210～240℃），分别将鱼圆、虾圆、土鱿片及"飞"过水的鸭肾球放入油内"拉"至仅熟。

铁镬内留有25克余油，继续以中火加热，将煨好的鱼肚片、叉烧片、湿冬菇及鱼圆、虾圆、土鱿片、鸭肾球放入铁镬内，攒入绍兴花雕酒，注入10克芡汤、10克湿淀粉，撷镬，使各料分散均匀。然后将各料铺在拆骨红鸭面上。打荷用筷子将各料摆放整齐。

将铁镬洗净，猛火烧镬，落15克花生油，注入煏鸭后倒出的红鸭汁、淡二汤，用精盐、味精、蚝油调味，用老抽调色，用25克湿淀粉勾芡，撒入胡椒粉，滴入芝麻油，用25克花生油作为包尾油，随即将汁芡淋在拆骨红鸭面上便可供膳。

◎注2："鱼圆"即用鲮鱼胶（鲮鱼滑）挤成小球状，经温水"熮"过，再用热水"泡"熟的制品。其形状与"虾圆"不同，是鲮鱼胶从弯曲的拇指与食指之间的虎口挤出，再用匙羹刮起。

"鲮鱼胶"的配方及做法，请参阅《粤厨宝典·砧板篇》。

◎注3："鸭肾球"的做法请参阅本篇"鹅肉类"的"菜远鹅什"。

◎注4："土鱿"实为干鱿鱼。广州是个商都，商人视水为财，故水多为喜，忧水干，故凡是风干或带有"干"音的字都讳而不言。因此，"干"反转写成"土"，"肝"写成"膶"等。

◎注5："煨鱼肚"的方法请参阅《粤厨宝典·候镬篇》。

◎注6："叉烧"的做法请参阅《粤厨宝典·味部篇》。本篇猪肉类还有"馅用叉烧"的做法。

○扒与酿

"扒"是一种烹饪形式，与"酿"相对。

"酿"本来是写作"镶"，《释名·钩镶》有"两头曰钩，中央曰镶"的解释，继而将"镶"引出"把物体嵌入另一物体上或加在另一物体的周边"的意思。在烹饪应

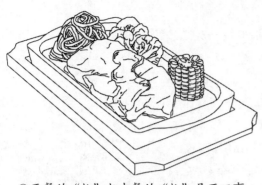

◎西餐的"扒"与中餐的"扒"是两回事，前者是肉块的意思，后者是烹饪形式。

◎注："扒"与"酿"的详细知识还可参阅《粤厨宝典·厨园》。

用之中就是将馅料镶入主料内部，如"八宝炖全鸭""百合香酥鸭"的做法。但不知何时约定俗成地改写成了"酿"。

"扒"的做法是将馅料放在主料外部并且放在主料的表面。也就是说，"酿"是先见主料后见馅料，"扒"则是先见馅料后见主料。

"扒"字本来写作"捌"，《集韵》曰："捌同扒。又官文书纪数，借为八字。"但"捌"作为中文数字后，就有了"扒"字，此字有两个读音：一个是bā（粤语读作paa^1），有趴身抓住的意思，如扒墙、扒车等；另一个是pá（粤语读作paa^4），有抓搔的意思。"八珍扒大鸭"中的"扒"读作paa^4，但意思显然是取趴身抓住之义。

八宝炖全鸭、百合香酥鸭及八珍扒大鸭都是"三蒸九扣"筵席形式的品种。

另外，广式西餐也有"扒"，如"猪扒""牛扒"的食品，以及加工这类食品的"扒房"。当中的"扒"字的粤语读音为paa^2，是肉脯、肉块的意思。至于为什么写作"扒"，暂时未有答案。

◎扬州八珍鸭

◎注1："广肚"是指从鳘鱼等大型海产鱼类摘下的鱼鳔的晒干品。其涨发方法可参阅《粤厨宝典·候镬篇》或《手绘厨艺·海味制作图解》。

◎注2："海参"的涨发方法可参阅《粤厨宝典·候镬篇》或《手绘厨艺·海味制作图解》。

◎注3："鸡肉球"是将鸡肉切成比粒大的长方块。

原料：拆骨红鸭1只（光鸭为800克的泥鸭），广肚片、海参片、明虾球、鲈鱼球、鸡肉球、鸭肾球各75克，菜远250克，湿淀粉55克，绍兴花雕酒10克，鸡蛋清5克，红鸭汁200克，上汤200克，精盐1克，味精1.5克，老抽5克，胡椒粉0.05克，花生油（炸用）3 500克。

制作方法：

将拆骨红鸭焗热，取起覆扣在瓦碟内。

把广肚片、海参片放入沸腾清水中滚过，用笊篱捞起，沥去水分。

将鸡肉球放入钢盆内，加入鸡蛋清及5克湿淀粉拌匀。

菜远加精盐煸好，交打荷围在焗热的拆骨红鸭两旁。

将花生油放入铁镬内，以中火加至五成热（150～180℃），分别将明虾球、鲈鱼球、鸡肉球、鸭肾球放入油内"拉"至仅熟，用笊篱捞起，沥去油分（可合在一起）。

铁镬内留有35克余油，攒入绍兴花雕酒，注入红鸭汁与上汤，用精盐、味精调味，用老抽调色，将明虾球等原料一起加入，摁镬使各料均匀，用50克湿淀粉勾芡，撒入胡椒粉，淋入5克花生油作为包尾油，将各料及汁芡滗在拆骨红鸭面上便可膳用。

◎金凤蟠龙鸭

原料： 拆骨红鸭1只（光鸭为800克的泥鸭），明虾球75克，鸡肉球75克，金华火腿片75克，熟鸡脯125克，湿冬菇75克，菜远250克，溏心煎鸡蛋1个，滚水100克，精盐1克，芡汤15克，湿淀粉17.5克，粉蛋浆75克，干淀粉50克，鸡蛋清5克，花生油425克。

制作方法：

此鸭馔是围绕着拆骨红鸭，为筵席需求而设计出来的。

将拆骨红鸭烚热，取出覆扣在瓦碟内。

用25克花生油起镬，放入菜远并攒入滚水，加入精盐煸炒至仅熟，用7.5克湿淀粉勾芡。倒入笊篱，沥去水分，交给打荷排放在烚热的拆骨红鸭两旁。

将金华火腿片及熟鸡脯用粉蛋浆拌匀，拍上干淀粉，用热油炸至硬，捞起切件，整齐排放在拆骨红鸭两旁。

鸡肉球用鸡蛋清与5克湿淀粉拌匀。明虾球用滚水"飞"过。用热油将两料"拉"至仅熟。铁镬内留有25克花生油，将两料倒入铁镬内，攒入绍兴花雕酒（配方未列），用芡汤及5克湿淀粉调味勾芡，滗出，交打荷以梅花间竹法砌在菜远面上，随即再将金黄芡淋在拆骨红鸭上，并将溏心煎鸡蛋放在拆骨红鸭面上便成。

◎注："明虾球"实际上是明虾剥出来的虾仁。虾仁与虾球是因应大小规格而言，前者大小如尾指，后者大小如拇指。

◎八宝炖全鸭

◎注：民国时期的《秘传食谱·禽鸟门·第十八节·八宝鸭》云："预备：①肥鸭一只（约两三斤重），盐少许，去净皮心的白莲子、洗泡干净的洋葱米、发浸透的糯米、香菇丁、蘑菇丁、火腿丁、冬笋丁、煮熟的风栗（板栗）肉丁（以上八样都适量备好，要能装满鸭腹为度），好绍酒六两，生姜一片，葱一结。②大砂钵一个，厚棉纸若干张，湿布若干块。做法：①先取鸭宰好，去净毛同肚内各物，不要破开，用手取盐在鸭肚里面先揉擦一过，用水漂洗干净（不用盐擦，每只漂净也可）。②取去净皮心的莲子、泡好的薏米、发透的糯米同香菇丁、蘑菇丁、冬笋丁、风栗丁拌到极匀，酿进鸭腹，加上好绍酒、生姜、葱同放进砂钵里，钵口用厚棉纸紧紧扎好，隔水蒸一小时。外面再用湿布紧紧填塞，不令一毫泄气。

原料： 麻鸭一只（光鸭重1 100克），薏苡仁25克、白果肉50克，干百合25克，干莲子50克，风栗肉50克，冬菇粒15克，猪肉粒50克，金华火腿粒10克，姜米5克，姜片3克，葱条5克，精盐5克，味精15克，湿淀粉2克，米酒15克，上汤250克，清水250克，花生油25克。

制作方法：

但凡说到"八宝"，除了馅料有特定的要求之外，其配用的禽鸟食材都要保持皮肉的完整性，并将骨头拆去。这道鸭馔也不例外。"拆全鸭"的方法在《粤厨宝典·砧板篇》上有详细介绍，这里不再赘述。

薏苡仁用清水洗净。用清水焓熟或加清水蒸熟。

白果肉用热水焗透，脱去外衣。用清水焓熟或蒸熟。

干百合用温水浸透。

干莲子用温水泡软，脱去外衣和捅去莲心（现市面有不带外衣及莲心的商品，称"白莲"，仍带外衣和莲心的称"红莲"）。用清水焓熟或加清水蒸熟。

猪肉粒用湿淀粉拌过，用沸腾清水"飞"过备用。

猛火烧镬，落花生油，待花生油微冒青烟，放入姜米爆香，再将薏苡仁、白果肉、干百合、干莲子、风栗肉、冬菇粒、猪肉粒、金华火腿粒放入铁镬内，随即攒入绍兴花雕酒（配方未列），并以精盐、味精调味并炒匀，制成"八宝馅"。

将"八宝馅"酿入全鸭内，头颈皮穿过鸭翼底打成结。用沸腾清水"飞"过，用笊篱捞起，放在工作台上，用耙针在鸭皮上刺小孔，以防鸭皮热缩被馅料撑破。

以鸭胸向上的姿势将全鸭放在汤煲内，将姜片、葱条放在鸭胸上，注入米酒、上汤、清水，用精盐、味精调味，然后将汤煲置入蒸柜，用猛火蒸炖45分钟。取出，夹起姜片、葱条，撇去汤面浮油便可供膳。

◎百合香酥鸭

原料：麻鸭1只（光鸭重750克），干百合75克，干莲子75克，冬菇粒50克，猪肉粒75克，金华火腿粒25克，姜片10克，姜米2.5克，葱条10克，菜远400克，八角1粒，老抽5克，精盐1.5克，味精2.5克，芡汤35克，淡二汤500克，鸡蛋液150克，干淀粉15克，湿淀粉17克，花生油（炸用）3 500克。

制作方法：

此鸭馔的麻鸭须"拆全鸭"，方法在《粤厨宝典·砧板篇》上有详细介绍，这里不再赘述。

干百合用温水浸透。

干莲子用温水泡软，脱去外衣和捅去莲心。用清水焓熟或加清水蒸熟。

猪肉粒用2克湿淀粉拌过，用沸腾清水"飞"过备用。

猛火烧镬，落10克花生油，待花生油微冒青烟，放入姜米爆香，再将加工好的干百合及干莲子、冬菇粒、猪肉粒、金华火腿粒放入铁镬内，随即攒入绍兴花雕酒（配方未列），并以精盐、味精调味并炒匀，制成"百合馅"。

将"百合馅"酿入全鸭内，头颈皮穿过鸭翼底打成结。用沸腾清水"飞"过，用笊篱捞起，放在工作台上，用针耙在鸭皮上刺小孔，以防鸭皮热缩被馅料撑破。

以鸭胸向上的姿势将全鸭放在汤煲内，将姜片、葱条、八角放在鸭胸上，注入500克淡二汤，然后将汤煲置入蒸柜，用猛火蒸炖30分钟。

将全鸭取出，用毛巾抹干表面水分，然后涂上用鸡蛋液与干淀粉混合成的粉蛋浆。

将花生油倒入铁镬内，以中火加至七成热（210～240℃），将涂上蛋浆的全鸭放入油内炸至鸭皮呈金黄色。用笊篱捞起，沥去油分，摆在浅底瓦钵内。

以猛镬阴油的形式落25克花生油，待花生油微冒青烟，放入菜远并注入芡汤，将菜远煸熟，用5克湿淀粉勾芡。将菜远倒入笊篱，沥去水分，交给打荷摆砌在全鸭两旁。

以猛镬阴油的形式落25克花生油，注入炖鸭汤（配方未列），用精盐、味精调味，用老抽调色，用10克湿淀粉勾芡，然后将芡淋在全鸭面上便可供膳。

◎西湖香酥鸭

原料：麻鸭1只（光鸭重870克），鸡蛋液125克，姜片25克，葱条10克，精盐5克，味精5克，花椒粉0.05克，八角粉0.05克，新会陈皮末0.05克，蚝油15克，白糖2.5克，干淀粉150克，湿淀粉10克，淡二汤1 500克，花生油（炸用）3 500克。

制作方法：

此鸭馔原创于惠州，惠州人以其名湖——西湖命名，即西湖香酥鸭。1946年，兴宁人在广州城隍庙前（今忠佑大街）开了一家专营客家菜（当时称“东江菜”）的小菜馆——云来阁。后来小菜馆生意兴隆扩大经营而改称“宁昌馆”（1949年后再扩大经营，升级为“宁昌饭店”）。于是，此鸭馔的技法也传到广州。1957年宁昌饭店公私合营，更名为“东江饭店”，强调以客家风味菜式飨客，此鸭馔作为饭店的招牌菜而改名“东江香酥鸭”，并且成为粤菜的经典肴馔之一。

◎注：“宁昌馆”本来是为聚居广州的客家人提供乡土风味的小菜馆，于1946年在广州城隍庙前（今忠佑大街）开张，初时叫“云来阁”，设施十分简陋。毕竟是在“食在广州”的招牌下揽客，不仅吸引在广州的客家人光顾，也吸引众多的广州本地人及外来游者帮衬。于是其招股扩大经营，改为“宁昌馆”。由于顾客盈门，宁昌馆再扩大经营，改称“宁昌饭店”。粤菜著名的“手撕盐焗鸡”就是其时创出。1957年宁昌饭店公私合营，更名为“东江饭店”，并以“东江（西湖）香酥鸭”“红烧海参”“爽口牛丸”“红糟泡双胘”“七彩杂锦煲”“八宝酿豆腐”“梅菜扣肉煲”“东江大圆蹄”及“咸菜肚片”等作为招牌菜。1988年前后，因忠佑大街所处的中山四路改造，“东江饭店”结束了历史的使命。

麻鸭刲好，从鸭背剖开取出内脏。及后将洗净的鸭坯放入沸腾的清水里烫渌，使鸭皮收紧。烫渌后迅速放入流动的清水之中漂浸，令鸭皮清爽。

将鸭坯压平，以鸭皮向上的姿势平铺在垫上竹笪的瓦罉内，注入淡二汤，放入姜片、葱条、花椒粉、八角粉、新会陈皮末，并用10克蚝油、2.5克白糖、5克精盐调味。将瓦罉放在炉火上，先用猛火将汤水加热至沸腾，再改用中火炆煮。这里切记一点，在炆煮的过程之中不可冚盖，否则鸭皮就会渗油并且酥烂，丧失爽弹脆的质感。

约炆煮90分钟（鸭肉质感是脸是弹，取决于炆煮的时间，取脸的，炆煮时间相对要长，取弹的，炆煮时间相对要短），将鸭坯取出，放在工作台上，拆去鸭骨，并将鸭皮完整地剥出来。鸭肉撕成筷子粗细、约长4厘米的条。

在鸭坯取起后，瓦罉的汤汁继续熬煮，以收浓至150克为度，滗出备用。

将鸭肉条放入钢盆内，先拌入鸡蛋液，再撒入125克干淀粉拌匀。

托盘撒上10克干淀粉，将剥下的整件鸭皮以皮面向下的姿势平摊在干淀粉上，再撒入10克干淀粉在鸭皮的肉面上。将拌入鸡蛋液、干淀粉的鸭肉条厚薄一致地镶在鸭皮上，然后再撒5克干淀粉在鸭肉条表面，并且用平板轻轻将鸭肉条压平、压实，制成"香酥鸭坯"。

将花生油放入铁镬内，以中火加至七成热（210～240℃），将"香酥鸭坯"以鸭皮向下的姿势由铁镬边滑入油内，约炸1分钟，待"香酥鸭坯"定形，将铁镬端离火口，将"香酥鸭坯"翻身，再炸约2分钟，待鸭皮呈金黄色时，用笊篱捞起，沥去油分。

沥去油分的"香酥鸭坯"交由打荷递给砧板师傅，砧板师傅随即顺长边用刀将"香酥鸭坯"切成3条，每条再横切成8块，装碟拼摆成鸭形。

将炆鸭汁加热，用味精及5克蚝油调味，用湿淀粉勾芡，然后将芡滗入小碗内供食客蘸点。

○再谈新派粤菜

虽然很多学者都热衷于将广东饮食文化上推到秦汉时期或者更早，但站在厨师的角度，粤菜烹饪技术的起源最早只能算到南宋末年。

之所以有"秦汉说"与"南宋说"之别，是因为学者有时往往将"食在广州"与粤菜烹饪技术的起源混为一谈。

事实上，"食在广州"之风气的确可追溯到秦汉时期。这是广东的风俗，这种风俗的遗产就是无奇不食、无所不食，继而代代传承下来。而当时广东人的烹饪技术并不先进，甚至没有太多的烹饪理论，简单到仅将食物放入清水里灼熟或烚（煠）熟，甚至是生切成片便供膳用，就再无什么火候可言，

◎注1：广州人用"皇帝膶"一词形容人对食物的质感及味道十分挑剔，并且尝到常人无法察觉的滋味。

◎注2：《广东新语·第十四卷·食语·鲝胀》云："粤西善为鱼鲝，粤东善为鱼胀。有宴会，必以切鱼生为敬，食必以天晓时空心为度。每飞霜锷，泡蜜醼，下姜荽，无不人人色喜，且餐且笑。其胀也皆以男子，鲝则以妇人。凡女始嫁，其家必以数十黄罋与之，能善为鲝，使甘酸而香可饮口，是为好妇。粤东罗定，所居在山谷中，少鱼，俗亦尚鲝。廉州则以珠柱肉为鲝，连州以笋虫胀之，色白如雪，甚甘脆。"

《广州文史·第四十一辑·广州酒楼史话》（作者冯明泉）记载：1840年鸦片战争，外国侵略者用大炮打开了中国的大门。数十年间，签订了一系列丧权辱国的条约。中国开始由封建社会变成半封建半殖民地社会。五口通商，列强急欲把中国变成他们的商品市场。中国社会经济开始发生重要变化。铁路、电讯、航运、机械等新事物相继出现。商业、贸易也迅速发展。

19世纪四五十年代是中国社会剧烈动荡的时代。随着近代工商业的发展，酒楼业务也不断扩大。在商业繁忙的地段，如交通孔道、码头集中的长堤、商রূ云集的西濠口、首富住宅区的西关、花舫妓艇密布的东堤、妓馆林立的陈塘等地酒楼户数迅速增多。19世纪50年代以后，酒楼的竞争更加激烈，各以其主要顾客对象的爱好而装修、布局，自然形成了不同格调的酒楼。有以达官巨贾为对象的，有以一般商人、居民为对象的，有以诗画琴棋客为对象的，有以拈花问柳者为对象的，有以佛门弟子为对象的等等。他们争相罗致名厨名师，以大厨师作号召，成为风尚。

在经营者和厨师们的共同努力下，不特将广州原来的传统食谱，加以改进，还为了迎合官场、商场、各阶层人士的爱好，广泛搜集省内外以至国外的著名食谱、烹调方法以至刀工、造型。

不过粤菜厨师虽然广泛采集百家之长，却并不原套照搬，而是根据本地区的物产和人们口味加以改良。除了学习国内外地方名菜外，还博采豪门专厨所长，公诸于世，使能为普罗大众所享用，例如：太史（江孔殷）田鸡、李公（鸿章）杂烩、汀洲伊（秉绶）面、宫保（袁世凯）肉丁等。

更谈不上拥有高深的烹饪技术。《清稗类钞·饮食类·闽粤人之饮食》中"闽、粤人之食品多海味，餐时必佐以汤。粤人又好啖生物，不求火候之深也"的描述即可印证。

这样显然不可能构成完整的烹饪菜系，也就不可能形成所谓的"粤菜"。

需要承认一个不争的事实——广东人无奇不食、无所不食，并且有将食物放入清水里灼熟或焓（煤）熟的饮食习俗，这给后世的广州人建立一套完整且独到的食品评价标准提供了基础。给广州人赋予了一条对美食十分灵敏的"皇帝脷"。

广州人凭借着与众不同的"皇帝脷"——完整的食品评价标准，筛选来自五湖四海的厨师在广州贡献的菜式，使广州逐渐形成享誉全国甚至国际的"食在广州"的招牌。

在"食在广州"这个招牌里，粤菜只能算是发了一分力，其他菜系，如苏菜（姑苏菜、淮扬菜、南京菜）、鲁菜、豫菜、川菜，以及点心、各式小吃等，出力更多。

广东人在南宋时期受到了当时中原先进烹饪技术的启蒙并经历了600多年的理解与积累，逐渐形成自己的风格及完整的烹饪体系。

学者普遍认为，粤菜开始形成并得到举世公认，以道光二十年（1840年）作为起点。

这一年是英国人对中国发动了臭名昭著的"鸦片战争"之年。因为这场战争，很多外地来穗经营的菜馆人去房空。餐饮的生意只能让广州人独力承担。在此机缘巧合之下，广州的厨师有了发挥厨艺的空间。

背景是在此之前，稍高档的食府所用的厨师都是赴粤高官的衙厨，广州人根本没有埋镬（掌勺）的机会。

根据老一辈厨师的忆述，旧时广州本土的厨师团体会将一名叫温训的厨师举为"教师爷"，原因是温训最早（约于嘉庆末年或道光初年的时候）在广州将广东零碎散乱的烹饪技术整合起来并开班授徒，着手储备广州子弟的厨师人才。

自广州人担当了高档食府的厨师之后，他们有了归类和总结自有与学习到的烹饪技术的平台，再受到广州人对美食评价标准的鞭策，粤菜烹饪体系可以正式与其他著名菜系平分秋色。《清稗类钞·饮食类2·各省特色之肴馔》中"肴馔之有特色者，为京师、山东、四川、广东、福建、江宁、苏州、镇江、扬州、淮安"的文字便可证实。

不过，此时的粤菜厨师仍然参照其他菜系的组织架构行事，即所谓"各师各法，各镬各刮"的体制。

虽如此，作为新秀的粤菜厨师在此时期已初露锋芒，整合出了蔚为大观的饕餮盛宴——"满汉全席"及"陈塘风味"。

关于"满汉全席"的背景，《清稗类钞·饮食类·烧烤席》中就有"烧烤席，俗称满汉大席，筵席中之无上上品也。烤，以火干之也。于燕窝、鱼翅诸珍错外，必用烧猪、烧方，皆以全体烧之。酒三巡，则进烧猪，膳夫、仆人皆衣礼服而入。膳夫奉以待，仆人解所佩之小刀脔割之，盛于器，屈一膝，献首座之专客。专客起箸，篷座者始从而尝之，典至隆也。次者用烧方。方者，豚肉一方，非全体，然较之仅有烧鸭者，犹贵重也"的描述。

从中可见"满汉全席"是将饮食与表演融会在一起的饕餮盛宴。

根据吴正格先生在《满汉全席·满汉全席的形成和发展》一段"从搜集到的各地满汉全席的菜单来看，有110款者、108款者、81款者、77款者、64款者不等。因为满汉全席中的菜肴实际上已无满、汉之分，所以香港、广州等地区也称'满汉全席'为'大汉筵席'"的话语可见，粤菜厨师制作的"满汉全席"显然超然于其他菜系，别具一格。

如果说"满汉全席"仍残留学习外来美食风格的影子，"陈塘风味"则是不折不扣的广州本土风格——"粤菜创造"，其真正名称为"陈塘风月宴"，后来称为"花酌"。其筵席甚至将食客打造成表演的主角，在"风月"主题之中不断转换菜式，务求令食客流连忘返。

这类豪华奢侈的筵席虽代表饮食文化及烹饪技术的最高成就，但局限在奔向"阳春白雪"的极雅层面，却没有照顾"下里巴人"的阶层，导致粤菜烹饪的发展出现瓶颈。

清末民初，四大酒家——文园酒家、南园酒家、西园酒家及大三元酒家冲破妨碍粤菜发展的瓶颈，粤菜烹饪正式登上傲视同侪的地位。

"四大酒家"对粤菜体系的改革显然是多方面的，首先就是淘汰"各师各法，各镬各刬"的制度，明确地设立候镬、砧板、打荷、上什、水台、传菜、打杂等岗位，先是设计出统一调味的"芡汤"，再来就是设计出"睇料头便知蒸炆炒焗焗"的让候镬岗位与砧板岗位进行讯息沟通的制度，让整个粤菜厨房高效运作。

与此同时，"四大酒家"也对筵席形式进行改革，舍弃了极尽奢华的"满汉全席"的糟粕，将势必消费三日三夜的筵席精简为一顿饭，让广大的消费者能够享受精简的"满汉全席"。

这种筵席风格与粤菜厨房的制度一直沿用至今，并且得到其他菜系的赞叹和学习。

民国以后，以官僚买办、富商巨贾为对象的高级酒楼十分旺盛，其中设备最好的首推"一景酒家"（不是抗战胜利后的一景）。它的厅堂陈设是紫檀家私，比酸枝贵重得多（番禺何展云先生始创）；次是以官僚为顾客对象并以'满汉全筵'为号召的贵联升酒楼、以金华玉树鸡为号召的聚丰园、以一品窝为号召的南阳堂等等不下数十家。后来发展成为'四大酒家'之首的南园酒家也是民国元年（1912年）开业的（根据14岁到南园工作的91高龄前辈高国师傅忆述）。此后的20年间，广州的酒楼不断新张，但也不断淘汰。直至陈济棠主粤期间（1929－1936年），可以说进入了全盛时代。其中比较著名的除上述数家外，还有福来居、玉波楼、文园、西园、西南（现广州酒家）、大三元、谟觞、合记、新远来、六国（即原南京酒家）、不夜天、清一色、玉醪春等，还有集中在陈塘专营花酌（蝎妓侑酒）的六大酒家——京华、流觞、宴春台、群乐、瑶天、永春，以及东堤花舫合昌、琼花等，也有适应闹市人们厌倦烦嚣，一尝郊区乡村风味而开设的宝汉、甘泉等酒家。这些比较著名的酒家（楼），只是数以百计的同行中的极少一部分，而且绝大部分（也包括上述的名噪一时的酒楼）由于各种原因，不断新张，也不断歇业，百年老号，少之又少，比之茶楼行业老号比比皆是，不可同日语。

◎注3：温训，生卒年不详，长乐（今五华）穗籍人，估计"训"不是真名，是尊称，等同于训导老师的简称。其编写的教材未见于刊物，但有他在道光二年（1822年）目睹广州西关大火后写成的《记西关火》一文："西关尤财货之地，肉林酒海，无寒暑、无昼夜。一旦而烬，可哀也者。粤人不惕，数月而复之，奢甚于昔。"

◎注4："陈塘风味"与酒家制作的"满汉全席"相对，其经营场所大多分布于东堤及陈塘（今黄沙一带）两地的花艇上，最著名的是"紫洞艇"。这是"花舫"级别，十分奢华。

《清稗类钞·娼妓类·广州之妓》云："广州艳迹，以珠江为最，风月繁华，尤聚于谷埠，为上等，有上中下三挡之分　紫洞艇排如雁齿，密若鱼鳞，栉比蝉联，几成衢市，可以信足往来。别有数船，储货出鬻，如有所缺乏，取之如携。至夜，月明风清，波平若镜，琉璃灯火，皎洁如昼，所有珠娘，成群结队，俗所谓老举者是也。其齿稚者曰琵琶仔（仔，小孩也，盖言其人与琵琶等长也）。晚妆初罢，仪态万方。客至开筵，陈设华焕，先之以弦管嗷嘈，笙箫喧沸，各逞珠喉，互赓迭唱，脆堪裂帛，响可遏云。歌声既阕，然后入席，珍错杂陈，烹调尽善，鸭腴鱼美，别有风味。席撤再唱，绮兴愈浓，往往至星堕月斜，重复入席。斯时侑酒拇战，钏动钗飞，击鼓催花，传觞醉月，倍极其乐。游客至此，固无不色授神眩，魂销心荡也。次之在引珠街，又其次在白鹅潭。广州之妓，初以水居者为上，陆地所有，不足贵也。自经光绪甲辰谷埠大火之后，则陆居者多。其香巢谓之寨，皆在西关塘、鱼栏、陈塘南、新田地、河南尾等处，有大寨、二四寨两等。客之欲设盛筵者，须至旁近酒楼，而招之使往，即开厅也。若在其家，则曰开房。客欲令大寨之妓伴宿，非百数十金不得染指。"

还有仅讲饮食的，称"菜艇"，游弋在荔枝湾涌一带，如今著名的"艇仔粥"就是这种照顾普罗大众消费级别的出品。

事实上，"四大酒家"的筵席改革的成就，不仅影响到"满汉全席"，还影响到"三蒸九扣"这种历史更加悠久的乡村筵席。从此，两种筵席成为历史。

更值得讴功颂德的是，自"四大酒家"成功地对粤菜厨房制度进行改革，粤菜烹饪一跃成为"食在广州"的推波助澜者、先进烹饪技术及高级美食代言者，深受世人的景仰。

时间再转到1988年。在经历将近半个世纪之后，粤菜发展尽显疲态，改革呼声再次响起。

一场名为"新派粤菜"的改革正式拉开帷幕。改革先在香港发起，再蔓延至广州，再从广州蔓延至全省甚至全国。

这次改革的重点是引入汁酱调味，将以往的"适用"变为"擅用"，然后丰富食材，将过去难得一见的鲜活海产搬上餐桌，并且再次强调继续遵循广州人的食品评价标准。

时间再转到2018年。这是伟大祖国改革开放40周年，人民生活质量显著提高，集约化、标准化的呼声正推动着粤菜迈向新一轮的改革。

如果之前粤菜的改革是凭一个人或一个企业去拉动或完成的话，这次的改革显然需要更大层面的力量去推动，而且必须是浴火重生式的，否则愧对苦心经营并享有赞誉的这块粤菜烹饪的金字招牌。

2019年12月7日，笔者参加《岭南饮食文化辞典》编写专家讨论会。在会议中，一位年长且受笔者尊敬的技校教师以现在没有人再提"新派粤菜"而否定"新派粤菜"的贡献，笔者有感写下这篇文章。

严格来说是没有所谓的"传统粤菜"的。

粤菜烹饪之所以能够获得傲视同侪的地位，是它每时每刻都充满着活力，并且适时变奏地进行必要的改革。

回顾粤菜烹饪的发展历史，引入"满汉全席"，创出"陈塘风味"，是之于之前的"新派粤菜"；精简"满汉全席"并对烹饪制度进行改革，也是之于之前的"新派粤菜"；引入汁酱调味并丰富食材的改革，也是之于之前的"新派粤菜"；集约化、标准化改革，也是之于之前的"新派粤菜"。每当改革完成，"新派粤菜"即常态化嬗变成"传统粤菜"，"新派粤菜"这个名称没有人再提及是正常不过的事。

如果顽固地坚持所谓的"传统粤菜"，显然是食古不化、故步自封。

须知道，社会永远是向前不断地发展的，每次嬗变都得承认，不进则退。

◎ 荔蓉香酥鸭

原料： 拆骨红鸭1只（光鸭为800克的泥鸭），荔蓉馅650克，干淀粉75克，生菜叶25克，花生油（炸用）3 500克。

制作方法：

此鸭馔创于20世纪80年代中期，因搭有外酥里嫩的荔蓉馅，也算小有成就。可惜命运不济，刚冒出就受到当时由香港发起的"新派粤菜"改革的冲击，最终只是昙花一现。

拆骨红骨以鸭皮向下的姿势平铺在工作台上，在鸭肉表面撒上干淀粉，再将荔蓉馅厚薄一致地镶在鸭肉上。

将花生油放入铁镬内，以中火加至七成热（210～240℃），将镶上荔蓉馅的拆骨红鸭（荔蓉馅向上）放入油内。待荔蓉馅定形后，将铁镬端离炉口，再浸炸至荔蓉馅表面呈金黄色为止。用笊篱捞起，交给打荷递给砧板师傅。砧板师傅随即顺长边将鸭切成3条，每条再横切成8块，装碟拼摆成鸭形，用生菜叶垫底。

◎注："荔蓉馅"的配方及做法，请参阅《粤厨宝典·候镬篇》。

◎ 栗蓉香酥鸭

原料： 拆骨红鸭1只（光鸭为800克的泥鸭），栗蓉馅400克，鸡蛋液250克，干淀粉1 250克，生菜叶25克，花生油（炸用）3 500克。

制作方法：

将拆骨红鸭皮面向上平铺在瓦碟内，用125克鸡蛋液涂匀皮面，拍上干淀粉。将拆骨红鸭覆转到另一瓦碟内，用125克鸡蛋液涂匀肉面，拍上干淀粉，随将栗蓉馅厚薄一致地镶在拆骨红鸭的肉面上，用手拨平后再荡至平滑。

◎注："栗蓉馅"的配方及做法是将风栗蒸熟并压成蓉，每千克加入澄面250克、胡椒粉0.1克、精盐12克、白糖10克、猪油120克，然后各料搓匀便成。

将花生油放入铁镬内，以中火加至七成热（210～240℃），将镶上栗蓉馅的拆骨红鸭（栗蓉馅向上）放入油内。待栗蓉馅定形后，将铁镬端离炉口，再浸炸至栗蓉馅表面呈金黄色为止。用笊篱捞起，交给打荷递给砧板师傅。砧板师傅随即顺长边将鸭切成3条，每条再横切成8块，装碟拼摆成鸭形，用生菜叶垫底。

◎注：民国时期的《秘传食谱·禽鸟门·第二节·神仙鸭》云："预备：①肥鸭一只（约两斤多重），盐二钱六分，好绍酒四两，生姜一片，葱一结。②大砂钵一个，湿布若干块，厚棉纸若干张。做法：①将肥鸭去净毛及肚内各物，同前一样不要破开，候用。②取备好的盐先在鸭腹内揉擦一过，然后再备好绍酒、生姜、葱一并放进砂钵内；钵口用棉纸紧紧封扎。隔水蒸三炷香久（能再用布将锅边塞紧不令泄气更好）。注意：①宰净鸭肉以后，要先用秤称过。看如果是只有一斤十几两重的，就照所述分量加进配料；不然，或重或轻，要将一切配料酌量加减。②如果是老鸭，就要多炖一刻钟久。蒸时切忌轻启锅盖，还须密密封紧，免致走气。附注：老鸭如取灶边瓦一块洗净一同去煮，必容易烂。"

◎神仙鸭

原料：麻鸭1只（光鸭约750克），竹笋花12片，拍姜块10克，菜远1条，上汤1 750克，精盐2克，味精5克，胡椒粉0.05克，绍兴花雕酒15克。

制作方法：

麻鸭以开背形式掏取内脏，冲洗干净，用刀敲断脯骨及腿骨。用沸腾清水"飞"过，以鸭胸朝上的姿势放在汤煲里。

将上汤注入烧热的铁镬内，待沸腾，用精盐、味精调味。将汤水连同绍兴花雕酒倒入汤煲里，再将拍姜块放在鸭面上。用玉扣纸封盖汤煲，然后置入蒸柜猛火蒸炖至鸭肉软腍。取出，弃掉拍姜块，撇去汤面油脂。竹笋花、菜远分别灼熟。竹笋花排成扇形，与菜远放在鸭面上，撒上胡椒粉便可膳用。

◎金沙霸王鸭

原料：麻鸭1只（光鸭重750克），咸蛋黄8个，老抽72.5克，绍兴花雕酒25克，八角2粒，精盐5克，白糖10克，新会陈皮0.5克，姜片5克，葱条10克，滚水1 500克，原汤20克，上汤200克，湿淀粉50克，胡椒粉0.05克，花生油（炸用）3 500克。

制作方法：

麻鸭刽净，放入滚水镬里烫过，趁热用25克老抽涂匀表皮，再将麻鸭放入炽热的花生油里（约210℃）炸至焦红色。

用笊篱将麻鸭从油里捞起，稍晾凉后将咸蛋黄填入鸭腔内，并将麻鸭放入垫有竹笪的钢镬内，加入八角、精盐、白糖、新会陈皮、姜片、葱条、滚水及15克绍兴花雕酒。先用猛火将汁水加热至沸腾，用40克老抽调色，再改慢火加热，直到鸭肉软腍适度为止。

将麻鸭从钢镬内取出，从鸭腔内掏出两个咸蛋黄，咸蛋黄放在砧板上，用刀压成蓉。

麻鸭（不拆骨）以胸向上的姿势放在浅底瓦钵内。

开猛火，用15克花生油起镬，攒入10克绍兴花雕酒，注入原汤及上汤，用精盐、白糖调味，用7.5克老抽调色，撒入咸蛋黄蓉、胡椒粉，用湿淀粉勾芡，淋入10克花生油作为包尾油并推匀，将汁芡浇在麻鸭面上便可供膳。

◎注："金沙霸王鸭"曾是20世纪30年代粤菜经典的代表作之一，其最大贡献就是最早以金沙酱——咸蛋蓉调味。

很可惜，随着鸭馔受众减少，"金沙酱"也一同淹没在历史的记忆之中，没有被继续开发。

而远在南海一角的新加坡人视"金沙酱"为宝，到2010年前后，新加坡人却以此酱打出自己的风格，"金沙鱼皮"成为新加坡高端休闲食品的象征。回顾起来的确有点五味杂陈。

◎菊花烩火鸭

原料： 烧鸭650克，湿冬菇50克，油发鱼肚100克，竹笋100克，大菊花1朵，柠檬叶2.5克，绍兴花雕酒10克，上汤1 650克，精盐2克，味精5克，老抽7.5克，湿淀粉50克，花生油25克。

制作方法：

此鸭馔是酒家为筵席设计的羹汤。

将烧鸭、湿冬菇、油发鱼肚、竹笋分别切为中丝。柠檬叶切为极细的幼丝。大菊花洗净，沥去水分后用剪刀将花瓣剪下，弃蒂。

开猛火，用10克花生油起镬，攒入绍兴花雕酒，注入上汤。待汤水沸腾，将烧鸭丝、湿冬菇丝、油发鱼肚丝及竹笋丝放入汤中。再待汤水沸腾，用精盐、味精调味，用老抽调色，用湿淀粉勾芡，淋入15克花生油作为包尾油推匀。将各料氹入汤煲，撒入菊花瓣及柠檬叶丝便可供膳。

◎注：将"菊花烩火鸭"中的烧鸭丝改为拆骨红鸭丝，便成了"菊花烩红鸭"。

另外，也可将菊花瓣、柠檬叶丝改为韭黄，但档次稍低。

粤厨宝典·菜肴篇1

◎红菱火鸭羹

原料： 烧鸭肉1 000克，菱角肉750克，鲜草菇400克，丝瓜250克，上汤3 500克，精盐7.5克，味精10克，湿淀粉75克，胡椒粉0.5克。

制作方法：

此鸭馔是酒家为筵席设计的羹汤。

将烧鸭肉、菱角肉、鲜草菇及丝瓜分别切成比粒略大的丁状。菱角肉丁、鲜草菇丁分别飞水后备用。烧鸭丁用沸腾清水冲淋过备用。

将上汤注入烧热的铁镬内，待汤水沸腾，把菱角肉丁及鲜草菇丁放入汤中。待汤水沸腾，用精盐、味精调味。再待汤水沸腾，加入烧鸭肉丁、丝瓜丁，用湿淀粉勾芡，撇去汤面油脂，撒入胡椒粉，将各料滗入汤煲便可供膳。

◎姜母鸭

原料： 番鸭1只（光鸭约800克），拍姜块200克，淡二汤1 500克，米酒50克，冰糖20克，白糖30克，生抽150克，精盐7.5克，味精15克，香料粉10克，芝麻油180克。

制作方法：

此鸭馔为福建人所创，大多以火锅形式供膳。

番鸭煺毛㓥好洗净，剁成长3厘米、宽2厘米的块。

用80克芝麻油猛火起镬，放入番鸭块煏炒数十下，撒入5克香料粉再炒至有香气溢出，然后滗出，装入高压锅内，加入淡二汤、精盐、味精、米酒及冰糖，冚上高压锅盖，置煤气炉上猛火加热10分钟。熄火焗15分钟。打开高压锅盖，将鸭块捞出，高压锅内的鸭汤留用。

用100克芝麻油猛火起镬，先放入拍姜块爆香，再放入

鸭块，并撒入5克香料粉炒匀，用生抽、白糖调味，滗出，装入预先准备好的瓦罉内。

膳用时，将瓦罉置在煤气炉上加热。注入鸭汤，并配上鸭心、鸭肾球、鸭肠、鸭血、湿粉丝、大白菜、炸腐竹等火锅原料。

◎紫姜鸭

原料： 麻鸭肉片1 000克，子姜750克，菠萝块750克，红辣椒件75克，蒜蓉5克，葱榄10克，芡汤175克，白糖12.5克，湿淀粉50克，鸡蛋清50克，芝麻油0.5克，老抽2.5克，胡椒粉0.05克，花生油（炸用）3 500克。

制作方法：

此鸭馔历史悠久，多有改良，最初是加入菠萝，称"紫萝鸭片"，后又将以老抽配色的"碗芡"改为"糖醋芡"，令肴馔焕发生机。

此鸭馔属于时令菜，原因是子姜在九月份采收最适宜。其他月份，如六月采收多为母姜，霜降前后为老姜。子姜附有姜芽，因姜芽呈紫红色，故又称"紫姜"。

麻鸭起肉，并斜切成厚0.4厘米的薄片。放入钢盆内，先拌入鸡蛋清，再拌入15克湿淀粉。

子姜切片，放入钢盆内，加入少量精盐（配方未列）搓揉，再用流动清水冲洗干净。

将芡汤、白糖、芝麻油、胡椒粉、35克湿淀粉、2.5克老抽放入小碗内混合，制成"碗芡"。也可直接用"糖醋芡"。

将花生油放入铁镬内，以中火加至五成热（150～180℃），将麻鸭肉片放入油内"拉"至仅熟。用笊篱捞起，沥去油分。

铁镬内留有75克花生油，放入蒜蓉爆香，再放入红辣椒件、葱榄、子姜片及沥去油分的麻鸭肉片，攒入绍兴花雕酒（配方未列），摁镬使各料均匀，淋入"碗芡"及菠萝块，摁镬使各料均匀，淋入25克花生油作为包尾油，滗出装碟便可供膳。

◎注1：《广东新语·第二十卷·禽语·焙鸭》云："广州每北风作，则咸头大上，水母、明虾、膏蟹之属，相随而至。咸积于田者，其泥多半成盐。鸭食咸水而不肥，又咸多则稻无孙，鸭不得以为食，乃益不肥。予诗：'北风吹荻后，咸早稻孙稀。'又云：'今年咸水少，鸭食稻孙肥。'故岁北风少作，则咸头小而鸭肥且多。广人善焙鸭，以鸭卵五六百枚为一筐，置之土墟，冒以衣被，种火文武其中。卵小温，则上下其筐而更易之，昼夜凡六七度，至于十有一日乃登之床。床第亦以衣被覆藉，时旋减之。通一月，而雏孳孳啄壳出矣。雏稍长大为子鸭。当盛夏时，广人多以茈姜炒子鸭，杂小人面子其中以食。茈音紫。《上林赋》：'茈姜蘘荷。'《四民月令》：'生姜谓之茈姜。'张揖云：'茈姜，子姜也。'谚云：'老姜蒸牛，子姜炒鸭。'鸭至秋深，乃以船载至沙田食稻。稻熟农必齐获，获稍迟，往往为鸭所食，农颇苦之。"

◎注2：民国时期《秘传食谱·禽鸟门·第二十节·炒鸭片》云："预备：嫩鸭肉（要取肚皮胸膛上的）若干，豆粉少许，料酒少许，白酱油少许，盐少许，香菇少许（先泡洗好），冬笋块少许（预先剥好、切好，放入锅内煮熟一过）。又芡粉少许（先用净水调好）。做法：①先将鸭肉生成薄片，用豆粉略抓一过，即放入滚油锅内略炒一十几下。②同时，将料酒、白酱油、盐同泡洗好的香菇、预先煮熟的冬笋块和净水调好的芡粉加进，快手再炒几下即起锅，味极佳嫩。"

粤厨宝典·菜肴篇1

◎脆皮鸳鸯鸭

◎注：民国时期《秘传食谱·禽鸟门·第十七节·鸳鸯鸭》云："预备：①肥鸭一只，上半截的好火腿一大块，酱油适量，芥末少许。②蒸笼一具，大海碗、大冰盘各一二个。做法：①先将肥嫩的鸭宰好，去净毛同肚内各物；加上酱油先蒸熟。取出，去净骨，切成二三分厚、二寸许长的薄片。②取好火腿先蒸熟，也切成同样薄片，候用。③用大盘一个，将鸭肉片同火腿片每样一边的装在（漏写"大冰盘"）里面（或一片火腿、一片鸭肉间着排放），蘸芥末吃。"

原料： 麻鸭1只（光鸭约900克），猪瘦肉100克，猪肥肉25克，虾仁200克，精盐3.5克，味精2.5克，湿冬菇20克，鸡蛋清25克，鸡蛋黄75克，猪油25.5克，老抽75.5克，湿淀粉30克，干淀粉350克，八角3克，绍兴花雕酒5克，淡二汤1 000克，拍姜块10克，葱白条5克，湿陈皮0.5克，胡椒粉0.1克，酸萝卜丝75克，生菜丝200克，花生油（炸用）3 500克。

制作方法：

此鸭馔是20世纪50年代由一位叫庞溢的厨师为新开张的"东山食堂"创制的。

虾仁在垫有猪皮的砧板上用刀压烂，放入钢盆内，与2.5克精盐及1.5克味精搅挞，制成"百花馅"。

猪瘦肉及猪肥肉分别剁烂。湿冬菇切成细粒，然后连同鸡蛋清、胡椒粉加入百花馅内搅拌均匀，制成"酿鸭馅"。

鸡蛋黄加入1克精盐、0.5克味精、0.5克猪油搅匀，置入蒸柜以中温低压蒸熟。取出晾凉，用刀切成幼丝。

把麻鸭劏好洗净，割去臀尖，以去掉臊味，把鸭脚由膝下切去。然后将鸭放在铁镬内，用沸腾清水煮5分钟后取出，以50克老抽把鸭皮涂匀。

将花生油倒入铁镬内，以中火加至七成热（210～240℃），将麻鸭放入油里炸3分钟，炸时不断将鸭翻身，使鸭皮炸至焦红色。用笊篱捞起，沥去油分。

瓦罉放入淡二汤及八角、拍姜块、葱白条、湿陈皮，以猛火加热至沸腾。放入沥去油分的麻鸭。待汤水重新沸腾，用25克老抽调色。以慢火炆煮60分钟左右。将麻鸭取出，留300克汤水待用。

将鸭头、鸭翼完整搣下，并在鸭背开口将鸭骨全部拆去。

拆骨麻鸭以鸭肉向上的姿势平铺在瓦碟上，撒入150克干淀粉，再将"酿鸭馅"厚薄一致地镶在鸭肉上，然后再拍入200克干淀粉。干淀粉的作用是利用其黏性将"酿鸭馅"粘牢在鸭肉上，并利用其嗜水性，让肉料表面保持干结，从而在加热时容易呈现金黄的颜色。

将花生油倒入铁镬内，以中火加至七成热（210～240℃），将镶上馅料的拆骨麻鸭（馅料向上的姿势）放入油内，炸至鸭坯表面呈焦黄色，用笊篱捞起，沥去油分。随即将鸭头、鸭翼放入油内炸至表面略为干结，用笊篱捞起，沥去油分。然后将鸭料交由打荷递给砧板师傅。砧板师傅将鸭坯顺长切开两爿，每爿横切成12件，并与鸭头、鸭翼以鸭形排砌装碟。排砌鸭坯时，一爿鸭皮向上，一爿馅料向上，使成"鸳鸯"两色。打荷将生菜丝围在鸭坯两旁。蛋黄丝与酸萝卜丝混合，撒在鸭坯表面。

用25克猪油起镬，攒入绍兴花雕酒，注入300克鸭汤，用0.5克味精调味，用0.5克老抽调色，用湿淀粉勾芡，滗入小碗内供客蘸点。

◎柠汁煎鸭脯

原料： 麻鸭肉片1 000克，柠汁375克，鸡蛋液150克，白糖10克，精盐3.5克，味精5克，干淀粉150克，绍兴花雕酒37.5克，菠萝块650克，花生油（炸用）3 500克。

制作方法：

麻鸭肉片有两种切法：一种是将脱骨鸭肉剞上坑纹，整块使用，即所谓"鸭脯"；另一种切法是将脱骨鸭肉剞上坑纹后再改成长4厘米、宽3厘米的块片，即所谓"鸭块"。麻鸭肉切裁好后放入钢盆内，加入精盐、味精拌匀，腌30分钟左右，再先后用鸡蛋液及干淀粉拌匀。

如是"鸭脯"，用七成热（210～240℃）的花生油浸炸致熟。用笊篱捞起，由打荷递给砧板师傅，将鸭脯切成3条，每条再横切成8块，装碟拼摆成鸭形，再浇上用白糖煮过的柠汁便可供膳。

如是"鸭块"，以半煎炸的形式将平铺的麻鸭块煎炸至金黄酥脆。另起镬，落15克花生油，加入绍兴花雕酒、柠汁、白糖煮滚，再将煎好的麻鸭块和菠萝块同放入柠汁内捞匀，滗出装碟便可供膳。

◎注："柠汁"的配方及做法，请参阅《粤厨宝典·候镬篇》。

○大肴馆史话

　　大肴馆是酒家未承办筵席之前广州民间红白之事所需筵席的承包商，因广州是个商都，能举办筵席的人群及频率都较其他省份多，因此用栉比鳞次去形容大肴馆的数量一点也不过分。但随着陈福畴先生主办的"四大酒家"将"满汉全席"精简化之后，大肴馆便开始式微，甚至成为历史名称。

　　以下是冯汉先生及陈炳松先生记在《广州文史·四十一辑·食在广史话·广州的大肴馆》中的摘录，大体可了解大肴馆的貌况。

　　广州餐饮业呈现多业态的特点，除了酒家、茶楼、茶室、饭店、西餐、茶厅、冰室、小食品八个自然行业以外，过去还有一种叫"大肴馆"，又称为"包办馆"，相传已有百多年历史。

　　早在清末期间，本市已有聚馨、冠珍、品荣升、南阳堂、玉醪春、元升、八珍、新瑞和等八家店号，是属"姑苏馆"组织的，它以接待当时的官宦政客，上门包办筵席为主要业务。

　　随着业务发展，户数迅速增多，逐步演化为价廉物美、经济实惠的面对平民百姓的一个大众化的自然行业，在（20世纪）20年代至30年代之间十分盛行。"大肴"是堆头大、斤两足之意。市民每有婚、嫁、寿、丧，大都委大肴馆包办，在家设宴。但至40年代以后逐渐式微，为酒家所代替。

　　大肴馆也称酒馆（如福馨酒馆），但它的组织与酒家不同，经营方法也有区别，顾客必须预早一、二日（天）定菜，才有供应，如席数不多，最快速度亦要上午定菜，下午才能办妥。对于每席酒菜单价，同样菜式，总比酒家便宜，因它的组织简单，人员不多，生意旺时才多雇临时工，因而费用较轻。

　　该行业都是独资经营的多，少数合伙，且这些行业的合伙人或企业负责人，一般都是熟悉业务，善于烹调技术，懂得用料性能和采购干湿货，有经营管理才能，甚至有些企业是祖宗三代传下来的。如龙津路的聚馨酒馆（后改锦馨），是由黄老三于清朝光绪年间创办，四兄弟合作经营，分工负

　　◎注1：根据《广州文史·四十一辑·食在广史话·广州的大肴馆》所记，大肴馆是属姑苏馆组织，说明其时广州子弟仍很难接触到烹饪之事。

责，生意很好，是"姑苏馆"成员之一，可承包官僚政客酒席。在门口建有水池，储备鲜口，其中养了一只大山瑞，重近百斤。后水浸入厅堂，淹没水池，它自动走到后街金花庙内龟缩，水退以后被居民发觉，不久它又自动走了回来，被市民传为佳话。

聚馨由黄老三经营一直到本世纪（20世纪）30年代，他去世后留给儿子黄植生改组经营，把店名改为锦馨酒家，直到抗战胜利后，传给孙子黄展鹏继续经营。为了扩大营业，除经营包办大小筵席外，还增加设备，兼营茶面酒菜，直到全行业公私合营。由于它的组织简单，设备不多，当事人又懂业务技术，只需租间店铺，就可开张营业，承接酒席预订，收取定金（过去还可赊进、赊销，即原料是赊进的，对顾客也可赊销，以后在年节结算），然后按单采购原料，定时供应，或上门"到会"；既不用设货仓，也无大损耗；每天营业所得，除购原料成本和税金外，就是利润，且不需多大资金，又易于管理，因此不少人乐于经营此业。大肴馆的业务，能持久不衰，是具有一定原因的。

大肴馆经营特点颇多，主要负责人就是老板，精通业务，经营灵活，实行自接生意，自行采购，自己亲自烹调，服务周到，采取一切包办，凡事为顾客着想，绝不增加顾客麻烦。承包酒席，都以"到会"或"会送"居多。

所谓"到会"，乃是宴会之日，由菜馆派出伙伴及厨师到喜居会菜之意。

一般情况是该日早上由伙伴先将碗碟、匙羹、筷子、锡锅、高庄、枱布及大炭炉、铁锅、炒镬，以及各项厨房烹调用具担到喜居，然后将象牙筷子、碗碟、锡锅、枱布等贵重用具点交主家负责保管，如有损坏短缺，事后要负责赔偿。如席数较多，还得要先派砧板师傅、打荷、水台等上杂人员，在当天上午提前到达，做好如鸡鸭、切肉、处理酸菜和各种炆、扣、炖、炸各项准备。后（候）镬厨师一般是下午5时后才到的。

另一种形式是"会送"，亦即是按所定菜单，先在店内炒好煮熟派伙伴按址送到住处，连筷子、碗碟、豉油、调味料都带齐备，务使顾客方便。因为有些人居住地方小，不便开炉灶，所以亦有些人喜欢"会送"。

"会送"通常是上午十一二时、下午五六时开饭时间，用木箱装载，每碗盖上白铁皮镲罩，以保存镬气不使冷冻。在旧社会马路不多，经常由伙伴用头顶住食箱，将全部食品，按时送到。如果宾客之家地方狭小，亦可代租大屋两三

◎注2：冯明泉先生在《广州文史·四十一辑·食在广史话·广州酒楼史话》中云："19世纪初，在落后的经济基础上，酒楼业的经营作风不免是因循守旧，故步自封，自我满足。全行的经营管理、业务、设备，几乎都是一个老模式——勤俭、单纯、简陋。当时绝大部分业务是'上门到会'，店内无须很大的装修陈设，所以资金的大部分是用以购置生产工具和餐具。即使是设有座位的酒楼，也只有几个厅房，若干张木桌，需用资金不多。颇负时誉的冠珍，单纯做上门生意的总投资只400多两（白银）。每每股东三四人，便开一家，组织简单，作风朴实，百年老号并不鲜见，城隍庙前的福来居、打铜街的冠珍是其中的佼佼者。至于'包办馆'则只需一个铺面，能接待订席的顾客便可，每每厨师就是店主本人，看生意情况，才临时雇请帮工。酒楼的餐具，也很粗糙，一般都是粗瓷。小菜用的是榄形高脚碟，大小博古碗，釉彩花纹粗犷。上好筵席则用锡器、锡碟、锡窝，多用圆形，工艺较好，大方名贵，但较笨重。当时有钱人家、商店款客，欢喜'会送'，酒楼就把美馔做好，准时送到府（店）上，那就辛苦了酒楼的杂工，数十斤重做好的菜馔和盛载的锡器，用木托盘顶在头上，远近照送，中途很难找到地方歇息。不过，若是原桌酒席，酒楼是用'食箱'抬去的。上面所说锡窝，当时又称为籚（gui音柜），也像现在的瓷窝，圆形有耳。它并非做美汤专用，做有芡汁的菜馔也可用。过去请客，用'九大籚'就十分丰盛的了。至今不少广州人仍以请吃'九大籚'作口头禅。酒楼的抬、椅，多用方形的'八仙枱'，椅的'捱身'（靠背）是笔直的，不大好'捱'（靠）。一桌筵席，只坐8人（每边2人）。高级或隆重的宴会，则坐6人，空出一边，饰以顾绣枱围，宴会气氛更显得庄重。还有一种长方形日字枱，只坐6人，粤语六、禄同音，所以俗称'官爵枱'。这类宴会的厅堂布局，多为门字形，可能为了方便对话，但也方便了上菜。然而这种布局，由于席次、座位严格区分主、客、亲、疏和社会地位，较为拘谨，因此，轻松欢乐的气氛也就大打折扣了。"

天作饮宴活动场所。枱椅家具等物，亦有租赁店铺提供，不用顾客费神劳力，虽多达百数十席，亦可办妥。饮宴结束后，主顾还有留取杯碗一二，以作纪念，乃沿习旧俗也。

大肴馆普遍以不多的资金承办大型酒席，而且只计酒席，不另收其他杂费，坚持以薄利多销为主旨，毛利掌握在20%左右，采取加三法，即1元入价售出1.3元，还包油味料，比一般酒楼、茶楼都低。对春秋二祭、各种神诞的行头酒，经常是低价承包的。如聚馨酒楼在30年代，接办西关陈家祠清明扫墓酒400多席，是用流水席办法，整日供应，随到随开，凡是姓陈的都可去吃一顿，这批酒席毛利，还不到20%，目的是以广宣传，多招顾客。

结婚喜宴，是大肴馆的主要业务。除了采取低毛利、高质量服务的方法之外，还多利用顾客取吉祥好意的心理，千方百计用很多吉利语争取生意。如所谓"连升九级"和"地久天长"等意兆，写九张菜单，为顾客安排好九种筵席，其中还分男席、女席和主家席等，丰俭由人，实行全部包齐。只要一家有喜事，就可连接几天内办几十桌酒席。

过去办喜事，提早几天，就有亲友来府道贺，九张菜单从此开始，按礼仪顺序使用。

第一道菜单叫报喜埋厨酒（即开始接待亲友用）。

第二道菜单叫彩礼酒宴（即接妆礼之日用）。

第三道菜单叫正日喜酒（即结婚当日宴会用）。

第四道菜单叫暖堂酒饭（即洞新房时高头五碗）。

第五道菜单叫翌日梅酌（即结婚后的谢酒用）。

第六道菜单叫新女婿酒（即三朝后请新女婿用）。

第七道菜单叫新外母酒（即请新外母时用）。

第八道菜单叫合家欢酒（即办完喜事后大家团聚用）。

第九道菜单叫消公道酒（即欢送案兄弟用）。

所谓分男、女席，主要是品种和价格不同，男席用料较好，女席较次。比如男席用鱼翅，女席只用什会羹等。主家席、合家欢等就要办得上乘些，以取悦主家，这是一种经营手法。

有些店号还兼办"会酒"和"丧事"酒席，价格比较便宜。如丧事酒席，俗称斋酒或斋酌。在旧社会，人死出殡之日，亲友执拂送丧后，丧主向例款设斋酒，以表示感谢。但丧主事务纷纭，又因时间匆促，没有时间在家里做菜招待亲友；穷困人家，常因地方狭窄，家中用具无多，一时无法应付，故亦要大破悭囊，到大肴馆定几桌菜，以应付一番。

这些酒菜，只需五六元即可定一席，通常菜式只有7个菜，品种都是烧肉、切鸡、粉丝虾米、罗汉斋、鸡蛋片等。

切鸡蛋片是俗例，喜事与丧事的形式有所不同，不能搞错的。如系生仔满月酒，是染红色的，一只切成4件；如系出丧或拜老人生死忌辰酒席，则要横切，切成圆形一片片铺在碗上的。

这些老板很会做生意，很注重信息，还网罗一些经纪人上门接生意，在酒席金内提取一些回佣作报酬。而那些经纪人善于钻营，知道那个街坊有红白之事，就认亲认戚，如系婚姻嫁娶，则上门送礼道贺；如系丧事就送宝烛吊唁，表示慰问。搭上线后，就鼓其如簧之舌，说到主家本不想定菜也要定。他们还经常与第七甫、光雅里的仪仗店老板联系，以了解吉凶二事的户主名单，以便先行送礼，拉上关系，争取接定菜单。他们同业之间，能够互相团结，互相通气，互相支持。如遇大单酒席，用具不足，可以互相调节，彼此借用，所以有些虽然店小，也可以做大生意，且成为惯例，从无怨言，一向彼此都不收回费用。

行帮集会、神诞、节日等都是大肴馆生意兴旺的时间，如鲁班诞、关帝诞、观音诞、孔子诞和盂兰节、中秋节、清明和重阳节日的春秋二祭，不少行业大排筵席，动辄百桌以上。特别是建筑业的"三行"（即泥水、做木、搭棚），经常要由几家大店承包，开流水席，整天供应。如白云山麓的白云仙馆重修后宴请道友，由冠珍承办100多桌酒席，几十席斋酌未计在内。在新年春节期间，各行业的"春茗"宴客，都到大肴馆。大肴馆很受群众欢迎。

此外还有造义会酒席，同行业的或个人的均有，由一个人发起邀集十余人至三数十人（或商号）造义会，每月投票"标会"时，假座大肴馆集合，由会首负责办理酒席，由标投得会金者轮流抽出固定数目支付席金，一般大型店都承办这种业务。会友们则利用其经济实惠，费用包干，不另收杂费，已成为定期性的集会场所。当时较为上等的大肴馆，都设在繁盛地区，适应社会需求，因而它的业务蒸蒸日上。至于场地较少，或设在横街小巷的店号，则利用经纪人介绍，多做"到会"或"会送"生意，业务也很兴旺。

大肴馆的形成与发展，是有其历史过程的。在全盛时期，全市有100多家，多集中在西关一带。西关为广州繁盛富庶之区，人口密集，婚嫁喜庆特别多，因此在上九路、下九路、打铜街（今光复路）、第十甫、杉木栏、龙津路、长寿路等热闹地方，甚至在宝华路、十六甫的横街小巷内也有开设，西关范围内共有80多家，时人有称之为西关大肴馆。

粤厨宝典·菜肴篇1

◎ 注3：每一个行业都会经历孕育、雏形、发展、辉煌、衰退到结束的过程，包括大肴馆在内。

据老一辈广州人回忆，在20世纪20年代的时候，广州人就对大肴馆的"三蒸九扣"产生厌倦，力促大肴馆进行改革，但碍于大肴馆人力资源所限，有心无力，其菜式充其量穿插一到两个炊炒的款式。此时"四大酒家"推出精简版的"满汉全席"，款式多样，自然深受欢迎，大肴馆再无回天之力而消亡。

"解放前各酒馆菜式名目繁多。其用料亦不外乎海产类如鲍、参、翅、肚、蚝豉、鱿鱼之类。河鲜则鲈鱼、虾、蚧等。三鸟又包括乳鸽、鹌和野生动物。肉类则以猪肉为主，遍及腊味、烧卤。而蔬菜则更要讲究时令，如豆苗、菜胆、菜苽、椒子、凉瓜、柚皮等，善于烹调的厨师，能将各种原料互相调配，巧手制成名菜。同是一只鸡，在名厨手中，能制成好几十种不同款式。这当然也靠其他环节紧密配合。

民国初年，满汉全筵已逐步衰落，继之而起者为八大八小，十大件，九大簋等。现将当时比较流行而较有代表性的品种，分述于下（名菜互相调动）。

（一）八大八小

八大八小为高级肴馔。包括八大件和四冷四热。

四热荤：竹荪鸡子、香槽鲈球、炒田鸡扣、滑鲜虾仁。

四冷盆：瓜皮海参、凉瓜肚蒂、冷拼肾肝、八珍皮腊。

八大件：蚧王包翅、红烧网鲍、片皮乳猪、大响螺片、高汤鱼肚、蒜子尧柱、清蒸鳜鱼、甜燕窝羹。

点心二式：莲蓉寿桃、金银蛋糕。

京果二式：蜜饯淮山、南枣核桃。

咸味二式：咸鱼、咸蛋。时果二式以及粥、面、饭。

由清末的八家"姑苏馆"发展成为这样一批"包办馆"，20到30年代间，已作为一个自然行业参加茶楼业同业公会的"颐怡堂"为会员，取得了一定的社会地位。

当时广州较著名的大肴馆，大体是下列几家：

桃李园，位于普济桥口，门庭宽广，楼高4层，虽属旧式楼宇，亦宏伟宽敞。业务以经营社团宴会为主，以朴素老实见称于时，主顾多为一般商店，开业迎宾春茗亦多，为大肴馆之著，可筵开百数十席，朝请夕至。战时扩充，改名为金华酒家，后人改名钻石酒家。

福馨，位于观音桥东面，即今之大同路，经营上门到会，丰肴厚馔，颇得一般人士赞许。后扩张改营酒楼，兼营茶楼业，食品以神福面（元蹄大肉面）见称。后又改业旅店。

满春，位于西关宝华大街，中式楼宇，不设门市，专营中上一般人家宴会及加菜请客等业务，以价格老实、菜肴稳健著称。后曾一度迁址十七甫，开设门市酒菜，但营业不及从前，战时歇业。

占春，与满春同街，营业菜式等同一类型。

留春，亦与满春、占春无大差异，合称三春。三春中只满春犹留旧迹，余毁于兵燹。

长春，位于宝华正街，声誉及烹饪略逊于三春，亦有称之为四春者。拆马路后，遗迹已不复存在。

品荣升，在下九路近德星路口，亦以上门到会及行会饮宴为主，后增设茶市包点，颇有价廉物美之称，菜式以芝麻鸡作号召。

冠珍，初在第七甫，后迁第八甫打铜街，为大肴馆之中型者，布置古朴守旧，初以上门到会为主，后又增设门市饭菜，以清汤鱼肚吸引顾客。

八珍，设在杉木栏，即今镇安路口斜对面，经营一般社团宴会、店铺筵席，楼型轩昂，足与冠珍、品荣升争衡。

聚馨，在龙津东路紫来里口斜对面，楼型逊于品荣升，营业烹饪类别与品荣升、八珍无异，但声誉略逊之。

洛城林，在一德东中华路口（今解放路），楼面较狭小，营业方式与上述数家略同，后增设茶市，适应一般中下客。

南阳堂，在教育路，楼下一部分为营业部，楼上增设筵宴小酌，以附近商店住家生意为主。

万栈，位于宝华大街满春馆对门，为回族人开设，只卖牛、鸡、鸭各类，属中型饭馆。门市外卖极众，其挂炉鸭一味，口碑载道，名传远近。挂炉鸭除食片皮之外，所余鸭朴，另卖于门市，作日常肴馔及煲汤煮粥之用，是以人多趋之。

新远来，在西来初地，初为中下级饭店，以猪脑鱼云羹及白切鸡得名，慕名前来者日众。店虽中下级，但能招徕一般富客，业务日增，后迁陶陶居侧，营业反不如前，后并入陶陶居。

玉堂春，在惠爱路（今中山路）美珍居隔数家，旧式楼宇，包办一切上门到会，并增设茶市，战后歇业。

至于开设在偏区或横街小巷的，多是小户，但小户也能做大生意，也有其招牌菜点。如瑶头的煊记，驰名扣肉，可以筵开百席；五村的怡珍，驰名虾饺，包办筵席并扩展茶市等。

广州沦陷期间，全行业衰落。抗战胜利后，各业复兴，市场繁荣，饮食行业盛极一时，大肴馆也一度兴盛，但大酒家、大饭店纷纷开设，社会风气随之改变。达官贵人、富商大贾甚至文人雅士，多已趋尚潮流，讲究排场。大肴馆设备简陋，门面不修，已难为时尚，加之习惯菜式单调，花式不多，传统的经营管理方法又不适应形势要求，因而日渐衰落。有条件的便改变方向，或扩大业务，增设低柜，兼营茶面酒菜。广州解放后，社会风气崇尚节约，交际应酬少了，而春茗宴会、婴孩弥月、成人生日等的酒宴更大大减少，土改后又破除了宗族、神诞等迷信，社团宴会自行消失，加以新开了不少专业菜馆，对中小型大肴馆打击很大，因而歇业或合并于其他饮食店的不少；大户多改为酒家、酒楼、饭店，1956年参加了全行业合营。至此，广州市的大肴馆已不复存在了。大肴馆的百多年历史，从为官宦政客服务的姑苏馆到大众化的包办馆以至消亡，反映了时代的社会生活、习俗的演化。

（二）十大件

十大件亦为筵席中上等者。有翅席十大件，燕翅十大件，肚席十大件之名目。

二热荤：煎酿鸭掌、蚧肉菇秫。

十大件：蚧肉鱼翅（或鸡蓉燕窝、清汤鱼肚）、蚝油鲍片、片皮火鸭、油泡虾球、红烧山瑞、火腿拼鸡、凤干吊鸡、清炖北菇、清蒸边鱼、炸腰干卷。

点心二式：莲蓉酥盒、山楂奶皮卷。京果、生果、面饭。

（三）中等九大件

鸡蓉粟米、菜胆肥鸡、滑生鱼球、草菇鸭片、火腩炆蚝、炒芙蓉蛋、烩鳝鱼羹、发菜猪手、榄肉虾仁。

（四）普通九碗头

烩浮皮羹、白切肥鸡、荔甫扣肉、脆皮火肉、菜炒土鱿、粉丝虾米、炸香花肉、发菜鱼丸。"

◎杏花炒鸭片

原料：麻鸭肉片1 000克，竹笋片750克，炸杏仁125克，绍兴花雕酒37.5克，草菇料37.5克，葱榄5克，蒜蓉3克，指甲姜片5克，芡汤87.5克，芝麻油3克，胡椒粉0.3克，老抽12.5克，鸡蛋清25克，湿淀粉50克，花生油（炸用）3 500克。

制作方法：

炸杏仁用木棍碾成绿豆大小的粒备用。

将芡汤与芝麻油、胡椒粉、老抽及湿淀粉放入小碗内混合，制成"碗芡"。

将麻鸭肉片放入钢盆内，先拌入鸡蛋清，再拌入湿淀粉。

将花生油放入铁镬内，以中火加至五成热（150～180℃），将腌好的麻鸭肉片放入油内"拉"至仅熟。用笊篱捞起，沥去油分。

铁镬内留有75克余油，放入蒜蓉、指甲姜片、草菇料、竹笋片爆香，攒入绍兴花雕酒，倒入沥去油分的麻鸭肉片，摁镬使各料均匀。注入"碗芡"调味及勾芡，撒入葱榄，淋入25克花生油作为包尾油，滗出装碟，再撒上炸杏仁粒便可供膳。

◎生炒鸭片

原料：麻鸭肉片1 000克，竹笋片1 000克，葱榄80克，蒜蓉20克，指甲姜片12克，绍兴花雕酒80克，芡汤320克，湿淀粉120克，胡椒粉0.5克，芝麻油5克，花生油（炸用）3 500克。

制作方法：

将麻鸭肉片放入钢盆内，加入60克湿淀粉拌匀。

竹笋片用沸腾清水"飞"过，用笊篱捞起，沥去水分。

将芡汤与60克湿淀粉、芝麻油、胡椒粉放入小碗内混合，制成"碗芡"。

将花生油放入铁镬内，以中火加至五成热（150～180℃），将腌好的麻鸭肉片及沥去水分的竹笋片放入油内，"拉"至麻鸭肉片仅熟。用笊篱将二料捞起，沥去油分。

铁镬内留有75克余油，放入蒜蓉、指甲姜片爆香，攒入绍兴花雕酒，倒入沥去油分的麻鸭肉片及竹笋片，摁镬使两料均匀。注入"碗芡"调味及勾芡，撒入葱榄，摁镬使各料均匀，淋入25克花生油作为包尾油，滗出装碟便可供膳。

◎注1："生炒鸭片"用竹笋的意义在于解腻、增爽脆。可用鲜竹笋、竹笋干或酸竹笋。后者为"酸笋炒鸭片"。

"生炒鸭片"有两法：一种是将鸭肉片"拉"油后去炒，这是酒家的做法；另一种是直接将鸭肉片放入热镬内去炒，这是饭店的做法。后者炒时要多放油，否则鸭肉不能快熟，故较油腻。

◎ 菜莛鸭片

原料： 麻鸭肉片1 000克，菜莛500克，蒜蓉12克，指甲姜片12克，绍兴花雕酒80克，精盐4克，芡汤320克，湿淀粉120克，胡椒粉0.5克，花生油（炸用）3 500克。

制作方法：

将麻鸭肉片放入钢盆内，加入60克湿淀粉拌匀。

将芡汤与60克湿淀粉、芝麻油（配方未列）、胡椒粉放入小碗内混合，制成"碗芡"。

用80克花生油起镬，放入菜莛并以精盐调味，将菜莛煸炒至仅熟。倒入笊篱，沥去水分。

将花生油放入铁镬内，以中火加至五成热（150～180℃），将腌好的麻鸭肉片放入油内"拉"至仅熟。

铁镬内留有75克余油，放入蒜蓉、指甲姜片爆香，攒入绍兴花雕酒，倒入沥去油分的麻鸭肉片及沥去水分的菜莛，摁镬使各料均匀。注入"碗芡"调味及勾芡，摁镬使各料均匀，淋入25克花生油作为包尾油，滗出装碟便可供膳。

◎凉瓜鸭片

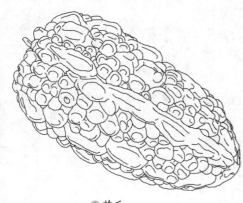

◎苦瓜

原料：麻鸭肉片1 000克，凉瓜件500克，酸菜片150克，蒜蓉20克，葱榄80克，阳江豆豉泥80克，芡汤320克，湿淀粉120克，芝麻油5克，花生油（炸用）3 500克。

制作方法：

将麻鸭肉片放入钢盆内，加入60克湿淀粉拌匀。

凉瓜顺长切成两爿，每爿顺长剖成两半，平刀将瓜瓤片去，横向斜刀切成"斧头件"。家庭切法是将凉瓜顺长切成两爿，刮去瓜瓤，再横切成"月牙片"。

将芡汤与60克湿淀粉、芝麻油放入小碗内混合，制成"碗芡"。

将花生油放入铁镬内，以中火加至五成热（150～180℃），将腌好的麻鸭肉片及凉瓜件放入油内，"拉"至麻鸭肉片仅熟。用笊篱将二料捞起，沥去油分。

铁镬内留有75克余油，放入蒜蓉、阳江豆豉泥爆香，攒入绍兴花雕酒，倒入沥去油分的麻鸭肉片、凉瓜件和酸菜片，摁镬使各料均匀。注入"碗芡"调味及勾芡，撒入葱榄，摁镬使各料均匀，淋入25克花生油作为包尾油，滗出装碟便可供膳。

◎银针火鸭丝

原料：烧鸭肉1 000克，绿豆芽菜600克，姜丝50克，湿冬菇丝100克，绍兴花雕酒50克，白糖75克，芡汤300克，胡椒粉0.5克，湿淀粉75克，花生油300克。

制作方法：

将烧鸭肉切成长4.5厘米、宽0.5厘米的中丝。

以猛镬阴油的形式落100克花生油，放入摵去须根及豆粒的绿豆芽菜，撒入白糖，摁镬使绿豆芽菜受热均匀。绿豆芽菜仅熟即要滗出。

煸炒绿豆芽菜的技巧是铁镬及油要炽热；绿豆芽菜要尽量抛干水分；煸炒时要撒入白糖；摁镬动作要迅速，不要让绿豆芽菜逗留在热镬上，使之过熟渗水。煸炒好后倒到笊篱内。

以猛镬阴油的形式落150克花生油，爆香姜丝，攒入绍兴花雕酒，放入烧鸭肉丝，摁镬使烧鸭肉丝受热均匀，用芡汤调味，用湿淀粉勾芡，倒入煸炒过的绿豆芽菜，摁镬使各料均匀，淋入50克花生油作为包尾油，滗出装碟便可供膳。

◎注1："银针"是粤菜食材用语，即绿豆芽菜摵去须根及豆粒的芽茎。

◎注2："银针火鸭丝"所用的绿豆芽菜改为韭黄，则为"韭黄火鸭丝"。

◎ 果汁煎软鸭

原料： 麻鸭脯肉1 000克，食粉3.8克，精盐7.5克，味精7.5克，鸡蛋液300克，干淀粉450克，绍兴花雕酒100克，淡二汤625克，果汁150克，花生油250克。

制作方法：

将麻鸭脯肉切成厚1.2厘米、4.5厘米见方的块，放入钢盆内，加入食粉、精盐、味精及50克绍兴花雕酒拌匀，腌30分钟。再放入鸡蛋液及干淀粉拌匀。

以猛镬阴油的形式落250克花生油，将裹上蛋粉浆的麻鸭脯肉平铺在油面上，以中火煎至麻鸭脯肉两面金黄及熟透。攒入50克绍兴花雕酒，注入淡二汤及果汁，改猛火略收汁，滗起装碟便可供膳。

此鸭馔惯例用炸膨化的虾片（配方未列）围边。

◎注："果汁"的配方及做法，请参阅《粤厨宝典·候镬篇》。

◎芝麻鸭脯

◎注："脆浆粉"的配方及做法，请参阅《粤厨宝典·候镬篇·攻略章·脆浆（急浆）·用料⑤》。

原料： 麻鸭脯肉1 000克，白芝麻350克，绍兴花雕酒65克，精盐6.5克，味精7.5克，鸡蛋液350克，脆浆粉500克，花生油（炸用）3 500克。

制作方法：

麻鸭脯肉切成厚1.2厘米、4.5厘米见方的块，放入钢盆内，加入精盐、绍兴花雕酒、味精拌匀，腌30分钟左右。然后拌入鸡蛋液及脆浆粉，取出，蘸上白芝麻，并轻轻压实。

将花生油放入铁镬内，以中火加至七成热（210～240℃），由铁镬边放入粘上白芝麻的麻鸭脯肉。麻鸭脯肉定形后，将铁镬端离炉火，炸至麻鸭脯肉熟透。用笊篱捞起，交打荷排砌装碟便可供膳。

◎冬瓜薏米煲老鸭

◎注1："冬瓜薏米煲老鸭"是粤菜春令汤馔，有祛湿的功效。

◎注2：凡用煲法或炖法制作的汤馔，在供膳前，最好是用汤壳（勺）或吸油纸将浮在汤面的油脂撇去。

原料： 老麻鸭750克，带皮冬瓜2 500克，薏苡仁100克，新会陈皮10克，拍姜块25克，绍兴花雕酒15克，精盐7.5克，味精5克，花生油50克，清水8 000克。

制作方法：

带皮冬瓜顺切成宽5厘米的条，去瓤后再横切成长12厘米的段，在肉面等份横切三刀使瓜段呈梳形。

用50克花生油起镬，放入整块老麻鸭煎透，攒入绍兴花雕酒取出。连同带皮冬瓜段、薏苡仁、新会陈皮、拍姜块及清水放入汤煲内。将汤煲置于煤气炉上，猛火加热（俗称为"煲"）90分钟左右，约得汤水2 250克。用精盐、味精调味便可供膳。

此为汤馔，供膳时先滗出汤水，再将老麻鸭及薏苡仁捞起装碟，供客作饯。

◎ 冬瓜荷叶煲老鸭

原料： 老麻鸭750克，带皮冬瓜2 500克，鲜荷叶1件，新会陈皮10克，绍兴花雕酒15克，精盐7.5克，味精5克，花生油50克，清水8 000克。

制作方法：

带皮冬瓜顺切成宽5厘米的条，去瓤后再横切成长12厘米的段，在肉面等份横切三刀，使瓜段呈梳形。

用50克花生油起镬，放入整块老麻鸭煎透，攒入绍兴花雕酒取出。连同带皮冬瓜段、鲜荷叶、新会陈皮、清水放入汤煲内。将汤煲置于煤气炉上，猛火加热90分钟左右，约得汤水2 250克。用精盐、味精调味便可供膳。

此为汤馔，供膳时先滗出汤水，再将老麻鸭及带皮冬瓜捞起装碟，供客作馔。

◎注："冬瓜荷叶煲老鸭"是粤菜夏令汤馔，有驱暑的功效。

◎ 扒齿萝卜煲老鸭

原料： 老麻鸭750克，扒齿萝卜750克，新会陈皮10克，绍兴花雕酒15克，精盐7.5克，味精5克，花生油50克，清水8 000克。

制作方法：

扒齿萝卜刨去皮，用刀削成三角斧头形的块状。

用50克花生油起镬，放入整块老麻鸭煎透，攒入绍兴花雕酒取出。连同扒齿萝卜块、新会陈皮、清水放入汤煲内。将汤煲置于煤气炉上，猛火加热90分钟左右，约得汤水2 250克。用精盐、味精调味便可供膳。

此为汤馔，供膳时先滗出汤水，再将老麻鸭及扒齿萝卜块捞起装碟，供客做馔。

◎注："扒齿萝卜"是萝卜的变种，外形与萝卜无异，但不膨大、饱满，只有小孩手臂般粗，且味略苦。广东人认为这种萝卜去积滞的功效明显。

◎花胶炖鸭

◎毛鳝鱼肚

原料： 麻鸭1只（光鸭约重750克），水发花胶（鱼肚）250克，姜片0.3克，葱条0.3克，新会陈皮2克，金华火腿粒0.5克，瘦猪肉粒0.5克，绍兴花雕酒15克，淡二汤1750克，精盐5克，味精5克，胡椒粉0.2克。

制作方法：

麻鸭㓥好，由背开口掏出内脏，洗净。放入沸腾清水里"飞"过。捞起，与绍兴花雕酒、新会陈皮、淡二汤一同放入炖盅内。将姜片、葱条、金华火腿粒、瘦猪肉粒用竹签串起，水发花胶也放入炖盅内。用玉扣纸（不要用保鲜膜）封好炖盅口，将炖盅置入蒸柜猛火蒸60分钟左右。取出炖盅，掀去玉扣纸，用筷子将姜片、葱条、金华火腿粒、瘦猪肉粒及新会陈皮夹起，用精盐、味精、胡椒粉调味。冚上炖盅盖，再置入蒸柜焫热便可供膳。

◎注1：民国时期《秘传食谱·禽鸟门·第五节·清炖红白鸭》云："预备：①生肥鸭一只，大腊鸭一只，绍酒六两，生姜一片，净水五六大碗；或猪脚尖一只，冬笋块二三十块；或黄芽菜心二三十段。②大瓦钵一个，炭火一炉。做法：①将肥鸭宰好，去净毛，洗至极净。同时，再将腊鸭烫浸一过。同放入大瓦钵内，加上绍酒、生姜、净水，入炭火上炖到极烂，吃味鲜美。注意：①也有加进猪脚尖一只，冬笋块二三十块同炖的。②还有加上些黄芽菜心（约二三十段）同炖的。"

◎注2：民国时期《秘传食谱·禽鸟门·第六节·冬菇炖鸭》云："预备：①大肥鸭一只，上好金钱冬菇一二两（用水先泡好，去净蒂同着泥沙），净水、绍兴酒（都各适量，要盖过所炖的鸭面为度），火腿片少许，生姜片两片。②同前一样。做法：①将肥鸭宰好，去净毛，不要破开，整个挖去肠肚各物，候用。②将发好去蒂同泥沙的冬菇和宰好的鸭一并放入大瓦钵内，酌量加上些净水、绍酒、火腿片，（炖）到好上碗，香味都佳。"

◎注3：民国时期《秘传食谱·禽鸟门·第七节·江珧柱炖鸭》云："预备：①肥大的鸭一只，江珧柱三四两（要先发好候用），生姜二片，香菇数个（要先发洗好候用），绍酒四五两，净水六大碗。②大瓦钵一只，大海碗一只，木炭火一炉。做法：①先将鸭宰好，去净毛同肚内各物，整个不要破开。②将先发好的江珧柱同泡去泥沙的香菇，同绍酒、净水、生姜片、宰好的鸭一并放入大瓦钵内，蒸到六七分好。③即将蒸好各物放进大海碗内，隔水蒸到极烂取出，吃味极佳。附注：也有不蒸，全用木炭火直炖到好的。"

◎注4：民国时期《秘传食谱·禽鸟门·第八节·糟鱼炖鸭》云："预备：①肥鸭一只，糟鱼数块，净水两大碗，白酱油、盐各少许。②瓦钵一只，木炭火一炉。做法：①先将鸭宰洗好，放入瓦钵加上净水在炭火上炖到半烂候用。②将成块糟鱼放满在半烂的鸭腹内，再入原钵用微炭火缓缓炖好起锅。临起锅时，再加上些白酱油、盐合味。汤鲜、鱼嫩、鸭烂如泥，美处难以言喻。"

◎注5：民国时期《秘传食谱·禽鸟门·第九节·糟蟹炖鸭》云："预备：①肥鸭、糟蟹。其余一切材料均同前一样。②也都相同一样。做法：一切做法都同前节一样。等炖过五分以后，只将糟鱼换作糟蟹放进鸭腹。于炖好上碗时，将糟蟹除去。"

◎鸭吞燕鲍

原料： 麻鸭1只（光鸭约重900克），水发燕窝200克，鲍鱼仔12只，干贝12粒，金华火腿粒25克，猪瘦肉粒25克，新会陈皮10克，绍兴花雕酒15克，淡二汤1 920克，精盐5克，味精5克。

制作方法：

麻鸭㓥好（不去内脏），在颅骨与颈椎交接处落刀，将鸭头斩下。在肱骨与桡骨关节处落刀，将鸭翼斩下。在胫骨与跖骨关节处落刀，将鸭掌斩下。

将鸭颈皮往下翻捋。用小刀将两边肩胛骨的关节剟开，分别将两边的肱骨卸出；用小刀捅剟脊背皮肉（不要弄穿），再左右捅剟，将肋骨、胸骨的骨膜剟开，扳断荐综骨关节；轻压肋骨，从颈皮的开口处将胸骨、肋骨、椎骨及内脏取出；分别将股骨、胫骨拔出，使麻鸭完整且不带骨头，即为"八宝鸭坯"。

◎注1：鲍鱼在填入鸭腔前需要煨燸，配方及做法请参阅《粤厨宝典·候镬篇》。

◎注2：民国时期《秘传食谱·禽鸟门·第十三节·蒸套鸭》云："预备：肥鸭三只，京冬菜、蘑菇丁、冬笋丁、火腿丁、香菇丁（均适量预备，洗好、发好、削好、切成丁子），好绍酒四两，净水两三酒杯，葱结两个，白酱油、盐均适量，生姜二片。做法：①先将肥鸭三只各都宰好，去净毛，洗干净，勿破开，由粪门除去肚内各物。一同入锅煮到将熟，取出候用。②煮到将熟的三只鸭子，一只从粪门拆尽骨头，留着净肉，并将头、脚、两翼一并剥去，即将洗发削切好的京冬菜、蘑菇丁、火腿丁、冬笋丁、香菇丁填入肚内，满满塞紧。再将一只鸭子连肉一并拆掉，用整个皮套在头一个鸭的上面。再将最后的鸭同样拆去骨肉，只不要剥去头、脚同着两翅，再套上去候用。③用好绍酒、净水、葱结、生姜，加上白酱油、盐合味，连套好的鸭一并放入大海碗内蒸到极烂，吃味极佳。附注：如果没有冬笋，或用青笋尖或用甜竹笋都可。"

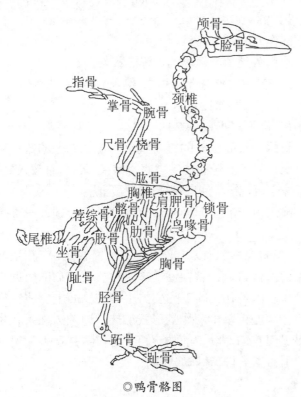

◎鸭骨骼图

将"八宝鸭坯"冲洗干净，将水发燕窝、鲍鱼仔、干贝由鸭颈的开口处填入鸭腔内。将鸭颈打结（不要扎得太紧），使鸭呈葫芦形，然后与金华火腿粒、猪瘦肉粒、新会陈皮、绍兴花雕酒、淡二汤一同放入炖盅内。用玉扣纸（不要用保鲜膜）封好炖盅口，将炖盅置入蒸柜猛火蒸120分钟左右。取出炖盅，掀去玉扣纸，用筷子将新会陈皮夹起。用精盐、味精调味。冚上炖盅盖，再置入蒸柜煴热便可供膳。膳用时，服务员将鸭皮撑开，将燕窝、鲍鱼、鸭皮平均分滗到12个小汤碗中去。

◎百花酿鸭掌

原料： 拆骨鸭掌24只，百花馅360克，干淀粉25克，湿淀粉10克，绍兴花雕酒10克，精盐2.5克，味精5克，芝麻油0.5克，胡椒粉0.05克，老抽1.5克，上汤75克，菜远150克，花生油750克。

制作方法：

此鸭馔是酒家筵席的上等热荤菜。

拆骨鸭掌用沸腾清水滚过，倒入笊篱，沥去水分，再放在干毛巾上抹去表面水分。

将百花馅平均分成24份。

将抹去表面水分的拆骨鸭掌以掌底向上的姿势平摊在托盘上，将干淀粉撒在鸭掌底，每只拆骨鸭掌镶入1份百花馅。抹平百花馅，使拆骨鸭掌呈琵琶状。

镶入百花馅的拆骨鸭掌有两种烹调形式：一种是煎，一种是蒸。

煎的方法是，以猛镬阴油的形式落100克花生油，待花生油微冒青烟，将铁镬端离炉口，在打荷的协助下，将拆骨鸭掌以百花馅向下的姿势平铺在油面上。将铁镬端回炉口，改慢火以半煎炸的形式加热。边煎边加入花生油，以浸过百花馅为度。煎炸至百花馅仅熟并且表面呈金黄色时铲出，交给打荷排砌装碟。

◎注："拆骨鸭掌"的拆骨方法，请参阅《粤厨宝典·砧板篇》。

蒸的方法是，在百花馅镶在拆骨鸭掌上并抹平形成琵琶状后，在百花馅表面撒上少许金华火腿蓉（配方未列）及贴上一片芫荽叶（配方未列）。以百花馅向上的姿势放在瓦碟内，置入蒸柜猛火蒸约4分钟。取出，倒去倒汁水（蒸馏水）。

用25克花生油起镬，放入菜莚，并用精盐调味。煸炒至菜莚仅熟，倒入笊篱，沥去水分，并交给打荷排砌在拆骨鸭掌四周。

用15克花生油起镬，攒入绍兴花雕酒，注入上汤。待汤水沸腾，用味精、胡椒粉调味，用老抽调色，用湿淀粉勾芡，用芝麻油作为包尾油，将芡汁滗出淋在拆骨鸭掌面上便可供膳。

◎ 百花酿鸭脷

原料：鸭脷40条，百花馅1 000克，湿冬菇40个，菜莚500克，绍兴花雕酒25克，精盐5克，味精2.5克，淡二汤750克，湿淀粉25克，芝麻油2.5克，花生油100克。

制作方法：

鸭脷用滚水浸熟，放入流动清水中漂凉后拆去骨。

百花馅平均分成40份（每份25克）。

湿冬菇选大小、厚薄一致且完整的商品，用沸腾清水焓脸。用笊篱捞起，放在干毛巾上拧去水分。

将拆骨鸭脷分别放在拧去水分的湿冬菇上，再镶上百花馅并抹平整。排砌在瓦碟内，置入蒸柜猛火蒸5分钟左右。取出，伴上灼熟的菜莚。

用75克花生油起镬，攒入绍兴花雕酒，注入淡二汤，用精盐、味精调味，用湿淀粉勾芡，淋入芝麻油及25克花生油作为包尾油，将汁芡浇在面上便可供膳。

◎注："鸭脷"通常会连同脷根供应，而脷根带有骨片，制作酿馔时要将骨片拆去，以确保膳用时"啖啖肉"，即每次嚼吃的都是无骨的肉。

"百花酿鸭脷"的精髓就在于此。

◎汤泡鸭肾球

原料：鸭肾球1 000克，食粉20克，上汤2 100克，芫荽段40克，绍兴花雕酒25克，精盐7.5克，味精25克，胡椒粉0.3克，花生油35克。

制作方法：

鸭肾撕去俗称“鸭内金”的砂囊内壁，即得两爿相连的鸭肾球。用刀片去相连壁膜，再将单个鸭肾球切开，并在切面剞上“井”字坑纹，即为鸭肾球花。

鸭肾球切好后放入钢盆内，加入1 000克清水（配方无列），撒入食粉拌匀，腌5分钟左右，然后用流动清水漂洗，捞起，沥去水分。

鸭肾球腌好后，放入沸腾清水内“飞”至仅熟，用笊篱捞起，沥去水分。

用35克花生油起镬，放入沥去水分的鸭肾球，攒入绍兴花雕酒，摁镬使鸭肾球过两三下火，滗入垫有芫荽段的汤煲内。

上汤用精盐、味精调味并加热至沸腾，再慢慢滗入汤煲内，撒上胡椒粉便可供膳。

◎注1：民国时期《秘传食谱·禽鸟门·第二十六节·炸鸭肫肝（一）》云：“预备：①鸭肫、（鸭）肝若干（或只用鸭肫再取鸡肝候用），滚油小半锅，花椒、盐（均适量，预先炒熟研成细末）。②大铁丝捞勺一个，铁勺一只。做法：①将鸭肫先行洗过，去尽老皮，破开，再漂到极净。同肝一并放入大铁丝捞勺里面候用。②同时将锅内的油熬到极滚；乘（油）极滚时用铁勺沓起，向铁丝捞勺上连倒下去，捞勺仍等（“架”字）在油锅上面，直浇到勺内肫、肝都已透熟方取下来切成块子或削成片子。蘸着炒研好的花椒和盐吃，极好。注意：①全用鸭肫、（鸭）肝恐怕还不甚好，不如只用鸭肫，添用鸡肝为妙。也有全用鸭肫，不用（鸭或鸡）肝的，也可。②炸时极要注意总须外面散脆、内里松嫩方算到极妙处。这样手段要算北京馆子炒得最好。”

◎注2：民国时期《秘传食谱·禽鸟门·第二十七节·炸肫肝（二）》云：“预备：肫、肝，滚油（均都同前，但油只取适量）；酱油、绍酒各少许，先行混合；好汤、酱油各少许。做法：同前节将鸭肫、鸡肝（或全用鸭肫）洗漂好，放进酱油和绍酒里面拌浸一过，先蒸令半熟。然后再放入滚油锅内炸到恰好，取起切成片子。另外再用好汤同酱油少许先煮到滚，便将肫、肝再放进去炒几下起锅去吃，也好。”

民国时期《秘传食谱·禽鸟门·第二十八节·大鸭肾》云：“预备：大肥鸭一只，好清汤、火腿片、冬笋片、青菜段。做法：拣肥大的鸭一只，先置放在空阔处所，四面用人围绕，一齐拿长竹片子向鸭极力追赶。这时，鸭就前后左右乱窜不止，赶得窜的没有气力，睡倒在地了，便用快刀一把将鸭杀死，取出大肾能有碗一样大。食法：将取来的大肾，或任他整个，或切成块子，同好清汤、火腿片、冬笋片、青菜段一并炖吃，极其松嫩。注意：鸭一打倒即须快刀一杀，若稍迟一刻，肾就仍原会缩小的。附注：鹅也可以照这法子赶逐，宰取他的肾比鸭还大。如法配料烹煮，风味不弱于鸭。”

◎ 西洋菜炖陈肾

原料： 陈鸭肾3个，鲜鸭肾3个，西洋菜1 000克，新会新皮0.5克，罗汉果1.5克，精盐12.5克，味精10克，淡二汤1 250克，金华火腿粒25克，猪瘦肉粒100克。

制作方法：

陈鸭肾用温水泡软，洗净，用刀片成厚0.8厘米的片。

鲜鸭肾洗净，用刀片成厚1.2厘米的片。用沸腾清水"飞"过。

西洋菜洗净，放入沸腾清水内"飞"过，捞起放入流动清水中漂凉。捞起，沥去水分，放入垫有金华火腿粒、猪瘦肉粒的炖盅内。

将陈鸭肾片、鲜鸭肾片、新会陈皮、罗汉果铺在西洋菜面上。注入淡二汤，用玉扣纸（不要用保鲜膜）封上炖盅口。将炖盅置入蒸柜猛火炖90分钟左右。取出炖盅，掀去玉扣纸，用筷子夹去新会陈皮及罗汉果，用精盐、味精调味。盖上炖盅盖，再将炖盅置入蒸柜熥热便可供膳。

◎ 注1："陈鸭肾"即腊鸭肾，腊味店有售。
◎ 注2："西洋菜"又称"水田芥""水薅菜""水生菜"。
◎ 注3："罗汉果"又称"光果木鳖"。

◎ 蚝油爝鸭掌

原料： 鸭掌1 000克，姜汁酒37.5克，蚝油37.5克，老抽12.5克，绍兴花雕酒37.5克，精盐65克，白糖20克，味精12.5克，干淀粉125克，淡二汤1 250克，上汤250克，火腿汁250克，香芹段5克，花生油（炸用）3 500克。

制作方法：

鸭掌去衣，斩去掌甲，在关节处横剞一刀。放入钢盆内，撒入62.5克精盐搋擦。用流动清水冲漂干净，沥去水分，再加入干淀粉搋擦至白色，用流动清水冲漂干净。

◎ 注1："上汤"及"火腿汁"的配方及做法，请参阅《粤厨宝典·候镬篇》。
◎ 注2：民国时期《秘传食谱·禽鸟门·第二十四节·清烩鸭掌》云："预备：鸭掌若干，好清汤、先泡洗好草菇、火腿片、青菜段、白酱油、盐。做法：①先将鸭掌用滚水洗烫几过，去净外层粗皮同里面细碎骨子。②取好清汤、火腿片、青菜段、白酱油、盐同制好的鸭掌烩吃，极佳。"

粤厨宝典·菜肴篇1

此鸭馔有带骨与拆骨两种做法。

带骨的做法是将冲漂干净并沥去水分的鸭掌放入以猛火加至七成热（210～240℃）的花生油内炸3分钟，以掌皮干结为度，捞起，放入流动清水内漂浸30分钟左右。

拆骨的做法是将冲漂干净的鸭掌放入沸腾的清水内焓煮，以能拆骨为度，捞起，放入流动清水内漂浸。鸭掌凉后，将所有趾骨拆去，留下跖骨。

用75克花生油起镬，注入淡二汤、姜汁酒，待汤水沸腾，将鸭掌放入汤内煨2分钟左右，用笊篱捞起，沥去水分。

瓦罉用猛火烧热，落125克花生油，待花生油微冒青烟，攒入绍兴花雕酒，注入上汤、火腿汁。用蚝油、白糖、味精、2.5克精盐调味，用老抽调色，倒入煨过的鸭掌，改中火㸆煮。待汤汁耗干至2/3时，淋入25克花生油作为包尾油，撒入香芹段，冚上罉盖便可供膳。

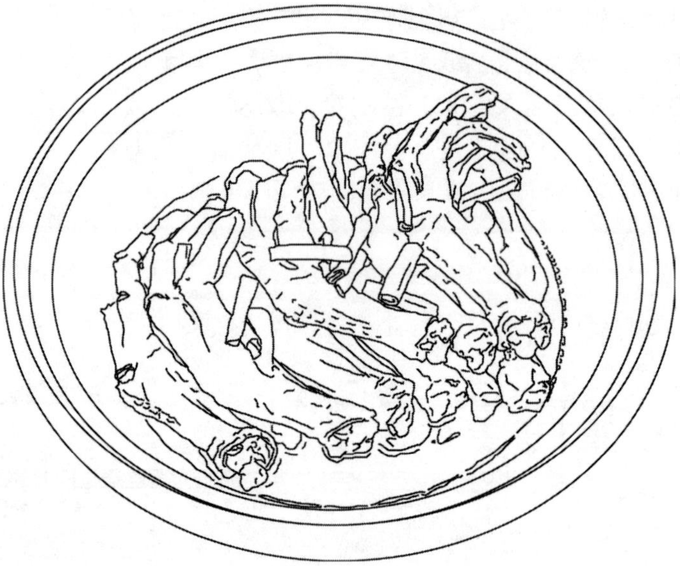

◎蚝油㸆鸭掌

鸽肉类

每当说到鸽，很多时候都不自觉地想到"白鸽"，但实际上鸽的羽毛并非仅有白色，还有灰色和花斑等。

明代药学家李时珍先生在《本草纲目·禽之二·鸽》中说："宗奭曰鸽之毛色，于禽中品第最多，惟白鸽入药。凡鸟皆雄乘雌，此独雌乘雄，故其性最淫。时珍曰：（鸽）处处人家畜之，亦有野鸽。名品虽多，大要毛羽不过青、白、皂、绿、鹊斑数色。眼目有大小，黄、赤、绿色而已。亦与鸠为匹偶。"

旧时菜谱提到鸽馔的不多，即使是被厨师喻为"烹饪兵书"的《随园食单》也只是轻描淡写，仅有"鸽子"和"鸽蛋"两条，内容不到40个字。

原因估计是鸽的用途为通信，味道并不受待见。

自广州太平馆西餐厅推出"烧乳鸽"之后，菜谱鸽馔逐渐丰富起来。

需要说明的是，太平馆西餐厅所用的乳鸽，并非信鸽的乳鸽，而是仿照西餐采用地鸽的乳鸽。

《广东新语·第二十卷·禽语·鸽》云："鸽之大者曰地白。广州人称鸽皆曰白鸽，不曰鹁鸽。地白惟行地，不能天飞，故曰地白。人家多喜畜之，以治白蚁，亦以其多子，可尝食其子。每四十日一乳，乳时雄者餐米至咽，米成浆液，乃吐出以喂其子。雌复受孕。性绝淫，雌尝乘雄，故多乳。富者畜至数百头，惟（唯）所指使，以谷令就掌饲之。予诗：'家馀地白粮。'又曰：'地白有粮多哺穀。'穀，方言曰斗，一乳则为一斗（鬭），斗者，穀音之讹也。又斗者，窠也，乳子一窠曰一斗也，人卧处亦曰窠斗也。又斗，古作穀。"

广州人虽然有豢养走地鸽的习惯，但很多时候豢养这些走地鸽是为了消除白蚁，而非作为主流膳食的材料。并且可以肯定的是，厨师将这种鸽的成鸽或乳鸽入馔，也未创出什么引以为傲的名堂。

事实上，自太平馆创出烧乳鸽之后，广州人乃至广东人开始重新思考地鸽的作用。广东人的思维就是入馔，尤其是肉嫩骨软的乳鸽。

据资料介绍，乳鸽入馔的意愿突然高涨，始自1983年的香港。其时香港爆发"打针鸡事件"（注射含雌性激素的"肥鸡丸"育鸡），引起"无鸡不成宴"的香港人及广东人的普遍恐慌，纷纷以鸽代鸡。

在此背景下，香港粤菜厨师对太平馆的烧乳鸽的做法进行改良，创出了富有粤菜特色的又称"红烧乳鸽"的"脆皮乳鸽"来。

与此同时，香港粤菜厨师又对广州尘封已久的鸽馔进行整理和发掘，打出"新派粤菜"的旗帜对外进行推广，故"一鸽胜九鸡"成为美谈。

1985年前后，香港爱国商人霍英东先生在中山石岐投资了乳鸽养殖场，开启了中国地鸽与国外地鸽杂交的征程，著名食材"石岐乳鸽"就是那个时代的结晶。

从此，鸽不再只有白鸽、灰鸽、花鸽的分类，琼有了"信鸽"（赛鸽）和"菜鸽"（肉鸽）之分。

◎注："脆皮乳鸽"的详细做法，请参阅《粤厨宝典·味部篇》。

粤厨宝典·菜肴篇1

◎乳鸽

◎生炸乳鸽

原料： 乳鸽2只（光鸽每只500克），老抽15克，白糖2.5克，味精5克，米酒20克，淮盐10克，喼汁15克，姜片15克，葱条20克，花生油3 500克。

制作方法：

此鸽馔的灵感来源于太平馆的"炸乳鸽"。其成就是一方面衍生出"炸子鸡"，另一方面奠定"脆皮乳鸽"的制作基础。

乳鸽洗净，用老抽、白糖、味精、米酒混合好的腌制液腌30分钟左右。

将花生油放入铁镬内，以中火加至七成热（210～240℃），放入姜片、葱条，将乳鸽放入油内，炸30秒后，将铁镬端离炉口，并用笊篱拨动乳鸽，使乳鸽受热均匀。由于乳鸽胸肉较厚，致熟需时，不能急躁，约炸8分钟。以乳鸽表面呈大红色、熟透为度。用笊篱捞起，交给打荷递给砧板师傅斩件装碟。

乳鸽斩件的方法是：将乳鸽放在砧板上，斩下头颈。鸽胸向上，鸽尾向外，用刀沿鸽胸顺长边将鸽身切成两爿。鸽皮向上，鸽翼在左，三刀切：第一刀是斜刀横向将鸽翼切下；第二刀是横腰切下鸽腰；第三刀是在鸽髀后横切。得鸽翼、鸽腰、鸽髀及鸽尾4块。另一爿如法操作。整鸽连鸽头颈共9块。

乳鸽切好便可供膳。淮盐、喼汁用味碟分成两碟，可蘸点调味。

◎乳鸽

◎ 西汁焗乳鸽

原料： 乳鸽2只（光鸽每只500克），西汁125克，淡二汤75克，唥汁15克，绍兴花雕酒15克，老抽15克，姜片15克，葱条20克，花生油75克。

制作方法：

此鸽馔尽管被归为粤菜的经典，但仍残留西餐风味的影子。的确，粤菜厨师将乳鸽变为粤菜的食材，就是从西餐那里受到启发的，故而在调味风格上也有点照本宣科。

乳鸽放入沸腾清水里"飞"过，趁热将老抽涂匀乳鸽表面。

瓦罉置于煤气炉上，用猛火烧热，落花生油，见花生油微冒青烟，将乳鸽、姜片、葱条放入瓦罉爆香，攒入绍兴花雕酒，注入西汁及淡二汤，冚上罉盖，改中火焗煮18分钟左右。中途开盖翻动乳鸽一次。以乳鸽熟透为度，将乳鸽取出，并用筷子将姜片、葱条夹去。

按"生炸乳鸽"讲述的斩鸽方法将乳鸽斩件，并按鸽形将乳鸽重新砌回瓦罉内。洒入唥汁，再将西汁加热至沸腾便可供膳。

◎西汁焗乳鸽

◎ 注1："西汁"的配方及做法，请参阅《粤厨宝典·候镬篇》。

◎注2："西汁焗乳鸽"中的"西汁"可改为"黑椒汁"，菜名则为"黑椒汁焗乳鸽"。

"黑椒汁"的配方及做法，请参阅《粤厨宝典·候镬篇》。

◎ 烧汁煀乳鸽

原料： 乳鸽2只（光鸽每只500克），绍兴花雕酒15克，烧汁125克，洋葱丝15克，陈皮5克，花生油175克。

制作方法：

乳鸽洗净，按"生炸乳鸽"讲述的斩鸽方法斩件。

◎ 注："烧汁"的配方及做法，请参阅《粤厨宝典·候镬篇》。

瓦罉置于煤气炉上，用猛火烧热，落花生油，见花生油微冒青烟，放入洋葱丝及乳鸽件爆香，攒入绍兴花雕酒，注入烧汁，加入陈皮，冚上罉盖，焗6分钟左右。在此期间要掀开罉盖，翻动乳鸽两到三次。以烧汁将近干、乳鸽仅熟为度，用筷子夹去陈皮便可供膳。

◎蚝油焗乳鸽

原料：乳鸽2只（光鸽每只500克），竹笋片120克，鲜菇料20克，姜片2克，葱段5克，老抽20克，绍兴花雕酒20克，精盐2克，味精5克，蚝油15克，花生油175克。

制作方法：

乳鸽按"生炸乳鸽"讲述的斩鸽方法斩件。

瓦罉置于煤气炉上，用猛火烧热，落花生油，见花生油微冒青烟，放入竹笋片、鲜菇料、姜片、葱段及乳鸽件爆香，攒入绍兴花雕酒，用精盐、味精、蚝油、老抽调味，冚上罉盖，焗6分钟左右。在此期间要掀开罉盖，翻动乳鸽两到三次。以乳鸽仅熟为度，便可供膳。

◎金针云耳蒸乳鸽

原料：乳鸽2只（光鸽每只500克），湿金针375克，湿云耳375克，去核红枣2粒，指甲姜片25克，葱榄5克，精盐7.5克，味精7.5克，湿淀粉50克，胡椒粉0.2克，花生油175克。

制作方法：

乳鸽洗净，用刀斩成长4厘米、宽2厘米的小块。

湿金针及湿云耳洗净，沥去水分，放入钢盆内，加入100克花生油拌匀。

将乳鸽块放入钢盆内，用精盐、味精调味，腌15分钟左右，再加入湿淀粉拌匀，下指甲姜片，放在垫有已拌匀花生油的湿金针及湿云耳的浅底瓦锅内。淋入75克花生油（凡蒸馔都嗜油，依经验有前后放之分，这里介绍的是前放。也有在蒸好后攒入热油再放的）并撒入去核红枣，然后将浅底瓦锅置入蒸柜猛火蒸8分钟。取出浅底瓦锅，下胡椒粉，撒入葱榄便可供膳。

◎生炒乳鸽片

原料： 乳鸽2只（光鸽每只500克），蒜蓉5克，指甲姜片3克，葱榄20克，鲜菇料30克，竹笋片300克，绍兴花雕酒25克，新会陈皮丝5克，鸡蛋清20克，湿淀粉35克，芡汤50克，胡椒粉0.2克，花生油（炸用）3 500克。

制作方法：

乳鸽起肉后切为厚0.3厘米的片，放入钢盆内，先拌入鸡蛋清、新会陈皮丝，再拌入15克湿淀粉。

竹笋片用沸腾清水滚过，用笊篱捞起，沥去水分。

将花生油放入铁镬内，以中火加至五成热（150～180℃），放入拌入湿淀粉的乳鸽肉片"拉"至仅熟。用笊篱捞起，沥去油分。

铁镬内留有75克余油，放入蒜蓉、指甲姜片、鲜菇料、竹笋片爆香，加入沥去油分的乳鸽肉片，攒入绍兴花雕酒，摁镬使各料均匀。用芡汤调味，用20克湿淀粉勾芡，撒入胡椒粉及葱榄，摁镬使各料均匀，淋上15克花生油作为包尾油，滗出装碟便可供膳。

◎注1："生炒乳鸽片"为体现是整鸽出肉，会将拍干粉炸熟的乳鸽头颈一同装碟。

◎注2："生炒乳鸽片"炒好后还有撒上炸好的核桃碎或杏仁碎的，前者称"桃花鸽片"，后者称"杏花鸽片"。

◎芪党煲老鸽

原料： 老鸽1只（光鸽约500克），黄芪12.5克，党参15克，姜片5克，淡二汤1 250克，精盐3.5克，味精3.5克。

制作方法：

此鸽馔是粤菜药膳同源的典型范例之一。最初所用的老鸽不是放血剒宰，而是用手捂住鸽鼻让鸽断气，拔净羽毛后才开肚掏取内脏。

将淡二汤放入汤煲内加热至沸腾。将剒净的老鸽与黄芪、党参、姜片一起放入汤煲内，以中火加热90分钟左右，用精盐、味精调味便可供膳。

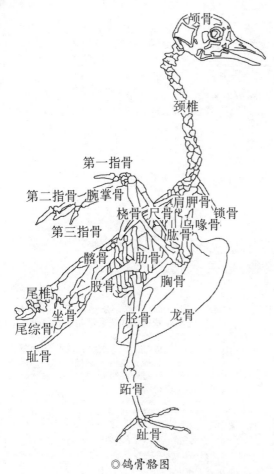

颅骨

颈椎

第一指骨

第二指骨 腕掌骨

桡骨 尺骨 肩胛骨 锁骨

鸟喙骨

肱骨

第三指骨

髂骨 肋骨

尾椎 股骨 胸骨

坐骨 胫骨 龙骨

尾综骨

耻骨

跗骨

趾骨

◎鸽骨骼图

◎鸽吞燕

原料： 乳鸽2只（光鸽每只500克），水发燕窝220克，蟹肉40克，金华火腿丝20克，上汤1 920克，精盐3.5克。

制作方法：

此鸽馔总体难点并不多，主要集中在"起全鸽"方面，要求做到刀工整洁、无破口、无骨碎残留。

乳鸽剒净，在胫骨与跗骨关节处落刀，将乳鸽爪斩下。

近乳鸽头部横刀将乳鸽颈椎斩断（乳鸽头与颈皮相连，不断开）。将乳鸽颈皮往下翻捋。用小刀将肩胛骨与肱骨的关节剞开，将肱骨卸出；然后用小刀捅剞脊背皮肉（不要弄穿），再左右捅剞，将肋骨、胸骨的骨膜剞开，扳断荐综骨关节，轻压肋骨，从颈皮的开口将胸骨、肋骨、椎骨及内脏取出；最后分别将股骨、胫骨拔出，使乳鸽完整且不带骨头。

将水发燕窝、蟹肉及金华火腿丝放在钢盆内混合，分成两等份填入乳鸽腔内，并将乳鸽颈皮打结，形成葫芦型的"吞燕鸽坯"。

吞燕鸽坯用沸腾清水渌过，放入炖盅内，注入上汤。用玉扣纸（不要用保鲜膜）封好炖盅口，将炖盅置入蒸柜猛火蒸120分钟左右。取出炖盅，掀去玉扣纸，用精盐调味。冚上炖盅盖，置于蒸柜煏热便可供膳。

供膳时将吞燕鸽坯捞起装碟，用刀顺长剖开，露出燕窝，汤水分滗到小碗。

◎注1："燕窝"涨发的方法，请参阅《粤厨宝典·候镬篇》。

◎注2："燕窝"是金丝燕在南海及东南亚的岛屿岩洞以其唾液及少量羽毛所筑的窠，是动物界唯一可供人膳用的巢，并且被人视为矜贵食材。

◎生菜乳鸽松

原料： 乳鸽1 000克，腊肠300克，萝卜脯125克，蒜蓉15克，姜米20克，葱白米25克，新会陈皮10克，湿冬菇50克，鲜冬菇30克，马蹄15克，香芹75克，竹笋30克，白芝麻5克，精盐3.5克，味精7.5克，生抽75克，胡椒粉0.3克，籼米125克，玻璃生菜1 500克，花生油125克。

制作方法：

此鸽馔有两个制作难点：一个是用料琐碎，而且都要切成黄豆大小的粒；另一个是要将乳鸽的膆味辟除。

乳鸽起肉，不要鸽皮。将鸽肉平摊在砧板上，以平刀法将鸽肉片成0.6厘米的片块，再以直刀法顺长边切成0.6厘米的丝条，最后横向切成0.6厘米见方的豆粒状。

腊肠、萝卜脯切成0.5厘米见方的豆粒状。

新会陈皮（其他陈皮也可，但多带涩辣，略显不足。新会陈皮的作用是辟除乳鸽膆味）以清水浸软，用刀背刮去皮瓤，先顺边切成丝，再横切成比芝麻还小的蓉。不要贪图方便用剁的方法处理，因为陈皮剁成泥状不易分散。

湿冬菇（取香）、鲜冬菇（取滑）、马蹄、香芹、竹

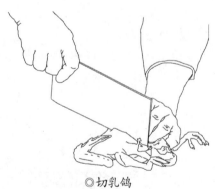

◎切乳鸽

◎注：生菜乳鸽松是广州著名的美食，此馔仅在玻璃生菜（一种原产广东台山、质地爽脆的生菜）出产季节才推出，几乎等同于"时令菜"。因为用其他生菜效果不佳。

笋分别切成0.3厘米见方的米粒状。

籼米用七成热（210～240℃）的花生油（配方未列）炸酥脆，用疏网捞起，沥去油分。为避免米粒吸油，在米粒炸好后趁热放入高速脱油机里脱油。

玻璃生菜洗净，按手掌大小将边缘菜叶裁去，作为菜托。

用50克花生油猛火起镬，放入乳鸽肉粒煸炒，以干水为度取出。

用75克花生油猛火起镬，放入蒜蓉、姜米、新会陈皮蓉爆香。放入腊肠粒、萝卜脼炒过；再放入湿冬菇米、鲜冬菇米、马蹄米、香芹米、竹笋米炒过；最后放入乳鸽肉粒，并用精盐、味精、生抽、胡椒粉调味，撒上预先炒熟的白芝麻，炒匀，将各料淋入垫有几片生菜托底的瓦碟内，撒入葱白米及炸米粒便可供膳。余下生菜托另碟跟上。

◎绿豆煲乳鸽

◎注1：清末时期的《美味求真·五香白鸽》云："（白鸽）劏净，成只用盐花擦匀。八角（大茴香）二粒，五香豆腐三五件，临食食起。绍酒一茶杯、香信几只，用（瓦）钵载住，隔水炖至煺，味香。又法炖煺后下卤水盆一浸取起上碗亦佳。"

◎注2：清末时期的《美味求真·炒白鸽》云："（白鸽）起骨，切薄片。弄法照'炒鸡片'便合。小菜用香信、冬笋、苦菜、葱白、脢肉片。又将（白鸽）骨斩件，用豆粉、盐少许揸（捞）匀，用油炸酥后下水些少一滚，（垫）在碟底亦可。"

原料： 乳鸽1只（光鸽每只250克），猪骨200克，绿豆120克，新会陈皮15克，精盐3.5克，味精3.5克，淡二汤2 500克。

制作方法：

此鸽馔恐怕是广州人食鸽的例证。不过，它不是作馔的，而是清热解毒、消暑利水的，尤其对孩童夏天生热痱功效显著。

乳鸽劏净后斩成大块。猪骨斩成块。绿豆洗净。陈皮用清水浸软。

所有材料及淡二汤放入汤煲中，以大火将汤水加热至沸腾后，转文火煲120分钟（得1 500克汤水，俗称"五碗煲埋五碗"）。用精盐、味精调味即可供膳。

◎注3：清末时期的《美味求真·蒸乳鸽》云："肥鸽劏净，原只用绍酒二两、白油一小杯，（瓦）钵载，隔水蒸煺便合。底用粟子同蒸亦也。小菜用些香信、正菜、红枣为妙。"

◎注4：清末时期的《美味求真·全白鸽》云："（白鸽）起骨，放在（瓦）钵，下绍酒一杯，盐花先搽匀。熟莲子、香信、火腿齐下。隔水炖至极煺。味浓香滑。"

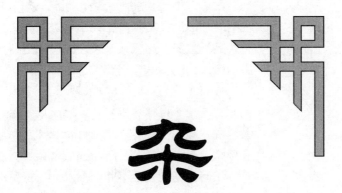

杂禽类

南粤大地气候潮湿温暖，河流纵横、岭峦错落，并且濒临南海，沿海岛屿众多，物产种类特别丰富，河鲜、海鲜及蔬果品类繁多，这些天赋条件为粤菜选料广博奇异、鸟兽蛇虫均可入馔的特殊风格奠定了物质基础。

《粤菜烹饪·中级技术教材》引用《广州府志·物产篇》"其植物则郁然以馨，其动物则粲然以文"的话语，骄傲地说"（广州）有着优越的地理环境，物产特别丰富，北有野味，南有海鲜"，不断强调粤菜食材之丰富。

然而，随着社会不断向前发展，野生动物因生存空间缩小而数量陡然减少，已不足以供人膳用。

翻阅《粤菜烹饪·中级技术教材》，野禽品种有鹧鸪、斑雀、蚬鸭、禾花雀、沙䲜、白鹤、猫头鹰，但如今，可供膳用的就只有蚬鸭一味，其他不是国家一级保护动物，就是国家二级保护动物，都不能销售和膳用。

有一点需要强调，尽管某些野生禽鸟仍可供膳用，但不足以供给人们日常食用。因此，按照社会发展的趋势，能成为人们盘中餐的，只有一途，就是人工繁殖并能大量豢养的禽鸟。

以下所列的禽鸟肴馔，就是按这个中心思想编列。

◎虫草炖水鸭

原料： 水鸭1只（光鸭约重750克），冬虫夏草4条，绍兴花雕酒15克，姜片1片，葱榄1段，猪肉粒1粒，金华火腿粒1粒，精盐5克，味精5克，淡二汤1 500克，胡椒粉0.5克。

制作方法：

姜片、葱榄、猪肉粒、金华火腿粒用竹签串上，作为炖汤料。用竹签串上是方便汤馔炖好后易于取出丢掉。

水鸭劏好，用刀由脊背开口掏出内脏，并且敲断肱骨、尺骨、桡骨、股骨、胫骨、跖骨。

水鸭冲洗干净，放入沸腾的清水里"飞"过，捞起，沥去水分；然后与冬虫夏草、炖汤料一起放入炖盅内。随即注入绍兴花雕酒、淡二汤。

用玉扣纸（不要用保鲜膜）封好炖盅口，将炖盅置入蒸柜猛火蒸炖90分钟左右。

将炖盅从蒸柜取出，掀去玉扣纸，用匙羹撇去浮油，用筷子夹去炖汤料，并将冬虫夏草摆在水鸭面上。用精盐、味精、胡椒粉调味，皿上炖盅盖，焗热便可供膳。

◎注1：水鸭又称"蚬鸭"。屈大均的《广东新语·第二十卷·禽语·野鸭》云："野鸭，比家鸭稍小，色杂青白，背上颇有文，短喙长尾，卑脚红掌，性肥而耐寒，常入水取白蚬食之，又名蚬鸭。重阳以后立春以前最可食，大益病人。予诗：'十月南风白蚬肥，纷纷水鸭掠船飞。'一名水鸭，其有冠者曰冠凫，或谓石首鱼秋时所化。"

◎注2：民国时期《秘传食谱·禽鸟门·第三十八节·清蒸水鸭》云："预备：水鸭，绍酒四成、水六成（两样适量备好），青笋一条，火腿数片，生姜一片。做法：将水鸭去净毛同肚内各物，整个不要破开，用绍酒同水加上青笋、火腿片、生姜隔水去蒸，或入钵清炖，极佳。"

◎注3：冬虫夏草又叫冬虫草，是冬虫草菌和蝙蝠蛾科幼虫的复合体。冬虫夏草主要活性成分是虫草素，其主要功效有调节免疫系统功能、抗肿瘤、抗疲劳、补肺益肾、止血化痰等。

◎注4：《清稗类钞·农商类·冬虫夏草》云："冬虫夏草为菌类，寄生于土中蝼蛄等之死体，冬时发生菌丝，至夏则菌长成，虫体腐烂，为其养料。菌长四五寸，无伞，下粗上细，黑褐色，可入药。"

◎注5：据《中药学》所说：冬虫夏草与蛤蚧、核桃皆入肺肾，善补肺益肾而定喘咳，用于肺肾两虚之喘咳。冬虫夏草平补肺肾阴阳，兼止血化痰，用于久咳、劳嗽痰血，为诸痨虚损调补之要药。需要说明的是，冬虫夏草被原国家食品药品监督管理总局批准为药食同源品种之一。

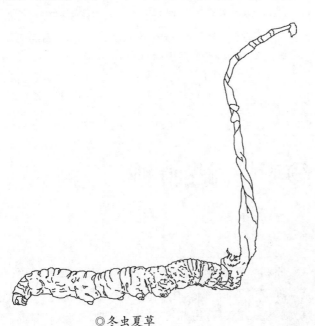

◎冬虫夏草

粤厨宝典·菜肴篇1

◎ 冬瓜炖水鸭

原料： 水鸭1只（光鸭约重750克），冬瓜600克，姜片1件，绍兴花雕酒15克，精盐7.5克，味精6克，淡二汤1 500克，滚水500克。

制作方法：

此汤馔制作的技巧在于时间差控制，因为冬瓜易炖脸，要待水鸭炖脸后再加入，以使两料的脸软程度接近一致。

水鸭剀好，用刀由脊背开口掏出内脏，并且敲断肱骨、尺骨、桡骨、股骨、胫骨、跖骨。

冬瓜连皮用刀切成秋叶形或蝴蝶花形。

水鸭冲洗干净，放入沸腾的清水里"飞"过，捞起，沥去水分，放入炖盅内，加入姜片，注入绍兴花雕酒及淡二汤。

用玉扣纸（不要用保鲜膜）封好炖盅口，将炖盅置入蒸柜猛火蒸炖90分钟左右。

冬瓜用沸腾清水"飞"过，捞起，放入流动清水里漂凉。沥去水分，放入另一炖盅内，注入滚水。将炖盅置入蒸柜猛火蒸炖20分钟左右。

将水鸭炖盅取出，掀去玉扣纸，用匙羹撇去浮油。用精盐、味精调味。将蒸炖好的冬瓜捞到水鸭炖盅里。𥖅上炖盅盖，将炖盅置入蒸柜慢火煀热便可供膳。

◎ 虾酱鸬鹚柳

原料： 鸬鹚柳1 000克，蒜蓉15克，姜米10克，葱榄25克，陈皮末3克，绍兴花雕酒35克，鸡蛋清75克，湿淀粉50克，虾酱65克，花生油（炸用）3 500克。

制作方法：

鸸鹋柳切成片，放入钢盆内，先后拌入鸡蛋清及湿淀粉。

将花生油放入铁镬内，以中火加至五成热（150～180℃），将鸸鹋柳片放入油内"拉"至仅熟，用笊篱捞起，沥去油分。

铁镬内留有75克余油，猛火加热，放入蒜蓉、姜米、陈皮末、虾酱爆香，攒入绍兴花雕酒，倒入沥去油分的鸸鹋柳片及葱榄，摁镬使各料均匀，随即装碟便可供膳。

◎鸸鹋头

◎生菜鹌鹑松

原料： 鹌鹑肉1000克，腊肠粒300克，萝卜腼粒125克，蒜蓉15克，姜米20克，葱白米25克，新会陈皮蓉10克，湿冬菇米50克，鲜冬菇米30克，马蹄米15克，香芹米75克，竹笋米30克，白芝麻5克，精盐3.5克，味精7.5克，生抽75克，胡椒粉0.3克，炸米粒125克，玻璃生菜1500克，花生油125克。

制作方法：

此馔做法与"生菜乳鸽松"相同。

从两馔的做法可以说明，但凡小禽鸟——乳鸽、鹌鹑、斑鸠之类，广东人都喜欢以"炒松"的方法烹制，同时以脆性十足的"玻璃生菜"作盏而吃，特有一番风味。

◎注1：清末时期《美味求真·鹌鹑蒿》云："（鹌鹑）剖净，琢（剁）幼（细），加些脢肉同琢（剁）琢（剁）。小菜用五香豆腐、冬笋、苦菜、香信，俱切幼（细）粒。先炒熟小菜，后下鹌（鹑）肉，滚至紧（仅）熟，加牵头（勾芡）兜（炒）匀上碟。加熟油、麻油味香滑。"

◎注2：民国时期《秘传食谱·禽鸟门·第四十一节·鹌鹑松》云："预备：鹌鹑一只，其余一切材料均同鸸鹋松一样。做法：一切手术均同鸸鹋松一样。"

民国时期《秘传食谱·禽鸟门·第四十二节·炸鹌鹑》云："预备：鹌鹑一只，油一碗，花椒、盐（适量备好，炒过研末）。做法：将鹌鹑宰好，取净毛同肚内各物，入油锅内炸酥，蘸着研好的花椒和盐吃，下酒极好。附注：也有上卤锅去卤吃的。"

◎ 黑椒鸸鹋颈

原料： 鸸鹋颈1 000克，竹笋块250克，蒜蓉15克，姜米10克，洋葱蓉15克，绍兴花雕酒25克，黑椒汁175克，花生油（炸用）3 500克。

制作方法：

鸸鹋颈的加工有"水焗"与"油炸"两法。

水焗的方法：将鸸鹋颈放入水量为鸸鹋颈重量10倍的沸腾清水里加热10分钟，冚上盖，熄火，焗60分钟。捞起，放入流动的清水里漂凉，沥去水分，摆放整齐，置入冷库冷冻。冷冻后用电锯横向锯成2.5厘米的段。

油炸的方法：将鸸鹋颈放入用猛火加至七成热（210～240℃）的花生油内炸熟。用笊篱捞起，沥去油分，摆放整齐，置入冷库冷冻。冷冻后用电锯横向锯成2.5厘米的段。

将花生油放入铁镬内，以中火加至五成热（150～180℃），放入鸸鹋颈块及竹笋块，"拉"至热透。用笊篱捞起，沥去油分。

铁镬内留有75克余油，放入蒜蓉、姜米、洋葱蓉、黑椒汁爆香，攒入绍兴花雕酒，倒入沥去油分的鸸鹋颈块及竹笋块，搋镬使各料均匀，滗出装碟便可供膳。

◎ 燕窝鹧鸪

原料： 鹧鸪1只（约700克），水发燕窝200克，鸡膏50克，鸡蛋清50克，金华火腿蓉5克，参薯25克，精盐8克，味精10克，上汤1 500克，绍兴花雕酒20克，猪油30克，淡二汤250克，胡椒粉0.05克，湿淀粉25克，花生油25克。

制作方法：

此馔出自"满汉全席"，又为药膳同源的品种。

鹧鸪劏好起肉（留下头颈），与鸡膏一起放在砧板上剁成米粒状大小。放入炖盅内，注入200克上汤，并用5克绍兴花雕酒、5克精盐、2克味精调味。将炖盅置入蒸柜猛火蒸炖90分钟。

参薯洗净，置入蒸柜猛火蒸熟，取出去皮并捹烂成泥；然后放入炖盅内，注入100克上汤并用3克精盐、3克味精调味。将炖盅置入蒸柜猛火蒸约20分钟。

用猪油起镬，攒入15克绍兴花雕酒，注入1 200克上汤，用5克味精调味，并将水发燕窝及蒸炖好的鹧鸪和参薯加入其中推匀。待汤水沸腾，加入淡二汤，待煮滚后用湿淀粉、鸡蛋清勾芡。将各料滗入汤煲内，下胡椒粉，并撒上金华火腿蓉便可供膳。

为避免留下偷工减料、移花接木的口实，鹧鸪虽是起肉剁泥，鹧鸪头颈也要跟着肴馔一同端出，通常是用热油炸熟摆在汤煲内。

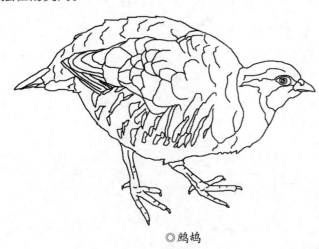

◎鹧鸪

◎注1：这里介绍的鹧鸪为人工饲养的品种。《广东新语·第二十卷·禽语·鹧鸪》云："鹧鸪，随阳越雉也。天寒则钤，暖则对啼，啼必连转数音。其飞必向日，日在南故常向南。而多云但南不北。虽复东西回翔，而命翮之始必先南著。其志怀南，故谓之南客。飞数必随月，正月一飞而止，十二月则十二飞而止。山中人辄以其飞而计月，人问何月矣，则云鹧鸪几飞矣。早暮有霜露则不飞，飞必衔木叶以自蔽，霜露微沾其背，声为之哑，故性绝畏霜露。一雄常挟数雌，各占一岭，相呼相应以为娱。有侵其地者则斗，猎以图诱之，鹧鸪闻图声，以为据其丘阜也，亟归与斗，遂陷堕网中。其性好洁，以藕竿粘之亦可得。畜久驯稚亲人，然不鸣。鸣必在万山丛薄中，鸣多自呼，其日行不得也哥哥，声尤凄切，闻者多为堕泪。古诗云：'山鹧鸪，尔本故乡鸟。不辞巢，不别群，何苦声声啼到晓。'噫！亦古之羁人思妇所变者欤。"

◎注2：《清稗类钞·动物类·鹧鸪》云："鹧鸪，形似鹑，稍大，背灰苍色，有紫赤色之斑点，腹灰色，胸前有白圆点如真珠。其鸣声如曰'行不得也哥哥'。"

◎注3：清末时期的《美味求真·炒鹧鸪》云："（鹧鸪）起骨，照'炒白鸽'便合。小菜亦然。"

清末时期的《美味求真·全鹧鸪》云："弄法照'全白鸽'便合。此物能化痰有益。味香。"

民国时期《秘传食谱·禽鸟门·第三十四节·鹧鸪松》云："预备：鹧鸪、油、香菇丁、冬笋丁、熟火腿丁、料酒、酱油、盐、净水、芡粉。做法：将鹧鸪宰好，去净毛、骨同肚内各物，只取净肉剁碎，放入滚油锅内先炸到极酥，滗尽锅内的油，加上香菇丁、冬笋丁、熟火腿丁、料酒、酱油、盐、净水、芡粉，每样少许，再炒二三十下起锅。"

◎姜葱焗鹌鹑

◎注1：《广东新语·第二十卷·禽语》云："鹑与鹌其形相似。鹌色黑无斑，始由鼠化，终复为鼠，夏有冬无。鹑毛有斑點，始由虾蟆黄鱼化，终以卵生，四时常有。今通呼为鹌鹑矣。番禺狮子里多鹌鹑，其价颇贵，斗者率以此为良。张网田中，以犬惊而得之。其麻翼黑爪而足高者雄也，黄眼赤嘴而足卑者雌也。其夫斗也，使童子左握其雄，右握其雌，时时在掌出入不离。又处之于囊，以盛其气，沃之于水，以去其肥。其将斗也，则注以金钱，诱以香粟，拂其项毛，两两迫促，于是愤怒而前，爪勾喙合，洒血淋漓，尚相抵触。斗之既酣，胜者与禄。此戏传自岭内，今广人皆以此为事。而潮人有斗鹅之戏。鹅，力鹅也，重者三四十斤，斗时以咬眼为上，咬舌次之。"

◎注2：《清稗类钞·动物类·鹌》云："鹌，本作鹌，与鹑同类异种，状亦相似，惟羽无斑点，颈脚皆长。栖息于茅苇之间，捕食小虫鱼。旧有鹌、鴽、斥鷃等称。"

◎注3：《清稗类钞·动物类·鹑》云："鹑，形如鸡鶵，头小尾秃，嘴脚均短，背浓褐色，翼黄褐色，皆有黑斑，腹赤白色。性活泼，喜跳跃，猛鸷能搏斗，有驯养之以供游戏者。与鹌不同种，今混称鹌鹑，误。"

原料：鹌鹑2只，姜片20克，葱段25克，竹笋片60克，湿草菇10克，生抽25克，蚝油5克，白糖15克，味精3.5克，花生油135克。

制作方法：

鹌鹑劏好，斩成块件。

瓦罉用猛火烧至炽热，落花生油，待花生油微冒青烟，放入姜片、葱段、鹌鹑件、竹笋片和湿草菇爆香，冚上罉盖，焗2分钟左右。掀开罉盖，翻动姜片、葱段及鹌鹑。用生抽、蚝油、白糖、味精调味。冚上罉盖，再焗1分钟左右便可供膳。

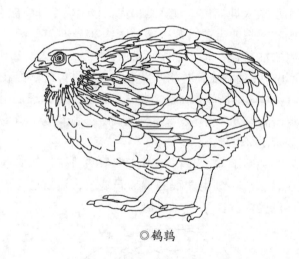

◎鹌鹑

◎春罗碎玉

原料： 鹌鹑2只，响螺片120克，鲜百合25克，蒜蓉3克，指甲姜片5克，葱榄25克，绍兴花雕酒25克，芡汤50克，湿淀粉45克，鸡蛋清25克，炸薄脆150克，花生油（炸用）3 500克。

制作方法：

将鹌鹑起肉切片，放入钢盆内，先拌入鸡蛋清，再拌入20克湿淀粉。

将花生油放入铁镬内，以中火加至五成热（150～180℃），分别将鹌鹑肉片及响螺片放入油内"拉"至仅熟，用笊篱捞起，沥去油分。

铁镬内留有45克余油，放入蒜蓉、指甲姜片、葱榄爆香，攒入绍兴花雕酒，将鹌鹑肉片、响螺肉片及鲜百合倒入铁镬内，摁镬使各料均匀，用芡汤调味，用25克湿淀粉勾芡，摁镬使各料均匀，淋入15克花生油作为包尾油，随即将各料滗到垫有炸薄脆的瓦碟上便可供膳。

主题索引

粤厨宝典·菜肴篇1

粤厨宝典·菜肴篇1

后记

  《粤厨宝典·菜肴篇1》在2015年就进入筹划编写的工作，但一直徘徊在如何描述已搜集和整理到的肴馔。之后又思索了两三年以及忙于处理其他缠身杂务，总是迟迟无法动笔。在此期间，不少《粤厨宝典》的忠实读者来电询问编写的进度，我竟无言以对。

  2017年受到习近平总书记在中国共产党第十九次全国代表大会上提出的"习近平新时代中国特色社会主义思想"启发，深刻领悟到随着国家改革开放政策不断向前推进，整个国家必将迎来更加欣欣向荣的境况，社会形态必将出现翻天覆地的改变。

  这个时代正是承前启后的时代，告别贫穷落后的旧时代，迈向繁荣富强的新时代。

  由此终于明白徘徊两三年迟迟不肯动笔的原因，是疑惑着旧有的肴馔只为满足农耕时代的社会形态而设计，未必能适应信息化时代的社会的需求。

  转念一想，《粤厨宝典》的职责是"竖古，横今，规划未来"，首要重任是收集和整理现有已知的资料。为避免读者未能区分肴馔所面临的新时代发展的社会形态，解答徘徊数年的疑惑，书写时对之前能满足新时代发展需要的篇章所惯用的描述方式加以调整，强调的是肴馔本身适用的范围，务必让读者怀有改革之心，令粤菜烹饪轻松面对未来社会发展的需求。

潘英俊

2021年3月